范畴论与同调代数

贾守卿　著

东北大学出版社
·沈　阳·

图书在版编目（CIP）数据

范畴论与同调代数 / 贾守卿著. —沈阳：东北大学出版社，2023.12

ISBN 978-7-5517-3459-2

Ⅰ. ①范… Ⅱ. ①贾… Ⅲ. ①范畴论②同调代数 Ⅳ. ①O154

中国国家版本馆CIP数据核字（2023）第250667号

出 版 者：东北大学出版社
地址：沈阳市和平区文化路三号巷11号
邮编：110819
电话：024-83683655（总编室）
024-83687331（营销部）
网址：http://press.neu.edu.cn
印 刷 者：辽宁一诺广告印务有限公司
发 行 者：东北大学出版社
幅面尺寸：185 mm × 260 mm
印　　张：26
字　　数：524千字
出版时间：2023年12月第1版
印刷时间：2023年12月第1次印刷
策划编辑：汪子珺
责任编辑：周凯丽
责任校对：汪子珺
封面设计：潘正一
责任出版：初 茗

ISBN 978-7-5517-3459-2　　定　价：110.00元

目录

第1章　范畴与函子

1.1　范畴

定义1-1-1　范畴（category）　一个范畴$\mathcal{C}$包括：

（1）一类对象（object）$\mathrm{Obj}\mathcal{C}$。

（2）对于每一对对象A，$B\in\mathrm{Obj}\mathcal{C}$，都有一个集合$\mathrm{Hom}_{\mathcal{C}}(A,B)$，集合中的元素叫作态射（morphism）。$f\in\mathrm{Hom}_{\mathcal{C}}(A,B)$也可记成$f$: $A\to B$，A称为f的定义域（domain），B称为f的值域（range）。

（3）有态射乘积法则：对于$\forall f\in\mathrm{Hom}_{\mathcal{C}}(A,B)$与$\forall g\in\mathrm{Hom}_{\mathcal{C}}(B,C)$，都有唯一的一个乘积$h\in\mathrm{Hom}_{\mathcal{C}}(A,C)$，记为$h=gf$：

$$\mathrm{Hom}_{\mathcal{C}}(A,B)\times\mathrm{Hom}_{\mathcal{C}}(B,C)\to\mathrm{Hom}_{\mathcal{C}}(A,C),\ (f,g)\mapsto gf。$$

它们应服从以下三条公理：

（A1）不相交性：态射集合$\mathrm{Hom}_{\mathcal{C}}(A,B)$与$\mathrm{Hom}_{\mathcal{C}}(A',B')$不相交，除非$A=A'$且$B=B'$。

（A2）结合律：当$f\in\mathrm{Hom}_{\mathcal{C}}(A,B)$，$g\in\mathrm{Hom}_{\mathcal{C}}(B,C)$，$h\in\mathrm{Hom}_{\mathcal{C}}(C,D)$时，$h(gf)=(hg)f$。

（A3）恒等态射的存在性：对于任一对象A，$\mathrm{Hom}_{\mathcal{C}}(A,A)$中至少有一个元素$1_A$，使任意$f\in\mathrm{Hom}_{\mathcal{C}}(A,B)$，恒有$f1_A=1_Bf=f$。

例1-1-1　集合范畴$\mathcal{S}$，它的对象是集合，态射是集合间的映射。

群范畴$\mathcal{G}$，它的对象是群，态射是群同态。

Abel群范畴$\mathcal{A}b$，它的对象是Abel群，态射是Abel群同态。

环范畴$\mathcal{R}$，它的对象是环，态射是环同态。

左（右）R-模范畴${}_R\mathcal{M}(\mathcal{M}_R)$，它的对象是左（右）$R$-模，态射是左（右）$R$-模同态。

注（定义1-1-1）

（1）$\mathrm{Obj}\mathcal{C}$不一定是集合，但我们仍把“A是$\mathcal{C}$中的对象”记为$A\in\mathrm{Obj}\mathcal{C}$。例如，集合范畴$\mathcal{S}$，它的所有对象全体（也就是集合全体）并不是一个集合（参考公理集合论中的讨论）。

（2）态射不一定是映射（参考例1-1-2和定义1-1-5）。

定义1-1-2　小范畴（small category）　若$\mathrm{Obj}\mathcal{C}$是集合，则称$\mathcal{C}$是一个小范畴。

定义1-1-3　偏序小范畴　设$(I,\ \leqslant)$是一个偏序集（定义A-2）。I是一个小范畴：以I的元素为对象，对于$\forall i,\ j\in I$，若有$i\leqslant j$，则$\mathrm{Hom}_I(i,\ j)$是单元集（只有一个元素，记为Γ^i_j）；否则$\mathrm{Hom}_I(i,\ j)$为空集。

$$\mathrm{Hom}_I(i,\ j)=\begin{cases}\{\Gamma^i_j\}, & i\leqslant j\\ \varnothing, & i\nleqslant j\end{cases}。$$

对于$i\leqslant j\leqslant k$，由于$\mathrm{Hom}_I(i,\ j)$，$\mathrm{Hom}_I(j,\ k)$，$\mathrm{Hom}_I(i,\ k)$中都只有一个元素，所以态射乘法为

$$\mathrm{Hom}_I(i,\ j)\times\mathrm{Hom}_I(j,\ k)\to\mathrm{Hom}_I(i,\ k),\quad(\Gamma^i_j,\ \Gamma^j_k)\mapsto\Gamma^j_k\Gamma^i_j=\Gamma^i_k。$$

例1-1-2

（1）设I是实数集$\mathbf{R}$的子集，定义序关系$a\leqslant b$就是实数大小关系，如此可得到一个范畴。

（2）设$\mathbf{Z}^+$是正整数集，定义序关系$a\leqslant b$为$a|b$（a能整除b），如此可得到一个范畴$\mathcal{C}$，其态射为

$$\mathrm{Hom}_{\mathcal{C}}(a,\ b)=\begin{cases}\{\Gamma^a_b\}, & a|b\\ \varnothing, & a\nmid b\end{cases}。$$

定义1-1-4　离散范畴（discrete category）　态射只有恒等态射的范畴称为离散范畴。

命题1-1-1　$\mathrm{Hom}_{\mathcal{C}}(A,\ A)$中的恒等态射$1_A$是唯一的。

证明　若另有恒等态射$1'_A$，则$1_A1'_A=1'_A1_A=1'_A$，$1_A1'_A=1'_A1_A=1_A$，所以$1'_A=1_A$。证毕。

命题1-1-2　对于任意范畴$\mathcal{C}$及任意对象A，$\mathrm{Hom}_{\mathcal{C}}(A,\ A)$是一个幺半群（定义B-9）。

定义1-1-5　独异范畴　设范畴$\mathcal{C}$只有一个对象A，且$\mathrm{Hom}_{\mathcal{C}}(A,\ A)=G$，这里$G$是给定的幺半群，那么$\mathcal{C}$叫作独异范畴。

定义1-1-6　同构　等价　本质相等　若有$f\in\mathrm{Hom}(A,\ B)$和$g\in\mathrm{Hom}(B,\ A)$，使得

$$gf=1_A,\ fg=1_B,$$

则称A与B同构（或称等价、本质相等），记为

$$A \cong B。$$

这时 f 与 g 也叫同构（或称单位态射、等价态射），它们互为逆态射。

命题1-1-3　若 α，β 都是同构，则 $f=\beta\alpha$ 也是同构。

证明　设 $\alpha\alpha'=1$，$\alpha'\alpha=1$，$\beta\beta'=1$，$\beta'\beta=1$，令 $g=\alpha'\beta'$，则 $fg=\beta\alpha\alpha'\beta'=\beta\beta'=1$，$gf=\alpha'\beta'\beta\alpha=\alpha'\alpha=1$，所以 f 是同构。证毕。

命题1-1-4　设 f 是同构，则有：

（1）gf 是同构 $\Leftrightarrow g$ 是同构；

（2）fg 是同构 $\Leftrightarrow g$ 是同构。

证明　（1）$\Leftarrow$：命题1-1-3。$\Rightarrow$：$g=(gf)f^{-1}$，由命题1-1-3知 g 是同构。

（2）类似可证。证毕。

命题1-1-5　设 A，B，$M \in \mathrm{Obj}\mathcal{C}$（$\mathcal{C}$是任意范畴）。若 f：$A \to B$ 是同构，则有双射：

$$f_*:\ \mathrm{Hom}_{\mathcal{C}}(M,\ A) \to \mathrm{Hom}_{\mathcal{C}}(M,\ B),\ \alpha \mapsto f\alpha,$$

$$f^*:\ \mathrm{Hom}_{\mathcal{C}}(B,\ M) \to \mathrm{Hom}_{\mathcal{C}}(A,\ M),\ \eta \mapsto \eta f。$$

证明　显然有逆映射：

$$f_*^{-1}:\ \mathrm{Hom}_{\mathcal{C}}(M,\ B) \to \mathrm{Hom}_{\mathcal{C}}(M,\ A),\ \alpha' \mapsto f^{-1}\alpha',$$

$$f^{*-1}:\ \mathrm{Hom}_{\mathcal{C}}(A,\ M) \to \mathrm{Hom}_{\mathcal{C}}(B,\ M),\ \eta' \mapsto \eta' f^{-1}。$$

证毕。

1.2　逆范畴与对偶原则

定义1-2-1　逆范畴（opposite category）　设$\mathcal{C}$是一个范畴，按照如下方法构造一个范畴$\mathcal{C}^{\mathrm{op}}$，称为$\mathcal{C}$的逆范畴或对偶范畴（dual category）。

（1）$\mathcal{C}^{\mathrm{op}}$的对象就是$\mathcal{C}$的对象。为了区别起见，$\mathcal{C}$中的对象 A 在作为$\mathcal{C}^{\mathrm{op}}$的对象时记为$A^{\mathrm{op}}$（实际上$A^{\mathrm{op}}=A$）。

（2）$\mathcal{C}^{\mathrm{op}}$中的态射集为

$$\mathrm{Hom}_{\mathcal{C}^{\mathrm{op}}}(A^{\mathrm{op}},\ B^{\mathrm{op}}) = \mathrm{Hom}_{\mathcal{C}}(B,\ A)。$$

$f \in \mathrm{Hom}_{\mathcal{C}}(B,\ A)$ 在作为 $\mathrm{Hom}_{\mathcal{C}^{\mathrm{op}}}(A^{\mathrm{op}},\ B^{\mathrm{op}})$ 中元素时记为 f^{op}。也就是说，f在$\mathcal{C}$中是$B \to A$的态射，f^{op} 在 $\mathcal{C}^{\mathrm{op}}$ 中是$A \to B$的态射，箭头方向相反。

（3）对于 $f^{\mathrm{op}} \in \mathrm{Hom}_{\mathcal{C}^{\mathrm{op}}}(A^{\mathrm{op}},\ B^{\mathrm{op}})$，$g^{\mathrm{op}} \in \mathrm{Hom}_{\mathcal{C}^{\mathrm{op}}}(B^{\mathrm{op}},\ C^{\mathrm{op}})$，令

$$g^{op}f^{op}=(fg)^{op}\in \mathrm{Hom}_{\mathcal{C}^{op}}(A^{op},\ C^{op})。$$

注（定义1-2-1）

（1）$\mathcal{C}^{op}$中的对象与态射都需要有上标“op”。

（2）$\mathcal{C}^{op}$与$\mathcal{C}$是两个范畴，f与f^{op}在这两个范畴中具有不同的“箭头方向”并不矛盾，因为“箭头方向”本身就是范畴定义的一部分。初学者之所以有这个困惑，是因为习惯性地把“态射”当成“映射”，实际上不是这样，参考例1-1-2与下面的命题1-2-1。

例1-2-1　设$\mathcal{C}$是例1-1-2（2）中的范畴。$\mathcal{C}^{op}$中的对象仍是正整数，态射集为

$$\mathrm{Hom}_{\mathcal{C}^{op}}(a,\ b)=\mathrm{Hom}_{\mathcal{C}}(b,\ a)=\begin{cases}\{\Gamma_a^b\},\ b|a\\ \varnothing,\ b\nmid a\end{cases}。$$

命题1-2-1　集合范畴的逆范畴不是集合范畴。同样地，群范畴的逆范畴不是群范畴，环范畴的逆范畴不是环范畴，模范畴的逆范畴不是模范畴。

记$\mathcal{S}$是集合范畴。$\mathcal{S}^{op}$的对象仍是集合，态射$f^{op}\in \mathrm{Hom}_{\mathcal{S}^{op}}(A^{op},\ B^{op})=\mathrm{Hom}_{\mathcal{S}}(B,\ A)$是$B\to A$的映射。如果$\mathcal{S}^{op}$是集合范畴，$f^{op}$就是$A^{op}\to B^{op}$的映射，也就是$A\to B$的映射。但对于集合范畴的映射来说，$B\to A$与$A\to B$不能同时成立。所以$\mathcal{S}^{op}$不是集合范畴。

命题1-2-2　$(\mathcal{C}^{op})^{op}=\mathcal{C}$。

命题1-2-3　对于$\mathcal{C}$中的交换图，在所有对象和态射的右上角加上“op”，同时把所有的箭头反向，就得到一个$\mathcal{C}^{op}$中的交换图。同样地，对于$\mathcal{C}^{op}$中的交换图，把所有对象和态射右上角的“op”去掉，同时把所有的箭头都反向，就得到一个$\mathcal{C}$中的交换图。例如：

$$\begin{array}{ccc} A & \xrightarrow{f} & B \\ & \searrow^{g} & \downarrow h \\ & & C \end{array} \quad \leftrightarrow \quad \begin{array}{ccc} A^{op} & \xleftarrow{f^{op}} & B^{op} \\ & \nwarrow^{g^{op}} & \uparrow h^{op} \\ & & C^{op} \end{array}。$$

定义1-2-2　对偶陈述　设S是一句对任何范畴都有意义的陈述语（说明一个概念，提出一个命题，肯定一条规律，等等）。将S应用于范畴$\mathcal{C}$与$\mathcal{C}^{op}$上，就得到两个陈述语$S(\mathcal{C})$与$S(\mathcal{C}^{op})$，然后将$S(\mathcal{C}^{op})$“翻译”成一句有关$\mathcal{C}$的语句$S^{op}(\mathcal{C})$。也就是说，将$S(\mathcal{C}^{op})$中$\mathcal{C}^{op}$的对象换成$\mathcal{C}$的对象（只需去掉右上角的“op”），$\mathcal{C}^{op}$的态射换成$\mathcal{C}$的态射（只需去掉右上角的“op”，并反转箭头方向）。这样$S^{op}(\mathcal{C})$称为$S(\mathcal{C})$的对偶陈述语。

注意，$S^{op}(\mathcal{C})$与$S(\mathcal{C}^{op})$等价。

若$S(\mathcal{C})$是一个概念，则$S^{op}(\mathcal{C})$是其对偶概念；若$S(\mathcal{C})$是一个命题，则$S^{op}(\mathcal{C})$是其对偶命题。

注（定义1-2-2） 上述在把$S(\mathcal{C}^{op})$翻译成$S^{op}(\mathcal{C})$的规则中，$S(\mathcal{C}^{op})$中应该只包含对象与态射，而无其他概念。如果$S(\mathcal{C}^{op})$中有其他概念，应把这些概念换成它的对偶概念，如“始对象”换成“终对象”，“单态射”换成“满态射”，等等。这是因为这些概念本身就是一些关于对象与态射陈述的组合，对它们作“翻译”，其实就是将它们替换为其对偶概念。

命题1-2-4　对偶原则 若$S(\mathcal{C})$是对任何范畴都成立的定理，那么$S^{op}(\mathcal{C})$也是一个定理。

这是因为$S(\mathcal{C}^{op})$成立，而$S(\mathcal{C}^{op})$与$S^{op}(\mathcal{C})$等价。

定义1-2-3　始对象（initial object）　终对象（final object）　零对象（zero object） 若对任意对象A，$\mathrm{Hom}_{\mathcal{C}}(I, A)$是单元集（只有一个元素），则$I$叫作始对象。

若对任意对象A，$\mathrm{Hom}_{\mathcal{C}}(A, T)$是单元集，则$T$叫作终对象。

若Z既是始对象又是终对象，则称Z是零对象。可把零对象记为0。

命题1-2-5 集合范畴$\mathcal{S}$没有始对象，从而没有零对象。任何单元集都是终对象。

证明 如果I是始对象，对于集合$A_0=\{a, b\}$，$\mathrm{Hom}_{\mathcal{C}}(I, A_0)$中至少有两个元素：

$$f_a: I\to A_0, \ i\mapsto a,$$
$$f_b: I\to A_0, \ i\mapsto b。$$

矛盾，所以集合范畴没有始对象。对于单元集$T=\{t\}$，对任意集合A，$\mathrm{Hom}_{\mathcal{C}}(A, T)$中只有一个元素：

$$f: A\to T, \ a\mapsto t,$$

即T是终对象。证毕。

命题1-2-6 在例1-1-2（2）中的范畴中，1是始对象，但无终对象。

证明 对任意对象（正整数）a，显然$1|a$，所以$\mathrm{Hom}_{\mathcal{C}}(1, a)=\{\Gamma_a^1\}$，说明1是始对象。对任何对象（正整数）$t$，它可作素数分解$t=p_1^{r_1}\cdots p_n^{r_n}$（定理B-1′），取不等于任何$p_i$（i=1，…，$n$）的素数$p$，则$p\nmid t$，所以$\mathrm{Hom}_{\mathcal{C}}(p, t)=\varnothing$，这说明$t$不是终对象。证毕。

命题1-2-7 在群范畴$\mathcal{G}$与Abel群范畴$\mathcal{A}b$中的零对象是单元群$E=\{e\}$。

同样地，环范畴$\mathcal{R}$的零对象是零环，模范畴${}_R\mathcal{M}$的零对象是零模。

证明 对任意群A，$\mathrm{Hom}_{\mathcal{G}}(E, A)$中只有一个元素（其中，$e_A$是$A$的单位元）：

$$f: E\to A, \ e\mapsto e_A,$$

所以E是始对象。

$\mathrm{Hom}_{\mathcal{G}}(A, E)$中只有一个元素：

$$g: A\to E, \ a\mapsto e,$$

所以 E 是终对象。证毕。

命题1-2-8 始对象与终对象是对偶概念。或者说：

$$A\text{ 是 }\mathcal{C}\text{ 中始（终）对象} \Leftrightarrow A^{op}\text{ 是 }\mathcal{C}^{op}\text{ 中终（始）对象},$$

从而有

$$Z\text{ 是零对象} \Leftrightarrow Z^{op}\text{ 是零对象。}$$

用 $S(\mathcal{C})$ 表示定义1-2-3中始对象的定义：

$S(\mathcal{C})$ =“若对任意对象 A，$\mathrm{Hom}_{\mathcal{C}}(I, A)$ 是单元集（只有一个元素），则 I 叫作始对象”。

$S(\mathcal{C}^{op})$ 就是 $\mathcal{C}^{op}$ 中始对象的定义：

$S(\mathcal{C}^{op})$ =“若对任意对象 A^{op}，$\mathrm{Hom}_{\mathcal{C}^{op}}(T^{op}, A^{op})$ 是单元集，则 T^{op} 叫作始对象”。

利用 $A^{op}=A$，$T^{op}=T$，$\mathrm{Hom}_{\mathcal{C}^{op}}(T^{op}, A^{op})=\mathrm{Hom}_{\mathcal{C}}(A, T)$，可以把 $S(\mathcal{C}^{op})$ 翻译成 $S^{op}(\mathcal{C})$：

$S^{op}(\mathcal{C})$ =“若对任意对象 A，$\mathrm{Hom}_{\mathcal{C}}(A, T)$ 是单元集，则 T 叫作终对象”。

命题1-2-9 若 A 是始对象（终对象、零对象），则

$$\mathrm{Hom}(A, A)=\{1_A\}。$$

证明 根据定义1-1-1（A3）有 $1_A\in\mathrm{Hom}(A, A)$，而 $\mathrm{Hom}(A, A)$ 是单元集，所以 $\mathrm{Hom}(A, A)=\{1_A\}$。证毕。

命题1-2-10 一个范畴若有始对象（终对象、零对象），那么它本质上唯一。

“本质上唯一”的意思是，若有多个始对象（终对象、零对象），那么它们是同构的（定义1-1-6）。

证明 设 I, I' 是两个始对象，有

$$\mathrm{Hom}(I, I')=\{f\},\ \mathrm{Hom}(I', I)=\{g\},$$

则

$$gf\in\mathrm{Hom}(I, I),\ fg\in\mathrm{Hom}(I', I')。$$

由命题1-2-9知

$$gf=1_I,\ fg=1_{I'}。$$

这表明 $I\cong I'$。

上述结论适用于任何范畴，由对偶原则（命题1-2-4）知它的对偶陈述成立，即一个范畴若有终对象，则它本质上唯一。零对象既是始对象，又是终对象，所以本质上唯一。证毕。

定理1-2-1 零态射 设 Z 是任一个零对象，A，B 是任意两个对象。根据定义1-2-3可知，Z 既是始对象，又是终对象，所以 $\mathrm{Hom}(A, Z)$ 和 $\mathrm{Hom}(Z, A)$ 都是单元集，记

$$\mathrm{Hom}(A, Z)=\{0_{AZ}\},\ \mathrm{Hom}(Z, A)=\{0_{ZA}\},$$

则

$$0_{AB}=0_{ZB}0_{AZ}\in \mathrm{Hom}(A,\ B),$$

与 Z 的选取无关，称为零态射。上式画成

$$\begin{array}{ccccc} & & 0 & & \\ & {}^{0_{A0}}\nearrow & & \searrow^{0_{0B}} & \\ A & & \xrightarrow{0_{AB}} & & B \end{array}\text{。}$$

一个范畴中若有零对象，则每个 $\mathrm{Hom}(A,\ B)$ 中有且仅有一个零态射。

证明　设 Z' 是另一个零对象，则有同构，f：$Z\to Z'$，g：$Z'\to Z$，$gf=1_Z$，$fg=1_{Z'}$。由于 $0_{Z'B}f\in \mathrm{Hom}(Z,\ B)$，$g0_{AZ'}\in \mathrm{Hom}(A,\ Z)$，所以可得

$$0_{Z'B}f=0_{ZB},\ g0_{AZ'}=0_{AZ}\text{。}$$

从而有

$$0_{ZB}0_{AZ}=0_{Z'B}fg0_{AZ'}=0_{Z'B}1_{Z'}0_{AZ'}=0_{Z'B}0_{AZ'}\text{。}$$

这表明 $0_{ZB}0_{AZ}$ 与 Z 的选取无关。证毕。

注（定理1-2-1）　零态射和零对象都可记为 0 。

命题1-2-11　设 $f\in \mathrm{Hom}(A,\ B)$，$g\in \mathrm{Hom}(B,\ C)$，则有

$$f=0\text{或}g=0\Rightarrow gf=0\text{。}$$

证明　设 $f=0$，根据定理1-2-1，有 $f=0_{0B}0_{A0}$。显然 $g0_{0B}\in \mathrm{Hom}(0,\ C)=\{0_{0C}\}$，所以 $g0_{0B}=0_{0C}$，于是 $gf=g0_{0B}0_{A0}=0_{0C}0_{A0}=0$。

设 $g=0$，根据定理1-2-1，有 $g=0_{0C}0_{B0}$。显然 $0_{B0}f\in \mathrm{Hom}(A,\ 0)=\{0_{A0}\}$，所以 $0_{B0}f=0_{A0}$，于是 $gf=0_{0C}0_{B0}f=0_{0C}0_{A0}=0$。证毕。

注（命题1-2-11）　命题1-2-11的逆命题一般不成立。

在交换群范畴 $\mathcal{A}b$ 中，设 A 是 B 的真子群，且 $A\neq 0$。记 i：$A\to B$ 是包含同态，π：$B\to B/A$ 是自然同态，则 $\pi i=0$，但 i 和 π 都不是零同态。

命题1-2-12　在有零对象的范畴中，有

$$A\text{是零对象}\Leftrightarrow 1_A=0_{AA}\text{。}$$

证明　$\Rightarrow$：$0_{00}\in \mathrm{Hom}(0,\ 0)$，根据命题1-2-9，$\mathrm{Hom}(0,\ 0)=10$，所以 $0_{00}=1_0$ 。

$\Leftarrow$：如果 A 不是始对象，则有对象 B ，使得 $\mathrm{Hom}(A,\ B)$ 中至少有两个元素，即 0_{AB} 和 f 。于是 $f=f1_A=f0_{AA}=0_{AB}$（命题1-2-11），矛盾，所以 A 是始对象。同样可得 A 是终对象。证毕。

命题1-2-13　0_{0A} 与 0_{A0} 都是零态射。

证明　由命题1-2-12可得 $0_{0A}=0_{0A}1_0=0_{0A}0_{00}$，$0_{A0}=1_0 0_{A0}=0_{00}0_{A0}$。证毕。

命题1-2-14　在范畴 $\mathcal{G}$，$\mathcal{A}b$，$\mathcal{R}$，${}_R\mathcal{M}$ 中，零态射就是零同态（$\mathcal{G}$ 与 $\mathcal{A}b$ 是加法群）。

证明　根据命题1-2-7可知，零对象就是零群、零环、零模，从而零态射

0_{0A}：$0\to A$ 与 0_{A0}：$A\to 0$ 就是零同态。对于 $\forall a\in A$，有 $0_{AB}(a)=0_{0B}0_{A0}(a)=0_{0B}(0)=0$，所以 0_{AB} 也是零同态。证毕。

命题1-2-15 设 A 是始对象（终对象、零对象），如果 $A'\cong A$，那么 A' 也是始对象（终对象、零对象）。

证明 设同构 φ：$A\to A'$。对于任意对象 B，令

$$\varphi^*:\ \mathrm{Hom}(A',\ B)\to \mathrm{Hom}(A,\ B),\ f\mapsto f\varphi。$$

它是双射（命题1-1-5）。由于 A 是始对象，所以 $\mathrm{Hom}(A,\ B)$ 是单元集，从而 $\mathrm{Hom}(A',\ B)$ 是单元集，即 A' 是始对象。证毕。

1.3 单态射与满态射

定义1-3-1 单态射（monomorphism） 满态射（epimorphism） 双态射（bimorphism） 设 $f\in\mathrm{Hom}(A,\ B)$。如果对于任意对象 C，任意 g_1，$g_2\in\mathrm{Hom}(C,\ A)$，有左消去律：

$$fg_1=fg_2\ \Rightarrow\ g_1=g_2,$$

则称 f 是一个单态射。

如果对于任意对象 D，任意 h_1，$h_2\in\mathrm{Hom}(B,\ D)$，有右消去律：

$$h_1f=h_2f\ \Rightarrow\ h_1=h_2,$$

则称 f 是一个满态射。

既是单态射又是满态射的态射，称为双态射。

注（定义1-3-1）

（1）单态射与满态射是对偶概念。或者说：

f: $A\to B$ 是 $\mathcal{C}$ 中单（满）态射 $\Leftrightarrow$ f^{op}: $B^{\mathrm{op}}\to A^{\mathrm{op}}$ 是 $\mathcal{C}^{\mathrm{op}}$ 中满（单）态射。

$S(\mathcal{C})$：设 $f\in\mathrm{Hom}(A,\ B)$，如果对于任意对象 C，任意 g_1，$g_2\in\mathrm{Hom}(C,\ A)$，有 $fg_1=fg_2\Rightarrow g_1=g_2$，则称 f 是一个单态射。

$S(\mathcal{C}^{\mathrm{op}})$：设 $f^{\mathrm{op}}\in\mathrm{Hom}(A^{\mathrm{op}},\ B^{\mathrm{op}})$，如果对于任意对象 C^{op}，任意 g_1^{op}，$g_2^{\mathrm{op}}\in\mathrm{Hom}(C^{\mathrm{op}},\ A^{\mathrm{op}})$，有 $f^{\mathrm{op}}g_1^{\mathrm{op}}=f^{\mathrm{op}}g_2^{\mathrm{op}}\Rightarrow g_1^{\mathrm{op}}=g_2^{\mathrm{op}}$ ［根据定义1-2-1（3）可知，即 $(g_1f)^{\mathrm{op}}=(g_2f)^{\mathrm{op}}\Rightarrow g_1^{\mathrm{op}}=g_2^{\mathrm{op}}$］，则称 f^{op} 是一个单态射。

$S^{\mathrm{op}}(\mathcal{C}^{\mathrm{op}})$：设 $f\in\mathrm{Hom}(B,\ A)$，如果对于任意对象 C，任意 g_1，$g_2\in\mathrm{Hom}(A,\ C)$，有 $g_1f=g_2f\Rightarrow g_1=g_2$，则称 f 是一个满态射。

（2）将一句有关 $\mathcal{C}^{\mathrm{op}}$ 的陈述语 $S(\mathcal{C}^{\mathrm{op}})$ 翻译成 $S^{\mathrm{op}}(\mathcal{C})$ 时，必须将 $S(\mathcal{C}^{\mathrm{op}})$ 中的单（满）

态射改成满（单）态射［注（定义1-2-2）］。

命题1-3-1　恒等态射是双态射。

证明　$h_1 1=h_2 1\Rightarrow h_1=h_2$ 表明1是满态射，$1g_1=1g_2\Rightarrow g_1=g_2$ 表明1是单态射。证毕。

定理1-3-1　fg是满态射 $\Rightarrow$ f 是满态射。

证明　设 $h_1 f=h_2 f$，则 $h_1 fg=h_2 fg$，由于 fg 是满态射，所以 $h_1=h_2$，这表明 f 是满态射。证毕。

定理1-3-1′　fg是单态射 $\Rightarrow$ g 是单态射。

证明　由定理1-3-1与对偶原则可得。

根据定理1-3-1，$(gf)^{op}=f^{op}g^{op}$ 是满态射 $\Rightarrow f^{op}$ 是满态射，即 gf 是单态射 $\Rightarrow f$ 是单态射［注（定义1-3-1）］。证毕。

定理1-3-2　同构是双态射。

证明　设 f 是同构，则 g 满足 $fg=1$，$gf=1$。由于1既是单态射又是满态射（命题1-3-1），因此根据定理1-3-1和定理1-3-1′知 f 既是单态射又是满态射。证毕。

注（定理1-3-2）　在一般范畴中，定理1-3-2的逆命题未必成立。

定理1-3-3　在群范畴$\mathcal{G}$中，有

$$单（满）态射 \Leftrightarrow 单（满）同态。$$

证明　设 $f\in \mathrm{Hom}_{\mathcal{G}}(A,B)$。

f 是单同态 $\Rightarrow f$ 是单态射：命题A-5（2）。

f 是单态射 $\Rightarrow f$ 是单同态：记 $K=\ker f\subseteq A$，令 i：$K\to A$ 是包含同态，e：$K\to A$ 把 K 中元素映为 A 中单位元。显然，$fi=fe$（它们都把 K 中元素映为 B 中单位元），由于 f 是单态射，所以 $i=e$。由此可知，K 中只有单位元，因此 f 是单同态（定理B-2）。

f 是满同态 $\Rightarrow f$ 是满态射：命题A-5（1）。

f 是满态射 $\Rightarrow f$ 是满同态：假设 f 不是满同态，记

$$H=f(A)。$$

由于 f 不满，所以 H 是 B 的真子群。令

$$\Phi=\mathrm{Hom}_{\mathcal{S}}(B,Z_2),$$

其中，$\mathcal{S}$是集合范畴，$Z_2=Z/2Z=\{\bar{0},\bar{1}\}$。定义$\Phi$中加法：对于 φ，$\varphi'\in\Phi$，令

$$(\varphi+\varphi')(x)=\varphi(x)+\varphi'(x),\ \forall x\in B。$$

这样，Φ成为一个交换群。

显然，对于 $\forall y\in Z_2$ 有 $y+y=\bar{0}$，所以有

$$\varphi+\varphi=0,\ \forall\varphi\in\Phi。\qquad（1-3-1）$$

定义 B 与Φ的乘法：对于 $b\in B$，$\varphi\in\Phi$，令

$$(b\varphi)(x)=\varphi(xb),\ \forall x\in B。$$

显然 $b\varphi\in\Phi$。记 1 是 B 的单位元，则有

$$1\varphi=\varphi,\ \forall\varphi\in\Phi。\tag{1-3-2}$$

记 $0\in\Phi$ 是零映射，它把 B 中任意元映为 $\bar{0}$，则有

$$b0=0,\ \forall b\in B。\tag{1-3-3}$$

对于 $\forall x\in B$ 有

$$b(\varphi+\varphi')(x)=(\varphi+\varphi')(xb)=\varphi(xb)+\varphi'(xb)=(b\varphi)(x)+(b\varphi')(x),$$

即

$$b(\varphi+\varphi')=b\varphi+b\varphi'。\tag{1-3-4}$$

有

$$((bb')\varphi)(x)=\varphi(x(bb'))=\varphi((xb)b')=(b'\varphi)(xb)=(b(b'\varphi))(x),$$

即

$$(bb')\varphi=b(b'\varphi)。\tag{1-3-5}$$

令集合

$$S=\{(\varphi,\ b)|\varphi\in\Phi,\ b\in B\}。$$

定义 S 中的乘法：对于 $(\varphi,\ b)$，$(\varphi',\ b')\in S$，令

$$(\varphi,\ b)(\varphi',\ b')=(\varphi+b\varphi',\ bb'),\tag{1-3-6}$$

有

$$((\varphi,\ b)(\varphi',\ b'))(\varphi'',\ b'')=(\varphi+b\varphi',\ bb')(\varphi'',\ b'')=(\varphi+b\varphi'+(bb')\varphi'',\ bb'b''),\tag{1-3-7}$$

$$(\varphi,\ b)((\varphi',\ b')(\varphi'',\ b''))=(\varphi,\ b)(\varphi'+b'\varphi'',\ b'b'')=(\varphi+b(\varphi'+b'\varphi''),\ bb'b'')。$$

根据式（1-3-4），有

$$上式=(\varphi+b\varphi'+b(b'\varphi''),\ bb'b'')。$$

根据式（1-3-5），有

$$上式=(\varphi+b\varphi'+(bb')\varphi'',\ bb'b'')。$$

对比上式与式（1-3-7）可知，S 中的乘法满足结合律。根据式（1-3-3）有

$$(\varphi,\ b)(0,\ 1)=(\varphi+b0,\ b)=(\varphi,\ b),$$

根据式（1-3-2）有

$$(0,\ 1)(\varphi,\ b)=(0+1\varphi,\ b)=(\varphi,\ b),$$

表明 $(0,\ 1)$ 是 S 的单位元。根据式（1-3-1）、式（1-3-2）、式（1-3-5）有

$(\varphi, b)(b^{-1}\varphi, b^{-1})=(\varphi+b(b^{-1}\varphi), 1)=(\varphi+(bb^{-1})\varphi, 1)=(\varphi+1\varphi, 1)=(\varphi+\varphi, 1)=(0, 1)$，根据式（1-3-1）、式（1-3-3）、式（1-3-4）有

$$(b^{-1}\varphi, b^{-1})(\varphi, b)=(b^{-1}\varphi+b^{-1}\varphi, 1)=(b^{-1}(\varphi+\varphi), 1)=(b^{-1}0, 1)=(0, 1),$$

表明 (φ, b) 有逆元 $(b^{-1}\varphi, b^{-1})$。因此 S 是一个群，即 $S\in\mathrm{Obj}\mathcal{G}$。

令 $\psi\in\Phi$ 为

$$\psi(b)=\begin{cases}\bar{1}, & b\in H\\ \bar{0}, & b\in B\backslash H\end{cases}。\tag{1-3-8}$$

设 $b\in H$。若 $x\in H$，则 $\psi(x)=\bar{1}$，由于 $xb\in H$，所以 $b\psi(x)=\psi(xb)=\bar{1}$，从而 $(\psi+b\psi)(x)=\psi(x)+b\psi(x)=\bar{1}+\bar{1}=\bar{0}$。若 $x\in B\backslash H$，则 $\psi(x)=\bar{0}$，由于 $xb\in B\backslash H$（命题B-20），所以 $b\psi(x)=\psi(xb)=\bar{0}$，从而 $(\psi+b\psi)(x)=\psi(x)+b\psi(x)=\bar{0}$，表明当 $b\in H$ 时 $\psi+b\psi=0$。

设 $b\in B\backslash H$。若 $x\in H$，则 $\psi(x)=\bar{1}$，由于 $xb\in B\backslash H$（命题B-20），所以 $b\psi(x)=\psi(xb)=\bar{0}$，从而 $(\psi+b\psi)(x)=\psi(x)+b\psi(x)=\bar{1}$，表明当 $b\in B\backslash H$ 时，$\psi+b\psi\neq 0$。综上，可得

$$\psi+b\psi\begin{cases}=0, & b\in H\\ \neq 0, & b\in B\backslash H\end{cases}。\tag{1-3-9}$$

令

$$g_1:\ B\to S,\ b\mapsto(0, b),$$

$$g_2:\ B\to S,\ b\mapsto(\psi+b\psi, b)。$$

由式（1-3-9）知

$$g_1|_H=g_2|_H,\ g_1|_{B\backslash H}\neq g_2|_{B\backslash H},\tag{1-3-10}$$

表明

$$g_1\neq g_2。\tag{1-3-11}$$

由式（1-3-3）可得

$$g_1(b)g_1(b')=(0, b)(0, b')=(0+b0, bb')=(0, bb')=g_1(bb'),$$

表明 g_1 是群同态，即 $g_1\in\mathrm{Hom}_{\mathcal{G}}(B, S)$。由式（1-3-4）可得

$$g_2(b)g_2(b')=(\psi+b\psi, b)(\psi+b'\psi, b')=(\psi+b\psi+b(\psi+b'\psi), bb')$$

$$=(\psi+b\psi+b\psi+b(b'\psi), bb')=(\psi+b(\psi+\psi)+b(b'\psi), bb'),$$

根据式（1-3-1）和式（1-3-5），有

$$\text{上式}=(\psi+(bb')\psi, bb')=g_2(bb'),$$

表明 g_2 是群同态，即 $g_2\in\mathrm{Hom}_{\mathcal{G}}(B, S)$。

对于 $\forall a \in A$ 有

$$g_1 f(a) = \left(g_1|_H\right) f(a), \quad g_2 f(a) = \left(g_2|_H\right) f(a),$$

由式（1-3-10）可得

$$g_1 f = g_2 f。$$

由上式与式（1-3-11）知 f 不是满态射，矛盾。证毕。

命题1-3-2 在范畴$\mathcal{S}$中（命题A-5），有

单（满）态射 $\Leftrightarrow$ 单（满）映射。

在范畴$\mathcal{G}$，$\mathcal{A}b$，${}_R\mathcal{M}$中（定理1-3-3，命题2-1-12），有

单（满）态射 $\Leftrightarrow$ 单（满）同态。

命题1-3-3 在范畴$\mathcal{S}$，$\mathcal{G}$，$\mathcal{A}b$，${}_R\mathcal{M}$中，有

同构 $\Leftrightarrow$ 双态射。

证明 $\Rightarrow$：定理1-3-2。

$\Leftarrow$：根据命题1-3-2可知，双态射就是既单且满的映射或同态，也就是同构（命题A-7）。证毕。

命题1-3-4 若范畴$\mathcal{C}$有零对象，则对于任意对象A，0_{0A}是单态射，0_{A0}是满态射。

证明 设 $0_{0A} f = 0_{0A} g$，这里 f，g：$B \to 0$，而 $\mathrm{Hom}(B, 0) = \{0_{B0}\}$，所以 $f = g = 0_{B0}$，表明0_{0A}是单态射。根据对偶原则，0_{A0}是满态射。证毕。

命题1-3-5

（1）0_{AB}是单态射 $\Rightarrow$ A是终对象。

（2）0_{AB}是满态射 $\Rightarrow$ B是始对象。

证明 只证（1），可由对偶原则得到（2）。

对于任意对象C，任意态射 f，$g \in \mathrm{Hom}(C, A)$，由命题1-2-11可得 $0_{AB} f = 0_{AB} g = 0_{CA}$，若$0_{AB}$是单态射，则 $f = g$，说明 $\mathrm{Hom}(C, A)$ 是单元集，因此A是终对象。证毕。

命题1-3-6 若σ是同构，则

（1）$f\sigma$ 是单（满）态射 $\Leftrightarrow f$ 是单（满）态射。

（2）σf 是单（满）态射 $\Leftrightarrow f$ 是单（满）态射。

证明 只证（1）。

$f\sigma$ 是单态射 $\Rightarrow f$ 是单态射：设 $fg_1 = fg_2$，则 $(f\sigma)(\sigma^{-1} g_1) = (f\sigma)(\sigma^{-1} g_2)$。由于 $f\sigma$ 是单态射，所以 $\sigma^{-1} g_1 = \sigma^{-1} g_2$，从而 $g_1 = g_2$，说明 f 是单态射。

f 是单态射 $\Rightarrow f\sigma$ 是单态射：$(f\sigma)\sigma^{-1} = f$ 是单态射，由上述结论知 $f\sigma$ 是单态射。

$f\sigma$ 是满态射 $\Rightarrow f$ 是满态射：定理1–3–1。

f 是满态射 $\Rightarrow f\sigma$ 是满态射：$(f\sigma)\sigma^{-1}=f$ 是满态射，由定理1–3–1知 $f\sigma$ 是满态射。证毕。

命题1–3–7 设有态射列 $A\xrightarrow{f}B\xrightarrow{g}C$，则

f 和 g 都是单（满）态射 $\Rightarrow$ gf 是单（满）态射。

证明 只证单态射的情况。设 $gfh_1=gfh_2$，由于 g 是单态射，所以 $fh_1=fh_2$（左消去），而 f 是单态射，所以 $h_1=h_2$（左消去），因此 gf 是单态射。证毕。

命题1–3–8 设有交换图：

$$\begin{array}{ccc} A & \xrightarrow{f} & B \\ \alpha\downarrow & & \downarrow\beta \\ A & \xrightarrow{f'} & B \end{array},$$

即 $\beta f=f'\alpha$，则

（1）若 f，β 是单态射，则 α 是单态射。

（2）若 f'，α 是满态射，则 β 是满态射。

证明 （1）由命题1–3–7知 βf 是单态射，即 $f'\alpha$ 是单态射，由定理1–3–1′知 α 是单态射。

（2）由命题1–3–7知 $f'\alpha$ 是满态射，即 βf 是满态射，由定理1–3–1知 β 是满态射。证毕。

1.4 核与余核

定义1–4–1 核（kernel） 设范畴 $\mathcal{C}$ 有零对象，从而有零态射（定理1–2–1）。对于态射 $f\in \mathrm{Hom}_{\mathcal{C}}(A, B)$，若有 $\mathcal{C}$ 中对象 K 与态射 $\eta\in \mathrm{Hom}_{\mathcal{C}}(K, A)$ 满足以下条件：

（1）η 是单态射；

（2）$f\eta=0$；

（3）任意 $\mathcal{C}$ 中对象 D，任意 $g\in \mathrm{Hom}_{\mathcal{C}}(D, A)$，若 $fg=0$，则存在 $\tau\in \mathrm{Hom}_{\mathcal{C}}(D, K)$，使得 $g=\eta\tau$，即有交换图：

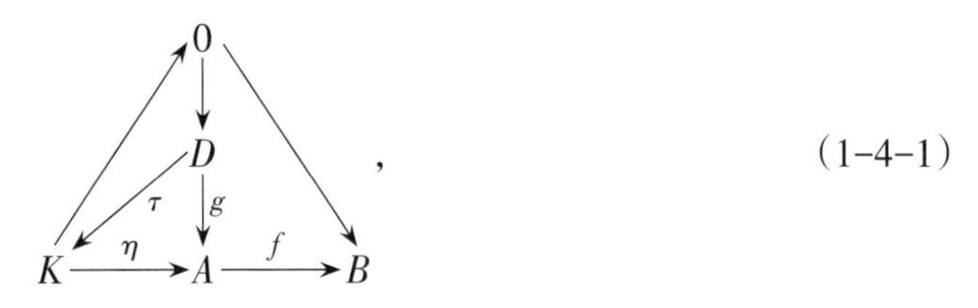

，（1–4–1）

则称序对(K, η)为f的核，记作

$$\ker f=(K, \eta)。$$

有时也省略K或η，简记为

$$\ker f=\eta \text{ 或 } \ker f=K。$$

命题1-4-1 在范畴$\mathcal{G}$，$\mathcal{A}b$，${}_R\mathcal{M}$中，$f: A\to B$的核为

$$\ker f=(f^{-1}(0), i)。$$

其中，$i: f^{-1}(0)\to A$是包含同态。

证明 i是单同态，由命题1-3-2知i是单态射。显然$fi=0$。设$g: D\to A$满足$fg=0$，则$g(D)\subseteq f^{-1}(0)$。令

$$\tau: D\to f^{-1}(0), d\mapsto g(d),$$

则对于$\forall d\in D$有$i\tau(d)=g(d)$，即$g=i\tau$。证毕。

定理1-4-1 设范畴$\mathcal{C}$有零对象，K，A，$B\in \mathrm{Obj}\mathcal{C}$，$f\in \mathrm{Hom}_{\mathcal{C}}(A, B)$，$\eta\in \mathrm{Hom}_{\mathcal{C}}(K, A)$，则$\ker f=(K, \eta)$的充分必要条件如下。

（1）$f\eta=0$；

（2）泛性质（universal property）：对于任意$\mathcal{C}$中对象D，任意$g\in \mathrm{Hom}_{\mathcal{C}}(D, A)$，若$fg=0$，则存在唯一的$\tau\in \mathrm{Hom}_{\mathcal{C}}(D, K)$，使得$g=\eta\tau$。

证明 必要性：若有$\tau'\in \mathrm{Hom}_{\mathcal{C}}(D, K)$使得$g=\eta\tau'$，则$\eta\tau=\eta\tau'$，由于$\eta$是单态射，所以$\tau=\tau'$，即$\tau$是唯一的。

充分性：设$\eta\tau_1=\eta\tau_2=g$，其中τ_1，$\tau_2\in \mathrm{Hom}_{\mathcal{C}}(D, K)$。由于$f\eta=0$，所以$fg=f\eta\tau_1=f\eta\tau_2=0$（命题1-2-11）。根据条件（2）的唯一性知$\tau_1=\tau_2$，因此$\eta$是单态射。证毕。

命题1-4-2 设(K, η)是f的核，若$\varphi: K'\to K$是同构，则$(K', \eta\varphi)$也是f的核。

证明 由命题1-3-6知$\eta\varphi$是单态射，有$f(\eta\varphi)=(f\eta)\varphi=0$（命题1-2-11）。设$g: D\to A$满足$fg=0$，则存在$\tau: D\to K$，使得$g=\eta\tau$，即$g=(\eta\varphi)(\varphi^{-1}\tau)$，表明$(K', \eta\varphi)$也是$f$的核。证毕。

命题1-4-3 态射$f: A\to B$的核如果存在，则本质上唯一。

具体地说，如果f有两个核(K, η)与(K', η')，那么存在同构$\tau: K'\to K$，使得$\eta'=\eta\tau$，即

$$\begin{array}{ccccc} K & \xrightarrow{\eta} & A & \xrightarrow{f} & B \\ \uparrow{\scriptstyle\tau} & \nearrow{\scriptstyle\eta'} & & & \\ K' & & & & \end{array}。$$

证明　有 $f\eta'=0$，在定义1-4-1（3）中取 $D=K'$，$g=\eta'$，则存在 τ：$K'\to K$，使得

$$\eta'=\eta\tau。$$

同样地，有 $f\eta=0$，存在 τ'：$K\to K'$，使得

$$\eta=\eta'\tau'。$$

由以上两式得

$$\eta(\tau\tau')=(\eta\tau)\tau'=\eta'\tau'=\eta=\eta 1_K。$$

由于 η 是单态射，所以 $\tau\tau'=1_K$。同样可得 $\tau'\tau=1_{K'}$。表明 τ 是同构。证毕。

注（命题1-4-3）　由命题1-4-2和命题1-4-3可知，核 $\ker f$ 是一个同构类，$\ker f=(K,\ \eta)$，表示 $(K,\ \eta)$ 是这个同构类中的一个代表。后面的余核也是如此。同样地，积与余积、像与余像、正向极限与反向极限等都是同构类。

定义1-4-2　余核（cokernel）　设范畴 $\mathcal{C}$ 有零对象（从而有零态射），对于态射 $f\in \mathrm{Hom}_{\mathcal{C}}(A,\ B)$，若有 $\mathcal{C}$ 中对象 W 与态射 $\pi\in\mathrm{Hom}_{\mathcal{C}}(B,\ W)$ 满足以下条件：

（1）π 是满态射；

（2）$\pi f=0$；

（3）任意 $\mathcal{C}$ 中对象 C，任意 $g\in\mathrm{Hom}_{\mathcal{C}}(B,\ C)$，若 $gf=0$，则存在 $\tau\in\mathrm{Hom}_{\mathcal{C}}(W,\ C)$，使得 $g=\tau\pi$，即有交换图：

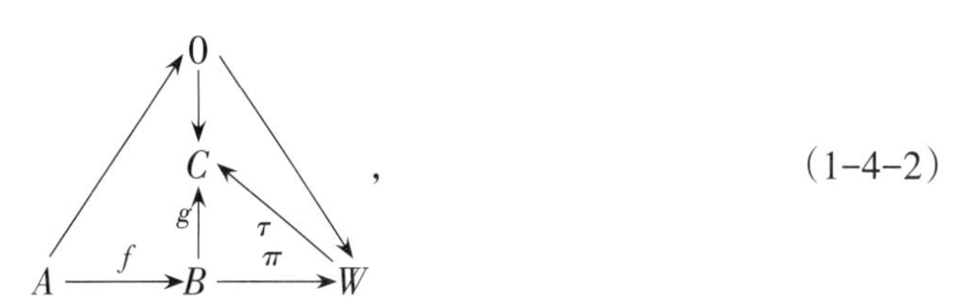

则把序对 $(W,\ \pi)$ 称为 f 的余核，记作

$$\mathrm{Coker} f=(W,\ \pi)。$$

有时也省略 W 或 π，简记为

$$\mathrm{Coker} f=\pi \text{ 或 } \mathrm{Coker} f=W。$$

注（定义1-4-2）　余核是核的对偶概念，即

$$\mathrm{Coker} f=\pi \iff \ker f^{\mathrm{op}}=\pi^{\mathrm{op}}。$$

在范畴 $\mathcal{C}^{\mathrm{op}}$ 中，取 $f^{\mathrm{op}}\in\mathrm{Hom}_{\mathcal{C}^{\mathrm{op}}}(B^{\mathrm{op}},\ A^{\mathrm{op}})$，$\ker f^{\mathrm{op}}=(W^{\mathrm{op}},\ \pi^{\mathrm{op}})$，则式（1-4-1）为

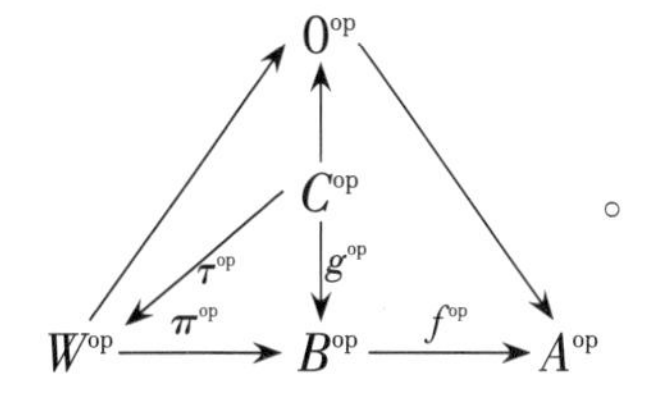

翻译到范畴 $\mathcal{C}$（命题1-2-3）即为式（1-4-2）：

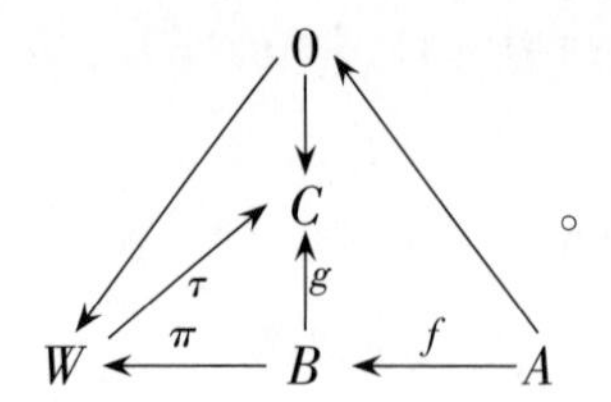

。

定理1-4-2（定理1-4-1的对偶定理） 设范畴$\mathcal{C}$有零对象，A，B，$W\in \mathrm{Obj}\mathcal{C}$，$f\in \mathrm{Hom}_{\mathcal{C}}(A,\ B)$，$\pi\in \mathrm{Hom}_{\mathcal{C}}(B,\ W)$，则 $\mathrm{Coker}f=(W,\ \pi)$ 的充分必要条件如下。

（1） $\pi f=0$；

（2）（泛性质）任意$\mathcal{C}$中对象C，任意 $g\in \mathrm{Hom}_{\mathcal{C}}(B,\ C)$，若 $gf=0$，则存在唯一的$\tau\in \mathrm{Hom}_{\mathcal{C}}(W,\ C)$，使得 $g=\tau\pi$。

命题1-4-4 设$(W,\ \pi)$是 f 的余核，若 φ：$W\rightarrow W'$ 是同构，则$(W',\ \varphi\pi)$也是 f 的余核。

命题1-4-5 态射 f：$A\rightarrow B$ 的余核如果存在，则本质上唯一。

具体地说，如果 f 有两个余核$(W,\ \pi)$与$(W',\ \pi')$，那么存在同构 τ：$W\rightarrow W'$，使得 $\pi'=\tau\pi$，即

$$\begin{array}{ccccc} A & \xrightarrow{f} & B & \xrightarrow{\pi} & W \\ & & & \searrow^{\pi'} & \downarrow{\tau} \\ & & & & W' \end{array}$$

。

命题1-4-6 在范畴$\mathcal{A}b$和${}_R\mathcal{M}$中，f：$A\rightarrow B$ 的余核为

$$\mathrm{Coker}f=\big(B/f(A),\ \pi\big),$$

其中，π：$B\rightarrow B/f(A)$ 是自然同态。

证明 π是满同态，由命题1-3-2知π是满态射。显然 $\pi f=0$。设 g：$B\rightarrow C$ 满足 $gf=0$，由于 $g\big(f(A)\big)=0$，由命题2-1-14′知 g 诱导同态：

$$\bar{g}:B/f(A)\rightarrow C,\ b+f(A)\mapsto g(b)$$

满足 $\bar{g}\pi=g$。证毕。

命题1-4-7 在群范畴$\mathcal{G}$中，f：$A\rightarrow B$ 的余核为

$$\mathrm{Coker}f=(B/H,\ \pi),$$

其中，H 是 $f(A)$ 的正规闭包（ B 中所有包含 $f(A)$ 的正规子群之交），π：$B\rightarrow B/H$ 是自然同态。

证明 显然π是满同态，从而是满态射（定理1-3-3）。由于 $f(A)\subseteq H$，所以（这里是加法群） $\pi f=0$。

设 g：$B\rightarrow C$ 满足 $gf=0$，记 N 是 g 的同态核，则 $f(A)\subseteq N$。由命题B-21知 N 是 B 的正规子群，由命题B-22知 $H\subseteq N$。根据命题B-5，有同态：

$$\tau: B/H \to B/N,\ b+H \mapsto b+N。$$

令

$$\pi' = \tau\pi: B \to B/N,\ b \mapsto b+N。$$

根据命题B-5′，有同态 $\bar{g}: B/N \to C$ 满足

$$g = \bar{g}\pi'。$$

令

$$\tau' = \bar{g}\tau: B/H \to C,$$

则

$$g = \bar{g}\pi' = \bar{g}\tau\pi = \tau'\pi。$$

由定义1-4-2知 $\mathrm{Coker} f = (B/H,\ \pi)$。证毕。

定理1-4-3　设范畴$\mathcal{C}$有零对象（从而有零态射），则可得以下条件。

（1）f 是单态射 $\Rightarrow \ker f = (0,\ 0)$（前一个0是零对象，后一个0是零态射）；

（2）f 是满态射 $\Rightarrow \mathrm{Coker} f = (0,\ 0)$。

证明　只证（1），设 $f: A \to B$。由命题1-3-4知 $0_{0A}: 0 \to A$ 是单态射。由命题1-2-11知 $f0_{0A} = 0_{0B}$。设 $g: D \to A$ 满足 $fg = 0_{DB}$，则

$$fg = 0_{DB} = 0_{0B}0_{D0} = f0_{0A}0_{D0}。$$

由于 f 是单态射，所以 $g = 0_{0A}0_{D0}$。由定义1-4-1可知 $\ker f = (0,\ 0_{0A})$。证毕。

注（定理1-4-3）　定理1-4-3的逆命题一般不成立。

命题1-4-8　$\ker 0_{AB} = (A,\ 1_A)$，$\mathrm{Coker}\, 0_{AB} = (B,\ 1_B)$。

证明　由命题1-3-1知 1_A 是单态射。由命题1-2-11知 $0_{AB}1_A = 0$。设 $g: D \to A$ 满足 $0_{AB}g = 0$，则 $g = 1_A g$，由定义1-4-1可知 $\ker 0_{AB} = (A,\ 1_A)$。

由命题1-3-1知 1_B 是满态射。由命题1-2-11知 $1_B 0_{AB} = 0$。设 $g: B \to C$ 满足 $g0_{AB} = 0$，则 $g = g1_B$，由定义1-4-2可知 $\mathrm{Coker}\, 0_{AB} = (B,\ 1_B)$。证毕。

注（命题1-4-8）　零态射的核与余核都是同构的。

证明　由命题1-4-3、命题1-4-5、命题1-4-8可得。证毕。

命题1-4-9　在范畴$\mathcal{Ab}$和${}_R\mathcal{M}$中，设 $f: A \to B$ 是同态，记 f 在值域上的限制：

$$\tilde{f}: A \to f(A),\ x \mapsto f(x),$$

有包含同态：

$$i: f(A) \to B,\ i': f^{-1}(0) \to A,$$

有自然同态：

$$\pi: B \to B/f(A),$$

那么可得

$$\tilde{f} = \mathrm{Coker}\, i',\ i' = \ker \tilde{f},$$

$$\pi=\operatorname{Coker} i,\quad i=\ker\pi。$$

证明 显然 $\pi^{-1}(0)=f(A)$，由命题1-4-1知 $i=\ker\pi$。由命题1-4-6知 $\pi=\operatorname{Coker} i$。由命题1-4-1知 $i'=\ker\tilde{f}$。由命题1-4-6知 $\operatorname{Coker} i'=\pi'$，这里 π'：$A\to A/f^{-1}(0)$ 是自然同态。由同态基本定理知有同构：

$$\varphi：A/f^{-1}(0)\to f(A),\quad a+f^{-1}(0)\mapsto f(a)。$$

由命题1-4-4知 $\varphi\pi'=\operatorname{Coker} i'$。而 $\varphi\pi'=\tilde{f}$，所以 $\tilde{f}=\operatorname{Coker} i'$。证毕。

命题1-4-10 在有零对象的范畴中，态射 f：$A\to B$，η：$K\to A$，同构 β：$B\to B'$，则

$$\eta=\ker f\iff\eta=\ker(\beta f)。$$

命题1-4-11（命题1-4-10的对偶） 在有零对象的范畴中，态射 f：$A\to B$，π：$B\to W$，同构 α：$A'\to A$，则

$$\pi=\operatorname{Coker} f\iff\pi=\operatorname{Coker}(f\alpha)。$$

证明 $\Rightarrow$：由于 $\pi f=0$ [定义1-4-2（2）]，所以 $\pi f\alpha=0$。设 g：$B\to C$ 且 $gf\alpha=0$，由于 α 满（定理1-3-2），所以 $gf=0$（右消去）。由于 $\pi=\operatorname{Coker} f$，根据定义1-4-2（3），存在 τ：$W\to C$，使得 $g=\tau\pi$。显然 π 满。于是由定义1-4-2知 $\pi=\operatorname{Coker}(f\alpha)$。

$\Leftarrow$：由于 $f=(f\alpha)\alpha^{-1}$，可由上面的结论得到 $\pi=\operatorname{Coker} f$。证毕。

命题1-4-12 在有零对象的范畴中，有态射 f：$A\to B$，单态射 λ：$B\to C$，那么可得

$$\ker f=\ker(\lambda f)。$$

证明 记 $(K,\ \eta)=\ker f$，当然 η 单，且 $f\eta=0$。记 $\tilde{f}=\lambda f$：$A\to C$，则 $\tilde{f}\eta=0$。设 g：$D\to A$ 满足 $\tilde{f}g=0$，即 $\lambda fg=0$，由于 λ 单，所以 $fg=0$（左消去）。由于 $\eta=\ker f$，所以存在 τ：$D\to K$，使得 $g=\eta\tau$，这表明 $\eta=\ker\tilde{f}$。证毕。

命题1-4-13 在有零对象的范畴中，有态射 f：$A\to B$，满态射 p：$C\to A$，那么可得

$$\operatorname{Coker} f=\operatorname{Coker}(fp)。$$

证明 这是命题1-4-12的对偶。证毕。

1.5 积与余积

定义1-5-1 积（product） 直积（direct product） 设 $\{A_i\}_{i\in I}$ 是范畴 $\mathcal{C}$ 中的一族对象。如果 $\mathcal{C}$ 中对象 A 与一族态射 $\{\pi_i\in\operatorname{Hom}_{\mathcal{C}}(A,\ A_i)\}_{i\in I}$ 具有泛性质：对任何 $A'\in\operatorname{Obj}\mathcal{C}$，任

何态射族 $\{\pi_i' \in \mathrm{Hom}_{\mathcal{C}}(A', A_i)\}_{i\in I}$，如果 $\mathrm{Hom}_{\mathcal{C}}(A', A)$ 非空，则存在唯一的 $f\in \mathrm{Hom}_{\mathcal{C}}(A', A)$，使得

$$\pi_i' = \pi_i f\text{，即}\quad \begin{array}{ccc} A & \xrightarrow{\pi_i} & A_i \\ {\scriptstyle f}\uparrow & \nearrow_{\pi_i'} & \\ A' & & \end{array}\text{，}\forall i\in I,$$

则称 $\left(A, \{\pi_i\}_{i\in I}\right)$ 是 $\{A_i\}_{i\in I}$ 的积或直积，记为

$$\left(A, \{\pi_i\}_{i\in I}\right) = \prod_{i\in I} A_i \text{ 或 } A = \prod_{i\in I} A_i\text{。}$$

定义 1-5-2　余积（coproduct）　直和（direct sum）　设 $\{A_i\}_{i\in I}$ 是范畴 $\mathcal{C}$ 中的一族对象。如果 $\mathcal{C}$ 中对象 A 与一族态射 $\{\lambda_i \in \mathrm{Hom}_{\mathcal{C}}(A_i, A)\}_{i\in I}$ 具有泛性质：对任何 $A' \in \mathrm{Obj}\mathcal{C}$，任何态射族 $\{\lambda_i' \in \mathrm{Hom}_{\mathcal{C}}(A_i, A')\}_{i\in I}$，如果 $\mathrm{Hom}_{\mathcal{C}}(A, A')$ 非空，则存在唯一的 $g\in \mathrm{Hom}_{\mathcal{C}}(A, A')$，使得

$$\lambda_i' = g\lambda_i\text{，即}\quad \begin{array}{ccc} A_i & \xrightarrow{\lambda_i} & A \\ {\scriptstyle \lambda_i'}\downarrow & \swarrow_{g} & \\ A' & & \end{array}\text{，}\forall i\in I,$$

则称 $\left(A, \{\lambda_i\}_{i\in I}\right)$ 是 $\{A_i\}_{i\in I}$ 的余积或直和，记为

$$\left(A, \{\lambda_i\}_{i\in I}\right) = \coprod_{i\in I} A_i \text{ 或 } \left(A, \{\lambda_i\}_{i\in I}\right) = \bigoplus_{i\in I} A_i$$

或

$$A = \coprod_{i\in I} A_i \text{ 或 } A = \bigoplus_{i\in I} A_i\text{。}$$

注（定义 1-5-2）　余积与积是对偶概念，即

$$\left(A, \{\pi_i\}_{i\in I}\right) = \prod_{i\in I} A_i \iff \left(A^{\mathrm{op}}, \{\pi_i^{\mathrm{op}}\}_{i\in I}\right) = \coprod_{i\in I} A_i^{\mathrm{op}},$$

$$\left(A, \{\lambda_i\}_{i\in I}\right) = \coprod_{i\in I} A_i \iff \left(A^{\mathrm{op}}, \{\lambda_i^{\mathrm{op}}\}_{i\in I}\right) = \prod_{i\in I} A_i^{\mathrm{op}},$$

或者

$$\left(\prod_{i\in I} A_i\right)^{\mathrm{op}} = \coprod_{i\in I} A_i^{\mathrm{op}},\quad \left(\coprod_{i\in I} A_i\right)^{\mathrm{op}} = \prod_{i\in I} A_i^{\mathrm{op}}\text{。}$$

命题 1-5-1

（1）设 $\left(A, \{\pi_i\}_{i\in I}\right)$ 是 $\{A_i\}_{i\in I}$ 的积，则有

$$\left(\forall i\in I,\ \pi_i = \pi_i f\right) \iff f = 1_A\text{。}$$

（2）设 $\left(A, \{\lambda_i\}_{i\in I}\right)$ 是 $\{A_i\}_{i\in I}$ 的余积，则有

$$\left(\forall i\in I,\ \lambda_i = g\lambda_i\right) \iff g = 1_A\text{。}$$

证明　（1）定义 1-5-1 中取 $\pi_i' = \pi_i$，则满足 $\pi_i = \pi_i f$ 的 f 是唯一的。显然 $f = 1_A$ 满足。

（2）类似（1）可证。证毕。

命题1-5-2

（1）设 $\left(A, \{\pi_i\}_{i\in I}\right)$ 是 $\{A_i\}_{i\in I}$ 的积，如果 ψ：$A'\to A$ 是同构，则 $\left(A', \{\pi_i\psi\}_{i\in I}\right)$ 也是 $\{A_i\}_{i\in I}$ 的积。

（2）设 $\left(A, \{\lambda_i\}_{i\in I}\right)$ 是 $\{A_i\}_{i\in I}$ 的余积，如果 ψ：$A\to A'$ 是同构，则 $\left(A', \{\psi\lambda_i\}_{i\in I}\right)$ 也是 $\{A_i\}_{i\in I}$ 的余积。

证明　（1）对任何 $\tilde{A}\in\mathrm{Obj}\mathcal{C}$，任何态射族 $\left\{\tilde{\pi}_i\in\mathrm{Hom}_{\mathcal{C}}\left(\tilde{A}, A_i\right)\right\}_{i\in I}$，存在唯一的 $\tilde{f}\in\mathrm{Hom}_{\mathcal{C}}(\tilde{A}, A)$，使得

$$\tilde{\pi}_i=\pi_i\tilde{f},\ \forall i\in I。$$

于是

$$\tilde{\pi}_i=\left(\pi_i\psi\right)\left(\psi^{-1}\tilde{f}\right),\ \forall i\in I。$$

这表明 $\left(A', \{\pi_i\psi\}_{i\in I}\right)$ 也是 $\{A_i\}_{i\in I}$ 的积。

（2）是（1）的对偶。证毕。

定理1-5-1　$\{A_i\}_{i\in I}$ 如果有积，则本质上唯一。$\{A_i\}_{i\in I}$ 如果有余积，则本质上唯一。

具体地说，若 $\left(A, \{\pi_i\}_{i\in I}\right)$ 和 $\left(A', \{\pi'_i\}_{i\in I}\right)$ 都是 $\{A_i\}_{i\in I}$ 的积，则有同构 ψ：$A'\to A$ 使得 $\pi'_i=\pi_i\psi$。

若 $\left(A, \{\lambda_i\}_{i\in I}\right)$ 和 $\left(A, \{\lambda'_i\}_{i\in I}\right)$ 都是 $\{A_i\}_{i\in I}$ 的余积，则有同构 ψ：$A\to A'$ 使得 $\lambda'_i=\psi\lambda_i$。

证明　由于 $\left(A, \{\pi_i\}_{i\in I}\right)$ 是积，根据定义1-5-1，存在 ψ：$A'\to A$，使得

$$\pi'_i=\pi_i\psi。$$

同样地，由于 $\left(A', \{\lambda'_i\}_{i\in I}\right)$ 是积，所以存在 φ：$A\to A'$，使得

$$\pi_i=\pi'_i\varphi。$$

由以上两式可得

$$\pi_i=\pi_i\psi\varphi,\ \pi'_i=\pi'_i\varphi\psi。$$

由命题1-5-1（1）知 $\psi\varphi=1_A$，$\varphi\psi=1_{A'}$，即 ψ 是同构。余积类似。证毕。

例1-5-1　取 $\mathcal{C}$ 为实数集 $\mathbf{R}$ 按大小关系构成的偏序小范畴［例1-1-2（1）］，即 $\mathcal{C}$ 的对象是实数，态射集：

$$\mathrm{Hom}_{\mathcal{C}}(a, b)=\begin{cases}\left\{\Gamma^a_b\right\}, & a\leqslant b\\ \varnothing, & a>b\end{cases}。$$

设 $\{a_i\}_{i\in I}$ 是 $\mathbf{R}$ 的子集，那么可得

$$\prod_{i\in I} a_i = \inf\{a_i\}_{i\in I},\quad \coprod_{i\in I} a_i = \sup\{a_i\}_{i\in I}。$$

注意上下确界未必存在，所以积与余积未必存在。

证明　记 $m=\inf\{a_i\}_{i\in I}$。对于 $a\leqslant m$（此时 $\mathrm{Hom}_{\mathcal{C}}(a,\ m)$ 非空）和 $\Gamma_{a_i}^{a}$，有

$$\begin{array}{ccc} m & \xrightarrow{\Gamma_{a_i}^{m}} & a_i \\ {\scriptstyle \Gamma_m^a}\uparrow & \nearrow {\scriptstyle \Gamma_{a_i}^{a}} & \\ a & & \end{array}。$$

这里的 Γ_m^a 当然是唯一的。对于 $a>m$，$\mathrm{Hom}_{\mathcal{C}}(a,\ m)$ 空。

记 $M=\sup\{a_i\}_{i\in I}$。对于 $M\leqslant a$（此时 $\mathrm{Hom}_{\mathcal{C}}(M,\ a)$ 非空）和 $\Gamma_a^{a_i}$，有

$$\begin{array}{ccc} a_i & \xrightarrow{\Gamma_M^{a_i}} & M \\ {\scriptstyle \Gamma_a^{a_i}}\downarrow & \swarrow {\scriptstyle \Gamma_a^{M}} & \\ a & & \end{array}。$$

对于 $M>a$，$\mathrm{Hom}_{\mathcal{C}}(M,\ a)$ 空。证毕。

例1-5-2　设 $\mathcal{C}$ 是例1-1-2（2）中的范畴，$\mathcal{C}$ 的对象是正整数，态射集为

$$\mathrm{Hom}_{\mathcal{C}}(a,\ b)=\begin{cases}\{\Gamma_b^a\},\ a|b\\ \varnothing,\ a\nmid b\end{cases}。$$

$\{a_i\}_{i\in I}$ 是一些正整数组成的集合，则

$$\prod_{i\in I} a_i = \{a_i\}_{i\in I}\text{ 的最大公因数},\quad \coprod_{i\in I} a_i = \{a_i\}_{i\in I}\text{ 的最小公倍数}。$$

证明　记 c 是 $\{a_i\}_{i\in I}$ 的最大公因数，若正整数 a 满足 $a|c$，则 $\mathrm{Hom}_{\mathcal{C}}(a,\ c)$ 非空。显然 $a|a_i$，对于 $\Gamma_{a_i}^{a}$，有

$$\begin{array}{ccc} c & \xrightarrow{\Gamma_{a_i}^{c}} & a_i \\ {\scriptstyle \Gamma_c^a}\uparrow & \nearrow {\scriptstyle \Gamma_{a_i}^{a}} & \\ a & & \end{array}。$$

若正整数 a 满足 $a\nmid c$，则 $\mathrm{Hom}_{\mathcal{C}}(a,\ c)$ 空。

记 d 是 $\{a_i\}_{i\in I}$ 的最小公倍数，若正整数 a 满足 $d|a$，则 $\mathrm{Hom}_{\mathcal{C}}(d,\ a)$ 非空。显然 $a_i|a$，对于 $\Gamma_a^{a_i}$，有

$$\begin{array}{ccc} c & \xrightarrow{\Gamma_d^{a_i}} & a_i \\ {\scriptstyle \Gamma_a^{a_i}}\downarrow & \swarrow {\scriptstyle \Gamma_a^{d}} & \\ a & & \end{array}。$$

若正整数 a 满足 $d\nmid a$，则 $\mathrm{Hom}_{\mathcal{C}}(d,\ a)$ 空。证毕。

命题1-5-3　在集合范畴 $\mathcal{S}$ 中，集合族 $\{A_i\}_{i\in I}$ 的积为

$$\left(A, \{\pi_i\}_{i\in I}\right) = \prod_{i\in I} A_i,$$

其中

$$A = \left\{(a_i)_{i\in I} \middle| a_i \in A_i\right\},$$

$$\pi_i: A \to A_i, \quad (a_i)_{i\in I} \mapsto a_i。$$

集合族$\{A_i\}_{i\in I}$的余积为

$$\left(\tilde{A}, \{\lambda_i\}_{i\in I}\right) = \coprod_{i\in I} A_i,$$

其中，$\tilde{A}$是$\{A_i\}_{i\in I}$的无交并，即

$$\lambda_i: A_i \to \tilde{A}, \quad a_i \mapsto a_i。$$

证明 任取集合A'与映射族$\{\pi'_i: A' \to A_i\}_{i\in I}$。对于$a' \in A'$，记

$$a_i = \pi'_i(a') \in A_i, \quad i \in I, \tag{1-5-1}$$

则$(a_i)_{i\in I} \in A$。令

$$f: A' \to A, \quad a' \mapsto (a_i)_{i\in I}, \tag{1-5-2}$$

有

$$\pi_i f(a') = \pi_i\left((a_i)_{i\in I}\right) = a_i = \pi'_i(a'),$$

所以可得

$$\pi'_i = \pi_i f。 \tag{1-5-3}$$

设另有$\tilde{f}: A' \to A$使得

$$\pi'_i = \pi_i \tilde{f},$$

则由式（1-5-1）有

$$\pi_i \tilde{f}(a') = \pi'_i(a') = a_i, \tag{1-5-4}$$

记

$$\tilde{f}(a') = (\tilde{a}_i)_{i\in I} \in A, \tag{1-5-5}$$

则

$$\pi_i \tilde{f}(a') = \pi_i\left((\tilde{a}_i)_{i\in I}\right) = \tilde{a}_i。 \tag{1-5-6}$$

对比式（1-5-4）和式（1-5-6）有

$$(a_i)_{i\in I} = (\tilde{a}_i)_{i\in I}。$$

由式（1-5-2）和式（1-5-5）知上式即

$$f(a') = \tilde{f}(a'),$$

所以$f=\tilde{f}$。这表明满足式（1-5-3）的f是唯一的，因此$\left(A, \{\pi_i\}_{i\in I}\right) = \prod_{i\in I} A_i$。

任取集合 A' 与映射族 $\{\lambda_i'\colon A_i \to A'\}_{i\in I}$，定义

$$g\colon \tilde{A} \to A',$$

$\forall x\in\tilde{A}$，由于 $\tilde{A}$ 是无交并，所以有唯一的 $i\in I$，使得 $x\in A_i$。令

$$g(x)=\lambda_i'(x)。$$

设 $x\in A_i$，则 $g\lambda_i(x)=g(x)=\lambda_i'(x)$，即

$$g\lambda_i=\lambda_i'。$$

设 $g\colon \tilde{A}\to A'$ 满足上式，则对于 $x\in A_i\subseteq\tilde{A}$，有 $g(x)=g\lambda_i(x)=\lambda_i'(x)$，说明 g 是由 λ_i' 唯一确定的。因此 $\left(\tilde{A},\ \{\lambda_i\}_{i\in I}\right)=\coprod_{i\in I}A_i$。证毕。

命题 1-5-4　在交换群范畴 $\mathcal{A}b$ 和模范畴 ${}_R\mathcal{M}$ 中，$\{A_i\}_{i\in I}$ 的积为

$$\left(A,\ \{\pi_i\}_{i\in I}\right)=\prod_{i\in I}A_i,$$

其中

$$A=\left\{(a_i)_{i\in I}\,\middle|\,a_i\in A_i\right\},$$

$$\pi_i\colon A\to A_i,\ (a_i)_{i\in I}\mapsto a_i。$$

A 中加法为

$$(a_i)_{i\in I}+(a_i')_{i\in I}=(a_i+a_i')_{i\in I},$$

标量乘法为

$$r(a_i)_{i\in I}=(ra_i)_{i\in I}。$$

$\{A_i\}_{i\in I}$ 的余积为

$$\left(\tilde{A},\ \{\lambda_i\}_{i\in I}\right)=\coprod_{i\in I}A_i,$$

其中

$$\tilde{A}=\left\{(a_i)_{i\in I}\,\middle|\,a_i\in A_i，\text{只有有限个}a_i\text{不为零}\right\},$$

$$\lambda_i\colon A_i\to\tilde{A},\ a_i\mapsto(\cdots,\ 0,\ a_i,\ 0,\ \cdots)。$$

$\tilde{A}$ 中加法为

$$(a_i)_{i\in I}+(a_i')_{i\in I}=(a_i+a_i')_{i\in I},$$

标量乘法为

$$r(a_i)_{i\in I}=(ra_i)_{i\in I}。$$

证明　积的证明类似命题1-5-3。下面证明余积。

任取一个交换群 C 与群同态族 $\{\lambda_i'\colon A_i\to C\}_{i\in I}$。令

$$g: \tilde{A} \to C,\ (a_i)_{i\in I} \mapsto \sum_{i\in I} \lambda_i'(a_i),$$

由于 $(a_i)_{i\in I}$ 中只有有限个 a_i 不为零，所以上式中的求和是有限项的和。显然 g 是群同态。对于 $\forall a_i \in A_i$ 有

$$g\lambda_i(a_i) = g((\cdots,\ 0,\ a_i,\ 0,\ \cdots)) = \lambda_i'(a_i),$$

所以可得

$$\lambda_i' = g\lambda_i。$$

设另有 $g': \tilde{A} \to C$ 满足

$$\lambda_i' = g'\lambda_i,$$

则

$$g'\lambda_i = g\lambda_i,$$

于是

$$g'((a_i)_{i\in I}) = g'\left(\sum_{i\in I}(\cdots,\ 0,\ a_i,\ 0,\ \cdots)\right)\sum_{i\in I} g'((\cdots,\ 0,\ a_i,\ 0,\ \cdots)) = \sum_{i\in I} g'\lambda_i(a_i)$$

$$= \sum_{i\in I} g\lambda_i(a_i) = \sum_{i\in I} g((\cdots,\ 0,\ a_i,\ 0,\ \cdots)) = g\sum_{i\in I}(\cdots,\ 0,\ a_i,\ 0,\ \cdots) = g((a_i)_{i\in I}),$$

即 $g' = g$，表明满足 $\lambda_i' = g\lambda_i$ 的 g 是唯一的，所以 $\left(\tilde{A},\ \{\lambda_i\}_{i\in I}\right) = \bigoplus_{i\in I} A_i$。证毕。

命题1-5-5 所有的交换群不能成为一个集合。

证明 假定 $\{A_i\}_{i\in I}$ 是所有交换群的集合（同构的群算同一元素）。令

$$G = \bigoplus_{i\in I} A_i,$$

它也是一个交换群，所以存在 $i_0 \in I$,使得

$$G \cong A_{i_0},$$

那么可得

$$|G| = |A_{i_0}|,\ |G| \geqslant |A_i|。 \tag{1-5-7}$$

令

$$K = \mathrm{Hom}_{\mathcal{S}}(A_{i_0},\ A_{i_0})。$$

定义 K 中加法：对于 $f,\ g \in K$，令

$$(f+g)(x) = f(x) + g(x),\quad \forall x \in A_{i_0}。$$

于是 K 也是一个交换群，所以存在 $i_1 \in I$，使得

$$K \cong A_{i_1}。 \tag{1-5-8}$$

对于 $\forall a \in A_{i_0}$，存在 $f \in K$ 为

$$f(x) = a,\quad \forall x \in A_{i_0},$$

从而有

$$|K| \geqslant |A_{i_0}|。$$

假如$|K| = |A_{i_0}|$，有以下两种情况。

（1）若$|A_{i_0}| = 1$，则由式（1-5-7）知$|G| = 1$，即$\bigoplus_{i \in I} A_i = 0$，这不可能；

（2）若$|A_{i_0}| > 1$，那么对于$\forall a \in A_{i_0}$，有$f_a \in K$与之对应，且所有这样的f_a构成了K。令$g \in K$满足（由于$|A_{i_0}| > 1$，下式是可以做到的）

$$g(a) \neq f_a(a), \quad \forall a \in A_{i_0},$$

从而$g \neq f_a\left(\forall a \in A_{i_0}\right)$，这与所有$f_a$构成$K$矛盾。所以可得

$$|K| > |A_{i_0}|。$$

由式（1-5-7）知$|K| > |G| \geqslant |A_{i_1}|$，这与式（1-5-8）矛盾。证毕。

定理 1-5-2 设$\left(A, \{\pi_i\}_{i \in I}\right) = \prod_{i \in I} A_i$，那么对于$\forall i \in I$，存在唯一的$\lambda_i \in \mathrm{Hom}_{\mathcal{C}}(A_i, A)$，使得

$$\pi_j \lambda_i = \begin{cases} 1_{A_i}, & j = i \\ 0, & j \neq i \end{cases}。$$

证明 在定义 1-5-1 中取$A' = A_i$，可得

$$\pi'_j: A' = A_i \to A_j = \begin{cases} 1_{A_i}, & j = i \\ 0, & j \neq i \end{cases},$$

则有唯一的λ_i: $A' = A_i \to A$，使得

$$\pi'_j = \pi_j \lambda_i，即 \begin{array}{ccc} A & \xrightarrow{\pi_j} & A_j \\ {\scriptstyle \lambda_i}\uparrow & \nearrow{\scriptstyle \pi'_j} & \\ A' & & \end{array}。$$

证毕。

定理 1-5-3 设$\left(A, \{\lambda_i\}_{i \in I}\right) = \coprod_{i \in I} A_i$，那么对于$\forall i \in I$，存在唯一的$\pi_i \in \mathrm{Hom}_{\mathcal{C}}(A, A_i)$，使得

$$\pi_j \lambda_i = \begin{cases} 1_{A_i}, & j = i \\ 0, & j \neq i \end{cases}。$$

命题 1-5-6 若$\left(A, \{\pi_i\}_{i \in I}\right) = \prod_{i \in I} A_i$，$\left(\tilde{A}, \{\lambda_i\}_{i \in I}\right) = \coprod_{i \in I} A_i$，那么$\pi_i (i \in I)$都是满态射，$\lambda_i (i \in I)$都是单态射。

证明 根据定理 1-5-2 可知，有$\lambda'_i \in \mathrm{Hom}_{\mathcal{C}}(A_i, A)$使得$\pi_i \lambda_i = 1_{A_i}$。由于$1_{A_i}$是满态射（命题 1-3-1），所以$\pi_i$是满态射（定理 1-3-1）。根据定理 1-5-3 可知，有$\pi'_i \in \mathrm{Hom}_{\mathcal{C}}(\tilde{A}, A_i)$使得$\pi'_i \lambda_i = 1_{A_i}$。由于$1_{A_i}$是单态射（命题 1-3-1），所以$\lambda_i$是单态射

（定理 1-3-1′）。证毕。

命题 1-5-7 若 $(A,\ \{1_A,\ 1_A\})=A\coprod A$，则 A 是始对象。

证明 由定义 1-5-2 可知，任取对象 A' 与 $\lambda_1',\ \lambda_2'\in \mathrm{Hom}_C(A,\ A')$，存在 $g: A\to A'$，使得

$$\lambda_i'=g1_A，\ 即\ \begin{array}{ccc} A & \xrightarrow{1_A} & A \\ {\scriptstyle\lambda_i'}\downarrow & \swarrow{\scriptstyle g} & \\ A' & & \end{array}，$$

也就是 $\lambda_1'=\lambda_2'=g$，即 $\mathrm{Hom}_C(A,\ A')$ 是单元集，这说明 A 是始对象。证毕。

命题 1-5-8 $(A,\ \{1_A,\ 0_{0A}\})=A\coprod 0$，$(A,\ \{1_A,\ 0_{A0}\})=A\prod 0$。

证明 任取对象 A' 和态射 $\lambda_1': A\to A'$，$\lambda_2'=0_{0A'}: 0\to A'$，令 $g=\lambda_1': A\to A'$，则有

$$\lambda_1'=g1_A，\ 即\ \begin{array}{ccc} A & \xrightarrow{1_A} & A \\ {\scriptstyle\lambda_1'}\downarrow & \swarrow{\scriptstyle g} & \\ A' & & \end{array}，$$

$$\lambda_2'=g0_{0A}，\ 即\ \begin{array}{ccc} A & \xrightarrow{0_{0A}} & A \\ {\scriptstyle\lambda_2'}\downarrow & \swarrow{\scriptstyle g} & \\ A' & & \end{array}。$$

若另有 $g': A\to A'$ 满足 $\lambda_1'=g'1_A$，$\lambda_2'=g'0_{0A}$，则 $g'=\lambda_1'=g$。表明 $(A,\ \{1_A,\ 0_{0A}\})=A\coprod 0$。

任取对象 A' 和态射 $\pi_1': A'\to A$，$\pi_2'=0_{A'0}: A'\to 0$，令 $f=\pi_1': A'\to A$，则有

$$\pi_1'=1_Af，\ 即\ \begin{array}{ccc} A & \xrightarrow{1_A} & A \\ {\scriptstyle f}\uparrow & \nearrow{\scriptstyle \pi_1'} & \\ A' & & \end{array}，$$

$$\pi_2'=0_{A0}f，\ 即\ \begin{array}{ccc} A & \xrightarrow{0_{A0}} & 0 \\ {\scriptstyle f}\uparrow & \nearrow{\scriptstyle \pi_2'} & \\ A' & & \end{array}。$$

若另有 $f': A'\to A$ 满足 $\pi_1'=1_Af'$，$\pi_2'=0_{A0}f'$，则 $f'=\pi_1'=f$。表明 $(A,\ \{1_A,\ 0_{A0}\})=A\prod 0$。证毕。

命题 1-5-9 $(0,\ \{1_0,\ 1_0\})=0\coprod 0=0\prod 0$。

证明 命题 1-5-8 中取 $A=0$。根据命题 1-2-12 可知，$0_{00}=1_0$，证毕。

1.6　加法范畴

定义1-6-1　加法范畴（additive category）　具有零对象的范畴$\mathcal{C}$如果满足以下三条公理，则叫作一个加法范畴。

（A4）对任何两个对象A与B，$\mathrm{Hom}_{\mathcal{C}}(A, B)$总是一个加法交换群，零态射$0_{AB}$是这个群的零元。

（A5）双边分配律成立：若σ，$\sigma' \in \mathrm{Hom}_{\mathcal{C}}(A, B)$，$\tau$，$\tau' \in \mathrm{Hom}_{\mathcal{C}}(B, C)$，则

$$(\tau + \tau')\sigma = \tau\sigma + \tau'\sigma,$$

$$\tau(\sigma + \sigma') = \tau\sigma + \tau\sigma'。$$

（A6）任意有限个对象A_1，…，A_n有余积$\coprod_{i=1}^{n} A_i$。

例1-6-1

（1）集合范畴$\mathcal{S}$不是加法范畴，因为$\mathcal{S}$没有零对象（命题1-2-5）。

（2）交换群范畴$\mathcal{A}b$和模范畴${}_R\mathcal{M}$是加法范畴。

引理1-6-1　设$\mathcal{C}$是加法范畴，$\sigma \in \mathrm{Hom}_{\mathcal{C}}(A, B)$，$\tau \in \mathrm{Hom}_{\mathcal{C}}(B, C)$，则

$$\tau(-\sigma) = (-\tau)\sigma = -(\tau\sigma),$$

$$(-\tau)(-\sigma) = \tau\sigma。$$

证明　由命题1-2-11知$\tau 0 = 0$，$0\sigma = 0$，所以可得

$$0 = \tau 0\,(\text{负元的定义}) = \tau(\sigma + (-\sigma))\,[\text{定义 1-6-1(A5)}] = \tau\sigma + \tau(-\sigma),$$

$$0 = 0\sigma = (\tau + (-\tau))\sigma = \tau\sigma + (-\tau)\sigma,$$

表明$\tau(-\sigma)$和$(-\tau)\sigma$都是$\tau\sigma$的负元，即有

$$\tau(-\sigma) = -(\tau\sigma),\quad (-\tau)\sigma = -(\tau\sigma)。$$

由命题1-2-11知$0(-\sigma) = 0$，所以可得

$$0 = 0(-\sigma) = (\tau + (-\tau))(-\sigma) = \tau(-\sigma) + (-\tau)(-\sigma),$$

因此

$$(-\tau)(-\sigma) = -(\tau(-\sigma)) = \tau\sigma。$$

证毕。

定理1-6-1　在加法范畴$\mathcal{C}$中，$\left(A, \{\lambda_i\}_{i=1}^{n}\right) = \coprod_{i=1}^{n} A_i$的充分必要条件是，存在$\{\pi_i\}_{i=1}^{n}$（这里$\pi_i \in \mathrm{Hom}_{\mathcal{C}}(A, A_i)$），使得

$$\pi_j \lambda_i = \begin{cases} 1_{A_i}, & j = i \\ 0, & j \neq i \end{cases},\tag{1-6-1}$$

$$\sum_{i=1}^{n}\lambda_i\pi_i=1_A。\tag{1-6-2}$$

注 满足式（1-6-1）和式（1-6-2）的 $\{\pi_i\}_{i=1}^n$ 是唯一的。这是因为若 $\{\pi'_i\}_{i=1}^n$ 也满足

$$\pi'_j\lambda_i=\begin{cases}1_{A_i}, & j=i\\ 0, & j\neq i\end{cases},\quad \sum_{i=1}^{n}\lambda_i\pi'_i=1_A,$$

则 $\sum_{i=1}^{n}\lambda_i\pi_i=\sum_{i=1}^{n}\lambda_i\pi'_i$，从而 $\pi'_j\sum_{i=1}^{n}\lambda_i\pi_i=\pi'_j\sum_{i=1}^{n}\lambda_i\pi'_i$，可得 $\pi_j=\pi'_j$。

证明 必要性：由定理1-5-2知有 $\{\pi_i\}_{i=1}^n$ 使得式（1-6-1）成立，有

$$\left(\sum_{i=1}^{n}\lambda_i\pi_i\right)\lambda_j=\sum_{i=1}^{n}\lambda_i\pi_i\lambda_j=\lambda_j\pi_j\lambda_j+\sum_{\substack{i=1\\ i\neq j}}^{n}\lambda_i\pi_i\lambda_j=\lambda_j。$$

由命题1-5-1（2）知式（1-6-2）成立。

充分性：任取对象 A' 和态射族 $\{\lambda'_i\in \mathrm{Hom}_{\mathcal{C}}(A_i, A')\}_{i=1}^n$，令

$$g=\sum_{i=1}^{n}\lambda'_i\pi_i\in \mathrm{Hom}_{\mathcal{C}}(A, A'),$$

则

$$g\lambda_i=\sum_{j=1}^{n}\lambda'_j\pi_j\lambda_i=\lambda'_i,\text{ 即 }\begin{array}{ccc}A_i & \xrightarrow{\lambda_i} & A\\ {\scriptstyle\lambda'_i}\downarrow & \swarrow{\scriptstyle g} & \\ A' & & \end{array}。$$

若另有 $g\in \mathrm{Hom}_{\mathcal{C}}(A, A')$ 使得 $g'\lambda_i=\lambda'_i$，则

$$g'=g'\sum_{i=1}^{n}\lambda_i\pi_i=\sum_{i=1}^{n}g'\lambda_i\pi_i=\sum_{i=1}^{n}\lambda'_i\pi_i=g,$$

表明满足 $g\lambda_i=\lambda'_i$ 的 g 是唯一的，所以 $\left(A, \{\lambda_i\}_{i=1}^n\right)=\coprod_{i=1}^{n}A_i$。证毕。

命题1-6-1 在加法范畴中，若 $\left(A, \{\lambda_i\}_{i=1}^n\right)=\coprod_{i=1}^{n}A_i$，则存在 $\{\pi_i\in \mathrm{Hom}(A, A_i)\}_{i=1}^n$ 使得 $\left(A, \{\pi_i\}_{i=1}^n\right)=\prod_{i=1}^{n}A_i$。

证明 根据定理1-6-1可知，存在 $\{\pi_i\in \mathrm{Hom}(A, A_i)\}_{i=1}^n$ 满足式（1-6-1）和式（1-6-2）。任取对象 A' 与态射族 $\{\pi'_i\in \mathrm{Hom}(A', A_i)\}_{i\in I}$，令

$$f=\sum_{i=1}^{n}\lambda_i\pi'_i\in \mathrm{Hom}(A', A),$$

则

$$\pi_i f=\pi_i\sum_{j=1}^{n}\lambda_j\pi'_j=\sum_{j=1}^{n}\pi_i\lambda_j\pi'_j=\pi'_i,\text{ 即 } \begin{array}{ccc} A_i & \xrightarrow{\pi_i} & A \\ {\scriptstyle f}\uparrow & \nearrow{\scriptstyle \pi'_i} & \\ A' & & \end{array}。$$

若另有 $f'\in \mathrm{Hom}(A', A)$ 使得 $\pi_i f'=\pi'_i$，则

$$f'=\sum_{i=1}^{n}\lambda_i\pi_i f'=\sum_{i=1}^{n}\lambda_i\pi'_i=f,$$

表明满足 $\pi_i f=\pi'_i$ 的 f 是唯一的，所以 $\left(A, \{\pi_i\}_{i=1}^{n}\right)=\prod_{i=1}^{n}A_i$。证毕。

命题1-6-2 在加法范畴中，任何有限个对象都有积［定义1-6-1（A6）和命题1-6-1］。

注（命题1-6-2） 设$\mathcal{C}$是加法范畴，f，$g\in \mathrm{Hom}_{\mathcal{C}}(A, B)$，则

$$(f+g)^{\mathrm{op}}=f^{\mathrm{op}}+g^{\mathrm{op}}。$$

这实际上只是一个记号约定。

命题1-6-3 加法范畴$\mathcal{C}$的逆范畴$\mathcal{C}^{\mathrm{op}}$也是加法范畴。

证明 由命题1-2-8知$\mathcal{C}^{\mathrm{op}}$有零对象。

（A4）$\mathrm{Hom}_{\mathcal{C}^{\mathrm{op}}}(A^{\mathrm{op}}, B^{\mathrm{op}})=\mathrm{Hom}_{\mathcal{C}}(B, A)$是加法交换群。$0_{BA}$：$B\to A$是$\mathrm{Hom}_{\mathcal{C}}(B, A)$的零元，也就是说$0_{BA}^{\mathrm{op}}$：$A^{\mathrm{op}}\to B^{\mathrm{op}}$是$\mathrm{Hom}_{\mathcal{C}^{\mathrm{op}}}(A^{\mathrm{op}}, B^{\mathrm{op}})$的零元。

（A5）设 σ^{op}，$\sigma'^{\mathrm{op}}\in \mathrm{Hom}_{\mathcal{C}^{\mathrm{op}}}(A^{\mathrm{op}}, B^{\mathrm{op}})$，$\tau^{\mathrm{op}}$，$\tau'^{\mathrm{op}}\in \mathrm{Hom}_{\mathcal{C}^{\mathrm{op}}}(B^{\mathrm{op}}, C^{\mathrm{op}})$，也就是 σ，$\sigma'\in \mathrm{Hom}_{\mathcal{C}}(B, A)$，$\tau$，$\tau'\in \mathrm{Hom}_{\mathcal{C}}(C, B)$，由注（命题1-6-2）和定义1-2-1（3）有

$$(\tau^{\mathrm{op}}+\tau'^{\mathrm{op}})\sigma^{\mathrm{op}}=(\tau+\tau')^{\mathrm{op}}\sigma^{\mathrm{op}}=(\sigma(\tau+\tau'))^{\mathrm{op}}=(\sigma\tau+\sigma\tau')^{\mathrm{op}}=(\sigma\tau)^{\mathrm{op}}+(\sigma\tau')^{\mathrm{op}}=\tau^{\mathrm{op}}\sigma^{\mathrm{op}}+\tau'^{\mathrm{op}}\sigma^{\mathrm{op}},$$

$$\tau^{\mathrm{op}}(\sigma^{\mathrm{op}}+\sigma'^{\mathrm{op}})=\tau^{\mathrm{op}}(\sigma+\sigma')^{\mathrm{op}}=((\sigma+\sigma')\tau)^{\mathrm{op}}=(\sigma\tau+\sigma'\tau)^{\mathrm{op}}=(\sigma\tau)^{\mathrm{op}}+(\sigma'\tau)^{\mathrm{op}}=\tau^{\mathrm{op}}\sigma^{\mathrm{op}}+\tau^{\mathrm{op}}\sigma'^{\mathrm{op}}。$$

（A6）任意有限个对象 A_1^{op}，…，A_n^{op}，有余积 $\coprod_{i=1}^{n}A_i=\left(A, \{\lambda_i\}\right)$，根据命题1-6-1有积 $\prod_{i=1}^{n}A_i=\left(A, \{\pi_i\}\right)$，而积是余积的对偶概念，即 $\coprod_{i=1}^{n}A_i^{\mathrm{op}}=\left(A^{\mathrm{op}}, \{\pi_i^{\mathrm{op}}\}\right)$。证毕。

注（命题1-6-3） 由命题1-6-3知，如果一个命题对于加法范畴为真，则其对偶命题也为真。

定理1-6-2 设 f 是加法范畴的态射，则可得以下条件。

（1）f 是单态射 $\Leftrightarrow$ $\ker f=0$。

（2）f 是满态射 $\Leftrightarrow$ $\mathrm{Coker} f=0$。

证明 只证（1）。$\Rightarrow$：定理1-4-3。

$\Leftarrow$：假设 f 不是单态射，根据定义1-3-1，存在 $g_1\neq g_2$，使得 $fg_1=fg_2$，即

$f(g_1-g_2)=0$。由于 $\ker f=0$，定义1-4-1中取 $g=g_1-g_2$，则存在 τ，使得 $g=0\tau=0$，也就是 $g_1=g_2$，矛盾。证毕。

定义1-6-2　自同态环　对于加法范畴 $\mathcal{C}$ 中任一对象 A，$\mathrm{Hom}_{\mathcal{C}}(A, A)$ 是一个加法交换群，以态射复合作为 $\mathrm{Hom}_{\mathcal{C}}(A, A)$ 的乘法，则 $\mathrm{Hom}_{\mathcal{C}}(A, A)$ 成为一个含单位元 1_A 的环，称为 A 的自同态环，记为 $\mathrm{End}_{\mathcal{C}}(A)$。

定义1-6-3　幂等元（idempotent element）　设 R 是环，$a\in R$，若 $a^2=a$，则称 a 是幂等元。

命题1-6-4　设 R 是环，则 a 是幂等元 $\Leftrightarrow$（对于任意正整数 n，有 $a^n=a$）。

证明　$\Leftarrow$：取 $n=2$ 即可。

$\Rightarrow$：$n=1$，2时显然成立。当 $n>2$ 时，$a^n=a^2a^{n-2}=aa^{n-2}=a^{n-1}=\cdots=a$。证毕。

引理1-6-2　设 $\mathcal{C}$ 是加法范畴，$f\in\mathrm{Hom}_{\mathcal{C}}(A, B)$，$g\in\mathrm{Hom}_{\mathcal{C}}(B, A)$，$fg=1_B$，那么 $h=gf$ 是 $\mathrm{End}_{\mathcal{C}}(A)$ 中的幂等元（定义1-6-3），且 $g=\ker(1_A-h)$。

证明　$h^2=gfgf=g1_Bf=gf=h$，即 h 是幂等元。

由于 $fg=1_B$ 是单态射（命题1-3-1），所以 g 是单态射（定理1-3-1′），有

$$(1_A-h)g=g-hg=g-gfg=g-g=0。$$

设 $g'\in\mathrm{Hom}_{\mathcal{C}}(D, A)$ 使得 $(1_A-h)g'=0$，则 $g'-hg'=0$，从而可得

$$g'=hg'=g(fg'),$$

由定义1-4-1知 $g=\ker(1_A-h)$。证毕。

定理1-6-3　设 $\mathcal{C}$ 是加法范畴，$A\in\mathrm{Obj}\mathcal{C}$，$\varphi\in\mathrm{End}_{\mathcal{C}}(A)$ 是幂等元，有

$$(A_1, \lambda_1)=\ker\varphi,\quad (A_2, \lambda_2)=\ker(1_A-\varphi),$$

那么可得

$$\left(A, \{\lambda_1, \lambda_2\}\right)=A_1\coprod A_2。$$

证明　由于 $(A_1, \lambda_1)=\ker\varphi$，所以有

$$\varphi\lambda_1=0。\tag{1-6-3}$$

由于 φ 是幂等元，所以 $\varphi(1_A-\varphi)=\varphi-\varphi^2=0$。在定义1-4-1（3）中取 $g=1_A-\varphi$，则有 $\tau_1\in\mathrm{Hom}_{\mathcal{C}}(A, A_1)$，使得

$$1_A-\varphi=\lambda_1\tau_1。\tag{1-6-4}$$

由于 $(A_2, \lambda_2)=\ker(1_A-\varphi)$，所以有

$$(1_A-\varphi)\lambda_2=0。\tag{1-6-5}$$

有 $(1_A-\varphi)\varphi=\varphi-\varphi^2=0$，在定义1-4-1（3）中取 $g=\varphi$，则有 $\tau_2\in\mathrm{Hom}_{\mathcal{C}}(A, A_2)$，使得

$$\varphi=\lambda_2\tau_2。\tag{1-6-6}$$

由式（1-6-4）和式（1-6-6）可得

$$\lambda_1\tau_1+\lambda_2\tau_2=1_A, \tag{1-6-7}$$

由式（1-6-3）和式（1-6-4）可得

$$\lambda_1\tau_1\lambda_1=(1_A-\varphi)\lambda_1=\lambda_1-\varphi\lambda_1=\lambda_1,$$

由于 λ_1 是单态射［定义1-4-1（1）］，所以由上式可得

$$\tau_1\lambda_1=1_{A_1}。\tag{1-6-8}$$

由式（1-6-5）和式（1-6-6）可得

$$\lambda_2\tau_2\lambda_2=\varphi\lambda_2=\lambda_2,$$

由于 λ_2 是单态射［定义1-4-1（1）］，所以由上式可得

$$\tau_2\lambda_2=1_{A_2}。\tag{1-6-9}$$

由式（1-6-3）和式（1-6-6）可得

$$\lambda_2\tau_2\lambda_1=\varphi\lambda_1=0,$$

由于 λ_2 是单态射，所以由上式可得

$$\tau_2\lambda_1=0。\tag{1-6-10}$$

由式（1-6-4）和式（1-6-5）可得

$$\lambda_1\tau_1\lambda_2=(1_A-\varphi)\lambda_2=0,$$

由于 λ_1 是单态射，所以由上式可得

$$\tau_1\lambda_2=0。\tag{1-6-11}$$

任取对象 A' 与态射 λ_i': $A_i\to A'(i=1，2)$，令

$$g=\lambda_1'\tau_1+\lambda_2'\tau_2\in\mathrm{Hom}_{\mathcal{C}}(A，A'),$$

则由式（1-6-8）至式（1-6-11）可得

$$g\lambda_1=\lambda_1'\tau_1\lambda_1+\lambda_1'\tau_2\lambda_1=\lambda_1',$$

$$g\lambda_2=\lambda_1'\tau_1\lambda_2+\lambda_2'\tau_2\lambda_2=\lambda_2',$$

即

$$\begin{array}{ccc} A & \xrightarrow{\lambda_i} & A \\ {\scriptstyle\lambda_i'}\downarrow & \swarrow{\scriptstyle g} & \\ A' & & \end{array}，\quad i=1，2。$$

如果另有 $g'\in\mathrm{Hom}_{\mathcal{C}}(A，A')$ 使得 $g'\lambda_i=\lambda_i'$ $(i=1，2)$，则由式（1-6-7）可得

$$g=\lambda_1'\tau_1+\lambda_2'\tau_2=g'(\lambda_1\tau_1+\lambda_2\tau_2)=g',$$

也就是说满足 $g\lambda_i=\lambda_i'(i=1，2)$ 的 g 是唯一的，因此 $(A，\{\lambda_1，\lambda_2\})=A_1\coprod A_2$。证毕。

命题1-6-5　设 $\mathcal{C}$ 是加法范畴，$A\in\mathrm{Obj}\mathcal{C}$，$\varphi\in\mathrm{End}_{\mathcal{C}}(A)$ 是幂等元，有

$$(A_1，\lambda_1)=\ker\varphi，(A_2，\lambda_2)=\ker(1_A-\varphi),$$

$$\pi_1\in\mathrm{Hom}_{\mathcal{C}}(A，A_1)，\pi_2\in\mathrm{Hom}_{\mathcal{C}}(A，A_2),$$

且

$$\lambda_1\pi_1 = 1_A - \varphi,\quad \lambda_2\pi_2 = \varphi,$$

那么可得

$$\left(A,\ \{\pi_1,\ \pi_2\}\right) = A_1 \prod A_2。$$

定义1-6-4　像（image） 余核的核叫作像。

具体地说，设 f: $A \to B$ 是加法范畴 $\mathcal{C}$ 中的态射，$(C,\ \pi)$=Coker$f$，$(I,\ \eta)=\ker\pi$，则 $(I,\ \eta)$ 是 f 的像，记作

$$(I,\ \eta) = \mathrm{Im}f \text{ 或 } I = \mathrm{Im}f \text{ 或 } \eta = \mathrm{Im}f。$$

定义1-6-5　余像（coimage） 核的余核叫作余像。

具体地说，设 f: $A \to B$ 是加法范畴 $\mathcal{C}$ 中的态射，$(K,\ \eta) = \ker f$，$(C,\ \pi) = \mathrm{Coker}\,\eta$，则 $(C,\ \pi)$ 是 f 的余像，记作

$$(C,\ \pi) = \mathrm{Coim}f \text{ 或 } C = \mathrm{Coim}f \text{ 或 } \pi = \mathrm{Coim}f。$$

定理1-6-4　设 f: $A \to B$ 是加法范畴中的态射，有

$$(I,\ \eta) = \mathrm{Im}f,\quad (C,\ \pi) = \mathrm{Coim}f,$$

则有唯一的典则态射：

$$\bar{f}:\ C \to I,$$

使得

$$f = \eta\bar{f}\pi，\text{即}\quad \begin{array}{ccc} A & \xrightarrow{f} & B \\ {\scriptstyle\pi}\downarrow & & \uparrow{\scriptstyle\eta} \\ C & \xrightarrow{\bar{f}} & I \end{array}。$$

证明　记 $(K,\ \eta') = \ker f$，$(C',\ \pi') = \mathrm{Coker}f$，则 $(I,\ \eta) = \ker\pi'$，$(C,\ \pi) = \mathrm{Coker}\,\eta'$，即有

$$\begin{array}{ccccccc} K & \xrightarrow{\eta'} & A & \xrightarrow{f} & B & \xrightarrow{\pi'} & C' \\ & & {\scriptstyle\pi}\downarrow & & \downarrow{\scriptstyle\eta} & & \\ & & C & & I & & \end{array}。$$

有 $\pi' f = 0$，根据 $(I,\ \eta) = \ker\pi'$ 的泛性质，存在 τ：$A \to I$，使得 $f = \eta\tau$，即有

$$\begin{array}{ccccccc} K & \xrightarrow{\eta'} & A & \xrightarrow{f} & B & \xrightarrow{\pi'} & C' \\ & & {\scriptstyle\pi}\downarrow & \searrow{\scriptstyle\tau} & \downarrow{\scriptstyle\eta} & & \\ & & C & & I & & \end{array}。$$

有 $f\eta' = 0$，所以 $\eta\tau\eta' = 0$，由于 η 单，所以 $\tau\eta' = 0$（左消去）。根据 $(C,\ \pi) = \mathrm{Coker}\,\eta'$ 的泛性质，存在 $\bar{f}$: $C \to I$，使得 $\tau = \bar{f}\pi$，即有

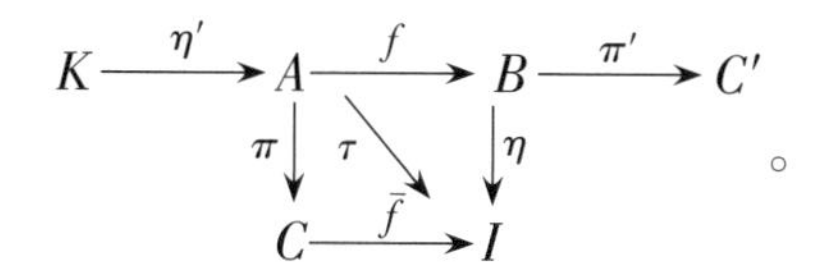

有

$$\eta\bar{f}\pi=\eta\tau=f。$$

若另有 $\tilde{f}$：$C\to I$ 满足 $\eta\tilde{f}\pi=f$，则 $\eta\tilde{f}\pi=\eta\bar{f}\pi$，于是 $\tilde{f}=\bar{f}$（左消去和右消去）。证毕。

命题1-6-6 设 f：$A\to B$ 是 $\mathcal{A}b$ 或 ${}_R\mathcal{M}$ 中的态射，则 f 的像为（j：$f(A)\to B$ 是包含同态）

$$\mathrm{Im}f=\big(f(A),\ j\big),$$

f 的余像为（p：$A\to A/f^{-1}(0)$ 是自然同态，$\tilde{f}$：$A\to f(A)$）

$$\mathrm{Coim}f=\big(A/f^{-1}(0),\ p\big)=\big(f(A),\ \tilde{f}\big)。$$

f 的典则态射为

$$\bar{f}:\ A/f^{-1}(0)\to f(A),\quad \bar{a}\mapsto f(a)\ （满足\ f=j\circ\bar{f}\circ p）$$

或

$$\bar{f}=\mathrm{id}_{f(A)}:\ f(A)\to f(A)\ （满足\ f=j\circ\bar{f}\circ\tilde{f}=j\circ\tilde{f}）。$$

证明 由命题1-4-1、命题1-4-6、定理1-6-4可得。证毕。

引理1-6-3 设 $\mathcal{C}$ 是加法范畴，则下列条件等价。

（1） A 是零对象；

（2） $\big(A,\ \{1_A,\ 1_A\}\big)=A\coprod A$；

（3） $\big(A,\ \{1_A,\ 1_A\}\big)=A\prod A$。

证明 （1）⇒（2）：命题1-5-9。

（1）⇒（3）：命题1-5-9。

（2）⇒（3）：由命题1-5-7知 A 是始对象，从而

$$\mathrm{Hom}_{\mathcal{C}}(A,\ A)=\{1_A\}。$$

根据定理1-6-1可知，存在 π_1，$\pi_2\in\mathrm{Hom}_{\mathcal{C}}(A,\ A)$，使得式（1-6-1）和式（1-6-2）成立。由命题1-6-1知 $\big(A,\ \{\pi_1,\ \pi_2\}\big)=A\prod A$，也就是 $\big(A,\ \{1_A,\ 1_A\}\big)=A\prod A$。

（3）⇒（2）：有 $\big(A^{\mathrm{op}},\ \{1_A^{\mathrm{op}},\ 1_A^{\mathrm{op}}\}\big)=A^{\mathrm{op}}\coprod A^{\mathrm{op}}$［注（定义1-5-2）］。由于 $\mathcal{C}^{\mathrm{op}}$ 是加法范畴（命题1-6-3），可用（2）⇒（3）的结论得出 $\big(A^{\mathrm{op}},\ \{1_A^{\mathrm{op}},\ 1_A^{\mathrm{op}}\}\big)=A^{\mathrm{op}}\prod A^{\mathrm{op}}$，也就是 $\big(A,\ \{1_A,\ 1_A\}\big)=A\coprod A$。

（2）（3）⇒（1）：当（2）成立时，由命题1-5-7知 A 是始对象。当（3）成立

时，有 $\left(A^{op},\ \{1_A^{op},\ 1_A^{op}\}\right)=A^{op}\coprod A^{op}$，由命题1-5-7知 A^{op} 是始对象，即 A 是终对象。证毕。

由命题1-4-12和命题1-4-13可得以下命题。

命题1-6-7 在有零对象的范畴中，有态射 f: $A\to B$，单态射 λ：$B\to C$，那么可得

$$\operatorname{Coim}f=\operatorname{Coim}(\lambda f)。$$

命题1-6-8 在有零对象的范畴中，有态射 f: $A\to B$，满态射 p：$C\to A$，那么可得

$$\operatorname{Im}f=\operatorname{Im}(fp)。$$

1.7 Abel范畴

定义1-7-1 Abel范畴 一个加法范畴如果满足下列三条公理，则称为Abel范畴：

（A7）任何态射都有核与余核；

（A8）任何单态射都是其像（定义1-6-4），任何满态射都是其余像（定义1-6-5）；

（A9）任何态射 f 都可以分解为一个单态射 λ 与一个满态射 π 之积，即 $f=\lambda\pi$。这个分解式叫作 f 的标准分解式。

注（定义1-7-1）

（1） $0_{AB}=0_{0B}0_{A0}$ 是 0_{AB} 的标准分解式。

（2）对于 f 的标准分解式 $f=\lambda\pi$，有 $\pi=\operatorname{Coim}f$， $\lambda=\operatorname{Im}f$。

证明 （1）由命题1-3-4知 0_{0B} 是单态射， 0_{A0} 是满态射。

（2）根据命题1-6-8和定义1-7-1（A8）有

$$\operatorname{Im}f=\operatorname{Im}(\lambda\pi)=\operatorname{Im}\lambda=\lambda。$$

根据命题1-6-7和定义1-7-1（A8）有

$$\operatorname{Coim}f=\operatorname{Coim}(\lambda\pi)=\operatorname{Coim}\pi=\pi。$$

证毕。

命题1-7-1 Abel范畴$\mathcal{C}$的逆范畴$\mathcal{C}^{op}$仍是Abel范畴。

证明 由命题1-6-3知$\mathcal{C}^{op}$是加法范畴。

（A7）对于任何态射 f^{op}，f都有核 $\ker f$ 与余核 $\operatorname{Coker}f$，而 $\operatorname{Coker}f^{op}=\ker f$， $\ker f^{op}=\operatorname{Coker}f$；

（A8）设 f^{op} 是单态射，则 f 是满态射，于是 $f=\operatorname{Coker}(\ker f)$，也就是 $f^{op}=$

$\ker(\operatorname{Coker} f^{op})$。设 f^{op} 是满态射，则 f 是单态射，于是 $f=\ker(\operatorname{Coker} f)$，也就是 $f^{op}=\operatorname{Coker}(\ker f^{op})$；

（A9）对于 f^{op}，有 $f=\lambda\pi$，其中 λ 是单态射，π 是满态射，则 $f^{op}=(\lambda\pi)^{op}=\pi^{op}\lambda^{op}$，其中 π^{op} 是单态射，λ^{op} 是满态射。证毕。

注（命题1-7-1） 命题1-7-1表明对偶原则适用于Abel范畴。

命题1-7-2 交换群范畴 $\mathcal{A}b$ 和模范畴 ${}_R\mathcal{M}$ 是Abel范畴。

证明 由例1-6-1（2）知 $\mathcal{A}b$ 和 ${}_R\mathcal{M}$ 是加法范畴。

（A7）同命题1-4-1和命题1-4-6。

（A8）设 $f: A\to B$ 是单同态，由命题1-4-6知

$$\operatorname{Coker} f=\pi: B\to B/f(A)$$

是自然同态，显然 $\pi^{-1}(0)=f(A)$，由命题1-4-1知

$$\ker(\operatorname{Coker} f)=i: f(A)\to B$$

是包含同态。记（f 在值域上的限制）

$$\tilde{f}: A\to f(A),\ x\mapsto f(x), \tag{1-7-1}$$

由于 f 单，所以 $\tilde{f}$ 是同构。有

$$f=i\tilde{f}。$$

由命题1-4-2知 f 也是 $\operatorname{Coker} f$ 的核，即有 $f=\ker(\operatorname{Coker} f)=\operatorname{Im} f$。

设 $f: A\to B$ 是满同态，由命题1-4-1知

$$\ker f=i: f^{-1}(0)\to A$$

是包含同态，由命题1-4-6知

$$\operatorname{Coker} i=\pi: A\to A/f^{-1}(0)$$

是自然同态。由于 f 是满同态，所以有同构映射 $\bar{f}: A/f^{-1}(0)\to B$ 满足（定理2-1-1）

$$f=\bar{f}\pi,$$

由命题1-4-4知 f 也是 i 的余核，即有 $f=\operatorname{Coker}(\ker f)$。

（A9）设 $f: A\to B$ 是同态，则 $f=i\tilde{f}$，其中 $\tilde{f}$ 见式（1-7-1），它是满同态，$i: f(A)\to B$ 是包含同态，是单同态。证毕。

定理1-7-1 设 $\mathcal{C}$ 是加法范畴，则 $\mathcal{C}$ 是Abel范畴的充分必要条件是，对任意对象 A，B 和任意态射 $f\in\operatorname{Hom}_{\mathcal{C}}(A, B)$，有核与余核：

$$(D, \varphi)=\ker f,\ (E, \psi)=\operatorname{Coker} f, \tag{1-7-2}$$

$\varphi: D\to A$ 有余核：

$$(C, \pi)=\operatorname{Coker}\varphi=\operatorname{Coim} f, \tag{1-7-3}$$

ψ：$B\to E$ 有核：

$$(C,\ \lambda)=\ker\psi=\mathrm{Im}f, \tag{1-7-4}$$

有交换图：

$$\begin{array}{ccccccc} & & & C & & & \\ & & \overset{\pi}{\nearrow} & & \overset{\lambda}{\searrow} & & \\ D & \xrightarrow{\varphi} & A & \xrightarrow{f} & B & \xrightarrow{\psi} & E \end{array} \tag{1-7-5}$$

以及有

$$\varphi=\ker f=\ker\pi, \tag{1-7-6}$$

$$\psi=\mathrm{Coker}f=\mathrm{Coker}\lambda。 \tag{1-7-7}$$

注（定理1-7-1） 可以这样记忆：式（1-7-5）中 φ 与 ψ 分别是 f 的核与余核，对于每个形如（α 单 β 满）$M\xrightarrow{\alpha}N\xrightarrow{\beta}P$ 的图，有 $\alpha=\ker\beta$，$\beta=\mathrm{Coker}\,\alpha$。

证明 必要性：由定义1-7-1（A7）知 f 有核 $(D,\ \varphi)$ 与余核 $(E,\ \psi)$，即式（1-7-2）。由定义1-7-1（A9）知有单态射 λ：$C\to B$ 与满态射 π：$A\to C$ 使得

$$f=\lambda\pi,$$

也就是式（1-7-5）。由定义1-4-1（1）知 φ 是单态射。由定义1-4-1（2）知

$$f\varphi=0。$$

由以上两式可得

$$\lambda\pi\varphi=f\varphi=0。$$

由于 λ 是单态射，所以可得（左消去）

$$\pi\varphi=0。 \tag{1-7-8}$$

设有 φ' 满足

$$\pi\varphi'=0,$$

则

$$f\varphi'=\lambda\pi\varphi'=0。$$

而 $\varphi=\ker f$，根据定义1-4-1（3）可知，存在 τ，使得 $\varphi'=\varphi\tau$。再结合式（1-7-8）及 φ 单知

$$\varphi=\ker\pi,$$

即式（1-7-6）。因 π 满，故由定义1-7-1（2）知

$$\pi=\mathrm{Coker}\,\varphi,$$

即式（1-7-3）。根据对偶原则，式（1-7-4）和式（1-7-7）也成立。具体地说，上面的结论对 $\mathcal{C}^{\mathrm{op}}$ 也成立（命题1-7-1）。对于

$$f^{\mathrm{op}}=\pi^{\mathrm{op}}\lambda^{\mathrm{op}},$$

由注（定义1-4-2）知式（1-7-2）可写成

$$\psi^{op}=\ker f^{op},\quad \varphi^{op}=\operatorname{Coker} f^{op},$$

根据上面的结论，式（1–7–3）中的 π（标准分解式中的满态射）应替换成 λ^{op}，φ（核）应替换成 ψ^{op}，即

$$\lambda^{op}=\operatorname{Coker}\psi^{op},$$

由注（定义1–4–2）知上式是式（1–7–4）。式（1–7–6）中 φ 替换成 ψ^{op}，π 替换成 λ^{op}，即

$$\psi^{op}=\ker f^{op}=\ker\lambda^{op}。$$

由注（定义1–4–2）知上式就是式（1–7–7）。

充分性：由式（1–7–2）知定义1–7–1（A7）成立。由式（1–7–3）与定义1–4–2（1）知 π 满。由式（1–7–4）与定义1–4–1（1）知 λ 单。由式（1–7–5）知定义1–7–1（A9）成立。

设 f 是满态射，由式（1–7–2）和定理1–4–3知 $\psi=\operatorname{Coker} f=0$。由式（1–7–4）和注（命题1–4–8）知 $\lambda=\ker\psi$ 是同构。由式（1–7–3）知 $\pi=\operatorname{Coker}\varphi$，而 $f=\lambda\pi$，由命题1–4–4知 $f=\operatorname{Coker}\varphi$，即 $f=\operatorname{Coker}(\ker f)$。这就是定义1–7–1（A8）的后半部分。定义1–7–1（A8）的前半部分可由对偶原则得到。具体地说，若 f 是单态射，则 f^{op} 是满态射［注（定义1–3–1)(1)］，于是 $f^{op}=\operatorname{Coker}\left(\ker f^{op}\right)$，由注（定义1–4–2）知 $f=\ker(\operatorname{Coker} f)$。证毕。

注（定理1–7–1） 式（1–7–5）也可画成：

$$\begin{array}{ccccccc} & & & C & & & \\ & & \overset{\operatorname{Coim} f}{\nearrow} & & \overset{\operatorname{Im} f}{\searrow} & & \\ D & \xrightarrow{\ker f} & A & \xrightarrow{f} & B & \xrightarrow{\operatorname{Coker} f} & E \end{array}。\tag{1–7–9}$$

命题1–7–3　在Abel范畴中，如果 $(C，\lambda)$ 与 $(C，\pi)$ 是 f：$A\to B$ 的像与余像，α：$C'\to C$ 是同构，那么 $(C'，\lambda\alpha)$ 与 $(C'，\alpha^{-1}\pi)$ 也是 f 的像与余像。

证明　有

$$f=\lambda\pi=(\lambda\alpha)(\alpha^{-1}\pi)。$$

由命题1–3–6知 $\lambda\alpha$ 单，$\alpha^{-1}\pi$ 满。由式（1–7–4）有 $(C，\lambda)=\ker\psi$，由命题1–4–2知

$$(C'，\lambda\alpha)=\ker\psi。$$

由式（1–7–7）有 $\psi=\operatorname{Coker}\lambda$，由命题1–4–11知

$$\psi=\operatorname{Coker}(\lambda\alpha)。$$

由式（1–7–3）有 $(C，\pi)=\operatorname{Coker}\varphi$，由命题1–4–4知

$$(C'，\alpha^{-1}\pi)=\operatorname{Coker}\varphi。$$

由式（1–7–6）有 $\varphi=\ker\pi$，由命题1–4–10知

$$\varphi=\ker(\alpha^{-1}\pi)。$$

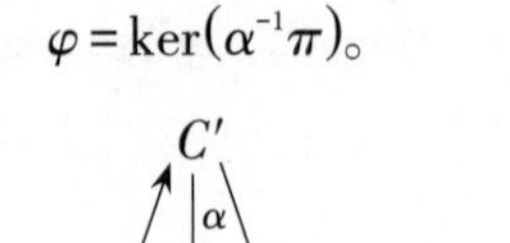
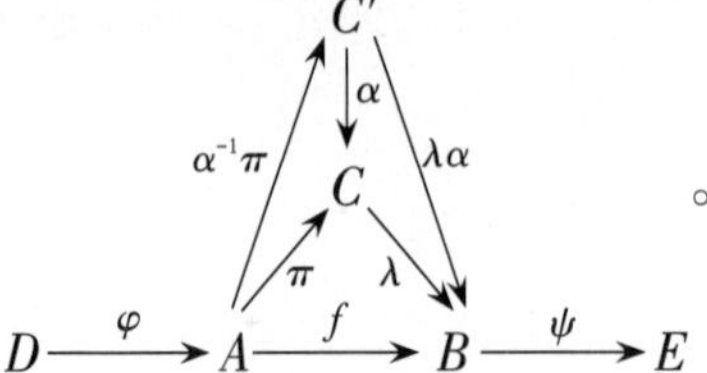

。

以上表明 $(C',\ \lambda\alpha)=\mathrm{Im}f$，$(C',\ \alpha^{-1}\pi)=\mathrm{Coim}f$。证毕。

命题1-7-4 Abel范畴中像与余像是本质唯一的，从而标准分解是本质唯一的。也就是说，如果 $(C,\ \lambda)$ 与 $(C,\ \pi)$ 是 f 的像与余像（f 有标准分解 $f=\lambda\pi$），$(C',\ \lambda')$ 与 $(C',\ \pi')$ 也是 f 的像与余像（f 有标准分解 $f=\lambda'\pi'$），那么有同构 α：$C'\to C$，使得 $\lambda'=\lambda\alpha$，$\pi'=\alpha^{-1}\pi$。

证明 设

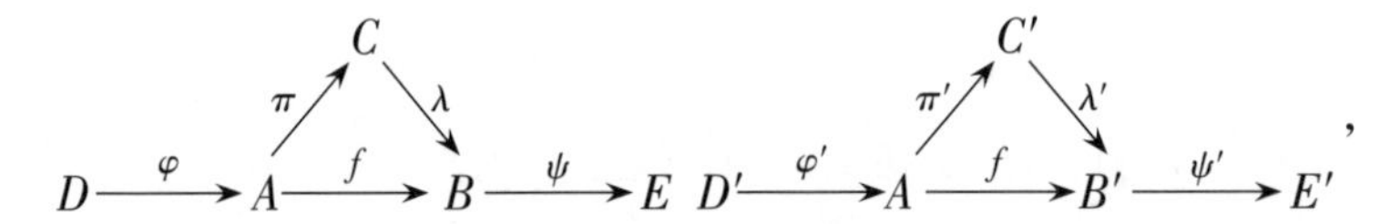

，

其中，$\varphi=\ker f$，$\varphi'=\ker f$。由命题1-4-3知存在同构 τ：$D'\to D$，使得 $\varphi'=\varphi\tau$。有 $\pi=\mathrm{Coker}\,\varphi$，由命题1-4-11知 $\pi=\mathrm{Coker}(\varphi\tau)$，即 $\pi=\mathrm{Coker}\,\varphi'$。而 $\pi=\mathrm{Coker}\,\varphi'$，由命题1-4-5知存在同构 α：$C'\to C$，使得 $\pi'=\alpha^{-1}\pi$。有 $\lambda\pi=f=\lambda'\pi'=\lambda'\alpha^{-1}\pi$，由于 π 满，所以可得 $\lambda=\lambda'\alpha^{-1}$（右消去）。证毕。

命题1-7-5 在Abel范畴中，态射 f：$A\to B$，满态射 p：$P\to A$，那么可得

$$\mathrm{Im}f=\mathrm{Im}(fp)。$$

证明 设 f 的标准分解为 $f=\lambda\pi$，其中 $\lambda=\mathrm{Im}f$。有 $fp=\lambda(\pi p)$，由命题1-3-7知 πp 满，所以 $\lambda=\mathrm{Im}(fp)$。证毕。

定理1-7-2 Abel范畴中：双态射 $\Leftrightarrow$ 同构。

证明 $\Leftarrow$：定理1-3-2。

$\Rightarrow$：由定理1-4-3知 $\varphi=\ker f=0$，$\psi=\mathrm{Coker}f=0$。由注（命题1-4-8）知 $\pi=\mathrm{Coker}\,\varphi$ 与 $\lambda=\ker\psi$ 都是同构，所以 $f=\lambda\pi$ 是同构（命题1-1-3）。证毕。

注（定理1-7-2） 对于一般的加法范畴，定理1-7-2一般不成立。

命题1-7-6 设 f 是Abel范畴中的态射，则

$$f\text{ 是同构}\Leftrightarrow(\ker f=0,\ \mathrm{Coker}f=0)。$$

证明 由定理1-7-2与定理1-6-2可得。证毕。

定义1-7-2 正合（exact） 设Abel范畴中有一列对象与态射：

$$\cdots\longrightarrow A\xrightarrow{f}B\xrightarrow{f'}C\longrightarrow\cdots。$$

若 $\mathrm{Im}f=\ker f'$，则称此列在 B 处正合。如果上式在每一个非端点处正合，则称此列为正合列。

定理1–7–3　设Abel范畴中有态射列 $A\xrightarrow{f}B\xrightarrow{f'}C$，$f$ 与 f' 有标准分解式：

$$f=\lambda\pi,\quad f'=\lambda'\pi',$$

则以下四式等价：

（1）$\lambda=\mathrm{Im}f=\ker f'$；

（2）$\lambda=\mathrm{Im}f=\ker\pi'$；

（3）$\pi'=\mathrm{Coim}f'=\mathrm{Coker}\,\lambda$；

（4）$\pi'=\mathrm{Coim}f'=\mathrm{Coker}f$。

证明　（1）⇔（2）：由式（1–7–6）知 $\ker f'=\ker\pi'$。

（2）⇒（3）：π' 满，根据定义1–7–1（A8）可知，$\pi'=\mathrm{Coker}(\ker\pi')=\mathrm{Coker}\,\lambda$。

（3）⇒（2）：λ 单，根据定义1–7–1（A8）可知，$\lambda=\ker(\mathrm{Coker}\,\lambda)=\ker\pi'$。

（3）⇔（4）：由式（1–7–7）有 $\mathrm{Coker}f=\mathrm{Coker}\,\lambda$。证毕。

命题1–7–7　设范畴 $\mathcal{A}b$，${}_R\mathcal{M}$ 中有同态列 $A\xrightarrow{f}B\xrightarrow{f'}C$，则

$$f(A)=f'^{-1}(0)\Leftrightarrow f'(B)\cong B/f(A)。$$

证明　$f(A)=f'^{-1}(0)$ 就是定理1–7–3中的（1）（2），$f'(B)\cong B/f(A)$ 就是定理1–7–3中的（3）（4）。证毕。

命题1–7–8　在Abel范畴中：

（1）$A\xrightarrow{f}B\longrightarrow0$ 正合 ⇔ f 是满态射；

（2）$0\longrightarrow A\xrightarrow{f}B$ 正合 ⇔ f 是单态射；

（3）$0\longrightarrow A\xrightarrow{f}B\longrightarrow0$ 正合 ⇔ f 是同构。

证明　（1）$A\xrightarrow{f}B\longrightarrow0$ 正合 ⇔ $\mathrm{Im}f=\ker0$。在定理1–7–3中取 $f'=0$，则 $\pi'=0$［注（定义1–7–1）］，$\mathrm{Im}f=\ker0\Leftrightarrow\mathrm{Coker}f=0$，再由定理1–6–2（2）知 $\mathrm{Coker}f=0\Leftrightarrow f$ 是满态射。

（2）为（1）的对偶［注（命题1–7–2）］。

（3）由（1）（2）和定理1–7–2得到。证毕。

命题1–7–9　在Abel范畴中：

（1）$A\xrightarrow{f}B\xrightarrow{f'}C\longrightarrow0$ 正合 ⇔ $f'=\mathrm{Coker}f$；

（2）$0\longrightarrow A\xrightarrow{f}B\xrightarrow{f'}C$ 正合 ⇔ $f=\ker f'$；

（3）$0\longrightarrow A\xrightarrow{f}B\xrightarrow{f'}C\longrightarrow0$ 正合 ⇔（$f=\ker f'$，$f'=\mathrm{Coker}f$）。

证明 （1）由命题1–7–8（1）知

$$A\xrightarrow{f}B\xrightarrow{f'}C\longrightarrow 0\text{ 正合}\Leftrightarrow(\mathrm{Im}f=\ker f',\ f'\text{ 是满态射})。$$

当 f' 满时有标准分解 $f'=1f'$，于是定理1–7–3中取 $\pi'=f'$，上式 $\Leftrightarrow f'=\mathrm{Coker}f$。

（2）由命题1–7–8（2）知

$$0\longrightarrow A\xrightarrow{f}B\xrightarrow{f'}C\text{ 正合}\Leftrightarrow(\mathrm{Im}f=\ker f',\ f\text{ 是单态射})。$$

当 f 单时有标准分解 $f=f1$，所以 $\mathrm{Im}f=f$，于是上式 $\Leftrightarrow f=\ker f'$。

（3）由（1）（2）可得。证毕。

引理1–7–1 短五引理 三引理 设在Abel范畴中有行正合的交换图：

$$\begin{array}{ccccccccc}
0 & \longrightarrow & A & \xrightarrow{\sigma} & B & \xrightarrow{\tau} & C & \longrightarrow & 0\\
 & & \downarrow{\scriptstyle\varphi} & & \downarrow{\scriptstyle f} & & \downarrow{\scriptstyle\psi} & & \\
0 & \longrightarrow & A' & \xrightarrow{\sigma'} & B' & \xrightarrow{\tau'} & C' & \longrightarrow & 0
\end{array},$$

那么可得

$$\varphi\text{ 与 }\psi\text{ 都是单（满）态射}\Rightarrow f\text{ 是单（满）态射},$$

$$\varphi\text{ 与 }\psi\text{ 都是同构}\Rightarrow f\text{ 是同构}。$$

证明 我们只证明“满”的部分，因为“单”的部分是对偶的［注（命题1–7–1)］。再由定理1–7–2知同构的部分也是成立的。

设 φ 与 ψ 都是满态射。令［定义1–7–1（A7)］

$$\mu=\mathrm{Coker}f, \tag{1–7–10}$$

则有［定义1–4–2（2)］

$$\mu f=0, \tag{1–7–11}$$

由交换性得

$$0=\mu f\sigma=\mu\sigma'\varphi。$$

由于 φ 满，所以可得（右消去）

$$\mu\sigma'=0。$$

由命题1–7–9（1）知 $\tau'=\mathrm{Coker}\sigma'$，由上式与定义1–4–2（3）知，存在 g，使得

$$\mu=g\tau'。 \tag{1–7–12}$$

由式（1–7–11）和式（1–7–12）及交换性得

$$0=\mu f=g\tau' f=g\psi\tau。$$

由命题1–7–8（1）知 τ 满，所以 $g\psi=0$（右消去）。由于 ψ 满，所以 $g=0$（右消去）。于是式（1–7–12）为 $\mu=0$，由式（1–7–10）得 $\mathrm{Coker}f=0$，由定理1–6–2（2）知 f 满。证毕。

引理1-7-2　$_R\mathcal{M}$中的五引理　设有模范畴$_R\mathcal{M}$中行正合的交换图（横行正合，方块交换）：

$$\begin{array}{ccccccccc} A_1 & \xrightarrow{f_1} & A_2 & \xrightarrow{f_2} & A_3 & \xrightarrow{f_3} & A_4 & \xrightarrow{f_4} & A_5 \\ \downarrow{t_1} & & \downarrow{t_2} & & \downarrow{t_3} & & \downarrow{t_4} & & \downarrow{t_5} \\ A_1' & \xrightarrow{f_1'} & A_2' & \xrightarrow{f_2'} & A_3' & \xrightarrow{f_3'} & A_4' & \xrightarrow{f_4'} & A_5' \end{array}$$

（1）如果t_2，t_4是单同态，t_1是满同态，那么t_3是单同态。

（2）如果t_2，t_4是满同态，t_5是单同态，那么t_3是满同态。

（3）如果t_1，t_2，t_4，t_5是同构，那么t_3是同构。

证明　（1）$\forall a_3' \in A_3'$，有$f_3'(a_3') \in A_4'$，由于t_4满，所以存在$a_4 \in A_4$，使得

$$f_3'(a_3') = t_4(a_4)。\tag{1-7-13}$$

用f_4'对式（1-7-13）进行作用，再由交换图可得

$$f_4' f_3'(a_3') = f_4' t_4(a_4) = t_5 f_4(a_4)。$$

根据正合性有$f_4' f_3' = 0$，所以$t_5 f_4(a_4) = 0$。由于t_5单，所以$f_4(a_4) = 0$，即$a_4 \in \ker f_4$。由正合性知$a_4 \in \operatorname{Im} f_3$，即有$a_3 \in A_3$，使得

$$a_4 = f_3(a_3)。$$

将上式代入式（1-7-13），再由交换图得

$$f_3'(a_3') = t_4(a_4) = t_4 f_3(a_3) = f_3' t_3(a_3),$$

即

$$f_3'(a_3' - t_3(a_3)) = 0,$$

表明$a_3' - t_3(a_3) \in \ker f_3'$。由正合性知$a_3' - t_3(a_3) \in \operatorname{Im} f_2'$，即存在$a_2' \in A_2'$，使得

$$a_3' - t_3(a_3) = f_2'(a_2')。$$

由于t_2满，所以存在$a_2 \in A_2$，使得

$$a_2' = t_2(a_2)。$$

由以上两式及交换图得

$$a_3' - t_3(a_3) = f_2' t_2(a_2) = t_3 f_2(a_2),$$

即

$$a_3' = t_3(a_3 + f_2(a_2))。$$

表明t_3满。

（2） $\forall a_3 \in \ker t_3 \subseteq A_3$，有 $t_3(a_3)=0$，由交换图可得

$$t_4 f_3(a_3)=f'_3 t_3(a_3)=0,$$

由于 t_4 单，所以 $f_3(a_3)=0$，即 $a_3 \in \ker f_3=\mathrm{Im} f_2$，即有 $a_2 \in A_2$，使得

$$a_3=f_2(a_2)。\tag{1-7-14}$$

由交换图可得

$$f'_2 t_2(a_2)=t_3 f_2(a_2)=t_3(a_3)=0,$$

表明 $t_2(a_2) \in \ker f'_2=\mathrm{Im} f'_1$，即有 $a'_1 \in A'_1$，使得

$$t_2(a_2)=f'_1(a'_1)。$$

由于 t_1 满，所以存在 $a_1 \in A_1$，使得

$$a'_1=t_1(a_1)。$$

由以上两式及交换图可得

$$t_2(a_2)=f'_1 t_1(a_1)=t_2 f_1(a_1),$$

即

$$t_2(a_2-f_1(a_1))=0。$$

由于 t_2 单，所以 $a_2=f_1(a_1)$，代入式（1-7-14）得 $a_3=f_2 f_1(a_1)$，由正合性知 $a_3=0$。所以可得 $\ker t_3=0$，即 t_3 单。

（3）由（1）（2）知 t_3 既单且满。证毕。

引理1-7-2a　${}_R\mathcal{M}$ 中的五引理　设有行正合的交换图：

$$\begin{array}{ccccccc}
A_1 & \xrightarrow{f_1} & A_2 & \xrightarrow{f_2} & A_3 & \longrightarrow & 0 \\
\downarrow{\scriptstyle t_1} & & \downarrow{\scriptstyle t_2} & & \downarrow{\scriptstyle t_3} & & \\
A'_1 & \xrightarrow{f'_1} & A'_2 & \xrightarrow{f'_2} & A'_3 & \longrightarrow & 0
\end{array}。$$

（1） t_2 满 $\Rightarrow t_3$ 满；

（2）（t_1 满，t_2 单）$\Rightarrow t_3$ 单；

（3）（t_1 满，t_2 是同构）$\Rightarrow t_3$ 是同构。

证明　上图可扩展成

$$\begin{array}{ccccccccc}
A_1 & \xrightarrow{f_1} & A_2 & \xrightarrow{f_2} & A_3 & \longrightarrow & 0 & \longrightarrow & 0 \\
\downarrow{\scriptstyle t_1} & & \downarrow{\scriptstyle t_2} & & \downarrow{\scriptstyle t_3} & & \downarrow{\scriptstyle 1} & & \downarrow{\scriptstyle 1} \\
A'_1 & \xrightarrow{f'_1} & A'_2 & \xrightarrow{f'_2} & A'_3 & \longrightarrow & 0 & \longrightarrow & 0
\end{array}。$$

由引理1-7-2可得结论。证毕。

引理1-7-2b　${}_R\mathcal{M}$中的五引理　设有行正合的交换图：

$$\begin{array}{ccccccc} 0 & \longrightarrow & A_3 & \xrightarrow{f_3} & A_4 & \xrightarrow{f_4} & A_5 \\ & & \downarrow{t_3} & & \downarrow{t_4} & & \downarrow{t_5} \\ 0 & \longrightarrow & A_3' & \xrightarrow{f_3'} & A_4' & \xrightarrow{f_4'} & A_5' \end{array}$$

（1）（t_4满，t_5单）$\Rightarrow t_3$满；

（2）t_4单$\Rightarrow t_3$单；

（3）（t_4是同构，t_5单）$\Rightarrow t_3$是同构。

证明　上图可扩展成

$$\begin{array}{ccccccccc} 0 & \longrightarrow & 0 & \longrightarrow & A_3 & \xrightarrow{f_3} & A_4 & \xrightarrow{f_4} & A_5 \\ \downarrow{1} & & \downarrow{1} & & \downarrow{t_3} & & \downarrow{t_4} & & \downarrow{t_5} \\ 0 & \longrightarrow & 0 & \longrightarrow & A_3' & \xrightarrow{f_3'} & A_4' & \xrightarrow{f_4'} & A_5' \end{array}$$

由引理1-7-2可得结论。证毕。

命题1-7-10　设有模范畴${}_R\mathcal{M}$中行正合的交换图：

$$\begin{array}{ccccccccc} 0 & \longrightarrow & A & \longrightarrow & B & \longrightarrow & C & \longrightarrow & 0 \\ & & \downarrow{f} & & \downarrow{g} & & \downarrow{h} & & \\ 0 & \longrightarrow & A' & \longrightarrow & B' & \longrightarrow & C' & \longrightarrow & 0 \end{array} \qquad (1\text{-}7\text{-}15)$$

（1）当f满g单时，h单；

（2）当h单g满时，f满。

证明　（1）由式（1-7-15）可得行正合的交换图：

$$\begin{array}{ccccccccc} A & \longrightarrow & B & \longrightarrow & C & \longrightarrow & 0 & \longrightarrow & 0 \\ \downarrow{f} & & \downarrow{g} & & \downarrow{h} & & \downarrow{1} & & \downarrow{1} \\ A' & \longrightarrow & B' & \longrightarrow & C' & \longrightarrow & 0 & \longrightarrow & 0 \end{array}$$

由引理1-7-2知当f满g单时，h单。

（2）由式（1-7-15）可得行正合的交换图：

$$\begin{array}{ccccccccc} 0 & \longrightarrow & 0 & \longrightarrow & A & \longrightarrow & B & \longrightarrow & C \\ \downarrow{1} & & \downarrow{1} & & \downarrow{f} & & \downarrow{g} & & \downarrow{h} \\ 0 & \longrightarrow & 0 & \longrightarrow & A' & \longrightarrow & B' & \longrightarrow & C' \end{array}$$

由引理1-7-2知当h单g满时，f满。证毕。

命题1-7-11　在Abel范畴中：

（1）f是满态射$\Leftrightarrow$有正合列$0 \longrightarrow C \xrightarrow{\ker f} A \xrightarrow{f} B \longrightarrow 0$；

（2）f是单态射$\Leftrightarrow$有正合列$0 \longrightarrow A \xrightarrow{f} B \xrightarrow{\mathrm{Coker} f} C \longrightarrow 0$。

证明 （1）⇐：命题1-7-8（1）。

⇒：根据定义1-4-1知，$\ker f$ 是单态射。由定义1-7-1（A8）知，$\mathrm{Im}\ker f=\ker f$。

（2）⇐：命题1-7-8（2）。

⇒：根据定义1-4-2知，$\mathrm{Coker} f$ 是满态射。由定义1-7-1（A8）知，$f=\mathrm{Im} f=\ker(\mathrm{Coker} f)$。证毕。

命题1-7-12 分裂正合列（split exact sequence） 对于Abel范畴中的正合列：

$$0\longrightarrow A\xrightarrow{\lambda}B\xrightarrow{\pi}C\longrightarrow 0,$$

下列条件等价：

（1）存在 $\lambda'\in\mathrm{Hom}(C,B)$，使得 $\pi\lambda'=1_C$。

（2）存在 $\pi'\in\mathrm{Hom}(B,A)$，使得 $\pi'\lambda=1_A$。

（3）存在 $\lambda'\in\mathrm{Hom}(C,B)$，使得 $\left(B,\{\lambda,\lambda'\}\right)=A\coprod C$。

（4）存在 $\pi'\in\mathrm{Hom}(B,A)$，使得 $\left(B,\{\pi',\pi\}\right)=A\prod C$。

称满足上述等价条件的正合列为分裂正合列。

注（命题1-7-12） （1）（3）中的 λ' 相同，（2）（4）中的 π' 相同。

证明 （1）⇒（2）（3）（4）：由于 1_C 是单态射（命题1-3-1），而 $\pi\lambda'=1_C$，所以 λ' 是单态射（定理1-3-1′）。令

$$\varphi=\lambda'\pi\in\mathrm{End}(B),\tag{1-7-16}$$

由引理1-6-2知 φ 是幂等元，且

$$\lambda'=\ker(1_B-\varphi),\tag{1-7-17}$$

由命题1-7-9（2）知

$$\lambda=\ker\pi。$$

由于 λ' 是单态射，而 π 是满态射［命题1-7-8（1）］，所以 $\varphi=\lambda'\pi$ 是 φ 的标准分解，由定理1-7-1中的式（1-7-6）可得

$$\ker\varphi=\ker\pi,$$

由以上两式可得

$$\lambda=\ker\varphi,\tag{1-7-18}$$

所以可得［定义1-4-1（2）］

$$\varphi\lambda=0。\tag{1-7-19}$$

由于 φ 是幂等元，所以可得

$$\varphi(1_B-\varphi)=\varphi-\varphi^2=0。$$

根据定义1-4-1（3）可知，存在 $\pi'\in\mathrm{Hom}(B,A)$，使得

$$1_B-\varphi=\lambda\pi',\tag{1-7-20}$$

因此由式（1-7-20）与式（1-7-19）可得

$$\lambda\pi'\lambda=(1_B-\varphi)\lambda=\lambda-\varphi\lambda=\lambda。$$

由于λ是单态射［命题1-7-8（2）］，所以由上式可得$\pi'\lambda=1_A$(左消去)，即（2）成立。

由于φ是幂等元，且式（1-7-17）和式（1-7-18）成立，根据定理1-6-3有

$$(B,\ \{\lambda,\ \lambda'\})=A\coprod C,$$

即（3）成立。由于式（1-7-16）和式（1-7-20）成立，根据命题1-6-5有

$$(B,\ \{\pi',\ \pi\})=A\prod C,$$

即（4）成立。

（2）⇒（1）：由于1_A是满态射（命题1-3-1），而$\pi'\lambda=1_A$，所以π'是满态射（定理1-3-1）。令

$$\varphi'=\lambda\pi'\in \mathrm{End}(B),$$

由引理1-6-2知φ'是幂等元。由命题1-7-9（1）知

$$\pi=\mathrm{Coker}\,\lambda。$$

由于π'是满态射，而λ是单态射［命题1-7-8（2）］，所以$\varphi'=\lambda\pi'$是φ'的标准分解，由定理1-7-1中的式（1-7-7）可得

$$\mathrm{Coker}\,\varphi'=\mathrm{Coker}\,\lambda。$$

由以上两式可得

$$\pi=\mathrm{Coker}\,\varphi',$$

所以可得［定义1-4-2（2）］

$$\pi\varphi'=0。\tag{1-7-21}$$

由于φ'是幂等元，所以可得

$$(1_B-\varphi')\varphi'=\varphi'-\varphi'^2=0。$$

根据定义1-4-2（3）可知，存在$\lambda'\in \mathrm{Hom}(C,\ B)$，使得

$$1_B-\varphi'=\lambda'\pi。$$

于是由上式与式（1-7-21）可得

$$\pi\lambda'\pi=\pi(1_B-\varphi')=\pi-\pi\varphi'=\pi。$$

由于π是满态射［命题1-7-8(1)］，所以由上式可得$\pi\lambda'=1_C$(右消去)，即（1）成立。

（3）⇒（2）：定理1-6-1。

（4）⇒（1）：根据定义1-5-1可知，对于C和0：$C\to A$，1_C：$C\to C$，存在$\lambda\in \mathrm{Hom}(C,\ B)$，使得

$$0=\pi'\lambda'，即\quad \begin{array}{ccc} B & \xrightarrow{\pi'} & A \\ {\scriptstyle\lambda'}\uparrow & \nearrow{\scriptstyle 0} & \\ C & & \end{array}，$$

$$1_{\mathcal{C}}=\pi\lambda'，即 \begin{array}{ccc} B & \xrightarrow{\pi} & A \\ {\scriptstyle\lambda'}\uparrow & \nearrow{\scriptstyle 1_{\mathcal{C}}} & \\ C & & \end{array}。$$

证毕。

1.8 函子

定义1–8–1 正变函子（covariant functor） 由范畴$\mathcal{C}$到范畴$\mathcal{C}'$的一个正变函子F：$\mathcal{C}\to\mathcal{C}'$满足以下条件。

（1）它使$\mathcal{C}$中任一对象对应$\mathcal{C}'$中某一对象：

$$F：\mathrm{Obj}\mathcal{C}\to\mathrm{Obj}\mathcal{C}'，\quad A\mapsto F(A)。$$

（2）它使$\mathrm{Hom}_{\mathcal{C}}(A，B)$中的每一个元素对应$\mathrm{Hom}_{\mathcal{C}'}(F(A)，F(B))$中的某一个元素：

$$F：\mathrm{Hom}_{\mathcal{C}}(A，B)\to\mathrm{Hom}_{\mathcal{C}'}(F(A)，F(B))，\quad f\mapsto F(f)。$$

（3）满足以下两式：

$$F(gf)=F(g)F(f)，\tag{1–8–1}$$

$$F(1_A)=1_{F(A)}。\tag{1–8–2}$$

注（定义1–8–1） 正变函子可以表示为（这不是交换图）

$$\begin{array}{ccc} A & \xrightarrow{f} & B \\ {\scriptstyle F}\downarrow & & \downarrow{\scriptstyle F} \\ F(A) & \xrightarrow{F(f)} & F(B) \end{array}。$$

例1–8–1 （1）设$\mathcal{C}$是以群G为唯一对象的范畴，其唯一的态射集$\mathrm{Hom}_{\mathcal{C}}(G，G)=G$，态射乘法就是群乘法。取$\mathcal{C}'$是以群$G'$为唯一对象的范畴，其唯一的态射集$\mathrm{Hom}_{\mathcal{C}'}(G'，G')=G'$，态射乘法就是群乘法。那么，任一正变函子$F$：$\mathcal{C}\to\mathcal{C}'$，就是令$F(G)=G'$，而对态射来说，$F$实际上就是$G\to G'$的同态。

（2）设f: $A\to B$是群同态。用$[A，A]$记A的换位子群（定义B–3），它是A的正规子群（命题B–3），$A/[A，A]$是交换群（命题B–23）。令

$$F(A)=A/[A，A]，$$

有$f([A，A])\subseteq[B，B]$（命题B–4），由命题B–5知f诱导了群同态：

$$F(f)\text{: } A/[A，A]\to B/[B，B]，\quad [a]\mapsto[f(a)]。$$

F: $\to\mathcal{A}b$是一个正变函子。

（3）固定范畴$\mathcal{C}$中的一个对象X，定义正变函子F：$\mathcal{C}\to\mathcal{S}$：

对于$\mathcal{C}$中的对象A，令

$$F(A)=\mathrm{Hom}_{\mathcal{C}}(X,\ A)。$$

对于 $f\in\mathrm{Hom}_{\mathcal{C}}(A,\ B)$，令

$$F(f):\ \mathrm{Hom}_{\mathcal{C}}(X,\ A)\to\mathrm{Hom}_{\mathcal{C}}(X,\ B),\quad \sigma\mapsto f\sigma。$$

（4）范畴 $\mathcal{C}$ 上的恒等函子：

$$1_{\mathcal{C}}:\ \mathcal{C}\to\mathcal{C},\quad A\mapsto A,$$

对于范畴 $\mathcal{C}$ 中的态射 f：$A\to B$，有

$$1_{\mathcal{C}}f=f:\ A\to B。$$

它是正变函子。

命题1-8-1　若 F：$\mathcal{C}\to\mathcal{C}'$ 是正变函子，那么 F 也是 $\mathcal{C}^{\mathrm{op}}\to\mathcal{C}'^{\mathrm{op}}$ 的正变函子。

证明　对 $A^{\mathrm{op}}\in\mathrm{Obj}\mathcal{C}^{\mathrm{op}}$，定义

$$F\left(A^{\mathrm{op}}\right)=\left(F(A)\right)^{\mathrm{op}}。\tag{1-8-3}$$

对 $f^{\mathrm{op}}\in\mathrm{Hom}_{\mathcal{C}^{\mathrm{op}}}\left(A^{\mathrm{op}},\ B^{\mathrm{op}}\right)$，定义

$$F\left(f^{\mathrm{op}}\right)=\left(F(f)\right)^{\mathrm{op}}:\ F\left(A^{\mathrm{op}}\right)\to F\left(B^{\mathrm{op}}\right)。\tag{1-8-4}$$

设 $g^{\mathrm{op}}\in\mathrm{Hom}_{\mathcal{C}^{\mathrm{op}}}\left(B^{\mathrm{op}},\ C^{\mathrm{op}}\right)$，则

$$F\left(g^{\mathrm{op}}f^{\mathrm{op}}\right)=F\left((fg)^{\mathrm{op}}\right)=\left(F(fg)\right)^{\mathrm{op}}=\left(F(f)F(g)\right)^{\mathrm{op}}=\left(F(g)\right)^{\mathrm{op}}\left(F(f)\right)^{\mathrm{op}},$$

也就是

$$F\left(g^{\mathrm{op}}f^{\mathrm{op}}\right)=F\left(g^{\mathrm{op}}\right)F\left(f^{\mathrm{op}}\right)。\tag{1-8-5}$$

证毕。

定义1-8-2　反变函子（contravariant functor）　反变函子 T：$\mathcal{C}\to\mathcal{C}'$ 指的是 $\mathcal{C}^{\mathrm{op}}\to\mathcal{C}'$ 的正变函子。也就是说，它满足下述规则。

（1）它使 $\mathcal{C}$ 中任一对象对应 $\mathcal{C}'$ 中某一对象：

$$T:\ \mathrm{Obj}\mathcal{C}\to\mathrm{Obj}\mathcal{C}',\ A\mapsto T(A)。$$

（2）它使 $\mathrm{Hom}_{\mathcal{C}}(A,\ B)\left[\text{等于}\mathrm{Hom}_{\mathcal{C}^{\mathrm{op}}}\left(B^{\mathrm{op}},\ A^{\mathrm{op}}\right)\right]$ 中的每一个元素对应 $\mathrm{Hom}_{\mathcal{C}'}(T(B),\ T(A))$ $\left[\text{等于}\mathrm{Hom}_{\mathcal{C}'}\left(T\left(B^{\mathrm{op}}\right),\ T\left(A^{\mathrm{op}}\right)\right)\right]$ 中的某一个元素：

$$T:\ \mathrm{Hom}_{\mathcal{C}}(A,\ B)\to\mathrm{Hom}_{\mathcal{C}'}(T(B),\ T(A)),\quad f\mapsto T(f)。$$

（3）满足以下两式：

$$T(gf)=T(f)T(g),\tag{1-8-6}$$

$$T\left(1_A\right)=1_{T(A)}。\tag{1-8-7}$$

注（定义1-8-2）　反变函子可以表示为（这不是交换图）

$$\begin{array}{ccc} A & \xrightarrow{T} & B \\ {\scriptstyle T}\downarrow & & \downarrow{\scriptstyle T} \\ F(A) & \xleftarrow{T(f)} & F(B) \end{array}$$ 。

例 1-8-2 固定范畴$\mathcal{C}$中的一个对象X，定义反变函子T：$\mathcal{C} \to \mathcal{S}$。

对于$\mathcal{C}$中的对象A，令

$$T(A)=\mathrm{Hom}_{\mathcal{C}}(A, X)。$$

对于 $f \in \mathrm{Hom}_{\mathcal{C}}(A, B)$，令

$$T(f): \mathrm{Hom}_{\mathcal{C}}(B, X) \to \mathrm{Hom}_{\mathcal{C}}(A, X), \quad \tau \mapsto \tau f。$$

定义 1-8-3 加法函子（additive functor） 设$\mathcal{C}$与$\mathcal{C}'$都是加法范畴（定义 1-6-1），函子F：$\mathcal{C} \to \mathcal{C}'$叫作加法函子，如果对于任意 f，$g \in \mathrm{Hom}_{\mathcal{C}}(A, B)$，有

$$F(f+g)=F(f)+F(g)。$$

也就是说，F是 $\mathrm{Hom}_{\mathcal{C}}(A, B)$ 到 $\mathrm{Hom}_{\mathcal{C}'}(F(A), F(B))$（正变）或 $\mathrm{Hom}_{\mathcal{C}'}(F(B), F(A))$（反变）的一个群同态。

命题 1-8-2 设$\mathcal{C}$与$\mathcal{C}'$都是加法范畴，F：$\mathcal{C} \to \mathcal{C}'$是加法函子，那么$F$把零态射变为零态射。

证明 F是 $\mathrm{Hom}_{\mathcal{C}}(A, B)$ 到 $\mathrm{Hom}_{\mathcal{C}'}(F(A), F(B))$ 或 $\mathrm{Hom}_{\mathcal{C}'}(F(B), F(A))$ 的群同态，而零态射是它们的零元，所以F把零态射映为零态射。证毕。

引理 1-8-1 设$\mathcal{C}$与$\mathcal{C}'$都是加法范畴，F：$\mathcal{C} \to \mathcal{C}'$是正变函子，且满足

$$F(A \coprod B)=F(A) \coprod F(B),$$

注意上式包含了对象与态射的双重对应，若记 $A \coprod B=(C, \{\lambda_1, \lambda_2\})$，$F(A) \coprod F(B)=(C', \{\lambda_1', \lambda_2'\})$，则有 $C'=F(C)$，$\lambda_i'=F(\lambda_i)$，那么可得

$$F(0)=0,$$

这里 0 既表示零对象又表示零态射。

证明 记 0 是$\mathcal{C}$中的零对象，则由引理 1-6-3 知

$$(0, \{1_0, 1_0\})=0 \coprod 0,$$

于是

$$(F(0), \{1_{F(0)}, 1_{F(0)}\})=F(0) \coprod F(0)。$$

再由引理 1-6-3 知 $F(0)$ 是$\mathcal{C}'$中的零对象。

设 $0_{AB}=0_{0B}0_{A0} \in \mathrm{Hom}_{\mathcal{C}}(A, B)$，则

$$F(0_{AB})=F(0_{0B})F(0_{A0}),$$

其中

$$F(0_{A0}) \in \mathrm{Hom}_{\mathcal{C}'}(F(A),\ F(0)),\quad F(0_{0B}) \in \mathrm{Hom}_{\mathcal{C}'}(F(0),\ F(B))。$$

由于$F(0)$是$\mathcal{C}'$中的零对象，所以可得（这里$0'$表示$\mathcal{C}'$中的零对象或零态射）

$$\mathrm{Hom}_{\mathcal{C}'}(F(A),\ F(0)) = \{0'_{F(A)0'}\},\quad \mathrm{Hom}_{\mathcal{C}'}(F(0),\ F(B)) = \{0'_{0'F(B)}\},$$

从而

$$F(0_{A0}) = 0'_{F(A)0'}\quad F(0_{0B}) = 0'_{0'F(B)},$$

于是

$$F(0_{AB}) = 0'_{0'F(B)}0'_{F(A)0'} = 0'_{F(A)F(B)}。$$

证毕。

定理1-8-1 设$\mathcal{C}$与$\mathcal{C}'$都是加法范畴，对于正变函子F：$\mathcal{C} \to \mathcal{C}'$，下列陈述等价。

（1）F是加法函子；

（2）F保持有限个对象的余积，即$F\left(\coprod_{i=1}^{n} A_i\right) = \coprod_{i=1}^{n} F(A_i)$；

（3）F保持有限个对象的积，即$F\left(\prod_{i=1}^{n} A_i\right) = \prod_{i=1}^{n} F(A_i)$。

证明 （1）⇒（2）：记$\left(A,\ \{\lambda_i\}_{i=1}^{n}\right) = \coprod_{i=1}^{n} A_i$［根据定义1-6-1（A6）可知，余积存在］。根据定理1-6-1，存在$\{\pi_i \in \mathrm{Hom}_{\mathcal{C}}(A,\ A_i)\}_{i=1}^{n}$，使得

$$\pi_j\lambda_i = \begin{cases} 1_{A_i},\ j=i \\ 0,\ j \neq i \end{cases},\quad \sum_{i=1}^{n} \lambda_i\pi_i = 1_A。$$

可得（需要利用命题1-8-2）

$$F(\pi_j)F(\lambda_i) = \begin{cases} 1_{F(A_i)},\ j=i \\ 0,\ j \neq i \end{cases},\quad \sum_{i=1}^{n} F(\lambda_i)F(\pi_i) = 1_{F(A)}。$$

再由定理1-6-1知$\coprod_{i=1}^{n} F(A_i) = \left(F(A),\ \{F(\lambda_i)\}_{i=1}^{n}\right)$，即$\coprod_{i=1}^{n} F(A_i) = F\left(\coprod_{i=1}^{n} A_i\right)$。

（2）⇒（3）：记$\left(A,\ \{\lambda_i\}_{i=1}^{n}\right) = \coprod_{i=1}^{n} A_i$。根据定理1-6-1知存在$\{\pi_i \in \mathrm{Hom}_{\mathcal{C}}(A,\ A_i)\}_{i=1}^{n}$，使得

$$\pi_j\lambda_i = \begin{cases} 1_{A_i},\ j=i \\ 0,\ j \neq i \end{cases},\quad \sum_{i=1}^{n} \lambda_i\pi_i = 1_A。$$

根据命题1-6-1有

$$\left(A,\ \{\pi_i\}_{i=1}^{n}\right) = \prod_{i=1}^{n} A_i。$$

由引理1-8-1可得

$$F(\pi_j)F(\lambda_i)=\begin{cases}1_{F(A_i)}, & j=i\\ 0, & j\neq i\end{cases}。$$

由（2）知

$$\left(F(A),\ \{F(\lambda_i)\}_{i=1}^{n}\right)=\coprod_{i=1}^{n}F(A_i),$$

根据定理1-6-1知，存在$\left\{\pi'_i\in \mathrm{Hom}_{\mathcal{C}}\left(F(A),\ F(A_i)\right)\right\}_{i=1}^{n}$，使得

$$\pi'_jF(\lambda_i)=\begin{cases}1_{F(A_i)}, & j=i\\ 0, & j\neq i\end{cases},\quad \sum_{i=1}^{n}F(\lambda_i)\pi'_i=1_{F(A)}。$$

根据命题1-6-1有

$$\left(F(A),\ \{\pi'_i\}_{i=1}^{n}\right)=\prod_{i=1}^{n}F(A_i)。$$

于是

$$F(\pi_j)=F(\pi_j)1_{F(A)}=F(\pi_j)\sum_{i=1}^{n}F(\lambda_i)\pi'_i=\sum_{i=1}^{n}F(\pi_j)F(\lambda_i)\pi'_i=\pi'_j。$$

所以可得

$$\prod_{i=1}^{n}F(A_i)=\left(F(A),\ \{F(\pi_i)\}_{i=1}^{n}\right)=F\left(\prod_{i=1}^{n}A_i\right)。$$

（3）⇒（2）：由式（1-8-4）可得

$$F\left(\left(\prod_{i=1}^{n}A_i\right)^{\mathrm{op}}\right)=\left(\prod_{i=1}^{n}F(A_i)\right)^{\mathrm{op}},$$

根据注（定义1-5-2），上式为

$$F\left(\coprod_{i=1}^{n}A_i^{\mathrm{op}}\right)=\coprod_{i=1}^{n}\left(F(A_i)\right)^{\mathrm{op}}。$$

$\mathcal{C}^{\mathrm{op}}$与$\mathcal{C}'^{\mathrm{op}}$都是加法范畴（命题1-6-3），利用（2）⇒（3）的结论可得

$$F\left(\prod_{i=1}^{n}A_i^{\mathrm{op}}\right)=\prod_{i=1}^{n}\left(F(A_i)\right)^{\mathrm{op}}。$$

根据注（定义1-5-2），上式为

$$F\left(\left(\coprod_{i=1}^{n}A_i\right)^{\mathrm{op}}\right)=\left(\coprod_{i=1}^{n}F(A_i)\right)^{\mathrm{op}},$$

根据式（1-8-4），上式为

$$\left(F\left(\coprod_{i=1}^{n}A_i\right)\right)^{\mathrm{op}}=\left(\coprod_{i=1}^{n}F(A_i)\right)^{\mathrm{op}},$$

也就是 $F\left(\coprod_{i=1}^{n} A_i\right)=\coprod_{i=1}^{n} F(A_i)$。

（2）（3）⇒（1）：记

$$\left(C,\ \{\lambda_1,\ \lambda_2\}\right)=A\coprod A。$$

根据定理1-6-1与命题1-6-1，有 π_1，π_2 满足

$$\pi_1\lambda_1=\pi_2\lambda_2=1_A,\ \pi_2\lambda_1=0,\ \pi_1\lambda_2=0,\ \lambda_1\pi_1+\lambda_2\pi_2=1_C, \tag{1-8-8}$$

并且

$$\left(C,\ \{\pi_1,\ \pi_2\}\right)=A\prod A。$$

根据定义1-5-1，有 φ 使得

$$1_A=\pi_i\varphi,\ 即\ \begin{array}{ccc} C & \xrightarrow{\pi_i} & A \\ {\scriptstyle\varphi}\uparrow & \nearrow{\scriptstyle 1_A} & \\ A & & \end{array}。 \tag{1-8-9}$$

任取 λ_1'，$\lambda_2'\in\mathrm{Hom}(A,\ B)$，根据定义1-5-2可知，有 ψ 使得

$$\lambda_i'=\psi\lambda_i,\ 即\ \begin{array}{ccc} A & \xrightarrow{\lambda_i} & C \\ {\scriptstyle\lambda_i'}\downarrow & \swarrow{\scriptstyle\psi} & \\ B & & \end{array}。 \tag{1-8-10}$$

由式（1-8-8）可得

$$\varphi=1_C\varphi=\left(\lambda_1\pi_1+\lambda_2\pi_2\right)\varphi=\lambda_1\pi_1\varphi+\lambda_2\pi_2\varphi,$$

由式（1-8-9）可得

$$\varphi=\lambda_1+\lambda_2。 \tag{1-8-11}$$

由式（1-8-10）可得

$$\lambda_1'\pi_1+\lambda_2'\pi_2=\psi\lambda_1\pi_1+\psi\lambda_2\pi_2=\psi\left(\lambda_1\pi_1+\lambda_2\pi_2\right),$$

由式（1-8-8）可得

$$\psi=\lambda_1'\pi_1+\lambda_2'\pi_2。 \tag{1-8-12}$$

由式（1-8-8）可得

$$\begin{aligned}\left(F(\lambda_1')F(\pi_1)+F(\lambda_2')F(\pi_2)\right)F(\lambda_1)&=F(\lambda_1')F(\pi_1\lambda_1)+F(\lambda_2')F(\pi_2\lambda_1)\\&=F(\lambda_1')F(1_A)+F(\lambda_2')F(0),\end{aligned}$$

由引理1-8-1可得

$$\left(F(\lambda_1')F(\pi_1)+F(\lambda_2')F(\pi_2)\right)F(\lambda_1)=F(\lambda_1')。 \tag{1-8-13}$$

同样可得

$$\left(F(\lambda_1')F(\pi_1)+F(\lambda_2')F(\pi_2)\right)F(\lambda_2)=F(\lambda_2')。 \tag{1-8-14}$$

同样有

$$F(\pi_1)\big(F(\lambda_1)+F(\lambda_2)\big)=F(\pi_1\lambda_1)+F(\pi_1\lambda_2)=1_{F(A)}, \tag{1-8-15}$$

$$F(\pi_2)\big(F(\lambda_1)+F(\lambda_2)\big)=1_{F(A)}。 \tag{1-8-16}$$

由（2）知

$$\big(F(C),\ \{F(\lambda_1),\ F(\lambda_2)\}\big)=F(A)\coprod F(A),$$

根据定义1-5-2可知，存在唯一的 ψ' 使得

$$F(\lambda_i')=\psi' F(\lambda_i)，即 \begin{array}{ccc} F(A) & \xrightarrow{F(\lambda_i)} & F(C) \\ {\scriptstyle F(\lambda_i')}\downarrow & \swarrow{\scriptstyle \psi'} & \\ F(B) & & \end{array}。 \tag{1-8-17}$$

由式（1-8-10）可得

$$F(\lambda_i')=F(\psi)F(\lambda_i)，即 \begin{array}{ccc} F(A) & \xrightarrow{F(\lambda_i)} & F(C) \\ {\scriptstyle F(\lambda_i')}\downarrow & \swarrow{\scriptstyle F(\psi)} & \\ F(B) & & \end{array}。 \tag{1-8-18}$$

对比式（1-8-13）、式（1-8-14）、式（1-8-17）、式（1-8-18），由 ψ' 的唯一性知

$$F(\psi)=F(\lambda_1')F(\pi_1)+F(\lambda_2')F(\pi_2)。 \tag{1-8-19}$$

由（3）知

$$\big(F(C),\ \{F(\pi_1),\ F(\pi_2)\}\big)=F(A)\prod F(A),$$

根据定义1-5-1可知，存在唯一的 φ' 使得

$$1_{F(A)}=F(\pi_i)\varphi'，即 \begin{array}{ccc} F(C) & \xrightarrow{F(\pi_i)} & F(A) \\ {\scriptstyle \varphi'}\uparrow & \nearrow{\scriptstyle 1_{F(A)}} & \\ F(A) & & \end{array}。 \tag{1-8-20}$$

由式（1-8-9）可得

$$1_{F(A)}=F(\pi_i)F(\varphi)，即 \begin{array}{ccc} F(C) & \xrightarrow{F(\pi_i)} & F(A) \\ {\scriptstyle F(\varphi)}\uparrow & \nearrow{\scriptstyle 1_{F(A)}} & \\ F(A) & & \end{array}。 \tag{1-8-21}$$

对比式（1-8-15）、式（1-8-16）、式（1-8-20）、式（1-8-21），由 φ' 的唯一性可得

$$F(\varphi)=F(\lambda_1)+F(\lambda_2)。 \tag{1-8-22}$$

于是由式（1-8-19）和式（1-8-22）可得

$$\begin{aligned} F(\psi)F(\varphi) &= \big(F(\lambda_1')F(\pi_1)+F(\lambda_2')F(\pi_2)\big)\big(F(\lambda_1)+F(\lambda_2)\big) \\ &= F(\lambda_1'\pi_1\lambda_1)+F(\lambda_1'\pi_1\lambda_2)+F(\lambda_2'\pi_2\lambda_1)+F(\lambda_2'\pi_2\lambda_2), \end{aligned}$$

再由式（1-8-8）得

$$F(\psi)F(\varphi)=F(\lambda_1')+F(\lambda_2')。\tag{1-8-23}$$

由式（1-8-8）有

$$\psi\varphi=\psi 1_{\mathcal{C}}\varphi=\psi(\lambda_1\pi_1+\lambda_2\pi_2)\varphi=\psi\lambda_1\pi_1\varphi+\psi\lambda_2\pi_2\varphi,$$

由式（1-8-9）和式（1-8-10）有

$$\psi\varphi=\psi\lambda_1+\psi\lambda_2=\lambda_1'+\lambda_2',$$

所以可得

$$F(\psi)F(\varphi)=F(\lambda_1'+\lambda_2')。\tag{1-8-24}$$

由式（1-8-23）和式（1-8-24）有 $F(\lambda_1')+F(\lambda_2')=F(\lambda_1'+\lambda_2')$，这说明 F 是加法函子。证毕。

定理1-8-1′　设$\mathcal{C}$与$\mathcal{C}'$都是加法范畴，对于反变函子F：$\mathcal{C}\to\mathcal{C}'$，下列陈述等价。

（1）F是加法函子；

（2）F把有限个对象的余积变为积，即 $F\left(\coprod_{i=1}^{n}A_i\right)=\prod_{i=1}^{n}F(A_i)$；

（3）F把有限个对象的积变为余积，即 $F\left(\prod_{i=1}^{n}A_i\right)=\coprod_{i=1}^{n}F(A_i)$。

证明　根据定义1-8-2可知，F 是$\mathcal{C}^{\mathrm{op}}\to\mathcal{C}'$的正变函子。根据定理1-8-1可知，下列陈述等价。

（1）F是加法函子；

（2）$F\left(\coprod_{i=1}^{n}A_i^{\mathrm{op}}\right)=\coprod_{i=1}^{n}F(A_i^{\mathrm{op}})$；

（3）$F\left(\prod_{i=1}^{n}A_i^{\mathrm{op}}\right)=\prod_{i=1}^{n}F(A_i^{\mathrm{op}})$。

根据注（定义1-5-2)，（2）（3）分别为：

（2）$F\left(\left(\prod_{i=1}^{n}A_i\right)^{\mathrm{op}}\right)=\coprod_{i=1}^{n}F(A_i^{\mathrm{op}})$；

（3）$F\left(\left(\coprod_{i=1}^{n}A_i\right)^{\mathrm{op}}\right)=\prod_{i=1}^{n}F(A_i^{\mathrm{op}})$。

再把 F 写成$\mathcal{C}\to\mathcal{C}'$的形式，（2）（3）分别为：

（2）$F\left(\prod_{i=1}^{n}A_i\right)=\coprod_{i=1}^{n}F(A_i)$；

（3）$F\left(\coprod_{i=1}^{n}A_i\right)=\prod_{i=1}^{n}F(A_i)$。

证毕。

命题1-8-3　设$\mathcal{C}$与$\mathcal{C}'$都是加法范畴，F：$\mathcal{C}\to\mathcal{C}'$是正变加法函子，那么$F$把零对象变为零对象。

证明　由定理1-8-1知F保持有限项的和，再由引理1-8-1知结论成立。证毕。

命题1-8-3′　设$\mathcal{C}$与$\mathcal{C}'$都是加法范畴，F：$\mathcal{C}\to\mathcal{C}'$是反变加法函子，那么$F$把零对象变为零对象。

证明　记0是$\mathcal{C}$中的零对象，则由引理1-6-3知

$$\left(0,\ \{1_0,\ 1_0\}\right)=0\coprod 0,$$

由定理1-8-1′知

$$\left(F(0),\ \{1_{F(0)},\ 1_{F(0)}\}\right)=F(0)\prod F(0),$$

再由引理1-6-3知$F(0)$是$\mathcal{C}'$中的零对象。证毕。

综合命题1-8-2、命题1-8-3、命题1-8-3′有以下命题。

命题1-8-4　设$\mathcal{C}$与$\mathcal{C}'$都是加法范畴，F：$\mathcal{C}\to\mathcal{C}'$是加法函子，那么$F$把零对象变为零对象，零态射变为零态射。

命题1-8-5　设F：$\mathcal{C}\to\mathcal{C}'$是函子，如果$f$是$\mathcal{C}$中的同构，则$Ff$是$\mathcal{C}'$中的同构。

证明　有g使得$fg=1$，$gf=1$。如果F正变，则$F(f)F(g)=1$，$F(g)F(f)=1$，即Ff是同构。如果F反变，则$F(g)F(f)=1$，$F(f)F(g)=1$，即Ff是同构。证毕。

定义1-8-4　正合函子　设$\mathcal{C}$，$\mathcal{C}'$都是Abel范畴，F：$\mathcal{C}\to\mathcal{C}'$是加法函子。

设F是正变函子，若对$\mathcal{C}$中任意左正合列：

$$0\longrightarrow A\xrightarrow{\ f\ }B\xrightarrow{\ g\ }C,$$

都有$\mathcal{C}'$中左正合列：

$$0\longrightarrow F(A)\xrightarrow{F(f)}F(B)\xrightarrow{F(g)}F(C),$$

则称F是左正合函子。若对$\mathcal{C}$中任意右正合列：

$$A\xrightarrow{\ f\ }B\xrightarrow{\ g\ }C\longrightarrow 0,$$

都有$\mathcal{C}'$中右正合列：

$$F(A)\xrightarrow{F(f)}F(B)\xrightarrow{F(g)}F(C)\longrightarrow 0,$$

则称F是右正合函子。

设F是反变函子，若对$\mathcal{C}$中任意右正合列：

$$A\xrightarrow{\ f\ }B\xrightarrow{\ g\ }C\longrightarrow 0,$$

都有$\mathcal{C}'$中左正合列：

$$0\longrightarrow F(C)\xrightarrow{F(g)}F(B)\xrightarrow{F(f)}F(A),$$

则称F是左正合函子。若对$\mathcal{C}$中任意左正合列：

$$0\longrightarrow A\xrightarrow{\ f\ }B\xrightarrow{\ g\ }C,$$

都有$\mathcal{C}'$中右正合列：

$$F(C)\xrightarrow{F(g)}F(B)\xrightarrow{F(f)}F(A)\longrightarrow 0,$$

则称F是右正合函子。

若F既是左正合函子，又是右正合函子，则称F是正合函子。

命题1-8-6　设$\mathcal{C}$，$\mathcal{C}'$是Abel范畴，F：$\mathcal{C}\to\mathcal{C}'$是正变加法函子，则下列条件等价。

（1）F左正合的充分必要条件：对任意$\mathcal{C}$中正合列：

$$0\longrightarrow A\xrightarrow{f}B\xrightarrow{f'}C\longrightarrow 0,$$

有$\mathcal{C}'$中正合列：

$$0\longrightarrow FA\xrightarrow{Ff}FB\xrightarrow{Ff'}FC。$$

（2）F右正合的充分必要条件：对任意$\mathcal{C}$中正合列：

$$0\longrightarrow A\xrightarrow{f}B\xrightarrow{f'}C\longrightarrow 0,$$

有$\mathcal{C}'$中正合列：

$$FA\xrightarrow{Ff}FB\xrightarrow{Ff'}FC\longrightarrow 0。$$

证明　（1）必要性：显然。

充分性：设有$\mathcal{C}$中正合列：

$$0\longrightarrow A\xrightarrow{f}B\xrightarrow{f'}C,$$

设$\operatorname{Coker}f'$：$C\to W$，由定理1-7-1知f'有标准分解$f'=\lambda'\pi'$，其中，π'：$B\to D$，λ'：$D\to C$，有

$$\lambda'=\ker(\operatorname{Coker}f'),$$

表明有正合列：

$$0\longrightarrow D\xrightarrow{\lambda'}C\xrightarrow{\operatorname{Coker}f'}W\longrightarrow 0。$$

由定理1-7-3知

$$f=\ker\pi',$$

表明有正合列：

$$0\longrightarrow A\xrightarrow{f}B\xrightarrow{\pi'}D\longrightarrow 0。$$

由题设知有$\mathcal{C}'$中正合列：

$$0\longrightarrow FA\xrightarrow{Ff}FB\xrightarrow{F\pi'}FD,$$

$$0\longrightarrow FD\xrightarrow{F\lambda'}FC\xrightarrow{F\operatorname{Coker}f'}FW,$$

表明Ff，$F\lambda'$单，且有

$$Ff=\ker(F\pi')。$$

有$Ff'=(F\lambda')(F\pi')$，由于$F\lambda'$单，所以可得（命题1-4-12）

$$\ker(Ff')=\ker(F\pi')。$$

因此

$$Ff=\ker(Ff'),$$

即有正合列：

$$0\longrightarrow FA\xrightarrow{Ff}FB\xrightarrow{Ff'}FC。$$

（2）必要性：显然。

充分性：设有$\mathcal{C}$中正合列：

$$A\xrightarrow{f}B\xrightarrow{f'}C\longrightarrow 0,$$

设$\ker f$：$K\to A$，由定理1-7-4知f有标准分解$f=\lambda\pi$，其中，π：$A\to D$，λ：$D\to B$，有

$$\ker f=\ker\pi,$$

所以有正合列：

$$0\longrightarrow K\xrightarrow{\ker f}A\xrightarrow{\pi}D\longrightarrow 0。$$

由于$\lambda=\mathrm{Im}f=\ker f'$，所以有正合列：

$$0\longrightarrow D\xrightarrow{\lambda}B\xrightarrow{f'}C\longrightarrow 0。$$

由题设知有$\mathcal{C}'$中正合列：

$$FK\xrightarrow{F\ker f}FA\xrightarrow{F\pi}FD\longrightarrow 0,$$

$$FD\xrightarrow{F\lambda}FB\xrightarrow{Ff'}FC\longrightarrow 0,$$

表明$F\pi$，Ff'满，且有

$$\mathrm{Im}(F\lambda)=\ker(Ff')。$$

有$Ff=(F\lambda)(F\pi)$，由于$F\pi$满，由命题1-7-5知

$$\mathrm{Im}(Ff)=\mathrm{Im}(F\lambda),$$

所以可得

$$\mathrm{Im}(Ff)=\ker(Ff'),$$

表明有正合列：

$$FA\xrightarrow{Ff}FB\xrightarrow{Ff'}FC\longrightarrow 0。$$

证毕。

命题1-8-6′ 设$\mathcal{C}$，$\mathcal{C}'$是Abel范畴，F：$\mathcal{C}\to\mathcal{C}'$是反变加法函子，则下列陈述等价。

（1）F左正合的充分必要条件：对任意$\mathcal{C}$中正合列：

$$0\longrightarrow A\xrightarrow{f}B\xrightarrow{f'}C\longrightarrow 0,$$

有$\mathcal{C}'$中正合列：

$$0\longrightarrow FC\xrightarrow{Ff'}FB\xrightarrow{Ff}FA。$$

（2）F右正合的充分必要条件：对任意$\mathcal{C}$中正合列：

$$0\longrightarrow A\xrightarrow{f}B\xrightarrow{f'}C\longrightarrow 0,$$

有$\mathcal{C}'$中正合列：

$$FC \xrightarrow{Ff'} FB \xrightarrow{Ff} FA \longrightarrow 0。$$

命题1-8-7 设$\mathcal{C}$，$\mathcal{C}'$都是Abel范畴，F：$\mathcal{C}\to\mathcal{C}'$是正变加法函子。

（1）F是左正合函子$\Leftrightarrow F$保持核（即$F(\ker f)=\ker F(f)$）。

（2）F是右正合函子$\Leftrightarrow F$保持余核（即$F(\mathrm{Coker} f)=\mathrm{Coker}\, F(f)$）。

证明 （1）$\Rightarrow$：设$f'=\ker f$，则由命题1-7-9（2）知有正合列：

$$0 \longrightarrow A \xrightarrow{f'} B \xrightarrow{f} C,$$

由于F左正合，所以有正合列：

$$0 \longrightarrow F(A) \xrightarrow{F(f)} F(B) \xrightarrow{F(f)} F(C),$$

由命题1-7-9（2）知$F(f')=\ker F(f)$，即$F(\ker f)=\ker F(f)$。

$\Leftarrow$：设有正合列：

$$0 \longrightarrow A \xrightarrow{f} B \xrightarrow{g} C,$$

则由命题1-7-9（2）知$f=\ker g$，从而$F(f)=F(\ker g)=\ker F(g)$，由命题1-7-9（2）知有正合列：

$$0 \longrightarrow F(A) \xrightarrow{F(f)} F(B) \xrightarrow{F(g)} F(C),$$

即F左正合。

（2）是（1）的对偶。证毕。

命题1-8-7′ 设$\mathcal{C}$，$\mathcal{C}'$都是Abel范畴，F：$\mathcal{C}\to\mathcal{C}'$是反变加法函子。

（1）F是左正合函子$\Leftrightarrow F$把余核变为核（即$F(\mathrm{Coker} f)=\ker F(f)$）。

（2）F是右正合函子$\Leftrightarrow F$把核变为余核（即$F(\ker f)=\mathrm{Coker}\, F(f)$）。

证明 （1）$\Rightarrow$：设$f'=\mathrm{Coker} f$，则由命题1-7-9（1）知有正合列：

$$A \xrightarrow{f} B \xrightarrow{f'} C \longrightarrow 0,$$

由于F左正合，所以有正合列：

$$0 \longrightarrow F(C) \xrightarrow{F(f')} F(B) \xrightarrow{F(f)} F(A),$$

由命题1-7-9（2）知$F(f')=\ker F(f)$，即$F(\mathrm{Coker} f)=\ker F(f)$。

$\Leftarrow$：设有正合列：

$$A \xrightarrow{f} B \xrightarrow{f'} C \longrightarrow 0,$$

则由命题1-7-9（1）知$f'=\mathrm{Coker} f$，从而$F(f')=F(\mathrm{Coker} f)=\ker F(f)$，由命题1-7-9（2）知有正合列：

$$0 \longrightarrow F(C) \xrightarrow{F(f')} F(B) \xrightarrow{F(f)} F(A),$$

即 F 左正合。

（2）是（1）的对偶。证毕。

命题1-8-8 设$\mathcal{C}$，$\mathcal{C}'$都是Abel范畴，F：$\mathcal{C} \to \mathcal{C}'$是正变函子。

（1）F保持核$\Rightarrow F$保持单态射。

（2）F保持余核$\Rightarrow F$保持满态射。

证明 （1）设f是单态射，则由定义1-7-1（A8）知$f = \ker(\mathrm{Coker} f)$，于是$F(f) = \ker F(\mathrm{Coker} f)$，由定义1-4-1（1）知$F(f)$是单态射。

（2）设f是满态射，则由定义1-7-1（A8）知$f = \mathrm{Coker}(\ker f)$，于是$F(f) = \mathrm{Coker}\, F \ker(f)$，由定义1-4-2（1）知$F(f)$是满态射。证毕。

命题1-8-8′ 设$\mathcal{C}$，$\mathcal{C}'$都是Abel范畴，F：$\mathcal{C} \to \mathcal{C}'$是反变函子。

（1）F把余核变为核 $\Rightarrow$ F把满态射变为单态射。

（2）F把核变为余核 $\Rightarrow$ F把单态射变为满态射。

证明 （1）设f是满态射，则由定义1-7-1（A8）知$f = \mathrm{Coker}(\ker f)$，于是$F(f) = \ker F(\ker f)$，由定义1-4-1（1）知$F(f)$是单态射。

（2）设f是单态射，则由定义1-7-1（A8）知$f = \ker(\mathrm{Coker} f)$，于是$F(f) = \mathrm{Coker}\, F(\mathrm{Coker} f)$，由定义1-4-2（1）知$F(f)$是满态射。证毕。

命题1-8-9 设$\mathcal{C}$，$\mathcal{C}'$都是Abel范畴，F：$\mathcal{C} \to \mathcal{C}'$是正变加法函子。

（1）F是左正合函子$\Rightarrow F$保持单态射。

（2）F是右正合函子$\Rightarrow F$保持满态射。

证明 由命题1-8-7与命题1-8-8可得。证毕。

命题1-8-9′ 设$\mathcal{C}$，$\mathcal{C}'$都是Abel范畴，F：$\mathcal{C} \to \mathcal{C}'$是反变加法函子。

（1）F是左正合函子$\Rightarrow F$把满态射变为单态射。

（2）F是右正合函子$\Rightarrow F$把单态射变为满态射。

证明 由命题1-8-7′与命题1-8-8′可得。证毕。

命题1-8-10 设$\mathcal{C}$，$\mathcal{C}'$都是Abel范畴，F：$\mathcal{C} \to \mathcal{C}'$是正变加法函子，则下列陈述等价。

（1）F是正合函子。

（2）F是右正合函子且保持单态射。

（3）F是左正合函子且保持满态射。

（4）对$\mathcal{C}$中任意正合列：

$$0 \longrightarrow A \xrightarrow{f} B \xrightarrow{f'} C \longrightarrow 0,$$

有$\mathcal{C}'$中正合列：

$$0\longrightarrow F(A)\xrightarrow{F(f)}F(B)\xrightarrow{F(f')}F(C)\longrightarrow 0。$$

（5）对$\mathcal{C}$中任意正合列：

$$\cdots\longrightarrow A_{i-1}\xrightarrow{f_{i-1}}A_i\xrightarrow{f_i}A_{i+1}\longrightarrow\cdots,$$

有$\mathcal{C}'$中正合列：

$$\cdots\longrightarrow F\left(A_{i-1}\right)\xrightarrow{F\left(f_{i-1}\right)}F\left(A_i\right)\xrightarrow{F\left(f_i\right)}F\left(A_{i+1}\right)\longrightarrow\cdots。$$

证明 （1）⇒（2）：命题1-8-9（1）。

（1）⇒（3）：命题1-8-9（2）。

（2）⇒（4）：由于 $A\xrightarrow{f}B\xrightarrow{f'}C\longrightarrow 0$ 正合，且 F 是右正合函子，所以有正合列：

$$F(A)\xrightarrow{F(f)}F(B)\xrightarrow{F(f')}F(C)\longrightarrow 0。$$

由于 F 保持单态射，所以 $F(f)$ 是单态射，从而有正合列［命题1-7-8（2）］：

$$0\longrightarrow F(A)\xrightarrow{F(f)}F(B)\xrightarrow{F(f')}F(C)\longrightarrow 0。$$

（3）⇒（4）：由于 $0\longrightarrow A\xrightarrow{f}B\xrightarrow{f'}C$ 正合，且 F 是左正合函子，所以有正合列：

$$0\longrightarrow F(A)\xrightarrow{F(f)}F(B)\xrightarrow{F(f')}F(C)。$$

由于 F 保持满态射，所以 $F(f')$ 是满态射，从而有正合列［命题1-7-8（1）］：

$$0\longrightarrow F(A)\xrightarrow{F(f)}F(B)\xrightarrow{F(f')}F(C)\longrightarrow 0。$$

（4）⇒（5）：有标准分解式（ λ_i 单 π_i 满）：

$$f_i=\lambda_i\pi_i,\quad \begin{array}{c} C_i \\ \pi_i\nearrow \quad \searrow\lambda_i \\ A_i\xrightarrow{\quad f_i\quad}A_{i+1}\end{array}。\tag{1-8-25}$$

其中

$$\left(C_i,\ \lambda_i\right)=\mathrm{Im}f_i,\ \left(C_i,\ \pi_i\right)=\mathrm{Coim}f_i。$$

由 $\cdots\longrightarrow A_{i-1}\xrightarrow{f_{i-1}}A_i\xrightarrow{f_i}A_{i+1}\longrightarrow\cdots$ 的正合性可得

$$\mathrm{Im}f_{i-1}=\ker f_i,\tag{1-8-26}$$

由定理1-7-3知

$$\lambda_{i-1}=\ker\pi_i,$$

由命题1-7-9（2）知有正合列：

$$0 \longrightarrow C_{i-1} \xrightarrow{\lambda_{i-1}} A_i \xrightarrow{\pi_i} C_i,$$

而 π_i 是满态射，由命题1-7-8（1）知有正合列：

$$0 \longrightarrow C_{i-1} \xrightarrow{\lambda_{i-1}} A_i \xrightarrow{\pi_i} C_i \longrightarrow 0。 \tag{1-8-27}$$

根据（4）有正合列：

$$0 \longrightarrow F(C_{i-1}) \xrightarrow{F(\lambda_{i-1})} F(A_i) \xrightarrow{F(\pi_i)} F(C_i) \longrightarrow 0, \tag{1-8-28}$$

由命题1-7-8知 $F(\lambda_i)$ 是单态射， $F(\pi_i)$ 是满态射。由命题1-7-9（2）可得

$$F(\lambda_{i-1}) = \ker F(\pi_i)。 \tag{1-8-29}$$

由于 F 是正变的，所以由式（1-8-25）可得

$$F(f_i) = F(\lambda_i) F(\pi_i)。$$

它是 $F(f_i)$ 的标准分解式，所以可得

$$\operatorname{Im} F(f_i) = F(\lambda_i)。 \tag{1-8-30}$$

由定理1-7-1中的式（1-7-6）可得

$$\ker F(f_i) = \ker F(\pi_i)。 \tag{1-8-31}$$

由式（1-8-29）、式（1-8-30）和式（1-8-31）可得

$$\operatorname{Im} F(f_{i-1}) = \ker F(f_i),$$

这表明有正合列：

$$\cdots \longrightarrow F(A_{i-1}) \xrightarrow{F(f_{i-1})} F(A_i) \xrightarrow{F(f_i)} F(A_{i+1}) \longrightarrow \cdots。$$

（5）⇒（1）：显然。证毕。

命题1-8-10′ 设 $\mathcal{C}$，$\mathcal{C}'$ 都是Abel范畴，F：$\mathcal{C} \to \mathcal{C}'$ 是反变加法函子，则下列陈述等价。

（1）F 是正合函子。

（2）F 是右正合函子且把满态射变为单态射。

（3）F 是左正合函子且把单态射变为满态射。

（4）对 $\mathcal{C}$ 中任意正合列：

$$0 \longrightarrow A \xrightarrow{f} B \xrightarrow{f'} C \longrightarrow 0,$$

有 $\mathcal{C}'$ 中正合列：

$$0 \longrightarrow F(C) \xrightarrow{F(f')} F(B) \xrightarrow{F(f)} F(A) \longrightarrow 0。$$

（5）对 $\mathcal{C}$ 中任意正合列：

$$\cdots \longrightarrow A_{i-1} \xrightarrow{f_{i-1}} A_i \xrightarrow{f_i} A_{i+1} \longrightarrow \cdots,$$

有$\mathcal{C}'$中正合列：

$$\cdots \longrightarrow F(A_{i+1}) \xrightarrow{F(f_i)} F(A_i) \xrightarrow{F(f_{i-1})} F(A_{i-1}) \longrightarrow \cdots。$$

命题1-8-11　设F：$\mathcal{C} \to \mathcal{C}'$是Abel范畴之间的函子，则

$$F\text{ 是加法函子} \Leftrightarrow F\text{ 保持分裂正合列。}$$

这里“保持分裂正合列”的意思是，设有分裂正合列：

$$0 \longrightarrow A \xrightarrow{f} B \xrightarrow{g} C \longrightarrow 0,$$

若F是正变函子，则有分裂正合列：

$$0 \longrightarrow F(A) \xrightarrow{F(f)} F(B) \xrightarrow{F(g)} F(C) \longrightarrow 0;$$

若F是反变函子，则有分裂正合列：

$$0 \longrightarrow F(C) \xrightarrow{F(g)} F(B) \xrightarrow{F(f)} F(A) \longrightarrow 0。$$

证明见文献［8］中的命题2.6.6，第103页。

1.9　自然变换

定义1-9-1　自然变换 自然等价　设F，G是范畴$\mathcal{A}$，$\mathcal{B}$之间的（正变或反变）函子。若有范畴$\mathcal{B}$中的一族态射：

$$\tau_A: F(A) \to G(A), \quad A \in \mathrm{Obj}\mathcal{A},$$

使得$\forall f \in \mathrm{Hom}_{\mathcal{A}}(A, A')$满足交换图：

$$\begin{array}{ccc} F(A) & \xrightarrow{F(f_i)} & F(A') \\ {\scriptstyle \tau_A}\downarrow & & \downarrow{\scriptstyle \tau_{A'}} \\ G(A) & \xrightarrow{G(f)} & G(A') \end{array} \quad \text{或} \quad \begin{array}{ccc} F(A') & \xrightarrow{F(f_i)} & F(A) \\ {\scriptstyle \tau_{A'}}\downarrow & & \downarrow{\scriptstyle \tau_A} \\ G(A') & \xrightarrow{G(f)} & G(A) \end{array},$$

则称

$$\tau = \{\tau_A\}: F \to G$$

是函子F到G之间的自然变换。

如果对于$\forall A \in \mathrm{Obj}\mathcal{A}$，$\tau_A$：$F(A) \to G(A)$是同构，则称函子$F$与$G$自然等价，记为

$$F \cong G。$$

例1-9-1　对于群范畴$\mathcal{G}$，有恒等函子［例1-8-1（4）］：

$$1_{\mathcal{G}}: \mathcal{G} \to \mathcal{G}, \quad A \mapsto A,$$

$$1_{\mathcal{G}}: \mathrm{Hom}_{\mathcal{G}}(A, A') \to \mathrm{Hom}_{\mathcal{G}}(A, A'), \quad f \mapsto f。$$

根据例1-8-1（2），有正变函子：

$$F: \mathcal{G} \to \mathcal{G}, \quad A \mapsto A/[A, A],$$

$$F: \mathrm{Hom}_{\mathcal{G}}(A, A') \to \mathrm{Hom}_{\mathcal{G}}\left(A/[A, A], A'/[A', A']\right), \quad f \mapsto F(f),$$

其中

$$F(f): A/[A, A] \to A'/[A', A'], \quad [x] \mapsto [f(x)],$$

即有交换图（τ_A是自然同态）：

$$\begin{array}{ccc} A & \xrightarrow{f} & A' \\ \tau_A \downarrow & & \downarrow \tau_{A'} \\ A/[A,A] & \xrightarrow{F(f)} & A/[A',A'] \end{array},$$

也就是

$$\begin{array}{ccc} 1_{\mathcal{G}}(A) & \xrightarrow{1_{\mathcal{G}}} & 1_{\mathcal{G}}(A') \\ \tau_A \downarrow & & \downarrow \tau_{A'} \\ F(A) & \xrightarrow{F(f)} & F(A') \end{array},$$

说明 $\tau = \{\tau_A\}$ 是函子 $1_{\mathcal{G}}$ 到 F 的自然变换。

定义1-9-2　自然变换的复合　设F，F'，F''是范畴$\mathcal{A}$，$\mathcal{B}$之间的（正变或反变）函子，有

$$\tau = \{\tau_A\}: F \to F', \quad \tau' = \{\tau'_A\}: F' \to F''$$

是两个自然变换，则对于 $\forall f \in \mathrm{Hom}_{\mathcal{A}}(A_1, A_2)$ 有

$$\begin{array}{ccc} F(A_1) & \xrightarrow{F(f)} & F(A_2) \\ \tau_{A_1} \downarrow & & \downarrow \tau_{A_2} \\ F'(A_1) & \xrightarrow{F'(f)} & F'(A_2) \\ \tau'_{A_1} \downarrow & & \downarrow \tau'_{A_2} \\ F''(A_1) & \xrightarrow{F''(f)} & F''(A_2) \end{array} \quad 或 \quad \begin{array}{ccc} F(A_2) & \xrightarrow{F(f)} & F(A_1) \\ \tau_{A_2} \downarrow & & \downarrow \tau_{A_1} \\ F'(A_2) & \xrightarrow{F'(f)} & F'(A_1) \\ \tau'_{A_2} \downarrow & & \downarrow \tau'_{A_1} \\ F''(A_2) & \xrightarrow{F''(f)} & F''(A_1) \end{array},$$

从而有

$$\begin{array}{ccc} F(A_1) & \xrightarrow{F(f)} & F(A_2) \\ \tau'_{A_1}\tau_{A_1} \downarrow & & \downarrow \tau'_{A_2}\tau_{A_2} \\ F''(A_1) & \xrightarrow{F''(f)} & F''(A_2) \end{array} \quad 或 \quad \begin{array}{ccc} F(A_2) & \xrightarrow{F(f)} & F(A_1) \\ \tau'_{A_2}\tau_{A_2} \downarrow & & \downarrow \tau'_{A_1}\tau_{A_1} \\ F''(A_2) & \xrightarrow{F''(f)} & F''(A_1) \end{array},$$

表明 $\{\tau'_A\tau_A\}$ 也是一个自然变换，把它定义为 $\tau: F \to F'$ 和 $\tau': F' \to F''$ 的复合：

$$\tau'\tau = \{\tau'_A\tau_A\}: F \to F''。$$

定义1-9-3　范畴等价　令$\mathcal{C}$，$\mathcal{D}$是两个范畴，如果存在两个函子 $F: \mathcal{C} \to \mathcal{D}$，$G: \mathcal{D} \to \mathcal{C}$，使得$GF$与$FG$与恒等函子自然等价，即

$$GF \cong 1_{\mathcal{C}}, \quad FG \cong 1_{\mathcal{D}},$$

则称范畴$\mathcal{C}$与$\mathcal{D}$等价，记为

$$\mathcal{C} \cong \mathcal{D}。$$

例1–9–2　令$\mathcal{C}$是由所有有限维F-线性空间组成的范畴（态射就是F-线性映射），$\mathcal{D}$是由所有有限维F-线性空间的对偶空间组成的范畴，则有$\mathcal{C} \cong \mathcal{D}$。

证明　令V是F-线性空间，不妨设$\dim V = n < \infty$，$V^* = \mathrm{Hom}_F(V, F)$是$V$的对偶空间。取$V$的一组基底$e_1, \cdots, e_n$，它的对偶基为$\delta_1, \cdots, \delta_n$（见定义B–5）。设$V'$是另一$F$-线性空间，$\dim V' = m < \infty$，$V'$的一组基底为$e'_1, \cdots, e'_m$，它的对偶基为$\delta'_1, \cdots, \delta'_m$。

设$f \in \mathrm{Hom}_F(V, V')$，有

$$f(e_j) = \sum_{k=1}^{m} a_{jk} e'_k, \quad 1 \leqslant j \leqslant n。$$

参考例1–8–2，令

$$f^*: V'^* \to V^*, \quad \sigma' \mapsto \sigma' f,$$

或者写成

$$f^*(\sigma') = \sigma' f, \tag{1–9–1}$$

则有

$$f^*(\delta'_i)(e_j) = \delta'_i f(e_j) = \delta'_i\left(\sum_{k=1}^{m} a_{jk} e'_k\right) = \sum_{k=1}^{m} a_{jk} \delta'_i(e'_k) = a_{ji}, \quad 1 \leqslant i \leqslant m, \quad 1 \leqslant j \leqslant n。$$

令函子

$$F: \mathrm{Obj}\mathcal{C} \to \mathrm{Obj}\mathcal{D}, \quad V \mapsto V^*,$$

对于$f: V \to V'$，令

$$Ff = f^*: V'^* \to V^*,$$

F是反变函子。

令函子（根据命题B–7有$V^{**} = V$）

$$G: \mathrm{Obj}\mathcal{D} \to \mathrm{obj}\mathcal{C}, \quad V^* \mapsto V^{**} = V,$$

对于$h: V^* \to V'^*$，令

$$Gh: V'^{**} \to V^{**}, \quad \tau' \mapsto \tau' h,$$

也就是说，对于$\tau' \in V'^{**} = V'$，$\sigma \in V^*$有

$$Gh(\tau')(\sigma) = \tau'(h(\sigma))。$$

根据命题B–7的证明中V^{**}与V的对应，$\tau'(h(\sigma)) = h(\sigma)(\tau')$，上式为

$$Gh(\tau')(\sigma) = h(\sigma)(\tau'), \quad \forall \tau' \in V'^{**} = V', \quad \forall \sigma \in V^*。 \tag{1–9–2}$$

显然有

$$GF(V) = V, \quad \forall V \in \mathrm{Obj}\mathcal{C}, \tag{1–9–3}$$

$$FG(V^*)=V^*，\ \forall V^*\in \mathrm{Obj}\mathcal{D}。\tag{1-9-4}$$

设 h：$V^*\to V'^*$，则 Gh：$V'\to V$，$(Gh)^*$：$V^*\to V'^*$，对于 $\sigma\in V^*$，$\tau'\in V'$，由式（1-9-1）有

$$(Gh)^*(\sigma)(\tau')=\sigma\big(Gh(\tau')\big),$$

根据命题B-7的证明中 V^{**} 与 V 的对应，$\sigma\big(Gh(\tau')\big)=Gh(\tau')(\sigma)$，再由式（1-9-2）可得

$$(Gh)^*(\sigma)(\tau')=Gh(\tau')(\sigma)=h(\sigma)(\tau'),$$

即

$$(Gh)^*=h,\tag{1-9-5}$$

也就是

$$FGh=h，\ \forall h\in \mathrm{Hom}_F\big(V^*，\ V'^*\big)。\tag{1-9-6}$$

设 f：$V\to V'$，则 f^*：$V'^*\to V^*$，Gf^*：$V^{**}\to V'^{**}$，对于 $\tau\in V^{**}=V$，$\sigma'\in V'^*$，由式（1-9-1）和式（1-9-2）有

$$Gf^*(\tau)(\sigma')=f^*(\sigma')(\tau)=\sigma'\big(f(\tau)\big),$$

根据命题B-7的证明中 V^{**} 与 V 的对应有 $\sigma' f(\tau)=f(\tau)(\sigma')$，所以上式为

$$Gf^*(\tau)(\sigma')=f(\tau)(\sigma'),$$

即

$$Gf^*=f,\tag{1-9-7}$$

也就是

$$GFf=f，\ \forall f\in \mathrm{Hom}_F(V，\ V')。\tag{1-9-8}$$

由式（1-9-3）、式（1-9-4）、式（1-9-6）和式（1-9-8）知 $GF=1_{\mathcal{C}}$，$FG=1_{\mathcal{D}}$。所以范畴 $\mathcal{C}$ 与 $\mathcal{D}$ 等价。证毕。

第2章　模范畴

2.1　模与模同态

定义 2-1-1　模（module）　令 M 是加法交换群，R 是有单位元1的环。定义运算（称为标量乘法）：

$$\varphi: R\times M\to M,$$

并简记 $\varphi(r, m)$ 为 rm。如果该运算满足（其中，$r, r'\in R$，$m, m'\in M$）：

（1）$r(m+m')=rm+rm'$;

（2）$(r+r')m=rm+r'm$;

（3）$(rr')m=r(r'm)$;

（4）$1m=m$,

则称 M 为左 R-模。

定义运算（称为标量乘法）：

$$\varphi': M\times R\to M,$$

并简记 $\varphi'(m, r)$ 为 mr。如果该运算满足（其中，$r, r'\in R$，$m, m'\in M$）：

（1′）$(m+m')r=mr+m'r$;

（2′）$m(r+r')=mr+mr'$;

（3′）$m(rr')=(mr)r'$;

（4′）$m1=m$,

则称 M 为右 R-模。

注（定义 2-1-1）

（1）如无特别说明，“R-模”指左 R-模，R 都是有单位元1的环。

（2）如果把右 R-模定义中的 $\varphi'(m, r)$ 简记为 rm，那么（3′）可写成 $(rr')m=r'(rm)$，与左 R-模定义中的（3）$(rr')m=r(r'm)$ 对比即可知右 R-模与左 R-模是不同的。

（3）环 R 既是左 R-模，又是右 R-模。

(4) 如果 R 是交换环，那么左 R-模与右 R-模没有区别。

例 2–1–1

(1) 环 R 的左（右）理想（定义B–6）是左（右）R-模。

(2) 若 I 是 R 的左（右）理想，则 R/I 是左（右）R-模，标量乘法为（r，$r'\in R$）

$$r'(r+I)=r'r+I \text{ 或 } (r+I)r'=rr'+I。$$

(3) 设 k 是域，则 k-模就是 k-线性空间。

(4) 交换群=Z-模，标量乘法为 $nx=\underbrace{x+\cdots+x}_{n个}$。

命题 2–1–1 设 M 是 R-模，$r\in R$，$m\in M$，则有

$$r0=0,\quad 0m=0,\quad (-1)m=-m,\quad (-r)m=-(rm)=r(-m)。$$

定义 2–1–2 模同态（module homomorphism） 设 M 和 N 是两个 R-模，如果映射 f：$M\to N$ 满足以下条件：

(1) f 是加法群同态，即 $f(x+y)=f(x)+f(y)$，$\forall x$，$y\in M$。

(2) $f(rx)=rf(x)$，$\forall r\in R$，$\forall x\in M$。

则称f是 R-模同态或 R-线性（R-linear）映射。

注（定义 2–1–2） 设 k 是域，那么 k-模同态就是 k-线性变换。

定义 2–1–3 设 A，B 是左（右）k-模，记 $\mathrm{Hom}_R(A，B)$ 为所有 $A\to B$ 的左（右）R-模同态的集合。

注（定义 2–1–3）

(1) $\mathrm{Hom}_R(A，B)$ 中的 A，B\必须同是左 R-模或同是右 R-模。

假设 A 是左 R-模，B 是右 R-模，f：$A\to B$ 满足 $f(ra)=f(a)r$（其中，$r\in R$，$a\in A$），那么有

$$f((rr')a)=f(a)(rr')。$$

又有

$$f((rr')a)=f(r(r'a))=f(r'a)r=(f(a)r')r=f(a)(r'r)。$$

如果 R 不是交换环，一般上面两式右边不等，也就是说不能这样定义模同态。

(2) 设 A，B 是交换群（也就是 Z-模），则 $\mathrm{Hom}_Z(A，B)$ 就是所有 $A\to B$ 的群同态的集合。

命题 2–1–2 R-模同态的合成仍是 R-模同态。

定义 2–1–4 全体左 R-模和全体左 R-模同态构成左 R-模范畴，用 ${}_R\mathcal{M}$ 表示。同样有右 R-模范畴 $\mathcal{M}_R$。

注（定义 2–1–4） 在后文的模范畴中，除非特别说明，核、余核、积、余积等概念都默认指模，而略去相应的同态。

定义 2–1–5 子模（submodule） R-模 M 的子模 N 是 M 的加法子群，它对于标量

乘法是封闭的，即对于 $\forall r\in R$，$\forall x\in N$，有 $rx\in N$（换句话说，N 也是R-模）。

注（定义2-1-5）

（1）环 R 作为R-模，其子模与理想的概念是等价的。

（2）设 k 是域，则k-子模就是k-线性子空间。

定义2-1-6　设 I 是 R 的左理想，M 是左R-模，令

$$IM=\{a_1m_1+\cdots+a_nm_n|a_1,\ \cdots,\ a_n\in I,\ m_1,\ \cdots,\ m_n\in M,\ n\in N\},$$

它是 M 的子模。

定义2-1-7　设 $M_i(i\in I)$ 是 M 的子模，令

$$\sum_{i\in I}M_i=\left\{x_{i_1}+\cdots+x_{i_k}\middle|x_{i_1}\in M_{i_1},\ \cdots,\ x_{i_k}\in M_{i_k},\ i_1,\ \cdots,\ i_k\in I,\ k\in N\right\},$$

它是 M 的子模。

命题2-1-3　设 M_i（$i\in I$）是 M 的子模。

（1）$\bigcap_{i\in I}M_i$ 也是 M 的子模。

（2）若对于 $\forall i,\ j\in I$，有 $M_i\subseteq M_j$ 或 $M_i\supseteq M_j$，那么 $\bigcup_{i\in I}M_i$ 也是 M 的子模。

证明　（1）容易验证。

（2）$\forall a\in R$，$\forall x,\ y\in M'=\bigcup_{i\in I}M_i$，设 $x\in M_i$，$y\in M_j$，不妨设 $M_i\subseteq M_j$，则 $x,\ y\in M_j$，于是 $x-y\in M_j\subseteq M'$，$ax\in M_i\subseteq M'$。所以 M' 是 M 的子模。证毕。

定义2-1-8　商模（quotient module）　设M'是R-模 M 的子模。可在加法商群M/M'上定义标量乘法（$\bar{x}=x+M'$ 是 x 在M/M'中的同余类）：

$$R\times M/M'\to M/M',\ \ (a,\ \bar{x})\mapsto a\bar{x}=\overline{ax},$$

于是M/M'也是R-模，叫作 M 对于M'的商模。自然映射：

$$\pi:\ M\to M/M',\ \ x\mapsto\bar{x}$$

是R-模同态，称为自然同态。

定义2-1-9　设 N 是 M 的子模，E 是 M 的子集，记E/N是 E 中元素在自然同态 π：$M\to M/N$ 下的像，即

$$E/N=\pi(E)=\{x+N|x\in E\}。$$

命题2-1-4　设 N 是 M 的子模，E 是 M 的子集，则

$$\bar{x}\in E/N\Leftrightarrow x\in E+N。$$

证明

$$\begin{aligned}\bar{x}\in E/N &\Leftrightarrow (\exists x'\in E,\ x+N=x'+N)\\ &\Leftrightarrow (\exists x'\in E,\ x-x'\in N)\\ &\Leftrightarrow x\in E+N。\end{aligned}$$

证毕。

命题2-1-5 设 N 是 M 的子模，E 是 M 的包含 N 的加法封闭子集，则

$$\bar{x}\in E/N \Leftrightarrow x\in E。$$

证明 显然，$E\subseteq E+N$。任取 $e\in E$，$n\in N\subseteq E$，由于 E 对加法封闭，所以 $e+n\in E$，表明 $E+N\subseteq E$。因此 $E+N=E$。由命题2-1-4知 $x+N\in E/N \Leftrightarrow x\in E+N=E$。证毕。

命题2-1-6 设 N 是 M 的子模，E，F 是 M 的包含 N 的加法封闭子集，则

$$E/N\subseteq F/N \Leftrightarrow E\subseteq F,$$

$$E/N=F/N \Leftrightarrow E=F,$$

$$E/N\subsetneqq F/N \Leftrightarrow E\subsetneqq F。$$

证明 证明第一式：

$\Rightarrow$：设 $x\in E$，则 $x+N\in E/N\subseteq F/N$，由命题2-1-5知 $x\in F$。

$\Leftarrow$：设 $x+N\in E/N$，由命题2-1-5知 $x\in E\subseteq F$，所以 $x+N\in F/N$。

由第一式可得第二式：

$$\begin{aligned}E/N=F/N &\Leftrightarrow (E/N\subseteq F/N \text{且} E/N\supseteq F/N)\\ &\Leftrightarrow (E\subseteq F \text{且} E\supseteq F) \Leftrightarrow E=F。\end{aligned}$$

由第一式与第二式可得第三式：

$$\begin{aligned}E/N\subsetneqq F/N &\Leftrightarrow (E/N\subseteq F/N \text{且} E/N\neq F/N)\\ &\Leftrightarrow (E\subseteq F \text{且} E\neq F) \Leftrightarrow E\subsetneqq F。\end{aligned}$$

证毕。

命题2-1-7 设 M' 是 R-模 M 的子模，N' 是 R-模 N 的子模，φ：$M\to N$ 是 R-模同态，满足

$$\varphi(M')\subseteq N'，\text{即 } M'\subseteq\varphi^{-1}(N')。$$

（1）φ 诱导出唯一的 R-模同态：

$$\bar{\varphi}:\ M/M'\to N/N',\quad x+M'\mapsto\varphi(x)+N',$$

使得（其中，π_M 和 π_N 是自然同态）

$$\bar{\varphi}\pi_M=\pi_N\varphi，\text{即}\quad \begin{array}{ccc} M & \xrightarrow{\varphi} & N \\ \downarrow{\scriptstyle\pi_M} & & \downarrow{\scriptstyle\pi_N} \\ M/M' & \xrightarrow{\bar{\varphi}} & N/N' \end{array}。$$

（2）如果 φ 满，则 $\bar{\varphi}$ 满。

（3）如果 $M'=\varphi^{-1}(N')$，则 $\bar{\varphi}$ 单。

（4）如果 φ 是同构，$\varphi(M')=N'$,则 $\bar{\varphi}$ 也是同构。

证明　（1）需证 $\bar{\varphi}$ 的定义与代表元的选择无关。设 $x+M'=y+M'$，即 $x-y\in M'$，则

$$\varphi(x)-\varphi(y)=\varphi(x-y)\in\varphi(M')\subseteq N',$$

所以 $\varphi(x)+N'=\varphi(y)+N'$。

$$\bar{\varphi}(\bar{x}+\bar{y})=\bar{\varphi}(\overline{x+y})=\overline{\varphi(x+y)}=\overline{\varphi(x)+\varphi(y)}=\overline{\varphi(x)}+\overline{\varphi(y)}=\bar{\varphi}(\bar{x})+\bar{\varphi}(\bar{y}),$$

$$\bar{\varphi}(a\bar{x})=\bar{\varphi}(\overline{ax})=\overline{\varphi(ax)}=\overline{a\varphi(x)}=a\overline{\varphi(x)}=a\bar{\varphi}(\bar{x}),$$

即 $\bar{\varphi}$ 是R-模同态。

如果另有 $\tilde{\varphi}$：$M/M'\to N/N'$ 满足 $\tilde{\varphi}\pi_M=\pi_N\varphi$，则有 $\tilde{\varphi}\pi_M=\bar{\varphi}\pi_M$，于是

$$\tilde{\varphi}(x+M')=\tilde{\varphi}\pi_M(x)=\bar{\varphi}\pi_M(x)=\bar{\varphi}(x+M'),$$

表明 $\tilde{\varphi}=\bar{\varphi}$。

（2）显然。

（3）如果 $M'=\varphi^{-1}(N')$，则

$$x+M'\in\ker\bar{\varphi}\Leftrightarrow\varphi(x)+N'=\bar{0}\Leftrightarrow\varphi(x)\in N'\Leftrightarrow x\in\varphi^{-1}(N')=M'\Leftrightarrow x+M'=\bar{0},$$

即 $\ker\bar{\varphi}=\bar{0}$，所以 $\bar{\varphi}$ 是单同态。

（4）由（2）（3）可得。证毕。

命题2-1-7′　设 M' 是R-模 M 的子模，φ：$M\to N$ 是R-模同态，满足 $\varphi(M')=0$，即 $M'\subseteq\ker\varphi$。

（1）φ 诱导出唯一的R-模同态：

$$\bar{\varphi}\text{：}M/M'\to N,\quad x+M'\mapsto\varphi(x),$$

使得（其中，π 是自然同态）

$$\bar{\varphi}\pi=\varphi\text{，即}\quad\begin{array}{ccc} M & \xrightarrow{\varphi} & N \\ {\scriptstyle\pi_M}\downarrow & \swarrow{\scriptstyle\bar{\varphi}} & \\ MM' & & \end{array}\text{。}$$

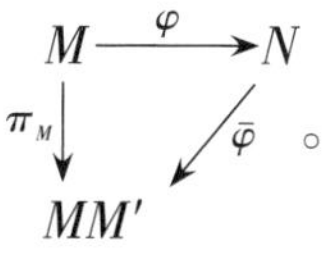

（2）如果 φ 满，则 $\bar{\varphi}$ 满。

（3）如果 $M'=\ker\varphi$，则 $\bar{\varphi}$ 单。

证明　命题2-1-7中取 $N'=0$。证毕。

定理2-1-1　模同态基本定理　设 f：$M\to N$ 是一个R-模同态，则有同构：

$$\bar{f}\text{：}M/\ker f\to\operatorname{Im}f,\quad x+\ker f\mapsto f(x)\text{。}$$

证明　这是命题2-1-7′中 $M'=\ker\varphi$ 的情形。证毕。

命题2-1-8　设有R-模同态交换图：

$$\begin{array}{ccc} M & \xrightarrow{u} & N \\ {\scriptstyle f}\downarrow & & \downarrow{\scriptstyle f'} \\ M' & \xrightarrow{u'} & N' \end{array},$$

即有

$$u'f=f'u, \tag{2-1-1}$$

则

（1）$u(\ker f)\subseteq\ker f'$。

（2）$u'(\mathrm{Im}f)\subseteq\mathrm{Im}f'$。

（3）u 诱导出R-模同态：

$$\bar{u}\text{：}M/\ker f\to N/\ker f',\ x+\ker f\mapsto u(x)+\ker f'\text{。}$$

（4）u' 诱导出R-模同态：

$$\bar{u}'\text{：}\mathrm{Coker}f\to\mathrm{Coker}f',\quad x'+\mathrm{Im}f\mapsto u'(x')+\mathrm{Im}f'\text{。}$$

（5）如果 u 和 u' 是同构，则

$$u(\ker f)=\ker f',\quad u'(\mathrm{Im}f)=\mathrm{Im}f'\text{。}$$

（6）如果 u 和 u' 是同构，则 f 单(满)$\Leftrightarrow f'$ 单(满)。

证明 （1）$\forall x\in\ker f\subseteq M$，即 $f(x)=0$，由式（2-1-1）可得 $f'(u(x))=u'(f(x))=0$，表明 $u(x)\in\ker f'$，所以 $u(\ker f)\subseteq\ker f'$。

（2）$\forall x\in M$，由式（2-1-1）可得 $u'(f(x))=f'(u(x))\in\mathrm{Im}f'$，所以 $u'(\mathrm{Im}f)\subseteq\mathrm{Im}f'$。

（3）由（1）和命题2-1-7可得。

（4）由（2）和命题2-1-7可得。

（5）由式（2-1-1）可得 $fu^{-1}=u'^{-1}f'$，即有交换图：

$$\begin{array}{ccc} N & \xrightarrow{u^{-1}} & M \\ {\scriptstyle f'}\downarrow & & \downarrow{\scriptstyle f} \\ N' & \xrightarrow{u'^{-1}} & M' \end{array}\text{。}$$

针对上图利用（1）（2）的结论可得 $u^{-1}(\ker f')\subseteq\ker f$，$u'^{-1}(\mathrm{Im}f')\subseteq\mathrm{Im}f$，即

$$\ker f'\subseteq u(\ker f),\quad \mathrm{Im}f'\subseteq u(\mathrm{Im}f)\text{。}$$

再结合（1）（2）中的两式可知结论成立。

（6）由（5）可得

$$f\text{ 单}\Leftrightarrow\ker f=0\Leftrightarrow\ker f'=0\Leftrightarrow f'\text{ 单},$$

$$f\text{ 满}\Leftrightarrow\mathrm{Im}f=M'\Leftrightarrow\mathrm{Im}f'=u'(M')=N'\Leftrightarrow f'\text{ 满。}$$

证毕。

定义 2-1-10　设 X 是 R-模 M 的子集，定义 X 生成的子模是所有包含 X 的子模之交，记为 $\langle X\rangle$，即

$$\langle X\rangle=\bigcap_{A\text{是}M\text{的子模，且}A\supseteq X}A。$$

也就是说，$\langle X\rangle$ 是包含 X 的最小子模。

若 $M=\langle X\rangle$，则称 X 是 M 的一个生成集。

若 $X=\{x_1, \cdots, x_n\}$ 是有限集，则可把 $\langle X\rangle$ 记为 $\langle x_1, \cdots, x_n\rangle$。若 $M=\langle x_1, \cdots, x_n\rangle$，则称 M 是有限生成的。

若 $X=\{x\}$ 只有一个元素，则称 $\langle x\rangle$ 是循环模。

命题 2-1-9　设 X 是 R-模 M 的子集，则

$$\langle X\rangle=\left\{r_1x_1+\cdots+r_nx_n \middle| r_1, \cdots, r_n\in R, x_1, \cdots, x_n\in X, n\in N\right\}。$$

证明　记上式右端的集合为 B。根据定义 2-1-10 有

$$\langle X\rangle=\bigcap_{i\in I}A_i,$$

其中，$A_i\,(i\in I)$ 是所有包含 X 的子模。易验证 B 是包含 X 的子模，所以有

$$B=A_{i_0}, \quad i_0\in I,$$

所以可得

$$\langle X\rangle=\bigcap_{i\in I}A_i\subseteq A_{i_0}=B。$$

任取 B 中元素 $\sum_j r_jx_j$，对于 $\forall i\in I$，有 $x_j\in A_i$，而 A_i 是 R-模，所以 $\sum_j r_jx_j\in A_i$,这表明

$$B\subseteq A_i, \quad \forall i\in I。$$

所以可得

$$B\subseteq\bigcap_{i\in I}A_i=\langle X\rangle。$$

所以结论成立。证毕。

定理 2-1-2　设 M_1，M_2 是 M 的子模，则

$$\frac{M_1}{M_1\bigcap M_2}\cong\frac{M_1+M_2}{M_2}。$$

证明　有同态：

$$\varphi: M_1\to\frac{M_1+M_2}{M_2}, \quad x_1\mapsto x_1+M_2。$$

$\forall x_1+x_2+M_2\in\dfrac{M_1+M_2}{M_2}\,(x_1\in M_1, x_2\in M_2)$，显然 $x_1+x_2+M_2=x_1+M_2=\varphi(x_1)$，即 φ 满。有

$$x_1\in\ker\varphi\Leftrightarrow x_1+M_2=0\Leftrightarrow x_1\in M_2\Leftrightarrow x_1\in M_1\bigcap M_2,$$

即 $\ker\varphi=M_1\cap M_2$。由定理2-1-1（模同态基本定理）可得结论。证毕。

定理2-1-3 设 $M_2\subseteq M_1\subseteq M$，则

$$\frac{M/M_2}{M_1/M_2}\cong\frac{M}{M_1}。$$

证明 由命题2-1-7知有满同态：

$$\varphi：M/M_2\to M/M_1,\quad x+M_2\mapsto x+M_1。$$

有

$$x+M_2\in\ker\varphi\Leftrightarrow x+M_1=0\Leftrightarrow x\in M_1\Leftrightarrow(\text{命题2-1-5})\ x+M_2\in M_1/M_2,$$

即 $\ker\varphi=M_1/M_2$。由定理2-1-1（模同态基本定理）可得结论。证毕。

命题2-1-10 设 $M'\subseteq N\subseteq M$ 都是 R-模，则 N/M' 是 M/M' 的子模。

证明 由 N 是 M 的子群可得 N/M' 是 M/M' 的子群。设 $r\in R$，$x\in N$，由于 N 是 M 的子模，所以 $r\cdot x\in N$，从而 $r\cdot\bar{x}=\overline{r\cdot x}\in N/M'$，表明 N/M' 是 M/M' 的子模。证毕。

命题2-1-11 设 M' 是 R-模 M 的子模，N 是 M 中包含 M' 的加法封闭子集。若 N/M' 是 M/M' 的子模，则 N 是 M 的子模。

证明 设 x，$y\in N$，由于 N/M' 是 M/M' 的加法子群，所以 $\overline{x-y}=\bar{x}-\bar{y}\in N/M'$，从而 $x-y\in N$（命题2-1-5），表明 N 是 M 的加法子群。设 $r\in R$，$x\in N$，由于 N/M' 是 M/M' 的子模，所以 $\overline{r\cdot x}=r\cdot\bar{x}\in N/M'$，从而 $r\cdot x\in N$（命题2-1-5），表明 N 是 M 的子模。证毕。

定理2-1-4 设 M' 是 R-模 M 的子模，则在 M 中包含 M' 的子模与商模 M/M' 的子模之间存在着保持包含关系的一一对应关系。

详细叙述为：用 $\mathrm{SM}_{M'}(M)$ 表示 M 的所有包含 M' 的子模的集合，用 $\mathrm{SM}(M/M')$ 表示 M/M' 的所有子模的集合，则有双射（其中，π：$M\to M/M'$ 是自然同态）：

$$\tilde{\pi}：\mathrm{SM}_{M'}(M)\to\mathrm{SM}(M/M'),\quad N\mapsto\pi(N)=N/M',$$

$$\tilde{\pi}^{-1}：\mathrm{SM}(M/M')\to\mathrm{SM}_{M'}(M),\quad N/M'\mapsto\pi^{-1}(N/M')=N。$$

保持包含关系是指，设 N_1，N_2 是 M 中包含 M' 的子模，则

$$N_1/M'\subseteq N_2/M'\Leftrightarrow N_1\subseteq N_2,$$
$$N_1/M'=N_2/M'\Leftrightarrow N_1=N_2,$$
$$N_1/M'\subsetneqq N_2/M'\Leftrightarrow N_1\subsetneqq N_2。$$

证明 由命题2-1-6知上面三个等价式成立。

由 $N_1/M'=N_2/M'\Leftrightarrow N_1=N_2$ 知 $\tilde{\pi}$：$\mathrm{SM}_{M'}(M)\to\mathrm{SM}(M/M')$ 是单射。

设 $N/M'\in\mathrm{SM}(M/M')$。令

$$N'=N\cup M'。$$

显然 $N/M'\subseteq N'/M'$。$\forall n+m'+M'\in N'/M'$（其中，$n\in N$，$m'\in M'$），显然有 $n+m'+M'=n+M'\in N/M'$，即有 $N'/M'\subseteq N/M'$，所以可得

$$N/M'=N'/M'。$$

令

$$\tilde{N}=N'\bigcup\left\{x+y\,|\,x,\ y\in N'\right\},$$

显然 $N'/M'\subseteq\tilde{N}/M'$。取 x，$y\in N'$，由于 $N'/M'=N/M'$ 是子模，所以 N'/M' 对加法封闭，因此 $x+y+M'\in N'/M'$，这表明 $\tilde{N}/M'\subseteq N'/M'$。因此 $\tilde{N}/M'=N'/M'$，于是

$$N/M'=\tilde{N}/M'。$$

$\tilde{N}$ 是包含 M' 的加法封闭子集，由命题2-1-11知 $\tilde{N}$ 是 M 的子模，所以上式就是 $N/M'=\tilde{\pi}(\tilde{N})$，表明 $\tilde{\pi}$ 是满射。证毕。

定理2-1-5 设 M 是左（右）R-模，则 M 是循环模的充分必要条件是，存在环 R 的某个左（右）理想 I 使得 $M\cong R/I$。

此时如果令 $M=\langle x\rangle$，则 $I=\{r\in R|rx=0\}$。

证明 必要性：设 $M=\langle x\rangle$，则有满同态：

$$\varphi:\ R\to M,\quad r\mapsto rx。$$

有 $r\in\ker\varphi\Leftrightarrow rx=0\Leftrightarrow r\in I$，即 $\ker\varphi=I$，所以 $R/I\cong M$。

充分性：$\forall r+I\in R/I$，有 $r+I=r(1+I)$，即 $R/I=\langle 1+I\rangle$，所以 R/I 是循环模，因此 M 是循环模。证毕。

命题2-1-12 设 f：$M\to N$ 是 R-模同态，那么存在以下情况。

（1）f 单 $\Leftrightarrow$($\forall R$-模 K，$\forall R$-模同态 g：$K\to M$，有 $fg=0\Rightarrow g=0$)。

（2）f 满 $\Leftrightarrow$($\forall R$-模 K，$\forall R$-模同态 g：$N\to K$，有 $gf=0\Rightarrow g=0$)。

证明 （1）$\Rightarrow$：命题A-5（2）。

$\Leftarrow$：取 $K=\ker f\subseteq M$，显然包含同态 i：$K\to M$ 满足 $fi=0$，从而有 $i=0$，即 $\ker f=0$，所以 f 单。

（2）$\Rightarrow$：命题A-5（1）。

$\Leftarrow$：令自然同态 p：$N\to N/\operatorname{Im}f$，它显然满足 $pf=0$，所以 $p=0$。显然 p 满，所以 $N/\operatorname{Im}f=0$，即 $\operatorname{Im}f=N$，表明 f 满。证毕。

命题2-1-13 设 $M'\xrightarrow{f}M\xrightarrow{g}M''$ 是同态序列，则

$$gf=0\Leftrightarrow\operatorname{Im}f\subseteq\ker g。$$

证明 $gf=0\Leftrightarrow$（$\forall x\in M'$，$g(f(x))=0$）$\Leftrightarrow$($\forall x\in M'$，$f(x)\in\ker g$)$\Leftrightarrow\operatorname{Im}f\subseteq\ker g$。证毕。

定义2-1-11 正合（exact） 设有 R-模同态序列：

$$\cdots \longrightarrow M_{i-1} \xrightarrow{f_i} M_i \xrightarrow{f_{i+1}} M_{i+1} \longrightarrow \cdots。 \tag{2-1-2}$$

如果

$$\mathrm{Im} f_i = \ker f_{i+1},$$

则称序列在 M_i 处正合。如果序列在每个 M_i 处都正合（除了端点），就叫作正合列（exact sequence）。

注（定义2-1-11） 对于序列：

$$\cdots \longrightarrow M \longrightarrow 0 \longrightarrow M' \longrightarrow \cdots,$$

其中，$M \longrightarrow 0$ 是零同态，$0 \longrightarrow M'$ 是包含同态。

命题2-1-14 $M' \xrightarrow{f} M \xrightarrow{g} M''$ 正合 $\Rightarrow gf=0$。

证明 由 $\mathrm{Im} f = \ker g$ 和命题2-1-13可得结论。证毕。

命题2-1-15 若有正合列 $M' \xrightarrow{f} M \xrightarrow{g} M''$，则有同构：

$$\bar{g}: \mathrm{Coker} f \to \mathrm{Im}\, g, \quad x + \mathrm{Im} f \mapsto g(x)。$$

证明 由定理2-1-1（模同态基本定理）知有同构：

$$\bar{g}: M/\ker g \to \mathrm{Im}\, g, \quad x + \ker g \mapsto g(x)。$$

由正合性知 $\mathrm{Im} f = \ker g$，由此可得结论。证毕。

命题2-1-15′ $A \xrightarrow{f} B \xrightarrow{g} C$ 正合 $\Leftrightarrow \mathrm{Coker} f \cong \mathrm{Im}\, g$。

证明 $\Rightarrow$：命题2-1-15。

$\Leftarrow$：有 $\mathrm{Im}\, g \cong B/\ker g$，所以 $B/\ker g \cong \mathrm{Coker} f = B/\mathrm{Im} f$，从而 $\ker g = \mathrm{Im} f$。证毕。

命题2-1-16 短正合列（short exact sequence） 若

$$0 \longrightarrow M' \xrightarrow{f} M \xrightarrow{g} M'' \longrightarrow 0 \text{ 正合} \Leftrightarrow (f \text{ 单}，g \text{ 满}，\mathrm{Coker} f \cong M''),$$

则该正合列叫作短正合列。

证明 由命题2-1-12、命题2-1-13、命题2-1-15′可得。证毕。

命题2-1-17 设 M' 是 M 的子模，则有正合列：

$$0 \longrightarrow M' \xrightarrow{i} M \xrightarrow{\pi} M/M' \longrightarrow 0,$$

其中，i：$M' \to M$ 是包含同态，π：$M \to M/M'$ 是自然同态。

注（命题2-1-17） 考查两个短正合列：

$$0 \longrightarrow M' \xrightarrow{f} M \xrightarrow{g} M'' \longrightarrow 0, \tag{2-1-3}$$

$$0 \longrightarrow f(M') \xrightarrow{i} M \xrightarrow{\pi} M/f(M') \longrightarrow 0, \tag{2-1-4}$$

其中，i 是包含同态，π 是自然同态。

由于 f 单（命题2-1-12），所以可得

$$M' \cong f(M')。$$

由命题2–1–16知

$$M'' \cong M/f(M'')。$$

也就是说，对于短正合列（2–1–3），我们可以将 M' 视为 M 的子模，将 f 视为包含同态，将 M'' 视为商模 M/M'，将 g 视为自然同态。

命题2–1–18 设 f：$M \to N$ 是 R-模同态，则有正合列：

$$0 \longrightarrow \ker f \xrightarrow{i} M \xrightarrow{f} N \xrightarrow{\pi} \mathrm{Coker} f \to 0,$$

其中，i 是包含同态，π 是自然同态。

命题2–1–19 设 f：$M \to N$ 是 R-模同态，i 是包含同态，π 是自然同态，则有以下情况。

（1） f 是单同态 $\Leftrightarrow$ 有短正合列 $0 \longrightarrow M \xrightarrow{f} N \xrightarrow{\pi} \mathrm{Coker} f \longrightarrow 0$。

（2） f 是满同态 $\Leftrightarrow$ 有短正合列 $0 \longrightarrow \ker f \xrightarrow{i} M \xrightarrow{f} N \longrightarrow 0$。

命题2–1–20 任意长的正合列：

$$\cdots \longrightarrow A_{n+1} \xrightarrow{f_{n+1}} A_n \xrightarrow{f_n} A_{n-1} \longrightarrow \cdots$$

可以分成一些短正合列。

令

$$K_n = \ker f_n = \mathrm{Im} f_{n+1},$$

记包含同态：

$$i_n:\ K_n \to A_n,$$

则有正合列：

$$0 \longrightarrow K_n \xrightarrow{i_n} A_n \xrightarrow{f_n} K_{n-1} \longrightarrow 0,$$

可以画成

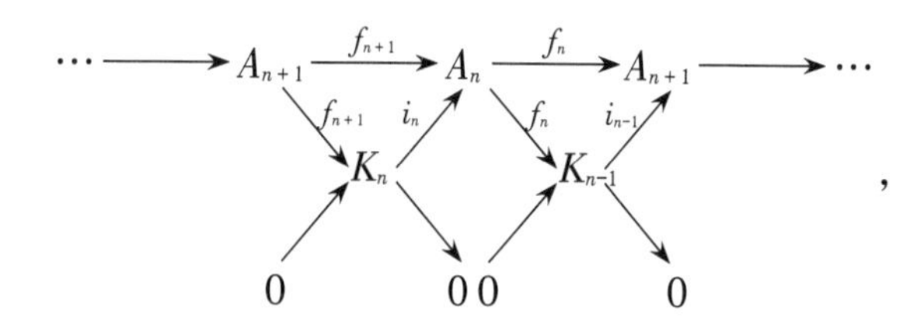

，

上图中横行正合，“∧”形结构正合。

命题2–1–21 设有 R-模交换图：

$$\begin{array}{ccccc} A & \xrightarrow{f} & B & \xrightarrow{g} & C \\ \downarrow{\alpha} & & \downarrow{\beta} & & \downarrow{\gamma} \\ A' & \xrightarrow{f'} & B' & \xrightarrow{g'} & C' \end{array},$$

其中，α，β，γ是同构，那么第一行正合 $\Leftrightarrow$ 第二行正合。

证明 只需证$\Rightarrow$。由命题2-1-8（5）知 $\beta(\mathrm{Im}f)=\mathrm{Im}f'$，$\beta(\ker g)=\ker g'$。所以由 $\mathrm{Im}f=\ker g$ 可得 $\mathrm{Im}f'=\ker g'$。证毕。

命题2-1-21′ 设有正合列：

$$A\xrightarrow{f}B\xrightarrow{g}C,$$

如果有同构映射 φ_A：$A\to A'$，φ_B：$B\to B'$，φ_C：$C\to C'$，那么有正合列：

$$A'\xrightarrow{f'}B'\xrightarrow{g'}C',$$

其中

$$f'=\varphi_B f\varphi_A^{-1},\quad g'=\varphi_C g\varphi_B^{-1}。$$

证明 有交换图：

$$\begin{array}{ccccc} A & \xrightarrow{f} & B & \xrightarrow{g} & C \\ \downarrow{\varphi_A} & & \downarrow{\varphi_B} & & \downarrow{\varphi_C} \\ A' & \xrightarrow{f'} & B' & \xrightarrow{g'} & C' \end{array},$$

由命题2-1-21知上图第二行正合。证毕。

注（命题2-1-21′） 实际上，在命题2-1-21和命题2-1-21′中，把 A 与 A' 等同，B 与 B' 等同，C 与 C' 等同，f 与 f' 等同，g 与 g' 等同，直接替换即可。

命题2-1-22 设有交换图：

$$\begin{array}{ccccccccc} 0 & \longrightarrow & A & \xrightarrow{f} & B & \xrightarrow{g} & C & \longrightarrow & 0 \\ & & \downarrow{\varphi_A} & & \downarrow{\varphi_B} & & \downarrow{\varphi_C} & & \\ 0 & \longrightarrow & A' & \xrightarrow{f'} & B' & \xrightarrow{g'} & C' & \longrightarrow & 0 \end{array},$$

其中，φ_A，φ_B，φ_C 是同构，那么第一行分裂正合 $\Leftrightarrow$ 第二行分裂正合。

注（命题2-1-22） 分裂正合见命题1-7-12。

证明 设第一行分裂正合，则由命题2-1-21知第二行正合。根据命题1-7-12（1）有 σ：$C\to B$，使得 $g\sigma=1_C$。令

$$\sigma'=\varphi_B\sigma\varphi_C^{-1}：C'\longrightarrow B',$$

则

$$g'\sigma'=\varphi_C g\varphi_B^{-1}\varphi_B\sigma\varphi_C^{-1}=\varphi_C g\sigma\varphi_C^{-1}=\varphi_C 1_C\varphi_C^{-1}=1_{C'}。$$

所以第二行分裂。证毕。

命题2-1-22′　设有同构 φ_A: $A\to A'$, φ'_B: $B\to B'$, φ'_C: $C\to C'$。如果有分裂正合列：

$$0\longrightarrow A\xrightarrow{f}B\xrightarrow{g}C\longrightarrow 0,$$

那么有分裂正合列：

$$0\longrightarrow A'\xrightarrow{f'}B'\xrightarrow{g'}C'\longrightarrow 0。$$

其中，$f'=\varphi_B f\varphi_A^{-1}$, $g'=\varphi_C g\varphi_B^{-1}$。

证明　有交换图：

$$\begin{array}{ccccccccc}
0 & \longrightarrow & A & \xrightarrow{f} & B & \xrightarrow{g} & C & \longrightarrow & 0 \\
 & & \downarrow{\scriptstyle\varphi_A} & & \downarrow{\scriptstyle\varphi_B} & & \downarrow{\scriptstyle\varphi_C} & & \\
0 & \longrightarrow & A' & \xrightarrow{f'} & B' & \xrightarrow{g'} & C' & \longrightarrow & 0
\end{array},$$

由命题2-1-22可得结论。证毕。

注（命题2-1-22′）　实际上，在命题2-1-22和命题2-1-22′中，把 A 与 A' 等同，B 与 B' 等同，C 与 C' 等同，f 与 f' 等同，g 与 g' 等同，直接替换即可。

命题2-1-23　设有正合列 $A\xrightarrow{f}B\xrightarrow{\tau}C\xrightarrow{g}D$，则 f 满 $\Leftrightarrow$ g 单。

证明　$\Rightarrow$: $\ker g=\mathrm{Im}\,\tau\cong B/\ker\tau=B/\mathrm{Im}f$，由于 f 满，所以 $\mathrm{Im}f=B$，从而 $\ker g=B/B=0$，即 g 单。

$\Leftarrow$: $\mathrm{Im}\,\tau=\ker g=0$，表明 $\tau=0$，所以 $\ker\tau=B$，从而 $\mathrm{Im}f=B$，即 f 满。证毕。

命题2-1-24

（1）设有行正合的交换图：

$$\begin{array}{ccccccc}
0 & \longrightarrow & A & \xrightarrow{\sigma} & B & \xrightarrow{\tau} & C \\
 & & & & \downarrow{\scriptstyle g} & & \downarrow{\scriptstyle h} \\
0 & \longrightarrow & A' & \xrightarrow{\sigma'} & B' & \xrightarrow{\tau'} & C'
\end{array},$$

那么存在唯一的同态 f: $A\to A'$，使得下图仍然交换：

$$\begin{array}{ccccccc}
0 & \longrightarrow & A & \xrightarrow{\sigma} & B & \xrightarrow{\tau} & C \\
 & & \downarrow{\scriptstyle f} & & \downarrow{\scriptstyle g} & & \downarrow{\scriptstyle h} \\
0 & \longrightarrow & A' & \xrightarrow{\sigma'} & B' & \xrightarrow{\tau'} & C'
\end{array}。$$

特别地，如果 g，h 是同构，则 f 是同构。

（2）设有行正合的交换图：

$$\begin{array}{ccccccc}
A & \xrightarrow{\sigma} & B & \xrightarrow{\tau} & C & \longrightarrow & 0 \\
\downarrow{\scriptstyle f} & & \downarrow{\scriptstyle g} & & & & \\
A' & \xrightarrow{\sigma'} & B' & \xrightarrow{\tau'} & C' & \longrightarrow & 0
\end{array},$$

那么存在唯一的同态 h：$C\to C'$，使得下图仍然交换：

$$\begin{array}{ccccccc} A & \xrightarrow{\sigma} & B & \xrightarrow{\tau} & C & \longrightarrow & 0 \\ \downarrow{\scriptstyle f} & & \downarrow{\scriptstyle g} & & \downarrow{\scriptstyle h} & & \\ A' & \xrightarrow{\sigma'} & B' & \xrightarrow{\tau'} & C' & \longrightarrow & 0 \end{array}$$ 。

特别地，如果 f，g 是同构，则 h 是同构。

证明 （1）存在性：设 $a\in A$，则 $\tau\sigma(a)=0$（命题2-1-14），由交换图可得 $\tau'g\sigma(a)=h\tau\sigma(a)=0$，所以 $g\sigma(a)\in\ker\tau'=\operatorname{Im}\sigma'$，从而有 $a'\in A'$，使得

$$g\sigma(a)=\sigma'(a')。\tag{2-1-5}$$

对于给定的 a，由于 σ' 单［命题1-7-8（2）］，所以 a' 是唯一确定的。定义同态：

$$f:\ A\to A',\quad a\mapsto a',$$

则式（2-1-5）为 $g\sigma=\sigma'f$，即有交换性。

唯一性：若有同态 f'：$A\to A'$ 也满足 $g\sigma=\sigma'f'$，那么 $\sigma'f=\sigma'f'$。由于 σ' 单，所以 $f=f'$（左消去）。

如果 g，h 是同构，由引理1-7-2b知 f 是同构。

（2）存在性：设 $c\in C$，由于 τ 满，所以存在 $b\in B$，使得 $c=\tau(b)$。令

$$h:\ C\to C',\quad c\mapsto\tau'g(b)。$$

需要验证 h 与 b 的选择无关。设 $b'\in B$ 使得 $c=\tau(b')$，则 $\tau(b'-b)=0$，所以 $b'-b\in\ker\tau=\operatorname{Im}\sigma$，于是有 $a\in A$，使得 $b'-b=\sigma(a)$。从而

$$\tau'g(b'-b)=\tau'g\sigma(a)=\tau'\sigma'f(a)=0,$$

即 $\tau'g(b')=\tau'g(b)$，说明 h 与 b 的选择无关。易验证 h 是同态，显然 $h\tau=\tau'g$。

唯一性：若另有 $\tilde{h}$：$C\to C'$ 满足交换性，则 $\tilde{h}\tau=\tau'g=h\tau$，由于 τ 满，所以 $\tilde{h}=h$（右消去）。

如果 f，g 是同构，由引理1-7-2a知 h 是同构。证毕。

命题2-1-25 设 M' 是 M 的子模，π：$M\to M/M'$ 是自然同态，则

X 是 M 的生成集 $\Rightarrow\pi(X)$ 是 M/M' 的生成集。

证明 任取 $m\in M$，设 $m=\sum\limits_{x\in X}r_x x$，则 $m+M'=\sum\limits_{x\in X}r_x x+M'=\sum\limits_{x\in X}r_x(x+M')$，表明 $\pi(X)$ 是 M/M' 的生成集。证毕。

命题2-1-25′ 设 M' 是 M 的子模，则

M 有限生成 $\Rightarrow M/M'$ 有限生成。

命题2-1-26 设 f：$M\to M$ 是 R-模同态，X 是 M 的生成集，若对于 $\forall x\in X$ 有 $f(x)=x$，那么 $f=1_M$。

证明 $\forall m\in M$，设 $m=\sum\limits_{x\in X}r_x x$，则 $f(m)=\sum\limits_{x\in X}r_x f(x)=\sum\limits_{x\in X}r_x x=m$。证毕。

命题2-1-27　设 f: $M\to N$ 和 g: $M\to N'$ 是R-模同态，g 满，$\ker g\subseteq\ker f$，那么存在唯一的R-模同态 h：$N'\to N$，使得

$$f=hg,$$

即

$$\begin{array}{ccc} M & \xrightarrow{f} & N \\ & \searrow^{g} & \uparrow h \\ & & N' \end{array},$$

且

$$\ker h=g(\ker f),\quad \operatorname{Im}h=\operatorname{Im}f。$$

所以可得

$$h\text{ 单}\Leftrightarrow\ker g=\ker f,\quad h\text{ 满}\Leftrightarrow f\text{ 满。}$$

证明　$\forall n'\in N'$，由于 g 满，所以有 $m\in M$，使得 $g(m)=n'$。令

$$h:N'\to N,\quad n'\mapsto f(m)。$$

显然满足 $f=hg$。需证上式的定义与 m 的选取无关。设有 $m_1\in M$ 也满足 $g(m_1)=n'$，则 $g(m-m_1)=g(m)-g(m_1)=0$，所以 $m-m_1\in\ker g\subseteq\ker f$，因此 $f(m)-f(m_1)=f(m-m_1)=0$，即 $f(m)=f(m_1)$。

$\forall n_1'$，$n_2'\in N'$，$\forall r_1$，$r_2\in R$，取 m_1，$m_2\in M$，使得 $g(m_1)=n_1'$，$g(m_2)=n_2'$，由于 g 是R-模同态，所以可得

$$g(r_1m_1+r_2m_2)=r_1n_1'+r_2n_2',$$

由 h 的定义有

$$h(r_1n_1'+r_2n_2')=f(r_1m_1+r_2m_2)。$$

由于 f 是R-模同态，所以可得

$$h(r_1n_1'+r_2n_2')=r_1f(m_1)+r_2f(m_2)=h(n_1')+h(n_2'),$$

表明 h 是R-模同态。

若R-模同态 $\tilde{h}$：$N'\to N$ 也满足 $f=\tilde{h}g$，则 $\tilde{h}g=hg$，所以 $\tilde{h}=h$（右消去），表明 h 是唯一的。

由命题A-16（5）可得 $\ker h=g(\ker hg)=g(\ker f)$，由命题A-16（3）可得 $\operatorname{Im}h=\operatorname{Im}(hg)=\operatorname{Im}f$。

h 单 $\Leftrightarrow\ker h=0\Leftrightarrow g(\ker f)=0\Leftrightarrow\ker f\subseteq\ker g\Leftrightarrow\ker f=\ker g$。

h 满 $\Leftrightarrow\operatorname{Im}h=N\Leftrightarrow\operatorname{Im}f=N\Leftrightarrow f$ 满。

证毕。

命题2-1-28　设 $A\xrightarrow{f}B\xrightarrow{g}C$ 是R-模正合列，函子 F：${}_R\mathcal{M}\to{}_S\mathcal{M}$把零同态映为

零同态。

（1）若 F 是正变函子，则 $\operatorname{Im}F(f)\subseteq\ker F(g)$。

（2）若 F 是反变函子，则 $\operatorname{Im}F(g)\subseteq\ker F(f)$。

证明 由命题2-1-14知 $gf=0$，所以 $F(gf)=0$。

（1）$F(g)F(f)=F(gf)=0$，由命题2-1-13知 $\operatorname{Im}F(f)\subseteq\ker F(g)$。

（2）$F(f)F(g)=F(gf)=0$，所以 $\operatorname{Im}F(g)\subseteq\ker F(f)$。

证毕。

定义2-1-12 设 M 是 R-模，A 和 B 是 M 的两个子模，定义为

$$(A:\ B)=\{r\in R|rB\subseteq A\},$$

它是 R 的理想。

定义2-1-13 零化子（annihilator） R-模 M 的零化子定义为

$$\operatorname{Ann}_R(M)=(0:M)=\{r\in R|rM=0\}。$$

注（定义2-1-13） 设 $x\in M$，可将 $\operatorname{Ann}(\langle x\rangle)$ 简记为 $\operatorname{Ann}(x)$。若 R 是交换环，则有

$$\operatorname{Ann}(x)=\{r\in R|r\langle x\rangle=0\}=\{r\in R|rx=0\}。$$

命题2-1-29 设 R 是有1的交换环，I 是 R 的理想，则

$$(M\text{是}R\text{-模，且}I\subseteq\operatorname{Ann}_R(M))\Leftrightarrow M\text{是}R/I\text{-模。}$$

证明 $\Rightarrow$：定义 R/I-模乘法为

$$R/I\times M\to M,\ (r+I,\ m)\mapsto(r+I)m=rm。\tag{2-1-6}$$

需要验证上式与代表元的选择无关。

若有 $r+I=r'+I$，则 $r-r'\in I\subseteq\operatorname{Ann}(M)$，于是 $rm-r'm=(r-r')m=0$，即 $rm=r'm$，这表明上式与代表元的选择无关。

$\Leftarrow$：定义 R-模乘法为

$$R\times M\to M,\ (r,\ m)\mapsto rm=(r+I)m。\tag{2-1-7}$$

$\forall r\in I$，$\forall m\in M$，$rm=(r+I)m=0$，即 $rM=0$，所以 $r\in\operatorname{Ann}(M)$，因此 $I\subseteq\operatorname{Ann}(M)$。证毕。

命题2-1-30 设 N 是 R-模 M 的子模，I 是 R 的理想，则

$$I(M/N)=(IM)/N。$$

证明 $\bar{x}\in I(M/N)\Leftrightarrow\bar{x}=\sum_i a_i(x_i+N)=\sum_i(a_ix_i+N)=\left(\sum_i a_ix_i\right)+N\Leftrightarrow\bar{x}\in(IM)/N$。证毕。

命题2-1-31 设 M 是 R-模，I 是 R 的理想，那么 M/IM 是 R/I-模。

证明 由命题2-1-30知 $I(M/IM)=(IM)/IM=0$，表明 $I\subseteq\operatorname{Ann}(M/IM)$。由命题2-1-29知 M/IM 是 R/I-模，模乘法为

$$R/I \times M/IM \to M/IM,$$
$$(r+I,\ m+IM) \mapsto (r+I)(m+IM) = rm+IM。\tag{2-1-8}$$

证毕。

命题2-1-32　设 R，S 都是有单位元的环。若有环同态 φ：$R\to S$，则 S 有左 R-模结构和右 R-模结构。

证明　左 R-模乘法：

$$R\times S\to S,\quad (r,\ s)\mapsto rs=\varphi(r)s。$$

右 R-模乘法：

$$S\times R\to S,\quad (s,\ r)\mapsto sr=s\varphi(r)。$$

证毕。

命题2-1-33　设 M，N 是 L 的子模，记

$$\varphi:\ N\to L/M,\quad x\mapsto x+M,$$

那么

$$\varphi\text{ 是满射}\Leftrightarrow L=M+N。$$

证明

$$\begin{aligned}\varphi\text{ 是满射}&\Leftrightarrow (\forall l\in L,\ \exists n\in N,\ \varphi(n)=l+M)\\&\Leftrightarrow (\forall l\in L,\ \exists n\in N,\ n+M=l+M)\\&\Leftrightarrow (\forall l\in L,\ \exists n\in N,\ l-n\in M)\\&\Leftrightarrow (\forall l\in L,\ \exists n\in N,\ \exists m\in M,\ l=m+n)\\&\Leftrightarrow L=M+N。\end{aligned}$$

证毕。

命题2-1-34　设有行正合的 R-模交换图：

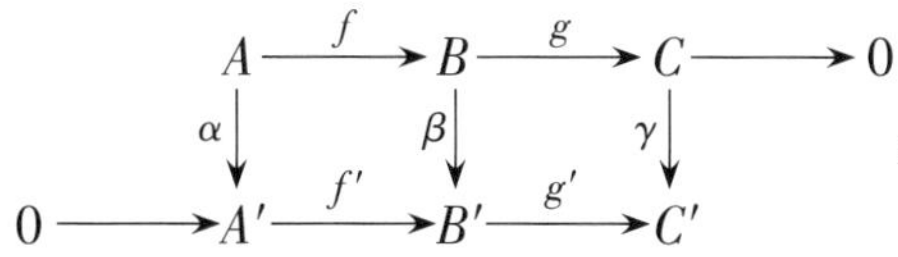

$$\begin{array}{ccccccc} & & A & \xrightarrow{f} & B & \xrightarrow{g} & C & \longrightarrow & 0\\ & & \downarrow{\scriptstyle\alpha} & & \downarrow{\scriptstyle\beta} & & \downarrow{\scriptstyle\gamma} & & \\ 0 & \longrightarrow & A' & \xrightarrow{f'} & B' & \xrightarrow{g'} & C' & & \end{array},$$

则有 R-模同态：

$$\delta:\ \ker\gamma\to \operatorname{Coker}\alpha,\quad c\mapsto f'^{-1}\beta g^{-1}(c)+\operatorname{Im}\alpha。$$

$$\begin{array}{ccccccccc} & & & & \boxed{b} & \leftarrow\cdots & \boxed{c} & & \\ & & A & \xrightarrow{f} & B & \xrightarrow{g} & C & \longrightarrow & 0\\ & & \downarrow{\scriptstyle\alpha} & & \downarrow{\scriptstyle\beta}\ \vdots & & \downarrow{\scriptstyle\gamma} & & \\ 0 & \longrightarrow & A' & \xrightarrow{f'} & B' & \xrightarrow{g'} & C' & & \\ & & \boxed{\alpha'} & \leftarrow\cdots & \boxed{\beta b} & & & & \end{array}。$$

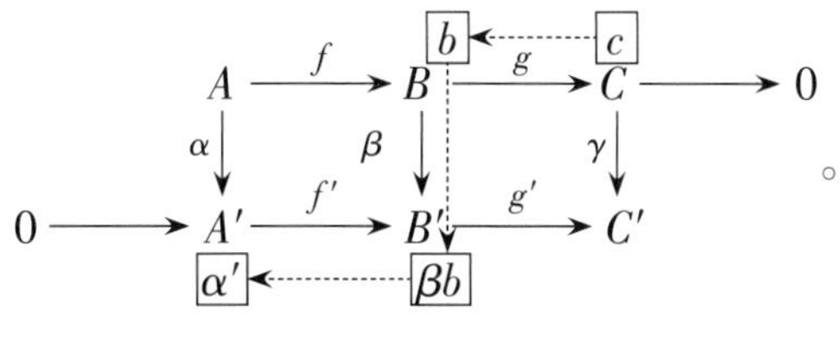

注（命题2-1-34）　其中，$g^{-1}(c)$ 表示满足 $c=g(b)$ 的任意元素 b。由于 f' 单，所

以 f'^{-1} 是唯一确定的。

证明 设 $c\in\ker\gamma\subseteq C$，由于 g 满，所以存在 $b\in B$，使得

$$c=g(b)。$$

不妨记

$$b=g^{-1}(c)。$$

由交换性可得

$$g'\beta(b)=\gamma g(b)=\gamma(c)=0,$$

所以 $\beta(b)\in\ker g'$。由正合性 $\ker g'=\mathrm{Im}f'$ 知 $\beta(b)\in\mathrm{Im}f'$，所以存在 $a'\in A'$，使得

$$\beta(b)=f'(a')。$$

由于 f' 单，所以 a' 由 b 唯一确定。不妨记

$$a'=f'^{-1}\beta(b)=f'^{-1}\beta g^{-1}(c)。$$

定义

$$\delta：\ker\gamma\to\mathrm{Coker}\,\alpha，\quad c\mapsto a'+\mathrm{Im}\,\alpha。$$

需要证明 δ 的定义与 b 的选择无关。

若另有 $\tilde{b}\in B$ 使得 $c=g(\tilde{b})$，则 $g(\tilde{b}-b)=0$，表明 $\tilde{b}-b\in\ker g$。由正合性 $\ker g=\mathrm{Im}f$ 知 $\tilde{b}-b\in\mathrm{Im}f$，所以存在 $a\in A$ 使得 $\tilde{b}-b=f(a)$，于是由交换性得

$$\beta(\tilde{b}-b)=\beta f(a)=f'\alpha(a)。$$

设由 $\tilde{b}$ 确定 $\tilde{a}'$，即 $\beta(\tilde{b})=f'(\tilde{a}')$，则

$$f'(\tilde{a}'-a')=\beta(\tilde{b}-b)=f'\alpha(a),$$

由于 f' 单，所以 $\tilde{a}'-a'=\alpha(a)\in\mathrm{Im}\,\alpha$，即 $\tilde{a}'+\mathrm{Im}\,\alpha=a'+\mathrm{Im}\,\alpha$，表明 δ 的定义与 b 的选择无关。

下面证明 δ 是 R-模同态。若 $\delta(c)=a'$，显然 $\delta(rc)=ra'=r\delta(c)$ $(\forall r\in R)$。设 c_1，$c_2\in\ker\gamma$，对应 b_1，b_2 和 a_1'，a_2'，即

$$c_i=g(b_i)，\quad\beta(b_i)=f'(a_i')，\quad i=1，2。$$

显然

$$c_1+c_2=g(b_1+b_2)，\quad\beta(b_1+b_2)=f'(a_1'+a_2')。$$

由于 δ 的定义与 b 的选择无关，所以可以选取 c_1+c_2 对应 b_1+b_2，所以可得

$$\delta(c_1+c_2)=a_1'+a_2'=\delta(c_1)+\delta(c_2),$$

表明 δ 是 R-模同态。证毕。

命题2-1-35　设有R-模满同态$f: A\to B$，若A是有限生成的，那么B也是有限生成的。

证明　$\forall b\in B$，由于f满，所以有$a\in A$使得$b=f(a)$。设a_1，…，a_n生成A，则有$a=r_1a_1+\cdots+r_na_n$，于是$b=f(a)=r_1f(a_1)+\cdots+r_nf(a_n)$，表明$f(a_1)$，…，$f(a_n)$生成$B$。证毕。

命题2-1-36　设M是R-模，A，B，C是M的子模，如果$A\subseteq B$,则

$$B\cap(A+C)=A+B\cap C。$$

证明　设$a+b\in A+B\cap C$，其中$a\in A$，$b\in B\cap C$。由于$A\subseteq B$，所以$a\in B$，从而$a+b\in B$。显然$a+b\in A+C$，因此$a+b\in B\cap(A+C)$，表明$A+B\cap C\subseteq B\cap(A+C)$。

设$b=a+c\in B\cap(A+C)$，其中$a\in A$，$b\in B$，$c\in C$。由于$A\subseteq B$，所以$a\in B$，从而$c=b-a\in B$，表明$c\in B\cap C$，于是$a+c\in A+B\cap C$，即$B\cap(A+C)\subseteq A+B\cap C$。证毕。

命题2-1-37　设有R-模正合列$A\xrightarrow{f}B\xrightarrow{g}C\longrightarrow 0$，则

$$f\text{ 满}\Leftrightarrow C=0。$$

证明　f满$\Leftrightarrow \mathrm{Im}f=B\Leftrightarrow \ker g=B\Leftrightarrow g(B)=0$，由于$g$满，所以$f$满$\Leftrightarrow C=0$。证毕。

命题2-1-38　设有R-模正合列$0\longrightarrow A\xrightarrow{f}B\xrightarrow{g}C$，则

$$g\text{ 单}\Leftrightarrow A=0。$$

命题2-1-39　设R是含1的交换环，x是未定元，则$R[x]/\langle x\rangle\cong R$。

证明　有满同态：

$$\varphi: R[x]\to R,\quad \sum_{i=0}^{n}a_ix^i\mapsto a_0。$$

显然

$$\ker\varphi=\langle x\rangle=xR[x],$$

由环同态基本定理可得$R[x]/\langle x\rangle\cong R$。证毕。

命题2-1-40　设$L\supseteq M$，$L\supseteq N$，则$\dfrac{L+M}{N}=\dfrac{L}{N}+\dfrac{M}{N}$。

证 明　$\bar{x}\in\dfrac{L+M}{N}\Leftrightarrow\bar{x}=x+y+N$，$x\in L$，$y\in M\Leftrightarrow\bar{x}=(x+N)+(y+N)$，$x\in L$，$y\in M\Leftrightarrow\bar{x}\in\dfrac{L}{N}+\dfrac{M}{N}$。证毕。

命题2-1-40′　设$M\supseteq N$，则$\dfrac{M+N}{N}=\dfrac{M}{N}$。

命题2-1-41　设M是由x_1，…，x_n生成的R-模（R是有1的交换环），I是R的

一个理想，则 $\forall x\in IM$ 可写成 $x=\sum_{j=1}^{n}a_jx_j$，$a_j\in I$（$j=1$，…，n）。

证明 对于 $\forall x\in IM$，有

$$x=\sum_{i=1}^{k}b_iy_i,\quad b_i\in I,\quad y_i\in M\ (i=1,\ \cdots,\ k)。$$

由于 x_1，…，x_n 是 M 的生成元，所以可得

$$y_i=\sum_{j=1}^{n}a_{ij}x_j,\quad a_{ij}\in R\ (i=1,\ \cdots,\ k;\ j=1,\ \cdots,\ n)。$$

于是

$$x=\sum_{j=1}^{n}\sum_{i=1}^{k}b_ia_{ij}x_j,$$

由于 I 是理想，所以 $b_ia_{ij}\in I$，令 $a_j=\sum_{i=1}^{k}b_ia_{ij}\in I$，则 $x=\sum_{j=1}^{n}a_jx_j$。证毕。

命题2-1-42 设 f：$A\to B$ 是右 R-模同态，M 是左 R-模，$\tilde{f}$ 是 f 在值域上的限制，即 $\tilde{f}=f$：$A\to\mathrm{Im}f$，则 $\ker\tilde{f}=\ker f$。

证明 有 $f=i\tilde{f}$，其中，i：$\mathrm{Im}f\to B$ 是包含同态。由命题A-16（4）知 $\ker\tilde{f}=\ker f$。证毕。

命题2-1-43 若有 R-模正合列：

$$A_1\xrightarrow{f_1}A_2\xrightarrow{f_2}A_3\xrightarrow{f_3}A_4\xrightarrow{f_4}A_5,$$

则有正合列：

$$0\longrightarrow\mathrm{Coker}f_1\xrightarrow{\bar{f}_2}A_3\xrightarrow{\tilde{f}_3}\ker f_4\longrightarrow 0。$$

其中，$\tilde{f}_3$ 是 f_3 在值域上的限制，有

$$\bar{f}_2\text{：}\mathrm{Coker}f_1\to A_3,\quad a_2+\mathrm{Im}f_1\mapsto f_2(a_2)。$$

证明 若 $a_2+\mathrm{Im}f_1=a_2'+\mathrm{Im}f_1$，则 $a_2-a_2'\in\mathrm{Im}f_1=\ker f_2$，所以 $f_2(a_2-a_2')=0$，即 $f_2(a_2)=f_2(a_2')$。表明 $\bar{f}_2$ 与代表元 a_2 的选择无关。

设 $a_2+\mathrm{Im}f_1\in\ker\bar{f}_2$，则 $0=\bar{f}_2(a_2+\mathrm{Im}f_1)=f_2(a_2)$，于是 $a_2\in\ker f_2=\mathrm{Im}f_1$，所以 $a_2+\mathrm{Im}f_1=0$，即 $\ker\bar{f}_2=0$，$\bar{f}_2$ 单。显然 $\tilde{f}_3$ 满。显然

$$\mathrm{Im}\bar{f}_2=\mathrm{Im}f_2。$$

有 $f_3=i\tilde{f}_3$，其中，i：$\ker f_4\to A_4$ 是包含同态。由命题A-16（4）知

$$\ker f_3=\ker\tilde{f}_3。$$

而 $\mathrm{Im} f_2 = \ker f_3$，所以 $\mathrm{Im}\bar{f}_2 = \ker\tilde{f}_3$。证毕。

引理2-1-1　蛇引理（snake lemma）　设有行正合的交换图：

$$\begin{array}{ccccccc} M' & \xrightarrow{u} & M & \xrightarrow{v} & M'' & \longrightarrow & 0 \\ \downarrow{\scriptstyle f'} & & \downarrow{\scriptstyle f} & & \downarrow{\scriptstyle f''} & & \\ 0 \longrightarrow N' & \xrightarrow{u'} & N & \xrightarrow{v'} & N'' & & \end{array} \text{。} \tag{2-1-9}$$

（1）有正合列：

$$\ker f' \xrightarrow{\bar{u}} \ker f \xrightarrow{\bar{v}} \ker f'' \xrightarrow{\delta} \mathrm{Coker} f' \xrightarrow{\bar{u}'} \mathrm{Coker} f \xrightarrow{\bar{v}'} \mathrm{Coker} f''\text{。} \tag{2-1-10}$$

（2）u 单 $\Rightarrow \tilde{u}$ 单。

（3）v' 满 $\Rightarrow \bar{v}'$ 满。

其中

$$\tilde{u} = u|_{\ker f'}，\quad \tilde{v} = v|_{\ker f}，$$

由命题2-1-8（1）知序列 $\ker f' \xrightarrow{\tilde{u}} \ker f \xrightarrow{\tilde{v}} \ker f''$ 是合理的。

$\bar{u}'$ 和 $\bar{v}'$ 由命题2-1-8（4）定义：

$$\bar{u}'：\mathrm{Coker} f' \to \mathrm{Coker} f，\quad y' + \mathrm{Im} f' \mapsto u'(y') + \mathrm{Im} f，$$

$$\bar{v}'：\mathrm{Coker} f \to \mathrm{Coker} f''，\quad y + \mathrm{Im} f \mapsto v'(y) + \mathrm{Im} f''\text{。}$$

连接同态 δ 由命题2-1-34定义：

$$\delta：\ker f'' \to \mathrm{Coker} f'，\quad x'' \mapsto \bar{y}' = y' + \mathrm{Im} f'\text{。}$$

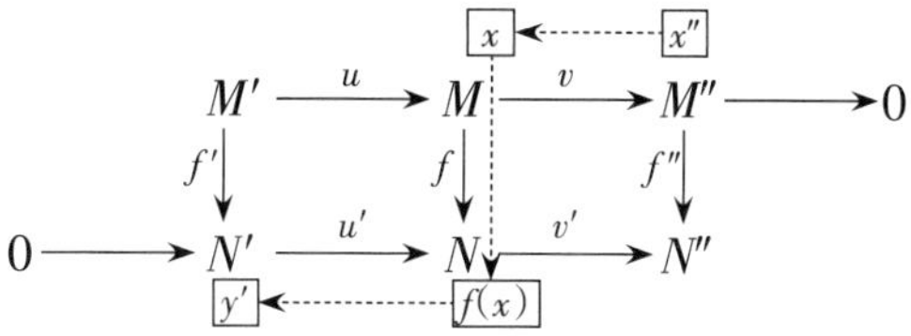

$$\begin{array}{ccccccc} & & \boxed{x} & \dashleftarrow & \boxed{x''} & & \\ M' & \xrightarrow{u} & M & \xrightarrow{v} & M'' & \longrightarrow & 0 \\ \downarrow{\scriptstyle f'} & & \downarrow{\scriptstyle f} & & \downarrow{\scriptstyle f''} & & \\ 0 \longrightarrow N' & \xrightarrow{u'} & N & \xrightarrow{v'} & N'' & & \\ \boxed{y'} & \dashleftarrow & \boxed{f(x)} & & & & \end{array} \text{。} \tag{2-1-11}$$

证明　（1）① $\ker f$ 处的正合性。

由交换图（2-1-9）第一行正合可得 $vu = 0$（命题2-1-14），所以 $(vu)|_{\ker f'} = 0$，即 $v\left(u|_{\ker f'}\right) = 0$。由于 $u(\ker f') \subseteq \ker f$，所以 $v|_{\ker f} u|_{\ker f'} = 0$，即 $\tilde{v}\tilde{u} = 0$，于是 $\mathrm{Im}\,\tilde{u} \subseteq \ker\tilde{v}$（命题2-1-13）。

$\forall y \in \ker\tilde{v} \subseteq \ker f$，有 $\tilde{v}(y) = 0$，则 $v(y) = 0$，即 $y \in \ker v = \mathrm{Im}\, u$，于是有

$$y = u(x)，\quad x \in M'\text{。}$$

由交换性可得

$$u'f'(x) = fu(x) = f(y) = 0\text{。}$$

由交换图（2-1-9）第二行正合可知 u' 单［命题1-7-8（2）］，所以 $f'(x) = 0$，即

$x\in\ker f'$，因而有

$$y=u(x)=u\big|_{\ker f'}(x)=\tilde{u}(x)\in\operatorname{Im}\tilde{u}。$$

表明 $\ker\tilde{v}\subseteq\operatorname{Im}\tilde{u}$。

② $\operatorname{Coker}f$ 处的正合性。

由交换图（2–1–9）第二行正合可得 $v'u'=0$（命题2–1–14）。$\forall\bar{x}\in\operatorname{Coker}f'$，有

$$\bar{v}'\bar{u}'(\bar{x})=\bar{v}'\left(\overline{u'(x)}\right)=\overline{v'u'(x)}=\bar{0},$$

即 $\bar{v}'\bar{u}'=\bar{0}$，因此 $\operatorname{Im}\bar{u}'\subseteq\ker\bar{v}'$（命题2–1–13）。

$\forall\bar{y}\in\ker\bar{v}'\subseteq\operatorname{Coker}f=N/\operatorname{Im}f$，其中 $y\in N$，则

$$\bar{0}=\bar{v}'(\bar{y})=\overline{v'(y)},$$

其中，$\bar{0}=\operatorname{Im}f''$，所以 $v'(y)\in\operatorname{Im}f''$，因而有

$$v'(y)=f''(c),\quad c\in M''。$$

由交换图（2–1–9）第一行正合知 v 满［命题1–7–8（1）］，所以有

$$c=v(b),\quad b\in M。$$

令

$$y'=y-f(b)\in N,$$

由交换性可得

$$v'(y')=v'(y)-v'f(b)=v'(y)-f''v(b)=f''(c)-f''(c)=0,$$

所以 $y'\in\ker v'=\operatorname{Im}u'$，因而有

$$y'=u'(x),\quad x\in N'。$$

由于 $y-y'=f(c)\in\operatorname{Im}f$，所以 $\bar{y}=\bar{y}'\in N/\operatorname{Im}f$，由此可得

$$\bar{y}=\bar{y}'=\overline{u'(x)}=\bar{u}'(\bar{x})\in\operatorname{Im}\bar{u}',$$

因此 $\ker\bar{v}'\subseteq\operatorname{Im}\bar{u}'$。

③ $\ker f''$ 处的正合性。

$\forall\tilde{v}(x)\in\operatorname{Im}\tilde{v}\subseteq\ker f''$，其中 $x\in\ker f\subseteq M$。有 $f(x)=0$，参考交换图（2–1–11），由于 u' 单，所以 $y'=0$，即 $\delta(\tilde{v}(x))=\bar{y}'=\bar{0}$。表明 $\tilde{v}(x)\in\ker\delta$，因此 $\operatorname{Im}\tilde{v}\subseteq\ker\delta$。

$\forall x''\in\ker\delta\subseteq\ker f''$，有 $\delta(x'')=\bar{0}$，参考交换图（2–1–11），有 $\bar{y}'=\bar{0}$，即 $y'\in\operatorname{Im}f'$。有

$$y'=f'(x'),\quad x'\in M'。$$

根据交换性有

$$u'(y')=u'(f'(x'))=f(u(x'))。$$

而［交换图（2-1-11）］

$$u'(y')=f(x)。$$

由以上两式得

$$f(x-u(x'))=f(x)-f(u(x'))=0。$$

记

$$x_1=x-u(x')\in\ker f,$$

由于 $vu=0$，所以可得

$$\tilde{v}(x_1)=v(x_1)=v(x)-vu(x')=v(x)=x'',$$

表明 $x''\in\operatorname{Im}\tilde{v}$，因此 $\ker\delta\subseteq\operatorname{Im}\tilde{v}$。

④ $\operatorname{Coker}f'$ 处的正合性。

$\forall x''\in\ker f''\subseteq M''$。参考交换图（2-1-11），$\delta(x'')=\bar{y}'\in N'/\operatorname{Im}f'$。有

$$\bar{u}'(\delta(x''))=\bar{u}'(\bar{y}')=\overline{u'(y')}=\overline{f(x)}。$$

注意 $\bar{u}'(\bar{y}')\in N/\operatorname{Im}f$，所以 $\overline{f(x)}=f(x)+\operatorname{Im}f$，表明 $\overline{f(x)}=\bar{0}$，即 $\bar{u}'\delta=\bar{0}$，由命题2-1-13得 $\operatorname{Im}\delta\subseteq\ker\bar{u}'$。

$\forall\bar{y}'\in\ker\bar{u}'\subseteq\operatorname{Coker}f'=N'/\operatorname{Im}f'$，其中 $y'\in N'$。有

$$\bar{0}=\bar{u}'(\bar{y}')=\overline{u'(y')},$$

其中 $\bar{u}'(\bar{y}')\in N/\operatorname{Im}f$，所以 $\overline{u'(y')}=u'(y')+\operatorname{Im}f$，因此 $u'(y')\in\operatorname{Im}f$，有

$$u'(y')=f(x),\quad x\in M。$$

由交换性及 $v'u'=0$ 可得

$$f''v(x)=v'f(x)=v'u'(y')=0。$$

表明 $v(x)\in\ker f''$。根据交换图（2-1-11）可知 $\bar{y}'=\delta(v(x))\in\operatorname{Im}\delta$。所以 $\ker\bar{u}'\subseteq\operatorname{Im}\delta$。

（2）显然 $\ker\tilde{u}\subseteq\ker u=0$，所以 $\tilde{u}$ 单。

（3）由于 v' 满，根据 $\bar{v}'$ 的定义即可知 $\bar{v}'$ 满。证毕。

引理2-1-1′　蛇引理（snake lemma） 设有行正合的交换图：

$$\begin{array}{ccccccccc}
0 & \longrightarrow & M' & \xrightarrow{u} & M & \xrightarrow{v} & M'' & \longrightarrow & 0 \\
 & & \downarrow{f'} & & \downarrow{f} & & \downarrow{f''} & & \\
0 & \longrightarrow & N' & \xrightarrow{u'} & N & \xrightarrow{v'} & N'' & \longrightarrow & 0
\end{array},\qquad (2\text{-}1\text{-}12)$$

那么有正合列：

$$0\longrightarrow\ker f'\xrightarrow{\tilde{u}}\ker f\xrightarrow{\tilde{v}}\ker f''\xrightarrow{\delta}\operatorname{Coker}f'\xrightarrow{\bar{u}'}\operatorname{Coker}f\xrightarrow{\bar{v}'}\operatorname{Coker}f''\longrightarrow 0。$$

（2-1-13）

其中的同态与引理2-1-1相同。

命题2-1-44 设有R-模同态f: $A\to B$，包含同态i：$\ker f\to A$。对于任意R-模D及任意R-模同态g：$D\to A$，若$fg=0$，则存在R-模同态：

$$\tilde{g}\text{：}D\to \ker f,\quad d\mapsto g(d),$$

使得

$$g=i\tilde{g},$$

即有交换图：

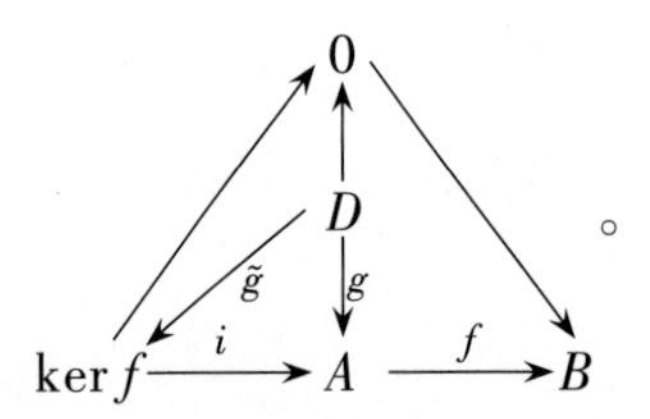

。

命题2-1-44′ 设有R-模同态f: $A\to B$，自然同态π：$B\to \mathrm{Coker}f$。对任意R-模C及E-模同态g：$B\to C$，如果$gf=0$，则存在R-模同态：

$$\tau\text{：}\mathrm{Coker}f\to C,\quad b+\mathrm{Im}f\mapsto g(b),$$

使得

$$g=\tau\pi,$$

即

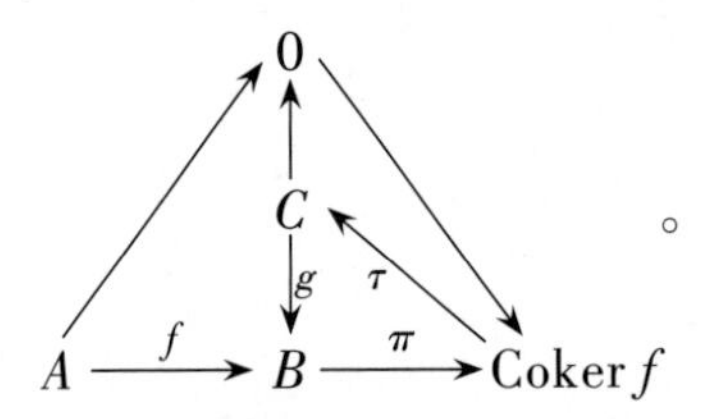

。

引理2-1-2 J. Lambek 设有行正合的R-模交换图：

$$\begin{array}{ccccc} A' & \xrightarrow{\alpha_1} & A & \xrightarrow{\alpha_2} & A'' \\ {\scriptstyle f'}\downarrow & & {\scriptstyle f}\downarrow & & {\scriptstyle f''}\downarrow \\ B' & \xrightarrow{\beta_1} & B & \xrightarrow{\beta_2} & B'' \end{array},$$

则f诱导出R-模同构：

$$\bar{f}\text{:}\ \frac{\ker(f''\alpha_2)}{\ker\alpha_2+\ker f}\to\frac{\mathrm{Im}f\bigcap\mathrm{Im}\beta_1}{\mathrm{Im}(f\alpha_1)},$$

$$a+\ker\alpha_2+\ker f\mapsto f(a)+\mathrm{Im}(f\alpha_1)\text{。}$$

证明 设$a\in\ker\alpha_2$，即$\alpha_2(a)=0$，则$f''\alpha_2(a)=0$，于是$a\in\ker(f''\alpha_2)$，说明$\ker\alpha_2\subseteq\ker(f''\alpha_2)$。设$a\in\ker f$，即$f(a)=0$，从而$0=\beta_2 f(a)=f''\alpha_2(a)$，说明$a\in\ker(f''\alpha_2)$，所以$\ker f\subseteq\ker(f''\alpha_2)$。因此$\ker\alpha_2+\ker f\subseteq\ker(f''\alpha_2)$。

显然 $\mathrm{Im}(f\alpha_1)\subseteq\mathrm{Im}f$。设 $a'\in A'$，则 $f\alpha_1(a')=\beta_1 f'(a')\in\mathrm{Im}\beta_1$，所以 $\mathrm{Im}(f\alpha_1)\subseteq\mathrm{Im}\beta_1$。因此 $\mathrm{Im}(f\alpha_1)\subseteq\mathrm{Im}f\cap\mathrm{Im}\beta_1$。

设 $a\in\ker(f''\alpha_2)$，则 $0=f''\alpha_2(a)=\beta_2 f(a)$，说明 $f(a)\in\ker\beta_2=\mathrm{Im}\beta_1$。显然 $f(a)\in\mathrm{Im}f$，所以 $f(a)\in\mathrm{Im}f\cap\mathrm{Im}\beta_1$，从而可将限制在 $\ker(f''\alpha_2)$ 上的 f 写成

$$f:\ \ker(f''\alpha_2)\to\mathrm{Im}f\cap\mathrm{Im}\beta_1。$$

设 $a\in\ker\alpha_2$，由于 $\ker\alpha_2=\mathrm{Im}\,\alpha_1$，所以 $a\in\mathrm{Im}\,\alpha_1$，从而 $f(a)\in\mathrm{Im}(f\alpha_1)$。设 $a\in\ker f$，则 $f(a)=0\in\mathrm{Im}(f\alpha_1)$。表明

$$f(\ker\alpha_2+\ker f)\subseteq\mathrm{Im}(f\alpha_1)。$$

由命题2-1-7知 f：$\ker(f''\alpha_2)\to\mathrm{Im}f\cap\mathrm{Im}\beta_1$ 诱导同态：

$$\bar{f}:\ \frac{\ker(f''\alpha_2)}{\ker\alpha_2+\ker f}\to\frac{\mathrm{Im}f\cap\mathrm{Im}\beta_1}{\mathrm{Im}(f\alpha_1)},\quad a+\ker\alpha_2+\ker f\mapsto f(a)+\mathrm{Im}(f\alpha_1)。$$

设 $b\in\mathrm{Im}f\cap\mathrm{Im}\beta_1$，则存在 $a\in A$，$b'\in B'$，使得

$$b=f(a)=\beta_1(b')。$$

有

$$f''\alpha_2(a)=\beta_2 f(a)=\beta_2(b)=\beta_2\beta_1(b')=0,$$

说明 $a\in\ker(f''\alpha_2)$。有 $\bar{f}(a+\ker\alpha_2+\ker f)=b+\mathrm{Im}(f\alpha_1)$，说明 $\bar{f}$ 满。

设 $a\in\ker(f''\alpha_2)$，$a+\ker\alpha_2+\ker f\in\ker\bar{f}$，则 $f(a)\in\mathrm{Im}(f\alpha_1)$，所以存在 $a'\in A'$，使得 $f(a)=f\alpha_1(a')$，即 $f(a-\alpha_1(a'))=0$，所以可得

$$t=a-\alpha_1(a')\in\ker f。$$

有 $\alpha_1(a')\in\mathrm{Im}\,\alpha_1=\ker\alpha_2$，所以可得

$$a=\alpha_1(a')+t\in\ker\alpha_2+\ker f,$$

所以 $a+\ker\alpha_2+\ker f=0$，说明 $\ker\bar{f}=0$，即 $\bar{f}$ 单。所以 $\bar{f}$ 是同构。证毕。

命题2-1-45 设有行列都正合的 R-模交换图：

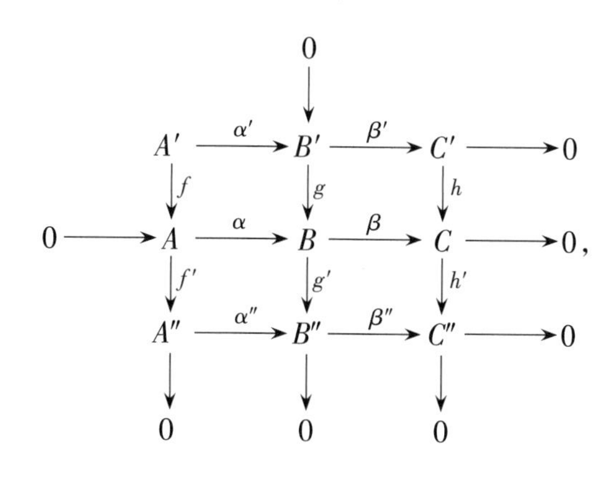

则

$$\ker h \cong \ker \alpha'', \quad \ker f = \ker \alpha'。$$

证明 对前两行用引理2-1-1（蛇引理），有正合列：

$$\ker g \longrightarrow \ker h \xrightarrow{\delta} \operatorname{Coker} f \xrightarrow{\bar{\alpha}} \operatorname{Coker} g。$$

由正合性知 $\ker g = 0$，所以上式为

$$0 \longrightarrow \ker h \xrightarrow{\delta} \operatorname{Coker} f \xrightarrow{\bar{\alpha}} \operatorname{Coker} g,$$

其中

$$\delta: \ker h \to \operatorname{Coker} f, \quad c' \mapsto \alpha^{-1} g \beta'^{-1}(c') + \operatorname{Im} f,$$

$$\bar{\alpha}: \operatorname{Coker} f \to \operatorname{Coker} g, \quad a + \operatorname{Im} f \mapsto \alpha(a) + \operatorname{Im} g。$$

由命题2-1-15知有同构：

$$\bar{f}': \operatorname{Coker} f \to A'', \quad a + \operatorname{Im} f \mapsto f'(a),$$

$$\bar{g}': \operatorname{Coker} g \to B'', \quad b + \operatorname{Im} g \mapsto g'(b)。$$

对于 $a + \operatorname{Im} f \in \operatorname{Coker} f$，有

$$\bar{g}'\bar{\alpha}(a + \operatorname{Im} f) = \bar{g}'(\alpha(a) + \operatorname{Im} g) = g'\alpha(a),$$

$$\alpha''\bar{f}'(a + \operatorname{Im} f) = \alpha'' f'(a),$$

由交换性知 $g'\alpha = \alpha'' f'$，所以可得

$$\bar{g}'\bar{\alpha} = \alpha''\bar{f}',$$

即有交换图：

$$\begin{array}{ccccccc}
0 & \longrightarrow & \ker h & \xrightarrow{\delta} & \operatorname{Coker} f & \xrightarrow{\bar{\alpha}} & \operatorname{Coker} g \\
 & & \downarrow 1 & & \downarrow \bar{f}' & & \downarrow \bar{g}' \\
0 & \longrightarrow & \ker h & \xrightarrow{\bar{f}'\delta} & A'' & \xrightarrow{\alpha''} & B''
\end{array},$$

由命题2-1-21知上图第二行正合，所以可得

$$\ker \alpha'' = \operatorname{Im}(\bar{f}'\delta) \cong \ker h。$$

记 i：$\ker f \to A'$ 和 j：$\ker \alpha' \to A'$ 是包含同态，则有

$$fi = 0, \quad \alpha' j = 0。$$

所以可得

$$\alpha fi = 0, \quad g\alpha' j = 0。$$

由交换性知 $\alpha f = g\alpha'$，所以可得

$$g\alpha' i = 0, \quad \alpha fj = 0。$$

由正合性知 g 和 α 单，所以（左消去）可得

$$\alpha' i = 0, \quad fj = 0,$$

表明

$$\mathrm{Im}\, i \subseteq \ker \alpha', \quad \mathrm{Im}\, j \subseteq \ker f。$$

由于 $\mathrm{Im}\, i = \ker f$，$\mathrm{Im}\, j = \ker \alpha'$，所以以上两式为

$$\ker f \subseteq \ker \alpha', \quad \ker \alpha' \subseteq \ker f,$$

表明 $\ker f = \ker \alpha'$。证毕。

2.2　Hom函子与张量积函子

命题2-2-1　设 A，B 都是左（右）R-模［注（定义2-1-3）］，则 $\mathrm{Hom}_R(A, B)$ 有交换群结构：设 f，$f' \in \mathrm{Hom}_R(A, B)$，加法为

$$(f+f')(a) = f(a) + f'(a), \quad \forall a \in A。$$

证明　以左R-模为例，有

$$(f+f')(ra) = f(ra) + f'(ra) = r\big(f(a) + f'(a)\big) = r(f+f')(a), \quad \forall a \in A,$$

即 $f+f' \in \mathrm{Hom}_R(A, B)$。证毕。

注（命题2-2-1）　若 A，B 都是左（右）R-模，那么 $\mathrm{Hom}_R(A, B)$ 未必是左（右）R-模。

以左R-模为例，如果定义 R 和 $\mathrm{Hom}_R(A, B)$ 的标量乘法（$r \in R$，$f \in \mathrm{Hom}_R(A, B)$）：

$$(rf)(a) = rf(a), \quad \forall a \in A,$$

则有（$r' \in R$）

$$(rf)(r'a) = rf(r'a) = r\big(r'f(a)\big) = (rr')f(a),$$

又有

$$r'(rf)(a) = r'\big(rf(a)\big) = (r'r)f(a)。$$

如果 R 不是交换环，则一般上面两式右边不等，即 $(rf)(r'a) \neq r'(rf)(a)$，所以 rf 不是R-模同态，$rf \notin \mathrm{Hom}_R(A, B)$，也就是说不能这样定义标量乘法。

定义2-2-1　正变Hom函子　设 X 是R-模。定义正变函子：

$$\mathrm{Hom}_R(X, -):\ {}_R\mathcal{M} \to \mathcal{A}b$$

为

$$\mathrm{Hom}_R(X, -):\ \mathrm{Obj}\,{}_R\mathcal{M} \to \mathrm{Obj}\,\mathcal{A}b, \quad A \mapsto \mathrm{Hom}_R(X, A),$$

$$\mathrm{Hom}_R(X, -):\ \mathrm{Hom}_R(A, B) \to \mathrm{Hom}_Z\big(\mathrm{Hom}_R(X, A), \mathrm{Hom}_R(X, B)\big), \quad f \mapsto f_*。$$

上式中

$$f:\ A \to B,$$

$$f_*: \mathrm{Hom}_R(X, A) \to \mathrm{Hom}_R(X, B), \varphi \mapsto f\varphi。\quad (2-2-1)$$

有

$$(gf)_* = g_* f_*。\quad (2-2-2)$$

定义 2-2-2 反变Hom函子 设 X 是 R-模，定义反变函子：

$$\mathrm{Hom}_R(-, X): {}_R\mathcal{M} \to \mathcal{A}b$$

为

$$\mathrm{Hom}_R(-, X): \mathrm{Obj}_R\mathcal{M} \to \mathrm{Obj}\mathcal{A}b, A \mapsto \mathrm{Hom}_R(A, X),$$

$$\mathrm{Hom}_R(-, X): \mathrm{Hom}_R(A, B) \to \mathrm{Hom}_Z(\mathrm{Hom}_R(B, X), \mathrm{Hom}_R(A, X)), \quad f \mapsto f^*。$$

上式中

$$f: A \to B,$$

$$f^*: \mathrm{Hom}_R(B, X) \to \mathrm{Hom}_R(A, X), \varphi \mapsto \varphi f。\quad (2-2-3)$$

有

$$(gf)^* = f^* g^*。\quad (2-2-4)$$

注（定义 2-2-2） 显然有

$$f_*(\varphi + \varphi') = f_*(\varphi) + f_*(\varphi'),$$

$$f^*(\varphi + \varphi') = f^*(\varphi) + f^*(\varphi')。$$

由定义1-8-3知 $\mathrm{Hom}_R(X, -)$ 和 $\mathrm{Hom}_R(-, X)$ 都是加法函子。

定理 2-2-1 设 M 是任意 R-模。

（1）有 R-模同构：

$$\varphi_M: \mathrm{Hom}_R(R, M) \to M, f \mapsto f(1),$$

$$\psi_M = \varphi_M^{-1}: M \to \mathrm{Hom}_R(R, M), x \mapsto f_x,$$

其中

$$f_x: R \to M, \quad r \mapsto rx。$$

（2）对任意 R-模 M' 和 $\forall g \in \mathrm{Hom}_R(M, M')$，有

$$\varphi_{M'} g_* = g \varphi_M,$$

即有交换图：

$$\begin{array}{ccc} \mathrm{Hom}_R(R, M) & \xrightarrow{g_*} & \mathrm{Hom}R(R, M') \\ \varphi_M \downarrow & & \downarrow \varphi_{M'} \\ M & \xrightarrow{g} & M' \end{array} 。\quad (2-2-5)$$

证明　（1）易验证 φ_M 和 ψ_M 是 R-模同态。设 $f\in\ker\varphi_M$，即 $f(1)=0$。对于 $\forall r\in R$，有 $f(r)=rf(1)=0$，即 $f=0$，表明 $\ker\varphi_M=0$，即 φ_M 单。$\forall x\in M$，显然 $\varphi_M(f_x)=f_x(1)=x$，表明 φ_M 满。所以 φ_M 是同构。

设 $x\in M$，则 $\varphi_M\psi_M(x)=\varphi_M(f_x)=f_x(1)=x$，即 $\varphi_M\psi_M=1_M$。设 $f\in\mathrm{Hom}_R(R,\ M)$，则 $\psi_M\varphi_M(f)=\psi_M(f(1))=f_{f(1)}$。这里 $f_{f(1)}(r)=rf(1)=f(r)$，即 $f_{f(1)}=f$，所以 $\psi_M\varphi_M=1_{\mathrm{Hom}_R(R,\ M)}$，表明 $\psi_M=\varphi_M^{-1}$。

（2）设 $f\in\mathrm{Hom}_R(R,\ M)$，由式（2-2-1）可得

$$\varphi_{M'}g_*(f)=\varphi_{M'}(gf)=gf(1),$$

$$g\varphi_M(f)=gf(1),$$

即 $\varphi_{M'}g_*=g\varphi_M$。证毕。

定义 2-2-3　自由交换群　设 G 是（加法）交换群，X 是 G 的子集。若对于 $\forall g\in G$，存在唯一的 $n\in N$，k_1，…，$k_n\in Z$，x_1，…，$x_n\in X$，使得

$$g=k_1x_1+\cdots+k_nx_n,$$

则称 G 是以 X 为基的自由交换群。

命题2-2-2　自由交换群上的同态由它在基上的值完全确定。

具体地说，设 φ：$G\to H$ 是交换群同态，其中 G 是以集合 X 为基的自由交换群，则 φ 由它在 X 上的取值完全决定。

证明　根据定义2-2-3，设 $g=k_1x_1+\cdots+k_nx_n\in G$，则

$$\varphi(g)=k_1\varphi(x_1)+\cdots+k_n\varphi(x_n),$$

说明 φ 由 $\varphi(x)$（$x\in X$）完全决定。证毕。

定理2-2-2　设 G 是以集合 X 为基的自由交换群，令 H 是一交换群，f：$X\to H$ 是一映射，那么存在唯一的群同态 $\tilde{f}$：$G\to H$ 满足

$$\tilde{f}(x)=f(x),\quad \forall x\in X,$$

即（i：$X\to G$是包含映射）

$$f=\tilde{f}i，即 \begin{array}{ccc} G & & \\ \uparrow & \searrow^{\tilde{f}} & \\ X & \xrightarrow{f} & H \end{array}。$$

证明　设 $g=k_1x_1+\cdots+k_nx_n\in G$，定义群同态：

$$\tilde{f}：G\to H,\quad g\mapsto k_1f(x_1)+\cdots+k_nf(x_n)。$$

它显然满足 $f=\tilde{f}i$。由命题2-2-2知 $\tilde{f}$ 是唯一确定的。证毕。

定理 2-2-3 对于任意集合 X，存在以 X 为基的自由交换群。

证明 $\forall x \in X$，令

$$G=\left\{\sum_{x\in X}k_x x \mid k_x \in Z\text{，和式中只有有限个}k_x \neq 0\right\}。$$

上式中的和是形式和，只要有一个 x 使得 $k_x \neq k'_x$，就把 $\sum_{x\in X}k_x x$ 和 $\sum_{x\in X}k'_x x$ 视为 G 中两个不同的元素。定义 G 中加法为

$$\sum_{x\in X}k_x x+\sum_{x\in X}k'_x x=\sum_{x\in X}\left(k_x+k'_x\right)x,$$

易验证 G 是以 X 为基的自由交换群。证毕。

命题 2-2-3 设 $A\xrightarrow{g}B\xrightarrow{f}C$ 是 R-模同态列。若 $\operatorname{Im} g$ 是 B 的生成集，且 $fg=0$，则 $f=0$。

证明 $\forall b \in B$，有 $b=\sum_i r_i g(a_i)$，其中 $r_i \in R$，$a_i \in A$。有 $f(b)=\sum_i r_i fg(a_i)=0$，即 $f=0$。证毕。

命题 2-2-3′ 设 $A_i\xrightarrow{g_i}B\xrightarrow{f}C$（$i\in I$）是 R-模同态列。若 $\bigcup_{i\in I}\operatorname{Im} g_i$ 是 B 的生成集，且 $fg_i=0$（$\forall i\in I$），则 $f=0$。

证明 $\forall b\in B$，有 $b=\sum_{i,j}r_{i,j}g_i(a_{i,j})$，则 $f(b)=\sum_{i,j}r_{i,j}fg_j(a_{i,j})=0$，即 $f=0$。证毕。

定义 2-2-4 R-双加映射（R-biadditive mapping） 设 A 是右 R-模，B 是左 R-模，G 是交换群。R-双加映射 f：$A\times B\to G$ 是指满足如下条件的映射。

（1）$f(a+a',b)=f(a,b)+f(a',b)$；

（2）$f(a,b+b')=f(a,b)+f(a,b')$；

（3）$f(ar,b)=f(a,rb)$。

其中，a，$a'\in A$，b，$b'\in B$，$r\in R$。

注（定义 2-2-4） 在上面 R-双加映射的定义中 A 和 B 不能同为左 R-模或同为右 R-模。

假如 A 和 B 同为左 R-模，（3）应该写成 $f(ra,b)=f(arb)$，那么可得

$$f((r'r)a,b)=f(a,(r'r)b)。$$

根据左 R-模的定义，有

$$f((r'r)a,b)=f(r'(ra),b)=f(ra,r'b)=f(a,r(r'b))=f(a,(rr')b)。$$

如果 R 不是交换环，上面两式右边一般是不同的。

命题 2-2-4 设 f：$A\times B\to T$ 是 R-双加映射，那么下面的（1）与（2a）、（2b）等价。

（1）对任意交换群 G 和任意 R-双加映射 g：$A\times B\to G$，存在唯一的一个群同态

g'：$T \to G$，使得 $g = g'f$。

（2a）对任意交换群 G 和任意 A-双加映射 g：$A \times B \to G$，存在一个群同态 g'：$T \to G$，使得 $g = g'f$。

（2b）T 由 $\mathrm{Im}f$ 生成，即 $T = (\mathrm{Im}f)$。

证明　$(1) \Rightarrow (2a)(2b)$：此时（2a）当然满足。令 $T_1 = (\mathrm{Im}f) \subseteq T$，记包含同态 j：$T_1 \to T$，令 f_1：$A \times B \to T_1$ 与 f 映射规则相同，即有

$$f = jf_1。$$

根据（1）可知，对于 T_1 和 f_1，存在唯一的群同态 f'_1: $T \to T_1$，使得

$$f_1 = f'_1 f,$$

有

$$f = jf_1 = jf'_1 f。$$

根据（1）可知，对于 T 和 f，存在唯一的群同态 1_T：$T \to T$，使得

$$f = 1_T f。$$

对比以上两式知 $jf'_1 = 1_T$。由命题A-8（1）知 j：$T_1 \to T$ 满，所以 $T = T_1 = (\mathrm{Im}f)$，即（2b）满足。

$(2a)(2b) \Rightarrow (1)$：设有两个群同态 g'_i：$T \to G$ （$i = 1，2$），使得 $g = g'_i f$，则有 $g'_1 f = g'_2 f$，即 $(g'_1 - g'_2) f = 0$，由（2b）和命题2-2-3知 $g'_1 = g'_2$。证毕。

定义 2-2-5　张量积（tensor product）　设 A 是右 R-模，B 是左 R-模。A 与 B 的张量积是指交换群 $A \otimes_R B$ 和 R-双加映射 f：$A \times B \to A \otimes_R B$，它具有泛性质，即对任意交换群 G 和 R-双加映射 g：$A \times B \to G$，都存在唯一的群同态 φ：$A \otimes_R B \to G$，使得

$$g = \varphi f，即 \begin{array}{ccc} A \times B & \xrightarrow{f} & A \otimes_R B \\ {\scriptstyle g}\downarrow & \swarrow{\scriptstyle \varphi} & \\ G & & \end{array}。$$

注（定义 2-2-5）

（1）记

$$a \otimes b = f(a，b)，a \in A，b \in B， \qquad (2\text{-}2\text{-}6)$$

则 f 的双加性写成

$$(a + a') \otimes b = a \otimes b + a' \otimes b，$$

$$a \otimes (b + b') = a \otimes b + a \otimes b'，$$

$$(ar) \otimes b = a \otimes (rb)。 \qquad (2\text{-}2\text{-}7)$$

有

$$\varphi(a\otimes b)=\varphi f(a,\ b)=g(a,\ b)。\tag{2-2-8}$$

由双加性可得

$$0\otimes b=a\otimes 0=0。\tag{2-2-9}$$

（2）由 $a\otimes b=0$ 一般不能得出 $a=0$ 或 $b=0$ 。见命题2-3-11。

（3）若 g 是双加映射，根据式（2-2-8），可定义同态 $\varphi(a\otimes b)=g(a,\ b)$，此时不需验证 φ 的定义与 a，b 的选择无关。

命题2-2-5 设 f：$A\times B\to A\otimes_R B$ 是与张量积 $A\otimes_R B$ 对应的R-双加映射，若群同态 φ：$A\otimes_R B\to A\otimes_R B$ 满足 $f=\varphi f$，则 $\varphi=1_{A\otimes_R B}$。

证明 在定义2-2-5中取 $G=A\otimes_R B$，$g=f$，则存在唯一的群同态 φ：$A\otimes_R B\to A\otimes_R B$ 满足

$$f=\varphi f，即 \begin{array}{ccc} A\times B & \xrightarrow{f} & A\otimes_R B \\ {\scriptstyle f}\downarrow & \swarrow{\scriptstyle \varphi} & \\ A\otimes_R B & & \end{array}。$$

显然 φ 取 $1_{A\otimes_R B}$ 满足上图，由 φ 的唯一性知 $\varphi=1_{A\otimes_R B}$。证毕。

定理2-2-4 设 A 是右 R-模，B 是左 R-模。如果 A 与 B 的张量积 $A\otimes_R B$ 存在，则它在群同构的意义下是唯一的。

证明 设交换群 T 和 R-双加映射 f'：$A\times B\to T$ 也是 A 与 B 的张量积。

根据 $A\otimes_R B$ 和 f 的泛性质，对于 T 和 f'，存在唯一的群同态 φ：$A\otimes_R B\to T$ 满足

$$f'=\varphi f，即 \begin{array}{ccc} A\times B & \xrightarrow{f} & A\otimes_R B \\ {\scriptstyle f'}\downarrow & \swarrow{\scriptstyle \varphi} & \\ T & & \end{array}。\tag{2-2-10}$$

根据 T 和 f' 的泛性质，对于 $A\otimes_R B$ 和 f，存在唯一的群同态 ψ：$T\to A\otimes_R B$ 满足

$$f=\psi f'，即 \begin{array}{ccc} A\times B & \xrightarrow{f'} & T \\ {\scriptstyle f}\downarrow & \swarrow{\scriptstyle \psi} & \\ A\otimes_R B & & \end{array}。\tag{2-2-11}$$

以上两图可合起来画成

$$\begin{array}{ccc} A\times B & \xrightarrow{f} & A\otimes_R B \\ {\scriptstyle f'}\downarrow & {\scriptstyle \varphi}\swarrow\nearrow{\scriptstyle \psi} & \\ T & & \end{array}。$$

由式（2-2-10）和式（2-2-11）可得

$$f=\psi\varphi f,\quad f'=\varphi\psi f'。$$

由命题2-2-5知 $\psi\varphi = 1_{A\otimes_R B}$， $\varphi\psi = 1_T$，所以 φ 和 ψ 是同构，也就是说 $T \cong A\otimes_R B$。证毕。

定理2-2-5 设 A 是右 R-模， B 是左 R-模，那么 A 与 B 的张量积 $A\otimes_R B$ 存在。

证明 根据定理2-2-3可知，有以 $A\times B$ 为基的自由交换群：

$$F = \left\{ \sum_{(a,\ b)\in A\times B} k_{a,\ b}(a,\ b) \middle| k_{a,\ b}\in Z，只有有限个k_{a,\ b}\neq 0 \right\}。$$

记

$$C = \left\{ \begin{matrix} (a+a',\ b)-(a,\ b)-(a',\ b), \\ (a,\ b+b')-(a,\ b)-(a,\ b'), \\ (ar,\ b)-(a,\ rb) \end{matrix} \middle| a,\ a'\in A,\ b,\ b'\in B,\ r\in R \right\},$$

令 S 是由 C 生成的 F 的子群：

$$S = \langle C \rangle。$$

令 $A\otimes_R B$ 是商群：

$$A\otimes_R B = F/S。 \tag{2-2-12}$$

设 G 是交换群， g：$A\times B\to G$ 是 R-双加映射。根据定理2-2-2，有群同态：

$$\tilde{g}：F\to G,\ \sum_{(a,\ b)\in A\times B} k_{a,\ b}(a,\ b) \mapsto \sum_{(a,\ b)\in A\times B} k_{a,\ b}\, g(a,\ b)$$

满足（i：$A\times B\to F$ 是包含映射）

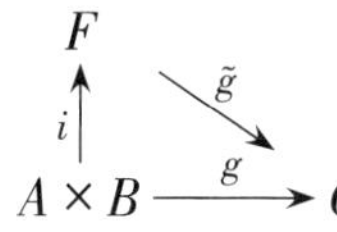

$$\begin{array}{ccc} F & & \\ {\scriptstyle i}\uparrow & \searrow^{\tilde{g}} & \\ A\times B & \xrightarrow{g} & G \end{array}。$$

由于 g 是 R-双加的，所以可得

$$\tilde{g}\big((a+a',\ b)-(a,\ b)-(a',\ b)\big) = g(a+a',\ b)-g(a,\ b)-g(a',\ b) = 0,$$

$$\tilde{g}\big((ab+b')-(a,\ b)-(a,\ b')\big) = g(a,\ b+b')-g(a,\ b)-g(a,\ b') = 0,$$

$$\tilde{g}\big((ar,\ b)-(a,\ rb)\big) = g(ar,\ b)-g(a,\ rb) = 0。$$

即 $\tilde{g}(C)=0$。而 S 由 C 生成，所以 $\tilde{g}(S)=0$，即 $S\subseteq \ker\tilde{g}$。根据命题2-1-7′可知，存在群同态：

$$\bar{g}：F/S\to G,\quad x+S\mapsto \tilde{g}(x)$$

满足（其中， π：$F\to F/S = A\otimes_R B$ 是自然同态）

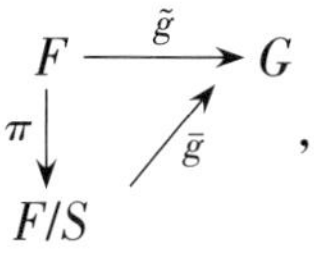

$$\begin{array}{ccc} F & \xrightarrow{\tilde{g}} & G \\ {\scriptstyle \pi}\downarrow & \nearrow_{\bar{g}} & \\ F/S & & \end{array},$$

将以上两个交换图合起来画成：

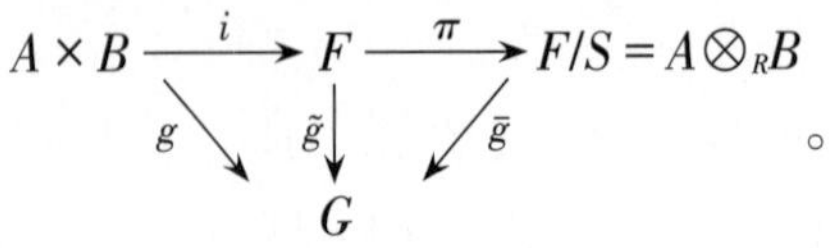

$$\begin{array}{ccccc} A\times B & \xrightarrow{i} & F & \xrightarrow{\pi} & F/S=A\otimes_R B \\ & {\scriptstyle g}\searrow & \downarrow{\scriptstyle \tilde{g}} & \swarrow{\scriptstyle \bar{g}} & \\ & & G & & \end{array}。$$

令

$$f=\pi i：A\times B\to A\otimes_R B, \tag{2-2-13}$$

则

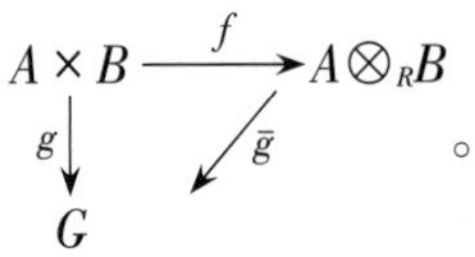

$$\begin{array}{ccc} A\times B & \xrightarrow{f} & A\otimes_R B \\ {\scriptstyle g}\downarrow & \swarrow{\scriptstyle \bar{g}} & \\ G & & \end{array}。$$

有

$$\begin{aligned} f(a+a',\ b)-f(a,\ b)-f(a',\ b)&=\pi(a+a',\ b)-\pi(a,\ b)-\pi(a',\ b) \\ &=(a+a',\ b)-(a,\ b)-(a',\ b)+S, \end{aligned}$$

由于 $(a+a',\ b)-(a,\ b)-(a',\ b)\in C\subseteq S$，所以可得

$$f(a+a',\ b)-f(a,\ b)-f(a',\ b)=0,$$

同样有

$$f(a,\ b+b')-f(a,\ b)-f(a,\ b')=0,$$

$$f(ar,\ b)-f(a,\ rb)=0,$$

表明 f 是 R-双加映射。由于 $A\times B$ 生成 F，所以 $\pi(A\times B)$ 生成 $F/S=A\otimes_R B$（命题2-1-25），而 $\pi(A\times B)=\pi i(A\times B)=f(A\times B)=\mathrm{Im}f$，所以 $\mathrm{Im}f$ 生成 $A\otimes_R B$。由命题2-2-4知 $A\otimes_R B$ 和 f 满足张量积的定义。证毕。

注（定理2-2-5） 由式（2-2-6）和式（2-2-13）有

$$a\otimes b=f(a,\ b)=\pi(a,\ b)=(a,\ b)+S。 \tag{2-2-14}$$

命题2-2-6 设 $t：A\times B\to T$ 是 R-双加映射，$g：T\to G$ 是群同态，那么有

$$gt：A\times B\to G'$$

也是 R-双加映射。

证明 有

$$gt(a+a',\ b)=g\big(t(a,\ b)+t(a',\ b)\big)=gt(a,\ b)+gt(a',\ b),$$

$$gt(a,\ b+b')=g\big(t(a,\ b)+t(a,\ b')\big)=gt(a,\ b)+gf(ab'),$$

$$gt(ar,\ b)=gt(a,\ rb),$$

所以 gt 是 R-双加映射。证毕。

定义2-2-6 设有映射 $f_i：A_i\to B_i$（$i\in I$），定义

$$\prod_{i\in I} f_i: \prod_{i\in I} A_i \to \prod_{i\in I} B_i, \ (a_i)_{i\in I} \mapsto \left(f_i(a_i)\right)_{i\in I}。 \tag{2-2-15}$$

也可将$\prod_{i=1}^{n} f_i$记为

$$f_1 \times \cdots \times f_n。$$

命题2-2-7　设f：$A \to A_1$是右R-模同态，g：$B \to B_1$是左R-模同态，t_1：$A_1 \times B_1 \to G$是R-双加映射，那么有（其中，$f \times g$的定义见定义2-2-6）

$$t = t_1 \circ (f \times g): A \times B \to G$$

也是R-双加映射。

证明　有

$$\begin{aligned} t(a+a', b) &= t_1\left(f(a+a'), g(b)\right) = t_1\left(f(a)+f(a'), g(b)\right) \\ &= t_1\left(f(a), g(b)\right) + t_1\left(f(a'), g(b)\right) = t(a, b) + t(a', b), \end{aligned}$$

$$\begin{aligned} t(a, b+b') &= t_1\left(f(a), g(b+b')\right) = t_1\left(f(a), g(b)+g(b')\right) \\ &= t_1\left(f(a), g(b)\right) + t_1\left(f(a), g(b')\right) = t_1(a, b) + t_1(a, b'), \end{aligned}$$

$$\begin{aligned} t(ar, b) &= t_1\left(f(ar), g(b)\right) = t_1\left(f(a)r, g(b)\right) = t_1\left(f(a), rg(b)\right) \\ &= t_1\left(f(a), g(rb)\right) = t(a, rb), \end{aligned}$$

即t是R-双加映射。证毕。

定理2-2-6　设f：$A \to A'$是右R-模同态，g：$B \to B'$是左R-模同态，则存在唯一的群同态：

$$f \otimes g: A \otimes_R B \to A' \otimes_R B'$$

满足

$$(f \otimes g)(a \otimes b) = f(a) \otimes f(b), \quad \forall a \in A, \quad \forall b \in B,$$

即

$$\begin{array}{ccc} A \times B & \xrightarrow{f \times g} & A' \times B' \\ {\scriptstyle t}\downarrow & & \downarrow{\scriptstyle t'} \\ A \otimes_R B & \xrightarrow{f \otimes g} & A' \otimes_R B' \end{array}, \tag{2-2-16}$$

其中，t：$A \times B \to A \otimes_R B$和$t'$：$A' \times B' \to A' \otimes_R B'$分别是$A \otimes_R B$和$A' \otimes_R B'$对应的$R$-双加映射。

证明　令

$$\lambda = t' \circ (f \times g): A \times B \to A' \otimes_R B',$$

由命题2-2-7知λ是R-双加映射。根据$A \otimes_R B$与t：$A \times B \to A \otimes_R B$的泛性质，存在唯一的群同态$f \otimes g$：$A \otimes_R B \to A' \otimes_R B'$满足交换图：

$$\begin{array}{ccc} A\times B & \xrightarrow{t} & A\otimes_R B \\ \lambda\downarrow & \swarrow f\otimes g & \\ A'\otimes_R B' & & \end{array}$$

上图就是式（2-2-16）。证毕。

定理 2-2-7 设 $A\xrightarrow{f}B\xrightarrow{g}C$ 是右 R-模同态，$A'\xrightarrow{f'}B'\xrightarrow{g'}C'$ 是左 R-模同态，那么有

$$(g\otimes g')(f\otimes f')=(gf)\otimes(g'f')。$$

证明 根据式（2-2-16）有交换图：

$$\begin{array}{ccccc} A\times A' & \xrightarrow{f\times f'} & B\times B' & \xrightarrow{g\times g'} & C\times C' \\ \downarrow t_A & & \downarrow t_B & & \downarrow t_C \\ A\otimes_R A' & \xrightarrow{f\otimes f'} & B\otimes_R B' & \xrightarrow{g\otimes g'} & C\otimes_R C' \end{array}$$

及

$$\begin{array}{ccc} A\times A' & \xrightarrow{(gf)\times(g'f')} & C\times C' \\ \downarrow t_A & & \downarrow t_C \\ A\otimes_R A' & \xrightarrow{(gf)\otimes(g'f')} & C\otimes_R C' \end{array}。$$

根据定理2-2-6可知，这里的同态 $(gf)\otimes(g'f')$ 是唯一的，所以结论成立。证毕。

定义 2-2-7 张量积函子 设 X 是右 R-模，定义正变函子：

$$X\otimes_R-:\ {}_R\mathcal{M}\to\mathcal{A}b$$

为

$$X\otimes_R-:\ \mathrm{Obj}_R\mathcal{M}\to\mathrm{Obj}\mathcal{A}b,\quad A\mapsto X\otimes_R A,$$

$$X\otimes_R-:\ \mathrm{Hom}_R(A,\ B)\to\mathrm{Hom}_Z(X\otimes_R A,\ X\otimes_R B),\quad f\mapsto 1_X\otimes f。$$

对于 $A\xrightarrow{f}B\xrightarrow{g}C$，由定理2-2-7知

$$(1_X\otimes g)(1_X\otimes f)=1_X\otimes(gf)。$$

设 X 是左 R-模，定义正变函子：

$$-\otimes_R X:\ \mathcal{M}_R\to\mathcal{A}b$$

为

$$-\otimes_R X:\ \mathrm{Obj}\,\mathcal{M}_R\to\mathrm{Obj}\mathcal{A}b,\quad A\mapsto A\otimes_R X,$$

$$-\otimes_R X:\ \mathrm{Hom}_R(A,\ B)\to\mathrm{Hom}_Z(A\otimes_R X,\ B\otimes_R X),\quad f\mapsto f\otimes 1_X。$$

对于 $A\xrightarrow{f}B\xrightarrow{g}C$，由定理2-2-7知

$$(g\otimes 1_X)(f\otimes 1_X)=(gf)\otimes 1_X。$$

注（定义 2-2-7）

（1）显然有

$$1_X \otimes (f+f') = 1_X \otimes f + 1_X \otimes f',$$
$$(f+f') \otimes 1_X = f \otimes 1_X + f' \otimes 1_X。$$

由定义1-8-3知张量积函子是加法函子。

（2）f 满 $\Rightarrow 1 \otimes f$ 满，f 满 $\Rightarrow f \otimes 1$ 满。

（3）若要从 f 单得出 $1 \otimes f$ 单（$f \otimes 1$ 单），需要模的平坦性，见3.5节。

定义2-2-8　环 R 中心的定义为

$$Z(R) = \{r \in R | rx = xr, \ \forall x \in R\}。 \tag{2-2-17}$$

它是 R 的交换子环。

定义2-2-9　*R*-代数　设 R 是有单位元1的交换环，S 是环，它的中心是 $Z(S)$。如果存在环同态 φ：$R \to Z(S)$，则 S 具有 R-模结构（既是左 R-模，又是右 R-模），即

$$R \times S \to S, \ (r, s) \mapsto \varphi(r)s。$$

此时称 S 为 R-代数。

定义2-2-10　双模（bimodule）　设 R，S 是有单位元1的环，M 是交换（加法）群，在 M 上同时有左 R-模结构和右 S-模结构，并且在以下意义下是协调的：

$$r(xs) = (rx)s, \ \forall r \in R, \ \forall s \in S, \ \forall x \in M。$$

则称 M 是 R-S 双模。

例2-2-1

（1）任意左 R-模都是 R-Z 双模，任意右 R-模都是 Z-R 双模。

（2）任意有单位元1的环 R（不必交换）都是 R-R 双模。

（3）交换群是 Z-Z 双模。

（4）R-代数（定义2-2-8）S 具有 R-S 双模和 S-R 双模结构。

定义2-2-11　双模同态　双模同构　设 M，N 是 R-S 双模，若 f：$M \to N$ 既是左 R-模同态，又是右 R-模同态，则称 f 是 R-S 双模同态。

若 f 既是左 R-模同构，又是右 S-模同构，则称 f 是 R-S 双模同构。

注（定义2-2-11）　R-S 双模和 R-S 双模同态构成 R-S 双模范畴，记作 ${}_R\mathcal{M}_S$。

命题2-2-8

（1）设 A 是 S-R 双模，B 是左 S-模，那么 $\mathrm{Hom}_S(A, B)$ 是左 R-模。

（2）设 A 是 R-S 双模，B 是右 S-模，那么 $\mathrm{Hom}_S(A, B)$ 是右 R-模。

（3）设 A 是左 S-模，B 是 S-R 双模，那么 $\mathrm{Hom}_S(A, B)$ 是右 R-模。

（4）设 A 是右 S-模，B 是 R-S 双模，那么 $\mathrm{Hom}_S(A, B)$ 是左 R-模。

证明　（1）设 $f \in \mathrm{Hom}_S(A, B)$，$r \in R$，定义

$$(rf)(a)=f(ar),\quad \forall a\in A。$$

验证符合定义2-1-1：

$$\big(r(f+f')\big)(a)=(f+f')(ar)=f(ar)+f'(ar)=(rf)(a)+(rf')(a)$$

$$=(rf+rf')(a)。$$

$$\big((r+r')f\big)(a)=f\big(a(r+r')\big)=f(ar+ar')=f(ar)+f(ar')$$

$$=(rf)(a)+(r'f)(a)=(rf+r'f)(a)。$$

$$\big((rr')f\big)(a)=f\big(a(rr')\big)=f\big((ar)r'\big)=(r'f)(ar)=\big(r(r'f)\big)(a)。$$

$$(1f)(a)=f(a1)=f(a)。$$

（2）设 $f\in \mathrm{Hom}_S(A,B)$，$r\in R$，定义

$$(fr)(a)=f(ra),\quad \forall a\in A。$$

（3）设 $f\in \mathrm{Hom}_S(A,B)$，$r\in R$，定义

$$(fr)(a)=f(a)r,\quad \forall a\in A。$$

（4）设 $f\in \mathrm{Hom}_S(A,B)$，$r\in R$，定义

$$(rf)(a)=rf(a),\quad \forall a\in A。$$

证毕。

命题2-2-9 记 f：$A\to B$，f_*：$\mathrm{Hom}_R(X,A)\to \mathrm{Hom}_R(X,B)$［式（2-2-1）］，$f^*$：$\mathrm{Hom}_R(B,X)\to \mathrm{Hom}_R(A,X)$［式（2-2-3）］。

（1）若 X 是 R-S 双模，A，B 是左 R-模，则 f_* 是左 S-模同态。

（2）若 X 是 S-R 双模，A，B 是右 R-模，则 f_* 是右 S-模同态。

（3）若 X 是 S-R 双模，A，B 是右 R-模，则 f^* 是左 S-模同态。

（4）若 X 是 R-S 双模，A，B 是左 R-模，则 f^* 是右 S-模同态。

证明 只证（1）。对于左 R-模同态 φ：$X\to A$，$x\in X$，$s\in S$ 有

$$f_*(s\varphi)(x)=f\big((s\varphi)(x)\big)=f\big(\varphi(xs)\big),$$

$$sf_*(\varphi)(x)=f_*(\varphi)(xs)=f\big(\varphi(xs)\big),$$

所以 $f_*(s\varphi)=sf_*(\varphi)$，即 f_* 是左 S-模同态。证毕。

命题2-2-10 f_* 和 f^* 见式（2-2-1）和式（2-2-3）。

（1）设 X 是 R-S 双模，则有正变函子：

$$\mathrm{Hom}_R(X,-):{}_R\mathcal{M}\to {}_S\mathcal{M}$$

为

$$\mathrm{Hom}_R(X,-):\ \mathrm{Obj}_R\mathcal{M}\to\mathrm{Obj}_S\mathcal{M},\quad A\mapsto\mathrm{Hom}_R(X,A),$$

$$\mathrm{Hom}_R(X,-):\ \mathrm{Hom}_R(A,B)\to\mathrm{Hom}_S\big(\mathrm{Hom}_R(X,A),\ \mathrm{Hom}_R(X,B)\big),\quad f\mapsto f_*。$$

（2）设 X 是 S-R 双模，则有正变函子：

$$\mathrm{Hom}_R(X,-):\ \mathcal{M}_R\to\mathcal{M}_S$$

为

$$\mathrm{Hom}_R(X,-):\ \mathrm{Obj}\,\mathcal{M}_R\to\mathrm{Obj}\,\mathcal{M}_S,\quad A\mapsto\mathrm{Hom}_R(X,A),$$

$$\mathrm{Hom}_R(X,-):\ \mathrm{Hom}_R(A,B)\to\mathrm{Hom}_S\big(\mathrm{Hom}_R(X,A),\ \mathrm{Hom}_R(X,B)\big),\quad f\mapsto f_*。$$

（3）设 X 是 S-R 双模，则有正变函子：

$$\mathrm{Hom}_R(-,X):\ \mathcal{M}_R\to{}_S\mathcal{M}$$

为

$$\mathrm{Hom}_R(-,X):\ \mathrm{Obj}\,\mathcal{M}_R\to\mathrm{Obj}_S\mathcal{M},\quad A\mapsto\mathrm{Hom}_R(A,X),$$

$$\mathrm{Hom}_R(-,X):\ \mathrm{Hom}_R(A,B)\to\mathrm{Hom}_S\big(\mathrm{Hom}_R(B,X),\ \mathrm{Hom}_R(A,X)\big),\quad f\mapsto f^*。$$

（4）设 X 是 R-S 双模，则有正变函子：

$$\mathrm{Hom}_R(-,X):\ {}_R\mathcal{M}\to\mathcal{M}_S$$

为

$$\mathrm{Hom}_R(-,X):\ \mathrm{Obj}\,\mathcal{M}_R\to\mathrm{Obj}_S\mathcal{M},\quad A\mapsto\mathrm{Hom}_R(A,X),$$

$$\mathrm{Hom}_R(-,X):\ \mathrm{Hom}_R(A,B)\to\mathrm{Hom}_S\big(\mathrm{Hom}_R(B,X),\ \mathrm{Hom}_R(A,X)\big),\quad f\mapsto f^*。$$

定理2-2-8

（1）设 A 是 R-S 双模，B 是左 S-模，则 $A\otimes_S B$ 是左 R-模。

（2）设 A 是右 S-双模，B 是 S-R 双模，则 $A\otimes_S B$ 是右 R-模。

证明 （1）$A\otimes_S B$ 上的左 R-模结构：

$$R\times A\otimes_S B\to A\otimes_S B,\quad (r,\ a\otimes b)\mapsto r(a\otimes b)=(ra)\otimes b。$$

（2）$A\otimes_S B$ 上的右 R-模结构：

$$A\otimes_S B\times R\to A\otimes_S B,\quad (a\otimes b,\ r)\mapsto(a\otimes b)r=a\otimes(br)。$$

证毕。

命题2-2-11 设 R 是有单位元1的交换环，S 是一个 R-代数。若 M 是左 R-模，则 $S\otimes_R M$ 是左 S-模。

证明 根据例2-2-1可知，S 是 S-R 双模，再由定理2-2-8知结论成立。证毕。

命题2-2-12

（1）设 f：$A\to A'$ 是 R-S 双模同态，g：$B\to B'$ 是左 S-模同态，则 $f\otimes g$：$A\otimes_S B\to A'\otimes_S B'$ 是左 R-模同态。

（2）设 f：$A \to A'$ 是右 R-模同态，g：$B \to B'$ 是 R-S 双模同态，则 $f \otimes g$：$A \otimes_S B \to A' \otimes_S B'$ 是右 S-模同态。

证明 （1）$$\begin{aligned}(f \otimes g)\big(r(a \otimes b)\big) &= (f \otimes g)\big((ra) \otimes b\big) = f(ra) \otimes g(b) \\ &= \big(rf(a)\big) \otimes g(b) = r\big(f(a) \otimes g(b)\big) = r\big((f \otimes g)(a \otimes b)\big)。\end{aligned}$$

（2）$$\begin{aligned}(f \otimes g)\big((a \otimes b)s\big) &= (f \otimes g)\big(a \otimes (bs)\big) = f(a) \otimes g(bs) \\ &= f(a) \otimes \big(g(b)s\big) = \big(f(a) \otimes g(b)\big)s = \big((f \otimes g)(a \otimes b)\big)s。\end{aligned}$$

证毕。

命题 2-2-13 设 X 是 S-R 双模，则有正变函子：

$$X \otimes_R -：{}_R\mathcal{M} \to {}_S\mathcal{M}$$

为

$$X \otimes_R -：\mathrm{Obj}_R\,\mathcal{M} \to \mathrm{Obj}_S\,\mathcal{M}，\quad A \mapsto M \otimes_R A，$$

$$X \otimes_R -:\mathrm{Hom}_R(A，B) \to \mathrm{Hom}_S(X \otimes_R A，X \otimes_R B)，\quad f \mapsto 1_X \otimes f。$$

设 X 是 R-S 双模，则有正变函子：

$$- \otimes_R X：\mathcal{M}_R \to \mathcal{M}_S$$

为

$$- \otimes_R X：\mathrm{Obj}\,\mathcal{M}_R \to \mathrm{Obj}\,\mathcal{M}_S，\quad A \mapsto A \otimes_R X，$$

$$- \otimes_R X：\mathrm{Hom}_R(A，B) \to \mathrm{Hom}_S(A \otimes_R X，B \otimes_R X)，\quad f \mapsto f \otimes 1_X。$$

定理 2-2-9

（1）对于任意左 R-模 M，有左 R-模同构：

$$\varphi：R \otimes_R M \to M，\ r \otimes m \mapsto rm。\tag{2-2-18}$$

$$\psi = \varphi^{-1}：M \to R \otimes_R M，\ m \mapsto 1 \otimes m。\tag{2-2-19}$$

（2）对于任意右 R-模 M，有右 R-模同构：

$$\varphi：M \otimes_R R \to M，\ m \otimes r \mapsto mr。\tag{2-2-18$'$}$$

$$\psi = \varphi^{-1}：M \to M \otimes_R R，\ m \mapsto m \otimes 1。\tag{2-2-19$'$}$$

证明 只证（1）。令 λ：$R \times M \to R \otimes_R M$ 是与 $R \otimes_R M$ 对应的 R-双加映射，令

$$f：R \times M \to M,\ (r，m) \mapsto rm,$$

易验证 f 是 R-双加映射。根据 $R \otimes_R M$ 和 λ 的泛性质，存在群同态 φ：$R \otimes_R M \to M$ 满足

$$f = \varphi\lambda，即 \quad \begin{array}{ccc} R \times M & \xrightarrow{\lambda} & R \otimes_R M \\ {\scriptstyle f}\downarrow & \swarrow{\scriptstyle \varphi} & \\ M & & \end{array}。$$

根据式（2-2-8）有

$$\varphi：R \otimes_R M \to M，\ r \otimes m \mapsto rm。$$

由 $R\otimes_R M$ 的左 R-模结构（定理2-2-8）和 M 的左 R-模结构，有

$$\varphi(r'(r\otimes m))=\varphi((r'r)\otimes m)=(r'r)m=r'(rm)=r'\varphi(r\otimes m),$$

表明 φ 是左 R-模同态。令

$$\psi: M\to R\otimes_R M,\ m\mapsto 1\otimes m。$$

由 R-双加性及 $R\otimes_R M$ 的左 R-模结构（定理2-2-8）有

$$\psi(rm)=1\otimes(rm)=r\otimes m=r(1\otimes m)=r\psi(m),$$

表明 ψ 是左 R-模同态。有

$$\varphi\psi(m)=\varphi(1\otimes m)=m,$$

$$\psi\varphi(r\otimes m)=\psi(rm)=r\otimes m,$$

即 $\varphi\psi=1_M$，$\psi\varphi=1_{R\otimes_R M}$，所以 φ 是同构。证毕。

定义2-2-12　反环（opposite ring）　设 R 是环，它的反环 R^{op} 是一个环，其中的元素和加法与 R 相同，乘法与 R 的乘法反序：

$$a\times_{R^{op}}b=b\times_R a。$$

注（定义2-2-12）　如果 R 是交换环，则 $R^{op}=R$。

命题2-2-14　左 R-模是右 R^{op}-模，右 R-模是左 R^{op}-模。

证明　设 M 是左 R-模，定义右 R^{op}-模结构：

$$M\times R^{op}\to M,\ (m,\ r)\mapsto mr=rm。$$

证毕。

命题2-2-15

（1）设 A 是右 R-模（左 R^{op}-模），B 是左 R-模（右 R^{op}-模），则有群同构：

$$\tau_{A,\ B}: A\otimes_R B\to B\otimes_{R^{op}}A,\quad a\otimes b\mapsto b\otimes a。$$

且对于任意右 R-模（左 R^{op}-模）同态 $f: A\to A'$ 和左 R-模（右 R^{op}-模）同态 $g: B\to B'$，有交换图：

$$\begin{array}{ccc} A\otimes_R B & \xrightarrow{\tau_{A,\ B}} & B\otimes_{R^{op}}A \\ {\scriptstyle f\otimes g}\downarrow & & \downarrow{\scriptstyle g\otimes f} \\ A'\otimes_R B' & \xrightarrow{\tau_{A',\ B'}} & B'\otimes_{R^{op}}A' \end{array}。$$

（2）如果 R 是交换环，那么 τ 是 R-模同构。

证明　只证（1）。令

$$\varphi: A\times B\to B\otimes_{R^{op}}A,\ (a,\ b)\mapsto b\otimes a,$$

易验证：

$$\varphi(a+a', b)=\varphi(a, b)+\varphi(a', b),$$
$$\varphi(a, b+b')=\varphi(a, b)+\varphi(a, b'),$$

$$\begin{aligned}\varphi(ar, b)\,(A\text{作为右}R\text{-模}) &= b\otimes_{R^{op}}(ar)=b\otimes_{R^{op}}(ra)\,(A\text{作为左}R^{op}\text{-模})\\ &=(br)\otimes_{R^{op}}a=(rb)\otimes_{R^{op}}a\,(B\text{作为左}R\text{-模})=\varphi(a, rb)。\end{aligned}$$

所以 φ 是 R-双加映射。根据定义2-2-5可知，存在群同态 $\tau_{A,B}$: $A\otimes_R B\to B\otimes_{R^{op}}A$，使得

$$\varphi=\tau_{A,B}t，\text{即}\quad \begin{array}{ccc} A\times B & \xrightarrow{t} & A\otimes_R B\\ \varphi\downarrow & \swarrow\tau_{A,B} & \\ B\otimes_{R^{op}}A & & \end{array}。$$

这里

$$\tau_{A,B}(a\otimes b)=\tau_{A,B}t(a, b)=\varphi(a, b)=b\otimes a。$$

令

$$\psi: B\times A\to A\otimes_R B,\ (b, a)\mapsto a\otimes b,$$

易验证

$$\psi(b, a+a')=\psi(b, a)+\psi(b, a'),$$
$$\psi(b+b', a)=\psi(b, a)+\psi(b', a),$$

$$\begin{aligned}\psi(br, a)\,(B\text{作为右}R^{op}\text{-模}) &= a\otimes_R(br)=a\otimes_R(rb)\,(B\text{作为左}R\text{-模})\\ &=(ar)\otimes_R b=(ra)\otimes_R b\,(A\text{作为左}R^{op}\text{-模})=\psi(b, ra)。\end{aligned}$$

所以 ψ: $B\times A\to A\otimes_R B$ 是 R^{op}-双加映射。根据定义2-2-5可知，存在群同态 $\tau'_{A,B}$: $B\otimes_{R^{op}}A\to A\otimes_R B$，使得

$$\psi=\tau'_{A,B}t'，\text{即}\quad \begin{array}{ccc} A\times B & \xrightarrow{t'} & B\otimes_{R^{op}}A\\ \psi\downarrow & \swarrow\tau'_{A,B} & \\ A\otimes_R B & & \end{array}。$$

这里

$$\tau'_{A,B}(b\otimes a)=\tau'_{A,B}t'(b, a)=\psi(b, a)=a\otimes b。$$

显然 $\tau_{A,B}\tau'_{A,B}=1$，$\tau'_{A,B}\tau_{A,B}=1$，所以 $\tau_{A,B}$ 是群同构。证毕。

定义2-2-13 R-双线性映射 设 R 是有单位元1的交换环，A，B，C 是 R-模。如果 R-双加映射 f: $A\times B\to C$ 满足

$$f(ra, b)=f(a, rb)=rf(a, b),\quad a\in A,\ b\in B,\ r\in R,$$

则称 f 是 R-双线性映射。

命题2-2-16

（1）设 A 是右 R-模，B 是 R-S 双模，那么 $A\otimes_R B$ 对应的 R-双加映射 f：$A\times B\to A\otimes_R B$ 满足（$a\in A$，$b\in B$，$s\in S$）

$$f(a, bs)=f(a, b)s。\tag{2-2-20}$$

（2）设 A 是 S-R 双模，B 是左 R-模，那么 $A\otimes_R B$ 对应的 R-双加映射 f：$A\times B\to A\otimes_R B$ 满足（$a\in A$，$b\in B$，$s\in S$）

$$f(sa, b)=sf(a, b)。\tag{2-2-21}$$

证明 （1）$A\otimes_R B$ 的右 S-模结构（定理2-2-8）为

$$a\otimes(bs)=(a\otimes b)s,$$

根据式（2-2-6）可得，上式即式（2-2-20）。

（2）$A\otimes_R B$ 的左 S-模结构（定理2-2-8）为

$$(sa)\otimes b=s(a\otimes b),$$

即式（2-2-21）。证毕。

命题2-2-16′ 设 R 是有单位元1的交换环，A，B 是 R-模，那么 $A\otimes_R B$ 对应的 R-双加映射 f：$A\times B\to A\otimes_R B$ 也是 R-双线性映射。

命题2-2-17

（1）设 A 是右 R-模，B 是 R-S 双模，那么 $A\otimes_R B$ 和相应的 R-双加映射 t：$A\times B\to A\otimes_R B$ 具有泛性质，即对任意右 S-模 M 和任意满足式（2-2-20）的 R-双加映射 f：$A\times B\to M$，存在唯一的右 S-模同态 φ：$A\otimes_R B\to M$，使得

$$f=\varphi t，即 \begin{array}{ccc} A\times B & \xrightarrow{t} & A\otimes_R B \\ {\scriptstyle f}\downarrow & \swarrow{\scriptstyle \varphi} & \\ M & & \end{array}。$$

（2）设 A 是 S-R 双模，B 是左 R-模，那么 $A\otimes_R B$ 和相应的 R-双加映射 t：$A\times B\to A\otimes_R B$ 具有泛性质，即对任意左 S-模 M 和任意满足式（2-2-21）的 R-双加映射 f：$A\times B\to M$，存在唯一的左 S-模同态 φ：$A\otimes_R B\to M$，使得

$$f=\varphi t，即 \begin{array}{ccc} A\times B & \xrightarrow{t} & A\otimes_R B \\ {\scriptstyle f}\downarrow & \swarrow{\scriptstyle \varphi} & \\ M & & \end{array}。$$

证明 只证（1）。根据 $A\otimes_R B$ 和 R-双加映射 t 的泛性质，存在唯一的群同态 φ：$A\otimes_R B\to M$，使得 $f=\varphi t$。根据式（2-2-8）有

$$\varphi(a\otimes b)=f(a, b),$$

根据 $A\otimes_R B$ 的右 S-模结构（定理2-2-8）及式（2-2-20）有

$$\varphi((a\otimes b)s)=\varphi(a\otimes(bs))=f(a, bs)=f(a, b)s=\varphi(a\otimes b)s,$$

表明 φ 是右 S-模同态。证毕。

命题2-2-18 设 R 是有单位元1的交换环，A，B 是 R-模，那么 $A\otimes_R B$ 和相应的 R-双线性映射 f：$A\times B\to A\otimes_R B$ 具有泛性质，即对任意 R-模 M 和任意的 R-双线性映射 g：$A\times B\to M$，存在唯一的 R-模同态 φ：$A\otimes_R B\to M$，使得

$$g=\varphi f，即 \begin{array}{ccc} A\times B & \xrightarrow{f} & A\otimes_R B \\ {\scriptstyle g}\downarrow & \swarrow{\scriptstyle \varphi} & \\ M & & \end{array}。$$

命题2-2-19 设 R 是有单位元1的交换环，A_1，…，A_n 是 R-模，那么 $A_1\otimes\cdots\otimes A_n$ 和 n 重 R-线性映射 f：$A_1\times\cdots\times A_n\to A_1\otimes\cdots\otimes A_n$ 具有泛性质，即对任意 R-模 M 和任意的 n 重 R-线性映射 g：$A_1\times\cdots\times A_n\to M$，存在唯一的 R-模同态 φ：$A_1\otimes\cdots\otimes A_n\to M$，使得

$$g=\varphi f，即 \begin{array}{ccc} \prod_{i=1}^{n} A_i & \xrightarrow{f} & \bigotimes_{i=1}^{n} A_i \\ {\scriptstyle g}\downarrow & \swarrow{\scriptstyle \varphi} & \\ M & & \end{array}。$$

定理2-2-10 如果 A 是右 R-模，B 是 R-S 双模，C 是左 S-模，那么有群同构：

$$(A\otimes_R B)\otimes_S C\cong A\otimes_R(B\otimes_S C)。$$

命题2-2-20 设 φ：$M\to N$ 是左 S-模同构。如果 N 是 S-R 双模，那么 φ：$M\to N$ 也是 S-R 双模同构。

证明 定义 M 的右 R-模标量乘法：

$$M\times R\to M,\ (x, r)\to xr=\varphi^{-1}(\varphi(x)r), \tag{2-2-22}$$

从而有

$$\varphi(xr)=\varphi(x)r, \tag{2-2-23}$$

即 φ 也是右 R-模同构。

验证式（2-2-22）满足定义2-1-1（右 R-模）：

（1′）$(x+x')r=\varphi^{-1}(\varphi(x+x')r)=\varphi^{-1}(\varphi(x)r+\varphi(x')r)$（$\varphi^{-1}$ 是群同态）

$$=\varphi^{-1}(\varphi(x)r)+\varphi^{-1}(\varphi(x')r)=xr+x'r。$$

（2′）$x(r+r')=\varphi^{-1}(\varphi(x)(r+r))=\varphi^{-1}(\varphi(x)r+\varphi(x)r')$（$\varphi^{-1}$ 是群同态）

$$=\varphi^{-1}(\varphi(x)r)+\varphi^{-1}(\varphi(x)r')=xr+xr'。$$

（3′） $x(rr')=\varphi^{-1}(\varphi(x)(rr'))=\varphi^{-1}((\varphi(x)r)r')$ ［利用式（2-2-23）］

$$=\varphi^{-1}((\varphi(xr))r')=(xr)r'。$$

（4′） $x1=\varphi^{-1}(\varphi(x)1)=x$。

验证符合定义2-2-10（S-R双模）：

$$(sx)r=\varphi^{-1}(\varphi(sx)r)=\varphi^{-1}(s\varphi(x)r)=s\varphi^{-1}(\varphi(x)r)=s(xr)。$$

证毕。

命题2-2-21 设有R-模同态 f：$A\to B$，记 f_*：$\mathrm{Hom}_R(M，A)\to\mathrm{Hom}_R(M，B)$，$f^*$：$\mathrm{Hom}_R(B，M)\to\mathrm{Hom}_R(A，M)$。

（1） f 单 $\Rightarrow f_*$ 单。

（2） f 满 $\Rightarrow f^*$ 单。

证明 （1） $\forall\sigma\in\ker f_*$，有 $0=f_*(\sigma)=f\sigma$。由于 f 单，所以 $\sigma=0$（命题2-1-12），表明 $\ker f_*=0$，即 f_* 单。

（2） $\forall\beta\in\ker f^*$，有 $0=f^*(\beta)=\beta f$。由于 f 满，所以 $\beta=0$（命题2-1-12），即 $\ker f^*=0$，所以 f^* 单。证毕。

命题2-2-22

（1）设A，B是S-R双模，f：$A\to B$是右R-模同态，M是左S-模，则有交换图：

$$\begin{array}{ccc}\mathrm{Hom}_S(B，M) & \xrightarrow{f^*} & \mathrm{Hom}_S(A，M)\\ \downarrow{\scriptstyle\varphi_B^*} & & \downarrow{\scriptstyle\varphi_A^*}\\ \mathrm{Hom}_S(B\otimes_R R，M) & \xrightarrow{(f\otimes 1)^*} & \mathrm{Hom}_S(A\otimes_R R，M)\end{array}，$$

其中，φ_A^*是由同构（定理2-2-9）：

$$\varphi_A：A\otimes_R R\to A，\quad a\otimes r\mapsto ar$$

诱导的同构映射（命题1-1-5）。

（2）设A，B是R-S双模，f：$A\to B$是左R-模同态，M是右S-模，则有交换图：

$$\begin{array}{ccc}\mathrm{Hom}_S(B，M) & \xrightarrow{f^*} & \mathrm{Hom}_S(A，M)\\ \downarrow{\scriptstyle\varphi_B^*} & & \downarrow{\scriptstyle\varphi_A^*}\\ \mathrm{Hom}_S(B\otimes_R R，M) & \xrightarrow{(1\otimes f)^*} & \mathrm{Hom}_S(R\otimes_R A，M)\end{array}，$$

其中，φ_A^*是由同构（定理2-2-9）：

$$\varphi_A：R\otimes_R A\to A，\quad r\otimes a\mapsto ra$$

诱导的同构映射（命题1-1-5）。

证明 这里只证（1）。有

$$f\varphi_A(a\otimes r)=f(ar)=f(a)r,$$
$$\varphi_B(f\otimes 1)(a\otimes r)=\varphi_B(f(a)\otimes r)=f(a)r,$$

所以可得

$$f\varphi_A=\varphi_B(f\otimes 1)。$$

设 $\beta\in \mathrm{Hom}_S(B,\ M)$，则

$$\varphi_A^* f^*(\beta)=\varphi_A^*(\beta f)=\beta f\varphi_A,$$
$$(f\otimes 1)^*\varphi_B^*(\beta)=(f\otimes 1)^*(\beta\varphi_B)=\beta\varphi_B(f\otimes 1)。$$

因此 $\varphi_A^* f^*=(f\otimes 1)^*\varphi_B^*$。 证毕。

命题2-2-23 设有R-模 M 和R-模同态 f: $A\to B$，则

$$\mathrm{Hom}_R(M,\ \ker f)=\ker f_*=\ker \mathrm{Hom}_R(M,\ f)。$$

证明 设 $\sigma\in \mathrm{Hom}_R(M,\ A)$，则

$$\sigma\in \mathrm{Hom}_R(M,\ \ker f)\Leftrightarrow (\forall x\in M,\ \sigma(x)\in \ker f)\Leftrightarrow(\forall x\in M,\ f\sigma(x)=0)$$
$$\Leftrightarrow f\sigma=0\Leftrightarrow f_*(\sigma)=0\Leftrightarrow \sigma\in\ker f_*。$$

证毕。

命题2-2-24 设 f: $A\to B$ 是右R-模同态，M 是左R-模，则

$$(\ker f)\otimes_R M\subseteq \ker(f\otimes 1_M),$$
$$(\mathrm{Im} f)\otimes_R M=\mathrm{Im}(f\otimes 1_M)。$$

证明 设 $\sum_i a_i\otimes m_i\in(\ker f)\otimes_R M$，则 $f(a_i)=0$，所以 $(f\otimes 1_M)\sum_i a_i\otimes m_i=\sum_i f(a_i)\otimes m_i=0$，即 $\sum_i a_i\otimes m_i\in\ker(f\otimes 1_M)$。

$$x\in \mathrm{Im}(f\otimes 1_M)\Leftrightarrow x=(f\otimes 1_M)\sum_i a_i\otimes m_i\Leftrightarrow x=\sum_i f(a_i)\otimes m_i$$
$$\Leftrightarrow x\in(\mathrm{Im} f)\otimes_R M。$$

证毕。

定理2-2-11 设 R 是有单位元1的交换环，S 是 R 的乘法闭集，M 是R-模，则有$S^{-1}R$-模同构：

$$(S^{-1}R)\otimes_R M\cong S^{-1}M,$$

同构映射：

$$\varphi:\ (S^{-1}R)\otimes_R M\to S^{-1}M,\quad \frac{r}{s}\otimes m\mapsto\frac{rm}{s},$$
$$\varphi^{-1}:\ S^{-1}M\to(S^{-1}R)\otimes_R M,\quad \frac{m}{s}\mapsto\frac{1}{s}\otimes m。$$

证明见文献［5］第39页命题3.5。

2.3　直积与直和

定义2-3-1 直积（directproduct）　直和（directsum）　设 A_i（$i \in I$）是R-模。记直积：

$$A = \prod_{i \in I} A_i = \left\{ (a_i)_{i \in I} \middle| a_i \in A_i \right\},$$

投射（projection）：

$$p_i\text{：} A \to A_i,\ (a_i)_{i \in I} \mapsto a_i, \tag{2-3-1}$$

入射（injection）：

$$\lambda_i\text{，} A_i \to A,\ a_i \mapsto (\cdots,\ 0,\ a_i,\ 0,\ \cdots), \tag{2-3-2}$$

有

$$p_i \lambda_j = \begin{cases} 1_{A_i},\ i = j \\ 0,\ i \neq j \end{cases}。 \tag{2-3-3}$$

记直和

$$A' = \bigoplus_{i \in I} A_i = \left\{ (a_i)_{i \in I} \middle| a_i \in A_i\text{，只有有限个}a_i\text{不为零} \right\},$$

投射 p_i：$A' \to A_i$ 与入射 λ_i：$A_i \to A'$ 仍由式（2-3-1）和式（2-3-2）定义。式（2-3-3）仍然成立，且有

$$\sum_{i \in I} \lambda_i p_i = 1_{A'}。 \tag{2-3-4}$$

注意，上式是有限和。

注（定义2-3-1）

（1）对于直积 $A = \prod_{i \in I} A_i$，如果 I 是无限集，那么 $\sum_{i \in I} \lambda_i p_i$ 是无限和，没有定义。

（2）由于直和只有有限项不为零，所以可得

$$\bigoplus_{i \in I} \bigoplus_{j \in I} A_{ij} = \bigoplus_{j \in I} \bigoplus_{i \in I} A_{ij} = \bigoplus_{i \in I,\ j \in J} A_{ij}。$$

命题2-3-1　设 λ_i：$A_i \to \bigoplus_{j \in I} A_j$（$i \in I$）是入射，$X$ 是R-模，φ：$\bigoplus_{j \in I} A_j \to X$ 是R-模同态，如果对 $\forall i \in I$ 有 $\varphi \lambda_i = 0$，那么 $\varphi = 0$。

证明　记 $A = \bigoplus_{j \in I} A_j$，由式（2-3-4）有 $\varphi = \varphi 1_A = \sum_{i \in I} \varphi \lambda_i p_i = 0$。证毕。

命题2-3-2　设 A 与 A_i（$i \in I$）都是R-模，λ_i：$A_i \to A$（$i \in I$）是R-模同态，且具有泛性质，即对于任意的R-模 X 与R-模同态族 f_i：$A_i \to X$（$i \in I$），存在唯一的R-模同

态 φ：$A\to X$ 使得

$$f_i=\varphi\lambda_i，即 \begin{array}{ccc} A_i & \xrightarrow{\lambda_i} & A \\ {\scriptstyle f_i}\downarrow & \swarrow{\scriptstyle \varphi} & \\ X & & \end{array}，\forall i\in I。$$

如果R-模同态 ψ：$A\to A$ 满足

$$\lambda_i=\psi\lambda_i，\ \forall i\in I，$$

那么 $\psi=1_A$。

证明 根据泛性质，取 X 为A，f_i 为 λ_i，则存在唯一的R-模同态 ψ：$A\to A$ 使得

$$\lambda_i=\psi\lambda_i，\ \forall i\in I。$$

显然 $\psi=1_A$ 满足。证毕。

命题2–3–3 入射 λ_i: $A_i\to\bigoplus_{j\in I}A_j$ （$i\in I$）与直和 $\bigoplus_{j\in I}A_j$ 具有泛性质，即对于任意的R-模 X 与R-模同态族 f_i: $A_i\to X$ （$i\in I$），存在唯一的R-模同态：

$$\varphi=\sum_{j\in I}f_jp_j:\ \bigoplus_{j\in I}A_j\to X,$$

上式是有限和，p_i: $\bigoplus_{j\in I}A_j\to A_i$ 是投射，且满足

$$f_i=\varphi\lambda_i，即 \begin{array}{ccc} A_i & \xrightarrow{\lambda_i} & \bigoplus_{j\in I}A_j \\ {\scriptstyle f_i}\downarrow & \swarrow{\scriptstyle \varphi} & \\ X & & \end{array}，\forall i\in I。$$

由定义1–5–2知 $\left\{\bigoplus_{i\in I}A_i,\ \{\lambda_i\}\right\}$ 是范畴${}_R\mathcal{M}$中 $\{A_i\}_{i\in I}$ 的余积：

$$\left\{\bigoplus_{i\in I}A_i,\ \{\lambda_i\}\right\}=\coprod_{i\in I}A_i。$$

证明 由式（2–3–3）有

$$\varphi\lambda_i=\sum_{j\in I}f_jp_j\lambda_i=f_i，\ \forall i\in I。$$

如果另有 φ': $\bigoplus_{j\in I}A_j\to X$ 也满足条件，则 $\varphi\lambda_i=\varphi'\lambda_i\,(\forall i\in I)$，即 $(\varphi-\varphi')\lambda_i=0\,(\forall i\in I)$，由命题2–3–1知 $\varphi=\varphi'$，即 φ 唯一。证毕。

注（命题2–3–3）

（1）由命题2–3–3和定义1–6–1知模范畴${}_R\mathcal{M}$是加法范畴。

（2）对于一般的范畴$\mathcal{C}$，取$\mathcal{C}$中对象 $A_i\,(i\in I)$，不能确定 $(A_i)_{i\in I}$ 是否为$\mathcal{C}$中的对象，所以不能这样定义余积。

定理2–3–1 设 A 与 $A_i\,(i\in I)$ 都是R-模，那么 $A\cong\bigoplus_{j\in I}A_j$ 的充分必要条件是存在R-模同态族 λ_i: $A_i\to A\,(i\in I)$，它们与 A 具有泛性质，即对于任意的R-模 X 与R-模同态

族 f_i: $A_i \to X$ $(i\in I)$，存在唯一的R-模同态 φ: $A\to X$ 使得

$$f_i=\varphi\lambda_i，即 \begin{array}{ccc} A_i & \xrightarrow{\lambda_i} & A \\ {\scriptstyle f_i}\downarrow & \swarrow{\scriptstyle \varphi} & \\ X & & \end{array}，\forall i\in I。$$

证明（方法一） 必要性：取 λ_i: $A_i\to A$ 为入射，由命题2-3-3可得。

充分性：根据 λ_i 与 A 的泛性质，对于 $\bigoplus\limits_{j\in I}A_j$ 与入射 λ_i': $A_i\to\bigoplus\limits_{j\in I}A_j$ $(i\in I)$，存在唯一的R-模同态 φ: $A\to\bigoplus\limits_{j\in I}A_j$ 满足交换图：

$$\begin{array}{ccc} A_i & \xrightarrow{\lambda_i} & A \\ {\scriptstyle \lambda_i'}\downarrow & \swarrow{\scriptstyle \varphi} & \\ \bigoplus\limits_{j\in I}A_j & & \end{array}。\tag{2-3-5}$$

令（这是有限和）

$$\psi=\sum_{j\in I}\lambda_j p_j:\ \bigoplus_{j\in I}A_j\to A,$$

其中，p_i: $\bigoplus\limits_{j\in I}A_j\to A_i$ 是投射，则由式（2-3-3）有

$$\psi\lambda_i'=\sum_{j\in I}\lambda_j p_j\lambda_i'=\lambda_i,\quad \forall i\in I,$$

即有交换图：

$$\begin{array}{ccc} A_i & & \\ {\scriptstyle \lambda_i'}\downarrow & \searrow{\scriptstyle \lambda_i} & \\ \bigoplus\limits_{j\in I}A_j & \xrightarrow{\psi} & A \end{array}。\tag{2-3-6}$$

以上两个交换图（2-3-5）与（2-3-6）合起来为

$$\begin{array}{ccccc} & & A_i & & \\ & {\scriptstyle \lambda_i}\swarrow & {\scriptstyle \lambda_i'}\downarrow & \searrow{\scriptstyle \lambda_i} & \\ A & \xrightarrow{\varphi} & \bigoplus\limits_{j\in I}A_j & \xrightarrow{\psi} & A \end{array},$$

从而有交换图：

$$\begin{array}{ccc} A_i & \xrightarrow{\lambda_i} & A \\ {\scriptstyle \lambda_i}\downarrow & \swarrow{\scriptstyle \psi\varphi} & \\ A & & \end{array},$$

即

$$\lambda_i=\psi\varphi\lambda_i,\quad \forall i\in I,$$

由命题2-3-2知 $\psi\varphi=1_A$。交换图（2-3-5）与（2-3-6）合起来还可画成

$$\begin{array}{ccccc} & & A_i & & \\ & \swarrow^{\lambda_i'} & \downarrow^{\lambda_i} & \searrow^{\lambda_i'} & \\ \bigoplus\limits_{j\in I} A_j & \xrightarrow{\psi} & A & \xrightarrow{\varphi} & \bigoplus\limits_{j\in I} A_j \end{array},$$

从而有交换图：

$$\begin{array}{ccc} A_i & \xrightarrow{\lambda_i'} & \bigoplus\limits_{j\in I} A_j \\ {\scriptstyle\lambda_i'}\downarrow & \swarrow_{\psi\varphi} & \\ \bigoplus\limits_{j\in I} A_j & & \end{array},$$

即

$$\lambda_i' = \varphi\psi\lambda_i', \quad \forall i \in I,$$

也就是

$$\left(1_{\bigoplus\limits_{j\in I} A_j} - \varphi\psi\right)\lambda_i' = 0, \quad \forall i \in I。$$

由命题2-3-1知 $\varphi\psi = 1_{\bigoplus\limits_{j\in I} A_j}$。因此 $A \cong \bigoplus\limits_{j\in I} A_j$。证毕。

证明（方法二） 必要性：取 λ_i：$A_i \to A$ 为入射，由命题2-3-3可得。

充分性：根据定义1-5-2，$\{A, \{\lambda_i\}\}$ 是 $\{A_i\}_{i\in I}$ 的余积。而由余积的唯一性知 $A \cong \bigoplus\limits_{i\in I} A_i$（定理1-5-1）。证毕。

命题2-3-4 设 p_i: $\prod\limits_{j\in I} A_j \to A_i\,(i\in I)$ 是投射，X 是 R-模，φ：$X \to \prod\limits_{j\in I} A_j$ 是 R-模同态，如果对 $\forall i \in I$ 有 $p_i\varphi = 0$，那么 $\varphi = 0$。

证明 $\forall x \in X$，设 $\varphi(x) = (a_i)$，则 $a_i = p_i\varphi(x) = 0$，从而 $\varphi(x) = 0$。证毕。

命题2-3-5 设 A 与 $A_i\,(i\in I)$ 都是 R-模，p_i：$A \to A_i\,(i\in I)$ 是 R-模同态，且具有泛性质，即对于任意的 R-模 X 与 R-模同态族 f_i：$X \to A_i\,(i\in I)$，存在唯一的 R-模同态 φ：$X \to A$ 使得

$$f_i = p_i\varphi，即 \begin{array}{ccc} A & \xrightarrow{p_i} & A_i \\ {\scriptstyle\varphi}\uparrow & \nearrow_{f_i} & \\ X & & \end{array}, \quad \forall i \in I。$$

如果 R-模同态 ψ：$A \to A$ 满足

$$p_i = p_i\psi, \quad \forall i \in I,$$

那么 $\psi = 1_A$。

证明 根据泛性质，取 X 为 A，f_i 为 p_i，则存在唯一的 R-模同态 ψ：$A \to A$ 使得

$$p_i = p_i\psi, \quad \forall i \in I。$$

显然 $\psi=1_A$ 满足。证毕。

命题2-3-6　投射 p_i: $\prod\limits_{j\in I}A_j\to A_i\ (i\in I)$ 与直积 $\prod\limits_{i\in I}A_i$ 具有泛性质，即对于任意的R-模 X 与R-模同态族 f_i: $X\to A_i\ (i\in I)$，存在唯一的R-模同态：

$$\varphi：X\to\prod_{i\in I}A_i,\quad x\mapsto\big(f_i(x)\big)$$

满足

$$f_i=p_i\varphi，即\ \begin{array}{ccc}\prod\limits_{j=I}A_j & \xrightarrow{p_i} & A_i\\ \varphi\uparrow & \nearrow f_i & \\ X & & \end{array}，\ \forall i\in I。$$

由定义1-5-1知 $\left\{\prod\limits_{i\in I}A_i,\ \{p_i\}\right\}$ 就是模范畴 ${}_R\mathcal{M}$ 中 $\{A_i\}_{i\in I}$ 的积。

证明　显然有 $f_i=p_i\varphi\ (\forall i\in I)$。如果另有 φ': $X\to\prod\limits_{j\in I}A_j$ 也满足条件，则 $p_i\varphi=p_i\varphi'$ $(\forall i\in I)$，即 $p_i(\varphi-\varphi')=0\ (\forall i\in I)$，由命题2-3-4知 $\varphi=\varphi'$，即 φ 唯一。证毕。

定理2-3-2　设 A 与 A_i $(i\in I)$ 都是R-模，那么 $A\cong\prod\limits_{j\in I}A_j$ 的充分必要条件是，存在R-模同态族 p_i: $A\to A_i$ $(i\in I)$，它们与 A 具有泛性质，即对于任意的R-模 X 与R-模同态族 f_i: $X\to A_i$ $(i\in I)$，存在唯一的R-模同态 φ: $X\to A$ 使得

$$f_i=p_i\varphi，即\ \begin{array}{ccc}A & \xrightarrow{p_i} & A_i\\ \varphi\uparrow & \nearrow f_i & \\ X & & \end{array}，\ \forall i\in I。$$

证明（方法一）　必要性：取 p_i: $A\to A_i$ 为投射，由命题2-3-6可得。

充分性：根据 p_i 与 A 的泛性质，对于 $\prod\limits_{j\in I}A_j$ 与投射 p_i': $\prod\limits_{j\in I}A_j\to A_i$ $(i\in I)$，存在唯一的R-模同态 φ: $\prod\limits_{j\in I}A_j\to A$ 满足交换图：

$$\begin{array}{ccc}A_i & \xrightarrow{p_i} & A_i\\ \varphi\uparrow & \nearrow p_i' & \\ \prod\limits_{j=I}A_i & & \end{array}。\tag{2-3-7}$$

令

$$\psi：A\to\prod_{j\in I}A_j,\quad x\mapsto\big(p_i(x)\big),$$

则

$$p_i'\psi=p_i,\quad \forall i\in I,$$

即有交换图：

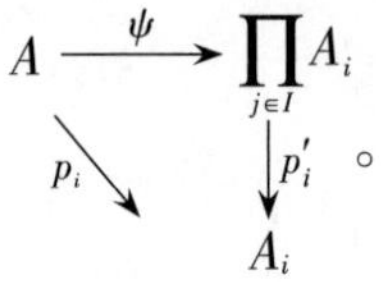

$$\begin{array}{ccc} A & \xrightarrow{\psi} & \prod_{j\in I} A_i \\ & \underset{p_i}{\searrow} & \downarrow p_i' \\ & & A_i \end{array} 。 \tag{2-3-8}$$

以上两个交换图（2-3-7）与（2-3-8）合起来为

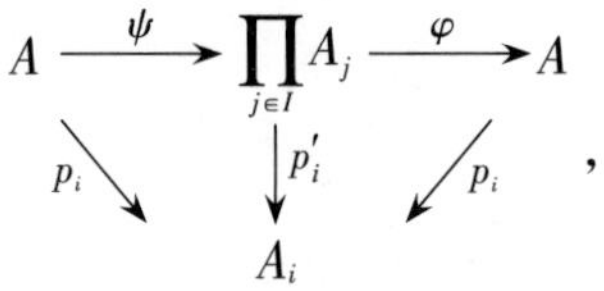

$$\begin{array}{ccccc} A & \xrightarrow{\psi} & \prod_{j\in I} A_j & \xrightarrow{\varphi} & A \\ & \underset{p_i}{\searrow} & \downarrow p_i' & \underset{p_i}{\swarrow} & \\ & & A_i & & \end{array} ,$$

从而有交换图：

$$\begin{array}{ccc} A & \xrightarrow{p_i} & A_i \\ \varphi\psi \uparrow & \nearrow p_i & \\ A & & \end{array} ,$$

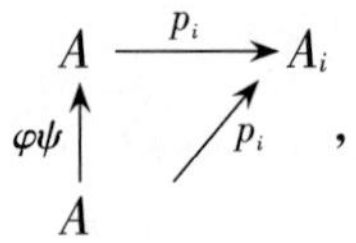

即

$$p_i = p_i\varphi\psi, \quad \forall i\in I。$$

由命题2-3-5知 $\varphi\psi = 1_A$。交换图（2-3-7）与（2-3-8）合起来还可画成

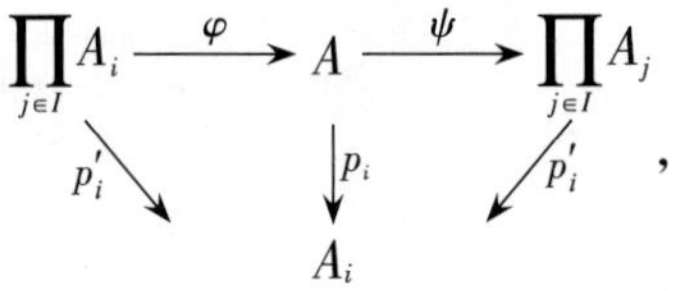

$$\begin{array}{ccccc} \prod_{j\in I} A_i & \xrightarrow{\varphi} & A & \xrightarrow{\psi} & \prod_{j\in I} A_j \\ & \underset{p_i'}{\searrow} & \downarrow p_i & \underset{p_i'}{\swarrow} & \\ & & A_i & & \end{array} ,$$

从而有交换图：

$$\begin{array}{ccc} \prod_{j\in I} A_j & \xrightarrow{p_i'} & A_i \\ \varphi\psi \uparrow & \nearrow p_i' & \\ \prod_{j\in I} A_j & & \end{array} ,$$

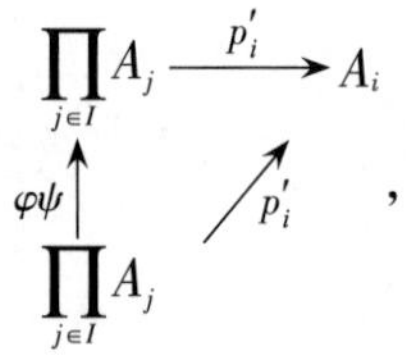

即

$$p_i' = p_i'\psi\varphi, \quad \forall i\in I,$$

也就是

$$p_i'\left(1_{\prod_{j\in I} A_j} - \psi\varphi\right) = 0, \quad \forall i\in I。$$

由命题2-3-4知 $\psi\varphi = 1_{\prod_{j\in I} A_j}$。因此 $A \cong \prod_{j\in I} A_j$。证毕。

证明（方法二） 必要性：取 p_i：$A\to A_i$ 为投射，由命题2-3-6可得。

充分性：由定义1-5-1知 $\{A, \{p_i\}\}$ 是 $\{A_i\}_{i\in I}$ 的积。由积的唯一性（定理1-5-1）

知 $A \cong \prod_{i \in I} A_i$。证毕。

定理2-3-3　设 M 与 $A_i\ (i \in I)$ 都是 R-模，则

$$\mathrm{Hom}_R(-,\ M)\left(\coprod_{i \in I} A_i\right) = \prod_{i \in I} \mathrm{Hom}_R(A_i,\ M), \tag{2-3-9}$$

$$\mathrm{Hom}_R(M,\ -)\left(\prod_{i \in I} A_i\right) = \prod_{i \in I} \mathrm{Hom}_R(M,\ A_i)。 \tag{2-3-10}$$

证明　先证式（2-3-9）。不妨取余积为模的直和，有

$$\coprod_{i \in I} A_i = \left\{A = \bigoplus_{i \in I} A_i,\ \{\lambda_i:\ A_i \to A\}\right\},$$

其中，λ_i 是入射［式（2-3-2）］，则

$$\mathrm{Hom}_R(-,\ M)\left(\coprod_{i \in I} A_i\right) = \left\{\mathrm{Hom}_R(A,\ M),\ \{\lambda_i^*\}\right\},$$

其中

$$\lambda_i^*:\ \mathrm{Hom}_R(A,\ M) \to \mathrm{Hom}_R(A_i,\ M),\quad \sigma \mapsto \sigma\lambda_i。$$

任取 R-模 X 和 R-模同态族 $\left\{f_i:\ X \to \mathrm{Hom}_R(A_i,\ M)\right\}_{i \in I}$。令

$$\varphi:\ X \to \mathrm{Hom}_R(A,\ M),\quad x \mapsto \sum_{i \in I} f_i(x) p_i,$$

其中，p_i：$A \to A_i$ 是投射［式（2-3-1）］。上式中的和是有限和。由式（2-3-3）可得

$$\varphi(x)\lambda_i = \sum_{j \in I} f_j(x) p_j \lambda_i = f_i(x),$$

也就是

$$f_i(x) = \lambda_i^* \varphi(x),$$

所以可得

$$f_i = \lambda_i^* \varphi,\ 即\quad \begin{array}{ccc} \mathrm{Hom}_R(A,\ M) & \xrightarrow{\lambda_i^*} & \mathrm{Hom}_R(A_i,\ M) \\ \varphi\uparrow & \nearrow f_i & \\ X & & \end{array}。$$

若另有 φ'：$X \to \mathrm{Hom}_R(A,\ M)$ 满足 $f_i = \lambda_i^* \varphi'$，则 $\lambda_i^* \varphi' = \lambda_i^* \varphi$。对于 $\forall x \in X$ 有 $\lambda_i^* \varphi'(x) = \lambda_i^* \varphi(x)$，也就是 $\varphi'(x)\lambda_i = \varphi(x)\lambda_i$。由命题2-3-1知 $\varphi'(x) = \varphi(x)$，所以 $\varphi' = \varphi$。由定义1-5-1知

$$\left\{\mathrm{Hom}_R(A,\ M),\ \{\lambda_i^*\}\right\} = \prod_{i \in I} \mathrm{Hom}_R(A_i,\ M)。$$

再证明式（2-3-10）。不妨取积为模的直积，有

$$\prod_{i\in I}A_i=\{A,\ \{p_i:\ A\to A_i\}\},$$

其中，p_i 是投射［式（2-3-1）］，则

$$\mathrm{Hom}_R(M,\ -)\left(\prod_{i\in I}A_i\right)=\{\mathrm{Hom}_R(M,\ A),\ \{p_{i*}\}\},$$

其中

$$p_{i*}:\ \mathrm{Hom}_R(M,\ A)\to\mathrm{Hom}_R(M,\ A_i),\quad \sigma\mapsto p_i\sigma。$$

任取R-模 X 和R-模同态族$\{f_i:\ X\to\mathrm{Hom}_R(M,\ A_i)\}_{i\in I}$。对于$\forall x\in X$，记

$$\varphi(x):\ M\to A,\quad m\mapsto\left(f_i(x)(m)\right)_{i\in I},$$

令

$$\varphi:\ X\to\mathrm{Hom}_R(M,\ A),\quad x\mapsto\varphi(x)。$$

显然

$$p_i\varphi(x)=f_i(x),$$

也就是

$$f_i(x)=p_{i*}\varphi(x),$$

所以可得

$$f_i=p_{i*}\varphi，即\quad \begin{array}{ccc}\mathrm{Hom}_R(M,\ A) & \xrightarrow{p_{i*}} & \mathrm{Hom}_R(M,\ A_i)\\ \varphi\uparrow & \nearrow f_i & \\ X & & \end{array}。$$

若另有 φ'：$X\to\mathrm{Hom}_R(A,\ M)$ 满足 $f_i=p_{i*}\varphi'$，则 $p_{i*}\varphi'=p_{i*}\varphi$。对于 $\forall x\in X$ 有 $p_{i*}\varphi'(x)=p_{i*}\varphi(x)$，也就是 $p_i\varphi'(x)=p_i\varphi(x)$。由命题2-3-4知 $\varphi'(x)=\varphi(x)$，所以 $\varphi'=\varphi$。由定义1-5-1知

$$\{\mathrm{Hom}_R(M,\ A),\ \{p_{i*}\}\}=\prod_{i\in I}\mathrm{Hom}_R(M,\ A_i)。$$

证毕。

定理2-3-3′ 设 A 与 $A_i\ (i\in I)$ 都是R-模，则有群同构：

$$\mathrm{Hom}_R\left(\bigoplus_{i\in I}A_i,\ A\right)\cong\prod_{i\in I}\mathrm{Hom}_R(A_i,\ A),\tag{2-3-9′}$$

$$\mathrm{Hom}_R\left(A,\ \prod_{i\in I}A_i\right)\cong\prod_{i\in I}\mathrm{Hom}_R(A,\ A_i)。\tag{2-3-10′}$$

同构映射为

$$\sigma: \operatorname{Hom}\left(\bigoplus_{i\in I}A_i, A\right)\to\prod_{i\in I}\operatorname{Hom}(A_i, A),\ \varphi\mapsto(\varphi\lambda_i)_{i\in I}, \tag{2-3-11}$$

$$\sigma': \operatorname{Hom}\left(A, \prod_{i\in I}A_i\right)\to\prod_{i\in I}\operatorname{Hom}(A, A_i),\ \varphi\mapsto(p_i\varphi)_{i\in I}。 \tag{2-3-12}$$

证明　先证式（2-3-9′）。设 $\varphi\in\operatorname{Hom}\left(\bigoplus_{i\in I}A_i, A\right)$，令 $\lambda_i: A_i\to\bigoplus_{j\in I}A_j$ （$i\in I$）是入射，则有交换图：

$$\begin{array}{ccc} A_i & \xrightarrow{\lambda_i} & \bigoplus_{j\in I}A_j \\ {\scriptstyle\varphi\lambda_i}\downarrow & \swarrow{\scriptstyle\varphi} & \\ A & & \end{array}。$$

有 R-模同态：

$$\sigma: \operatorname{Hom}\left(\bigoplus_{i\in I}A_i, A\right)\to\prod_{i\in I}\operatorname{Hom}(A_i, A),\ \varphi\mapsto(\varphi\lambda_i)_{i\in I}。$$

设 $\varphi\in\ker\sigma$，即 $\varphi\lambda_i=0\ (\forall i\in I)$，上面的交换图为

$$\begin{array}{ccc} A_i & \xrightarrow{\lambda_i} & \bigoplus_{j\in I}A_j \\ {\scriptstyle 0}\downarrow & \swarrow{\scriptstyle\varphi} & \\ A & & \end{array}。$$

显然 $\varphi=0$ 满足上图，根据命题2-3-3可知，φ 是唯一的，所以 $\varphi=0$，表明 $\ker\sigma=0$，即 σ 单。

设 $(f_i)_{i\in I}\in\prod_{i\in I}\operatorname{Hom}(A_i, A)$，根据命题2-3-3可知，存在 $\varphi: \bigoplus_{j\in I}A_j\to A$ 满足

$$\begin{array}{ccc} A_i & \xrightarrow{\lambda_i} & \bigoplus_{j\in I}A_j \\ {\scriptstyle f_i}\downarrow & \swarrow{\scriptstyle\varphi} & \\ A & & \end{array},$$

即 $(f_i)_{i\in I}=(\varphi\lambda_i)_{i\in I}=\sigma(\varphi)$，表明 σ 满。所以 σ 是同构，即式（2-3-9′）成立。

再证式（2-3-10′）。设 $\varphi\in\operatorname{Hom}\left(A, \prod_{i\in I}A_i\right)$，令 $p_i: \prod_{j\in I}A_j\to A_i\ (i\in I)$ 是投射，则有交换图：

$$\begin{array}{ccc} \prod_{j\in I}A_j & \xrightarrow{p_i} & A_i \\ {\scriptstyle\varphi}\uparrow & \nearrow{\scriptstyle p_i\varphi} & \\ A & & \end{array}。$$

有 R-模同态：

$$\sigma': \operatorname{Hom}\left(A, \prod_{i\in I}A_i\right)\to\prod_{i\in I}\operatorname{Hom}(A, A_i),\ \varphi\mapsto(p_i\varphi)_{i\in I}。$$

设 $\varphi \in \ker \sigma$，即 $p_i \varphi = 0\ (\forall i \in I)$，上面的交换图为

$$\begin{array}{ccc} \prod\limits_{j \in I} A_j & \xrightarrow{p_i} & A_i \\ \uparrow{\scriptstyle \varphi} & \nearrow{\scriptstyle 0} & \\ A & & \end{array}。$$

显然 $\varphi = 0$ 满足上图。根据命题2-3-6可知，φ 是唯一的，所以 $\varphi = 0$，表明 $\ker \sigma = 0$，即 σ 单。

设 $(f_i) \in \prod\limits_{i \in I} \mathrm{Hom}(A,\ A_i)$，根据命题2-3-6可知，存在 φ：$A \to \prod\limits_{j \in I} A_j$ 满足

$$\begin{array}{ccc} \prod\limits_{j \in I} A_j & \xrightarrow{p_i} & A_i \\ \uparrow{\scriptstyle \varphi} & \nearrow{\scriptstyle f_i} & \\ A & & \end{array},$$

即 $(f_i) = (p_i \varphi) = \sigma(\varphi)$，表明 σ 满。所以 σ 是同构，即式（2-3-10′）成立。证毕。

命题2-3-7 有群同构：

$$\sigma：\mathrm{Hom}\left(\bigoplus_{i=1}^{n} A_i,\ A\right) \to \bigoplus_{i=1}^{n} \mathrm{Hom}(A_i,\ A),\ \varphi \mapsto (\varphi \lambda_i)_{i=1}^{n},$$

$$\tau = \sigma^{-1}:\ \bigoplus_{i=1}^{n} \mathrm{Hom}(A_i,\ A) \to \mathrm{Hom}\left(\bigoplus_{i=1}^{n} A_i,\ A\right),\ (f_i)_{i=1}^{n} \mapsto \sum_{i=1}^{n} f_i p_i,$$

其中，λ_i：$A_i \to \bigoplus\limits_{j=1}^{n} A_j$ 是入射，p_i：$\bigoplus\limits_{j=1}^{n} A_j \to A_i$ 是投射。

证明 对于有限个模，直和与直积是一回事。由定理2-3-3′知 σ 是同构［式（2-3-11）］。由式（2-3-4）和式（2-3-3）有

$$\tau\sigma(\varphi) = \tau\left((\varphi \lambda_i)_{i=1}^{n}\right) = \sum_{i=1}^{n} \varphi \lambda_i p_i = \varphi,$$

$$\sigma\tau\left((f_i)_{i=1}^{n}\right) = \sigma\left(\sum_{i=1}^{n} f_i p_i\right) = \left(\sum_{i=1}^{n} f_i p_i \lambda_j\right)_{j=1}^{n} = (f_j)_{j=1}^{n},$$

即 $\tau\sigma = 1$，$\sigma\tau = 1$，所以 $\tau = \sigma^{-1}$。证毕。

命题2-3-8 设 $\{p_n\}$ 是所有素数的集合，$f \in \mathrm{Hom}_Z(Z_{p_n},\ Z_{p_m})$，那么有

$$f \neq 0 \Rightarrow p_n = p_m。$$

证明 设 $f(\bar{1}) = \bar{k} \neq \bar{0}$，则 $p_m \nmid k$。有

$$\bar{0} = f(\bar{0}) = f(\overline{p_n}) = f(p_n \bar{1}) = p_n f(\bar{1}) = p_n \bar{k} = \overline{p_n k},$$

所以 $p_m | p_n k$，从而 $p_m | p_n$。而 p_n 与 p_m 都是素数，所以 $p_n = p_m$。证毕。

命题2-3-9 设 $\{p_n\}$ 是所有素数的集合，则

$$\mathrm{Hom}_Z\left(Z_{p_n},\ Z_{p_m}\right)=\begin{cases}Z_{p_n},\ m=n\\0,\ m\neq n\end{cases}。$$

证明　当$m\neq n$时，由命题2-3-8知$\mathrm{Hom}_Z\left(Z_{p_n},\ Z_{p_m}\right)=0$。设$m=n$，有同态：

$$\varphi:\ \mathrm{Hom}_Z\left(Z_{p_n},\ Z_{p_n}\right)\to Z_{p_n},\quad f\mapsto f(\bar{1})。$$

由于$f(\bar{k})=f(k\bar{1})=kf(\bar{1})$，所以$f\in\ker\varphi\Leftrightarrow f(\bar{1})=\bar{0}\Leftrightarrow f=0$，即$\ker\varphi=0$，表明$\varphi$单。对$\forall\bar{s}\in Z_{p_n}$，令$f(\bar{k})=k\bar{s}$（与代表元$k$的选择无关），则$\varphi(f)=\bar{s}$，即$\varphi$满。表明$\mathrm{Hom}_Z\left(Z_{p_n},\ Z_{p_n}\right)\cong Z_{p_n}$。证毕。

命题2-3-10　设$\{p_n\}$是所有素数的集合，则

$$\mathrm{Hom}_Z\left(Z,\ \bigoplus_i Z_{p_i}\right)\ncong\prod_i\mathrm{Hom}_Z\left(Z,\ Z_{p_i}\right),\tag{2-3-13}$$

$$\mathrm{Hom}_Z\left(\bigoplus_j Z_{p_j},\ \prod_i Z_{p_i}\right)\ncong\bigoplus_i\mathrm{Hom}_Z\left(\bigoplus_j Z_{p_j},\ Z_{p_i}\right)。\tag{2-3-14}$$

证明　由定理2-2-1知

$$\mathrm{Hom}_Z\left(Z,\ \bigoplus_i Z_{p_i}\right)\cong\bigoplus_i Z_{p_i},\quad\prod_i\mathrm{Hom}_Z\left(Z,\ Z_{p_i}\right)\cong\prod_i Z_{p_i}。$$

显然$\bigoplus_i Z_{p_i}\ncong\prod_i Z_{p_i}$，所以式（2-3-13）成立。

由定理2-3-3′中的式（2-3-9′）可得

$$\mathrm{Hom}_Z\left(\bigoplus_j Z_{p_j},\ \prod_i Z_{p_i}\right)\cong\prod_j\mathrm{Hom}_Z\left(Z_{p_j},\ \prod_i Z_{p_i}\right),$$

再由式（2-3-10′）知

$$上式\cong\prod_j\prod_i\mathrm{Hom}_Z\left(Z_{p_j},\ Z_{p_i}\right),$$

由命题2-3-9知

$$上式\cong\prod_j\mathrm{Hom}_Z\left(Z_{p_j},\ Z_{p_j}\right)\cong\prod_j Z_{p_j},$$

即有

$$\mathrm{Hom}_Z\left(\bigoplus_j Z_{p_j},\ \prod_i Z_{p_i}\right)\cong\prod_j Z_{p_j}。\tag{2-3-15}$$

由定理2-3-3′中的式（2-3-9′）可得

$$\bigoplus_i\mathrm{Hom}_Z\left(\bigoplus_j Z_{p_j},\ Z_{p_i}\right)\cong\bigoplus_i\prod_j\mathrm{Hom}_Z\left(Z_{p_j},\ Z_{p_i}\right),$$

由命题2-3-9知

$$上式\cong\bigoplus_i\mathrm{Hom}_Z\left(Z_{p_i},\ Z_{p_i}\right)\cong\bigoplus_i Z_{p_i},$$

即有

$$\bigoplus_i \mathrm{Hom}_Z\left(\bigoplus_j Z_{p_j},\ Z_{p_i}\right) \cong \bigoplus_i Z_{p_i}。 \tag{2-3-16}$$

由于$\bigoplus_i Z_{p_i} \cong \prod_i Z_{p_i}$，对比式（2-3-15）和式（2-3-16），可知式（2-3-14）成立。证毕。

定理2-3-4 若A是右R-模，B_i（$i \in I$）是左R-模，则

$$(A \otimes_R -)\left(\coprod_{i \in I} B_i\right) = \coprod_{i \in I}(A \otimes_R B_i)。$$

若$A_i\,(i \in I)$是右R-模，B是左R-模，则

$$(- \otimes_R B)\left(\coprod_{i \in I} A_i\right) = \coprod_{i \in I}(A_i \otimes_R B)。$$

这里$\coprod$表示余积。

证明 只证第一式。记

$$\coprod_{i \in I} B_i = \left\{B = \bigoplus_{i \in I} B_i,\ \{\lambda_i\}\right\},$$

其中，λ_i：$B_i \to B$是入射［式（2-3-2）］。则

$$(A \otimes_R -)\left(\coprod_{i \in I} B_i\right) = \left\{A \otimes_R B,\ \{1 \otimes \lambda_i\}\right\}。$$

任取交换群X和同态族$\{f_i\text{：}A \otimes_R B_i \to X\}$，令

$$\varphi\text{：}A \otimes_R B \to X,\quad a \otimes (b_i)_{i \in I} \mapsto \sum_{i \in I} f_i(a \otimes b_i),$$

式中$(b_i)_{i \in I} \in B = \bigoplus_{i \in I} B_i$，所以求和式是有限和。有

$$\varphi(1 \otimes \lambda_i)(a \otimes b_i) = \varphi\left(a \otimes \lambda_i(b_i)\right) = \varphi\left(a \otimes (\cdots,\ 0,\ b_i,\ 0,\ \cdots)\right) = f_i(a \otimes b_i),$$

所以可得

$$f_i = \varphi(1 \otimes \lambda_i),\ \text{即}\ \begin{array}{ccc} A \otimes_R B_i & \xrightarrow{1 \otimes \lambda_i} & A \otimes_R B \\ {\scriptstyle f_i}\downarrow & \swarrow {\scriptstyle \varphi} & \\ X & & \end{array}。$$

若另有同态φ'：$A \otimes_R B \to X$使得$f_i = \varphi'(1 \otimes \lambda_i)$，则

$$\varphi'\left(a \otimes (\cdots,\ 0,\ b_i,\ 0,\ \cdots)\right) = \varphi'(1 \otimes \lambda_i)(a \otimes b_i) = f_i(a \otimes b_i),$$

由于φ'是同态，所以可得

$$\begin{aligned} \varphi'\left(a \otimes (b_i)_{i \in I}\right) &= \varphi'\left(\sum_{i \in I} a \otimes (\cdots,\ 0,\ b_i,\ 0,\ \cdots)\right) \\ &= \sum_{i \in I} \varphi'\left(a \otimes (\cdots,\ 0,\ b_i,\ 0,\ \cdots)\right) \\ &= \sum_{i \in I} f_i(a \otimes b_i) = \varphi\left(a \otimes (b_i)_{i \in I}\right), \end{aligned}$$

即 $\varphi'=\varphi$，表明满足 $f_i=\varphi(1\otimes\lambda_i)$ 的 φ 是唯一的，因此

$$\{A\otimes_R B,\ \{1\otimes\lambda_i\}\}=\coprod_{i\in I}(A\otimes_R B_i)。$$

证毕。

定理2-3-4′

（1）若 A 是右 R-模，$B_i\ (i\in I)$ 是左 R-模，则有群同构：

$$A\otimes_R\Big(\bigoplus_{i\in I}B_i\Big)\cong\bigoplus_{i\in I}(A\otimes_R B_i),$$

同构映射（λ_i'：$B_i\to\bigoplus_{i\in I}B_i$ 是入射）：

$$\varphi:\ \bigoplus_{i\in I}(A\otimes_R B_i)\to A\otimes_R\Big(\bigoplus_{i\in I}B_i\Big),\ (a_i\otimes b_i)_{i\in I}\mapsto\sum_{i\in I}a_i\otimes\lambda_i'(b_i),\tag{2-3-17}$$

$$\psi=\varphi^{-1}:\ A\otimes_R\Big(\bigoplus_{i\in I}B_i\Big)\to\bigoplus_{i\in I}(A\otimes_R B_i),\ a\otimes(b_i)_{i\in I}\mapsto(a\otimes b_i)_{i\in I}。\tag{2-3-18}$$

（2）若 $A_i\ (i\in I)$ 是右 R-模，B 是左 R-模，则有群同构：

$$\Big(\bigoplus_{i\in I}A_i\Big)\otimes_R B\cong\bigoplus_{i\in I}(A_i\otimes_R B),$$

同构映射（λ_i：$A_i\to\bigoplus_{i\in I}A_i$ 是入射）：

$$\varphi:\ \bigoplus_{i\in I}(A_i\otimes_R B)\to\Big(\bigoplus_{i\in I}A_i\Big)\otimes_R B,\ (a_i\otimes b_i)_{i\in I}\mapsto\sum_{i\in I}\lambda_i(a_i)\otimes b_i,\tag{2-3-17′}$$

$$\psi=\varphi^{-1}:\ \Big(\bigoplus_{i\in I}A_i\Big)\otimes_R B\cong\bigoplus_{i\in I}(A_i\otimes_R B),\ (a_i)_{i\in I}\otimes b\mapsto(a_i\otimes b)_{i\in I}。\tag{2-3-18′}$$

证明　只需证（1）。记入射：

$$\lambda_i:\ A\otimes_R B_i\to\bigoplus_{j\in I}(A\otimes_R B_j),\quad \lambda_i':\ B_i\to\bigoplus_{j\in I}B_j,\quad i\in I。$$

根据命题2-3-3可知，存在群同态（即 Z-模同态）φ：$\bigoplus_{i\in I}(A\otimes_R B_i)\to A\otimes_R\Big(\bigoplus_{i\in I}B_i\Big)$ 满足

$$\begin{array}{ccc} A\otimes_R B_i & \xrightarrow{\lambda_i} & \bigoplus_{i\in I}(A\otimes_R B_i) \\ {\scriptstyle 1\otimes\lambda_i'}\downarrow & \swarrow{\scriptstyle\varphi} & \\ A\otimes_R\Big(\bigoplus_{i\in I}B_i\Big) & & \end{array},$$

有［即式（2-3-17），它是有限和］

$$\varphi\big((a_i\otimes b_i)_{i\in I}\big)=\varphi\Big(\sum_{i\in I}\lambda_i(a_i\otimes b_i)\Big)=\sum_{i\in I}\varphi\lambda_i(a_i\otimes b_i)=\sum_{i\in I}(1\otimes\lambda_i')(a_i\otimes b_i)$$

$$=\sum_{i\in I}a_i\otimes\lambda_i'(b_i)。$$

记张量积 $A\otimes_R\Big(\bigoplus_{i\in I}B_i\Big)$ 对应的 R-双加映射：

$$t:\ A\times\Big(\bigoplus_{i\in I}B_i\Big)\to A\otimes_R\Big(\bigoplus_{i\in I}B_i\Big),\ \big(a,\ (b_i)_{i\in I}\big)\mapsto a\otimes(b_i)_{i\in I}。$$

令

$$f: A\times\left(\bigoplus_{i\in I}B_i\right)\to\bigoplus_{i\in I}\left(A\otimes_R B_i\right),\ \left(a,\ (b_i)_{i\in I}\right)\mapsto\left(a\otimes b_i\right)_{i\in I},$$

显然它是R-双加映射。根据t和$A\otimes_R\left(\bigoplus_{i\in I}B_i\right)$的泛性质，存在群同态$\psi$：$A\otimes_R\left(\bigoplus_{i\in I}B_i\right)\to\bigoplus_{i\in I}\left(A\otimes_R B_i\right)$满足

$$\begin{array}{ccc} A\times\left(\bigoplus_{i\in I}B_i\right) & \xrightarrow{t} & A\otimes_R\left(\bigoplus_{i\in I}B_i\right) \\ f\downarrow & \swarrow\psi & \\ \bigoplus_{i\in I}\left(A\otimes_R B_i\right) & & \end{array},$$

有［即式（2–3–18）］

$$\psi\left(a\otimes(b_i)_{i\in I}\right)=\psi t\left(a,\ (b_i)_{i\in I}\right)=f\left(a,\ (b_i)_{i\in I}\right)=\left(a\otimes b_i\right)_{i\in I}。$$

由式（2–3–17）和式（2–3–18）可得

$$\varphi\psi\left(a\otimes(b_i)_{i\in I}\right)=\varphi\left(\left(a\otimes b_i\right)_{i\in I}\right)=\sum_{i\in I}a\otimes\lambda_i'(b_i)=a\otimes\sum_{i\in I}\lambda_i'(b_i)=a\otimes(b_i)_{i\in I},$$

而$a\otimes(b_i)_{i\in I}$是$A\otimes_R\left(\bigoplus_{i\in I}B_i\right)$的生成元，所以$\varphi\psi=1_{A\otimes_R\left(\bigoplus_{i\in I}B_i\right)}$（命题2–1–26）。又有

$$\psi\varphi\left(\left(a_i\otimes b_i\right)_{i\in I}\right)=\psi\left(\sum_{i\in I}a_i\otimes\lambda_i'(b_i)\right)=\sum_{i\in I}\psi\left(a_i\otimes\lambda_i'(b_i)\right)=\sum_{i\in I}\psi\left(a_i\otimes(\cdots,\ 0,\ b_i 0,\ \cdots)\right)$$

$$=\sum_{i\in I}(\cdots,\ 0,\ a_i\otimes b_i 0,\ \cdots)=\left(a_i\otimes b_i\right)_{i\in I},$$

而$\left(a_i\otimes b_i\right)_{i\in I}$是$\bigoplus_{i\in I}\left(A\otimes_R B_i\right)$的生成元，所以$\psi\varphi=1_{\bigoplus_{i\in I}(A\otimes_R B_i)}$（命题2–1–26），表明$\varphi$和$\psi$是同构。证毕。

定理2–3–5 若A是S-R双模（或右R-模），$B_i\ (i\in I)$是左R-模（或R-S双模），则有左（或右）S-模同构：

$$A\otimes_R\left(\bigoplus_{i\in I}B_i\right)\cong\bigoplus_{i\in I}\left(A\otimes_R B_i\right)。\tag{2–3–19}$$

类似有

$$\left(\bigoplus_{i\in I}A_i\right)\otimes_R B\cong\bigoplus_{i\in I}\left(A_i\otimes_R B\right)。\tag{2–3–20}$$

从而，若$A_i\ (i\in I)$是S-R双模（或右R-模），$B_j\ (j\in J)$是左R-模（或R-S双模），则有左（或右）S-模同构：

$$\left(\bigoplus_{i\in I}A_i\right)\otimes_R\left(\bigoplus_{j\in J}B_j\right)\cong\bigoplus_{i\in I,\ j\in I}\left(A_i\otimes_R B_j\right)。\tag{2–3–21}$$

命题2–3–11 设p是素数，则$Q\otimes_Z Z_{p^i}=0$，$Q\otimes_Z\prod_i Z_{p^i}\neq 0$，所以$\bigoplus_i\left(Q\otimes_Z Z_{p^i}\right)\ncong Q\otimes_Z\prod_i Z_{p^i}$。

证明　设 $\frac{r}{s}\otimes\bar{b}\in Q\otimes_Z Z_{p^i}$，则由 Z-双加性可得

$$\frac{r}{s}\otimes\bar{b}=\frac{rp^i}{sp^i}\otimes\bar{b}=\frac{r}{sp^i}\otimes p^i\bar{b},$$

而 $p^i\bar{b}=\overline{p^ib}=\bar{0}$，所以 $\frac{r}{s}\otimes\bar{b}=0$，因此 $Q\otimes_Z Z_{p^i}=0$。证毕。

注（命题2-3-11）　命题2-3-11表明，由 $a\otimes b=0$ 一般不能得出 $a=0$ 或 $b=0$。

定义2-3-2　设有映射 f_i：$A_i\to B_i\,(i\in I)$，定义

$$\bigoplus_{i\in I}f_i:\ \bigoplus_{i\in I}A_i\to\bigoplus_{i\in I}B_i,\quad (a_i)_{i\in I}\mapsto\left(f_i(a_i)\right)_{i\in I}。$$

命题2-3-12　记入射 λ_i：$A_i\to\bigoplus_{i\in I}A_i$，$\lambda_i'$：$A_i'\to\bigoplus_{i\in I}A_i'$，同态 f_i：$A_i\to A_i'$，则

$$\left(\bigoplus_{i\in I}f_i\right)\lambda_i=\lambda_i'f_i,\ \text{即}\ \begin{array}{ccc}A_i & \xrightarrow{\lambda_i} & \bigoplus_{i\in I}A_i\\ {\scriptstyle f_i}\downarrow & & \downarrow{\scriptstyle \bigoplus_{i\in I}f_i}\\ A_i' & \xrightarrow{\lambda_i'} & \bigoplus_{i\in I}A_i'\end{array}。$$

证明　对于 $a_i\in A_i$，有

$$\left(\bigoplus_{i\in I}f_i\right)\lambda_i(a_i)=\left(\bigoplus_{i\in I}f_i\right)(\cdots,\ 0,\ a_i,\ 0,\ \cdots)=(\cdots,\ 0,\ f_i(a_i),\ 0,\ \cdots)=\lambda_i'f_i(a_i)。$$

证毕。

命题2-3-13　设有同态 f_i：$A_i\to B_i$（$i\in I$），则

$$\operatorname{Im}\left(\prod_{i\in I}f_i\right)=\prod_{i\in I}\operatorname{Im}f_i,\ \ker\left(\prod_{i\in I}f_i\right)=\prod_{i\in I}\ker f_i,$$

$$\operatorname{Im}\left(\bigoplus_{i\in I}f_i\right)=\bigoplus_{i\in I}\operatorname{Im}f_i,\quad \ker\left(\bigoplus_{i\in I}f_i\right)=\bigoplus_{i\in I}\ker f_i。$$

证明　有

$$\begin{aligned}(b_i)_{i\in I}\in\operatorname{Im}\left(\prod_{i\in I}f_i\right)&\Leftrightarrow\left(\exists(a_i)_{i\in I}\in\prod_{i\in I}A_i,\ (b_i)_{i\in I}=\left(\prod_{i\in I}f_i\right)\left((a_i)_{i\in I}\right)=\left(f_i(a_i)\right)_{i\in I}\right)\\&\Leftrightarrow\left(\forall i\in I,\ \exists a_i\in A_i,\ b_i=f_i(a_i)\right)\\&\Leftrightarrow\left(\forall i\in I,\ b_i\in\operatorname{Im}f_i\right)\\&\Leftrightarrow(b_i)_{i\in I}\in\prod_{i\in I}\operatorname{Im}f_i,\end{aligned}$$

又有

$$\begin{aligned}(a_i)_{i\in I}\in\ker\left(\prod_{i\in I}f_i\right)&\Leftrightarrow\left(\prod_{i\in I}f_i\right)(a_i)_{i\in I}=0\Leftrightarrow\left(f_i(a_i)\right)_{i\in I}=0\\&\Leftrightarrow\left(\forall i\in I,\ f_i(a_i)=0\right)\Leftrightarrow\left(\forall i\in I,\ a_i\in\ker f_i\right)\\&\Leftrightarrow(a_i)_{i\in I}\in\prod_{i\in I}\ker f_i。\end{aligned}$$

证毕。

命题2-3-14 设M，M_1，M_2都是R-模，那么$M\cong M_1\oplus M_2$的充分必要条件是，存在R-模同态λ_i：$M_i\to M$，π_i：$M\to M_i$（i=1，2），使得

$$\pi_1\lambda_1=1_{M_1},\quad \pi_2\lambda_2=1_{M_2},\quad \pi_1\lambda_2=0,\quad \pi_2\lambda_1=0,\quad \lambda_1\pi_1+\lambda_2\pi_2=1_M。$$

证明 必要性：令λ_i：$M_i\to M$是入射，π_i：$M\to M_i$是投射即可。

充分性：任取R-模X与R-模同态f_i：$M_i\to X$（$i=1$，2），令

$$\varphi=f_1\pi_1+f_2\pi_2:\ M\to X,$$

则

$$\varphi\lambda_1=f_1\pi_1\lambda_1+f_2\pi_2\lambda_1=f_1,\quad \varphi\lambda_2=f_1\pi_1\lambda_2+f_2\pi_2\lambda_2=f_2,$$

也就是

$$f_i=\varphi\lambda_i，即\ \begin{array}{ccc} M_i & \xrightarrow{\lambda_i} & M \\ {\scriptstyle f_i}\downarrow & \swarrow{\scriptstyle\varphi} & \\ X & & \end{array}，\ i=1，2。$$

若另有φ'：$M\to X$使得$f_i=\varphi'\lambda_i$，则$\varphi'\lambda_i=\varphi\lambda_i$，于是

$$\varphi'=\varphi'1_M=\varphi'(\lambda_1\pi_1+\lambda_2\pi_2)=\varphi(\lambda_1\pi_1+\varphi\lambda_2\pi_2)=\varphi 1_M=\varphi。$$

由定理2-3-1知$M\cong M_1\oplus M_2$。证毕。

命题2-3-15 设$\{M_i\}_{i\in I}$是一组R-模，M是它们的直和：

$$M=\bigoplus_{i\in I}M_i=\left\{(\cdots,\ 0,\ x_{i_1},\ \cdots,\ x_{i_k},\ 0,\ \cdots)\middle|x_{i_1}\in M_{i_1},\ \cdots,\ x_{i_k}\in M_{i_k}\right\}。$$

记

$$\tilde{M}_i=\left\{(\cdots,\ 0,\ x_i,\ 0,\ \cdots)\in M\middle|x_i\in M_i\right\},$$

那么$\tilde{M}_i$（$i\in I$）是M的子模，且满足以下条件。

（1）$M=\sum_{i\in I}\tilde{M}_i$。

（2）$\forall i\in I$，$\tilde{M}_i\cap\left(\sum_{j\in I,\ j\neq i}\tilde{M}_j\right)=0$（蕴含$\tilde{M}_i\cap\tilde{M}_j=0$，$i\neq j$）。

有典范同构：

$$\varphi_i:\ M_i\to\tilde{M}_i,\quad x_i\mapsto(\cdots,\ 0,\ x_i,\ 0,\ \cdots)。$$

如果把$\tilde{M}_i$与M_i等同，那么M中的任意元素：

$$x=(\cdots,\ 0,\ x_1,\ \cdots,\ x_n,\ 0,\ \cdots)=\sum_{i\in I}(\cdots,\ 0,\ x_i,\ 0,\ \cdots)$$

可写成（注意这里的和是“形式和”，只起连接作用）

$$x=\sum_{i\in I}x_i。$$

这个分解式显然是唯一的。

命题2-3-16　内直和（inner direct sum） 设 M_i（$i\in I$）是 R-模 M 的子模，如果存在以下条件：

（1）$M=\sum_{i\in I}M_i$；

（2）$\forall i\in I$，$M_i\cap\left(\sum_{j\in I,\ j\neq i}M_j\right)=0$（蕴含 $M_i\cap M_j=0$，$i\neq j$）。

那么

$$M\cong\bigoplus_{i\in I}M_i,$$

且 $\forall x\in M$ 有唯一分解式：

$$x=\sum_{i\in I}x_i,\quad x_i\in M_i。$$

此时说 M 是 $M_i\,(i\in I)$ 的内直和，称 M_i 是 M 的直和项（direct summand），也可记为 $M=\bigoplus_{i\in I}M_i$。

证明　有同态：

$$\varphi:\ \bigoplus_{i\in I}M_i\to M,\ (\cdots,\ 0,\ x_1,\ \cdots,\ x_k,\ 0,\ \cdots)\mapsto\sum_{i=1}^{k}x_i。$$

条件（1）表明 φ 是满同态。由条件（2）可得

$$\begin{aligned}x=(\cdots,\ 0,\ x_1,\ \cdots,\ x_k,\ 0,\ \cdots)\in\ker\varphi\Leftrightarrow\sum_{j=1}^{k}x_j=0&\\ \Rightarrow\left(\forall i,\ x_i=-\sum_{\substack{j=1\\ j\neq i}}^{k}x_j\in M_i\cap\left(\sum_{j\in I,\ j\neq i}M_j\right)\right)&\\ \Rightarrow(\forall i,\ x_i=0)\Rightarrow x=0,&\end{aligned}$$

表明 $\ker\varphi=0$，因而 φ 是单同态。所以 φ 是同构。这表明 $\forall x\in M$ 有唯一分解式。证毕。

注（命题2-3-16） 命题2-3-15和命题2-3-16表明直和与内直和是等价的。

命题2-3-17　设 I 是 R 的理想，$M_j\ (j\in J)$ 是 R-模，那么有

$$I\left(\bigoplus_{j\in J}M_j\right)=\bigoplus_{j\in J}(IM_j)。$$

命题2-3-18　$M\oplus N$ 是有限生成的 $\Leftrightarrow M$ 和 N 都是有限生成的。

证明　记 $L=M\oplus N$。

$\Rightarrow$：设 $(m_1,\ n_1)$，$\cdots$，$(m_k,\ n_k)$ 生成 L，则对于 $\forall m\in M$，$\forall n\in N$，有

$$(m,\ n)=\sum_{i=1}^{k}(m_i,\ n_i),$$

即

$$m=\sum_{i=1}^{k}m_i,\quad n=\sum_{i=1}^{k}n_i。$$

表明 $m_1,\cdots,m_k$ 生成 M，$n_1,\cdots,n_k$ 生成 N。

$\Leftarrow$：设 $m_1,\cdots,m_k$ 生成 M，$n_1,\cdots,n_l$ 生成 N，则 $\forall(m,n)\in L$，有

$$(m,n)=(m,0)+(0,n)=\sum_{i=1}^{k}a_i(m_i,0)+\sum_{j=1}^{l}a_j'(0,n_j)。$$

即 $\{(m_i,0),(0,n_j)\}_{1\leqslant i\leqslant k,\ 1\leqslant j\leqslant l}$ 生成 L。证毕。

命题 2-3-19 设 M_i 是 R-模，M_i' 是 M_i 的子模，则有 R-模同构：

$$\bigoplus_{i\in I}(M_i/M_i')\cong\left(\bigoplus_{i\in I}M_i\right)/\left(\bigoplus_{i\in I}M_i'\right),$$

$$\prod_{i\in I}(M_i/M_i')\cong\left(\prod_{i\in I}M_i\right)/\left(\prod_{i\in I}M_i'\right)。$$

证明 有满同态：

$$\varphi:\ \bigoplus_{i\in I}M_i\to\bigoplus_{i\in I}(M_i/M_i'),\quad (x_i)_{i\in I}\mapsto(x_i+M_i')_{i\in I}。$$

有

$$(x_i)_{i\in I}\in\ker\varphi\Leftrightarrow(x_i+M_i')_{i\in I}=0\Leftrightarrow x_i\in M_i'\Leftrightarrow(x_i)_{i\in I}\in\bigoplus_{i\in I}M_i',$$

即 $\ker\varphi=\bigoplus_{i\in I}M_i'$。由定理 2-1-1（模同态基本定理）可得第一式。第二式类似可证。证毕。

命题 2-3-20 $(A\oplus B)/A=(A\oplus B)/(A\oplus 0)\cong B$。从而有正合列：

$$0\longrightarrow A\xrightarrow{\ i\ }A\oplus B\xrightarrow{\ \pi\ }B\longrightarrow 0,$$

其中，i 是包含同态，π 是自然同态。

证明 这是命题 2-3-19 的一个特例。证毕。

命题 2-3-21 有分裂正合列：

$$0\longrightarrow A\xrightarrow{\ i\ }A\oplus B\xrightarrow{\ \pi\ }B\longrightarrow 0,$$

其中，i 是包含同态：$i(a)=(a,0)$，π 是投影同态：$\pi(a,b)=b$。

证明 显然 $\ker\pi=A\oplus 0=\operatorname{Im}i$，所以它的确是正合列。令

$$\sigma:\ B\to A\oplus B,\quad b\mapsto(0,b),$$

则 $\pi\sigma=1_B$，即正合列分裂［命题 1-7-12（1）］。证毕。

定理 2-3-6 设有正合列：

$$0\longrightarrow A\xrightarrow{\ f\ }B\xrightarrow{\ g\ }C\longrightarrow 0。$$

该正合列分裂的充分必要条件是，存在 $C'\subseteq B$，$C'\cong C$，使得

$$B=\operatorname{Im}f+C',\quad \operatorname{Im}f\cap C'=0,$$

即有内直和（命题2-3-16）：

$$B=\mathrm{Im}f\oplus C'。$$

证明　这是命题1-7-12（3）。证毕。

定理2-3-7　若有R-模正合列：

$$0\longrightarrow A\xrightarrow{f}B\xrightarrow{g}C\longrightarrow 0,$$

则下列条件等价：

（1）该正合列分裂。

（2）有内直和分解 $B=(\mathrm{Im}f)\oplus B_2=(\ker g)\oplus B_2$，其中 $B_2\cong C$。

（3）有内直和分解 $B=(\mathrm{Im}f)\oplus B_2=(\ker g)\oplus B_2$。

（4）对任意R-模 A' 和R-模同态 α：$A\to A'$，存在R-模同态 α'：$B\to A'$，使得

$$\alpha=\alpha' f，即 \begin{array}{ccc} A & \xrightarrow{f} & B \\ {\scriptstyle\alpha}\downarrow & \swarrow{\scriptstyle\alpha'} & \\ A' & & \end{array}。$$

（5）对任意R-模 C' 和R-模同态 γ：$C'\to C$，存在R-模同态 γ'：$C'\to B$，使得

$$\gamma=g\gamma'，即 \begin{array}{ccc} B & \xrightarrow{g} & C \\ {\scriptstyle\gamma'}\uparrow & \nearrow{\scriptstyle\gamma} & \\ C' & & \end{array}。$$

证明　（1）⇒（2）：定理2-3-6。

（2）⇒（3）：显然。

（3）⇒（4）：$\forall b\in B$有唯一分解，即

$$b=f(a)+b_2,\quad a\in A,\quad b_2\in B_2。$$

令

$$\alpha'\colon B\to A',\quad f(a)+b_2\mapsto\alpha(a)。$$

显然 $\alpha' f=\alpha$。

（4）⇒（1）：取 $A'=A$，$\alpha=1_A$，存在R-模同态 α'：$B\to A$，使得 $1_A=\alpha' f$，即正合列分裂［命题1-7-12（2）］。

（3）⇒（5）：$\forall c\in C$，由于 g 满，所以有 $b\in B$，使得 $c=g(b)$。b 有唯一分解，即

$$b=b_1+b_2,\quad b_1\in\ker g,\quad b_2\in B_2。$$

由于 $g(b_1)=0$，所以 $c=g(b)=g(b_1)+g(b_2)=g(b_2)$，说明 $g|_{B_2}$：$B_2\to C$ 满。由命题A-20知

$$\ker\left(g|_{B_2}\right)=B_2\cap\ker g=0,$$

表明 $g|_{B_2}$ 单，所以 $g|_{B_2}$：$B_2 \to C$ 是同构。记

$$g' = \left(g|_{B_2}\right)^{-1}: C \to B_2。$$

令（i：$B_2 \to B$ 是包含同态）

$$\gamma' = ig'\gamma: C' \to B,$$

显然 $g\gamma' = gig'\gamma = \gamma$。

（5）⇒（1）：取 $C' = C$，$\gamma = 1_C$，存在 R-模同态 γ'：$C \to B$，使得 $1_C = g\gamma'$，即正合列分裂［命题1-7-12（1）］。证毕。

命题2-3-22 若有行正合的交换图：

$$\begin{array}{ccccccccc} 0 & \longrightarrow & A & \xrightarrow{\lambda} & B & \xrightarrow{\pi} & C & \longrightarrow & 0 \\ & & \downarrow{\scriptstyle\alpha} & & \downarrow{\scriptstyle\beta} & & \downarrow{\scriptstyle 1} & & \\ 0 & \longrightarrow & A' & \xrightarrow{\lambda'} & B' & \xrightarrow{\pi'} & C & \longrightarrow & 0 \end{array},$$

则有正合列：

$$0 \longrightarrow A \xrightarrow{\theta} B \oplus A' \xrightarrow{\psi} B' \longrightarrow 0,$$

其中

$$\theta: A \to B \oplus A', \quad a \mapsto (\lambda(a), \alpha(a)),$$

$$\psi: B \oplus A' \to B', \quad (b, a') \mapsto \beta(b) - \lambda'(a')。$$

证明 设 $a \in \ker\theta$，即 $(\lambda(a), \alpha(a)) = 0$，则 $\lambda(a) = 0$。由于 λ 单，所以 $a = 0$，表明 $\ker\theta = 0$，即 θ 单。

$\forall b' \in B'$，则 $\pi'(b') \in C$，由于 π 满，所以有 $b \in B$，使得

$$\pi(b) = \pi'(b')。$$

由交换性知 $\pi = \pi'\beta$，所以上式为 $\pi'\beta(b) = \pi'(b')$，即

$$\pi'\left(\beta(b) - b'\right) = 0,$$

从而 $\beta(b) - b' \in \ker\pi' = \mathrm{Im}\,\lambda'$。于是有 $a' \in A'$，使得 $\beta(b) - b' = \lambda'(a')$，就是

$$\beta(b) - \lambda'(a') = b',$$

即 $\psi(b, a') = b'$，表明 ψ 满。

$\forall a \in A$，有

$$\psi\theta(a) = \psi\left(\lambda(a), \alpha(a)\right) = \beta\lambda(a) - \lambda'\alpha(a)。$$

由交换性知 $\beta\lambda = \lambda'\alpha$，所以 $\psi\theta = 0$，因此 $\mathrm{Im}\,\theta \subseteq \ker\psi$（命题2-1-13）。

设 $(b, a') \in \ker\psi$，即

$$\beta(b)=\lambda'(a')。$$

由正合性知（命题2-1-14）

$$\pi'\beta(b)=\pi'\lambda'(a')=0。$$

由交换性知 $\pi=\pi'\beta$，所以上式为 $\pi(b)=0$，即 $b\in\ker\pi=\operatorname{Im}\lambda$。于是有 $a\in A$ 使得

$$b=\lambda(a),$$

从而

$$\beta\lambda(a)=\beta(b)=\lambda'(a')。$$

由交换性知 $\beta\lambda=\lambda'\alpha$，所以上式为 $\lambda'\alpha(a)=\lambda'(a')$。由于 λ' 单，所以可得

$$\alpha(a)=a',$$

从而

$$(b,\ a')=(\lambda(a),\ \alpha(a))=\theta(a)\in\operatorname{Im}\theta,$$

表明 $\ker\psi\subseteq\operatorname{Im}\theta$，因此 $\operatorname{Im}\theta=\ker\psi$。证毕。

命题2-3-23　设有 R-模同态 f：$M\to M'$ 和 f'：$M'\to M$，且 $ff'=1_{M'}$，那么有内直和（命题2-3-16）：

$$M=\ker f\oplus\operatorname{Im}f'。$$

证明　$\forall x\in M$，有

$$f\big(x-f'f(x)\big)=f(x)-ff'f(x)=f(x)-f(x)=0,$$

所以可得

$$x-f'f(x)\in\ker f。$$

于是有

$$x=\big(x-f'f(x)\big)+f'f(x)\in\ker f+\operatorname{Im}f',$$

表明

$$M=\ker f+\operatorname{Im}f'。$$

$\forall x\in\ker f\cap\operatorname{Im}f'$，有 $y\in M'$，使得

$$x=f'(y),$$

则

$$0=f(x)=ff'(y)=y,$$

所以 $x=f'(0)=0$，表明 $\ker f\cap\operatorname{Im}f'=0$。由命题2-3-16知有内直和 $M=\ker f\oplus\operatorname{Im}f'$。证毕。

定义2-3-3　拉回（retraction）　设 S 是 R-模 M 的子模，若 R-模同态 ρ：$M\to S$ 满足 $\rho|_S=1_S$（$\rho i=1_S$，这里 i：$S\to M$ 是包含同态），则称 ρ 是拉回。

命题2-3-24 设M_1是M的子模，则

$$M_1\text{是}M\text{的直和项}\Leftrightarrow\text{存在拉回}\rho: M\to M_1\text{。}$$

证明 $\Leftarrow$：记包含同态i：$M_1\to M$，则$\rho i=1_{M_1}$，由命题2-3-23知有内直和：

$$M=\ker\rho\oplus M_1\text{。}\qquad(2\text{-}3\text{-}22)$$

$\Rightarrow$：设$M=M_1\oplus M_2$，则任意$m\in M$有唯一分解：

$$m=m_1+m_2,\quad m_1\in M_1,\quad m_2\in M_2\text{。}$$

令

$$\rho: M\to M_1,\ m_1+m_2\mapsto m_1,\qquad(2\text{-}3\text{-}23)$$

即为拉回。证毕。

命题2-3-25 设有内直和分解$M=M_1\oplus M_2$。

（1）若$M_1\subseteq N\subseteq M$，则有内直和分解$N=M_1\oplus(N\cap M_2)$。

（2）若有M_1的子模M_1'，则有内直和分解$\dfrac{M}{M_1'}=\dfrac{M_1}{M_1'}\oplus\dfrac{M_2+M_1'}{M_1'}$。

证明 根据命题2-3-24知有拉回ρ：$M\to M_1$如式（2-3-23）所列，且$\ker\rho=M_2$。

（1）记$\rho'=\rho|_N$，显然$\rho'|_{M_1}=\rho|_{M_1}=1_{M_1}$，说明$\rho'$：$N\to M_1$是$N$的拉回。显然$\ker\rho'=N\cap M_2$。由式（2-3-22）有$N=M_1\oplus\ker\rho'=M_1\oplus(N\cap M_2)$。

（2）由命题2-1-7知有同态：

$$\bar\rho: \frac{M}{M_1'}\to\frac{M_1}{M_1'},\quad m_1+m_2+M_1'\mapsto m_1+M_1'\text{。}$$

显然$\bar\rho|_{M_1/M_1'}=1_{M_1/M_1'}$，所以$\bar\rho$是$M/M_1'$的拉回。有

$$m_1+m_2+M_1'\in\ker\bar\rho\Leftrightarrow m_1\in M_1'\Leftrightarrow m_1+m_2\in M_1'+M_2$$
$$\Leftrightarrow m_1+m_2+M_1'\in\frac{M_1'+M_2}{M_1'},$$

即$\ker\bar\rho=\dfrac{M_1'+M_2}{M_1'}$。由式（2-3-24）有

$$\frac{M}{M_1'}=\frac{M_1}{M_1'}\oplus\ker\bar\rho=\frac{M_1}{M_1'}\oplus\frac{M_1'+M_2}{M_1'}\text{。}$$

证毕。

命题2-3-26 设有R-模同态列（未必正合）：

$$0\longrightarrow A\xrightarrow{f}B\xrightarrow{g}C\longrightarrow 0,$$

下列陈述等价：

（1）上述同态列是分裂正合列。

（2）存在同构h：$A\oplus C\to B$，可得到以下交换图：

$$\begin{array}{ccccccccc} 0 & \longrightarrow & A & \xrightarrow{\lambda_A} & A\oplus C & \xrightarrow{\pi_C} & C & \longrightarrow & 0 \\ & & \downarrow 1 & & \downarrow h & & \downarrow 1 & & \\ 0 & \longrightarrow & A & \xrightarrow{f} & B & \xrightarrow{g} & C & \longrightarrow & 0 \end{array}$$ 。

其中，λ_A：$A\to A\oplus C$ 是入射，π_C：$A\oplus C\to C$ 是投射。

（3）$gf=0$，且存在同态列 $C\xrightarrow{\sigma}B\xrightarrow{\tau}A$，使得

$$\tau\sigma=0,\quad g\sigma=1_C,\quad \tau f=1_A,\quad f\tau+\sigma g=1_B。$$

证明　（1）⇒（2）：根据命题1-7-12（1），有 σ：$C\to B$ 使得 $g\sigma=1_C$。令

$$h:\ A\oplus C\to B,\ (a,\ c)\mapsto f(a)+\sigma(c)。$$

对于 $a\in A$，$h\lambda_A(a)=h(a,\ 0)=f(a)$，所以可得

$$h\lambda_A=f。$$

对于 $(a,\ c)\in A\oplus C$，由正合性知 $gf=0$，再由 $g\sigma=1_C$ 可得

$$gh(a,\ c)=gf(a)+g\sigma(c)=c=\pi_C(a,\ c),$$

即

$$gh=\pi_C。$$

所以有上面的交换图。由引理1-7-2（五引理）知 h 是同构。

（2）⇒（3）：上图第一行正合（命题2-3-20），由命题2-1-21知第二行正合，所以 $gf=0$。由交换性知

$$f=h\lambda_A,\quad g=\pi_C h^{-1}。$$

记 λ_C：$C\to A\oplus C$ 是入射，π_A：$A\oplus C\to A$ 是投射。令

$$\sigma=h\lambda_C:\ C\to B,\quad \tau=\pi_A h^{-1}:\ B\to A,$$

由式（2-3-3）和式（2-3-4）可得

$$\tau\sigma=\pi_A h^{-1}h\lambda_C=\pi_A\lambda_C=0,$$

$$g\sigma=\pi_C h^{-1}h\lambda_C=\pi_C\lambda_C=1_C,$$

$$\tau f=\pi_A h^{-1}h\lambda_A=\pi_A\lambda_A=1_A,$$

$$f\tau+\sigma g=h\lambda_A\pi_A h^{-1}+h\lambda_C\pi_C h^{-1}=h\left(\lambda_A\pi_A+\lambda_C\pi_C\right)h^{-1}=h1_{A\oplus C}h^{-1}=1_B。$$

（3）⇒（1）：由 $\tau f=1_A$ 知 f 单（定理1-3-1′），由 $g\sigma=1_C$ 知 g 满（定理1-3-1）。

$\forall b\in B$，有 $b=1_B(b)=f\tau(b)+\sigma g(b)\in \mathrm{Im}f+\mathrm{Im}\,\sigma$，所以可得

$$B=\mathrm{Im}f+\mathrm{Im}\,\sigma。$$

由 $gf=0$ 知

$$\mathrm{Im}f\subseteq\ker g。$$

由于 $g\sigma=1_C$，根据命题2-3-23知有内直和：

$$B = \ker g \oplus \operatorname{Im} \sigma,$$

其中

$$\ker g \cap \operatorname{Im} \sigma = 0。$$

由命题2-1-36可得

$$\ker g \cap (\operatorname{Im} f + \operatorname{Im} \sigma) = \operatorname{Im} f + \ker g \cap \operatorname{Im} \sigma,$$

即

$$\ker g = \operatorname{Im} f,$$

表明 $0 \longrightarrow A \xrightarrow{f} B \xrightarrow{g} C \longrightarrow 0$ 是分裂正合列。证毕。

命题2-3-27 设 R 是含单位元1的交换环，S 是 R 的乘法闭集（定义B-29），M_i（$i \in I$）是R-模，则有 $S^{-1}R$-模同构：

$$S^{-1}\left(\bigoplus_{i \in I} M_i\right) \cong \bigoplus_{i \in I}\left(S^{-1} M_i\right),$$

同构映射：

$$\varphi: S^{-1}\left(\bigoplus_{i \in I} M_i\right) \to \bigoplus_{i \in I}\left(S^{-1} M_i\right), \quad \frac{(m_i)_{i \in I}}{s} \mapsto \left(\frac{m_i}{s}\right)_{i \in I},$$

$$\psi = \varphi^{-1}: \bigoplus_{i \in I}\left(S^{-1} M_i\right) \to S^{-1}\left(\bigoplus_{i \in I} M_i\right), \quad \left(\frac{m_i}{s_i}\right)_{i \in I} \mapsto \sum_{i \in I} \frac{\lambda_i(m_i)}{s_i},$$

其中，λ_i: $M_i \to \bigoplus_{j \in I} M_j$ 是入射。

2.4 Hom函子与张量积函子的正合性

定理2-4-1 Hom(M, -)和Hom(-, M)都是左正合函子（定义1-8-4）。

证明 先证Hom(M, -)是左正合的。考虑R-模正合列：

$$0 \longrightarrow A \xrightarrow{f} B \xrightarrow{g} C \tag{2-4-1}$$

诱导的群同态列：

$$0 \longrightarrow \operatorname{Hom}(M, A) \xrightarrow{f_*} \operatorname{Hom}(M, B) \xrightarrow{g_*} \operatorname{Hom}(M, C), \tag{2-4-2}$$

其中，f_* 和 g_* 定义如式（2-2-1）所列。

设 $\varphi \in \ker f_*$，即 $f_*(\varphi) = 0$，由式（2-2-1）知 $f\varphi = 0$。由式（2-4-1）的正合性知 f 单，所以 $\varphi = 0$（左消去），因此 $\ker f_* = 0$，即 f_* 单，表明式（2-4-2）在Hom(M, A)

处正合。

显然正变函子 $\mathrm{Hom}(M, -)$ 把零同态映为零同态，由命题2-1-28（1）知 $\mathrm{Im}f_*\subseteq\ker g_*$。

设 $\varphi\in\ker g_*\subseteq\mathrm{Hom}(M, B)$，即 $g_*(\varphi)=0$，也就是 $g\varphi=0$ ［式（2-2-1）］。$\forall m\in M$，有 $g\varphi(m)=0$，所以 $\varphi(m)\in\ker g$，由式（2-4-1）的正合性有 $\ker g=\mathrm{Im}f$，所以 $\varphi(m)\in\mathrm{Im}f$，从而有 $a\in A$，使得

$$\varphi(m)=f(a)。\tag{2-4-3}$$

由式（2-4-1）的正合性知 f 单，所以对于给定的 φ 与 m，上式中的 a 是唯一确定的，从而可定义

$$\sigma：M\rightarrow A,\quad m\mapsto a。$$

由于 φ 和 f 都是群同态，因此可以验证 σ 也是群同态。将式（2-4-3）写成 $\varphi(m)=f\sigma(m)$，所以 $\varphi=f\sigma$，也就是 $f_*(\sigma)=f\sigma=\varphi$，表明 $\varphi\in\mathrm{Im}f_*$，所以 $\ker g_*\subseteq\mathrm{Im}f_*$。这证明 $\mathrm{Im}f_*=\ker g_*$，即式（2-4-2）在 $\mathrm{Hom}(M, B)$ 处正合。

再证 $\mathrm{Hom}(-, M)$ 是左正合的。考虑R-模正合列：

$$A\xrightarrow{f}B\xrightarrow{g}C\longrightarrow 0\tag{2-4-4}$$

诱导的群同态列：

$$0\longrightarrow\mathrm{Hom}(C, M)\xrightarrow{g^*}\mathrm{Hom}(B, M)\xrightarrow{f^*}\mathrm{Hom}(A, M),\tag{2-4-5}$$

其中，f^* 和 g^* 定义如式（2-2-3）所列。

设 $\varphi\in\ker g^*$，即 $g^*(\varphi)=0$，由式（2-2-3）知 $\varphi g=0$。由式（2-4-4）的正合性知 g 满，所以 $\varphi=0$（右消去），因此 $\ker g^*=0$，即 g^* 单，表明式（2-4-5）在 $\mathrm{Hom}(C, M)$ 处正合。

显然反变函子 $\mathrm{Hom}(-, M)$ 把零同态映为零同态，由命题2-1-28（2）知 $\mathrm{Im}\,g^*\subseteq\ker f^*$。

设 $\varphi\in\ker f^*\subseteq\mathrm{Hom}(B, M)$，即 $f^*(\varphi)=0$，也就是 $\varphi f=0$ ［式（2-2-3）］，因此 $\mathrm{Im}f\subseteq\ker\varphi$（命题2-1-13）。由式（2-4-4）的正合性知 $\mathrm{Im}f=\ker g$，所以 $\ker g\subseteq\ker\varphi$。根据命题2-1-27可知，存在群同态 $h：C\rightarrow M$，使得 $\varphi=hg$。由式（2-2-3）知 $\varphi=g^*(h)\in\mathrm{Im}\,g^*$，所以 $\ker f^*\subseteq\mathrm{Im}\,g^*$。这证明 $\mathrm{Im}\,g^*=\ker f^*$，即式（2-4-5）在 $\mathrm{Hom}(B, M)$ 处正合。证毕。

命题2-4-1　函子 $\mathrm{Hom}(M, -)$ 未必是右正合的。

证明　设 $M=Z_2=\{\bar{0}, \bar{1}\}$，考虑正合列：

$$Z\xrightarrow{i}Q\xrightarrow{\pi}Q/Z\rightarrow 0,$$

只需指出

$$\mathrm{Hom}_Z(Z_2, Q)\xrightarrow{\pi_*}\mathrm{Hom}_Z(Z_2, Q/Z)\longrightarrow 0$$

不是正合的，即 π_* 不满。

设 $f\in\mathrm{Hom}_Z(Z_2, Q)$，则

$$2f(\bar{1})=f(2\bar{1})=f(\bar{2})=f(\bar{0})=0\in Q,$$

所以 $f(\bar{1})=0$，表明 $f=0$，因此 $\mathrm{Hom}_Z(Z_2, Q)=0$，所以 $\mathrm{Im}\,\pi_*=0$。

设 $g\in\mathrm{Hom}_Z(Z_2, Q/Z)$，同上式有

$$2g(\bar{1})=g(\bar{0})=0。$$

注意，在 Q/Z 中 $0=Z$。取 $g(\bar{1})=\frac{1}{2}+Z\neq 0$ 即可满足上式。显然 $g\neq 0$，所以可得

$$\mathrm{Hom}_Z(Z_2, Q/Z)\neq 0=\mathrm{Im}\,\pi_*,$$

即 π_* 不满。证毕。

定理 2-4-2

（1）R-模同态列：

$$A\xrightarrow{f}B\xrightarrow{g}C\longrightarrow 0 \tag{2-4-6}$$

正合的充分必要条件为：对于任意 R-模 M，上式诱导的群同态列：

$$0\longrightarrow\mathrm{Hom}(C, M)\xrightarrow{g^*}\mathrm{Hom}(B, M)\xrightarrow{f^*}\mathrm{Hom}(A, M) \tag{2-4-7}$$

都是正合的。

（2）R-模同态列：

$$0\longrightarrow A\xrightarrow{f}B\xrightarrow{g}C \tag{2-4-8}$$

正合的充分必要条件为：对于任意 R-模 M，上式诱导的群同态列：

$$0\rightarrow\mathrm{Hom}(M, A)\xrightarrow{f_*}\mathrm{Hom}(M, B)\xrightarrow{g_*}\mathrm{Hom}(M, C) \tag{2-4-9}$$

都是正合的。

证明 （1）必要性：定理 2-4-1。

充分性：取 $M=C/\mathrm{Im}\,g$，令 π：$C\rightarrow M$ 是自然同态，则有 $\pi g=0$，也就是 $g^*(\pi)=0$ ［式（2-2-3）］。由式（2-4-7）的正合性知 g^* 单，所以 $\pi=0$，而 π 满，所以 $C/\mathrm{Im}\,g=0$，即 $\mathrm{Im}\,g=C$，表明 g 满，即式（2-4-6）在 C 处正合。

由式（2-4-7）的正合性知，对 $\forall\varphi\in\mathrm{Hom}(C, M)$，有 $f^*g^*(\varphi)=0$（命题 2-1-14），也就是 $\varphi gf=0$ ［式（2-2-3）］。取 $M=C$，$\varphi=1_C$，则 $gf=0$，所以 $\mathrm{Im}f\subseteq\ker g$（命题 2-1-13）。

如果 $\ker g \not\subseteq \mathrm{Im} f$，则有 $b \in B$ 满足

$$b \in \ker g, \quad b \notin \mathrm{Im} f。$$

取 $M = B/\mathrm{Im} f \neq 0$，令 π：$B \to M$ 是自然同态，则有 $\pi f = 0$，也就是 $f^{*}(\pi) = 0$ [式（2-2-3）]，所以 $\pi \in \ker f^{*}$。由式（2-4-7）的正合性知 $\ker f^{*} = \mathrm{Im}\, g^{*}$，所以 $\pi \in \mathrm{Im}\, g^{*}$，即有 $\varphi \in \mathrm{Hom}(C, M)$ 使得

$$\pi = g^{*}(\varphi) = \varphi g。$$

由于 $b \in \ker g$，所以 $\pi(b) = \varphi g(b) = 0$，也就是 $b + \mathrm{Im} f = 0$，即 $b \in \mathrm{Im} f$，矛盾。所以 $\ker g \subseteq \mathrm{Im} f$。这证明 $\mathrm{Im} f = \ker g$，即式（2-4-6）在 B 处正合。

（2）必要性：定理2-4-1。

充分性：取 $M = \ker f \subseteq A$，令 i：$M \to A$ 为包含映射，则

$$f_{*}(i)(M) = f(i(M)) = f(M) = f(\ker f) = 0,$$

即 $f_{*}(i) = 0$。由式（2-4-9）的正合性知 f_{*} 单，所以 $i = 0$，即 $M = \ker f = 0$，所以 f 单，表明式（2-4-8）在 A 处正合。

取 $M = A$。对于 $1_A \in \mathrm{Hom}(M, A)$，由式（2-4-9）的正合性可得 $g_{*}f_{*}(1_A) = 0$（命题2-1-14）。由式（2-2-2）可得 $gf = gf1_A = g_{*}f_{*}(1_A) = 0$，所以 $\mathrm{Im} f \subseteq \ker g$（命题2-1-13）。

取 $M = \ker g \subseteq B$，令 j：$M \to B$ 为包含映射，则

$$g_{*}(j)(M) = g(j(M)) = g(M) = g(\ker g) = 0,$$

即 $g_{*}(j) = 0$，从而 $j \in \ker g_{*}$，由式（2-4-9）的正合性知 $\ker g_{*} = \mathrm{Im} f_{*}$，所以 $j \in \mathrm{Im} f_{*}$，于是有 $\varphi \in \mathrm{Hom}(M, A)$ 使得

$$j = f_{*}\varphi = f\varphi。$$

有

$$\ker g = M = j(M) = f\varphi(M) \subseteq \mathrm{Im} f。$$

这证明 $\mathrm{Im} f = \ker g$，即式（2-4-8）在 B 处正合。证毕。

定理2-4-3 函子 $M \otimes -$ 和 $- \otimes M$ 都是右正合函子。

证明 设左 R-模正合列为：

$$A \xrightarrow{f} B \xrightarrow{g} C \longrightarrow 0, \tag{2-4-10}$$

考虑群同态列（M 是右 R-模）：

$$M \otimes A \xrightarrow{1 \otimes f} M \otimes B 和 \xrightarrow{1 \otimes g} M \otimes C \longrightarrow 0。\tag{2-4-11}$$

由式（2-4-10）的正合性知 g 满，从而 $1 \otimes g$ 满 [注（定义2-2-7）（1）]，即式（2-4-11）在 $M \otimes C$ 处正合。

由式（2-2-9）知 $M \otimes -$ 把零同态映为零同态，所以 $\mathrm{Im}(1 \otimes f) \subseteq \ker(1 \otimes g)$ [命题

2-1-28（1）]。

由命题2-1-7′知存在群同态 σ: $(M\otimes B)/\mathrm{Im}(1\otimes f)\to M\otimes C$ 满足

$$\begin{array}{ccc} M\otimes B & \xrightarrow{1\otimes g} & M\otimes C \\ \pi\downarrow & \nearrow\sigma & \\ (M\otimes B)/\mathrm{Im}(1\otimes f) & & \end{array},$$

其中

$$\sigma\big(m\otimes b+\mathrm{Im}(1\otimes f)\big)=m\otimes g(b)。$$

由于 g 满，所以 $\forall c\in C$，存在 $b\in B$，使得

$$g(b)=c,$$

令

$$\varphi：M\times C\to(M\otimes B)/\mathrm{Im}(1\otimes f)，(m，c)\mapsto m\otimes b+\mathrm{Im}(1\otimes f)。$$

这里 φ 的定义是合理的。若有 $b'\in B$ 使得 $g(b')=c$，则 $g(b')=g(b)$，所以 $g(b'-b)=0$，即

$$b'-b\in\ker g=\mathrm{Im}f。$$

从而

$$m\otimes b'-m\otimes b=m\otimes(b'-b)\in\mathrm{Im}(1\otimes f),$$

所以可得

$$m\otimes b'+\mathrm{Im}(1\otimes f)=m\otimes b+\mathrm{Im}(1\otimes f),$$

表明 φ 的定义与 b 的选取无关。

易验证 φ 是 R-双加映射。根据张量积 $M\otimes C$ 的泛性质，存在群同态 τ：$M\otimes C\to(M\otimes B)/\mathrm{Im}(1\otimes f)$ 使得

$$\begin{array}{ccc} M\times C & \xrightarrow{t} & M\otimes C \\ \varphi\downarrow & \swarrow\tau & \\ (M\otimes B)/\mathrm{Im}(1\otimes f) & & \end{array}。$$

这里

$$\tau(m\otimes c)=\tau t(m，c)=\varphi(m，c)=m\otimes b+\mathrm{Im}(1\otimes f),$$

其中

$$g(b)=c。$$

有

$$\sigma\tau(m\otimes c)=\sigma\big(m\otimes b+\mathrm{Im}(1\otimes f)\big)=m\otimes g(b)=m\otimes c,$$

由于 $m\otimes c$ 是 $M\otimes C$ 的生成元，所以可得（命题2-1-26）

$$\sigma\tau = 1_{M\otimes C}。$$

有

$$\tau\sigma\big(m\otimes b+\mathrm{Im}(1\otimes f)\big)=\tau\big(m\otimes g(b)\big)=\tau(m\otimes c)=m\otimes b'+\mathrm{Im}(1\otimes f),$$

其中，$g(b')=c$，前面已证

$$m\otimes b+\mathrm{Im}(1\otimes f)=m\otimes b'+\mathrm{Im}(1\otimes f),$$

由于$m\otimes b+\mathrm{Im}(1\otimes f)$是$(M\otimes B)/\mathrm{Im}(1\otimes f)$的生成元，所以可得（命题2-1-26）

$$\tau\sigma = 1_{(M\otimes B)/\mathrm{Im}(1\otimes f)}。$$

这表明

$$(M\otimes B)/\mathrm{Im}(1\otimes f)\cong M\otimes C。$$

由于$1\otimes g$满，所以$(M\otimes B)/\ker(1\otimes g)\cong M\otimes C$（定理2-1-1），从而

$$(M\otimes B)/\mathrm{Im}(1\otimes f)\cong (M\otimes B)/\ker(1\otimes g)。$$

所以$\mathrm{Im}(1\otimes f)=\ker(1\otimes g)$，即式（2-4-11）在$M\otimes B$处正合。证毕。

命题2-4-2 函子$M\otimes -$未必是左正合的。

证明 取$M=Z_2$，考虑正合列：

$$0\longrightarrow Z\xrightarrow{i}Q\xrightarrow{\pi}Q/Z\longrightarrow 0,$$

其中，i是包含同态，π是自然同态。仅需指出$0\longrightarrow Z_2\otimes_Z Z\xrightarrow{1\otimes i}Z_2\otimes_Z Q$不是正合的，即$1\otimes i$不单。由定理2-2-9知$Z_2\otimes_Z Z\cong Z_2\neq 0$，由命题2-3-11知$Z_2\otimes_Z Q=0$，所以$1\otimes i$不单。证毕。

命题2-4-3

$$每个\ A_i\xrightarrow{f_i}B_i\xrightarrow{g_i}C_i\ (i\in I)\ 正合 \Leftrightarrow \prod_{i\in I}A_i\xrightarrow{\prod_{i\in I}f_i}\prod_{i\in I}B_i\xrightarrow{\prod_{i\in I}g_i}\prod_{i\in I}C_i\ 正合$$

$$\Leftrightarrow \bigoplus_{i\in I}A_i\xrightarrow{\bigoplus_{i\in I}f_i}\bigoplus_{i\in I}B_i\xrightarrow{\bigoplus_{i\in I}g_i}\bigoplus_{i\in I}C_i\ 正合。$$

证明 只证明第一个等价式。有

$$(\forall i\in I,\ \mathrm{Im}f_i=\ker g_i)\Leftrightarrow \prod_{i\in I}\mathrm{Im}f_i=\prod_{i\in I}\ker g_i,$$

根据命题2-3-13可知

$$上式\Leftrightarrow \mathrm{Im}\prod_{i\in I}f_i=\ker\prod_{i\in I}g_i。$$

证毕。

命题2-4-4 若F：${}_R\mathcal{M}\to{}_S\mathcal{M}$是正变加法函子（加法函子保证把零映为零，见命题1-8-4），f：$A\to B$是R-模同态，则存在以下情况。

（1）若F左正合，则F保持核，即$F(\ker f)\cong\ker F(f)$。同构映射为$F(i)$:

$F(\ker f)\to\ker F(f)$，其中 i：$\ker f\to A$ 是包含同态。

（2）若 F 右正合，则 F 保持余核，即 $F(\operatorname{Coker}f)\cong\operatorname{Coker}(Ff)$。

证明 （1）有正合列：

$$0\longrightarrow\ker f\xrightarrow{\ i\ }A\xrightarrow{\ f\ }B。$$

由于 F 左正合，所以有正合列：

$$0\longrightarrow F(\ker f)\xrightarrow{F(i)}F(A)\xrightarrow{F(f)}F(B),$$

即有 $\operatorname{Im}F(i)=\ker F(f)$。由于 $F(i)$ 单，所以有同构：

$$F(i):\ F(\ker f)\to\operatorname{Im}F(i)=\ker F(f)。$$

（2）有正合列（π是自然同态）：

$$A\xrightarrow{\ f\ }B\xrightarrow{\ \pi\ }\operatorname{Coker}f\longrightarrow 0。$$

由于 F 右正合，所以有正合列：

$$F(A)\xrightarrow{F(f)}F(B)\xrightarrow{F(\pi)}F(\operatorname{Coker}f)\longrightarrow 0。$$

由于 $F(\pi)$ 满，由命题2-1-15知有同构：

$$\overline{F(\pi)}:\ \operatorname{Coker}(Ff)\to F(\operatorname{Coker}f)\ ,\quad b+\operatorname{Im}F(f)\mapsto F(\pi)(b)。$$

证毕。

命题2-4-4′ 若 F：${}_R\mathcal{M}\to{}_S\mathcal{M}$ 是反变加法函子，f：$A\to B$ 是 R-模同态，则

（1）若 F 左正合，则 F 把余核变为核 $\left(F(\operatorname{Coker}f)\cong\ker(Ff)\right)$。同构映射为 $F(\pi)$：$F(\operatorname{Coker}f)\to\ker F(f)$，其中 π：$B\to\operatorname{Coker}f$ 是自然同态。

（2）若 F 右正合，则 F 把核变为余核 $\left(F(\ker f)\cong\operatorname{Coker}F(f)\right)$。

证明 （1）有正合列：

$$A\xrightarrow{\ f\ }B\xrightarrow{\ \pi\ }\operatorname{Coker}f\longrightarrow 0。$$

由于 F 左正合，所以有正合列：

$$0\longrightarrow F(\operatorname{Coker}f)\xrightarrow{F(\pi)}F(B)\xrightarrow{F(f)}F(A)。$$

于是 $\operatorname{Im}(F\pi)=\ker F(f)$。由于 $F(\pi)$ 单，所以有同构：

$$F(\pi):\ F(\operatorname{Coker}f)\longrightarrow\operatorname{Im}(F\pi)=\ker F(f)。$$

（2）有正合列（i是包含同态）：

$$0\longrightarrow\ker f\xrightarrow{\ i\ }A\xrightarrow{\ f\ }B。$$

由于 F 右正合，所以有正合列：

$$F(B)\xrightarrow{F(f)}F(A)\xrightarrow{F(i)}F(\ker f)\longrightarrow 0。$$

由于 $F(i)$ 满，由命题2-1-15可知，有同构：

$$\overline{F(i)}: \mathrm{Coker}F(f) \to F(\ker f), \quad a + \mathrm{Im}\,F(f) \mapsto F(i)(a)。$$

证毕。

命题2-4-5　若 $F: {}_R\mathcal{M} \to {}_S\mathcal{M}$ 是正变加法正合函子，则 F 保持像，即设 $f: A \to B$ 是 R-模同态，则有同构：

$$F(i_\pi): F(\mathrm{Im} f) \to \mathrm{Im}\,F(f),$$

其中，i_π：$\ker\pi \to B$ 是包含同态，π：$B \to \mathrm{Coker} f$ 是自然同态。

证明　有正合列：

$$A \xrightarrow{f} B \xrightarrow{\pi} \mathrm{Coker} f \longrightarrow 0 。$$

由于 F 正合，所以有正合列：

$$F(A) \xrightarrow{F(f)} F(B) \xrightarrow{F(\pi)} F(\mathrm{Coker} f) \longrightarrow 0,$$

从而

$$\mathrm{Im}\,F(f) = \ker F(\pi)。$$

由命题2-4-4（1）知有同构：

$$F(i_\pi): F(\ker\pi) \to \ker F(\pi),$$

即

$$F(i_\pi): F(\mathrm{Im} f) \to \mathrm{Im}\,F(f)。$$

证毕。

2.5　伴随定理

定理2-5-1

（1）设 M 是 S-R 双模，A 是左 R-模，B 是左 S-模，那么有群同构：

$$\mathrm{Hom}_S(M \otimes_R A,\ B) \cong \mathrm{Hom}_R(A,\ \mathrm{Hom}_S(M,\ B))。$$

（2）设 M 是 R-S 双模，A 是右 R-模，B 是右 S-模，那么有群同构：

$$\mathrm{Hom}_S(A \otimes_R M,\ B) \cong \mathrm{Hom}_R(A,\ \mathrm{Hom}_S(M,\ B)) 。$$

证明　只证(2)。设 $\varphi \in \mathrm{Hom}_S(A \otimes_R M,\ B)$，$a \in A$，令

$$\varphi_a: M \to B, \quad m \mapsto \varphi(a \otimes m),$$

易验证 φ_a 是右 S-模同态，即 $\varphi_a \in \mathrm{Hom}_S(M,\ B)$。令

$$\bar{\varphi}: A \to \mathrm{Hom}_S(M,\ B), \quad a \mapsto \varphi_a。$$

由命题2-2-8（2）知 $\mathrm{Hom}_S(M, B)$ 是右 R-模，易验证 $\bar{\varphi}$ 是右 R-模同态，即 $\bar{\varphi}\in \mathrm{Hom}_R(A, \mathrm{Hom}_S(M, B))$。令

$$\tau: \mathrm{Hom}_S(A\otimes_R M, B)\to \mathrm{Hom}_R(A, \mathrm{Hom}_S(M, B)),\quad \varphi\mapsto\bar{\varphi}。$$

易验证 τ 是群同态。以上三式总结为

$$\tau(\varphi)(a)(m)=\bar{\varphi}(a)(m)=\varphi_a(m)=\varphi(a\otimes m), \tag{2-5-1}$$

其中，$\varphi\in \mathrm{Hom}_S(A\otimes_R M, B)$，$a\in A$，$m\in M$。

设 $\psi\in \mathrm{Hom}_R(A, \mathrm{Hom}_S(M, B))$，$a\in A$，则 $\psi(a)\in \mathrm{Hom}_S(M, B)$。令

$$f_\psi: A\times M\to B,\quad (a, m)\mapsto\psi(a)(m),$$

易验证它是 R-双加映射，且 $f_\psi(a, ms)=f_\psi(a, m)s$。根据张量积的泛性质（定义2-2-5），存在右 S-模同态 $\bar{\psi}: A\otimes_R M\to B$ 使得

$$\begin{array}{ccc} A\times M & \xrightarrow{t} & A\otimes_R M \\ {\scriptstyle f_\psi}\downarrow & \swarrow{\scriptstyle \bar{\psi}} & \\ B & & \end{array}。$$

令

$$\sigma: \mathrm{Hom}_R(A, \mathrm{Hom}_S(M, B))\to \mathrm{Hom}_S(A\otimes_R M, B),\quad \psi\mapsto\bar{\psi}。$$

易验证 σ 是群同态。以上三式总结为

$$\sigma(\psi)(a\otimes m)=\bar{\psi}(a\otimes m)=\bar{\psi}t(a, m)=f_\psi(a, m)=\psi(a)(m)。 \tag{2-5-2}$$

对于 $\varphi\in \mathrm{Hom}_S(A\otimes_R M, B)$，由式（2-5-1）和式（2-5-2）可得

$$\big(\sigma\tau(\varphi)\big)(a\otimes m)=\tau(\varphi)(a)(m)=\varphi(a\otimes m),\quad \forall a\in A,\quad \forall m\in M,$$

所以 $\sigma\tau(\varphi)=\varphi$，即 $\sigma\tau=1$。对于 $\psi\in \mathrm{Hom}_R(A, \mathrm{Hom}_S(M, B))$，有

$$\big(\tau\sigma(\psi)\big)(a)(m)=\sigma(\psi)(a\otimes m)=\psi(a)(m),\quad \forall a\in A,\quad \forall m\in M,$$

所以 $\tau\sigma(\psi)=\psi$，即 $\tau\sigma=1$。表明 τ 和 σ 都是同构。证毕。

定义2-5-1　伴随函子（adjoint functors）　设 $\mathcal{A}$，$\mathcal{B}$ 是两个范畴，$F: \mathcal{A}\to\mathcal{B}$ 和 $G: \mathcal{B}\to\mathcal{A}$ 是两个正变函子。如果对于 $\forall A\in \mathrm{Obj}\mathcal{A}$ 和 $\forall B\in \mathrm{Obj}\mathcal{B}$，存在双射：

$$\tau_{A, B}: \mathrm{Hom}_{\mathcal{B}}(FA, B)\to \mathrm{Hom}_{\mathcal{A}}(A, GB),$$

满足：对于 $\forall f\in \mathrm{Hom}_{\mathcal{A}}(A', A)$，有交换图：

$$\begin{array}{ccc} \mathrm{Hom}_{\mathcal{B}}(FA, B) & \xrightarrow{(Ff)^*} & \mathrm{Hom}_{\mathcal{B}}(FA', B) \\ {\scriptstyle \tau_{A, B}}\downarrow & & \downarrow{\scriptstyle \tau_{A', B}} \\ \mathrm{Hom}_{\mathcal{A}}(A, GB) & \xrightarrow{f^*} & \mathrm{Hom}_{\mathcal{A}}(A', GB) \end{array}, \tag{2-5-3}$$

对于 $\forall g\in \mathrm{Hom}_{\mathcal{B}}(B, B')$，有交换图：

$$\begin{array}{ccc} \mathrm{Hom}_{\mathcal{B}}(FA,\ B) & \xrightarrow{g_*} & \mathrm{Hom}_{\mathcal{B}}(FA,\ B') \\ \tau_{A,\ B}\downarrow & & \downarrow\tau_{A,\ B'} \\ \mathrm{Hom}_{\mathcal{A}}(A,\ GB) & \xrightarrow{(Gg)_*} & \mathrm{Hom}_{\mathcal{A}}(A,\ GB') \end{array}, \tag{2-5-4}$$

则称$(F,\ G)$是一对伴随函子，F是G的左伴随函子，G是F的右伴随函子。

注（定义2-5-1）

（1）若$(G,\ F)$是一对伴随函子，则存在双射：

$$\tau'_{B,\ A}:\ \mathrm{Hom}_{\mathcal{A}}(GB,\ A)\to\mathrm{Hom}_{\mathcal{B}}(B,\ FA)。$$

对比$\tau'_{B,\ A}$与上面的$\tau_{A,\ B}$，它们并不是互逆的。所以伴随函子是分左右的。

（2）上面的两个交换图（2-5-3）和（2-5-4）合写为

$$\begin{array}{ccccc} \mathrm{Hom}_{\mathcal{B}}(FA,\ B) & \xrightarrow{(Ff)^*} & \mathrm{Hom}_{\mathcal{B}}(FA',\ B) & \xrightarrow{g_*} & \mathrm{Hom}_{\mathcal{B}}(FA',\ B') \\ \tau_{A,\ B}\downarrow & & \downarrow\tau_{A',\ B} & & \downarrow\tau_{A',\ B'} \\ \mathrm{Hom}_{\mathcal{A}}(A,\ GB) & \xrightarrow{f^*} & \mathrm{Hom}_{\mathcal{A}}(A',\ GB) & \xrightarrow{(Gg)_*} & \mathrm{Hom}_{\mathcal{A}}(A',\ GB') \end{array}, \tag{2-5-5}$$

从而有

$$\begin{array}{ccc} \mathrm{Hom}_{\mathcal{B}}(FA,\ B) & \xrightarrow{g_*(Ff)^*} & \mathrm{Hom}_{\mathcal{B}}(FA',\ B') \\ \tau_{A,\ B}\downarrow & & \downarrow\tau_{A,\ B'} \\ \mathrm{Hom}_{\mathcal{A}}(A,\ GB) & \xrightarrow{(Gg)_*f^*} & \mathrm{Hom}_{\mathcal{A}}(A',\ GB') \end{array}。 \tag{2-5-6}$$

令函子：

$$\tilde{F}=\mathrm{Hom}_{\mathcal{B}}(F(-),\ -):\ \mathcal{A}^{\mathrm{op}}\times\mathcal{B}\to\mathcal{S}, \tag{2-5-7}$$

$$\tilde{G}=\mathrm{Hom}_{\mathcal{A}}(-,\ G(-)):\ \mathcal{A}^{\mathrm{op}}\times\mathcal{B}\to\mathcal{S}, \tag{2-5-8}$$

其中，$\mathcal{A}^{\mathrm{op}}$是$\mathcal{A}$的逆范畴（定义1-2-1），$\mathcal{S}$是集合范畴。对于$f\in\mathrm{Hom}_{\mathcal{A}}(A',\ A)$，$g\in\mathrm{Hom}_{\mathcal{B}}(B,\ B')$，有$f^{\mathrm{op}}\times g\in\mathrm{Hom}_{\mathcal{A}^{\mathrm{op}}\times\mathcal{B}}(A\times B,\ A'\times B')$，令

$$\tilde{F}\left(f^{\mathrm{op}}\times g\right):\ \mathrm{Hom}_{\mathcal{B}}(FA,\ B)\to\mathrm{Hom}_{\mathcal{B}}(FA',\ B'),\ \varphi\mapsto g\varphi(Ff), \tag{2-5-9}$$

$$\tilde{G}\left(f^{\mathrm{op}}\times g\right):\ \mathrm{Hom}_{\mathcal{A}}(A,\ GB)\to\mathrm{Hom}_{\mathcal{A}}(A',\ GB'),\ \varphi\mapsto(Gg)\varphi f。 \tag{2-5-10}$$

交换图（2-5-6）即为

$$\begin{array}{ccc} \tilde{F}(A,\ B) & \xrightarrow{\tilde{F}\left(f^{\mathrm{op}}\times g\right)} & \tilde{F}(A',\ B') \\ \tau_{A,\ B}\downarrow & & \downarrow\tau_{A',\ B'} \\ \tilde{G}(A,\ B) & \xrightarrow{\tilde{G}\left(f^{\mathrm{op}}\times g\right)} & \tilde{G}(A',\ B') \end{array}。 \tag{2-5-11}$$

根据定义1-9-1可知，$\tau:\ \tilde{F}\to\tilde{G}$是自然等价，即$\tilde{F}\cong\tilde{G}$。

（3）我们通常考虑加法范畴（定义1-6-1），式（2-5-7）和式（2-5-8）中的集合范畴$\mathcal{S}$通常可换成Abel群范畴$\mathcal{A}b$，双射$\tau_{A,\ B}$是群同构。

定理2-5-2

(1) 设 M 是 S-R 双模，那么 $\left(M\otimes_R -,\ \mathrm{Hom}_S(M,\ -)\right)$ 是一对伴随函子。

(2) 设 M 是 R-S 双模，那么 $\left(-\otimes_R M,\ \mathrm{Hom}_S(M,\ -)\right)$ 是一对伴随函子。

证明 只证 (2)。根据定理2-5-1的证明，有群同构：

$$\tau_{A,\ B}:\ \mathrm{Hom}_S\left(A\otimes_R M,\ B\right)\to\mathrm{Hom}_R\left(A,\ \mathrm{Hom}_S(M,\ B)\right),$$

$$\tau_{A,\ B}(\varphi)(a)(m)=\varphi(a\otimes m), \tag{2-5-12}$$

其中，$\varphi\in\mathrm{Hom}_S\left(A\otimes_R M,\ B\right)$，$a\in A$，$m\in M$。

$\forall f\in\mathrm{Hom}_R(A',\ A)$，有

$$f^*:\ \mathrm{Hom}_R\left(A,\ \mathrm{Hom}_S(M,\ B)\right)\to\mathrm{Hom}_{\mathcal{A}}\left(A',\ \mathrm{Hom}_S(M,\ B)\right),$$

$$\eta\mapsto\eta f。 \tag{2-5-13}$$

$$\left(f\otimes 1\right)^*:\ \mathrm{Hom}_S\left(A\otimes_R M,\ B\right)\to\mathrm{Hom}_S\left(A'\otimes_R M,\ B\right),$$

$$\varphi\mapsto\varphi\left(f\otimes 1\right)。 \tag{2-5-14}$$

对于 $\varphi\in\mathrm{Hom}_S\left(A\otimes_R M,\ B\right)$，$a'\in A'$，$m\in M$，由式（2-5-12）和式（2-5-14）有

$$\tau_{A',\ B}\left(f\otimes 1\right)^*(\varphi)(a')(m)=\tau_{A',\ B}\varphi\left(f\otimes 1\right)(a')(m)=\varphi\left(f\otimes 1\right)\left(a'\otimes m\right)=\varphi\left(f(a')\otimes m\right),$$

由式（2-5-12）和式（2-5-13）有

$$f^*\tau_{A,\ B}(\varphi)(a')(m)=\tau_{A,\ B}(\varphi)f(a')(m)=\varphi\left(f(a')\otimes m\right)。$$

由以上两式知

$$f^*\tau_{A,\ B}=\tau_{A',\ B}\left(f\otimes 1\right)^*,$$

即有交换图：

$$\begin{array}{ccc}\mathrm{Hom}_S\left(A\otimes_R M,\ B\right) & \xrightarrow{(f\otimes 1)^*} & \mathrm{Hom}_S\left(A'\otimes_R M,\ B\right)\\ \tau_{A,\ B}\downarrow & & \downarrow\tau_{A',\ B'}\\ \mathrm{Hom}_R\left(A,\ \mathrm{Hom}_S(M,\ B)\right) & \xrightarrow{f^*} & \mathrm{Hom}_{\mathcal{A}}\left(A',\ \mathrm{Hom}_S(M,\ B)\right)\end{array}。 \tag{2-5-15}$$

$\forall g\in\mathrm{Hom}_B(B,\ B')$，有

$$g_*:\ \mathrm{Hom}_S\left(A\otimes_R M,\ B\right)\to\mathrm{Hom}_S\left(A\otimes_R M,\ B'\right),$$

$$\varphi\mapsto g\varphi。 \tag{2-5-16}$$

$$g'_*:\ \mathrm{Hom}_S(M,\ B)\to\mathrm{Hom}_S(M,\ B'),$$

$$\eta\mapsto g\eta。 \tag{2-5-17}$$

$$g_{**}:\ \mathrm{Hom}_R\left(A,\ \mathrm{Hom}_S(M,\ B)\right)\to\mathrm{Hom}_R\left(A,\ \mathrm{Hom}_S(M,\ B')\right),$$

$$\xi \mapsto g'_* \xi。 \tag{2-5-18}$$

对于 $\varphi \in \mathrm{Hom}_S(A \otimes_R M, B)$，$a \in A$，$m \in M$，由式（2-5-12）和式（2-5-16）有

$$\tau_{A, B'} g_*(\varphi)(a)(m) = \tau_{A, B'}(g\varphi)(a)(m) = g\varphi(a \otimes m),$$

由式（2-5-12）、式（2-5-17）、式（2-5-18）有

$$g_{**}\tau_{A, B}(\varphi)(a)(m) = g'_*\tau_{A, B}(\varphi)(a)(m) = g\tau_{A, B}(\varphi)(a)(m) = g\varphi(a \otimes m)。$$

由以上两式知

$$g_{**}\tau_{A, B} = \tau_{A, B'} g_*,$$

即有交换图：

$$\begin{array}{ccc} \mathrm{Hom}_S(A \otimes_R M, B) & \xrightarrow{g_*} & \mathrm{Hom}_S(A \otimes_R M, B') \\ \downarrow{\scriptstyle \tau_{A, B}} & & \downarrow{\scriptstyle \tau_{A, B'}} \\ \mathrm{Hom}_R(A, \mathrm{Hom}_S(M, B)) & \xrightarrow{g_{**}} & \mathrm{Hom}_R(A, \mathrm{Hom}_S(M, B')) \end{array}。 \tag{2-5-19}$$

证毕。

定理2-5-3 设 F：${}_R\mathcal{M} \to {}_S\mathcal{M}$和 G：${}_S\mathcal{M} \to {}_R\mathcal{M}$是两个正变函子。如果$(F, G)$是相伴的，那么 F 是右正合函子，G 是左正合函子。

证明 设有${}_R\mathcal{M}$正合列：

$$A \xrightarrow{f} B \xrightarrow{g} C \longrightarrow 0,$$

对于 $\forall M \in {}_S\mathcal{M}$，根据函子 $\mathrm{Hom}_R(-, GM)$ 的左正合性（定理2-4-1），有正合列：

$$0 \longrightarrow \mathrm{Hom}_R(C, GM) \xrightarrow{g^*} \mathrm{Hom}_R(B, GM) \xrightarrow{f^*} \mathrm{Hom}_R(A, GM)。$$

根据(F, G)的相伴性，有交换图：

$$\begin{array}{ccccccc} 0 & \longrightarrow & \mathrm{Hom}_R(FC, M) & \xrightarrow{(Fg)^*} & \mathrm{Hom}_S(FB, M) & \xrightarrow{(Ff)^*} & \mathrm{Hom}_S(FA, M) \\ \downarrow & & {\scriptstyle \tau_{C, M}} & & \downarrow{\scriptstyle \tau_{B, M}} & & \downarrow{\scriptstyle \tau_{A, M}} \\ 0 & \longrightarrow & \mathrm{Hom}_R(C, GM) & \xrightarrow{g_*} & \mathrm{Hom}_R(B, GM) & \xrightarrow{f^*} & \mathrm{Hom}_R(A, GM) \end{array}。$$

上图第二行正合。由命题2-1-21知上图第一行也正合。根据定理2-4-2（1），有正合列：

$$FA \xrightarrow{Ff} FB \xrightarrow{Fg} FC \longrightarrow 0,$$

表明 F 是右正合函子。

设有${}_S\mathcal{M}$正合列：

$$0 \longrightarrow A \xrightarrow{f} B \xrightarrow{g} C,$$

对$\forall M \in {}_R\mathcal{M}$，根据函子$\mathrm{Hom}_S(FM, -)$的左正合性（定理2-4-1），有正合列：

$$0 \to \mathrm{Hom}_S(FM, A) \xrightarrow{f_*} \mathrm{Hom}_S(FM, B) \xrightarrow{g_*} \mathrm{Hom}_S(FM, C)。$$

根据(F, G)的相伴性，有交换图：

$$\begin{array}{ccccccc} 0 & \longrightarrow & \mathrm{Hom}_S(FM, A) & \xrightarrow{f_*} & \mathrm{Hom}_S(FM, B) & \xrightarrow{g_*} & \mathrm{Hom}_S(FM, C) \\ \downarrow & & \downarrow{\scriptstyle \tau_{M,A}} & & \downarrow{\scriptstyle \tau_{M,B}} & & \downarrow{\scriptstyle \tau_{M,C}} \\ 0 & \longrightarrow & \mathrm{Hom}_R(M, GA) & \xrightarrow{(Gf)_*} & \mathrm{Hom}_R(M, GB) & \xrightarrow{(Gg)_*} & \mathrm{Hom}_R(M, GC) \end{array}。$$

上图第一行正合。由命题2-1-21知上图第二行也正合。根据定理2-4-2（2），有正合列：

$$0 \longrightarrow GA \xrightarrow{Gf} GB \xrightarrow{Gg} GC,$$

表明G是左正合函子。证毕。

定理2-5-4 设正变函子F：${}_R\mathcal{M} \to \mathcal{A}b$，$G$，$G'$：$\mathcal{A}b \to {}_R\mathcal{M}$。如果$(F, G)$和$(F, G')$都是相伴的，那么$G \cong G'$（自然等价，见定义1-9-1）。

证明 设$g \in \mathrm{Hom}_{\mathcal{A}b}(B, B')$，由$(F, G)$和$(F, G')$的相伴性有［式（2-5-4）］

$$\begin{array}{ccc} \mathrm{Hom}_{\mathcal{A}b}(FR, B) & \xrightarrow{g_*} & \mathrm{Hom}_{\mathcal{A}b}(FR, B') \\ {\scriptstyle \tau_{R,B}}\downarrow & & \downarrow{\scriptstyle \tau_{R,B'}} \\ \mathrm{Hom}_R(R, GB) & \xrightarrow{(Gg)_*} & \mathrm{Hom}_R(R, GB') \end{array}, \quad \begin{array}{ccc} \mathrm{Hom}_{\mathcal{A}b}(FR, B) & \xrightarrow{g_*} & \mathrm{Hom}_{\mathcal{A}b}(FR, B') \\ {\scriptstyle \tau'_{R,B}}\downarrow & & \downarrow{\scriptstyle \tau'_{R,B'}} \\ \mathrm{Hom}_R(R, G'B) & \xrightarrow{(G'g)_*} & \mathrm{Hom}_R(R, G'B') \end{array}。$$

以上两图合并为

$$\begin{array}{ccc} \mathrm{Hom}_R(R, GB) & \xrightarrow{(Gg)_*} & \mathrm{Hom}_R(R, GB') \\ {\scriptstyle \tau_{R,B}}\uparrow & & \uparrow{\scriptstyle \tau_{R,B'}} \\ \mathrm{Hom}_{\mathcal{A}b}(FR, B) & \xrightarrow{g_*} & \mathrm{Hom}_{\mathcal{A}b}(FR, B') \\ {\scriptstyle \tau'_{R,B}}\downarrow & & \downarrow{\scriptstyle \tau'_{R,B'}} \\ \mathrm{Hom}_R(R, G'B) & \xrightarrow{(G'g)_*} & \mathrm{Hom}_R(R, G'B') \end{array},$$

从而有

$$\begin{array}{ccc} \mathrm{Hom}_R(R, GB) & \xrightarrow{(Gg)_*} & \mathrm{Hom}_R(R, GB') \\ {\scriptstyle \tau'_{R,B}\tau^{-1}_{R,B}}\downarrow & & \downarrow{\scriptstyle \tau'_{R,B'}\tau^{-1}_{R,B'}} \\ \mathrm{Hom}_R(R, G'B) & \xrightarrow{(G'g)_*} & \mathrm{Hom}_R(R, G'B') \end{array}。$$

根据定理2-2-1有［式（2-2-5）］

$$\begin{array}{ccc} \mathrm{Hom}_R(R, GB) & \xrightarrow{(Gg)_*} & \mathrm{Hom}_R(R, GB') \\ {\scriptstyle \varphi_{GB}}\downarrow & & \downarrow{\scriptstyle \varphi_{GB'}} \\ GB & \xrightarrow{Gg} & GB' \end{array}, \quad \begin{array}{ccc} \mathrm{Hom}_R(R, G'B) & \xrightarrow{(G'g)_*} & \mathrm{Hom}_R(R, G'B') \\ {\scriptstyle \varphi_{G'B}}\downarrow & & \downarrow{\scriptstyle \varphi_{G'B'}} \\ G'B & \xrightarrow{G'g} & G'B' \end{array}。$$

以上三图合并为

$$
\begin{CD}
GB @>{Gg}>> GB' \\
@A{\varphi_{GB}}AA @AA{\varphi_{GB'}}A \\
\mathrm{Hom}_R(R,\ GB) @>{(Gg)_*}>> \mathrm{Hom}_R(R,\ G'B) \\
@V{\tau'_{R,\ B}\tau^{-1}_{R,\ B}}VV @VV{\tau'_{R,\ B'}\tau^{-1}_{R,\ B'}}V \\
\mathrm{Hom}_R(R,\ G'B) @>{(G'g)_*}>> \mathrm{Hom}_R(R,\ G'B') \\
@V{\varphi_{G'B}}VV @VV{\varphi_{G'B'}}V \\
G'B @>{G'g}>> G'B'
\end{CD},
$$

从而有

$$
\begin{CD}
GB @>{Gg}>> GB' \\
@V{\varphi_{G'B}\tau'_{R,\ B}\tau^{-1}_{R,\ B}\varphi^{-1}_{GB}}VV @VV{\varphi_{G'B'}\tau'_{R,\ B'}\tau^{-1}_{R,\ B'}\varphi^{-1}_{GB'}}V \\
G'B @>{G'g}>> G'B'
\end{CD}。
$$

由定义1-9-1知$G \cong G'$。证毕。

命题2-5-1　设$(F,\ G)$是一对伴随函子，如果$F \cong F'$，那么$(F',\ G)$也相伴；如果$G \cong G'$，那么$(F,\ G')$也相伴。

证明　设

$$F:\ \mathcal{A} \to \mathcal{B},\quad G:\ \mathcal{B} \to \mathcal{A},$$

$$f:\ A' \to A,\quad g:\ B \to B',\quad A,\ A' \in \mathrm{Obj}\mathcal{A},\quad B,\ B' \in \mathrm{Obj}\mathcal{B},$$

有

$$
\begin{CD}
\mathrm{Hom}_{\mathcal{B}}(FA,\ B) @>{(Ff)^*}>> \mathrm{Hom}_{\mathcal{B}}(FA',\ B) \\
@V{\tau_{A,\ B}}VV @VV{\tau_{A',\ B}}V \\
\mathrm{Hom}_{\mathcal{A}}(A,\ GB) @>{f^*}>> \mathrm{Hom}_{\mathcal{A}}(A',\ GB)
\end{CD},
\tag{2-5-20}
$$

$$
\begin{CD}
\mathrm{Hom}_{\mathcal{B}}(FA,\ B) @>{g_*}>> \mathrm{Hom}_{\mathcal{B}}(FA,\ B') \\
@V{\tau_{A,\ B}}VV @VV{\tau_{A,\ B'}}V \\
\mathrm{Hom}_{\mathcal{A}}(A,\ GB) @>{(Gg)_*}>> \mathrm{Hom}_{\mathcal{A}}(A,\ GB')
\end{CD}。
\tag{2-5-21}
$$

设有自然等价$\varphi = \{\varphi_A\}:\ F \to F'$，其中等价映射：

$$\varphi_A:\ FA \to F'A。$$

对于$f:\ A' \to A$有

$$
\begin{CD}
FA' @>{Ff}>> FA \\
@V{\varphi_{A'}}VV @VV{\varphi_A}V \\
F'A' @>{F'f}>> F'A
\end{CD}。
\tag{2-5-22}
$$

记

$$\tilde{\varphi}_{A,\ B} = \varphi_A^*:\ \mathrm{Hom}_{\mathcal{B}}(F'A,\ B) \to \mathrm{Hom}_{\mathcal{B}}(FA,\ B),\ \sigma \mapsto \sigma\varphi_A。\tag{2-5-23}$$

由命题1-1-5知 $\tilde{\varphi}_{A,B}$ 是双射。对于 $\forall\sigma\in\mathrm{Hom}_{\mathcal{B}}(F'A, B)$ 有

$$\tilde{\varphi}_{A',B}(F'f)^*(\sigma)=\sigma(F'f)\varphi_{A'},$$

$$(Ff)^*\tilde{\varphi}_{A,B}(\sigma)=\sigma\varphi_A(Ff)。$$

由式（2-5-22）知以上两式相等，所以可得

$$\begin{array}{ccc}\mathrm{Hom}_{\mathcal{B}}(F'A, B) & \xrightarrow{(F'f)^*} & \mathrm{Hom}_{\mathcal{B}}(F'A', B)\\ {\scriptstyle\tilde{\varphi}_{A,B}}\downarrow & & \downarrow{\scriptstyle\tilde{\varphi}_{A',B}}\\ \mathrm{Hom}_{\mathcal{B}}(FA, B) & \xrightarrow{(Ff)^*} & \mathrm{Hom}_{\mathcal{B}}(FA', B)\end{array} 。\tag{2-5-24}$$

由式（2-5-20）和式（2-5-24）有

$$\begin{array}{ccc}\mathrm{Hom}_{\mathcal{B}}(F'A, B) & \xrightarrow{(F'f)^*} & \mathrm{Hom}_{\mathcal{B}}(F'A', B)\\ {\scriptstyle\tau'_{A,B}}\downarrow & & \downarrow{\scriptstyle\tau'_{A',B}}\\ \mathrm{Hom}_{\mathcal{A}}(A, GB) & \xrightarrow{f^*} & \mathrm{Hom}_{\mathcal{A}}(A', GB)\end{array} ,\tag{2-5-25}$$

其中双射：

$$\tau'_{A,B}=\tau_{A,B}\tilde{\varphi}_{A,B} 。\tag{2-5-26}$$

记

$$g'_*:\ \mathrm{Hom}_{\mathcal{B}}(F'A, B)\to\mathrm{Hom}_{\mathcal{B}}(F'A, B'),\ \sigma\mapsto g\sigma,$$

对于 $\forall\sigma\in\mathrm{Hom}_{\mathcal{B}}(F'A, B)$ 有

$$\tilde{\varphi}_{A,B'}g'_*(\sigma)=\tilde{\varphi}_{A,B'}(g\sigma)=g\sigma\varphi_A,$$

$$g_*\tilde{\varphi}_{A,B}(\sigma)=g_*(\sigma\varphi_A)=g\sigma\varphi_A,$$

所以 $\tilde{\varphi}_{A,B'}g'_*=g_*\tilde{\varphi}_{A,B}$，即有

$$\begin{array}{ccc}\mathrm{Hom}_{\mathcal{B}}(F'A, B) & \xrightarrow{g'_*} & \mathrm{Hom}_{\mathcal{B}}(F'A, B')\\ {\scriptstyle\tilde{\varphi}_{A,B}}\downarrow & & \downarrow{\scriptstyle\varphi_{A,B'}}\\ \mathrm{Hom}_{\mathcal{B}}(FA, B) & \xrightarrow{g_*} & \mathrm{Hom}_{\mathcal{B}}(FA, B')\end{array} 。\tag{2-5-27}$$

由式（2-5-21）和式（2-5-27）有

$$\begin{array}{ccc}\mathrm{Hom}_{\mathcal{B}}(F'A, B) & \xrightarrow{g'_*} & \mathrm{Hom}_{\mathcal{B}}(F'A, B')\\ {\scriptstyle\tau'_{A,B}}\downarrow & & \downarrow{\scriptstyle\tau'_{A,B'}}\\ \mathrm{Hom}_{\mathcal{A}}(A, GB) & \xrightarrow{(Gg)_*} & \mathrm{Hom}_{\mathcal{A}}(A, GB')\end{array} 。\tag{2-5-28}$$

由式（2-5-25）和式（2-5-28）知 (F', G) 相伴。证毕。

2.6 正向极限

定义2-6-1 正向系统（direct system） 设$\mathcal{C}$是一个范畴，I是一个偏序小范畴（定义1-1-3）。以I为指标的正向系统是一个正变函子F：$I\to\mathcal{C}$，有

$$F\text{：}\mathrm{Obj}I\to\mathrm{Obj}\mathcal{C}\text{，}\quad i\mapsto F_i\text{，}$$

$$F\text{：}\mathrm{Hom}_I(i,\ j)\to\mathrm{Hom}_{\mathcal{C}}(F_i,\ F_j)\text{，}\quad \Gamma_j^i\mapsto\varphi_j^i\text{，}\quad i\leqslant j\text{。}$$

根据定义1-8-1（3）可知，态射$F\left(\Gamma_j^i\right)=\varphi_j^i$：$F_i\to F_j$需要满足以下条件。

（1）$\forall i\in I$，$\varphi_i^i=1_{F_i}$：$F_i\to F_i$是恒等态射。

（2）如果$i\leqslant j\leqslant k$，则有$F\left(\Gamma_k^i\right)=F\left(\Gamma_k^j\Gamma_j^i\right)=F\left(\Gamma_k^j\right)F\left(\Gamma_j^i\right)$，也就是

$$\varphi_k^i=\varphi_k^j\varphi_j^i\text{，即}\quad \begin{array}{ccc} F_i & \xrightarrow{\varphi_k^i} & F_k \\ & {\scriptstyle\varphi_j^i}\searrow \quad \nearrow{\scriptstyle\varphi_k^j} & \\ & F_j & \end{array}\text{。}\tag{2-6-1}$$

一般地，我们将以I为指标的正向系统F：$I\to\mathcal{C}$记为$F=\left\{F_i,\ \varphi_j^i\right\}$。

例2-6-1

（1）令A是一个模，$\{A_i\}_{i\in I}$是A的所有有限生成子模，若$i\leqslant j$，则$A_i\subseteq A_j$。令λ_j^i：$A_i\to A_j$（$i\leqslant j$）是包含映射，则$\left\{A_i,\ \lambda_j^i\right\}$是一个正向系统。

（2）令$I=\{a,\ b,\ c\}$，偏序关系为$a\leqslant b$，$a\leqslant c$，b与c没有偏序关系。有正向系统：

$$\begin{array}{ccc} F_a & \xrightarrow{\varphi_b^a} & F_b \\ {\scriptstyle\varphi_c^a}\downarrow & & \\ F_c & & \end{array}\text{。}$$

（3）设I是一个偏序集，A是一个固定的模。令$A_i=A$（$i\in I$），$\varphi_j^i=1_A$：$A_i\to A_j$（$i\leqslant j$），则$\left\{A_i,\ \varphi_j^i\right\}$构成一个正向系统，称为常量系统，记作$|A|$。

定义2-6-2 正向极限（direct limit） 余极限（colimit） 设$\left\{F_i,\ \varphi_j^i\right\}$是范畴$\mathcal{C}$中以$I$为指标的正向系统。若有范畴$\mathcal{C}$中的一个对象$F$和一个态射族$\{\alpha_i$：$F_i\to F\}$满足

$$\alpha_i=\alpha_j\varphi_j^i\text{，即}\quad \begin{array}{ccc} F_i & \xrightarrow{\alpha_i} & F \\ {\scriptstyle\varphi_j^i}\downarrow & \nearrow{\scriptstyle\alpha_j} & \\ F_j & & \end{array}\text{，}\quad \forall i\leqslant j\text{，}\tag{2-6-2}$$

且具有泛性质，即对于$\mathcal{C}$中任意对象F'和任意态射族$\left\{\alpha_i'\text{：}F_i\to F'\right\}$，有

$$\alpha'_i=\alpha'_j\varphi^i_j，即 \quad \begin{array}{ccc} F_i & \xrightarrow{\alpha'_i} & F' \\ {\scriptstyle\varphi^i_j}\downarrow & \nearrow{\scriptstyle\alpha'_j} & \\ F_j & & \end{array} \quad ，\forall i\leqslant j， \tag{2-6-3}$$

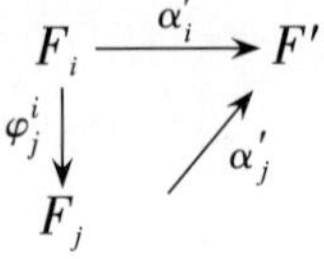

也就是

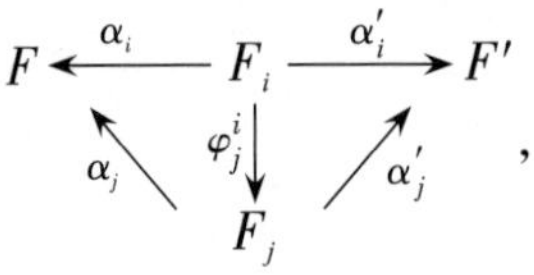

$$\begin{array}{ccccc} F & \xleftarrow{\alpha_i} & F_i & \xrightarrow{\alpha'_i} & F' \\ & {\scriptstyle\alpha_j}\nwarrow & {\scriptstyle\varphi^i_j}\downarrow & \nearrow{\scriptstyle\alpha'_j} & \\ & & F_j & & \end{array} \quad ，\forall i\leqslant j，$$

则存在唯一的态射 $\beta:F\to F'$ 使得

$$\alpha'_i=\beta\alpha_i，\forall i\in I， \tag{2-6-4}$$

即有交换图：

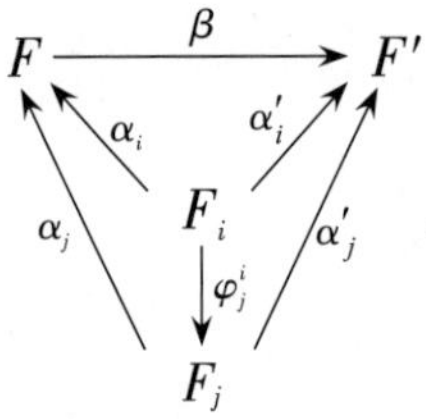

$$\begin{array}{ccccc} F & & \xrightarrow{\beta} & & F' \\ & {\scriptstyle\alpha_i}\nwarrow & & \nearrow{\scriptstyle\alpha'_i} & \\ {\scriptstyle\alpha_j}\nwarrow & & F_i & & \nearrow{\scriptstyle\alpha'_j} \\ & & {\scriptstyle\varphi^i_j}\downarrow & & \\ & & F_j & & \end{array} \quad ， \tag{2-6-5}$$

称正向系统 $\{F_i，\varphi^i_j\}$ 的正向极限（或称余极限）是

$$\varinjlim_{i\in I}\{F_i，\varphi^i_j\}=\{F，\alpha_i\}。$$

有时也省略态射，记为

$$\varinjlim_{i\in I}F_i=F，$$

也可把 $\varinjlim\limits_{i\in I}$ 简记为 $\varinjlim$ 。

命题2-6-1 设 $\varinjlim\limits_{i\in I}\{F_i，\varphi^i_j\}=\{F，\alpha_i\}$。若 $\beta：F\to F$ 满足 $\beta\alpha_i=\alpha_i\,(\forall i\in I)$，则 $\beta=1_F$。

证明 有

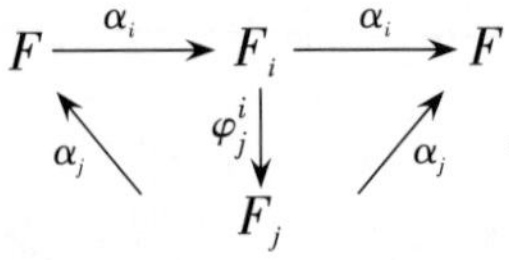

$$\begin{array}{ccccc} F & \xrightarrow{\alpha_i} & F_i & \xrightarrow{\alpha_i} & F \\ & {\scriptstyle\alpha_j}\nwarrow & {\scriptstyle\varphi^i_j}\downarrow & \nearrow{\scriptstyle\alpha_j} & \\ & & F_j & & \end{array} \quad ，$$

根据泛性质，存在唯一的 $\beta：F\to F$ 使得 $\beta\alpha_i=\alpha_i$。而 $1_F\alpha_i=\alpha_i$，所以 $\beta=1_F$。证毕。

命题2-6-2 正向极限如果存在，则本质唯一。也就是说，若 $\{F，\alpha_i\}$ 和 $\{F'，\alpha'_i\}$ 都是 $\{F_i，\varphi^i_j\}$ 的正向极限，那么存在同构 $\beta：F\to F'$，使得 $\alpha'_i=\beta\alpha_i$。

证明 根据 $\{F，\alpha_i\}$ 的泛性质，对于 $\{F'，\alpha'_i\}$，有 $\beta：F\to F'$ 使得

$$\alpha'_i=\beta\alpha_i。$$

根据$\{F', \alpha_i'\}$的泛性质，对于$\{F, \alpha_i\}$，有β'：$F \to F'$使得

$$\alpha_i = \beta'\alpha_i'。$$

由以上两式得

$$\alpha_i = \beta'\beta\alpha_i。$$

由命题2-6-1知$\beta'\beta = 1_F$。同理可得$\beta\beta' = 1_{F'}$。证毕。

定理2-6-1　模范畴${}_R\mathcal{M}$中正向系统$\{F_i, \varphi_j^i\}$的正向极限存在。

证明　令λ_i：$F_i \to \bigoplus_j F_j$是入射，令

$$S = \left\langle \left\{ \lambda_j \varphi_j^i(a_i) - \lambda_i(a_i) \middle| a_i \in F_i, \ i \leqslant j \right\} \right\rangle, \tag{2-6-6}$$

即S是由形如

$$(\cdots, 0, -a_i, 0, \cdots, 0, \varphi_j^i a_i, 0, \cdots)$$

元素生成的$\bigoplus_i F_i$的子模。S中元素形如

$$\sum_{l=1}^{k} r_l \left(\lambda_{j_l} \varphi_{j_l}^{i_l}(a_{i_l}) - \lambda_{i_l}(a_{i_l}) \right) = \sum_{l=1}^{k} \left(\lambda_{j_l} \varphi_{j_l}^{i_l}(r_l a_{i_l}) - \lambda_{i_l}(r_l a_{i_l}) \right)。$$

上式可写成$\sum_{l=1}^{k} \left(\lambda_{j_l} \varphi_{j_l}^{i_l}(a_{i_l}) - \lambda_{i_l}(a_{i_l}) \right)$，所以可得

$$S = \left\{ \sum_{l=1}^{k} \left(\lambda_{j_l} \varphi_{j_l}^{i_l}(a_{i_l}) - \lambda_{i_l}(a_{i_l}) \right) \middle| k \in N, \ a_{i_l} \in F_{i_l}, \ i_l \leqslant j_l \right\}。 \tag{2-6-7}$$

令

$$\varinjlim F_i = \left(\bigoplus_i F_i \right) / S。 \tag{2-6-8}$$

记自然同态：

$$\pi: \bigoplus_i F_i \to \varinjlim F_i。$$

令

$$\alpha_i = \pi\lambda_i: F_i \to \varinjlim F_i, \ a_i \mapsto \lambda_i(a_i) + S。 \tag{2-6-9}$$

设$i \leqslant j$，$a_i \in F_i$，由式（2-6-7）知$\lambda_j \varphi_j^i(a_i) - \lambda_i(a_i) \in S$，所以可得

$$\lambda_j \varphi_j^i(a_i) + S = \lambda_i(a_i) + S。$$

由式（2-6-9）知上式是$\alpha_j \varphi_j^i(a_i) = \alpha_i(a_i)$，所以可得

$$\alpha_i = \alpha_j \varphi_j^i。$$

设$F' \in {}_R\mathcal{M}$和$\{\alpha_A': F_i \to F'\}$满足

$$\alpha_i' = \alpha_j' \varphi_j^i, \ i \leqslant j。 \tag{2-6-10}$$

根据直和的泛性质（命题2-3-3），存在唯一的R-模同态（下式是有限和，p_i：$\bigoplus_j F_j \to F_i$

是投射）

$$\varphi=\sum_i \alpha'_i p_i\colon \bigoplus_i F_i \to F' \tag{2-6-11}$$

使得

$$\alpha'_i=\varphi\lambda_i，即 \begin{array}{ccc} F_i & \xrightarrow{\lambda_i} & \bigoplus_j F_j \\ {\scriptstyle \alpha'_i}\downarrow & \swarrow{\scriptstyle \varphi} & \\ F' & & \end{array}。$$

任取 S 中元素［式（2-6-7）］ $x=\sum_{l=1}^{k}\left(\lambda_{j_l}\varphi_{j_l}^{i_l}\left(a_{i_l}\right)-\lambda_{i_l}\left(a_{i_l}\right)\right)$，根据式（2-6-11）有

$$\begin{aligned}\varphi(x)&=\varphi\left(\sum_{l=1}^{k}\lambda_{j_l}\varphi_{j_l}^{i_l}\left(a_{i_l}\right)\right)-\varphi\left(\sum_{l=1}^{k}\lambda_{i_l}\left(a_{i_l}\right)\right)\\&=\sum_{r=1}^{k}\alpha'_j p_{j_r}\left(\sum_{l=1}^{k}\lambda_{j_l}\varphi_{j_l}^{i_l}\left(a_{i_l}\right)\right)-\sum_{r=1}^{k}\alpha'_{i_r}p_{i_r}\left(\sum_{l=1}^{k}\lambda_{i_l}\left(a_{i_l}\right)\right),\end{aligned}$$

根据式（2-3-3）可知

$$上式=\sum_{r=1}^{k}\alpha'_{j_r}\varphi_{j_r}^{i_r}\left(a_{i_r}\right)-\sum_{r=1}^{k}\alpha'_{i_r}\left(a_{i_r}\right)。$$

根据式（2-6-10）可知

$$上式=\sum_{r=1}^{k}\alpha'_{i_r}\left(a_{i_r}\right)-\sum_{r=1}^{k}\alpha'_{i_r}\left(a_{i_r}\right)=0。$$

即 $x\in\ker\varphi$，表明 $S\subseteq\ker\varphi$。根据命题2-1-7′，存在唯一的R-模同态 β：$\varinjlim F_i\to F'$，使得

$$\varphi=\beta\pi，即 \begin{array}{ccc} \bigoplus_i F_i & \xrightarrow{\varphi} & F' \\ {\scriptstyle \pi}\downarrow & \nearrow{\scriptstyle \beta} & \\ \varinjlim F_i & & \end{array}。$$

有

$$\alpha'_i=\varphi\lambda_i=\beta\pi\lambda_i=\beta\alpha_i。$$

若有 β'：$\varinjlim F_i\to F'$ 满足 $\alpha'_i=\beta'\alpha_i$，则 $\alpha'_i=\beta'\pi\lambda_i$，由 φ 的唯一性知 $\varphi=\beta'\pi$，再由 β 的唯一性知 $\beta=\beta'$。所以满足 $\alpha'_i=\beta\alpha_i$ 的 β 是唯一的。证毕。

定义 2-6-3　推出（push-out）　例2-6-1（2）中正向系统：

$$\begin{array}{ccc} A & \xrightarrow{f} & B \\ {\scriptstyle g}\downarrow & & \\ C & & \end{array}$$

它的正向极限 L 称为推出。

设 L 对应态射 α：$A \to L$，β：$B \to L$，γ：$C \to L$，根据式（2-6-2）有交换图：

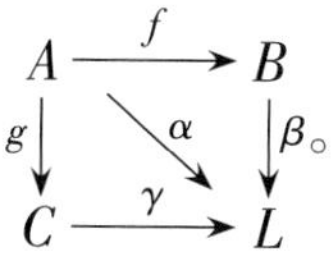

$$\begin{array}{ccc} A & \xrightarrow{f} & B \\ {\scriptstyle g}\downarrow & \searrow^{\alpha} & \downarrow{\scriptstyle \beta} \\ C & \xrightarrow{\gamma} & L \end{array} 。\tag{2-6-12}$$

实际上，只有 β，γ 是独立的，因为 $\alpha = \beta f = \gamma g$。上图省略 α，画成

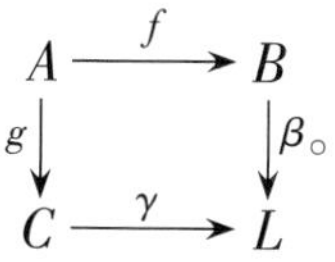

$$\begin{array}{ccc} A & \xrightarrow{f} & B \\ {\scriptstyle g}\downarrow & & \downarrow{\scriptstyle \beta} \\ C & \xrightarrow{\gamma} & L \end{array} 。\tag{2-6-12′}$$

L 与 $\{\alpha, \beta, \gamma\}$ 具有泛性质，即若有 L' 与 $\{\alpha', \beta', \gamma'\}$ 满足

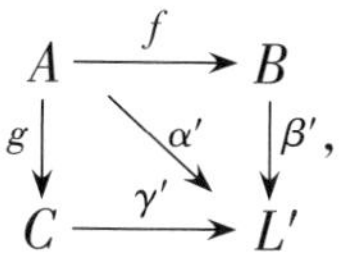

$$\begin{array}{ccc} A & \xrightarrow{f} & B \\ {\scriptstyle g}\downarrow & \searrow^{\alpha'} & \downarrow{\scriptstyle \beta'} \\ C & \xrightarrow{\gamma'} & L' \end{array} ,\tag{2-6-13}$$

则存在唯一的 θ：$L \to L'$，使得［式（2-6-4）］

$$\alpha' = \theta\alpha,\quad \beta' = \theta\beta,\quad \gamma' = \theta\gamma。$$

由于式（2-6-13）中只有 β'，γ' 是独立的，所以泛性质也可叙述为，L 与 $\{\beta, \gamma\}$ 具有泛性质，即若有 L' 与 $\{\beta', \gamma'\}$ 满足

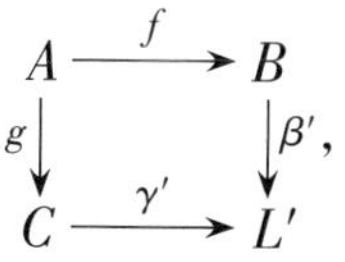

$$\begin{array}{ccc} A & \xrightarrow{f} & B \\ {\scriptstyle g}\downarrow & & \downarrow{\scriptstyle \beta'} \\ C & \xrightarrow{\gamma'} & L' \end{array} ,\tag{2-6-13′}$$

则存在唯一的 θ：$L \to L'$，使得［式（2-6-4）］

$$\beta' = \theta\beta,\quad \gamma' = \theta\gamma,$$

即有交换图：

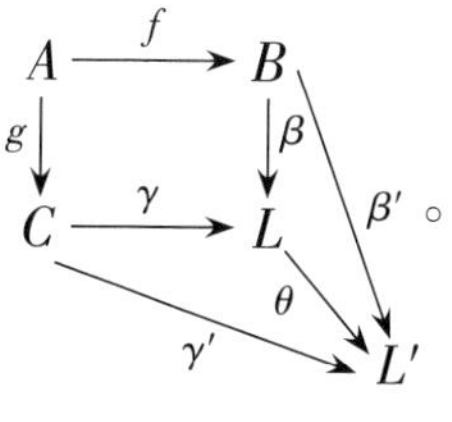

$$\begin{array}{cccc} A & \xrightarrow{f} & B & \\ {\scriptstyle g}\downarrow & & \downarrow{\scriptstyle \beta} & \searrow^{\beta'} \\ C & \xrightarrow{\gamma} & L & \\ & \searrow_{\gamma'} & & \searrow^{\theta} \\ & & & L' \end{array} 。\tag{2-6-14}$$

例2-6-2　模范畴中的推出　设有模范畴 ${}_R\mathcal{M}$ 中正向系统：

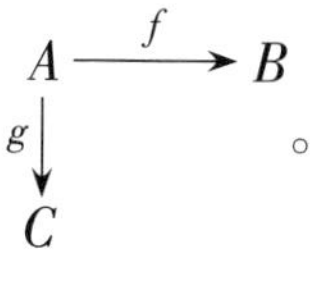

$$\begin{array}{ccc} A & \xrightarrow{f} & B \\ {\scriptstyle g}\downarrow & & \\ C & & \end{array} 。$$

令

$$W=\left\langle\left\{\left(-f(a),\ g(a)\right)\middle| a\in A\right\}\right\rangle,$$

$$L=(B\oplus C)/W,$$

$$\beta:\ B\to L,\quad b\mapsto(b,\ 0)+W,$$

$$\gamma:\ C\to L,\quad c\mapsto(0,\ c)+W,$$

对于 $\forall a\in A$，有

$$\beta f(a)=\left(f(a),\ 0\right)+W,\quad \gamma g(a)=\left(0,\ g(a)\right)+W,$$

由于 $\left(0,\ g(a)\right)-\left(f(a),\ 0\right)=\left(-f(a),\ g(a)\right)\in W$，所以可得

$$\beta f=\gamma g\text{ ，即 }\begin{array}{ccc} A & \xrightarrow{f} & B \\ {\scriptstyle g}\downarrow & & \downarrow{\scriptstyle\beta} \\ C & \xrightarrow{\gamma} & L \end{array}。$$

设 L' 与 $\{\beta',\ \gamma'\}$ 满足

$$\begin{array}{ccc} A & \xrightarrow{f} & B \\ {\scriptstyle g}\downarrow & & \downarrow{\scriptstyle\beta'} \\ C & \xrightarrow{\gamma'} & L' \end{array},$$

令

$$\theta:\ L\to L',\quad (b,\ c)+W\mapsto\beta'(b)+\gamma'(c)。$$

验证上式与代表元选择无关：设 $(b,\ c)+W=(b',\ c')+W$，则 $(b-b',\ c-c')\in W$，从而

$$(b-b',\ c-c')=\sum_i r_i\left(-f(a_i),\ g(a_i)\right)=\left(-f\left(\sum_i r_i a_i\right),\ g\left(\sum_i r_i a_i\right)\right)=\left(-f(a),\ g(a)\right),$$

于是

$$\beta'(b-b')+\gamma'(c-c')=-\beta' f(a)+\gamma' g(a)=0,$$

所以 $\beta'(b)+\gamma'(c)=\beta'(b')+\gamma'(c')$，即 θ 的定义与代表元选择无关。

对于 $\forall b\in B$，有 $\theta\beta(b)=\theta\left((b,\ 0)+W\right)=\beta'(b)$，即

$$\beta'=\theta\beta,$$

对于 $\forall c\in C$，有 $\theta\gamma(c)=\theta\left((0,\ c)+W\right)=\gamma'(c)$，即

$$\gamma'=\theta\gamma,$$

表明有交换图（2-6-14）。若有 θ'：$L\to L'$ 满足

$$\beta'=\theta'\beta,\quad \gamma'=\theta'\gamma,$$

则 $(\theta'-\theta)\beta=0$，$(\theta'-\theta)\gamma=0$，$(\theta'-\theta)\alpha=0$（这里 $\alpha=\beta f=\gamma g$），由命题2-2-3′知 $\theta'=\theta$，所以 θ 是唯一的。综上知 L 是该系统的推出。

命题2-6-3　在例2-6-2中，有

$$g\text{ 单(满)}\Rightarrow\beta\text{ 单(满)},$$

$$f\text{ 单(满)}\Rightarrow\gamma\text{ 单(满)}。$$

证明　设 g 单。令 $b\in\ker\beta\subseteq B$，即 $0=\beta(b)=(b,0)+W$，所以 $(b,0)\in W$，从而

$$(b,0)=\sum_i r_i\big(-f(a_i),g(a_i)\big)=\left(-f\left(\sum_i r_ia_i\right),g\left(\sum_i r_ia_i\right)\right)=\big(-f(a),g(a)\big),$$

即

$$b=-f(a),\quad 0=g(a)。$$

由于 g 单，所以 $a=0$，从而 $b=0$，即 $\ker\beta=0$，β 单。

设 f 单。设 $c\in\ker\gamma\subseteq C$，即 $0=\gamma(c)=(0,c)+W$，所以 $(0,c)\in W$，从而

$$0=-f(a),\quad c=g(a)。$$

由于 f 单，所以 $a=0$，从而 $c=0$，即 $\ker\gamma=0$，γ 单。

设 g 满。$\forall(b,c)+W\in L$，存在 $a\in A$，使得 $g(a)=c$。令 $b'=b+f(a)\in B$，则

$$(b,c)-(b',0)=\big(-f(a),g(a)\big)\in W,$$

从而

$$\beta(b')=(b',0)+W=(b,c)+W,$$

所以 β 满。

设 f 满。$\forall(b,c)+W\in L$，存在 $a\in A$，使得 $f(a)=b$。令 $c'=c+g(a)\in C$，则

$$(b,c)-(0,c')=\big(f(a),-g(a)\big)\in W,$$

从而

$$\gamma(c')=(0,c')+W=(b,c)+W,$$

所以 γ 满。证毕。

命题2-6-4　设指标集 I 是正整数集，集合 $A_i\subseteq A_{i+1}\,(i\geqslant 1)$，对于 $i\leqslant j$，令 $\varphi_j^i: A_i\to A_j$ 是包含同态，则 $\{A_i,\varphi_j^i\}$ 是集合范畴 $\mathcal{S}$ 中的正向系统，其正向极限为

$$\varinjlim A_i=\bigcup_{i=1}^{\infty}A_i。$$

证明　易验证 $\{A_i,\varphi_j^i\}$ 是正向系统。令 $\alpha_i: A_i\to\bigcup_{j=1}^{\infty}A_j$ 是包含同态，显然有

$$\alpha_i=\alpha_j\varphi_j^i,\quad i\leqslant j。$$

设 A' 和 α_i': $A_i \to A'$ 满足

$$\alpha_i' = \alpha_j' \varphi_j^i, \quad i \leqslant j。$$

对于 $x \in \bigcup_{j=1}^{\infty} A_j$，设 $x \in A_i$，令

$$\beta: \bigcup_{j=1}^{\infty} A_j \to A', \quad x \mapsto \alpha_i'(x),$$

若另有 $x \in A_{i'}$，不妨设 $i \leqslant i'$，则 $\alpha_i'(x) = \alpha_{i'}' \varphi_{i'}^i(x) = \alpha_{i'}'(x)$，表明上式与 i 的选取无关。对于 $\forall x_i \in A_i$，有 $\beta\alpha_i(x_i) = \beta(x_i) = \alpha_i'(x_i)$，即

$$\alpha_i' = \beta\alpha_i。$$

也就是有交换图：

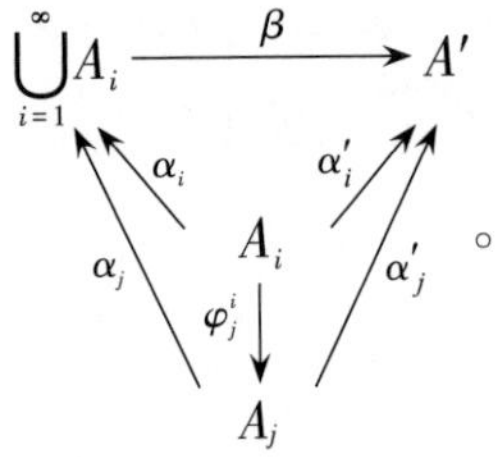

$$\begin{array}{ccc} \bigcup_{i=1}^{\infty} A_i & \xrightarrow{\beta} & A' \\ {\scriptstyle \alpha_i} \nwarrow & A_i & \nearrow {\scriptstyle \alpha_i'} \\ {\scriptstyle \alpha_j} \nwarrow & \downarrow {\scriptstyle \varphi_j^i} & \nearrow {\scriptstyle \alpha_j'} \\ & A_j & \end{array} \quad 。 \tag{2-6-15}$$

若另有 β': $\bigcup_{j=1}^{\infty} A_j \to A'$ 使得 $\alpha_i' = \beta'\alpha_i$，则 $\beta'\alpha_i = \beta\alpha_i$，根据命题A-17有 $\beta' = \beta$。证毕。

定义2-6-4 正向集（directset） 对于偏序集I，如果序关系"$\leqslant$"还满足$\forall i$，$j \in I$，$\exists k \in I$，使得 $i \leqslant k$，$j \leqslant k$，则称 I 是正向集。

命题2-6-5 设 I 是一个偏序集，那么

$$I\text{ 是正向集} \Leftrightarrow (\forall k \in Z^+, \ \forall i_1, \cdots, i_k \in I, \ \exists j \in I, \ j \geqslant i_1, \cdots, i_k)。$$

证明 $\Leftarrow$：取 $k = 2$ 即可。

$\Rightarrow$：对于 i_1，i_2，存在 j_2，使得 $j_2 \geqslant i_1$，i_2。对于 j_2，i_3，存在 j_3，使得 $j_3 \geqslant j_2$，i_3，由拟序的传递性知 $j_3 \geqslant i_1$，i_2，i_3。依次进行下去，即可得 $j \geqslant i_1$，$\cdots$，i_k。证毕。

定理2-6-2 设 I 是正向集，$\{F_i, \varphi_j^i\}$ 是范畴${}_R\mathcal{M}$中以 I 为指标集的正向系统，则有以下情况（采用定理2-6-1中的符号）。

（1）$\varinjlim F_i = \{\alpha_i(a_i) = \lambda_i(a_i) + S \mid a_i \in F_i, \ i \in I\}$。

（2）$\alpha_i(a_i) = 0$（即 $\lambda_i(a_i) \in S$）$\Leftrightarrow$（$\exists j \geqslant i$，$\varphi_j^i(a_i) = 0$）。

证明 （1）显然右边集合中的元素都属于 $\varinjlim F_i = \left(\bigoplus_i F_i\right)/S$。反之，任取 $\varinjlim F_i$ 中的元素 $\sum_{l=1}^{k} \lambda_{i_l}(a_{i_l}) + S$，其中 $a_{i_l} \in F_{i_l}$（$l = 1, \cdots, k$）。由命题2-6-5知有 $j \geqslant i_l$（$l = 1, \cdots, k$），令

$$a_j = \sum_{l=1}^{k} \varphi_j^{i_l}(a_{i_l}) \in A_j,$$

则

$$\left(\sum_{l=1}^{k}\lambda_{i_l}(a_{i_l})\right)-\lambda_j(a_j)=\sum_{l=1}^{k}\left(\lambda_{i_l}(a_{i_l})-\lambda_j\varphi_j^{i_l}(a_{i_l})\right)\in S,$$

所以 $\sum_{l=1}^{k}\lambda_{i_l}(a_{i_l})+S=\lambda_j(a_j)+S$。

（2）$\Leftarrow$：$\lambda_i a_i=\lambda_i a_i-\lambda_j\varphi_j^i(a_i)\in S$。

$\Rightarrow$：根据式（2-6-7）有

$$\lambda_i(a_i)=\sum_{i'\leqslant j'}\left(\lambda_{i'}(a_{i'})-\lambda_{j'}\varphi_{j'}^{i'}(a_{i'})\right)。\tag{2-6-16}$$

上式右边是有限和，根据命题2-6-5，存在 j 不小于上式右边的所有指标。有

$$\lambda_{i'}(a_{i'})-\lambda_{j'}\varphi_{j'}^{i'}(a_{i'})=\lambda_{i'}(a_{i'})-\lambda_j\varphi_j^{i'}(a_{i'})+\lambda_j\varphi_j^{i'}(a_{i'})-\lambda_{j'}\varphi_{j'}^{i'}(a_{i'}),$$

由于 $\varphi_j^{i'}=\varphi_j^{j'}\varphi_{j'}^{i'}$ ［式（2-6-1）］，所以上式为

$$\lambda_{i'}(a_{i'})-\lambda_{j'}\varphi_{j'}^{i'}(a_{i'})=\lambda_{i'}(a_{i'})-\lambda_j\varphi_j^{i'}(a_{i'})+\lambda_j\varphi_j^{j'}\varphi_{j'}^{i'}(a_{i'})-\lambda_{j'}\varphi_{j'}^{i'}(a_{i'})。\tag{2-6-17}$$

由式（2-6-16）可得

$$\lambda_j\varphi_j^i(a_i)=\lambda_j\varphi_j^i(a_i)-\lambda_i(a_i)+\lambda_i(a_i)=\lambda_j\varphi_j^i(a_i)-\lambda_i(a_i)+\sum_{i'\leqslant j'}\left(\lambda_{i'}(a_{i'})-\lambda_{j'}\varphi_{j'}^{i'}(a_{i'})\right),$$

将式（2-6-17）代入上式得

$$\lambda_j\varphi_j^i(a_i)=\lambda_j\varphi_j^i(a_i)-\lambda_i(a_i)+\sum_{i'\leqslant j'}\left(\lambda_{i'}(a_{i'})-\lambda_j\varphi_j^{i'}(a_{i'})+\lambda_j\varphi_j^{j'}\left(\varphi_{j'}^{i'}(a_{i'})\right)-\lambda_{j'}\left(\varphi_{j'}^{i'}(a')\right)\right),$$

上式可写成

$$\lambda_j\varphi_j^i(a_i)=\sum_{i'\leqslant j}\left(\lambda_{i'}(a_{i'})-\lambda_j\varphi_j^{i'}(a_{i'})\right)。$$

上式右边对于 $i'=j$ 的项，由于 $\varphi_j^{i'}=1_{F_j}$，所以 $\lambda_{i'}(a_{i'})-\lambda_j\varphi_j^{i'}(a_{i'})=0$。对于 $i'<j$ 的项，有 $a_{i'}\in F_{i'}\neq F_j$，而 $\lambda_j\varphi_j^i(a_i)$ 中非 F_j 的分量都是零，所以 $a_{i'}=0$，因此 $\lambda_{i'}(a_{i'})-\lambda_j\varphi_j^{i'}(a_{i'})=0$。从而可得 $\lambda_j\varphi_j^i(a_i)=0$，即 $\varphi_j^i(a_i)=0$。证毕。

命题2-6-6　设 I 是正向集，$\{F_i,\ \varphi_j^i\}$ 是模范畴 ${}_R\mathcal{M}$ 中以 I 为指标集的正向系统，它的正向极限对应态射族 $\{\alpha_i\}$，$a_i\in F_i$，$a_j\in F_j$，则

$$\alpha_i(a_i)=\alpha_j(a_j)\Leftrightarrow\left(\exists k\in I,\ i\leqslant k,\ j\leqslant k,\ \varphi_k^i(a_i)=\varphi_k^j(a_j)\right)。$$

证明　$\Leftarrow$：有 $\alpha_k\varphi_k^i(a_i)=\alpha_k\varphi_k^j(a_j)$，由式（2-6-2）知 $\alpha_i(a_i)=\alpha_j(a_j)$。

$\Rightarrow$：根据式（2-6-9）有 $\pi\left(\lambda_i(a_i)-\lambda_j(a_j)\right)=0$，即

$$\lambda_i(a_i)-\lambda_j(a_j)\in S。$$

根据正向集定义，$\exists k'\in I$，使得 $i\leqslant k'$，$j\leqslant k'$。有

$$\lambda_i(a_i)-\lambda_j(a_j)=\lambda_i(a_i)-\lambda_{k'}\varphi_{k'}^i(a_i)+\lambda_{k'}\varphi_{k'}^i(a_i)-\lambda_{k'}\varphi_{k'}^j(a_j)+\lambda_{k'}\varphi_{k'}^j(a_j)-\lambda_j(a_j),$$

所以可得

$$\lambda_{k'}\left(\varphi_{k'}^i(a_i)-\varphi_{k'}^j(a_j)\right)=\left(\lambda_i(a_i)-\lambda_j(a_j)\right)+\left(\lambda_{k'}\varphi_{k'}^i(a_i)-\lambda_i(a_i)\right)+\left(\lambda_j(a_j)-\lambda_{k'}\varphi_{k'}^j(a_j)\right),$$

而 $\lambda_{k'}\varphi_{k'}^i(a_i)-\lambda_i(a_i)\in S$，$\lambda_j(a_j)-\lambda_{k'}\varphi_{k'}^j(a_j)\in S$，所以可得

$$\lambda_{k'}\left(\varphi_{k'}^i(a_i)-\varphi_{k'}^j(a_j)\right)\in S。$$

由定理2-6-2（2）知 $\exists k\geqslant k'$，使得

$$\varphi_k^{k'}\left(\varphi_{k'}^i(a_i)-\varphi_{k'}^j(a_j)\right)=0。$$

根据式（2-6-1）可知，上式即为

$$\varphi_k^i(a_i)-\varphi_k^j(a_j)=0。$$

证毕。

命题2-6-7 设 $f\colon \varinjlim F_i\to M$ 是R-模同态，$\{\alpha_i\}$ 是 $\varinjlim F_i$ 对应的同态族。若 $f\alpha_i=0$（$\forall i\in I$），则 $f=0$。

证明 采用定理2-6-1中的符号。$\forall x\in\bigoplus_i F_i$，$\pi(x)\in\varinjlim F_i$，根据定理2-6-2（1）有 $\pi(x)=\alpha_i(x_i)$，其中 $x_i\in F_i$。所以 $f\pi(x)=f\alpha_i(x_i)=0$，即 $f\pi=0$。由于 π 满，所以 $f=0$（右消去）。证毕。

命题2-6-8 设 $\{A_i,\ \varphi_{jA}^i\}$ 和 $\{B_i,\ \varphi_{jB}^i\}$ 是模范畴 ${}_R\mathcal{M}$ 中的正向系统，$\varinjlim A_i$ 和 $\varinjlim B_i$ 对应的同态族为 $\{\alpha_{iA}\}$ 和 $\{\alpha_{iB}\}$。如果R-模同态族 $\{f_i\colon A_i\to B_i\}$ 满足

$$f_j\varphi_{jA}^i=\varphi_{jB}^i f_i，即\ \begin{array}{ccc} A_i & \xrightarrow{f_i} & B_i \\ \downarrow{\scriptstyle \varphi_{jA}^i} & & \downarrow{\scriptstyle \varphi_{jB}^i} \\ A_j & \xrightarrow{f_j} & B_j \end{array}，\ i\leqslant j, \tag{2-6-18}$$

那么存在唯一的R-模同态 $\bar{f}\colon \varinjlim A_i\to\varinjlim B_i$ 使得

$$\bar{f}\alpha_{iA}=\alpha_{iB}f_i，即\ \begin{array}{ccc} A_i & \xrightarrow{f_i} & B_i \\ \downarrow{\scriptstyle \alpha_{iA}} & & \downarrow{\scriptstyle \alpha_{iB}} \\ \varinjlim A_i & \xrightarrow{\bar{f}} & \varinjlim B_i \end{array}。 \tag{2-6-19}$$

也就是说［根据定理2-6-2（1）可知，$\varinjlim A_i$ 中的元素形如$\alpha_{iA}(a_i)$］

$$\bar{f}\colon \varinjlim A_i\to\varinjlim B_i,\quad \alpha_{iA}(a_i)\mapsto\alpha_{iB}f_i(a_i)。 \tag{2-6-20}$$

证明 设 $\lambda_{iA}\colon A_i\to\bigoplus_j A_j$ 和 $\lambda_{iB}\colon B_i\to\bigoplus_j B_j$ 是入射，对于 $\forall a_i\in A_i$ 有

$$\left(\bigoplus_j f_j\right)\lambda_{iA}(a_i)=\left(\bigoplus_j f_j\right)(\cdots,\ 0,\ a_i,\ 0,\ \cdots)=(\cdots,\ 0,\ f_i(a_i),\ 0,\ \cdots)=\lambda_{iB}f_i(a_i),$$

所以可得

$$\left(\bigoplus_j f_j\right)\lambda_{iA}=\lambda_{iB}f_i, \tag{2-6-21}$$

即有交换图：

$$\begin{array}{ccc} A_i & \xrightarrow{f_i} & B_i \\ \lambda_{iA}\downarrow & & \downarrow\lambda_{iB} \\ \bigoplus_j A_j & \xrightarrow{\bigoplus_j f_j} & \bigoplus_j B_j \end{array}。 \tag{2-6-22}$$

如式（2-6-7）所列，设

$$x=\sum_l\left(\lambda_{j_lA}\varphi_{j_lA}^{i_l}\left(a_{i_l}\right)-\lambda_{i_lA}\left(a_{i_l}\right)\right)\in S_A,$$

则由式（2-6-21）可得

$$\begin{aligned}\left(\bigoplus_i f_i\right)(x)&=\sum_l\left(\left(\bigoplus_i f_i\right)\lambda_{j_lA}\varphi_{j_lA}^{i_l}\left(a_{i_l}\right)-\left(\bigoplus_i f_i\right)\lambda_{i_lA}\left(a_{i_l}\right)\right)\\&=\sum_l\left(\lambda_{j_lB}f_{j_l}\varphi_{j_lA}^{i_l}\left(a_{i_l}\right)-\lambda_{i_lB}f_{i_l}\left(a_{i_l}\right)\right),\end{aligned}$$

根据式（2-6-18）有 $f_{j_l}\varphi_{j_lA}^{i_l}=\varphi_{j_lB}^{i_l}f_{i_l}$，所以可得

$$上式=\sum_l\left(\lambda_{j_lB}\varphi_{j_lB}^{i_l}\left(f_{i_l}\left(a_{i_l}\right)\right)-\lambda_{i_lB}\left(f_{i_l}\left(a_{i_l}\right)\right)\right)\in S_B,$$

这表明

$$\left(\bigoplus_i f_i\right)(S_A)\subseteq S_B。$$

根据命题2-1-7可知，有R-模同态：

$$\bar{f}:\ \varinjlim A_i\to\varinjlim B_i,\ \left(a_i\right)+S_A\mapsto\left(f_i\left(a_i\right)\right)+S_B, \tag{2-6-23}$$

即有交换图（π_A和π_B是自然同态）：

$$\begin{array}{ccc} \bigoplus_i A_i & \xrightarrow{\bigoplus_i f_i} & \bigoplus_i B_i \\ \pi_A\downarrow & & \downarrow\pi_B \\ \varinjlim A_i & \xrightarrow{\bar{f}} & \varinjlim B_i \end{array}。 \tag{2-6-24}$$

综合式（2-6-18）、式（2-6-22）、式（2-6-24），有交换图：

$$\begin{array}{ccc} A_i & \xrightarrow{f_i} & B_i \\ \varphi_{jA}^i\downarrow & & \downarrow\varphi_{jB}^i \\ A_j & \xrightarrow{f_j} & B_j \\ \lambda_{jA}\downarrow & & \downarrow\lambda_{jB} \\ \bigoplus_i A_i & \xrightarrow{\bigoplus_i f_i} & \bigoplus_i B_i \\ \pi_A\downarrow & & \downarrow\pi_B \\ \varinjlim A_i & \xrightarrow{\bar{f}} & \varinjlim B_i \end{array}。 \tag{2-6-25}$$

根据式（2-6-9）有 $\alpha_{iA}=\pi_A\lambda_{iA}$，$\alpha_{iB}=\pi_B\lambda_{iB}$，所以由式（2-6-25）的下面三行可得

式（2-6-19）。若另有 $\bar{f}'$: $\varinjlim A_i \to \varinjlim B_i$ 满足 $\bar{f}'\alpha_{iA} = \alpha_{iB} f_i$，则 $\left(\bar{f}' - \bar{f}\right)\alpha_{iA} = 0$，由命题2-6-7知 $\bar{f}' = \bar{f}$，表明满足式（2-6-19）的 $\bar{f}$ 是唯一的。证毕。

命题2-6-9 在命题2-6-8及 I 是正向集的条件下，若 $\alpha_{iA}(x_i) \in \ker\bar{f} \subseteq \varinjlim A_i$，则存在 $j \geqslant i$，使得 $\varphi_{jA}^i(x_i) \in \ker f_j$。

证明 由式（2-6-19）有

$$0 = \bar{f}\alpha_{iA}(x_i) = \alpha_{iB} f_i(x_i)。$$

根据定理2-6-2（2）可知，存在 $j \geqslant i$，使得

$$\varphi_{jB}^i f_i(x_i) = 0。$$

根据式（2-6-18）和上式有

$$f_j \varphi_{jA}^i(x_i) = \varphi_{jB}^i f_i(x_i) = 0,$$

即 $\varphi_{jA}^i(x_i) \in \ker f_j$。证毕。

定义2-6-5 正向系统正合列 设 $\left\{A_i, \varphi_{jA}^i\right\}$，$\left\{B_i, \varphi_{jB}^i\right\}$，$\left\{C_i, \varphi_{jC}^i\right\}$ 是范畴 ${}_R\mathcal{M}$ 中的正向系统，若有行正合的交换图：

$$\begin{array}{ccccccccc} 0 & \longrightarrow & A_i & \xrightarrow{t_i} & B_i & \xrightarrow{s_i} & C_i & \longrightarrow & 0 \\ & & \downarrow{\scriptstyle \varphi_{jA}^i} & & \downarrow{\scriptstyle \varphi_{jB}^i} & & \downarrow{\scriptstyle \varphi_{jC}^i} & & \\ 0 & \longrightarrow & A_j & \xrightarrow{t_j} & B_j & \xrightarrow{s_j} & C_j & \longrightarrow & 0 \end{array}, \quad i \leqslant j,$$

则称

$$\{A_i\} \xrightarrow{t} \{B_i\} \xrightarrow{s} \{C_i\}$$

是正向系统正合列。

定理2-6-3 设 I 是正向集，$\left\{A_i, \varphi_{jA}^i\right\}$，$\left\{B_i, \varphi_{jB}^i\right\}$，$\left\{C_i, \varphi_{jC}^i\right\}$ 是模范畴 ${}_R\mathcal{M}$ 中以 I 为指标的正向系统。若有正向系统正合列（定义2-6-5）：

$$\{A_i\} \xrightarrow{t} \{B_i\} \xrightarrow{s} \{C_i\},$$

则有正合列（$\bar{t}$ 和 $\bar{s}$ 的定义见命题2-6-8）：

$$0 \longrightarrow \varinjlim A_i \xrightarrow{\bar{t}} \varinjlim B_i \xrightarrow{\bar{s}} \varinjlim C_i \longrightarrow 0。$$

证明 设 $\bar{x} \in \ker\bar{t}$，根据定理2-6-2（1），设 $x_i \in A_i$ 使得

$$\bar{x} = \alpha_{iA}(x_i)。$$

由命题2-6-9知存在 $j \geqslant i$，使得 $\varphi_{jA}^i(x_i) \in \ker t_j$。由正合性知 $\ker t_j = 0$，所以 $\varphi_{jA}^i(x_i) = 0$。根据定理2-6-2（2）知 $\alpha_{iA}(x_i) = 0$，即 $\bar{x} = 0$，表明 $\ker\bar{t} = 0$。

设 $\bar{z} \in \varinjlim C_i$，根据定理2-6-2（1），设 $z_i \in C_i$ 使得 $\bar{z} = \alpha_{iC}(z_i)$。由正合性知 s_i 满，所

以有 $y_i \in B$，使得 $z_i = s_i(y_i)$，因此 $\bar{z} = \alpha_{iC} s_i(y_i)$。根据式（2-6-19）有

$$\bar{z} = \bar{s}\alpha_{iB}(y_i),$$

表明 $\bar{s}$ 满。

设 $\bar{y} \in \ker \bar{s}$，根据定理2-6-2（1），设 $y_i \in B_i$ 使得

$$\bar{y} = \alpha_{iB}(y_i)。$$

由命题2-6-9知存在 $j \geqslant i$，使得 $\varphi_{jB}^i(y_i) \in \ker s_j$。由正合性知 $\ker s_j = \operatorname{Im} t_j$，所以 $\varphi_{jB}^i(y_i) \in \operatorname{Im} t_j$，从而有 $x_j \in A_j$，使得

$$\varphi_{jB}^i(y_i) = t_j(x_j)。$$

根据式（2-6-2）和上式有

$$\bar{y} = \alpha_{iB}(y_i) = \alpha_{jB}\varphi_{jB}^i(y_i) = \alpha_{jB} t_j(x_j),$$

根据式（2-6-19）有

$$\bar{y} = \alpha_{jB} t_j(x_j) = \bar{t}\alpha_{jA}(x_j),$$

表明 $\bar{y} \in \operatorname{Im} \bar{t}$，因而 $\ker \bar{s} \subseteq \operatorname{Im} \bar{t}$。

$\forall \bar{x} \in \varinjlim A_i$，根据定理2-6-2（1），设 $x_i \in A_i$ 使得

$$\bar{x} = \alpha_{iA}(x_i),$$

则由式（2-6-19）有

$$\bar{t}(\bar{x}) = \bar{t}\alpha_{iA}(x_i) = \alpha_{iB} t_i(x_i)。$$

记 $y_i = t_i(x_i)$，$\bar{y} = \bar{t}(\bar{x})$，则上式为

$$\bar{y} = \alpha_{iB}(y_i)。$$

根据式（2-6-19）和上式有

$$\bar{s}\bar{t}(\bar{x}) = \bar{s}(\bar{y}) = \bar{s}\alpha_{iB}(y_i) = \alpha_{iC} s_i(y_i) = \alpha_{iC} s_i t_i(x_i),$$

由正合性知 $s_i t_i = 0$（命题2-1-14），所以 $\bar{s}\bar{t} = 0$，因此 $\operatorname{Im} \bar{t} \subseteq \ker \bar{s}$（命题2-1-13）。这证明 $\operatorname{Im} \bar{t} = \ker \bar{s}$。证毕。

命题2-6-10　设 F：$\mathcal{A} \to \mathcal{B}$ 是正变函子，若 $\{A_i, \varphi_j^i\}$ 是范畴 $\mathcal{A}$ 中的正向系统，则

$$F\{A_i, \varphi_j^i\} = \{F(A_i), F(\varphi_j^i)\}$$

是范畴 $\mathcal{B}$ 中的正向系统。

证明　验证符合定义2-6-1。

（1）φ_i^i：$A_i \to A_i$ 是 $\mathcal{A}$ 中的恒等态射，由定义1-8-1（3）知 $F\varphi_i^i$：$FA_i \to FA_i$ 是 $\mathcal{B}$ 中

的恒等态射。

（2）对于 $i \leqslant j \leqslant k$ 有 $\varphi_k^i = \varphi_k^j \varphi_j^i$，由定义 1-8-1（3）可得

$$F\left(\varphi_k^i\right) = F\left(\varphi_k^j \varphi_j^i\right) = F\left(\varphi_k^j\right) F\left(\varphi_j^i\right)。$$

证毕。

定理 2-6-4 设 $F: \mathcal{A} \to \mathcal{B}$ 和 $G: \mathcal{B} \to \mathcal{A}$ 是正变函子。如果 (F, G) 是一对伴随函子，则函子 F 保持正向极限，即对于范畴 $\mathcal{A}$ 中的正向系统 $\left\{A_i, \varphi_j^i\right\}$，有

$$F \varinjlim \left\{A_i, \varphi_j^i\right\} = \varinjlim F \left\{A_i, \varphi_j^i\right\} \text{ 或 } F \varinjlim A_i = \varinjlim F A_i。$$

注（定理 2-6-4） 记 $\varinjlim \left\{A_i, \varphi_j^i\right\} = \left\{A, \alpha_i\right\}$，上式中

$$F \varinjlim \left\{A_i, \varphi_j^i\right\} = F\left\{A, \alpha_i\right\} = \left\{F(A), F\left(\alpha_i\right)\right\}。$$

根据命题 2-6-10 可知

$$\varinjlim F \left\{A_i, \varphi_j^i\right\} = \varinjlim \left\{F\left(A_i\right), F\left(\varphi_j^i\right)\right\},$$

$\left\{F\left(A_i\right), F\left(\varphi_j^i\right)\right\}$ 是范畴 $\mathcal{B}$ 中的正向系统。

证明 根据式（2-6-2）有

$$\alpha_i = \alpha_j \varphi_j^i，\text{ 即 } \begin{array}{ccc} A_i & \xrightarrow{\alpha_i} & A \\ {\scriptstyle \varphi_j^i}\downarrow & \nearrow{\scriptstyle \alpha_j} & \\ A_j & & \end{array}，\quad i \leqslant j。$$

由于 F 正变，所以可得

$$F\left(\alpha_i\right) = F\left(\alpha_j\right) F\left(\varphi_j^i\right)，\text{ 即 } \begin{array}{ccc} F\left(A_i\right) & \xrightarrow{F\left(\alpha_i\right)} & F(A) \\ {\scriptstyle F\left(\varphi_j^i\right)}\downarrow & \nearrow{\scriptstyle F\left(\alpha_j\right)} & \\ F\left(A_j\right) & & \end{array}。$$

$\forall X \in \operatorname{Obj} \mathcal{B}$，$\forall g_i \in \operatorname{Hom}_{\mathcal{B}}\left(F\left(A_i\right), X\right)$，设它们满足

$$g_i = g_j F\left(\varphi_j^i\right)，\text{ 即 } \begin{array}{ccc} F\left(A_i\right) & \xrightarrow{g_i} & X \\ {\scriptstyle F\left(\varphi_j^i\right)}\downarrow & \nearrow{\scriptstyle g_j} & \\ F\left(A_j\right) & & \end{array}，\quad i \leqslant j，$$

即

$$\begin{array}{ccccc} F(A) & \xleftarrow{F\left(\alpha_i\right)} & F\left(A_i\right) & \xrightarrow{g_i} & X \\ & {\scriptstyle F\left(\alpha_j\right)}\nwarrow & {\scriptstyle F\left(\varphi_j^i\right)}\downarrow & \nearrow{\scriptstyle g_j} & \\ & & F\left(A_j\right) & & \end{array}。$$

由于(F, G)相伴，对于$\varphi_j^i \in \mathrm{Hom}_{\mathcal{A}}(A_i, A_j)$，有［式（2-5-3）］

$$\begin{array}{ccc}
\mathrm{Hom}_{\mathcal{B}}(F(A_j), X) & \xrightarrow{(F\varphi_j^i)^*} & \mathrm{Hom}_{\mathcal{B}}(F(A_i), X) \\
\downarrow \tau_j & & \downarrow \tau_i \\
\mathrm{Hom}_{\mathcal{A}}(A_j, G(X)) & \xrightarrow{(\varphi_j^i)^*} & \mathrm{Hom}_{\mathcal{A}}(A_i, G(X))
\end{array},$$

这里τ_i是双射$\tau_{A_i, X}$的简写。对于$g_i \in \mathrm{Hom}_{\mathcal{B}}(FA_i, X)$，由以上两图可得

$$\tau_i(g_i) = \tau_i(g_j F(\varphi_j^i)) = \tau_i(F(\varphi_j^i))^*(g_j) = (\varphi_j^i)^* \tau_j(g_j) = \tau_j(g_j)\varphi_j^i,$$

即

$$\begin{array}{ccccc}
A & \xleftarrow{\alpha_i} & A_i & \xrightarrow{\tau_i(g_j)} & G(X) \\
 & \nwarrow \alpha_i & \downarrow \varphi_j^i & \nearrow \tau_i(g_j) & \\
 & & A_j & &
\end{array}。$$

根据$\underleftarrow{\lim} A_i$的泛性质，存在唯一的$\beta$：$A \to G(X)$，使得

$$\tau_i(g_i) = \beta\alpha_i, \tag{2-6-26}$$

即有交换图

$$\begin{array}{ccc}
A & \xrightarrow{\beta} & G(X) \\
\nwarrow \alpha_i & & \nearrow \tau_i(g_i) \\
\alpha_j \nwarrow & A_i & \nearrow \tau_j(g_j) \\
 & \downarrow \varphi_j^i & \\
 & A_j &
\end{array}。 \tag{2-6-27}$$

由于(F, G)相伴，对于$\alpha_i \in \mathrm{Hom}_{\mathcal{A}}(A_i, A)$有［式（2-5-3）］

$$\begin{array}{ccc}
\mathrm{Hom}_{\mathcal{B}}(F(A), X) & \xrightarrow{(F(\alpha_i))^*} & \mathrm{Hom}_{\mathcal{B}}(F(A_i), X) \\
\downarrow \tau & & \downarrow \tau_i \\
\mathrm{Hom}_{\mathcal{A}}(A, G(X)) & \xrightarrow{\alpha_i^*} & \mathrm{Hom}_{\mathcal{A}}(A_i, G(X))
\end{array},$$

其中，双射$\tau = \tau_{A, X}$。令

$$\gamma = \tau^{-1}(\beta): F(A) \to X,$$

则由以上三式可得

$$\tau_i(g_i) = \beta\alpha_i = \alpha_i^*(\beta) = \alpha_i^*\tau(\gamma) = \tau_i(F(\alpha_i))^*(\gamma) = \tau_i(\gamma F(\alpha_i)),$$

由于τ_i是双射，所以可得

$$g_i = \gamma F(\alpha_i), \tag{2-6-28}$$

即有交换图：

$$\begin{array}{ccccc} F(A) & & \xrightarrow{\gamma} & & X \\ & \nwarrow^{F(\alpha_i)} & & \nearrow^{g_i} & \\ F(\alpha_j)\uparrow & & F(A_i) & & \uparrow g_j \\ & & \downarrow F(\varphi_j^i) & & \\ & & F(A_j) & & \end{array} \quad \text{。} \tag{2-6-29}$$

若另有 γ'：$F(A)\to X$ 使得 $g_i=\gamma' F(\alpha_i)$，则

$$\tau_i(g_i)=\tau_i(\gamma' F(\alpha_i))=\tau_i(F(\alpha_i))^*(\gamma')=\alpha_i^*\tau(\gamma')=\tau(\gamma')\alpha_i\text{。}$$

对比上式与式（2-6-26），由 β 的唯一性知 $\tau(\gamma')=\beta=\tau(\gamma)$，而 τ 是双射，所以 $\gamma'=\gamma$，即式（2-6-29）中的 γ 是唯一的。式（2-6-29）表明 $\{F(A),\ F(\alpha_i)\}$ 就是 $\{F(A_i),\ F(\varphi_j^i)\}$ 的正向极限。证毕。

命题 2-6-11

（1）若 $M\in \mathrm{Obj}_S\mathcal{M}_R$，$\{A_i\}$ 是模范畴 ${}_R\mathcal{M}$ 中的正向系统，则

$$M\otimes_R(\varinjlim A_i)=\varinjlim(M\otimes_R A_i)\text{。}$$

（2）若 $M\in \mathrm{Obj}_S\mathcal{M}_R$，$\{A_i\}$ 是模范畴 $\mathcal{M}_R$ 中的正向系统，则

$$(\varinjlim A_i)\otimes_R M=\varinjlim(A_i\otimes_R M)\text{。}$$

证明 由定理 2-5-2 和定理 2-6-4 知结论成立。证毕。

定义 2-6-6 正向集范畴 设 I 是一个正向集，将范畴 $\mathcal{C}$ 中以 I 为指标集的所有正向系统放到一起。设 $A=\{A_i,\ \varphi_j^i\}$ 和 $A'=\{A_i',\ \varphi_j'^i\}$ 是两个正向系统，它们是正变函子：

$$A\text{：}I\to\mathcal{C}\text{，}\quad A'\text{：}I\to\mathcal{C}\text{。}$$

设

$$\tau=\{\tau_i\}\text{：}A\to A' \tag{2-6-30}$$

是自然变换（定义 1-9-1），即有（参考定义 1-1-3）

$$\begin{array}{ccc} A(i) & \xrightarrow{A(\Gamma_j^i)} & A(j) \\ \tau_i\downarrow & & \downarrow\tau_j \\ A'(i) & \xrightarrow{A'(\Gamma_j^i)} & A'(j) \end{array}\text{，}\quad i\leqslant j\text{。}$$

根据定义 2-6-1 可知，$A(i)=A_i$，$A'(i)=A_i'$，$A(\Gamma_j^i)=\varphi_j^i$，$A'(\Gamma_j^i)=\varphi_j'^i$，上式就是

$$\begin{array}{ccc} A_i & \xrightarrow{\tau_i} & A_i' \\ \varphi_j^i\downarrow & & \downarrow\varphi_j'^i \\ A_j & \xrightarrow{\tau_j} & A_j' \end{array}\text{，}\quad i\leqslant j\text{。} \tag{2-6-31}$$

范畴 $\mathcal{D}\mathrm{ir}I$ 若以这些正向系统为对象，以自然变换为态射，则称为正向集范畴。

验证符合定义1-1-1：

（A1）不相交性显然。

（A2）设自然变换 σ：$A\to B$，τ：$B\to C$，γ：$C\to D$，则 $\gamma_i(\tau_i\sigma_i)=(\gamma_i\tau_i)\sigma_i$，表明 $\gamma(\tau\sigma)=(\gamma\tau)\sigma$（定义1-9-2）。

（A3）取 τ_i：$A_i\to A_i$ 是 $\mathcal{C}$ 中的恒等态射。对于任意自然变换 $\sigma=\{\sigma_i\}$：$A\to B$，根据定义1-9-2有 $\sigma\tau=\{\sigma_i\tau_i\}$，而 $\sigma_i\tau_i=\sigma_i$，所以 $\sigma\tau=\sigma$。同样地，对于任意自然变换 γ：$B\to A$，有 $\tau\gamma=\gamma$。这就是说 $\tau=\{\tau_i\}$ 是 $\mathcal{D}\mathrm{ir}I$ 中的恒等态射。

注（定义2-6-6） 对于 R-模范畴上的正向系统，可定义 $\mathrm{Hom}_{\mathcal{D}\mathrm{ir}I}(\{A_i\},\ \{A'_i\})$ 上的 R-模结构。

设

$$\varphi=\{\varphi_i\},\ \psi=\{\psi_i\}\in\mathrm{Hom}_{\mathcal{D}\mathrm{ir}I}(\{A_i\},\ \{A'_i\}),$$

定义

$$\varphi+\psi=\{\varphi_i+\psi_i\}\in\mathrm{Hom}_{\mathcal{D}\mathrm{ir}I}(\{A_i\},\ \{A'_i\}),$$

$$r\varphi=\{r\varphi_i\}\in\mathrm{Hom}_{\mathcal{D}\mathrm{ir}I}(\{A_i\},\ \{A'_i\}),$$

其中

$$(\varphi_i+\psi_i)(a_i)=\varphi_i(a_i)+\psi_i(a_i),\quad \forall a_i\in A_i,$$

$$(r\varphi_i)(a_i)=r\varphi_i(a_i),\quad \forall a_i\in A_i。$$

命题2-6-12 模范畴 ${}_R\mathcal{M}$ 上的正向极限可看作正变函子：

$$\underrightarrow{\lim}：\mathcal{D}\mathrm{ir}I\to{}_R\mathcal{M}。$$

证明 对象之间的对应为

$$\underrightarrow{\lim}:\ \{A_i,\ \varphi_j^i\}\mapsto\underrightarrow{\lim}A_i。$$

设

$$\tau=\{\tau_i\}:\ A\to A'$$

是自然变换，则式（2-6-31）成立，从而有

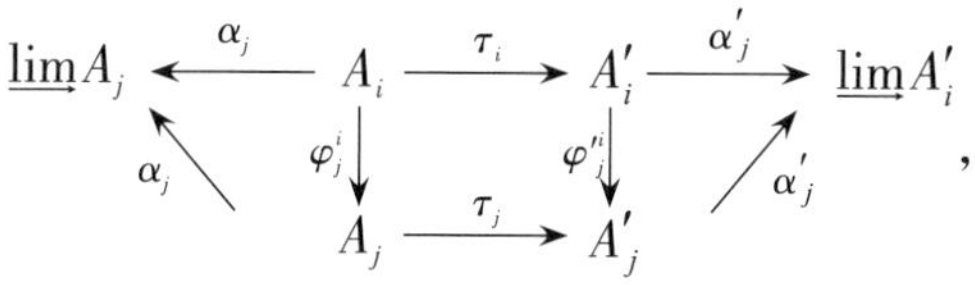

$$\begin{array}{ccccccc}
\underrightarrow{\lim}A_j & \xleftarrow{\alpha_j} & A_i & \xrightarrow{\tau_i} & A'_i & \xrightarrow{\alpha'_j} & \underrightarrow{\lim}A'_i \\
& \nwarrow^{\alpha_j} & \downarrow{\scriptstyle \varphi_j^i} & & \downarrow{\scriptstyle \varphi'^i_j} & \nearrow_{\alpha'_j} & \\
& & A_j & \xrightarrow{\tau_j} & A'_j & &
\end{array}\quad,\ i\leqslant j\ ,$$

于是有

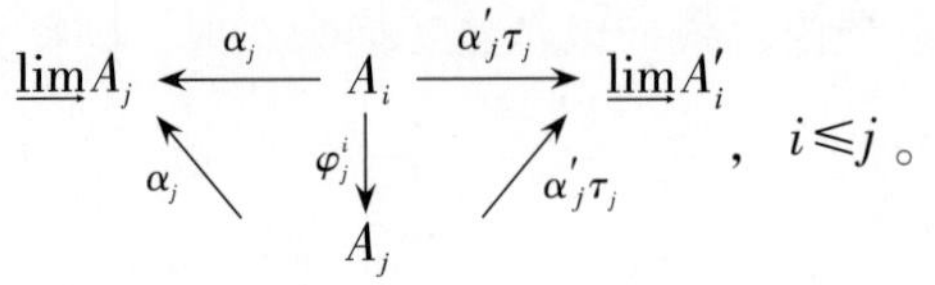

$$\begin{array}{ccccc} \varinjlim A_j & \xleftarrow{\alpha_j} & A_i & \xrightarrow{\alpha'_j\tau_j} & \varinjlim A'_i \\ & \nwarrow^{\alpha_j} & \downarrow{\scriptstyle \varphi^i_j} & \nearrow_{\alpha'_j\tau_j} & \\ & & A_j & & \end{array}, \quad i \leqslant j \text{。}$$

根据 $\varinjlim A_i$ 的泛性质，存在唯一的R-模同态：

$$\beta\text{:}\ \varinjlim A_i \to \varinjlim A'_i,$$

使得

$$\alpha'_i\tau_i = \beta\alpha_i, \tag{2-6-32}$$

即有

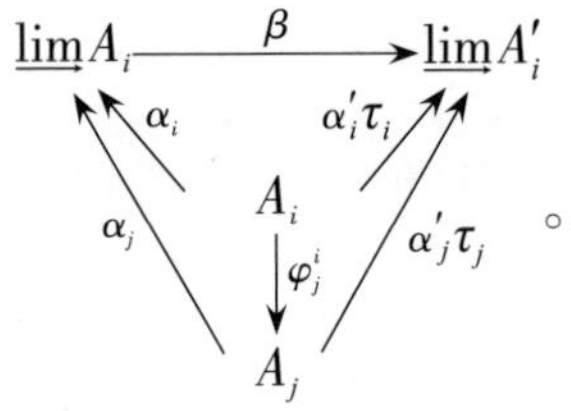

$$\begin{array}{ccccc} \varinjlim A_i & & \xrightarrow{\quad\beta\quad} & & \varinjlim A'_i \\ & \nwarrow^{\alpha_i} & & \nearrow^{\alpha'_i\tau_i} & \\ \nwarrow^{\alpha_j} & & A_i & & \nearrow_{\alpha'_j\tau_j} \\ & & \downarrow{\scriptstyle \varphi^i_j} & & \\ & & A_j & & \end{array} \text{。} \tag{2-6-33}$$

令态射之间的对应为

$$\varinjlim\text{：}\ \tau \mapsto \beta\text{。} \tag{2-6-34}$$

式（2-6-32）可写成

$$\alpha'_i\tau_i = (\varinjlim\tau)\alpha_i\text{。} \tag{2-6-35}$$

验证符合定义1-8-1：

（1）（2）显然。

（3）设 $\tau' = \{\tau'_i\}$: $A' \to A''$ 是自然变换，令

$$\varinjlim(\tau') = \beta',$$

则由式（2-6-32）有

$$\alpha''_i\tau'_i = \beta'\alpha'_i\text{。} \tag{2-6-36}$$

令

$$\varinjlim(\tau'\tau) = \tilde{\beta},$$

根据定义1-9-2有 $\tau'\tau = \{\tau'_i\tau_i\}$，由式（2-6-32）有

$$\alpha''_i\tau'_i\tau_i = \tilde{\beta}\alpha_i\text{。} \tag{2-6-37}$$

由式（2-6-32）和式（2-6-36）可得

$$\alpha''_i\tau'_i\tau_i = \beta'\alpha'_i\tau_i = \beta'\beta\alpha_i,$$

对比以上两式，由 $\tilde{\beta}$ 的唯一性知 $\tilde{\beta} = \beta'\beta$，即

$$\underrightarrow{\lim}(\tau'\tau)=\underrightarrow{\lim}(\tau')\underrightarrow{\lim}(\tau)。$$

设 $\tau=\{\tau_i\}$: $A\to A$ 是恒等态射，由定义2-6-6中的（3）知 τ_i 是恒等态射。令 $\beta=\underrightarrow{\lim}(\tau)$，则由式（2-6-32）知 $\alpha_i\tau_i=\beta\alpha_i$，即 $\alpha_i=\beta\alpha_i$，显然 β 取 $1_{\underrightarrow{\lim}A_i}$ 满足，再由 β 的唯一性知 $\beta=1_{\underrightarrow{\lim}A_i}$。证毕。

命题2-6-13　可将构造常量系统［例2-6-1（3）］的过程视为一个正变函子，即

$$|\ |:\ {}_R\mathcal{M}\to\mathcal{D}\mathrm{ir}I。$$

证明　对象之间的对应：

$$|\ |:\ A\mapsto|A|。$$

设R-模同态：

$$f:\ A\to A',$$

令 $f_i=f$。正向系统 $|A|$ 和 $|A'|$ 的态射族为 $\varphi_j^i=1_A$ 和 $\varphi'^i_j=1_{A'}$，所以有

$$\begin{array}{ccc} A_i & \xrightarrow{\varphi_j^i} & A_j \\ {\scriptstyle f_i}\downarrow & & \downarrow{\scriptstyle f_j} \\ A'_i & \xrightarrow{\varphi'^i_j} & A'_j \end{array},$$

表明 $\{f_i\}$ 是一个自然变换，记

$$|f|=\{f_i=f\}:\ |A|\to|A'|,\tag{2-6-38}$$

则有态射之间的对应：

$$|\ |:\ f\mapsto|f|。$$

验证符合定义1-8-1：

（1）（2）显然。

（3）设 f': $A'\to A''$，则 $|f'|=\{f'_i=f'\}$，$|f'f|=\{(f'f)_i=f'f\}$。根据定义1-9-2有 $|f'||f|=\{f'_if_i=f'f\}$，表明 $|f'f|=|f'||f|$。

设 f: $A\to A$ 是恒等态射。对任意自然变换 $|g|$: $|A|\to|B|$，根据定义1-9-2有 $|g||f|=\{g_if_i\}$，而 $g_if_i=gf=g=g_i$，所以 $|g||f|=|g|$。同样地，对任意自然变换 $|h|$: $|B|\to|A|$，有 $|f||h|=|h|$，表明 $|f|$ 是恒等态射。证毕。

引理2-6-1　$(\underrightarrow{\lim},\ |\ |)$ 是一对伴随函子，有群同构（α_i 是 $\underrightarrow{\lim}A_i$ 对应的态射）：

$$\vartheta_{\{A_i\},\ B}:\ \mathrm{Hom}_R(\underrightarrow{\lim}A_i,\ B)\to\mathrm{Hom}_{\mathcal{D}\mathrm{ir}I}(\{A_i\},\ |B|),\ \beta\mapsto\{\beta\alpha_i\},\tag{2-6-39}$$

使得对任意自然变换 τ: $\{A'_i\}\to\{A_i\}$，有

$$\begin{array}{ccc} \mathrm{Hom}_R(\varinjlim A_i,\ B) & \xrightarrow{(\varinjlim \tau)^*} & \mathrm{Hom}_R(\varinjlim A'_i,\ B) \\ {\scriptstyle \vartheta_{\{A_i\},B}}\downarrow & & \downarrow{\scriptstyle \vartheta_{\{A'_i\},B}} \\ \mathrm{Hom}_{\mathcal{D}irI}(\{A_i\},\ |B|) & \xrightarrow{\tau^*} & \mathrm{Hom}_{\mathcal{D}irI}(\{A'_i\},\ |B|) \end{array}, \tag{2-6-40}$$

对任意R-模同态 g：$B \to B'$，有

$$\begin{array}{ccc} \mathrm{Hom}_R(\varinjlim A_i,\ B) & \xrightarrow{g_*} & \mathrm{Hom}_R(\varinjlim A_i,\ B') \\ {\scriptstyle \vartheta_{\{A_i\},B}}\downarrow & & \downarrow{\scriptstyle \vartheta_{\{A_i\},B'}} \\ \mathrm{Hom}_{\mathcal{D}irI}(\{A_i\},\ |B|) & \xrightarrow{|g|_*} & \mathrm{Hom}_{\mathcal{D}irI}(\{A_i\},\ |B'|) \end{array}。 \tag{2-6-41}$$

证明 设 $f \in \mathrm{Hom}_{\mathcal{D}irI}(\{A_i,\ \varphi_j^i\},\ |B|)$，根据定义2-6-6可知，它是自然变换，由式（2-6-31）有（$i \leqslant j$）

$$\begin{array}{ccc} A_i & \xrightarrow{f_i} & B \\ {\scriptstyle \varphi_j^i}\downarrow & & \downarrow{\scriptstyle 1_B} \\ A_j & \xrightarrow{f_j} & B \end{array}, \tag{2-6-42}$$

即

$$\begin{array}{ccc} A_i & \xrightarrow{f_i} & B \\ {\scriptstyle \varphi_j^i}\downarrow & \nearrow{\scriptstyle f_j} & \\ A_j & & \end{array}。 \tag{2-6-43}$$

设与 $\varinjlim A_i$ 对应的同态族是 $\{\alpha_i\colon A_i \to \varinjlim A_j\}$，有（$i \leqslant j$）

$$\begin{array}{ccccc} \varinjlim A_i & \xleftarrow{\alpha_i} & A_i & \xrightarrow{f_i} & B \\ & {\scriptstyle \alpha_j}\nwarrow & {\scriptstyle \varphi_j^i}\downarrow & \nearrow{\scriptstyle f_i} & \\ & & A_j & & \end{array},$$

根据 $\varinjlim A_i$ 的泛性质，存在唯一的R-模同态 β: $\varinjlim A_i \to B$，使得

$$f_i = \beta\alpha_i, \tag{2-6-44}$$

即

$$\begin{array}{ccc} \varinjlim A_i & \xrightarrow{\beta} & B \\ {\scriptstyle \alpha_j}\nwarrow \ \nwarrow{\scriptstyle \alpha_i} & & \nearrow{\scriptstyle f_i} \ \nearrow{\scriptstyle f_j} \\ & A_i & \\ & {\scriptstyle \varphi_j^i}\downarrow & \\ & A_j & \end{array}。 \tag{2-6-45}$$

令群同态：

$$\theta: \operatorname{Hom}_{\mathcal{D}irI}\left(\{A_i, \varphi_j^i\}, |B|\right) \to \operatorname{Hom}_R(\underrightarrow{\lim} A_i, B), f \mapsto \beta。 \tag{2-6-46}$$

设 $\beta' \in \operatorname{Hom}_R(\underrightarrow{\lim} A_i, B)$，令

$$f'_i = \beta' \alpha_i: A_i \to B, \tag{2-6-47}$$

由于 $\alpha_i = \alpha_j \varphi_j^i$，所以可得

$$f'_i = \beta' \alpha_j \varphi_j^i = f'_j \varphi_j^i,$$

即有式（2-6-43）（把 f 换成 f'），也就是式（2-6-42）（把 f 换成 f'），这表明 $f' = \{f'_i\}$ 是 $\{A_i, \varphi_j^i\}$ 到 $|B|$ 的自然变换，即 $f' \in \operatorname{Hom}_{\mathcal{D}irI}\left(\{A_i, \varphi_j^i\}, |B|\right)$。令群同态：

$$\vartheta: \operatorname{Hom}_R(\underrightarrow{\lim} A_i, B) \to \operatorname{Hom}_{\mathcal{D}irI}\left(\{A_i, \varphi_j^i\}, |B|\right), \beta' \mapsto f'。 \tag{2-6-48}$$

记 $\tilde{\beta} = \theta(f')$，则由式（2-6-44）有

$$f'_i = \tilde{\beta} \alpha_i。$$

对比上式与式（2-6-47），由于上式中的 $\tilde{\beta}$ 是唯一的，所以 $\tilde{\beta} = \beta'$，即 $\theta\vartheta(\beta') = \beta'$，从而

$$\theta\vartheta = 1_{\operatorname{Hom}_R(\underrightarrow{\lim} A_i, B)}。$$

记 $\tilde{f} = \vartheta(\beta)$，则由式（2-6-47）有

$$\tilde{f}_i = \beta \alpha_i,$$

对比上式与式（2-6-44）知 $\tilde{f}_i = f_i$，所以 $\tilde{f} = f$，即 $\vartheta\theta(f) = f$，从而有

$$\vartheta\theta = 1_{\operatorname{Hom}_{\mathcal{D}irI}\left(\{A_i, \varphi_j^i\}, |B|\right)},$$

表明 θ 与 ϑ 都是群同构。

记

$$\vartheta_{\{A_i\}, B}: \operatorname{Hom}_R(\underrightarrow{\lim} A_i, B) \to \operatorname{Hom}_{\mathcal{D}irI}\left(\{A_i\}, |B|\right), \beta \mapsto \{\beta \alpha_i\}。 \tag{2-6-49}$$

设 $\tau = \{\tau_i\}: \{A'_i\} \to \{A_i\}$ 是自然变换，根据命题2-6-12中的式（2-6-35）有

$$\alpha_i \tau_i = (\underrightarrow{\lim} \tau) \alpha'_i。$$

设 $\beta \in \operatorname{Hom}_R(\underrightarrow{\lim} A_i, B)$，则由式（2-6-49）有

$$\vartheta_{\{A'_i\}, B} (\underrightarrow{\lim} \tau)^* (\beta) = \vartheta_{\{A'_i\}, B} (\beta \underrightarrow{\lim} \tau) = \{\beta (\underrightarrow{\lim} \tau) \alpha'_i\},$$

由式（2-6-49）和定义1-9-2有

$$\tau^* \vartheta_{\{A_i\}, B}(\beta) = \tau^* \{\beta \alpha_i\} = \{\beta \alpha_i\} \tau = \{\beta \alpha_i \tau_i\}。$$

由以上三式可得

$$\tau^* \vartheta_{\{A_i\}, B} = \vartheta_{\{A'_i\}, B} (\underrightarrow{\lim} \tau)^*,$$

即

$$\begin{array}{ccc} \mathrm{Hom}_R(\varinjlim A_i,\ B) & \xrightarrow{(\varinjlim\tau)^*} & \mathrm{Hom}_R(\varinjlim A'_i,\ B) \\ {\scriptstyle \vartheta_{\{A_i\},\ B}}\downarrow & & \downarrow{\scriptstyle \vartheta_{\{A'_i\},\ B}} \\ \mathrm{Hom}_{\mathcal{D}irI}(\{A_i\},\ |B|) & \xrightarrow{\tau^*} & \mathrm{Hom}_{\mathcal{D}irI}(\{A'_i\},\ |B|) \end{array} 。\tag{2-6-50}$$

设 g：$B\to B'$ 是 R-模同态，设 $\beta\in\mathrm{Hom}_R(\varinjlim A_i,\ B)$，由式（2-6-49）有

$$\vartheta_{\{A_i\},\ B'}\,g_*(\beta)=\vartheta_{\{A_i\},\ B'}(g\beta)=\{g\beta\alpha_i\},$$

由于 $|g|=\{g_i=g\}$，由式（2-6-49）和定义1-9-2有

$$|g|_*\vartheta_{\{A_i\},\ B}(\beta)=|g|_*\{\beta\alpha_i\}=|g|\{\beta\alpha_i\}=\{g_i\beta\alpha_i\}=\{g\beta\alpha_i\},$$

由以上两式可得

$$|g|_*\vartheta_{\{A_i\},\ B}=\vartheta_{\{A_i\},\ B'}\,g_*,$$

即

$$\begin{array}{ccc} \mathrm{Hom}_R(\varinjlim A_i,\ B) & \xrightarrow{g_*} & \mathrm{Hom}_R(\varinjlim A_i,\ B') \\ {\scriptstyle \vartheta_{\{A_i\},\ B}}\downarrow & & \downarrow{\scriptstyle \vartheta_{\{A_i\},\ B'}} \\ \mathrm{Hom}_{\mathcal{D}irI}(\{A_i\},\ |B|) & \xrightarrow{|g|_*} & \mathrm{Hom}_{\mathcal{D}irI}(\{A_i\},\ |B'|) \end{array} ,\tag{2-6-51}$$

表明 $(\varinjlim,\ |\ |)$ 是一对伴随函子。证毕。

定义2-6-7　共尾　设 I 是正向集，K 是 I 的子集。如果 $\forall i\in I$，存在 $k\in K$，使得 $i\leqslant k$，则称 K 与 I 共尾。

命题2-6-14　设 I 是正向集，K 是 I 的共尾子集，$\{A_i,\ \varphi^i_j\}$ 是 I 上的正向系统，则

$$\varinjlim_{i\in I}A_i\cong\varinjlim_{i\in K}A_i。$$

证明　$\forall i,\ j\in I,\ i\leqslant j$，存在 $k,\ s\in K$，使得 $i\leqslant k,\ \ j\leqslant s,\ \ k\leqslant s$，有

$$\begin{array}{ccccccc} \varinjlim\limits_{i\in I}A_i & \xleftarrow{\alpha_i} & A_i & \xrightarrow{\varphi^i_k} & A_k & \xrightarrow{\alpha'_k} & \varinjlim\limits_{i\in K}A_i \\ & {\scriptstyle\alpha_j}\nwarrow & \downarrow{\scriptstyle\varphi^i_j} & & \downarrow{\scriptstyle\varphi^k_s} & \nearrow{\scriptstyle\alpha'_s} & \\ & & A_j & \xrightarrow{\varphi^j_s} & A_s & & \end{array} ,$$

于是有（注意，$i,\ j$ 未必属于 K，所以未必存在 $\alpha'_i,\ \alpha'_j$）

$$\begin{array}{ccccc} \varinjlim\limits_{i\in I}A_i & \xleftarrow{\alpha_i} & A_i & \xrightarrow{\alpha'_k\varphi^i_k} & \varinjlim\limits_{i\in K}A_i \\ & {\scriptstyle\alpha_j}\nwarrow & \downarrow{\scriptstyle\varphi^i_j} & \nearrow{\scriptstyle\alpha'_s\varphi^j_s} & \\ & & A_j & & \end{array} 。$$

根据 $\varinjlim\limits_{i\in I}A_i$ 的泛性质，存在唯一的 β: $\varinjlim\limits_{i\in I}A_i\to\varinjlim\limits_{i\in K}A_i$，使得

$$\alpha'_k\varphi^i_k=\beta\alpha_i,\ \ \forall i\in I,\tag{2-6-52}$$

即

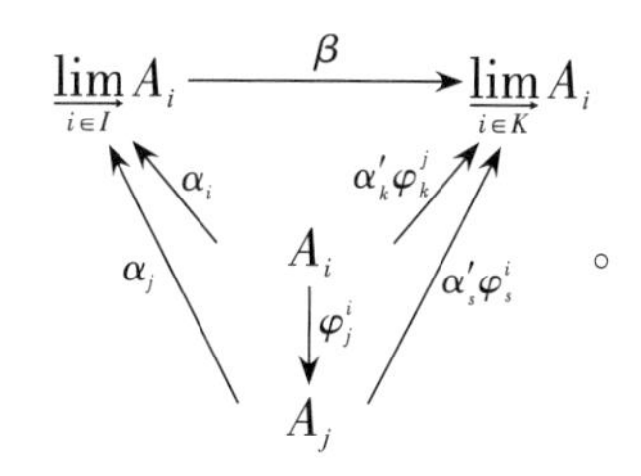
。

另一方面，$\forall k, s\in K$，$k\leqslant s$，有

$$\begin{array}{ccccc} \varinjlim\limits_{i\in K} A_i & \xleftarrow{\alpha'_k} & A_k & \xrightarrow{\alpha_k} & \varinjlim\limits_{i\in I} A_i \\ & \nwarrow^{\alpha'_s} & \downarrow{\varphi^k_s} & \nearrow_{\alpha_s} & \\ & & A_s & & \end{array},$$

根据 $\varinjlim\limits_{i\in K} A_i$ 的泛性质，存在唯一的 β'：$\varinjlim\limits_{i\in K} A_i \to \varinjlim\limits_{i\in I} A_i$，使得

$$\alpha_k=\beta'\alpha'_k,\ \forall k\in K, \tag{2-6-53}$$

即

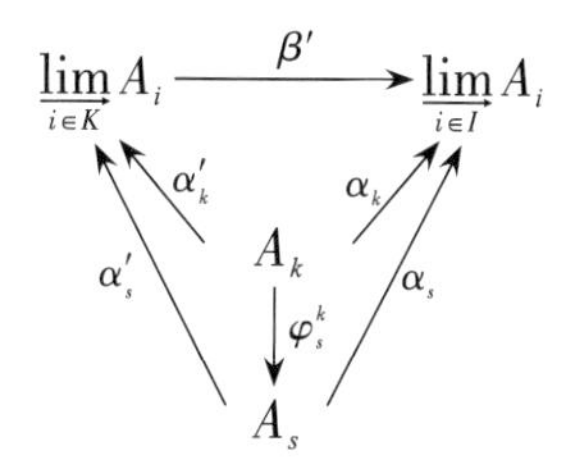

对于 $\forall i\in I$，由式（2-6-52）和式（2-6-53）可得

$$\beta'\beta\alpha_i=\beta'\alpha'_k\varphi^i_k=\alpha_k\varphi^i_k=\alpha_i。$$

由命题2-6-1知 $\beta'\beta=1_{\varinjlim\limits_{i\in I} A_i}$。对于 $\forall k\in K$，由式（2-6-53）有

$$\beta\beta'\alpha'_k=\beta\alpha_k。$$

由式（2-6-52）有

$$\alpha'_s\varphi^k_s=\beta\alpha_k,$$

其中，$s\in K$，$s\geqslant k$。由于 $s\in K$，所以可得

$$\alpha'_s\varphi^k_s=\alpha'_k。$$

由以上三式可得

$$\beta\beta'\alpha'_k=\alpha'_k。$$

由命题2-6-1知 $\beta\beta'=1_{\varinjlim\limits_{i\in K} A_i}$。证毕。

命题2-6-15　正向系统 $A\xrightarrow{f}B$ 的正向极限是 $\mathrm{Coker}f$，相应的同态族是自然同态 π：$B\to\mathrm{Coker}f$ 与 πf：$A\to\mathrm{Coker}f$，即

$$\begin{array}{ccc} A & \xrightarrow{\pi f} & \mathrm{Coker}f \\ {\scriptstyle f}\downarrow & \nearrow{\scriptstyle \pi} & \\ B & & \end{array}$$ 。

证明 设 X 与 α_1: $A\to X$，α_2: $B\to X$ 满足

$$\alpha_1=\alpha_2 f，即 \begin{array}{ccc} A & \xrightarrow{\alpha_1} & X \\ {\scriptstyle f}\downarrow & \nearrow{\scriptstyle \alpha_2} & \\ B & & \end{array}$$ 。

令

$$\beta：\mathrm{Coker}f\to X，\quad b+\mathrm{Im}f\mapsto\alpha_2(b),$$

即有

$$\alpha_2=\beta\pi,$$

$$\alpha_1=\alpha_2 f=\beta\pi f,$$

即

$$\begin{array}{ccc} \mathrm{Coker}f & \xrightarrow{\beta} & X \\ \nwarrow{\scriptstyle \pi f} & A & \nearrow{\scriptstyle \alpha_1} \\ {\scriptstyle \pi}\nwarrow & \downarrow{\scriptstyle f} & \nearrow{\scriptstyle \alpha_2} \\ & B & \end{array}$$ 。

若另有 β': $\mathrm{Coker}f\to X$ 满足 $\alpha_1=\beta'\pi f$，$\alpha_2=\beta'\pi$，则 $\beta'\pi=\beta\pi$，由于 π 满，所以 $\beta'=\beta$（右消去），即 β 唯一。证毕。

命题 2-6-16 设 I 是离散小范畴（定义 1-1-2 和定义 1-1-4），$\{F_i\}_{i\in I}$ 是范畴 $\mathcal{C}$ 中以 I 为指标集的正向系统，那么余积 $\left\{\bigoplus_{i\in I}F_i, \lambda_i\right\}$ 是 $\{F_i\}_{i\in I}$ 的正向极限。

证明 根据定义 1-5-2 可知，对于范畴 $\mathcal{C}$ 中任意对象 X 和任意态射族 $\{f_i: F_i\to X\}_{i\in I}$，存在唯一的态射 φ: $\bigoplus_{i\in I}F_i\to X$ 满足

$$f_i=\varphi\lambda_i，即 \begin{array}{ccc} F_i & \xrightarrow{\lambda_i} & \bigoplus_{i\in I}F_i \\ {\scriptstyle f_i}\downarrow & \swarrow{\scriptstyle \varphi} & \\ X & & \end{array}$$ ，

或者画成

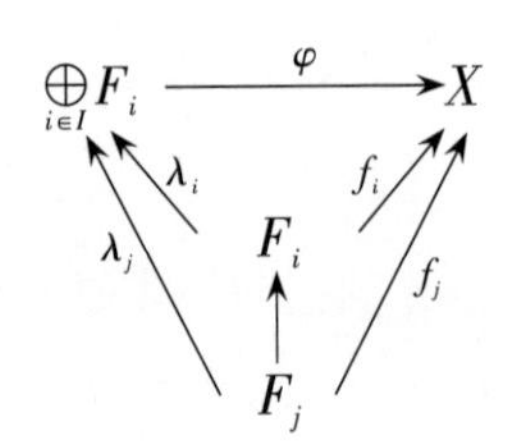

证毕。

命题2-6-17　设有模范畴${}_R\mathcal{M}$中以正向集I为指标的正向极限：

$$\{A,\ \alpha_i\}=\varinjlim\{A_i,\ \{\varphi_j^i\}\},$$

对于任一R-模A'和R-模同态族$\{\alpha_i':\ A_i\to A'\}$满足$\alpha_i'=\alpha_j'\varphi_j^i$（$i\leqslant j$），则存在唯一的$R$-模同态$\beta$：$A\to A'$使得

$$\alpha_i'=\beta\alpha_i,\quad \forall i\in I。$$

这里β为［$\forall a\in A$，根据定理2-6-2（1）可知，存在$i\in I$，$a_i\in A_i$，使得$a=\alpha_i(a_i)$］

$$\beta:\ A\to A',\quad \alpha_i(a_i)\mapsto\alpha_i'(a_i)。$$

证明　先证明β的定义与i和a_i的选取无关。设另有$j\in I$，$a_j\in A_j$，使得$a=\alpha_j(a_j)$，则$\alpha_i(a_i)=\alpha_j(a_j)$，由命题2-6-6知$\exists k\in I$，$i\leqslant k$，$j\leqslant k$，使得

$$\varphi_k^i(a_i)=\varphi_k^j(a_j),$$

则有

$$\alpha_i'(a_i)=\alpha_k'\varphi_k^i(a_i)=\alpha_k'\varphi_k^j(a_j)=\alpha_j'(a_j),$$

即β的定义与i和a_i的选取无关。

有$\beta\alpha_i(a_i)=\alpha_i'(a_i)$，即$\beta\alpha_i=\alpha_i'$。若另有$\tilde{\beta}$：$A\to A'$满足$\alpha_i'=\tilde{\beta}\alpha_i$，则$(\tilde{\beta}-\beta)\alpha_i=0$（$\forall i\in I$），由命题2-6-7可得$\beta=\tilde{\beta}$。证毕。

命题2-6-18　设有右R-模范畴中以正向集I为指标的正向极限：

$$\{M,\ \alpha_i\}=\varinjlim\{M_i,\ \{\varphi_j^i\}\}。$$

设N是任一左R-模，记

$$\{P,\ \alpha_i^{\otimes}:\ M_i\otimes N\to P\}=\varinjlim\{M_i\otimes N,\ \{\varphi_j^i\otimes 1\}\},$$

则有同构：

$$\psi:\ P\to M\otimes N,\quad \alpha_i^{\otimes}(m_i\otimes n)\mapsto\alpha_i(m_i)\otimes n,$$

即

$$\varinjlim(M_i\otimes N)\cong(\varinjlim M_i)\otimes N。$$

证明　对于模$M\otimes N$与同态族：

$$\alpha_i\otimes 1:\ M_i\otimes N\to M\otimes N,$$

易验证：

$$\alpha_i\otimes 1=(\alpha_j\otimes 1)(\varphi_j^i\otimes 1),\quad i\leqslant j。$$

根据命题2-6-17可知，有同态：

$$\psi:\ P\to M\otimes N,\quad \alpha_i^{\otimes}(m_i\otimes n)\mapsto(\alpha_i\otimes 1)(m_i\otimes n)=\alpha_i(m_i)\otimes n。$$

ψ是同构见文献［5］第2章练习题20。证毕。

命题2-6-19 设R是整环，Q是它的分式域（Q是R-模）。定义R上的序关系为（r，$r'\neq 0$）

$$r\leqslant r' \Leftrightarrow r|r'。$$

记Q的R-子模，则

$$B_r=\left\langle \frac{1}{r}\right\rangle = R\frac{1}{r},\quad r\in R^*=R\backslash\{0\}。$$

设$r\leqslant r'$，即$r|r'$，则有$c\in R$，使得$r'=rc$（由于R是整环，所以c是唯一确定的），定义

$$\varphi_{r'}^{r}:\ B_r\to B_{r'},\quad \frac{1}{r}\mapsto\frac{c}{r'},$$

$\left\{B_r,\ \varphi_{r'}^{r}\right\}$是一个正向系统，那么

$$Q\cong\varinjlim_{r\in R^*}B_r。$$

证明 令

$$\sigma:\ \bigoplus_r B_r\to Q,\quad \left(\frac{a_r}{r}\right)_{r\in R^*}\mapsto\sum_r\frac{a_r}{r}。$$

对于$\forall\frac{a}{r}\in Q$，有$\frac{a}{r}=\sigma\left(\cdots,\ 0,\ \frac{a}{r},\ 0,\ \cdots\right)$，所以$\sigma$是满同态。记［式（2-6-6）］

$$S=\left\langle\left\{\lambda_{r'}\varphi_{r'}^{r}\frac{1}{r}-\lambda_r\frac{1}{r}\middle| r\in R\backslash\{0\},\ r\leqslant r'\right\}\right\rangle,$$

对于$r\leqslant r'$，设$r'=rc$，则

$$\sigma\left(\lambda_{r'}\varphi_{r'}^{r}\frac{1}{r}-\lambda_r\frac{1}{r}\right)=\varphi_{r'}^{r}\frac{1}{r}-\frac{1}{r}=\frac{c}{r'}-\frac{1}{r}=\frac{cr-r'}{r'r}=0,$$

即$\lambda_{r'}\varphi_{r'}^{r}\frac{1}{r}-\lambda_r\frac{1}{r}\in\ker\sigma$，所以可得

$$S\subseteq\ker\sigma。$$

设$\left(\frac{a_r}{r}\right)_{r\in R^*}\in\ker\sigma$，即

$$\sigma\left(\frac{a_r}{r}\right)_{r\in R^*}=\sum_r\frac{a_r}{r}=0,$$

根据Q中的加法，可设

$$\sum_r\frac{a_r}{r}=\frac{\sum_r a_r c_r}{r'},$$

其中

$$r'=rc_r。$$

有$\sum_r\frac{a_r c_r}{r'}=0$，从而$\sum_r a_r\lambda_{r'}\frac{c_r}{r'}=0$，即

$$\sum_r a_r \lambda_{r'} \varphi_{r'}^r \frac{1}{r} = 0,$$

于是

$$\left(\frac{a_r}{r}\right)_{r\in R^*} = \sum_r \lambda_r \frac{a_r}{r} = \sum_r a_r \lambda_r \frac{1}{r} - \sum_r a_r \lambda_{r'} \varphi_{r'}^r \frac{1}{r} = \sum_r a_r \left(\lambda_r \frac{1}{r} - \lambda_{r'} \varphi_{r'}^r \frac{1}{r}\right) \in S,$$

表明

$$\ker\sigma \subseteq S。$$

因此

$$\ker\sigma = S,$$

于是由同态基本定理（定理2-1-1）和式（2-6-8）得

$$Q \cong \left(\bigoplus_r B_r\right)/\ker\sigma = \left(\bigoplus_r B_r\right)/S = \varinjlim B_r。$$

证毕。

命题2-6-20　令 A 是一个模，$\{A_i\}_{i\in I}$ 是 A 的所有有限生成子模，$A_i \subseteq A_j$（$i \leqslant j$），λ_j^i：$A_i \to A_j$（$i \leqslant j$）和 λ_i：$A_i \to A$ 是包含映射，则 $\{A_i，\lambda_j^i\}$ 是一个正向系统［例2-6-1(1)］，正向极限为

$$\varinjlim\{A_i，\lambda_j^i\} = \{A，\lambda_i\}。$$

证明　显然

$$\lambda_i = \lambda_j \lambda_j^i，即 \begin{array}{ccc} A_i & \xrightarrow{\lambda_i} & A \\ {\scriptstyle\lambda_j^i}\downarrow & \nearrow{\scriptstyle\lambda_j} & \\ A_j & & \end{array}，i \leqslant j。$$

任取模 A' 和同态族 $\{\alpha_i'：A_i \to A'\}$ 满足

$$\alpha_i' = \alpha_j' \lambda_j^i，即 \begin{array}{ccc} A_i & \xrightarrow{\alpha_i'} & A' \\ {\scriptstyle\lambda_j^i}\downarrow & \nearrow{\scriptstyle\alpha_j'} & \\ A_j & & \end{array}，i \leqslant j。$$

设 $a \in A$，显然 $a \in \langle a \rangle$，也就是说 a 至少属于一个 A_i。令

$$\beta：A \to A'，\quad a \mapsto \alpha_i'(a)。$$

上式与 i 的选取无关。如果还有 $a \in A_j$，不妨设 $i \leqslant j$，则 $\alpha_i'(a) = \alpha_j' \lambda_j^i(a) = \alpha_j'(a)$。显然

$$\alpha_i' = \beta\lambda_i，\quad \forall i \in I。$$

若另有 β'：$A \to A'$ 满足 $\alpha_i' = \beta'\lambda_i$（$\forall i \in I$），则

$$(\beta' - \beta)\lambda_i = 0，\quad \forall i \in I。$$

$\forall a \in A$，设 $a \in A_i$，则 $(\beta' - \beta)\lambda_i(a) = 0$，即 $(\beta' - \beta)(a) = 0$，所以 $\beta' = \beta$。这表明满足 $\alpha_i' = \beta\lambda_i$ 的 β 是唯一的。因此 $\varinjlim\{A_i，\lambda_j^i\} = \{A，\lambda_i\}$。证毕。

2.7 反向极限

定义 2-7-1 反向系统（inverse system） 设$\mathcal{C}$是一个范畴，I是一个偏序小范畴（定义1-1-3）。以I为指标的反向系统是一个反变函子$F: I\to\mathcal{C}$，即

$$F: \mathrm{Obj}I\to\mathrm{Obj}\mathcal{C},\quad i\mapsto F_i,$$

$$F: \mathrm{Hom}_I(i,\ j)\to\mathrm{Hom}_{\mathcal{C}}\left(F_j,\ F_i\right),\quad \Gamma_j^i\mapsto\varphi_i^j,\quad i\leqslant j。$$

根据定义1-8-2（3）可知，态射$F\left(\Gamma_j^i\right)=\varphi_i^j: F_j\to F_i$需要满足以下条件。

（1）$\forall i\in I$，$\varphi_i^i=1_{F_i}: F_i\to F_i$是恒等态射。

（2）如果$i\leqslant j\leqslant k$，则有

$$F\left(\Gamma_k^i\right)=F\left(\Gamma_k^j\Gamma_j^i\right)=F\left(\Gamma_j^i\right)F\left(\Gamma_k^j\right),$$

也就是

$$\varphi_i^k=\varphi_i^j\varphi_j^k,\ \text{即}\ \begin{array}{ccc} F_k & \xrightarrow{\varphi_i^k} & F_i \\ & {\scriptstyle\varphi_j^k}\searrow\quad\nearrow{\scriptstyle\varphi_i^j} & \\ & F_j & \end{array}。\tag{2-7-1}$$

一般地，我们将以I为指标集的反向系统$F: I\to\mathcal{C}$记为$F=\left\{F_i,\ \varphi_i^j\right\}$。

例 2-7-1

（1）令$I=\{a,\ b,\ c\}$，偏序关系为$a\leqslant b$，$a\leqslant c$，b与c没有偏序关系。有反向系统：

$$\begin{array}{ccc} & & F_c \\ & & \downarrow{\scriptstyle\varphi_a^c} \\ F_b & \xrightarrow{\varphi_a^b} & F_a \end{array}。$$

（2）设I是一个偏序集，A是一个固定的模。令$A_i=A$（$i\in I$），$\varphi_i^j=1_A: A_j\to A_i$（$i\leqslant j$），则$\left\{A_i,\ \varphi_i^j\right\}$构成一个反向系统，但仍为常量系统，记作$|A|$。

定义 2-7-2 反向极限（inverse limit） 极限（limit） 设$\left\{F_i,\ \varphi_i^j\right\}$是范畴$\mathcal{C}$中以$I$为指标的一个反向系统。若有范畴$\mathcal{C}$中的一个对象$F$和一个态射族$\{\alpha_i: F\to F_i\}$满足

$$\alpha_i=\varphi_i^j\alpha_j,\ \text{即}\ \begin{array}{ccc} F & \xrightarrow{\alpha_i} & F_i \\ & {\scriptstyle\alpha_j}\searrow & \uparrow{\scriptstyle\varphi_i^j} \\ & & F_j \end{array},\quad \forall i\leqslant j,\tag{2-7-2}$$

且具有泛性质，即对于$\mathcal{C}$中任意对象F'和任意态射族$\left\{\alpha_i': F'\to F_i\right\}$，如果有

$$\alpha_i'=\varphi_i^j\alpha_j'，即 \begin{array}{ccc} F' & \xrightarrow{\alpha_i'} & F_i \\ & \searrow^{\alpha_j'} & \uparrow{\scriptstyle \varphi_i^j} \\ & & F_j \end{array}，\forall i\leqslant j, \tag{2-7-3}$$

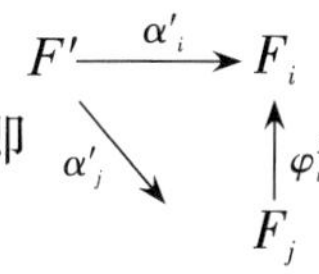

也就是

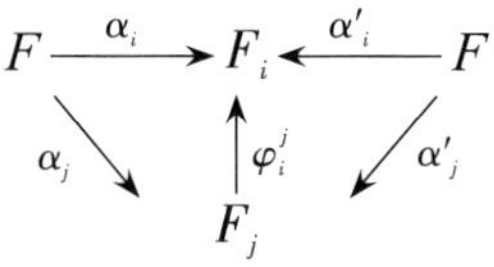

$$\begin{array}{ccccc} F & \xrightarrow{\alpha_i} & F_i & \xleftarrow{\alpha_i'} & F' \\ & {\scriptstyle \alpha_j}\searrow & \uparrow{\scriptstyle \varphi_i^j} & \swarrow{\scriptstyle \alpha_j'} & \\ & & F_j & & \end{array}\ ，\forall i\leqslant j\ ，$$

则存在唯一的态射：

$$\beta：F'\rightarrow F,$$

使得

$$\alpha_i'=\alpha_i\beta，\forall i\in I, \tag{2-7-4}$$

即有交换图（$i\leqslant j$）：

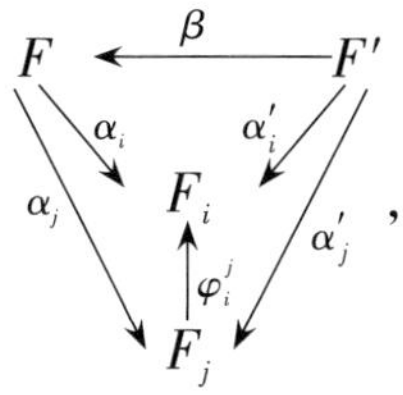

$$\begin{array}{ccccc} F & & \xleftarrow{\beta} & & F' \\ & {\scriptstyle \alpha_i}\searrow & & \swarrow{\scriptstyle \alpha_i'} & \\ {\scriptstyle \alpha_j}\downarrow & & F_i & & \downarrow{\scriptstyle \alpha_j'} \\ & & \uparrow{\scriptstyle \varphi_i^j} & & \\ & \searrow & F_j & \swarrow & \end{array}\ , \tag{2-7-5}$$

则称反向系统$\left\{F_i，\varphi_i^j\right\}$的反向极限（或称极限）是

$$\varprojlim_{i\in I}\left\{F_i，\varphi_i^j\right\}=\left\{F，\alpha_i\right\}。$$

有时也省略态射，记为

$$\varprojlim_{i\in I}F_i=F,$$

也可把$\varprojlim_{i\in I}$简记为$\varprojlim$。

注（定义2-7-2） 正向极限和反向极限（或称余极限和极限）是对偶概念。

命题2-7-1 反向极限如果存在，则本质上唯一。也就是说，若$\left\{F，\alpha_i\right\}$和$\left\{F'，\alpha_i'\right\}$都是$\left\{F_i，\varphi_i^j\right\}$的反向极限，那么存在同构$\beta：F'\rightarrow F$，使得$\alpha_i'=\alpha_i\beta$。

证明 类似命题2-6-2。

定理2-7-1 模范畴${}_R\mathcal{M}$中反向系统$\left\{F_i，\varphi_i^j\right\}$的反向极限存在。

证明 令

$$\varprojlim F_i=\left\{\left(a_i\right)_{i\in I}\in\prod_{i\in I}F_i\,\middle|\,a_i=\varphi_i^ja_j，i\leqslant j\right\}, \tag{2-7-6}$$

记 p_i: $\prod_{j\in I}F_j\to F_i$ 是投射，规定 α_i: $\varprojlim F_j\to F_i$ 是 p_i 在 $\varprojlim F_i$ 上的限制：

$$\alpha_i=p_i\big|_{\varprojlim F_i}。\tag{2-7-7}$$

设 $i\leqslant j$，对于 $\forall(a_i)_{i\in I}\in\varprojlim F_i$，有

$$\alpha_i\left((a_i)_{i\in I}\right)=p_i\left((a_i)_{i\in I}\right)=a_i=\varphi_i^j a_j=\varphi_i^j p_j\left((a_i)_{i\in I}\right)=\varphi_i^j\alpha_j\left((a_i)_{i\in I}\right),$$

所以式（2-7-2）成立。

设 $F'\in\mathrm{Obj}\mathcal{C}$ 和 α_i': $F'\to F_i$ 满足式（2-7-3）。根据直积的泛性质（命题2-3-6）可知，存在唯一的 R-模同态：

$$\beta:\ F'\to\prod_{i\in I}F_i,\ x\mapsto\left(\alpha_i'(x)\right)_{i\in I},\tag{2-7-8}$$

使得

$$\alpha_i'=p_i\beta,\ 即\ \begin{array}{ccc}\prod_{j\in I}F_j & \xrightarrow{p_i} & F_i\\ \beta\uparrow & \nearrow_{\alpha_i'} & \\ F' & & \end{array},\ \forall i\in I。\tag{2-7-9}$$

对于 $\forall x\in F'$，由式（2-7-3）知 $\alpha_i'(x)=\varphi_i^j\alpha_j'(x)$，由式（2-7-6）知 $\left(\alpha_i'(x)\right)_{i\in I}\in\varprojlim F_i$，表明 $\mathrm{Im}\beta\subseteq\varprojlim F_i$，所以式（2-7-8）可写成

$$\beta:\ F'\to\varprojlim F_i,\ x\mapsto\left(\alpha_i'(x)\right)_{i\in I},\tag{2-7-10}$$

根据式（2-7-7）和式（2-7-9）可写成

$$\alpha_i'=p_i\beta=p_i\big|_{\varprojlim F_i}\beta=\alpha_i\beta,$$

也就是式（2-7-4）。证毕。

定义2-7-3　拉回（pull-back） 例2-7-1（1）中反向系统：

$$\begin{array}{ccc} & & C\\ & & \downarrow g\\ B & \xrightarrow{f} & A\end{array}$$

它的反向极限 L 称为拉回。

设 L 对应态射 α: $L\to A$，β: $L\to B$，γ: $L\to C$，根据式（2-7-2）有交换图：

$$\begin{array}{ccc} L & \xrightarrow{\gamma} & C\\ \beta\downarrow & \searrow^{\alpha} & \downarrow g,\\ B & \xrightarrow{f} & A\end{array}\tag{2-7-11}$$

其中，只有 β，γ 是独立的，因为 $\alpha=f\beta=g\gamma$。上图省略 α，画成

$$\begin{array}{ccc} L & \xrightarrow{\gamma} & C\\ \beta\downarrow & & \downarrow g。\\ B & \xrightarrow{f} & A\end{array}\tag{2-7-11′}$$

L 与 $\{\alpha, \beta, \gamma\}$ 具有泛性质，即若有 L' 与 $\{\alpha', \beta', \gamma'\}$ 满足

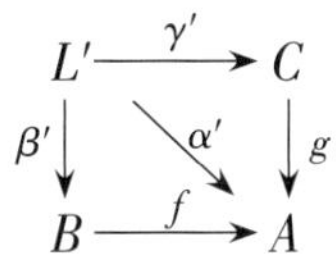

$$\begin{array}{ccc} L' & \xrightarrow{\gamma'} & C \\ {\scriptstyle\beta'}\downarrow & \searrow^{\alpha'} & \downarrow{\scriptstyle g} \\ B & \xrightarrow{f} & A \end{array}, \tag{2-7-12}$$

则存在唯一的 θ：$L' \to L$，使得［式（2-7-4）］

$$\alpha' = \alpha\theta,\quad \beta' = \beta\theta,\quad \gamma' = \gamma\theta。$$

由于图（2-7-12）中只有 β'，γ' 是独立的，所以泛性质也可叙述为，L 与 $\{\beta, \gamma\}$ 具有泛性质，即若有 L' 与 $\{\beta', \gamma'\}$ 满足

$$\begin{array}{ccc} L' & \xrightarrow{\gamma'} & C \\ {\scriptstyle\beta'}\downarrow & & \downarrow{\scriptstyle g} \\ B & \xrightarrow{f} & A \end{array}, \tag{2-7-12'}$$

则存在唯一的 θ：$L' \to L$，使得［式（2-7-4）］

$$\beta' = \beta\theta,\quad \gamma' = \gamma\theta,$$

即有交换图：

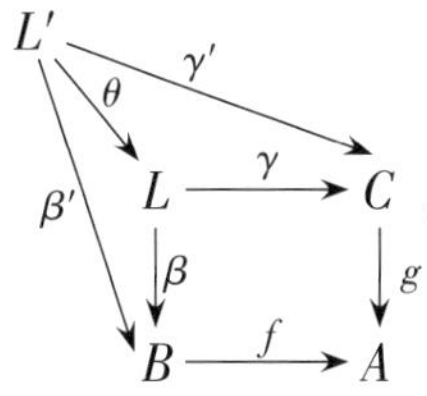

$$\begin{array}{ccccc} L' & & & & \\ & \searrow^{\theta} & & \searrow^{\gamma'} & \\ & & L & \xrightarrow{\gamma} & C \\ & {\scriptstyle\beta'}\searrow & \downarrow{\scriptstyle\beta} & & \downarrow{\scriptstyle g} \\ & & B & \xrightarrow{f} & A \end{array}。 \tag{2-7-13}$$

例2-7-2 模范畴中的拉回 设有模范畴 ${}_R\mathcal{M}$ 中的反向系统：

$$\begin{array}{ccc} & & C \\ & & \downarrow{\scriptstyle g} \\ B & \xrightarrow{f} & A \end{array}。$$

令

$$L = \{(b, c) \in B \oplus C \mid f(b) = g(c)\},$$

$$\beta: L \to B,\quad (b, c) \mapsto b,$$

$$\gamma: L \to C,\quad (b, c) \mapsto c,$$

对于 $\forall (b, c) \in L$，有 $f\beta(b, c) = f(b) = g(c) = g\gamma(b, c)$，即

$$f\beta = g\gamma，即 \begin{array}{ccc} L & \xrightarrow{\gamma} & C \\ {\scriptstyle\beta}\downarrow & & \downarrow{\scriptstyle g} \\ B & \xrightarrow{f} & A \end{array}。$$

设 L' 与 $\{\beta', \gamma'\}$ 满足

$$\begin{array}{ccc} L' & \xrightarrow{\gamma'} & C \\ \beta' \downarrow & & \downarrow g \\ B & \xrightarrow{f} & A \end{array},$$

令

$$\theta: L' \to L, \quad x \mapsto (\beta'(x), \gamma'(x))。$$

于对 $\forall x \in L'$，有

$$\beta\theta(x) = \beta(\beta'(x), \gamma'(x)) = \beta'(x),$$

$$\gamma\theta(x) = \gamma(\beta'(x), \gamma'(x)) = \gamma'(x),$$

即

$$\beta' = \beta\theta, \quad \gamma' = \gamma\theta,$$

表明有交换图（2-7-13）。若有

$$\theta': L' \to L, \quad x \mapsto (\theta'_b(x), \theta'_c(x))$$

满足

$$\beta' = \beta\theta', \quad \gamma' = \gamma\theta',$$

则

$$\beta\theta' = \beta\theta, \quad \gamma\theta' = \gamma\theta。$$

对于 $\forall x \in L'$，有

$$\theta'_b(x) = \beta\theta'(x) = \beta\theta(x) = \beta'(x),$$

$$\theta'_c(x) = \gamma\theta'(x) = \gamma\theta(x) = \gamma'(x),$$

也就是 $\theta' = \theta$，所以 θ 是唯一的。综上知 L 是该系统的拉回。

命题2-7-2 在例2-7-2中，有

$$g\text{单(满)} \Rightarrow \beta\text{单(满)},$$

$$f\text{单(满)} \Rightarrow \gamma\text{单(满)}。$$

证明 设 g 单。$\forall (b, c) \in \ker\beta \subseteq L$，有 $0 = \beta(b, c) = b$。而由 $(b, c) \in L$ 知 $g(c) = f(b) = 0$，由 g 单知 $c = 0$，即 $(b, c) = 0$，表明 $\ker\beta = 0$，即 β 单。

设 f 单。$\forall (b, c) \in \ker\gamma \subseteq L$，有 $0 = \gamma(b, c) = c$。而由 $(b, c) \in L$ 知 $f(b) = g(c) = 0$，由 f 单知 $b = 0$，即 $(b, c) = 0$，表明 $\ker\gamma = 0$，即 γ 单。

设 g 满。$\forall b \in B$，有 $f(b) \in A$，所以存在 $c \in C$，使得 $g(c) = f(b)$。这样，$(b, c) \in L$，而 $\beta(b, c) = b$，表明 β 满。

设 f 满。$\forall c \in C$，有 $g(c) \in A$，所以存在 $b \in B$，使得 $f(b) = g(c)$。这样，$(b, c) \in L$，

而 $\gamma(b, c)=c$，表明 γ 满。证毕。

命题2-7-3　设 I 是正向集，K 是 I 的共尾子集（见定义2-6-7），$\{A_i, \varphi_i^j\}$ 是 I 上的反向系统，则

$$\varprojlim_{i\in I} A_i \cong \varprojlim_{i\in K} A_i。$$

定义2-7-4　I-adic完备化　设 R 是有单位元1的交换环，I 是 R 的理想，令

$$I^n=\left\{\sum_{i=1}^{k} a_1^{(i)}\cdots a_n^{(i)} \middle| a_j^{(i)}\in I,\ 1\leqslant j\leqslant n,\ k\in Z^+\right\}。$$

设 M 是一个 R-模，则由命题B-9知

$$M\supseteq IM\supseteq I^2M\supseteq\cdots。$$

当 $j\geqslant i$ 时，有 R-模同态（命题2-1-7）：

$$\varphi_i^j:\ M/I^jM\to M/I^iM,\quad x+I^jM\mapsto x+I^iM。$$

显然，φ_i^i 是恒等同态，易验证对于 $i\leqslant j\leqslant k$ 有

$$\begin{array}{ccc} M/I^kM & \xrightarrow{\varphi_i^k} & M/I^iM \\ & {\scriptstyle\varphi_j^k}\searrow \quad \nearrow{\scriptstyle\varphi_i^j} & \\ & M/I^jM & \end{array}。$$

所以 $\{M/I^iM, \varphi_i^j\}$ 是一个反向系统。称它的反向极限：

$$\hat{M}=\varprojlim(M/I^iM)$$

为模 M 的 I-adic完备化。

定义2-7-5　反向集范畴　设 I 是一个正向集，将范畴 $\mathcal{C}$ 中以 I 为指标集的所有反向系统放到一起。设 $A=\{A_i, \varphi_i^j\}$ 和 $A'=\{A'_i, \varphi'^j_i\}$ 是 $\mathcal{C}$ 中两个反向系统，它们是反变函子：

$$A:\ I\to\mathcal{C},\quad A':\ I\to\mathcal{C}。$$

设

$$\tau=\{\tau_i\}:\ A\to A' \tag{2-7-14}$$

是自然变换（见定义1-9-1），即有（参考定义1-1-3）

$$\begin{array}{ccc} A(j) & \xrightarrow{A(\Gamma_j^i)} & A(i) \\ {\scriptstyle\tau_j}\downarrow & & \downarrow{\scriptstyle\tau_i} \\ A'(j) & \xrightarrow{A'(\Gamma_j^i)} & A'(i) \end{array},\quad i\leqslant j。$$

根据定义2-7-1可知，$A(i)=A_i$，$A'(i)=A'_i$，$A(\Gamma_j^i)=\varphi_i^j$，$A'(\Gamma_j^i)=\varphi'^j_i$，上式即为

$$\begin{array}{ccc} A_i & \xrightarrow{\tau_i} & A'_i \\ \varphi_i^j \uparrow & & \uparrow \varphi'^j_i \\ A_j & \xrightarrow{\tau_j} & A'_j \end{array},\quad i \leqslant j。\tag{2-7-15}$$

范畴$\mathcal{I}\mathrm{nv}I$以这些反向系统为对象，以自然变换为态射，称为反向集范畴。

命题2-7-4 对于R-模范畴上的反向系统，可定义$\mathrm{Hom}_{\mathcal{I}\mathrm{nv}\,I}\left(\{A_i\},\ \{A'_i\}\right)$上的$R$-模结构。

设

$$\varphi = \{\varphi_i\},\ \psi = \{\psi_i\} \in \mathrm{Hom}_{\mathcal{I}\mathrm{nv}\,I}\left(\{A_i\},\ \{A'_i\}\right),$$

定义

$$\varphi + \psi = \{\varphi_i + \psi_i\} \in \mathrm{Hom}_{\mathcal{I}\mathrm{nv}\,I}\left(\{A_i\},\ \{A'_i\}\right),$$

$$r\varphi = \{r\varphi_i\} \in \mathrm{Hom}_{\mathcal{I}\mathrm{nv}\,I}\left(\{A_i\},\ \{A'_i\}\right),$$

其中

$$(\varphi_i + \psi_i)(a_i) = \varphi_i(a_i) + \psi_i(a_i),\quad \forall a_i \in A_i,$$

$$(r\varphi_i)(a_i) = r\varphi_i(a_i),\quad \forall a_i \in A_i。$$

命题2-7-5 模范畴${}_R\mathcal{M}$上的反向极限可看作正变函子，即

$$\varprojlim:\ \mathcal{I}\mathrm{nv}I \to {}_R\mathcal{M}。$$

证明 对象之间的对应为

$$\varprojlim:\ \{A_i,\ \varphi_i^j\} \mapsto \varprojlim A_i。$$

设

$$\tau = \{\tau_i\}:\ A \to A'$$

是自然变换，则式（2-7-15）成立，从而有

$$\begin{array}{ccccccc} \varprojlim A'_i & \xrightarrow{\alpha'_i} & A'_i & \xleftarrow{\tau_i} & A_i & \xleftarrow{\alpha_i} & \varprojlim A_i \\ & \searrow^{\alpha'_j} & \uparrow \varphi'^j_i & & \uparrow \varphi_i^j & \swarrow_{\alpha'} & \\ & & A'_j & \xleftarrow{\tau_j} & A_j & & \end{array},\quad i \leqslant j。$$

于是有

$$\begin{array}{ccccc} \varprojlim A'_i & \xrightarrow{\alpha'_i} & A'_i & \xleftarrow{\tau_i\alpha_i} & \varprojlim A_i \\ & \searrow^{\alpha'_j} & \uparrow \varphi'^j_i & \swarrow_{\tau_i\alpha_j} & \\ & & A'_j & & \end{array},\quad i \leqslant j。$$

根据 $\varinjlim A'_i$ 和 $\{\alpha'_i\}$ 的泛性质，存在唯一的R-模同态：

$$\beta:\ \varinjlim A_i \to \varinjlim A'_i,$$

使得

$$\tau_i\alpha_i = \alpha'_i\beta, \tag{2-7-16}$$

即有

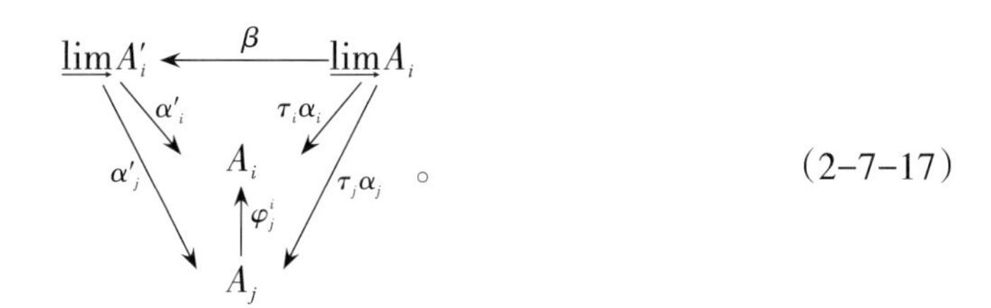

$$\text{(2-7-17)}$$

令态射之间的对应为

$$\varinjlim:\ \tau \mapsto \beta。 \tag{2-7-18}$$

式（2-7-16）写成

$$\tau_i\alpha_i = \alpha'_i\varinjlim\tau。 \tag{2-7-19}$$

验证符合定义1-8-1：

（1）（2）显然。

（3）设 $\tau' = \{\tau'_i\}$：$A' \to A''$ 是自然变换，令

$$\varinjlim(\tau') = \beta',$$

则由式（2-7-16）有

$$\tau'_i\alpha'_i = \alpha''_i\beta'。 \tag{2-7-20}$$

令

$$\varinjlim(\tau'\tau) = \tilde{\beta},$$

根据定义1-9-2有 $\tau'\tau = \{\tau'_i\tau_i\}$，由式（2-7-16）有

$$\tau'_i\tau_i\alpha_i = \alpha''_i\tilde{\beta}。 \tag{2-7-21}$$

由式（2-7-16）和式（2-7-20）可得

$$\tau'_i\tau_i\alpha_i = \tau'_i\alpha'_i\beta = \alpha''_i\beta'\beta,$$

对比以上两式，由 $\tilde{\beta}$ 的唯一性知 $\tilde{\beta}=\beta'\beta$，即

$$\varinjlim(\tau'\tau) = \varinjlim(\tau')\varinjlim(\tau)。$$

设 $\tau = \{\tau_i\}$：$A \to A$ 是恒等态射，即 τ_i 是恒等态射。令 $\beta = \varinjlim(\tau)$，则由式（2-7-16）有 $\tau_i\alpha_i = \alpha_i\beta$，即 $\alpha_i = \alpha_i\beta$。显然 β 可以取 $1_{\varinjlim A_i}$，再由 β 的唯一性知 $\beta = 1_{\varinjlim A_i}$。证毕。

命题2-7-6 可将构造常量系统［例2-7-1（2）］的过程视为一个正变函子，即

$$|\ |:\ {}_R\mathcal{M}\rightarrow \mathcal{I}\mathrm{nv}\,I。$$

证明 对象之间的对应为

$$|\ |: A\mapsto |A|。$$

设R-模同态

$$f:\ A\rightarrow A',$$

令 $f_i=f$。反向系统$|A|$和$|A'|$的态射族为$\varphi_i^j=1_A$和$\varphi'^j_i=1_{A'}$，所以有

$$\begin{array}{ccc} A_j & \xrightarrow{\varphi_i^j} & A'_i \\ f_j\downarrow & & \downarrow f_i, \\ A'_j & \xrightarrow{\varphi'^j_i} & A'_i \end{array}$$

表明$\{f_i\}$是一个自然变换，记

$$|f|=\{f_i=f\}:\ |A|\rightarrow |A'|, \tag{2-7-22}$$

则有态射之间的对应为

$$|\ |: f\mapsto |f|。$$

证毕。

命题2-7-7 设 f：$M\rightarrow \varprojlim F_i$ 是R-模同态，$\{\alpha_i\}$ 是 $\varprojlim F_i$ 对应的同态族。若 $\alpha_i f=0$（$\forall i\in I$），则 $f=0$。

证明 根据式（2-7-6），对 $\forall x\in M$，记 $f(x)=\left(f_i(x)\right)_{i\in I}$。由式（2-7-7）知 $f_i(x)=p_i f(x)=\alpha_i f(x)=0\ (\forall i\in I)$，所以 $f=0$。证毕。

命题2-7-8 设 $\varprojlim\{F_i,\ \varphi_i^j\}=\{F,\ \alpha_i\}$。若 β：$F\rightarrow F$ 满足 $\alpha_i\beta=\alpha_i\ (\forall i\in I)$，则 $\beta=1_F$。

证明 有

$$\begin{array}{ccccc} F & \xrightarrow{\alpha_i} & F_i & \xleftarrow{\alpha_i} & F \\ & \searrow^{\alpha_j} & \uparrow \varphi_i^j & \swarrow_{\alpha_j} & \\ & & F_j & & \end{array}。$$

根据泛性质可知，存在唯一的 β：$F\rightarrow F$ 使得 $\alpha_i\beta=\alpha_i$。而 $\alpha_i 1_F=\alpha_i$，所以 $\beta=1_F$。证毕。

定理2-7-2 $(|\ |,\ \varprojlim)$是一对伴随函子，有群同构：

$$\theta_{A,\{B_i\}}:\ \mathrm{Hom}_{\mathcal{I}\mathrm{nv}\,I}\left(|A|,\ \{B_i\}\right)\rightarrow \mathrm{Hom}_R\left(A,\ \varprojlim B_i\right), \tag{2-7-23}$$

使得对任意R-模同态 f：$A'\to A$，有

$$\begin{array}{ccc}
\mathrm{Hom}_{\mathcal{I}\mathrm{nv}\,I}\left(|A|,\ \{B_i\}\right) & \xrightarrow{|f|^*} & \mathrm{Hom}_{\mathcal{I}\mathrm{nv}\,I}\left(|A'|,\ \{B_i\}\right) \\
\theta_{A,\{B_i\}}\big\downarrow & & \big\downarrow\theta_{A',\{B_i\}} \\
\mathrm{Hom}_R\left(A,\ \varprojlim B_i\right) & \xrightarrow{f^*} & \mathrm{Hom}_R\left(A',\ \varprojlim B_i\right)
\end{array}, \tag{2-7-24}$$

对任意自然变换τ：$\{B_i\}\to\{B_i'\}$，有

$$\begin{array}{ccc}
\mathrm{Hom}_{\mathcal{I}\mathrm{nv}\,I}\left(|A|,\ \{B_i\}\right) & \xrightarrow{\tau_*} & \mathrm{Hom}_{\mathcal{I}\mathrm{nv}\,I}\left(|A|,\ \{B_i'\}\right) \\
\theta_{A,\{B_i\}}\big\downarrow & & \big\downarrow\theta_{A,\{B_i'\}} \\
\mathrm{Hom}_R\left(A,\ \varprojlim B_i\right) & \xrightarrow{(\varprojlim\tau)_*} & \mathrm{Hom}_R\left(A,\ \varprojlim B_i'\right)
\end{array}。 \tag{2-7-25}$$

证明　设$\sigma\in\mathrm{Hom}_{\mathcal{I}\mathrm{nv}\,I}\left(|A|,\ \{B_i,\ \varphi_i^j\}\right)$，根据定义2-7-5可知，它是自然变换，由式（2-7-15）有（$i\leqslant j$）

$$\begin{array}{ccc}
A & \xrightarrow{\sigma_i} & B_i \\
1_A\big\uparrow & & \big\uparrow\varphi_i^j \\
A & \xrightarrow{\sigma_j} & B_j
\end{array}, \tag{2-7-26}$$

即

$$\begin{array}{ccc}
A & \xrightarrow{\sigma_i} & B_i \\
 & {\scriptstyle\sigma_j}\searrow & \big\uparrow\varphi_i^j \\
 & & B_j
\end{array}。 \tag{2-7-27}$$

设与$\varprojlim B_i$对应的同态族是$\{\alpha_i$：$\varprojlim B_j\to B_i\}$，有（$i\leqslant j$）

$$\begin{array}{ccccc}
\varprojlim B_i & \xrightarrow{\alpha_i} & B_i & \xleftarrow{\sigma_i} & A \\
 & {\scriptstyle\alpha_j}\searrow & \big\uparrow\varphi_i^j & \swarrow{\scriptstyle\sigma_j} & \\
 & & B_j & &
\end{array},$$

根据$\varprojlim B_i$的泛性质，存在唯一的R-模同态：

$$\beta:\ A\to\varprojlim B_i,$$

使得

$$\sigma_i=\alpha_i\beta, \tag{2-7-28}$$

即

$$\begin{array}{ccccc}
\varprojlim B_i & & \xleftarrow{\beta} & & A \\
 & {\scriptstyle\alpha_i}\searrow & & \swarrow{\scriptstyle\sigma_i} & \\
{\scriptstyle\alpha_j}\searrow & & B_i & & \swarrow{\scriptstyle\sigma_j} \\
 & & \big\uparrow\varphi_j^i & & \\
 & & B_j & &
\end{array}。 \tag{2-7-29}$$

令群同态:

$$\theta: \mathrm{Hom}_{\mathcal{I}\mathrm{nv}\, I}(|A|,\ \{B_i\}) \to \mathrm{Hom}_R(A,\ \varprojlim B_i),\ \sigma \mapsto \beta。\tag{2-7-30}$$

设 $\beta' \in \mathrm{Hom}_R(A,\ \varprojlim B_i)$,令

$$\sigma'_i = \alpha_i \beta':\ A \to B_i。\tag{2-7-31}$$

由于 $\alpha_i = \varphi_i^j \alpha_j$($i \leqslant j$),所以可得

$$\sigma'_i = \varphi_i^j \alpha_j \beta = \varphi_i^j \sigma'_j,$$

即有式(2-7-27)(把 σ 换成σ'),也就是式(2-7-26)(把 σ 换成σ'),这表明 $\sigma' = \{\sigma'_i\}$ 是 $|A|$ 到 $\{B_i,\ \varphi_i^j\}$ 的自然变换,即 $\sigma' \in \mathrm{Hom}_{\mathcal{I}\mathrm{nv}\, I}(|A|,\ \{B_i\})$。令群同态:

$$\vartheta: \mathrm{Hom}_R(A,\ \varprojlim B_i) \to \mathrm{Hom}_{\mathcal{I}\mathrm{nv}\, I}(|A|,\ \{B_i\}),\ \beta' \mapsto \sigma'。\tag{2-7-32}$$

记 $\tilde{\beta} = \theta(\sigma')$,则由式(2-7-28)有

$$\sigma'_i = \alpha_i \tilde{\beta}。$$

对比上式与式(2-7-31),由于上式中的 $\tilde{\beta}$ 是唯一的,所以 $\tilde{\beta} = \beta'$,即 $\theta\vartheta(\beta') = \beta'$,从而

$$\theta\vartheta = 1_{\mathrm{Hom}_R(A,\ \varprojlim B_i)}。$$

记 $\tilde{\sigma} = \vartheta(\beta)$,则由式(2-7-31)有

$$\tilde{\sigma}_i = \alpha_i \beta。$$

对比上式与式(2-7-28),可知 $\tilde{\sigma}_i = \sigma_i$,所以 $\tilde{\sigma} = \sigma$,即 $\vartheta\theta(\sigma) = \sigma$,从而

$$\vartheta\theta = 1_{\mathrm{Hom}_{\mathcal{I}\mathrm{nv}\, I}(|A|,\ \{B_i\})}。$$

表明 θ 与 ϑ 都是群同构。

把式(2-7-30)写成

$$\theta_{A,\ \{B_i\}}: \mathrm{Hom}_{\mathcal{I}\mathrm{nv}\, I}(|A|,\ \{B_i\}) \to \mathrm{Hom}_R(A,\ \varprojlim B_i),\ \sigma \mapsto \beta。\tag{2-7-33}$$

设 f: $A' \to A$ 是 R-模同态,对于 $\sigma \in \mathrm{Hom}_{\mathcal{I}\mathrm{nv}\, I}(|A|,\ \{B_i,\ \varphi_i^j\})$,令

$$\beta = \theta_{A,\ \{B_i\}}(\sigma) \in \mathrm{Hom}_R(A,\ \varprojlim B_i),$$

由式(2-7-28)有

$$\sigma_i = \alpha_i \beta。\tag{2-7-34}$$

有 $\sigma|f| \in \mathrm{Hom}_{\mathcal{I}\mathrm{nv}\, I}(|A'|,\ \{B_i, \varphi_i^j\})$,令

$$\beta' = \theta_{A',\ \{B_i\}}(\sigma|f|) \in \mathrm{Hom}_R(A',\ \varprojlim B_i),$$

由式(2-7-28)有

$$\sigma_i f = \alpha_i \beta'。\tag{2-7-35}$$

由式(2-7-34)和式(2-7-35)可得

$$\alpha_i(\beta f-\beta')=0,$$

由命题2-7-7知 $\beta f=\beta'$，也就是

$$\theta_{A,\{B_i\}}(\sigma)f=\theta_{A',\{B_i\}}(\sigma|f|),$$

即

$$f^*\theta_{A,\{B_i\}}(\sigma)=\theta_{A',\{B_i\}}|f|^*(\sigma),$$

所以可得

$$f^*\theta_{A,\{B_i\}}=\theta_{A',\{B_i\}}|f|^*,$$

即

$$\begin{array}{ccc} \mathrm{Hom}_{\mathcal{I}\mathrm{nv}\,I}(|A|,\{B_i\}) & \xrightarrow{|f|^*} & \mathrm{Hom}_{\mathcal{I}\mathrm{nv}\,I}(|A'|,\{B_i\}) \\ \downarrow{\scriptstyle \theta_{A,\{B_i\}}} & & \downarrow{\scriptstyle \theta_{A',\{B_i\}}} \\ \mathrm{Hom}_R(A,\varprojlim B_i) & \xrightarrow{f^*} & \mathrm{Hom}_R(A',\varprojlim B_i) \end{array}。$$

设 $\tau=\{\tau_i\}$: $\{B_i,\varphi_i^j\}\to\{B'_i,\varphi'^j_i\}$ 是自然变换，根据命题2-7-5中的式（2-7-19）有

$$\tau_i\alpha_i=\alpha'_i\varprojlim\tau。\tag{2-7-36}$$

对于 $\sigma\in\mathrm{Hom}_{\mathcal{I}\mathrm{nv}\,I}(|A|,\{B_i,\varphi_i^j\})$，有 $\tau\sigma\in\mathrm{Hom}_{\mathcal{I}\mathrm{nv}\,I}(|A|,\{B'_i,\varphi'^j_i\})$，令

$$\tilde{\beta}=\theta_{A,\{B'_i\}}(\tau\sigma)\in\mathrm{Hom}_R(A,\varprojlim B'_i),$$

由式（2-7-28）和定义1-9-2有

$$\tau_i\sigma_i=\alpha'_i\tilde{\beta},\tag{2-7-37}$$

由式（2-7-34）和式（2-7-36）可得

$$\tau_i\sigma_i=\tau_i\alpha_i\beta=\alpha'_i(\varprojlim\tau)\beta,$$

对比以上两式可得 $\alpha'_i(\tilde{\beta}-(\varprojlim\tau)\beta)=0$，由命题2-7-7知 $\tilde{\beta}=(\varprojlim\tau)\beta$，也就是

$$\theta_{A,\{B'_i\}}(\tau\sigma)=(\varprojlim\tau)\theta_{A,\{B_i\}}(\sigma),$$

即

$$\theta_{A,\{B'_i\}}\tau_*(\sigma)=(\varprojlim\tau)_*\theta_{A,\{B_i\}}(\sigma),$$

所以

$$\theta_{A,\{B'_i\}}\tau_*=(\varprojlim\tau)_*\theta_{A,\{B_i\}},$$

即

$$\begin{array}{ccc} \mathrm{Hom}_{\mathcal{I}\mathrm{nv}\,I}(|A|,\{B_i\}) & \xrightarrow{\tau_*} & \mathrm{Hom}_{\mathcal{I}\mathrm{nv}\,I}(|A|,\{B'_i\}) \\ \downarrow{\scriptstyle \theta_{A,\{B_i\}}} & & \downarrow{\scriptstyle \theta_{A'\{B'_i\}}} \\ \mathrm{Hom}_R(A,\varprojlim B_i) & \xrightarrow{(\varprojlim\tau)_*} & \mathrm{Hom}_R(A',\varprojlim B_i) \end{array}。$$

证毕。

命题2-7-9 设F：$\mathcal{A}\to\mathcal{B}$是正变函子，若$\{A_i, \varphi_i^j\}$是范畴$\mathcal{A}$中的反向系统，则

$$F\{A_i, \varphi_i^j\}=\{F(A_i), F(\varphi_i^j)\}$$

是范畴$\mathcal{B}$中的反向系统。

证明 验证符合定义2-7-1：

（1）φ_i^i：$A_i\to A_i$是$\mathcal{A}$中的恒等态射，由定义1-8-1（3）知$F(\varphi_i^i)$：$F(A_i)\to F(A_i)$是$\mathcal{B}$中的恒等态射。

（2）对于$i\leqslant j\leqslant k$有$\varphi_i^k=\varphi_i^j\varphi_j^k$，由定义1-8-1（3）可得

$$F(\varphi_i^k)=F(\varphi_i^j\varphi_j^k)=F(\varphi_i^j)F(\varphi_j^k)。$$

证毕。

定理2-7-3 令F：$\mathcal{A}\to\mathcal{B}$和$G$：$\mathcal{B}\to\mathcal{A}$是正变函子，如果$(F, G)$是一对伴随函子，则函子$G$保持反向极限，即对范畴$\mathcal{B}$中任意反向系统$\{B_i, \varphi_i^j\}$有

$$G\varprojlim\{B_i, \varphi_i^j\}=\varprojlim G\{B_i, \varphi_i^j\}\text{或}G\varprojlim B_i=\varprojlim GB_i。$$

注（定理2-7-3） 记$\varprojlim\{B_i, \varphi_i^j\}=\{B, \alpha_i\}$，上式中

$$G\varprojlim\{B_i, \varphi_i^j\}=G\{B, \alpha_i\}=\{G(B), G(\alpha_i)\}。$$

根据命题2-7-9，有

$$\varprojlim G\{B_i, \varphi_i^j\}=\varprojlim\{G(B_i), G(\varphi_i^j)\},$$

其中，$\{G(B_i), G(\varphi_i^j)\}$是范畴$\mathcal{A}$中的反向系统。

证明 根据式（2-7-2）有

$$\alpha_i=\varphi_i^j\alpha_j\text{，即}\quad \begin{array}{ccc} B & \xrightarrow{\alpha_i} & B_i \\ & \searrow^{\alpha_j} & \uparrow{\scriptstyle \varphi_i^j} \\ & & B_j \end{array},\quad i\leqslant j。$$

由于G正变，所以可得

$$G(\alpha_i)=G(\varphi_i^j)G(\alpha_j)\text{，即}\quad \begin{array}{ccc} G(B) & \xrightarrow{G\alpha_i} & G(B_i) \\ & \searrow^{G(\alpha_j)} & \uparrow{\scriptstyle G(\varphi_i^j)} \\ & & G(B_j) \end{array},\quad i\leqslant j。$$

$\forall X\in\operatorname{Obj}\mathcal{A}$，$\forall f_i\in\operatorname{Hom}_{\mathcal{A}}(X, G(B_i))$，设它们满足

$$f_i = G\left(\varphi_i^j\right) f_j，即\quad \begin{array}{ccc} X & \xrightarrow{f_i} & G(B_i) \\ & {\scriptstyle f_j}\searrow & \uparrow {\scriptstyle G(\varphi_i^j)} \\ & & G(B_j) \end{array}，\quad i \leqslant j，$$

即

$$\begin{array}{ccccc} G(B) & \xrightarrow{G\alpha_i} & G(B_i) & \xleftarrow{f_i} & X \\ & {\scriptstyle G(\alpha_j)}\searrow & \uparrow {\scriptstyle G\varphi_i^j} & \swarrow {\scriptstyle f_j} & \\ & & G(B_j) & & \end{array}，\quad i \leqslant j。$$

由于 $(F，G)$ 相伴，对于 $\varphi_i^j \in \mathrm{Hom}_{\mathcal{B}}\left(B_j，B_i\right)$ 有［式（2-5-4）］

$$\begin{array}{ccc} \mathrm{Hom}_{\mathcal{A}}\left(X, G\{B_j\}\right) & \xrightarrow{\left(G\left(\varphi_i^j\right)\right)_*} & \mathrm{Hom}_{\mathcal{A}}\left(X, G\{B_i\}\right) \\ {\scriptstyle \tau_j}\downarrow & & \downarrow{\scriptstyle \tau_i} \\ \mathrm{Hom}_{\mathcal{B}}\left(F(X)，B_j\right) & \xrightarrow{\left(\varphi_i^j\right)_*} & \mathrm{Hom}_{\mathcal{B}}\left(F(X)，B_i\right) \end{array}。$$

这里 τ_i 是双射 $\tau_{X，B_i}^{-1}$ 的简写。对于 $f_i \in \mathrm{Hom}_{\mathcal{A}}\left(X，G(B_i)\right)$，由以上两图可得

$$\tau_i\left(f_i\right) = \tau_i\left(G\left(\varphi_i^j\right) f_j\right) = \tau_i\left(G\left(\varphi_i^j\right)\right)_*\left(f_j\right) = \left(\varphi_i^j\right)_* \tau_j\left(f_j\right) = \varphi_i^j \tau_j\left(f_j\right)，$$

即

$$\begin{array}{ccccc} B & \xrightarrow{\alpha_i} & B_i & \xleftarrow{\tau_i(f_i)} & F(X) \\ & {\scriptstyle \alpha_j}\searrow & \uparrow {\scriptstyle \varphi_i^j} & \swarrow {\scriptstyle \tau_j(f_j)} & \\ & & B_j & & \end{array}。$$

根据 $\varprojlim B_i$ 的泛性质可知，存在唯一的 β：$F(X) \to B$，使得

$$\tau_i\left(f_i\right) = \alpha_i \beta， \tag{2-7-38}$$

即

$$\begin{array}{ccc} B & \xleftarrow{\beta} & F(X) \\ {\scriptstyle \alpha_i}\searrow & B_i & \swarrow{\scriptstyle \tau_i(f_i)} \\ {\scriptstyle \alpha_j}\searrow & \uparrow{\scriptstyle \varphi_i^j} & \swarrow{\scriptstyle \tau_j(f_j)} \\ & B_j & \end{array}。 \tag{2-7-39}$$

由于 $(F，G)$ 相伴，对于 $\alpha_i \in \mathrm{Hom}_{\mathcal{B}}\left(B，B_i\right)$ 有［式（2-5-4）］

$$\begin{array}{ccc} \mathrm{Hom}_{\mathcal{A}}\left(X，G\{B\}\right) & \xrightarrow{\left(G(\alpha_i)\right)_*} & \mathrm{Hom}_{\mathcal{A}}\left(X，G\{B_i\}\right) \\ {\scriptstyle \tau_j}\downarrow & & \downarrow{\scriptstyle \tau_i} \\ \mathrm{Hom}_{\mathcal{B}}\left(F(X)，B\right) & \xrightarrow{\left(\alpha_i\right)_*} & \mathrm{Hom}_{\mathcal{B}}\left(F(X)，B_i\right) \end{array}，$$

其中，双射 $\tau = \tau_{X，B}^{-1}$。令

$$\gamma=\tau^{-1}(\beta):\ X\to G(B)。$$

则由以上三式可得

$$\tau_i(f_i)=\alpha_i\beta=(\alpha_i)_*(\beta)=(\alpha_i)_*\tau(\gamma)=\tau_i\big(G(\alpha_i)\big)_*(\gamma)=\tau_i\big(G(\alpha_i)\gamma\big),$$

由于 τ_i 是双射，所以可得

$$f_i=G(\alpha_i)\gamma,\qquad (2\text{-}7\text{-}40)$$

即有交换图：

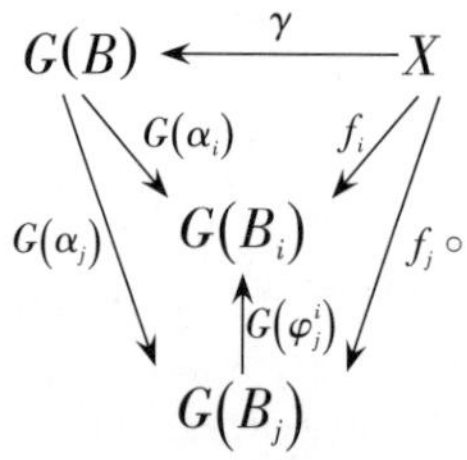

$$\begin{array}{ccccc} G(B) & & \xleftarrow{\ \gamma\ } & & X \\ & \searrow^{G(\alpha_i)} & & \swarrow_{f_i} & \\ \big\downarrow{\scriptstyle G(\alpha_j)} & & G(B_i) & & \big\downarrow{\scriptstyle f_j} \\ & & \big\uparrow{\scriptstyle G(\varphi_j^i)} & & \\ & & G(B_j) & & \end{array}\ 。\qquad (2\text{-}7\text{-}41)$$

若另有 γ'：$X\to G(B)$ 使得 $f_i=G(\alpha_i)\gamma'$，则

$$\tau_i(f_i)=\tau_i\big(G(\alpha_i)\gamma'\big)=\tau_i\big(G(\alpha_i)\big)_*(\gamma')=(\alpha_i)_*\tau(\gamma')=\alpha_i\tau(\gamma')。$$

对比上式与式（2–7–38），由 β 的唯一性知 $\tau(\gamma')=\beta=\tau(\gamma)$，而 τ 是双射，所以 $\gamma'=\gamma$，即式（2–7–41）中的 γ 是唯一的。式（2–7–41）表明 $\{G(B),\ G(\alpha_i)\}$ 就是 $\{G(B_i),\ G(\varphi_i^j)\}$ 的反向极限。证毕。

命题 2–7–10 若 $M\in\mathrm{Obj}_S\mathcal{M}_R$（或 $\mathrm{Obj}_R\mathcal{M}_S$），则 $\mathrm{Hom}_S(M,\ -)$ 保持反向极限，即若 $\{A_i\}$ 是 ${}_S\mathcal{M}$（或 $\mathcal{M}_S$）中的反向系统，则

$$\mathrm{Hom}_S(M,\ \varprojlim A_i)=\varprojlim\mathrm{Hom}_S(M,\ A_i)。$$

命题 2–7–11 设 M 是左（右）R-模，$\{A_i,\ \varphi_j^i\}$ 是左（右）R-模范畴中的正向系统，那么 $\left\{\mathrm{Hom}_R(A_i,\ M),\ \psi_i^j=(\varphi_j^i)^*\right\}$ 是左（右）R-模范畴中的反向系统。

这里 $(\varphi_j^i)^*$：$\mathrm{Hom}_R(A_j,\ M)\to\mathrm{Hom}_R(A_i,\ M)$，$f_j\mapsto f_j\varphi_j^i$。

证明 显然，$\psi_i^i=(\varphi_i^i)^*$ 是恒等态射。根据式（2–6–1）可知，对于 $i\leqslant j\leqslant k$ 有

$$\varphi_k^i=\varphi_k^j\varphi_j^i,$$

由式（2–2–3）有

$$\psi_i^k=(\varphi_k^i)^*=(\varphi_k^j\varphi_j^i)^*=(\varphi_j^i)^*(\varphi_k^j)^*=\psi_i^j\psi_j^k,$$

说明 $\left\{\mathrm{Hom}_R(A_i,\ M),\ \psi_i^j=(\varphi_j^i)^*\right\}$ 是反向系统。

定理 2–7–4 设 M 是左（右）R-模，$\{A_i,\ \varphi_j^i\}$ 是左（右）R-模范畴中的正向系统，那么有同构：

$$\mathrm{Hom}_R(\varinjlim A_i,\ M)\cong\varprojlim\mathrm{Hom}_R(A_i,\ M)。$$

证明　由命题2-7-11知 $\left\{\mathrm{Hom}_R(A_i,\ M),\ \psi_i^j=\left(\varphi_j^i\right)^*\right\}$ 是反向系统。设正向极限 $\varinjlim A_i$ 对应的态射族为 $\{\alpha_i:\ A_i\to\varinjlim A_j\}$，则有［式（2-6-2）］

$$\alpha_i=\alpha_j\varphi_j^i,\quad i\leqslant j。$$

令同态：

$$\sigma_i:\ \mathrm{Hom}_R(\varinjlim A_i,\ M)\to\mathrm{Hom}_R(A_i,\ M),\ f\mapsto f\alpha_i。\tag{2-7-42}$$

则对于 $\forall f\in\mathrm{Hom}_R(\varinjlim A_i,\ M)$ 有

$$\psi_i^j\sigma_j(f)=\left(\varphi_j^i\right)^*(f\alpha_j)=f\alpha_j\varphi_j^i=f\alpha_i=\sigma_i(f),$$

所以可得

$$\sigma_i=\psi_i^j\sigma_j。$$

设反向极限 $\varprojlim\mathrm{Hom}_R(A_i,\ M)$ 对应的态射族为 $\left\{\alpha_i':\ \varprojlim\mathrm{Hom}_R(A_j,\ M)\to\mathrm{Hom}_R(A_i,\ M)\right\}$，则有［式（2-7-2）］

$$\begin{array}{ccccc}\varprojlim\mathrm{Hom}_R(A_i,\ M) & \xrightarrow{\alpha_i'} & \mathrm{Hom}_R(A_i,\ M) & \xleftarrow{\sigma_i} & \mathrm{Hom}_R(\varinjlim A_i,\ M)\\ & {\scriptstyle\alpha_j'}\searrow & \uparrow{\scriptstyle\psi_i^j} & \swarrow{\scriptstyle\sigma_j} & \\ & & \mathrm{Hom}_R(A_j,\ M) & & \end{array}。$$

根据 $\varprojlim\mathrm{Hom}_R(A_i,\ M)$ 的泛性质可知，存在唯一的R-模同态：

$$\beta:\ \mathrm{Hom}_R(\varinjlim A_i,\ M)\to\varprojlim\mathrm{Hom}_R(A_i,\ M),$$

使得

$$\sigma_i=\alpha_i'\beta。\tag{2-7-43}$$

根据式（2-7-10）和式（2-7-42）有

$$\beta(f)=\left(\sigma_i(f)\right)_{i\in I}=\left(f\alpha_i\right)_{i\in I}。\tag{2-7-44}$$

根据式（2-7-6）有

$$\varprojlim\mathrm{Hom}_R(A_i,\ M)=\left\{(g_i)_{i\in I}\in\prod_{i\in I}\mathrm{Hom}_R(A_i,\ M)\,\middle|\,g_i=\psi_i^jg_j,\ i\leqslant j\right\},$$

所以对于 $(g_i)_{i\in I}\in\varprojlim\mathrm{Hom}_R(A_i,\ M)$ 有

$$g_i=\psi_i^jg_j=\left(\varphi_j^i\right)^*g_j=g_j\varphi_j^i,$$

即

$$\begin{array}{ccccc}\varinjlim A_i & \xleftarrow{\alpha_i} & A_i & \xrightarrow{g_i} & M\\ & {\scriptstyle\alpha_j}\nwarrow & \downarrow{\scriptstyle\varphi_j^i} & \nearrow{\scriptstyle g_j} & \\ & & A_j & & \end{array}。$$

根据 $\varinjlim A_i$ 的泛性质，存在唯一的R-模同态：

$$g:\ \varinjlim A_i \to M,$$

使得

$$g_i = g\alpha_i。\tag{2-7-45}$$

令R-模同态

$$\gamma:\ \varprojlim \mathrm{Hom}_R\left(A_i,\ M\right) \to \mathrm{Hom}_R\left(\varinjlim A_i,\ M\right),\ \left(g_i\right)_{i\in I} \mapsto g。\tag{2-7-46}$$

由式（2-7-44）和式（2-7-45）可得

$$\beta(g) = \left(g\alpha_i\right)_{i\in I} = \left(g_i\right)_{i\in I},$$

也就是 $\beta\gamma\left(\left(g_i\right)_{i\in I}\right) = \left(g_i\right)_{i\in I}$，所以可得

$$\beta\gamma = 1_{\varprojlim \mathrm{Hom}_R(A_i,\ M)}。$$

记 $g' = \gamma\beta(f)$，由式（2-7-44）有 $g' = \gamma\left(\left(f\alpha_i\right)_{i\in I}\right)$。根据式（2-7-45）有

$$f\alpha_i = g'\alpha_i。$$

由命题2-6-7可得 $f = g'$，即 $\gamma\beta(f) = f$，所以可得

$$\gamma\beta = 1_{\mathrm{Hom}_R(\varinjlim A_i,\ M)},$$

表明 β 和 γ 是同构。证毕。

命题2-7-12 设 I 是离散小范畴（定义1-1-4和定义1-1-2），$\{F_i\}_{i\in I}$ 是范畴$\mathcal{C}$中以 I 为指标集的反向系统，那么积$\left\{\prod_{i\in I} F_i,\ p_i\right\}$是 $\{F_i\}_{i\in I}$ 的反向极限。

证明 根据定义1-5-1可知，对于范畴$\mathcal{C}$中任意对象 X 和任意态射族$\left\{f_i: X \to F_i \middle| i\in I\right\}$，存在唯一的态射 φ：$X \to \prod_{i\in I} F_i$，满足

$$f_i = p_i\varphi，即\quad \begin{array}{ccc} \prod_{j\in I} F_i & \xrightarrow{p_i} & F_i \\ \varphi\uparrow & \nearrow f_i & \\ X & & \end{array}。$$

或者画成

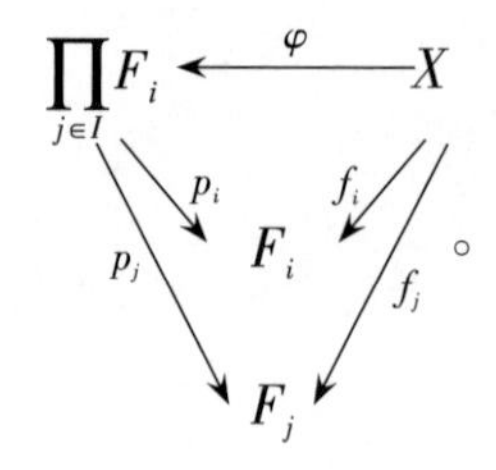

。

证毕。

第3章 几种特殊的模

3.1 自由模

定义3-1-1 线性无关 设X是R-模M的一个子集。若对于$\forall n\in N$，$\forall x_1$，$\cdots$，$x_n\in X$，$\forall r_1,\cdots,r_n\in R$，有

$$r_1x_1+\cdots+r_nx_n=0\Rightarrow r_1=\cdots=r_n=0,$$

则称X是线性无关的。

定义3-1-2 基（basis） 模中一个线性无关的生成集称为该模的一个基。

命题3-1-1 X是M的基$\Leftrightarrow M$中任意元素可用X唯一线性表示。

证明 $\Rightarrow$：设$x\in M$有两个线性表示式，即

$$x=r_1x_1+\cdots+r_nx_n=r'_1x_1+\cdots+r'_nx_n,$$

则

$$\left(r_1-r'_1\right)x_1+\cdots+\left(r_n-r'_n\right)x_n=0。$$

由于X线性无关，所以$r_1-r'_1=\cdots=r_n-r'_n=0$，即$r_1=r$，$\cdots$，$r_n=r'_n$。

$\Leftarrow$：显然，X是M的生成集。设$r_1x_1+\cdots+r_nx_n=0$。显然，$0x_1+\cdots+0x_n=0$，由唯一性知$r_1=\cdots=r_n=0$，即X线性无关。证毕。

命题3-1-2 设M是R-模。若存在R-模$M_i\,(i\in I)$，使得有R-模同构

$$M\cong\bigoplus_{i\in I}M_i,\quad M_i\cong R,\quad i\in I,$$

则M有基。

证明 记同构映射：

$$\varphi:\ \bigoplus_{i\in I}M_i\to M,\quad \sigma_i:\ R\to M_i,\quad i\in I。$$

令

$$e_i=\left(\cdots,\ 0,\ \sigma_i(1),\ 0,\ \cdots\right)\in\bigoplus_{j\in I}M_j,$$

$$x_i=\varphi(e_i)\in M,\quad i\in I。$$

$\forall x\in M$，令 $m=\varphi^{-1}(x)\in\bigoplus_{i\in I}M_i$，设

$$\begin{aligned}m&=(\cdots,\ 0,\ \sigma_1(r_1),\ \cdots,\ \sigma_k(r_k),\ 0,\ \cdots)\\&=(\cdots,\ 0,\ r_1\sigma_1(1),\ \cdots,\ r_k\sigma_k(1),\ 0,\ \cdots)\\&=\sum_{i=1}^{k}r_ie_i,\end{aligned}$$

则

$$x=\varphi(m)=\sum_{i=1}^{k}r_i\varphi(e_i)=\sum_{i=1}^{k}r_ix_i,$$

表明 $\{x_i\}_{i\in I}$ 是 M 的生成集。有

$$\begin{aligned}\sum_{i=1}^{n}r_ix_i=0&\Leftrightarrow\varphi\left(\sum_{i=1}^{n}r_ie_i\right)=0\Leftrightarrow\sum_{i=1}^{n}r_ie_i=0\\&\Leftrightarrow(\cdots,\ 0,\ r_1\sigma_1(1),\ \cdots,\ r_n\sigma_n(1),\ 0,\ \cdots)=0\\&\Leftrightarrow(\cdots,\ 0,\ \sigma_1(r_1),\ \cdots,\ \sigma_n(r_n),\ 0,\ \cdots)=0\\&\Leftrightarrow\sigma_1(r_1)=\cdots=\sigma_n(r_n)=0\\&\Leftrightarrow r_1=\cdots=r_n=0,\end{aligned}$$

即 $\{x_i\}_{i\in I}$ 线性无关。所以 $\{x_i\}_{i\in I}$ 是 M 的基。证毕。

命题3-1-3 设 M 是 R-模。如果 M 有基 $\{x_i\}_{i\in I}$，那么有 R-模同构：

$$M\cong\bigoplus_{i\in I}Rx_i,\quad Rx_i\cong R,\quad i\in I。$$

证明 有

$$M=\sum_{i\in I}Rx_i。$$

设 $x\in Rx_i\bigcap\left(\sum_{j\in I,\ j\neq i}Rx_j\right)$，则有

$$x=r_ix_i=r_1x_1+\cdots+r_nx_n,\quad i\neq 1,\ \cdots,\ n。$$

由于 $\{x_i\}_{i\in I}$ 线性无关，所以 $r_i=r_1=\cdots=r_n=0$，即 $x=0$，表明

$$Rx_i\bigcap\left(\sum_{j\in I,\ j\neq i}Rx_j\right)=0。$$

由命题2-3-16知 $M\cong\bigoplus_{i\in I}Rx_i$。

令

$$\lambda_i:\ R\to Rx_i,\quad r\mapsto rx_i,$$

它显然是满同态。由于 $\{x_i\}_{i\in I}$ 线性无关，所以可得

$$r \in \ker \lambda_i \Leftrightarrow r x_i = 0 \Leftrightarrow r = 0,$$

即 $\ker \lambda_i = 0$，λ_i 是单同态。因此 λ_i 是同构，即 $Rx_i \cong R$。证毕。

定义3-1-3　自由模（free module）　设 F 是 R-模。如果存在 $\{x_i\}_{i \in I} \subseteq F$，使得有 R-模同构：

$$F \cong \bigoplus_{i \in I} Rx_i,\quad Rx_i \cong R,\quad i \in I,$$

那么称 F 是 R-自由模，简称自由模。

注（定义3-1-3）

（1）在定义3-1-3中，如果把 $\bigoplus_{i \in I} Rx_i$ 中的元素 $(r_i x_i)_{i \in I}$ 写成“形式和” $\sum_{i \in I} r_i x_i$，将 F 与 $\bigoplus_{i \in I} Rx_i$ 等同，则 $\{x_i\}_{i \in I}$ 就是 F 的基。

（2）以 $\{x_i\}_{i \in I}$ 为基的 R-自由模同构于：

$$R^{(I)} = \bigoplus_{i \in I} R,$$

若 $I = \{1,\ \cdots,\ n\}$，则记

$$R^n = \bigoplus_{i=1}^{n} R,$$

称同构于 R^n 的模为有限生成自由模。

例3-1-1　一元多项式环 $R[x] \cong \bigoplus_{i \geqslant 0} R$，所以其是 R-自由模，有同构：

$$\varphi:\ R[x] \to \bigoplus_{i \geqslant 0} R,\quad \sum_{i=0}^{n} r_i x^i \mapsto (r_0,\ \cdots,\ r_n,\ 0,\ \cdots)。$$

命题3-1-4　R-自由模是 R-R 双模。

证明　由注（定义3-1-3）(2)和命题2-2-20即可得。证毕。

命题3-1-5　设 F 是 R-模，则以下陈述等价。

（1）存在 R-模 $M_i \cong R\ (i \in I)$，使得有 R-模同构 $F \cong \bigoplus_{i \in I} M_i$；

（2）F 有基；

（3）F 是自由模。

证明　（1）⇒（2）：命题3-1-2。

（2）⇒（3）：命题3-1-3。

（3）⇒（1）：取 $M_i = Rx_i$ 即可。证毕。

命题3-1-6　环 R（有单位元1）是以 $\{1\}$ 为基的 R-自由模。

证明　$\forall r \in R$，有唯一的表示式 $r = r \cdot 1$，所以 $\{1\}$ 是 R 的基（命题3-1-1）。证毕。

命题3-1-7　自由模上的同态由它在基上的取值唯一确定。

具体地说，设 F 是以 X 为基的 R-自由模，f，g：$F \to M$ 是 R-模同态。如果 $f|_X = g|_X$，那么 $f = g$。

证明 同命题2-2-2。证毕。

定理3-1-1 设F是以$A=\{a_i\}_{i\in I}$为基的R-自由模，M是R-模。如果有映射f：$A\to M$（不一定是同态），则存在唯一的R-模同态$\bar{f}$：$F\to M$，使得

$$f=\bar{f}\lambda\text{，即}\quad \begin{array}{ccc} F & & \\ \lambda\uparrow & \searrow^{\bar{f}} & \\ A & \xrightarrow{f} & M \end{array}\text{，}$$

其中，λ：$A\to F$是包含映射，也就是说

$$\bar{f}\big|_A=f\text{。}$$

证明 $\forall x\in F$，设$x=\sum_{i\in I}r_ia_i$（有限和），这里的r_i是由x唯一确定的（命题3-1-1），定义

$$\bar{f}\text{：}F\to M,\ \sum_{i\in I}r_ia_i\mapsto\sum_{i\in I}r_if(a_i)\text{。}\tag{3-1-1}$$

证毕。

定理3-1-2 对于任意集合X，存在以X为基的R-自由模。

证明 令

$$F=\left\{\sum_{x\in X}r_xx\,\middle|\,r_x\in R\text{，和式中只有有限个}r_x\text{不为零}\right\}\text{。}\tag{3-1-2}$$

注意上式中的和是“形式和”，若$\exists x_0\in X$使得$r_{x_0}\neq r'_{x_0}$，则$\sum_{x\in X}r_xx\neq\sum_{x\in X}r'_xx$。定义加法：

$$\sum_{x\in X}r_xx+\sum_{x\in X}r_xx=\sum_{x\in X}(r_x+r'_x)x\text{。}$$

定义标量乘法：

$$r\sum_{x\in X}r_xx=\sum_{x\in X}(rr_x)x\text{。}$$

易验证F是一个R-模。显然X是F的生成集，并且F中任意元素用X展开的表达式是唯一的，所以X是F的基。证毕。

定理3-1-3 任意R-模都是一个R-自由模的同态像，从而任意R-模都是一个R-自由模的商模。

证明 设M是任意R-模，则存在以M为基的R-自由模F（定理3-1-2）。令

$$f\text{：}M\to M,\quad m\mapsto m,$$

根据定理3-1-1，f可线性扩张为（下式第一个$\sum_{m\in M}r_mm$是F中的形式和，第二个$\sum_{m\in M}r_mm$是M中的和）

$$\bar{f}:\ F\to M,\ \sum_{m\in M} r_m m \mapsto \sum_{m\in M} r_m m, \tag{3-1-3}$$

使得

$$f=\bar{f}\lambda,$$

其中，λ：$M\to F$ 是包含映射。显然 f 是满的，即 $\bar{f}\lambda$ 满，所以 $\bar{f}$ 满（定理1-3-1），即 M 是 $\bar{f}$ 的同态像。由定理2-1-1可得 $M\cong F/\ker\bar{f}$。证毕。

定理3-1-3′　对于任意R-模A，存在自由模F，从而有正合列：

$$0\longrightarrow K\longrightarrow F\longrightarrow A\longrightarrow 0。$$

证明　根据定理3-1-3有满同态 σ：$F\to A$。令 $K=\ker\sigma$，包含同态 i：$K\to F$，则有正合列：

$$0\longrightarrow K\xrightarrow{i} F\xrightarrow{\sigma} A\longrightarrow 0。$$

证毕。

定义3-1-4　基数不变（invariant basis number，IBN）环　秩（rank）　如果任意R-自由模 F 的两组基具有相同个数，则称 R 为基数不变环。进而称基的个数为自由模 F 的秩，记为 $\mathrm{rank}_R F$。

注（定义3-1-4）

（1）存在非IBN环。例如，特征为0的无限域 F 上的无限阶矩阵环就是非IBN环。

（2）向量空间的维数就是它的秩（定理3-1-4）。

命题3-1-8　设 R 是有单位元1的交换环，F 是以 $\left(a_j\right)_{i\in J}$ 为基的R-自由模，I 是 R 的理想，那么有

$$F/IF\cong\bigoplus_{j\in J}(R/I),$$

即 F/IF 是R/I-自由模。

证明　有R-模同构［注（定义3-1-3)(2)］：

$$\varphi:\ F\to\bigoplus_{j\in J}R。$$

设 $r\in I$，$x\in F$，则由命题2-3-17和命题B-8可得

$$\varphi(rx)=r\varphi(x)\in I\left(\bigoplus_{j\in J}R\right)=\bigoplus_{j\in J}IR=\bigoplus_{j\in J}I,$$

从而有

$$\varphi(IF)\subseteq\bigoplus_{j\in J}I。$$

反之，设 $\left(r_j\right)_{j\in J}\in\bigoplus_{j\in J}I$，记

$$e_j=(\cdots,\ 0,\ 1,\ 0,\ \cdots)\in\bigoplus_{k\in J}R,\quad x_j=\varphi^{-1}\left(e_j\right)\in F,\quad j\in J,$$

则

$$\left(r_j\right)_{j\in J}=\sum_{j\in J}r_je_j=\sum_{j\in J}r_j\varphi\left(x_j\right)=\varphi\left(\sum_{j\in J}r_jx_j\right)\in\varphi(IF),$$

说明

$$\bigoplus_{j\in J}I\subseteq\varphi(IF),$$

所以可得

$$\varphi(IF)=\bigoplus_{j\in J}I。$$

根据命题2–1–7可知，φ 诱导了 R-模同构：

$$F/IF\cong\left(\bigoplus_{j\in J}R\right)/\left(\bigoplus_{j\in J}I\right)。$$

根据命题2–3–19有 R-模同构：

$$\left(\bigoplus_{j\in J}R\right)/\left(\bigoplus_{j\in J}I\right)\cong\bigoplus_{j\in J}(R/I),$$

所以有 R-模同构：

$$F/IF\cong\bigoplus_{j\in J}(R/I)。$$

根据命题2–1–31可知，F/IF 是 R/I-模，且 R/I-模乘法就是相应的 R-模乘法，而 R/I 也是 R/I-模，R/I-模乘法也是相应的 R-模乘法，所以上式实际上是 R/I-模同构。证毕。

定理3–1–4 有单位元1的非零交换环 R 是IBN环。

证明 R 中有极大理想 M（命题B–10）。有以 M 为基的 R-自由模 F（定理3–1–2）。由命题2–1–31知 F/MF 是 R/M-模。由于 $K=R/M$ 是域（命题B–12），所以 F/MF 是 K-向量空间。设 $\left(a_i\right)_{i\in I}$ 是 F 的基，由命题3–1–8知

$$F/MF\cong\bigoplus_{i\in I}K,$$

从而有

$$\dim_K(F/MF)=|I|。$$

由于向量空间的维数是唯一的，所以 F 基的个数是唯一确定的，从而 R 是IBN环。证毕。

命题3–1–9 设 S，R 是有单位元1的环。如果 R 是IBN环，并且存在环同态 φ：$S\to R$ 满足 $\varphi(1)=1$，则 S 是IBN环。

证明 设 $\left\{a_i\right\}_{i\in I}$ 是 S-自由模 F 的基。由命题2–1–32知 R 是右 S-模，从而有张量积 $R\otimes_S F$。由定理2–2–8知 $R\otimes_S F$ 是左 R-模。$\left\{1\otimes a_i \middle| i\in I\right\}$ 是左 R-模 $R\otimes_S F$ 的基，而 R 是IBN环，所以 $\left|\left\{1\otimes a_i \middle| i\in I\right\}\right|$ 是由 $R\otimes_S F$ 唯一确定的，也就是说 $|I|$ 是由 F 唯一确定的，表明 S 是IBN环。证毕。

引理3-1-1　Nakayama引理　设 R 是有单位元1的交换环，M 是有限生成 R-模，I 是 R 的一个理想。如果 $M=IM$，那么存在 $a\in I$，使得 $(1-a)M=0$。

证明　设 $\{x_1,\ \cdots,\ x_n\}$ 是 M 的极小生成集（个数最少），由于 $M=IM$，所以有

$$x_i=\sum_k a_i^{(k)}x^{(k)},\quad a_i^{(k)}\in I,\quad x^{(k)}\in M,$$

其中，$x^{(k)}$ 可表示为

$$x^{(k)}=\sum_{j=1}^n r_j^{(k)}x_j,\quad r_j^{(k)}\in R。$$

所以可得

$$x_i=\sum_{j=1}^n a_{ij}x_j,\tag{3-1-4}$$

其中

$$a_{ij}=\sum_k a_i^{(k)}r_j^{(k)}。$$

由理想的定义知 $a_{ij}\in I$。式（3-1-4）写成矩阵形式，即

$$\boldsymbol{x}=\boldsymbol{A}\boldsymbol{x}$$

或者

$$(\boldsymbol{E}-\boldsymbol{A})\boldsymbol{x}=0,\tag{3-1-5}$$

其中，$\boldsymbol{E}$ 是单位矩阵。上式两边乘 $(\boldsymbol{E}-\boldsymbol{A})$ 的伴随矩阵可得

$$\det(\boldsymbol{E}-\boldsymbol{A})\boldsymbol{x}=0。$$

记

$$\det(\boldsymbol{E}-\boldsymbol{A})=1-a,$$

则

$$(1-a)\boldsymbol{x}=0,$$

即

$$(1-a)x_i=0,\quad i=1,\ \cdots,\ n。$$

根据 $\det(\boldsymbol{E}-\boldsymbol{A})$ 的展开式可知 $a\in I$。对 $\forall m\in M$，令

$$m=\sum_{i=1}^n r_ix_i,$$

则

$$(1-a)m=\sum_{i=1}^n r_i(1-a)x_i=0,$$

表明 $(1-a)M=0$。证毕。

命题3-1-10 设 R 是有单位元1的交换环，I 是 R 的一个理想，且 $I\subseteq\mathfrak{J}$（R 的大根，见定义B-7），M 是有限生成 R-模。如果 $M=IM$，那么 $M=0$。

证明 根据引理3-1-1可知，存在 $a\in I$，使得 $(1-a)M=0$。由于 $a\in\mathfrak{J}$，所以 $1-a$ 可逆（命题B-14），因此 $M=0$。证毕。

命题3-1-11 设 R 是有单位元1的交换环，I 是 R 的一个理想，且 $I\subseteq\mathfrak{J}$（R 的大根），M 是有限生成 R-模，N 是 M 的子模。如果 $M=IM+N$，那么 $M=N$。

证明 由命题2-1-24和命题2-1-40可得

$$M/N=(IM+N)/N=(IM)/N+N/N=I(M/N)。$$

由命题2-1-25′知 M/N 也是有限生成的。由命题3-1-10可得 $M/N=0$，即 $M=N$。证毕。

定理3-1-5 设 R 是有单位元1的交换环，M 是有限生成 R-模，φ：$M\to M$ 是 R-模同态。如果 φ 是满的，则 φ 一定是同构。

证明 记 x 是未定元，定义 $R[x]$-模标量乘法：

$$R[x]\times M\to M,\ \left(\sum_{i=0}^{n}r_ix^i,\ m\right)\mapsto\left(\sum_{i=0}^{n}r_ix^i\right)m=\sum_{i=0}^{n}r_i\varphi(m)^i。$$

可验证 M 是 $R[x]$-模。显然 M 是有限生成 $R[x]$-模。记 $R[x]$ 中的理想：

$$I=\langle x\rangle=R[x]x。$$

$\forall m\in M$，由于 φ 满，所以有 $m'\in M$，使得 $m=\varphi(m')$。根据 $R[x]$-模标量乘法，$\varphi(m')=xm'$，所以 $m=xm'\in IM$，因此 $M\subseteq IM$。显然 $IM\subseteq M$，所以 $M=IM$。根据引理3-1-1可知，存在 $a\in I$，使得

$$(1-a)M=0。$$

设 $a=\left(\sum_{i=1}^{n}r_ix^{i-1}\right)x=\sum_{i=1}^{n}r_ix^i$，则上式为

$$\left(1-\sum_{i=1}^{n}r_ix^i\right)M=0,$$

即对于 $\forall m\in M$，有

$$m=\left(\sum_{i=1}^{n}r_ix^i\right)m=\sum_{i=1}^{n}r_i\varphi(m)^i。$$

上式可写成

$$1_M=\sum_{i=1}^{n}r_i\varphi^i,$$

或者

$$1_M=\varphi\sum_{i=1}^{n}r_i\varphi^{i-1}=\left(\sum_{i=1}^{n}r_i\varphi^{i-1}\right)\varphi。$$

记 $\psi = \sum_{i=1}^{n} r_i \varphi^{i-1}$，则上式为 $1_M = \varphi\psi = \psi\varphi$，表明 φ 是同构。证毕。

命题3-1-12　设 R 是有单位元1的交换环，F 是 R-自由模，且 $\operatorname{rank} F = n < \infty$。如果 $\{a_1, \cdots, a_n\}$ 是 F 的生成集，则 $\{a_1, \cdots, a_n\}$ 是 F 的基。

证明　设 $\{x_1, \cdots, x_n\}$ 是 F 的基，则有

$$a_i = \sum_{j=1}^{n} b_{ij} x_j, \quad x_i = \sum_{j=1}^{n} c_{ij} a_j,$$

写成矩阵形式，即

$$\boldsymbol{a} = \boldsymbol{B}\boldsymbol{x}, \quad \boldsymbol{x} = \boldsymbol{C}\boldsymbol{a}。$$

所以可得

$$\boldsymbol{x} = \boldsymbol{C}\boldsymbol{B}\boldsymbol{x}。$$

由于 $\{x_1, \cdots, x_n\}$ 是 F 的基，所以上面的展开式是唯一的（命题3-1-1），从而有 $\boldsymbol{CB} = \boldsymbol{E}$（单位矩阵），即 $\boldsymbol{C}$，$\boldsymbol{B}$ 可逆（命题B-15）。设

$$\sum_{i=1}^{n} d_i a_i = 0,$$

写成矩阵形式，即

$$\boldsymbol{d}^{\mathrm{T}} \boldsymbol{a} = 0,$$

即

$$\boldsymbol{d}^{\mathrm{T}} \boldsymbol{B}\boldsymbol{x} = 0。$$

由于上面的展开式是唯一的，所以 $\boldsymbol{d}^{\mathrm{T}}\boldsymbol{B} = 0$。而 $\boldsymbol{B}$ 可逆，所以 $\boldsymbol{d} = 0$，说明 $\{a_1, \cdots, a_n\}$ 是线性无关的。证毕。

定义3-1-5　自由模解　设 M 是 R-模，如果存在 R-自由模族 $\{F_i\}_{i \geqslant 0}$，使得有 R-模正合列：

$$\cdots \longrightarrow F_n \xrightarrow{d_n} F_{n-1} \xrightarrow{d_{n-1}} \cdots \longrightarrow F_0 \xrightarrow{d_0} M \longrightarrow 0,$$

则称 $\{F_i\}_{i \geqslant 0}$ 是 M 的自由模解。

定理3-1-6　任意模都有自由模解。

证明　对于模 M，由定理3-1-3知有自由模 F_0 和满同态 d_0：$F_0 \to M$，所以有正合列［命题2-1-19（2）］：

$$0 \longrightarrow \ker d_0 \xrightarrow{\lambda_0} F_0 \xrightarrow{d_0} M \longrightarrow 0,$$

其中，λ_0：$\ker d_0 \to F_0$ 是包含同态。重复利用定理3-1-3可得正合列：

$$0 \longrightarrow \ker d_i \xrightarrow{\lambda_i} F_i \xrightarrow{d_i} \ker d_{i-1} \longrightarrow 0, \quad i \geqslant 1,$$

其中，λ_i：$\ker d_i \to F_i$ 是包含同态。令

$$d'_i = \lambda_{i-1} d_i：F_i \to F_{i-1}，\quad i \geqslant 1。$$

由于 d_i 满，根据命题A-16（3）和正合性可得

$$\operatorname{Im} d'_i = \operatorname{Im} \lambda_{i-1} = \ker d_{i-1}，\quad i \geqslant 1。$$

由于 λ_{i-1} 单，根据命题A-16（4）可得

$$\ker d'_i = \ker d_i，\quad i \geqslant 1。$$

所以可得

$$\operatorname{Im} d'_i = \ker d'_{i-1}，\quad i \geqslant 2。$$

表明有正合列：

$$\cdots \longrightarrow F_n \xrightarrow{d'_n} F_{n-1} \xrightarrow{d'_{n-1}} \cdots \longrightarrow F_1 \xrightarrow{d'_1} F_0 \xrightarrow{d_0} M \longrightarrow 0。$$

证毕。

命题3-1-13 设 F 是以 $(a_j)_{i\in J}$ 为基的右 R-自由模，I 是 R 的左理想，若 $x \in FI$，则有 r_1，⋯，$r_n \in I$，使得 $x = \sum_{k=1}^{n} a_{j_k} r_k$。

证明 设 $x = \sum_{k=1}^{m} f_k r_k$，其中 $f_k \in F$，$r_k \in I$（$k = 1$，⋯，m）。由于 $(a_j)_{i\in J}$ 是 F 的基，所以有

$$f_k = \sum_{s=1}^{n_k} a_{j_{k,s}} r_s^{(k)}，$$

其中，$r_s^{(k)} \in R$，从而

$$x = \sum_{k=1}^{m} \sum_{s=1}^{n_k} a_{j_{k,s}} r_s^{(k)} r_k，$$

由于 I 是 R 的左理想，所以 $r_s^{(k)} r_k \in I$。证毕。

命题3-1-14 设 F 是以 $(a_j)_{i\in J}$ 为基的右 R-自由模，I 是 R 的左理想，即有

$$x = \sum_{k=1}^{n} a_{j_k} r_k \in F。$$

若 $x \in FI$，则 $r_k \in I$（$k = 1$，⋯，n）。

证明 根据命题3-1-13，设 $x = \sum_{k=1}^{n'} a_{j_k} r'_k$，其中 $r'_k \in I$。由于 x 的展开式是唯一的（命题3-1-3），所以 $n = n'$，$r_k = r'_k$。表明 $r_k \in I$。证毕。

命题3-1-15 任意有限生成模都是一个有限生成自由模［注（定义3-1-3）(2)］

的同态像，从而任意有限生成模是一个有限生成自由模的商模。

证明　设 $M=\langle m_1, \cdots, m_n\rangle$，则存在以 $\{m_1, \cdots, m_n\}$ 为基的自由模 F（定理3-1-2）。记包含映射：

$$f: \{m_1, \cdots, m_n\} \to M,$$

根据定理3-1-1可知，f 可线性扩张为

$$\bar{f}: F \to M,$$

使得

$$f=\bar{f}\Big|_{\{m_1, \cdots, m_n\}},$$

即

$$\bar{f}(m_i)=m_i, \quad i=1, \cdots, n。$$

$\forall m\in M$，设 $m=\sum_{i=1}^{n} r_i m_i$，显然

$$\bar{f}\left(\sum_{i=1}^{n} r_i m_i\right)=\sum_{i=1}^{n} r_i \bar{f}(m_i)=\sum_{i=1}^{n} r_i m_i=m,$$

即 $\bar{f}$ 是满同态。证毕。

命题3-1-15′　设 A 是有限生成 R-模，则有正合列（i 是包含同态）：

$$0 \longrightarrow K \xrightarrow{\ i\ } F \xrightarrow{\ \varphi\ } A \longrightarrow 0,$$

其中，F 是有限生成自由模。

证明　由命题3-1-15知有满同态 φ：$F\to A$。令 $K=\ker\varphi$，则有上述正合列。证毕。

命题3-1-16　设 R 是Noether环（定义B-19），A 是有限生成 R-模，那么 A 有自由模解（定义3-1-5）：

$$\cdots \longrightarrow F_n \longrightarrow \cdots \longrightarrow F_1 \longrightarrow F_0 \longrightarrow A \longrightarrow 0,$$

其中，F_n 是有限生成的自由 R-模。

证明　根据命题3-1-15可知，有满同态 ε：$F_0\to A$，其中 F_0 是有限生成自由 R-模。根据命题B-28可知，F_0 是Noether模，由定义B-20知 $\ker\varepsilon$ 是有限生成的。由命题3-1-15知有满同态 d_1：$F_1\to\ker\varepsilon$，其中 F_1 是有限生成自由 R-模。记包含同态 i：$\ker\varepsilon\to F_0$，令 $d_1'=id_1$：$F_1\to F_0$，由命题A-16（3）知 $\operatorname{Im} d_1'=\operatorname{Im} i=\ker\varepsilon$，所以有正合列：

$$F_1 \xrightarrow{\ d_1'\ } F_0 \xrightarrow{\ \varepsilon\ } A \longrightarrow 0。$$

重复这一过程即可得结论。证毕。

命题3-1-17 设 R 是有1的交换局部环（定义B-14），$\mathfrak{m}$ 是它的极大理想，M 是 R-模（由命题2-1-31知 $M/\mathfrak{m}M$ 是 $R/\mathfrak{m}$-向量空间）。设 $x_i\in M$，$\bar{x}_i=x_i+\mathfrak{m}M\in M/\mathfrak{m}M$ $(1\leqslant i\leqslant n)$，那么有

$$\{\bar{x}_1, \cdots, \bar{x}_n\}\text{是 }M/\mathfrak{m}M\text{ 的基}\Rightarrow M=\langle x_1, \cdots, x_n\rangle。$$

证明 记 $N=\langle x_1, \cdots, x_n\rangle$ 是 M 的子模，证 $M=N$。令

$$\varphi: N\to M/\mathfrak{m}M, \quad x\mapsto \bar{x}=x+\mathfrak{m}M。$$

由于 $\{\bar{x}_1, \cdots, \bar{x}_n\}$ 是 $M/\mathfrak{m}M$ 的基，所以对于 $\forall x\in M$，有

$$\bar{x}=x+\mathfrak{m}M=\sum_{i=1}^{n}\bar{a}_i\bar{x}_i,$$

其中，$\bar{a}_i=a_i+\mathfrak{m}\in R/\mathfrak{m}$。根据命题2-1-29中的式（2-1-6）有

$$\bar{x}=\sum_{i=1}^{n}a_i\bar{x}_i=\sum_{i=1}^{n}a_i(x_i+\mathfrak{m}M)=\left(\sum_{i=1}^{n}a_ix_i\right)+\mathfrak{m}M,$$

由于 $x_1, \cdots, x_n$ 生成 N，所以 $\sum_{i=1}^{n}a_ix_i\in N$，因此上式为

$$\bar{x}=\varphi\left(\sum_{i=1}^{n}a_ix_i\right),$$

表明 φ 是满射。根据命题2-1-33可得 $M=\mathfrak{m}M+N$。对于局部环有 $\mathfrak{m}=\mathfrak{J}$（大根），由命题3-1-11可得 $M=N$。证毕。

命题3-1-18 设 $M\neq 0$ 是某自由 R-模的子模，$x\in R$ 是 R 的非零因子（定义B-23），则 $xM\neq 0$。

证明 见文献［2］第114页练习题3.2。证毕。

3.2 投射模

定义3-2-1 投射模（projective module） 设 P 是 R-模。如果对于任意 R-模同态 $\alpha: P\to C$ 和任意 R-满同态 $\beta: B\to C$，存在 R-模同态 $\gamma: P\to B$，使得

$$\alpha=\beta\gamma，即\quad \begin{array}{ccccc} & & P & & \\ & \swarrow^{\gamma} & \downarrow{\scriptstyle\alpha} & & \\ B & \xrightarrow{\beta} & C & \longrightarrow & 0\end{array}\quad（横行正合），$$

那么，称 P 是 R-投射模。

注（定义3-2-1） β 满意味着 $|B|\geqslant|C|$，从而 γ 可视为 α 的"值域扩张"。P 是投射模意味着任意 $\alpha: P\to C$ 可以"值域扩张"。

定理3-2-1　自由模是投射模。

证明　设F是以X为基的R-自由模，α：$F\to C$是R-模同态，β：$B\to C$是R-模满同态。$\forall x\in X$，$\alpha(x)\in C$，由于β满，所以存在$b\in B$，使得

$$\beta(b)=\alpha(x)。$$

定义

$$\varphi：X\to B，\quad x\mapsto b。$$

由于b的取法未必唯一，所以φ未必唯一。根据定理3-1-1可知，存在R-模同态γ：$F\to B$，使得

$$\gamma\big|_X=\varphi。$$

对于$\forall x\in X$，有

$$\beta\gamma(x)=\beta\varphi(x)=\beta(b)=\alpha(x),$$

即

$$\beta\gamma\big|_X=\alpha\big|_X,$$

由命题3-1-7知$\alpha=\beta\gamma$。证毕。

命题3-2-1　设P是R-模，则

$$P\text{是投射模}\Leftrightarrow\text{函子}\operatorname{Hom}_R(P,\ -)\text{保持满同态。}$$

证明　根据定义3-2-1，可知

$$\begin{aligned}P\text{是投射模}&\Leftrightarrow(\beta：B\to C\text{满}\Rightarrow(\forall\alpha\in\operatorname{Hom}_R(P,\ C),\ \exists\gamma\in\operatorname{Hom}_R(P,\ B),\ \alpha=\beta\gamma))\\&\Leftrightarrow(\beta：B\to C\text{满}\Rightarrow(\forall\alpha\in\operatorname{Hom}_R(P,\ C),\ \exists\gamma\in\operatorname{Hom}_R(P,\ B),\ \beta_*(\gamma)=\alpha))\\&\Leftrightarrow(\beta：B\to C\text{满}\Rightarrow\beta_*：\operatorname{Hom}_R(P,\ B)\to\operatorname{Hom}_R(P,\ C)\text{满})\\&\Leftrightarrow\text{函子}\operatorname{Hom}_R(P,\ -)\text{保持满同态。}\end{aligned}$$

证毕。

定理3-2-2　设P是R-模，则

$$P\text{是投射模}\Leftrightarrow\operatorname{Hom}_R(P,\ -)\text{是正合函子。}$$

证明　由定理2-4-1知$\operatorname{Hom}_R(P,\ -)$是正变的左正合函子。由命题1-8-10（1）（3）知

$$\operatorname{Hom}_R(P,\ -)\text{是正合函子}\Leftrightarrow\operatorname{Hom}_R(P,\ -)\text{保持满同态。}$$

再由命题3-2-1知结论成立。证毕。

定理3-2-3　若P是投射模，β：$B\to P$是满同态，则有内直和$B=\ker\beta\oplus P'$，其中$P'\cong P$。

证明 根据定义3-2-1可知，对于1_P：$P\to P$，存在γ：$P\to B$，使得

$$1_P=\beta\gamma，即 \begin{array}{ccccc} & & P & & \\ & \swarrow^{\gamma} & \downarrow 1_P & & \\ B & \xrightarrow{\beta} & P & \longrightarrow & 0 \end{array}。$$

有正合列［命题2-1-19（2）］：

$$0\longrightarrow \ker\beta\xrightarrow{i}B\xrightarrow{\beta}P\longrightarrow 0,$$

根据命题1-7-12（1）可知，该正合列是分裂的，根据定理2-3-6可得结论。证毕。

定理3-2-3′ 设A是B的子模。如果B/A是投射模，则A是B的直和分量，即

$$B\cong A\oplus(B/A)。$$

证明 自然同态π：$B\to B/A$是满的，$\ker\pi=A$。根据定理3-2-3可得结论。证毕。

命题3-2-2 设P是投射模，则任意正合列：

$$0\longrightarrow A\xrightarrow{\alpha}B\xrightarrow{\beta}P\longrightarrow 0$$

是分裂的。

证明 β满，根据定理3-2-3有内直和$B=\ker\beta\oplus P'=\mathrm{Im}\,\alpha\oplus P'$，其中$P'\cong P$。根据定理2-3-6可得结论。证毕。

定理3-2-4

$$P 是投射模 \Leftrightarrow P 是一个自由模的直和成分。$$

上式右边是指，存在模Q，使得$P\oplus Q$是自由模。从而，投射模的直和成分是投射模。

证明 $\Rightarrow$：根据定理3-1-3可知，有满同态f：$F\to P$，其中F是自由模，所以有正合列［命题2-1-19（2）］：

$$0\longrightarrow \ker f\xrightarrow{i}F\xrightarrow{f}P\longrightarrow 0。$$

根据命题3-2-2知上式分裂，所以$F\cong P\oplus\ker f$（定理2-3-6）。

$\Leftarrow$：设$P\oplus Q$是自由模。设β：$B\to C$是满同态，α：$P\to C$是同态。

记λ：$P\to P\oplus Q$是嵌入，π：$P\oplus Q\to P$是投影，则

$$\pi\lambda=1_P。$$

$P\oplus Q$是自由模，从而是投射模（定理3-2-1），根据定义3-2-1可知，对于$\alpha\pi$：$P\oplus Q\to C$，存在φ：$P\oplus Q\to B$，使得

$$\alpha\pi=\beta\varphi，即 \begin{array}{ccccc} & & P\oplus Q & & \\ & \swarrow^{\varphi} & \downarrow \alpha\pi & & \\ B & \xrightarrow{\beta} & C & \longrightarrow & 0 \end{array}。$$

令

$$\gamma=\varphi\lambda：P\to B,$$

则

$$\beta\gamma=\beta\varphi\lambda=\alpha\pi\lambda=\alpha\text{，即}\quad \begin{array}{ccccc} & & P & & \\ & \overset{\gamma}{\swarrow} & \downarrow\alpha & & \\ B & \xrightarrow{\beta} & C & \longrightarrow & 0 \end{array}\text{，}$$

说明 P 是投射模。

设 P 是投射模，$P\cong A\oplus B$。由上面结论知 P 是某个自由模的直和成分。显然 A 与 B 也是该自由模的直和成分，所以 A 与 B 也是投射模。证毕。

定理3-2-5　设 P 是 R-模，则下列条件等价。

（1）P 是投射模；

（2）P 是一个自由模的直和成分；

（3）任意正合列 $0\to A\to B\to P\to 0$ 可分裂。

证明　（1）$\Leftrightarrow$（2）：定理3-2-4。

（1）$\Rightarrow$（3）：命题3-2-2。

（3）$\Rightarrow$（2）：根据定理3-1-3可知，有满同态 f：$F\to P$，其中 F 是自由模，所以有正合列［命题2-1-19（2）］：

$$0\longrightarrow\ker f\xrightarrow{\ i\ }F\xrightarrow{\ f\ }P\longrightarrow 0\text{。}$$

由条件（3）知上式分裂，所以 $F\cong P\oplus\ker f$（定理2-3-6）。证毕。

定理3-2-6　投射基定理　设 P 是 R-模，那么 P 是投射模的充分必要条件是存在 P 的子集 $\{a_i\}_{i\in I}$ 及 R-模同态族 $\{\varphi_i\text{：}P\to R\}_{i\in I}$，使得它们满足下列条件。

（1）$\forall x\in P$，只有有限个 φ_i 使得 $\varphi_i(x)\neq 0$；

（2）$\forall x\in P$，有 $x=\sum\limits_{i\in I}\varphi_i(x)a_i$。

以上两个条件表明 $P=\left\langle\{a_i\}_{i\in I}\right\rangle$。称 $\{a_i\}_{i\in I}$ 为 P 的投射基（投射基未必是基，即展开式未必唯一）。

证明　必要性：根据定理3-1-3可知，有满同态 ψ：$F\to P$，其中 F 是自由模。根据定义3-2-1可知，存在同态 φ：$P\to F$，使得

$$1_P=\psi\varphi\text{，即}\quad \begin{array}{ccccc} & & P & & \\ & \overset{\varphi}{\swarrow} & \downarrow 1_P & & \\ F & \xrightarrow{\psi} & P & \longrightarrow & 0 \end{array}\text{。}$$

设 $\{e_i\}_{i\in I}$ 是 F 的基，对于 $\forall x\in P$，有 $\varphi(x)\in F$，令

$$\varphi(x)=\sum_{i\in I}r_ie_i\text{，}$$

其中，$r_i\in R$ 由 x 唯一确定，且只有有限项不为零。令

$$a_i=\psi(e_i)\in P\text{，}\quad i\in I\text{，}$$

$$\varphi_i: P \to R,\quad x \mapsto r_i,\quad i \in I。$$

显然条件（1）满足。对 $\forall x \in P$ 有

$$x = 1_P(x) = \psi\varphi(x) = \psi\left(\sum_{i\in I} r_i e_i\right) = \sum_{i\in I} r_i \psi(e_i) = \sum_{i\in I} \varphi_i(x) a_i,$$

即条件（2）满足。

充分性：有自由模 $R^{(I)} = \bigoplus_{i\in I} R$，它的基为 $\{e_i = (\cdots,\ 0,\ 1,\ 0,\ \cdots)\}_{i\in I}$。由于 $P = \langle \{a_i\}_{i\in I} \rangle$，所以有满同态：

$$\psi: R^{(I)} \to P,\quad \sum_{i\in I} r_i e_i \mapsto \sum_{i\in I} r_i a_i,$$

从而有正合列［命题2-1-19（2）］：

$$0 \longrightarrow \ker\psi \xrightarrow{\ i\ } R^{(I)} \xrightarrow{\ \psi\ } P \longrightarrow 0。\tag{3-2-1}$$

令

$$\varphi: P \to R^{(I)},\quad x \mapsto \sum_{i\in I} \varphi_i(x) e_i,$$

则对 $\forall x \in P$ 有

$$\psi\varphi(x) = \psi\left(\sum_{i\in I} \varphi_i(x) e_i\right) = \sum_{i\in I} \varphi_i(x)\psi(e_i) = \sum_{i\in I} \varphi_i(x) a_i = x,$$

即 $\psi\varphi = 1_P$，表明正合列式（3-2-1）是分裂的［命题1-7-12（1）］。由定理2-3-6知 $R^{(I)} \cong P \oplus \ker\psi$，由定理3-2-4知 P 是投射模。证毕。

命题3-2-3 若 P，Q 都是 R-投射模（R-R 双模），那么 $P \otimes_R Q$ 也是 R-投射模（R-R 双模）。

证明 根据定理3-2-4和注（定义3-1-3）（2）可知，设

$$P \oplus P' \cong \bigoplus_{i\in I} R,\quad Q \oplus Q' \cong \bigoplus_{j\in J} R,$$

则有

$$(P \oplus P') \otimes_R (Q \oplus Q') \cong \left(\bigoplus_{i\in I} R\right) \otimes_R \left(\bigoplus_{j\in J} R\right)。\tag{3-2-2}$$

由定理2-3-5可得

$$(P \oplus P') \otimes_R (Q \oplus Q') \cong (P \otimes_R Q) \oplus (P \otimes_R Q') \oplus (P' \otimes_R Q) \oplus (P' \otimes_R Q'),\tag{3-2-3}$$

$$\left(\bigoplus_{i\in I} R\right) \otimes_R \left(\bigoplus_{j\in J} R\right) = \bigoplus_{i\in I,\ j\in J} (R \otimes_R R)。$$

由定理2-2-9知 $R \otimes_R R \cong R$，所以可得

$$\left(\bigoplus_{i\in I} R\right) \otimes_R \left(\bigoplus_{j\in J} R\right) = \bigoplus_{i\in I,\ j\in J} R。\tag{3-2-4}$$

由式（3-2-2）、式（3-2-3）、式（3-2-4）可得

$$(P\otimes_R Q)\oplus(P\otimes_R Q')\oplus(P'\otimes_R Q)\oplus(P'\otimes_R Q')\cong\bigoplus_{i\in I,\ j\in J}R。$$

由定理3-2-4知 $P\otimes_R Q$ 是投射模。证毕。

命题3-2-4　设 P 是 R-投射模，I 是 R 的理想，则 P/IP 是 R/I-投射模。

证明　根据定理3-2-4，设 $F=P\oplus Q$ 是 R-自由模。根据命题3-1-8有

$$F/IF\cong\bigoplus_{j\in J}(R/I)。$$

根据命题2-3-17有

$$IF=I(P\oplus Q)=IP\oplus IQ。$$

由命题2-3-19有

$$F/IF=(P\oplus Q)/(IP\oplus IQ)\cong(P/IP)\oplus(Q/IQ),$$

所以可得

$$(P/IP)\oplus(Q/IQ)\cong\bigoplus_{j\in J}(R/I)。$$

由定理3-2-4知 P/IP 是 R/I-投射模。证毕。

定义3-2-2　投射模解　设 M 是 R-模，若有投射模族 $\{P_i\}$，使得有正合列：

$$\cdots\longrightarrow P_n\longrightarrow\cdots\longrightarrow P_1\longrightarrow P_0\longrightarrow M\longrightarrow 0,$$

则该正合列称为 M 的投射模解。

命题3-2-5　任意模都有投射模解。

证明　由定理3-1-6知任意模都有自由模解，再由定理3-2-1知自由模解就是投射模解。证毕。

命题3-2-6　设 P_i（$i\in I$）都是 R-模，则

$$\bigoplus_{i\in I}P_i\text{ 是投射模}\Leftrightarrow P_i\ (\forall i\in I)\text{ 都是投射模。}$$

证明　记 λ_i: $P_i\to\bigoplus_{j\in I}P_j$ 是入射。

$\Rightarrow$：设 β: $B\to C$ 是满同态，α_i: $P_i\to C$ 是同态。

根据直和的泛性质（命题2-3-3）可知，存在 φ: $\bigoplus_{i\in I}P_i\to C$，使得

$$\alpha_i=\varphi\lambda_i,\ \text{即}\ \begin{array}{ccc}P_i & \xrightarrow{\lambda_i} & \bigoplus_{j\in I}P_j\\ {\scriptstyle\alpha_i}\downarrow & \swarrow{\scriptstyle\varphi} & \\ C & & \end{array}。$$

由于 $\bigoplus_{i\in I}P_i$ 是投射模，所以存在 γ: $\bigoplus_{i\in I}P_i\to B$，使得

$$\varphi=\beta\gamma,\ \text{即}\ \begin{array}{ccccc} & & \bigoplus_{i\in I}P_i & & \\ & {\scriptstyle\gamma}\swarrow & \downarrow{\scriptstyle\varphi} & & \\ B & \xrightarrow{\beta} & C & \longrightarrow & 0\end{array},$$

即有

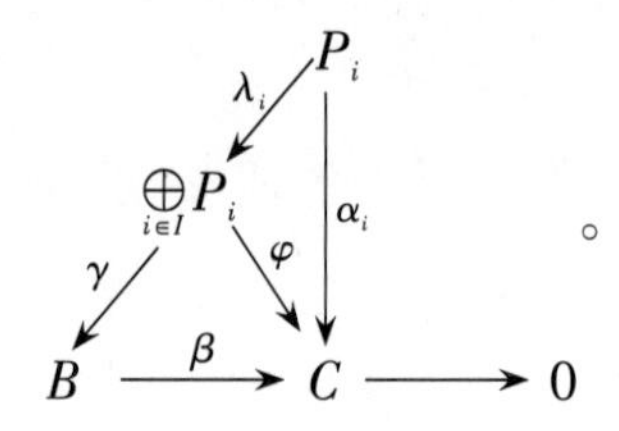

令 $\gamma_i=\gamma\lambda_i$：$P_i\to B$，则有

$$\alpha_i=\varphi\lambda_i=\beta\gamma\lambda_i=\beta\gamma_i，即 \begin{array}{ccccc} & & P_i & & \\ & \swarrow^{\gamma_i} & \downarrow{\scriptstyle\alpha_i} & & \\ B & \xrightarrow{\beta} & C & \longrightarrow & 0 \end{array},$$

表明 P_i 是投射模。

$\Leftarrow$：设 β：$B\to C$ 是满同态，α：$\bigoplus_{i\in I}P_i\to C$ 是同态。由于 P_i 是投射模，所以对于 $\alpha\lambda_i$：$P_i\to C$，有 γ_i：$P_i\to B$，使得

$$\alpha\lambda_i=\beta\gamma_i，即 \begin{array}{ccccc} & & P_i & & \\ & \swarrow^{\gamma_i} & \downarrow{\scriptstyle\alpha\lambda_i} & & \\ B & \xrightarrow{\beta} & C & \longrightarrow & 0 \end{array}。$$

根据直和的泛性质可知（命题2-3-3），存在 φ：$\bigoplus_{i\in I}P_i\to B$，使得

$$\gamma_i=\varphi\lambda_i，即 \begin{array}{ccc} P_i & \xrightarrow{\lambda_i} & \bigoplus_{j\in I}P_j \\ {\scriptstyle\gamma_i}\downarrow & \swarrow_{\varphi} & \\ B & & \end{array}。$$

有

$$\alpha\lambda_i=\beta\gamma_i=\beta\varphi\lambda_i,$$

根据命题2-3-1知

$$\alpha=\beta\varphi，即 \begin{array}{ccccc} & & \bigoplus_{i\in I}P_i & & \\ & \swarrow^{\varphi} & \downarrow{\scriptstyle\alpha} & & \\ B & \xrightarrow{\beta} & C & \longrightarrow & 0 \end{array},$$

即 $\bigoplus_{i\in I}P_i$ 是投射模。证毕。

注（命题3-2-6） 由命题3-2-6的证明可以看出它不依赖具体的模结构。把投射模的概念扩展到一般范畴，设 P 是范畴 $\mathcal{C}$ 中的对象。如果对于范畴 $\mathcal{C}$ 中任意对象 B，C，任意态射 α：$P\to C$ 和任意满态射 β：$B\to C$，存在态射 γ：$P\to B$，使得

$$\alpha=\beta\gamma，即 \begin{array}{ccc} & & P \\ & \swarrow^{\gamma} & \downarrow{\scriptstyle\alpha} \\ B & \xrightarrow{\beta} & C \end{array},$$

则称 P 是 $\mathcal{C}$ 中的投射对象。

那么有

$$余积\bigoplus_{i\in I}P_i 是投射对象 \Leftrightarrow P_i\ (\forall i\in I)\ 都是投射对象。$$

命题3-2-7　$\prod_{i\in I}P_i$ 是投射模 $\Rightarrow P_i\ (\forall i\in I)$ 都是投射模。

证明　$\prod_{j\in I}P_j=\left(\prod_{j\in I\setminus\{i\}}P_j\right)\oplus P_i$，由定理3-2-4知 P_i 是投射模。证毕。

命题3-2-8　设有分裂正合列：

$$0\longrightarrow A\longrightarrow F\longrightarrow P\longrightarrow 0。$$

若 F 是自由模，则 P 是投射模。

证明　根据定理2-3-6有 $F\cong A\oplus P$，由定理3-2-4知 P 是投射模。证毕。

命题3-2-9　对于任意 R-模 A，存在投射模 P 和正合列

$$0\longrightarrow K\longrightarrow P\longrightarrow A\longrightarrow 0。$$

证明　根据命题3-2-5可知，有 A 的投射模解 $\cdots\longrightarrow P\xrightarrow{\sigma}A\longrightarrow 0$。记 $K=\ker\sigma$，包含同态 i：$K\to P$，则有正合列 $0\longrightarrow K\xrightarrow{i}P\xrightarrow{\sigma}A\longrightarrow 0$。证毕。

3.3　内射模

定义3-3-1　内射模（injective module）　设 E 是 R-模。如果对于任意 R-模同态 f：$A\to E$ 和任意 R-模单同态 λ：$A\to B$，存在 R-模同态 g：$B\to E$（g 是 f 的扩张），使得

$$f=g\lambda，即\quad \begin{array}{ccccc} & & E & & \\ & & f\uparrow & \nwarrow g & \\ 0 & \longrightarrow & A & \xrightarrow{\lambda} & B \end{array}\quad（横行正合），$$

那么称 E 是 R-内射模。

注（定义3-3-1）　内射模和投射模是对偶概念。

定义3-3-2　内射群　Abel群作为 Z-模如果是内射模，则称为内射群。

命题3-3-1　设 E 是 R-模，则

$$E 是内射模 \Leftrightarrow 函子\ \mathrm{Hom}_R(-,\ E)\ 把单同态变为满同态。$$

证明　根据定义3-3-1可知

$$\begin{aligned} E 是内射模 &\Leftrightarrow (\lambda:\ A\to B 单 \Rightarrow (\forall f\in \mathrm{Hom}_R(A,\ E),\ \exists g\in \mathrm{Hom}_R(B,\ E),\ f=g\lambda)) \\ &\Leftrightarrow (\lambda:\ A\to B 单 \Rightarrow (\forall f\in \mathrm{Hom}_R(A,\ E),\ \exists g\in \mathrm{Hom}_R(B,\ E),\ \lambda^*(g)=f)) \\ &\Leftrightarrow (\lambda:\ A\to B 单 \Rightarrow \lambda^*:\ \mathrm{Hom}_R(B,\ E)\to \mathrm{Hom}_R(A,\ E) 满) \\ &\Leftrightarrow 函子\ \mathrm{Hom}_R(-,\ E)\ 把单同态变为满同态。\end{aligned}$$

证毕。

定理3-3-1 设E是R-模，则

$$E\text{是内射模}\Leftrightarrow \mathrm{Hom}_R(-,E)\text{是正合函子。}$$

证明 由定理2-4-1知$\mathrm{Hom}_R(-,E)$是反变左正合函子。由命题1-8-10′(1)(3)知

$$\mathrm{Hom}_R(-,E)\text{是正合函子}\Leftrightarrow \mathrm{Hom}_R(-,E)\text{把单同态映为满同态。}$$

由命题3-3-1知结论成立。证毕。

定理3-3-2 $E_i\,(i\in I)$都是内射模$\Leftrightarrow \prod\limits_{i\in I}E_i$是内射模。

证明 由注（命题3-2-6）和对偶原则可得。证毕。

定理3-3-3 $\bigoplus\limits_{i\in I}E_i$是内射模$\Rightarrow E_i\,(\forall i\in I)$都是内射模。

证明 记λ_i：$E_i\to\bigoplus\limits_{j\in I}E_j$是入射，$p_i$：$\bigoplus\limits_{j\in I}E_j\to E_i$是投射。设$\lambda$：$A\to B$是单同态，$f_i$：$A\to E_i$是同态。由于$\bigoplus\limits_{i\in I}E_i$是内射模，根据定义3-3-1可知，对于$\lambda_i f_i$：$A\to\bigoplus\limits_{j\in I}E_j$，存在$g$：$B\to\bigoplus\limits_{i\in I}E_i$，使得

$$\lambda_i f_i=g\lambda\text{，即}\quad \begin{array}{ccccc} & & \bigoplus\limits_{i\in I}E_i & & \\ & & \uparrow{\scriptstyle \lambda_i f_i} & \nwarrow{\scriptstyle g} & \\ 0 & \longrightarrow & A & \xrightarrow{\lambda} & B \end{array}\text{。}$$

令

$$g_i=p_i g,$$

由以上两式及式（2-3-1）有

$$g_i\lambda=p_i g\lambda=p_i\lambda_i f_i=f_i\text{，即}\quad \begin{array}{ccccc} & & E_i & & \\ & & \uparrow{\scriptstyle f_i} & \nwarrow{\scriptstyle g_i} & \\ 0 & \longrightarrow & A & \xrightarrow{\lambda} & B \end{array}\text{。}$$

所以E_i是内射模。证毕。

定理3-3-4 设E是R-模，则

$$E\text{是内射模}\Leftrightarrow(\text{任意}R\text{-模}B,C\text{，任意正合列}0\longrightarrow E\xrightarrow{\lambda}B\xrightarrow{f}C\longrightarrow 0\text{分裂})\text{。}$$

证明 $\Rightarrow$：根据定义3-3-1可知，对于1_E：$E\to E$，存在τ：$B\to E$，使得

$$1_E=\tau\lambda\text{，即}\quad \begin{array}{ccccc} & & E & & \\ & & \uparrow{\scriptstyle 1_E} & \nwarrow{\scriptstyle \tau} & \\ 0 & \longrightarrow & E & \xrightarrow{\lambda} & B \end{array}\text{。}$$

根据命题1-7-12（2）可知，正合列分裂。

$\Leftarrow$：考察

$$\begin{array}{ccccc} & & E & & \\ & & \uparrow{\scriptstyle f} & & \\ 0 & \longrightarrow & M & \xrightarrow{\lambda} & N \end{array}\text{，}$$

将$\{M, N, E\}$视为一个正向系统［例2-6-1（2）］，根据例2-6-2可知，有正向极限P（也就是推出），使得

$$\begin{array}{ccccc} & & E & \xrightarrow{\lambda'} & P \\ & & {\scriptstyle f}\uparrow & & \uparrow{\scriptstyle f'} \\ 0 & \longrightarrow & M & \xrightarrow{\lambda} & N \end{array},\qquad (3\text{-}3\text{-}1)$$

其中

$$P=(E\oplus N)/W,\quad W=\left\langle\left\{(-fa,\ \lambda a)\,\middle|\,a\in M\right\}\right\rangle,$$

$$\lambda':\ E\to P,\quad e\mapsto(e,\ 0)+W,$$

$$f':\ N\to P,\quad n\mapsto(0,\ n)+W。$$

设$e\in\ker\lambda'$，即$(e,\ 0)+W=0$，则$(e,\ 0)\in W$，从而有

$$(e,\ 0)=\sum_i r_i\big(-f(a_i),\ \lambda(a_i)\big)=\left(-f\left(\sum_i r_ia_i\right),\ \lambda\left(\sum_i r_ia_i\right)\right)=\big(-f(a),\ \lambda(a)\big),$$

即

$$e=-f(a),\quad 0=\lambda(a)。$$

由于λ单，所以$a=0$，从而$e=0$，所以$\ker\lambda'=0$，即λ'单。有正合列［命题2-1-19（1）］：

$$0\longrightarrow E\xrightarrow{\lambda'}P\longrightarrow \mathrm{Coker}\lambda'\longrightarrow 0,$$

它是分裂的，根据命题1-7-12（2）可知，有β：$P\to E$，使得

$$\beta\lambda'=1_E。\qquad (3\text{-}3\text{-}2)$$

令

$$g=\beta f':\ N\to E,\qquad (3\text{-}3\text{-}3)$$

由式（3-3-1）、式（3-3-2）、式（3-3-3）有

$$g\lambda=\beta f'\lambda=\beta\lambda' f=f，即\quad \begin{array}{ccccc} & & E & & \\ & & {\scriptstyle f}\uparrow & \nwarrow{\scriptstyle g} & \\ 0 & \longrightarrow & M & \xrightarrow{\lambda} & N \end{array}。$$

所以E是内射模。证毕。

定理3-3-5　Baer准则　设E是左（右）R-模，则E是内射模的充分必要条件为任意R的左（右）理想I和任意同态f：$I\to E$，存在同态$\bar{f}$：$R\to E$，使得（其中，λ：$I\to R$是包含同态）

$$f=\bar{f}\lambda，即\quad \begin{array}{ccccc} & & E & & \\ & & {\scriptstyle f}\uparrow & \nwarrow{\scriptstyle \bar{f}} & \\ 0 & \longrightarrow & I & \xrightarrow{\lambda} & R \end{array}。$$

证明　必要性：由定义3-3-1可得。

充分性：不妨设E是左R-模。考察（横行正合）：

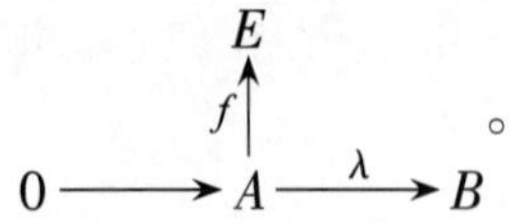

$$\begin{array}{ccccc} & & E & & \\ & & f\uparrow & & \\ 0 & \longrightarrow & A & \xrightarrow{\lambda} & B \end{array}。$$

不妨设 A 是 B 的子模，λ：$A\to B$ 是包含同态。

令

$$\Omega=\{(C,\ h)|h:\ C\to E,\ \ A\subseteq C\subseteq B,\ h|_A=f\},$$

定义 Ω 中的序关系为

$$(C,\ h)\leqslant(C',\ h')\Leftrightarrow(C\subseteq C',\ h'|_C=h)。$$

显然 $(A,\ f)\in\Omega$，表明 $\Omega\neq\varnothing$。

设 $\{(C_i,\ h_i)\}_{i\in J}$ 是 Ω 中的全序子集，即 $\forall i,\ j\in J$，有 $C_i\subseteq C_j$ 或 $C_i\supseteq C_j$。令

$$C=\bigcup_{i\in J}C_i,$$

定义 h：$C\to E$ 为，对 $\forall c\in C$，若 $c\in C_i$，则令

$$h(c)=h_i(c)。$$

可验证上式与 i 的选取无关：若 $c\in C_j$，不妨设 $C_i\subseteq C_j$，则 $h_j(c)=h_j|_{C_i}(c)=h_i(c)$。显然对 $\forall i\in J$，有 $C\supseteq C_i$，$h|_{C_i}=h_i$，所以 $(C,\ h)$ 是 $\{(C_i,\ h_i)\}_{i\in J}$ 的上界。根据引理A-1可知，Ω 有极大元 $(D,\ \varphi)$。有 $\varphi|_A=f$，也就是

$$f=\varphi\lambda'，即\quad \begin{array}{ccccccc} & & E & \xleftarrow{\ \varphi\ } & & & \\ & & f\uparrow & & & & \\ 0 & \longrightarrow & A & \xrightarrow{\lambda'} & D & \xrightarrow{\lambda''} & B \end{array},$$

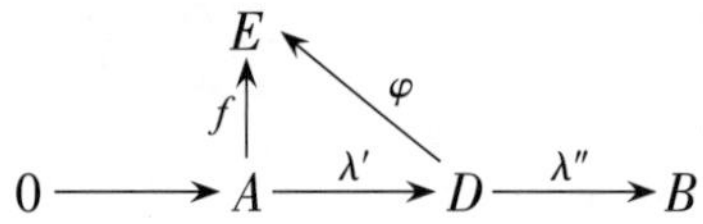

其中，λ'：$A\to D$ 是包含同态。

如果 $D=B$，则 E 是内射模。

如果 $D\neq B$，则存在 $b\in B\backslash D$。令

$$I=\{r\in R|rb\in D\},\tag{3-3-4}$$

显然 $0\in I$，易验证它是 R 的左理想。令

$$\sigma:\ I\to E,\ r\mapsto\varphi(rb),\tag{3-3-5}$$

它可以扩张为 $\bar{\sigma}$：$R\to E$，即

$$\bar{\sigma}|_I=\sigma。\tag{3-3-6}$$

令

$$\tau:\ D+Rb\to E,\ d+rb\mapsto\varphi(d)+\bar{\sigma}(r)。\tag{3-3-7}$$

验证它与 d 和 r 的选取无关：若有 $d+rb=d'+r'b$，则 $(r-r')b=d'-d\in D$，由式（3-3-4）知 $r-r'\in I$。由式（3-3-5）和式（3-3-6）可得

$$\varphi(d'-d)=\varphi((r-r')b)=\sigma(r-r')=\bar{\sigma}|_I(r-r')=\bar{\sigma}(r-r'),$$

即 $\varphi(d')-\varphi(d)=\bar{\sigma}(r)-\bar{\sigma}(r')$，也就是 $\varphi(d')+\bar{\sigma}(r')=\varphi(d)+\bar{\sigma}(r)$，即 τ 的定义与 d 和 r 的选取无关。

显然 $A\subseteq D+Rb\subseteq B$。对于 $\forall a\in A$，式（3-3-7）中可取 $d=a$，$r=0$，于是 $\tau(a)=\varphi(a)=f(a)$，表明 $\tau|_A=f$，所以 $(D+Rb,\ \tau)\in\Omega$。

显然 $b\notin D$，但 $b\in D+Rb$，表明 $D+Rb\supsetneqq D$。对于 $\forall d\in D$，式（3-3-7）中可取 $r=0$，则 $\tau(d)=\varphi(d)$，即 $\tau|_D=\varphi$，表明 $(D+Rb,\ \tau)>(D,\ \varphi)$，这与 $(D,\ \varphi)$ 的极大性矛盾。所以 $D=B$，即 E 是内射模。证毕。

定理3-3-5′　Baer准则　设 E 是左（右）R-模，则

E 是内射模 $\Leftrightarrow$（任意 R 的左（右）理想 I，λ^*：$\mathrm{Hom}_R(R,\ E)\to\mathrm{Hom}_R(I,\ E)$ 是满同态）。其中，λ：$I\to R$ 是包含同态。

证明

E 是内射模 $\Leftrightarrow$（任意 R 的左（右）理想 I，任意 R-模同态 f：$I\to E$ 可扩张为 $\bar{f}$：$R\to E$）

$\Leftrightarrow$（任意 R 的左（右）理想 I，$\forall f\in\mathrm{Hom}_R(I,\ E)$，$\exists\bar{f}\in\mathrm{Hom}_R(R,\ E)$，使得 $f=\bar{f}\lambda=\lambda^*(\bar{f})$）

$\Leftrightarrow$（任意 R 的左（右）理想 I，λ^*：$\mathrm{Hom}_R(R,\ E)\to\mathrm{Hom}_R(I,\ E)$ 是满同态）。

证毕。

引理3-3-1　如果有行正合的图：

$$\begin{array}{ccccccccc} 0 & \longrightarrow & A & \xrightarrow{\alpha} & B & \xrightarrow{\beta} & C & \longrightarrow & 0 \\ & & \downarrow{\scriptstyle\gamma} & & & & & & \\ & & E & & & & & & \end{array},$$

那么有行正合的交换图：

$$\begin{array}{ccccccccc} 0 & \longrightarrow & A & \xrightarrow{\alpha} & B & \xrightarrow{\beta} & C & \longrightarrow & 0 \\ & & \downarrow{\scriptstyle\gamma} & & \downarrow{\scriptstyle\gamma'} & & \downarrow{\scriptstyle 1_C} & & \\ 0 & \longrightarrow & E & \xrightarrow{\alpha'} & P & \xrightarrow{\beta'} & C & \longrightarrow & 0 \end{array},$$

其中，P 是正向系统 $\{A,\ B,\ E\}$［例2-6-1（2）］的推出（例2-6-2）。

证明　根据例2-6-2有

$$\begin{array}{ccc} A & \xrightarrow{\alpha} & B \\ \downarrow{\scriptstyle\gamma} & & \downarrow{\scriptstyle\gamma'} \\ E & \xrightarrow{\alpha'} & P \end{array},$$

其中

$$P=(B\oplus E)/W,\quad W=\left\langle\left\{(-\alpha a,\ \gamma a)\middle|a\in A\right\}\right\rangle,$$

$$\gamma'\text{：}B\to P,\quad b\mapsto(b,\ 0)+W,$$

$$\alpha'\text{：}E\to P,\quad e\mapsto(0,\ e)+W\text{。}$$

令

$$\beta': P\to C,\ (b,\ e)+W\mapsto\beta(b)。$$

需验证上式与 b 的选取无关：设 $(b,\ e)+W=(b',\ e)+W$，则 $(b-b',\ 0)\in W$，即

$$(b-b',\ 0)=\sum_i r_i\big(-\alpha(a_i),\ \gamma(a_i)\big)=\Big(-\alpha\Big(\sum_i r_i a_i\Big),\ \gamma\Big(\sum_i r_i a_i\Big)\Big)=\big(-\alpha(a),\ \gamma(a)\big),$$

所以 $b-b'=-\alpha(a)$，由正合性（命题2-1-14）可得 $\beta(b-b')=-\beta\alpha(a)=0$，即 $\beta(b)=\beta(b')$，说明 β' 的定义与 b 的选取无关。对于 $\forall b\in B$，有

$$\beta'\gamma'(b)=\beta'\big((b,\ 0)+W\big)=\beta(b),$$

所以可得

$$\beta'\gamma'=\beta，即\quad \begin{array}{ccc} B & \xrightarrow{\beta} & C \\ {\scriptstyle\gamma'}\downarrow & & \downarrow{\scriptstyle 1_C} \\ P & \xrightarrow{\beta'} & C \end{array}。$$

下面证明 $0\longrightarrow E\xrightarrow{\alpha'}P\xrightarrow{\beta'}C\longrightarrow 0$ 的正合性。

由于 β 满，由 $\beta=\beta'\gamma'$ 与定理1-3-1知 β' 满。由于 α 单，根据命题2-6-3可知 α' 单。

对于 $\forall e\in E$，有

$$\beta'\alpha'(e)=\beta'\big((0,\ e)+W\big)=\beta(0)=0,$$

即 $\beta'\alpha'=0$，所以 $\operatorname{Im}\alpha'\subseteq\ker\beta'$（命题2-1-13）。

设 $(b,\ e)+W\in\ker\beta'\subseteq P$，则 $0=\beta'\big((b,\ e)+W\big)=\beta(b)$，即 $b\in\ker\beta=\operatorname{Im}\alpha$，因而存在 $a\in A$，使得 $b=\alpha(a)$。令 $e'=e+\gamma(a)\in E$，则

$$(b,\ e)-(0,\ e')=(\alpha a,\ -\gamma a)\in W,$$

所以可得

$$(b,\ e)+W=(0,\ e')+W=\alpha'(e'),$$

说明 $(b,\ e)+W\in\operatorname{Im}\alpha'$，因此 $\ker\beta'\subseteq\operatorname{Im}\alpha'$。这就证明了 $\operatorname{Im}\alpha'=\ker\beta'$。证毕。

定理3-3-6 设 E 是 R-模，则

E 是内射模 $\Leftrightarrow$（任意 R-模 B，任意 R-循环模 C，任意正合列

$$0\longrightarrow E\xrightarrow{\lambda}B\xrightarrow{f}C\longrightarrow 0\ 分裂）。$$

证明 $\Rightarrow$：定理3-3-4。

$\Leftarrow$：设 I 是 R 的左理想，$\lambda: I\to R$ 是包含同态，$\pi: R\to R/I$ 是自然同态（根据例2-1-1（2）可知，R/I 是左 R-模），考察行正合的图：

$$\begin{array}{ccccccccc} 0 & \longrightarrow & I & \xrightarrow{\lambda} & R & \xrightarrow{\pi} & R/I & \longrightarrow & 0 \\ & & \downarrow{\scriptstyle f} & & & & & & \\ & & E & & & & & & \end{array},$$

根据引理3-3-1可知，有行正合的交换图：

$$\begin{array}{ccccccccc} 0 & \longrightarrow & I & \xrightarrow{\lambda} & R & \xrightarrow{\pi} & R/I & \longrightarrow & 0 \\ & & \downarrow f & & \downarrow f' & & \downarrow 1 & & \\ 0 & \longrightarrow & E & \xrightarrow{\lambda'} & R & \xrightarrow{\pi'} & R/I & \longrightarrow & 0 \end{array}。$$

由于 $R/I=\langle 1+I\rangle=R(1+I)$ 是循环模，所以上图第二行分裂，根据命题1-7-12（2）可知，存在 β：$P\to E$，使得

$$\beta\lambda'=1_E。$$

令

$$\bar{f}=\beta f'：R\to E,$$

则有

$$\bar{f}\lambda=\beta f'\lambda=\beta\lambda' f=f，即 \quad \begin{array}{ccccc} 0 & \longrightarrow & I & \xrightarrow{\lambda} & R \\ & & \downarrow f & \swarrow \bar{f} & \\ & & E & & \end{array}。$$

根据定理3-3-5（Baer准则）可知，E 是内射模。证毕。

定义3-3-3　可除模（divisible module）　设 M 是 R-模，$m\in M$，$r\in R$，如果存在 $m'\in M$，使得 $rm'=m$，则称 m 被 r 可除。如果 $\forall m\in M$，任意 R 中的非零因子（定义B-23）r，m 被 r 可除，则称 M 是 R-可除模。

注（定义3-3-3）

（1）$0\in M$ 显然被 $\forall r\in R$ 可除。因为 $r\cdot 0=0$。

（2）若 R 是整环，Q 是 R 的分式域，那么 Q 与 Q/R 都是可除 R-模。

证明　只证（2）。设 $\frac{a}{b}\in Q$，$r\in R\backslash\{0\}$，则有 $r\frac{a}{rb}=\frac{a}{b}$，说明 Q 是可除 R-模。由命题3-3-2知 Q/R 也是可除 R-模。证毕。

定义3-3-4　可除群　Abel群作为 Z-模如果是可除模，则称为可除群。

例3-3-1　有理数加法群 Q 是可除群。

证明　$\forall\frac{a}{b}\in Q$，$\forall n\in Z$，且 $n\neq 0$，有 $\frac{a}{b}=n\frac{a}{nb}$。证毕。

命题3-3-2　可除模的商模是可除模，可除模的直和（积）成分是可除模，可除模的直和（积）是可除模。

证明　设 M 是可除模，N 是 M 的子模。设 $m\in M$，r 是 R 中的非零因子，由于 M 是可除模，所以存在 $m'\in M$，使得 $m=rm'$，于是 $m+N=rm'+N=r(m'+N)$，表明 M/N 是可除模。

设 $M=\bigoplus_{i\in I}M_i$ 是可除模。设 $m\in M_i$，r 是 R 中的非零因子，显然$(\cdots,0,m,0,\cdots)\in M$。由于 M 是可除模，所以存在 $m'=\left(m'_j\right)_{j\in I}\in M$，使得 $(\cdots,0,m,0,\cdots)=rm'=r\left(m'_j\right)_{j\in I}$，所以 $m=rm'_i$，从而 M_i 是可除模。同样地，若 $M=\prod_{i\in I}M_i$ 是可除模，则 M_i

$(i\in I)$ 是可除模。

设 $M_i\ (i\in I)$ 是可除模，$m=(m_i)_{i\in I}\in\bigoplus\limits_{i\in I}M_i$，$r$ 是 R 中的非零因子，由于 M_i 是可除模，所以存在 m_i'，使得 $m_i=rm_i'$。记 $m'=(m_i')_{i\in I}\in\bigoplus\limits_{i\in I}M_i$，则 $m=rm'$，即 $\bigoplus\limits_{i\in I}M_i$ 是可除模。同样地，$\prod\limits_{i\in I}M_i$ 是可除模。证毕。

定理3–3–7 内射模 E 是可除模。

证明 设 $x\in E$，r 是 R 中的非零因子。$\langle r\rangle=Rr$ 是 R 的左理想，记 λ：$Rr\to R$ 是包含同态，令

$$f:\ Rr\to E,\quad r'r\mapsto r'x。$$

需验证上式与 r' 的选择无关：如果 $r'r=r''r$，即 $(r'-r'')r=0$，由于 r 不是零因子，所以 $r'-r''=0$，即 $r'=r''$，表明上式与 r' 的选择无关。根据定理3–3–5（Baer准则）可知，存在 $\bar{f}$：$R\to E$，使得

$$f=\bar{f}\lambda，即\quad \begin{array}{ccccc} & & E & & \\ & & f\big\uparrow & \nwarrow^{\bar{f}} & \\ 0 & \longrightarrow & Rr & \xrightarrow{\ \lambda\ } & R \end{array}，$$

有

$$x=1\cdot x=f(1\cdot r)=\bar{f}\lambda(r)=\bar{f}(r)=r\bar{f}(1),$$

即 x 被 r 可除。证毕。

注（定理3–3–7） 定理3–3–7的逆命题一般不成立。

例如：Z_2是Z_4-可除模，但Z_2不是Z_4-内射模。（根据命题B–16可知，Z_2是Z_4-模）

Z_2是Z_4-可除模：Z_4中的非零因子有$\bar{\bar{1}}$，$\bar{\bar{3}}$。$\bar{0}\in Z_2$ 被 $\forall\bar{x}\in Z_4$ 可除［注（定义3–3–3）(1)］。对于$\bar{1}\in Z_2$，有$\bar{\bar{1}}\cdot\bar{1}=\bar{1}$，$\bar{\bar{3}}\cdot\bar{1}=\bar{3}=\bar{1}$，即$\bar{1}$被$Z_4$中的非零因子可除。所以$Z_2$是$Z_4$-可除模。

Z_2不是Z_4-内射模：易验证$\{\bar{\bar{0}},\bar{\bar{2}}\}$是$Z_4$的子模，所以有正合列（命题2–1–17）：

$$0\to\{\bar{\bar{0}},\bar{\bar{2}}\}\to Z_4\to Z_4/\{\bar{\bar{0}},\bar{\bar{2}}\}\to 0。$$

易验证有Z_4-模同构映射：

$$\varphi:\ \{\bar{\bar{0}},\bar{\bar{2}}\}\to Z_2,\quad \bar{\bar{a}}\mapsto\bar{a},$$

$$\psi:\ Z_4/\{\bar{\bar{0}},\bar{\bar{2}}\}\to Z_2,\quad \bar{\bar{a}}+\{\bar{\bar{0}},\bar{\bar{2}}\}\mapsto\bar{a}。$$

所以有正合列：

$$0\to Z_2\to Z_4\to Z_2\to 0。$$

由于 $Z_4\ncong Z_2\oplus Z_2$（命题B–17），所以上式不可分裂（定理2–3–6），从而 Z_2 不是 Z_4-内射模（定理3–3–4）。

定理3-3-8　设 R 是主理想整环，D 是 R-模，则

$$D\text{ 是内射模} \Leftrightarrow D\text{ 是可除模。}$$

证明　$\Rightarrow$：定理3-3-7。

$\Leftarrow$：设 I 是 R 的理想，考虑

$$\begin{array}{ccccc} & & D & & \\ & & \uparrow f & & \\ 0 & \longrightarrow & I & \xrightarrow{\lambda} & R \end{array},$$

其中，λ：$I\to R$ 是包含同态。由于 R 是主理想整环，所以有 $r_0\in R$，使得 $I=\langle r_0\rangle=Rr_0$。有 $f(r_0)\in D$，由于 D 是可除模，所以存在 $d_0\in D$，使得

$$r_0d_0=f(r_0)\text{。}$$

令

$$\bar{f}\text{：}R\to D,\quad r\mapsto rd_0,$$

则对 $\forall r\in I$，有 $r=r'r_0$，则

$$\bar{f}\lambda(r)=\bar{f}(r'r_0)=r'r_0d_0=r'f(r_0)=f(r'r_0)=f(r),$$

也就是

$$f=\bar{f}\lambda\text{，即}\quad \begin{array}{ccccc} & & D & & \\ & & \uparrow f & \nwarrow \bar{f} & \\ 0 & \longrightarrow & I & \xrightarrow{\lambda} & R \end{array}\text{。}$$

由定理3-3-5（Baer准则）知 D 是内射模。证毕。

命题3-3-3　设 G 是Abel群，则

$$G\text{ 是内射群} \Leftrightarrow G\text{ 是可除群。}$$

证明　Z 是主理想整环（命题B-17），由定理3-3-8可知结论成立。证毕。

定理3-3-9　任意Abel群 G 可以嵌入一个内射群（可除群）中。

证明　根据定理3-1-3和注（定义3-1-3）(2)，有

$$G\cong(\oplus Z)/S\subseteq(\oplus Q)/S\text{。}$$

由例3-3-1知 Q 是 Z-可除模，由命题3-3-2知 $(\oplus Q)/S$ 是 Z-可除模，即可除群。证毕。

定理3-3-10　设 R 是有单位元1的环。如果 D 是可除群（内射群），则 $\mathrm{Hom}_Z(R,D)$ 是左（右）R-内射模。

证明　由命题2-2-8知 $E=\mathrm{Hom}_Z(R,D)$ 是左（右）R-模。

设 A，B 是左（右）R-模，λ：$A\to B$ 是单同态。由命题3-3-1知函子 $\mathrm{Hom}_Z(-,D)$ 把单同态映为满同态，所以 $\mathrm{Hom}_Z(-,D)\lambda$ 是满同态，即

$$\lambda_D^*\text{：}\mathrm{Hom}_Z(B,D)\to\mathrm{Hom}_Z(A,D)$$

是满同态。

设 $E=\mathrm{Hom}_Z(R,D)$ 和 A，B 都是左 R-模，由定理2-5-2可得

$$\begin{array}{ccc}\mathrm{Hom}_Z(R\otimes_R B,\ D) & \xrightarrow{(1\otimes\lambda)^*} & \mathrm{Hom}_Z(R\otimes_R A,\ D)\\ \downarrow & & \downarrow\\ \mathrm{Hom}_R(B,\ \mathrm{Hom}_Z(R,\ D)) & \xrightarrow{\lambda_E^*} & \mathrm{Hom}_R(A,\ \mathrm{Hom}_Z(R,\ D))\end{array},$$

由命题2-2-22可得

$$\begin{array}{ccc}\mathrm{Hom}_Z(B,\ D) & \xrightarrow{\lambda_D^*} & \mathrm{Hom}_Z(A,\ D)\\ \downarrow & & \downarrow\\ \mathrm{Hom}_Z(R\otimes_R B,\ D) & \xrightarrow{(1\otimes\lambda)^*} & \mathrm{Hom}_Z(R\otimes_R A,\ D)\end{array},$$

所以有

$$\begin{array}{ccc}\mathrm{Hom}_Z(B,\ D) & \xrightarrow{\lambda_D^*} & \mathrm{Hom}_Z(A,\ D)\\ \downarrow & & \downarrow\\ \mathrm{Hom}_R(B,\ E) & \xrightarrow{\lambda_E^*} & \mathrm{Hom}_R(A,\ E)\end{array}。$$

其中，竖向箭头是双射。由命题A-19知 λ_E^* 满，即 $\mathrm{Hom}_R(-,\ E)\lambda$ 满，由命题3-3-1知 E 是内射模。E 和 A，B 都是右 R-模的情形类似。证毕。

定理3-3-11 任意 R-模 M 可嵌入一个 R-内射模中。

证明 根据定理3-3-9可知，M 作为Abel群可以嵌入一个可除群 D 中，记 λ: $M\to D$ 是嵌入。由于 $\mathrm{Hom}_Z(R,\ -)$ 是正变左正合函子（定理2-4-1），所以 $\mathrm{Hom}_Z(R,\ -)\lambda$ 是单同态［命题1-8-9（1）］，即 λ_*: $\mathrm{Hom}_Z(R,\ M)\to\mathrm{Hom}_Z(R,\ D)$ 是单同态。

对于 $m\in M$，令

$$f_m:\ R\to M,\quad r\mapsto rm,$$

即 $f_m\in\mathrm{Hom}_R(R,\ M)$。令

$$\varphi:\ M\to\mathrm{Hom}_Z(R,\ M),\quad m\mapsto f_m。$$

设 $m\in\ker\varphi\subseteq M$，则 $f_m=0$，从而 $0=f_m(1)=m$，表明 $\ker\varphi=0$，即 φ 单。由命题1-3-7知 $\lambda_*\varphi$: $M\to\mathrm{Hom}_Z(R,\ D)$ 是单同态。由定理3-3-10知 $\mathrm{Hom}_Z(R,\ D)$ 是 R-内射模。证毕。

定义3-3-5 **内射模解** 设 M 是 R-模，E^i（$i\geq 0$）是 R-内射模，则称正合列：

$$0\longrightarrow M\longrightarrow E^0\longrightarrow E^1\longrightarrow\cdots$$

是 M 的内射模解。

定理3-3-12 任意模的内射模解存在。

证明 设 M 是 R-模，根据定理3-3-11可知，有单同态 λ_0: $M\to E^0$，其中 E^0 是 R-内射模，从而有正合列［命题2-1-19（1）］：

$$0\longrightarrow M\xrightarrow{\lambda_0}E^0\xrightarrow{\pi_0}\mathrm{Coker}\lambda_0\longrightarrow 0。$$

再由定理3-3-11，有单同态 λ_1：$\mathrm{Coker}\lambda_0\to E^1$，其中 E^1 是R-内射模，从而有正合列：

$$0\longrightarrow \mathrm{Coker}\lambda_0\xrightarrow{\lambda_1}E^1\xrightarrow{\pi_1}\mathrm{Coker}\lambda_1\longrightarrow 0。$$

因此有正合列（$\mathrm{Coker}\lambda_{-1}=M$，$E^i$ 是内射模）：

$$0\longrightarrow \mathrm{Coker}\lambda_{i-1}\xrightarrow{\lambda_i}E^i\xrightarrow{\pi_i}\mathrm{Coker}\lambda_i\longrightarrow 0,\quad i\geqslant 0,$$

即有

$$\mathrm{Im}\,\lambda_i=\ker\pi_i,\quad i\geqslant 0。\tag{3-3-8}$$

令

$$\lambda_i'=\lambda_i\pi_{i-1}\,,\quad i\geqslant 1\,。$$

由于 π_i 满，根据命题A-16（3）与式（3-3-8）有

$$\mathrm{Im}\,\lambda_i'=\mathrm{Im}\,\lambda_i=\ker\pi_i,\quad i\geqslant 1。\tag{3-3-9}$$

由于 λ_i 单，根据命题A-16（4）有

$$\ker\lambda_i'=\ker\pi_{i-1},\quad i\geqslant 1。\tag{3-3-10}$$

由式（3-3-9）和式（3-3-10）可得

$$\mathrm{Im}\,\lambda_i'=\ker\lambda_{i+1}',\quad i\geqslant 1。$$

由式（3-3-8）和式（3-3-10）有

$$\mathrm{Im}\,\lambda_0=\ker\pi_0=\ker\lambda_1',$$

表明有正合列：

$$0\longrightarrow M\xrightarrow{\lambda_0}E^0\xrightarrow{\lambda_1'}E^1\xrightarrow{\lambda_2'}\cdots。$$

证毕。

定理3-3-13 对于任意R-模A，存在内射模 E 和正合列：

$$0\longrightarrow A\longrightarrow E\longrightarrow L\longrightarrow 0。$$

证明 根据定理3-3-12可知，有 A 的内射模解 $0\longrightarrow A\xrightarrow{\sigma}E\longrightarrow\cdots$。记 $L=\mathrm{Coker}\,\sigma$，自然同态 π：$E\to L$，则有正合列 $0\longrightarrow A\xrightarrow{\sigma}E\xrightarrow{\pi}L\longrightarrow 0$。证毕。

定义3-3-6 本质扩张（essential extension） 设 $M\subseteq E$ 都是R-模，如果对 E 的任意非零子模 S，有 $S\cap M\neq 0$，则称 E 是 M 的本质扩张。M 是它自身的本质扩张，称为平凡本质扩张。

命题3-3-4 设 $M\subseteq N\subseteq E$。如果 N 是 M 的本质扩张，E 是 N 的本质扩张，那么 E 是 M 的本质扩张。

证明 设 S 是 E 的非零子模，由于 E 是 N 的本质扩张，所以 $S\cap N\neq 0$。$S\cap N$ 是 N 的子模，而 N 是 M 的本质扩张，所以 $S\cap N\cap M\neq 0$。由于 $N\cap M=M$，所以 $S\cap M\neq 0$，表明 E 是 M 的本质扩张。证毕。

定理 3-3-14 M 是内射模 $\Leftrightarrow M$ 只有平凡本质扩张。

证明 $\Rightarrow$：如果 M 有非平凡本质扩张 E，则有正合列：

$$0 \longrightarrow M \longrightarrow E \longrightarrow E/M \longrightarrow 0,$$

其中，$E/M \neq 0$。由定理 3-3-4 知上式分裂，由定理 2-3-6 知 $E = M \oplus N$（这里 $N \cong E/M \neq 0$）。N 是 E 的非零子模，有 $M \cap N = 0$（命题 2-3-15），这与 E 是 M 的本质扩张矛盾。

$\Leftarrow$：根据定理 3-3-11 可知，有嵌入 λ：$M \to E$，其中 E 是内射模。如果 $E = M$，那么 M 是内射模。如果 $E \neq M$，令

$$\Omega = \{S \mid S \subseteq E,\ S \cap M = 0\},$$

由于 E 不是 M 的本质扩张，所以 Ω 非空。以集合的包含关系作为 Ω 的序关系。设 $\{S_i\}_{i \in I}$ 是 Ω 中的全序子集，即 $\forall i, j \in I$，有 $S_i \subseteq S_j$ 或 $S_i \supseteq S_j$。令 $S = \bigcup_{i \in I} S_i$，由于 $S \subseteq E$，$S \cap M = \bigcup_{i \in I}(S_i \cap M) = 0$，所以 $S \in \Omega$。显然 S 是 $\{S_i\}_{i \in I}$ 的上界。根据引理 A-1（Zorn 引理）可知，Ω 有极大元 N。有

$$N \subseteq E,\quad N \cap M = 0。$$

记 π：$E \to E/N$ 是自然同态，令

$$\lambda' = \pi\lambda:\ M \to E/N。$$

设 $m \in \ker\lambda' \subseteq M$，则 $m + N = 0$，即 $m \in N$，从而 $m \in N \cap M = 0$，表明 $\ker\lambda' = 0$，即 λ' 是单同态。

设 S/N 是 E/N 的非零子模，则 $S \supsetneq N$。如果 $S \cap M = 0$，则 $S \in \Omega$，这与 N 的极大性矛盾，所以 $S \cap M \neq 0$。设 $x \in (S \cap M) \backslash \{0\}$，由于 $N \cap M = 0$，所以 $x \notin N$，从而 $x + N \neq 0$，而 $x + N \in (S - N) \cap \lambda'(M)$，所以 $(S/N) \cap \lambda'(M) \neq 0$。如果 $\lambda'(M) \neq E/N$，则 E/N 是 $\lambda'(M) \cong M$ 的非平凡本质扩张，这与前提条件矛盾，所以 $\lambda'(M) = E/N$。这表明 λ' 是满同态。

由命题 2-1-33 知 $E = M + N$. 再由 $N \cap M = 0$ 知 $E = M \oplus N$（命题 2-3-16）。由定理 3-3-3 知 M 是内射模。证毕。

定义 3-3-7 内射包络（injective envelope） 设 $M \subseteq E$，E 是内射模。若对于任意内射模 E' 有

$$M \subseteq E' \subseteq E \Rightarrow E' = E,$$

则称 E 是 M 的内射包络。

命题 3-3-5 内射包络是本质扩张。

证明 设 E 是 M 的内射包络，令

$$\Omega = \{E' \mid E' \subseteq E,\ E' \text{是} M \text{的本质扩张}\}。$$

显然 $M\in\Omega$, 所以 Ω 非空。任取 Ω 中的升链 $\{E_i\}_{i\in I}$（也就是全序子集），令 $E'=\bigcup\limits_{i\in I}E_i\subseteq E$。设 S 是 E' 的非零子模，则

$$0\neq S=S\cap E'=S\cap\left(\bigcup_{i\in I}E_i\right)=\bigcup_{i\in I}(S\cap E_i),$$

所以存在 $i_0\in I$，使得

$$S\cap E_{i_0}\neq 0,$$

有

$$S\cap M=\left(S\cap\left(\bigcup_{i\in I}E_i\right)\right)\cap M=\bigcup_{i\in I}(S\cap E_i\cap M)。$$

由于 E_{i_0} 是 M 的本质扩张，$S\cap E_{i_0}$ 是 E_{i_0} 的非零子模，所以 $S\cap E_{i_0}\cap M\neq 0$，从而

$$S\cap M\neq 0。$$

这表明 E' 是 M 的本质扩张，所以 $E'\in\Omega$。E' 是 $\{E_i\}_{i\in I}$ 的上界，由引理A-1（Zorn引理）知 Ω 有极大元 $\bar{E}$，它是 M 的本质扩张。

如果 $\bar{E}$ 不是内射模，则由定理3-3-14知 $\bar{E}$ 有本质扩张 $\tilde{E}$。由命题3-3-4知 $\tilde{E}$ 是 M 的本质扩张，所以 $\tilde{E}\in\Omega$，这与 $\bar{E}$ 的极大性矛盾，所以 $\bar{E}$ 是内射模。由于 E 是 M 的内射包络，所以 $\bar{E}=E$，从而 E 是 M 的本质扩张。证毕。

定理3-3-15　设 $M\subseteq E$，则下面的条件等价。

（1）E 是 M 的极大本质扩张；

（2）E 是 M 的本质扩张且 E 是内射模；

（3）E 是 M 的内射包络。

证明　（1）$\Rightarrow$（2）：如果 E 有非平凡本质扩张 E_1，则由命题3-3-14知 E_1 也是 M 的本质扩张，这与 E 的极大性矛盾，所以 E 只有平凡本质扩张。由定理3-3-14知 E 是内射模。

（2）$\Rightarrow$（3）：如果 E 不是 M 的内射包络，则存在内射模 E' 满足 $M\subseteq E'\subsetneq E$，从而有正合列：

$$0\longrightarrow E'\longrightarrow E\longrightarrow E/E'\longrightarrow 0,$$

其中，$E/E'\neq 0$。由定理3-3-4知上式可分裂，由定理2-3-6知 $E=E'\oplus N$（这里 $N\cong E/E'\neq 0$）。N 是 E 的非零子模，$E'\cap N=0$（命题2-3-15），从而 $M\cap N=0$。这与 E 是 M 的本质扩张矛盾。

（3）$\Rightarrow$（1）：由命题3-3-5知 E 是 M 的本质扩张。如果 E 不是 M 的极大本质扩张，则有 T 是 M 的本质扩张，且 $E\subsetneq T$，那么有正合列：

$$0\longrightarrow E\longrightarrow T\longrightarrow T/E\longrightarrow 0,$$

其中，$T/E\neq 0$。由定理3-3-4知上式可分裂，由定理2-3-6知 $T=E\oplus N$（这里 $N\cong$

$T/E\neq 0$）。N 是 T 的非零子模，有 $E\cap N=0$（命题2-3-15），这与 T 是 M 的本质扩张矛盾。证毕。

定理3-3-16 设 E 是 M 的内射包络，则存在以下条件。

（1）如果 $M\subseteq D$，D 是内射模，则存在单同态 φ：$E\to D$，使得 $\varphi|_M=1_M$。

（2）M 的任意两个内射包络同构。

证明 （1）记 λ：$M\to E$ 和 λ'：$M\to D$ 是嵌入，由于 D 是内射模，所以存在 φ：$E\to D$，使得

$$\lambda'=\varphi\lambda\text{，即}\quad \begin{array}{ccccc} & & D & & \\ & & \uparrow{\scriptstyle\lambda'} & \nwarrow{\scriptstyle\varphi} & \\ 0 & \longrightarrow & M & \xrightarrow{\lambda} & E \end{array}\text{。}\tag{3-3-11}$$

显然 $\varphi|_M=1_M$。由命题A-16（2）可得

$$0=\ker\lambda'=\lambda^{-1}(\ker\varphi)=M\cap\ker\varphi\text{。}$$

$\ker\varphi$ 是 E 的子模，由于 E 是 M 的本质扩张（命题3-3-5），所以 $\ker\varphi=0$，表明 φ 单。

（2）设 D 也是 M 的内射包络，由（1）知有单同态 φ：$E\to D$。有 $\mathrm{Im}\,\varphi\cong E$，它是包含 M 的内射模，而 D 是内射包络，所以 $\mathrm{Im}\,\varphi=D$，即 φ 满。因此 φ 是同构。证毕。

3.4 Watts定理

命题3-4-1 令 R 是有单位元1的环，M 是左 R-模。如果 $r\in R$，则有群同构（根据注（定义2-1-1）（2），R/rR 是右 R-模）：

$$(R/rR)\otimes_R M\cong M/rM\text{。}$$

如果 $r\in Z(R)$（这里 $Z(R)$ 是 R 的中心，见定义2-2-8），则上式是左 R-模同构。特别地，对于任意交换群 G，有群同构：

$$Z_n\otimes_Z G\cong G/nG,$$

这里 $Z_n=Z/\langle n\rangle=Z/nZ$。

证明 令

$$f_r\text{：}R\to R,\quad r'\mapsto rr'\text{。}$$

显然 $\mathrm{Im}\,f_r=rR$，于是有正合列：

$$R\xrightarrow{f_r}R\xrightarrow{\pi}R/rR\longrightarrow 0\text{。}$$

由定理2-4-3知 $-\otimes_R M$ 是正变右正合函子，所以有正合列：

$$R\otimes_R M\xrightarrow{f_r\otimes 1}R\otimes_R M\xrightarrow{\pi\otimes 1}(R/rR)\otimes_R M\longrightarrow 0\text{。}\tag{3-4-1}$$

令

$$g: M \to M,\quad m \mapsto rm,$$

则 $\operatorname{Im} g_r = rM$，于是有正合列：

$$M \xrightarrow{g_r} M \xrightarrow{\pi} M/rM \longrightarrow 0。\tag{3-4-2}$$

根据定理2-2-9有同构映射：

$$\varphi: R \otimes_R M \to M,\quad r' \otimes m \mapsto r'm。$$

有

$$\varphi(f_r \otimes 1)(r' \otimes m) = \varphi(rr' \otimes m) = rr'm,$$

$$g_r \varphi(r' \otimes m) = g_r(r'm) = rr'm,$$

所以可得

$$\varphi(f_r \otimes 1) = g_r \varphi。\tag{3-4-3}$$

令

$$\psi: (R/rR) \otimes_R M \to M/rM,\quad (r' + rR) \otimes_R m \mapsto r'm + rM。$$

需验证上式与代表元 r' 的选取无关：设 $r' + rR = r'' + rR$，则 $r' - r'' \in rR$，即有 $r' - r'' = r\tilde{r}$，于是 $r'm - r''m = r\tilde{r}m \in rM$，从而 $r'm + rM = r''m + rM$，即 ψ 的定义与代表元 r' 的选取无关。有

$$\psi(\pi \otimes 1)(r' \otimes m) = \psi\big((r' + \langle r \rangle) \otimes m\big) = r'm + rM,$$

$$\pi' \varphi(r' \otimes m) = \pi'(r'm) = r'm + rM,$$

所以可得

$$\psi(\pi \otimes 1) = \pi' \varphi。\tag{3-4-4}$$

式（3-4-1）至式（3-4-4）合写成行正合的交换图：

$$\begin{array}{ccccccc}
R \otimes_R M & \xrightarrow{f_r \otimes 1} & R \otimes_R M & \xrightarrow{\pi \otimes 1} & R/\langle r \rangle \otimes_R M & \longrightarrow & 0 \\
\varphi \downarrow & & \downarrow \varphi & & \downarrow \psi & & \\
M & \xrightarrow{g_r} & M & \xrightarrow{\pi'} & M/rM & \longrightarrow & 0
\end{array}。$$

由引理1-7-2a（3）知 ψ 是同构。证毕。

定理3-4-1　Watts定理　设 $F: \mathcal{M}_R \to b$ 是正变右正合加法函子，且保持直和：

$$F\Big(\bigoplus_{i \in I} A_i\Big) = \bigoplus_{i \in I} F(A_i),$$

那么存在左 R-模：

$$B = F(R),$$

使得有自然等价（定义1-9-1）：

$$F \cong - \otimes_R B。$$

证明　设 M 是任意右 R-模。对于 $m \in M$，定义右 R-模同态：

$$\psi_m^M: R \to M,\ r \mapsto mr, \tag{3-4-5}$$

易验证（注意有 $\psi_r^R: R \to R$）

$$\psi_{m+m'}^M = \psi_m^M + \psi_{m'}^M, \tag{3-4-6}$$

$$\psi_m^M \psi_r^R = \psi_{mr}^M, \tag{3-4-7}$$

$$\psi_1^R = 1_R。 \tag{3-4-8}$$

由 F 定义知 $B = F(R)$ 是 Abel 群，可以在 B 上定义左 R-模结构。有群同态 $F\left(\psi_r^R\right): B \to B$，令

$$R \times B \to B,\ (r,\ x) \mapsto rx = F\left(\psi_r^R\right)(x), \tag{3-4-9}$$

验证符合定义2-1-1：

$$r(x_1 + x_2) = F\left(\psi_r^R\right)(x_1 + x_2) = F\left(\psi_r^R\right)(x_1) + F\left(\psi_r^R\right)(x_2) = rx_1 + rx_2,$$

$$(r_1 + r_2)x = F\left(\psi_{r_1+r_2}^R\right)(x)\ \text{[利用式（3-4-6）]} = F\left(\psi_{r_1}^R + \psi_{r_2}^R\right)(x)\ (F\text{是加法函子})$$

$$= \left(F\left(\psi_{r_1}^R\right) + F\left(\psi_{r_2}^R\right)\right)(x) = F\left(\psi_{r_1}^R\right)(x) + F\left(\psi_{r_2}^R\right)(x) = r_1x + r_2x,$$

$$(r_1r_2)x = F\left(\psi_{r_1r_2}^R\right)(x)\ \text{[利用式（3-4-7）]} = F\left(\psi_{r_1}^R\psi_{r_2}^R\right)(x)\ (F\text{是正变函子})$$

$$= F\left(\psi_{r_1}^R\right)F\left(\psi_{r_2}^R\right)(x) = r_1(r_2x),$$

$$1 \cdot x = F\left(\psi_1^R\right)(x)\ \text{[利用式（3-4-8）]} = F(1_R)(x)\ \text{[定义1-8-1（3）]} = 1_B(x) = x。$$

这表明 B 是左 R-模。

有群同态 $F\left(\psi_m^M\right): B \to FM$，令

$$f_M: M \times B \to F(M),\ (m,\ x) \mapsto F\left(\psi_m^M\right)(x), \tag{3-4-10}$$

有

$$f_M(m + m',\ x) = F\left(\psi_{m+m'}^M\right)(x)\ \text{[利用式（3-4-6）]}$$

$$= F\left(\psi_m^M + \psi_{m'}^M\right)(x)\ (F\text{是加法函子}) = \left(F\left(\psi_m^M\right) + F\left(\psi_{m'}^M\right)\right)(x)$$

$$= F\left(\psi_m^M\right)(x) + F\left(\psi_{m'}^M\right)(x) = f_M(m,\ x) + f_M(m',\ x),$$

$$f_M(m,\ x + x') = F\left(\psi_m^M\right)(x + x') = F\left(\psi_m^M\right)(x) + F\left(\psi_m^M\right)(x') = f_M(m,\ x) + f_M(m,\ x'),$$

$$f_M(m,\ rx) = F\left(\psi_m^M\right)(rx)\ \text{[根据式（3-4-9）]} = F\left(\psi_m^M\right)F\left(\psi_r^R\right)(x)\ \ (F\text{是正变函子})$$

$$= F\left(\psi_m^M\psi_r^R\right)(x)\ \text{[利用式（3-4-7）]} = F\left(\psi_{mr}^M\right)(x) = f_M(mr,\ x),$$

说明 f_M 是 R-双加映射（定义2-2-4）。根据定义2-2-5（张量积）可知，存在唯一的群同态

$$\tau_M:\ M\otimes_R B\to FM,$$

使得

$$f_M=\tau_M t,\ 即\ \begin{array}{ccc} M\times B & \xrightarrow{t} & M\otimes_R B \\ {\scriptstyle f_M}\downarrow & \swarrow{\scriptstyle \tau_M} & \\ FM & & \end{array},$$

即

$$\tau_M(m\otimes x)=f_M(m,\ x)=F\left(\psi_m^M\right)(x)。\tag{3-4-11}$$

对于∀右R-模同态σ：$M\to N$，$\forall r\in R$，有

$$\sigma\psi_m^M(r)=\sigma(mr)=\sigma(m)r=\psi_{\sigma(m)}^N(r),$$

即

$$\sigma\psi_m^M=\psi_{\sigma(m)}^N。\tag{3-4-12}$$

根据式（3-4-11）及F的正变性有

$$\tau_N(\sigma\otimes 1)(m\otimes x)=\tau_N(\sigma(m)\otimes x)=F\left(\psi_{\sigma(m)}^N\right)(x),$$

$$F(\sigma)\tau_M(m\otimes x)=F(\sigma)F\left(\psi_m^M\right)(x)=F\left(\sigma\psi_m^M\right)(x)。$$

由式（3-4-12）知

$$\tau_N(\sigma\otimes 1)=F(\sigma)\tau_M,$$

即

$$\begin{array}{ccc} M\otimes_R B & \xrightarrow{\sigma\otimes 1} & N\otimes_R B \\ {\scriptstyle \tau_M}\downarrow & & \downarrow{\scriptstyle \tau_N} \\ F(M) & \xrightarrow{F(\sigma)} & F(N) \end{array}。\tag{3-4-13}$$

说明$\tau=\{\tau_M\}$：$-\otimes_R B\to F$是自然变换（定义1-9-1）。

由式（3-4-9）和式（3-4-11）可得

$$\tau_R:\ R\otimes_R B\to B,\quad r\otimes x\mapsto\left(F\psi_r^R\right)(x)=rx。$$

由定理2-2-9中的式（2-2-18）知τ_R：$R\otimes_R B\to FR=B$是同构。

设$M=\bigoplus\limits_{i\in I}R$是自由模［注（定义3-1-3）(2)］。对于$(r_i)_{i\in I}\in M=\bigoplus\limits_{i\in I}R$，式（3-4-5）为

$$\psi_{(r_i)_{i\in I}}^M:\ R\to M,\quad r\mapsto(r_ir)_{i\in I},$$

其中

$$(r_ir)_{i\in I}=\sum_{i\in I}\lambda_i(r_ir)=\sum_{i\in I}\lambda_i\psi_{r_i}^R(r),$$

其中，λ_i：$R\to M=\bigoplus\limits_{i\in I}R$是入射，上式中的求和项是有限和。这表明$\psi_{(r_i)_{i\in I}}^M$可以写成

$$\psi^M_{(r_i)_{i\in I}} = \sum_{i\in I}\lambda_i\psi^R_{r_i}。$$

由于 F 是正变加性函子，所以可得

$$F\left(\psi^M_{(r_i)_{i\in I}}\right) = F\left(\sum_{i\in I}\lambda_i\psi^R_{r_i}\right) = \sum_{i\in I}F\left(\lambda_i\psi^R_{r_i}\right) = \sum_{i\in I}F(\lambda_i)F\left(\psi^R_{r_i}\right)。$$

式（3-4-11）可写为

$$\tau_M\left((r_i)_{i\in I}\otimes x\right) = F\left(\psi^M_{(r_i)_{i\in I}}\right)(x) = \sum_{i\in I}F(\lambda_i)F\left(\psi^R_{r_i}\right)(x) = \sum_{i\in I}F(\lambda_i)\tau_R(r_i\otimes x)。$$

由于 F 保持直和，即 $\left\{F\left(\bigoplus_{i\in I}A_i\right),\ F(\lambda_i)\right\} = \bigoplus_{i\in I}F(A_i)$，所以 $F(\lambda_i)$：$F(A_i)\to\bigoplus_{i\in I}F(A_i)$ 是入射（严格来说，$F(\lambda_i)$ 与入射差一同构，但只要把同构的对象视为相等，那么 $F(\lambda_i)$ 就能视为入射），所以 $\sum_{i\in I}F(\lambda_i)\tau_R(r_i\otimes x) = \left(\tau_R(r_i\otimes x)\right)_{i\in I}$，即

$$\tau_M\left((r_i)_{i\in I}\otimes x\right) = \left(\tau_R(r_i\otimes x)\right)_{i\in I}。$$

根据定理2-3-4′中的同构［式（2-3-18′）］，将 $(r_i)_{i\in I}\otimes x$ 与 $(r_i\otimes x)_{i\in I}$ 等同，则上式可写为

$$\tau_M:\ \bigoplus_{i\in I}(R\otimes_R B)\to\bigoplus_{i\in I}B,\quad (r_i\otimes x)_{i\in I}\mapsto\left(\tau_R(r_i\otimes x)\right)_{i\in I}。$$

由于 τ_R 是同构，所以 τ_M 也是同构。

对于一般的右 R-模 M，根据定理3-1-6可知，有正合列：

$$P\xrightarrow{\sigma}Q\xrightarrow{\tau}M\longrightarrow 0,$$

其中，P，Q 是自由模。由于 $-\otimes_R B$ 是正变右正合函子（定理2-4-3），所以有正合列：

$$P\otimes_R B\xrightarrow{\sigma\otimes 1}Q\otimes_R B\xrightarrow{\tau\otimes 1}M\otimes_R B\longrightarrow 0。$$

由于 F 是正变右正合函子，所以有正合列：

$$FP\xrightarrow{F\sigma}FQ\xrightarrow{F\tau}FM\longrightarrow 0。$$

根据式（3-4-13）有行正合的交换图：

$$\begin{array}{ccccccc}
P\otimes_R B & \xrightarrow{\sigma\otimes 1} & Q\otimes_R B & \xrightarrow{\tau\otimes 1} & M\otimes_R B & \longrightarrow & 0\\
\downarrow{\scriptstyle\tau_P} & & \downarrow{\scriptstyle\tau_Q} & & \downarrow{\scriptstyle\tau_M} & & \\
FP & \xrightarrow{F\sigma} & FQ & \xrightarrow{F\tau} & FM & \longrightarrow & 0
\end{array}。$$

根据前面的结论，τ_P 和 τ_Q 都是同构，所以 τ_M 是同构［引理1-7-2a（3）］。证毕。

定理3-4-2 设 F：$\mathcal{M}_R\to\mathcal{A}b$ 是正变加法函子，则下面的条件等价。

（1）F 保持正向极限。

（2）F 右正合，且保持直和。

（3）存在左R-模B，使得$F\cong -\otimes_R B$。

（4）存在函子G：$\mathcal{A}b\to\mathcal{M}_R$，使得$(F, G)$相伴。

证明　（1）⇒（2）：根据命题2-6-16，设I是离散小范畴，则$\bigoplus\limits_{i\in I}A_i=\varinjlim A_i$，$\bigoplus\limits_{i\in I}F(A_i)=\varinjlim F(A_i)$。由于$F$保持正向极限，所以$F$保持直和。

设有$\mathcal{M}_R$中的正合列：

$$A\xrightarrow{f}B\xrightarrow{g}C\longrightarrow 0。$$

由于g满，所以$\operatorname{Coker}g=0$。由命题1-8-4可得$F(\operatorname{Coker}g)=0$。根据命题2-6-15可知，余核是正向极限，所以$F$保持余核，从而

$$\operatorname{Coker}F(g)=F(\operatorname{Coker}g)=0。$$

说明$F(g)$满。根据正合性有

$$C\cong B/\ker g=B/\operatorname{Im}f=\operatorname{Coker}f,$$

所以可得（命题1-8-5）

$$FC\cong F\operatorname{Coker}f=\operatorname{Coker}Ff。$$

由命题2-1-15′知有正合列

$$FA\xrightarrow{Ff}FB\xrightarrow{Fg}FC\longrightarrow 0。$$

（2）⇒（3）：定理3-4-1。

（3）⇒（4）：记$G=\operatorname{Hom}_Z(B, -)$，由命题2-2-16知$G$是$\mathcal{A}\mathrm{b}\to\mathcal{M}_R$的函子。根据定理2-5-2（2）可知，$(-\otimes_R B, G)$是一对伴随函子。由命题2-5-1知$(F, G)$相伴。

（4）⇒（1）：定理2-6-4。证毕。

定理3-4-3　Watts定理　设F：$\mathcal{M}_R\to\mathcal{A}b$是反变左正合加法函子，并且将直和变为直积，即

$$F\Big(\bigoplus_{i\in I}A_i\Big)=\prod_{i\in I}F(A_i),$$

那么存在右R-模：

$$B=F(R),$$

使得有自然等价：

$$F\cong\operatorname{Hom}_R(-, B)。$$

证明　可以在B上定义右R-模结构（定理3-4-1），记

$$\psi_m^M: R\to M,\quad r\mapsto mr\ （这里m\in M）,$$

令

$$B\times R\to B,\ (x,\ r)\mapsto xr=F\left(\psi_r^R\right)(x)。\tag{3-4-14}$$

验证符合定义2-1-1：

$$(x_1+x_2)r=F\left(\psi_r^R\right)(x_1+x_2)=F\left(\psi_r^R\right)(x_1)+F\left(\psi_r^R\right)(x_2)=x_1r+x_2r,$$

$$x(r_1+r_2)=F\left(\psi_{r_1+r_2}^R\right)(x)\ [\text{利用式}（3\text{-}4\text{-}6）]=F\left(\psi_{r_1}^R+\psi_{r_2}^R\right)(x)\ （F\text{是加法函子}）$$

$$=\left(F\left(\psi_{r_1}^R\right)+F\left(\psi_{r_2}^R\right)\right)(x)=F\left(\psi_{r_1}^R\right)(x)+F\left(\psi_{r_2}^R\right)(x)=xr_1+xr_2,$$

$$x(r_1r_2)=F\left(\psi_{r_1r_2}^R\right)(x)\ [\text{利用式}（3\text{-}4\text{-}7）]=F\left(\psi_{r_1}^R\psi_{r_2}^R\right)(x)\ （F\text{是反变函子}）$$

$$=F\left(\psi_{r_2}^R\right)F\left(\psi_{r_1}^R\right)(x)=(xr_1)r_2,$$

$$x\cdot 1=F\left(\psi_1^R\right)(x)\ [\text{利用式}（3\text{-}4\text{-}8）]=F(1_R)(x)\ [\text{定义}1\text{-}8\text{-}2（3）]=1_B(x)=x,$$

表明 B 是右 R-模。

对于任意右 R-模 M，有同态 $F\left(\psi_m^M\right)$：$F(M)\to B$，对于任意 $x\in F(M)$，令

$$f_x^M:\ M\to B,\ m\mapsto F\left(\psi_m^M\right)(x)。\tag{3-4-15}$$

有

$$f_x^M(m+m')=F\left(\psi_{m+m'}^M\right)(x)=\left(F\left(\psi_m^M\right)+F\left(\psi_{m'}^M\right)\right)(x)=F\left(\psi_m^M\right)(x)+F\left(\psi_{m'}^M\right)(x)=f_x^M(m)+f_x^M(m'),$$

$$f_x^M(mr)=F\left(\psi_{mr}^M\right)(x)=F\left(\psi_m^M\psi_r^R\right)(x)=F\left(\psi_r^R\right)F\left(\psi_m^M\right)(x)=F\left(\psi_r^R\right)f_x^M(m)=f_x^M(m)r,$$

表明 f_x^M 是右 R-模同态，即 $f_x^M\in\mathrm{Hom}_R(M,\ B)$。令

$$\tau_M:\ F(M)\to\mathrm{Hom}_R(M,\ B),\ x\mapsto f_x^M,\tag{3-4-16}$$

有

$$f_{x+x'}^M(m)=F\left(\psi_m^M\right)(x+x')=F\left(\psi_m^M\right)(x)+F\left(\psi_m^M\right)(x')=f_x^M(m)+f_{x'}^M(m),$$

即 $f_{x+x'}^M=f_x^M+f_{x'}^M$，也就是 $\tau_M(x+x')=\tau_M(x)+\tau_M(x')$，表明 τ_M 是群同态。

对于 $\forall$ 右 R-模同态 σ：$N\to M$，设 $r\in R$，$n\in N$，则有

$$\psi_{\sigma(n)}^M(r)=\sigma(n)r=\sigma(nr)=\sigma\psi_n^N(r),$$

即

$$\psi_{\sigma(n)}^M=\sigma\psi_n^N。\tag{3-4-17}$$

对于 $\forall x\in FM$，由式（3-4-16）有

$$\tau_NF(\sigma)(x)=f_{(F\sigma)(x)}^N,$$

$$\sigma^*\tau_M(x)=f_x^M\sigma。$$

对于 $\forall n\in N$，根据式（3-4-15）有

$$f^N_{(F\sigma)(x)}(n)=F\left(\psi^N_n\right)F(\sigma)(x)=F\left(\sigma\psi^N_n\right)(x),$$

$$f^M_x\sigma(n)=F\left(\psi^M_{\sigma(n)}\right)(x)。$$

由以上两式及式（3-4-17）知 $f^N_{(F\sigma)(x)}=f^M_x\sigma$，即

$$\tau_N F(\sigma)=\sigma^*\tau_M,$$

即

$$\begin{array}{ccc} F(M) & \xrightarrow{F(\sigma)} & F(N) \\ \tau_M\downarrow & & \downarrow\tau_N \\ \mathrm{Hom}_R(M,\ B) & \xrightarrow{\sigma^*} & \mathrm{Hom}_R(N,\ B) \end{array}, \tag{3-4-18}$$

说明 $\tau=\{\tau_M\}$：$F\rightarrow\mathrm{Hom}_R(-,\ B)$ 是自然变换。

取 $M=R$，则式（3-4-16）为

$$\tau_R:\ B\rightarrow\mathrm{Hom}_R(R,\ B),\quad x\mapsto f^R_x。$$

由式（3-4-14）和式（3-4-15）可得

$$f^R_x:\ R\rightarrow B,\quad r\mapsto F\left(\psi^R_r\right)(x)=xr。$$

由定理2-2-1知 τ_R 是同构。

取 $M=\bigoplus\limits_{i\in I}R$ 是自由模［注（定义3-1-3）（2）］。设 $(r_i)_{i\in I}\in\bigoplus\limits_{i\in I}R$，则

$$\psi^M_{(r_i)_{i\in I}}:\ R\rightarrow M,\quad r\mapsto(r_ir)_{i\in I},$$

所以可得

$$\psi^M_{(r_i)_{i\in I}}=\sum_{i\in I}\lambda_i\psi^R_{r_i}, \tag{3-4-19}$$

其中，λ_i：$R\rightarrow M=\bigoplus\limits_{i\in I}R$ 是入射，上式是有限和。对于 $x\in F(M)=\prod\limits_{i\in I}B$，由式（3-4-15）可得

$$f^M_x\left((r_i)_{i\in I}\right)=F\left(\psi^M_{(r_i)_{i\in I}}\right)(x)=F\left(\sum_{i\in I}\lambda_i\psi^R_{r_i}\right)(x)=\left(\sum_{i\in I}F\left(\psi^R_{r_i}\right)F\left(\lambda_i\right)\right)(x)。$$

由于 $\prod\limits_{i\in I}B=\prod\limits_{i\in I}F(R)=\left\{F(M),\ F\left(\lambda_i\right)\right\}$，实际上 $F\left(\lambda_i\right)$：$F(M)\rightarrow B$ 就是投射（严格来说，$F(\lambda_i)$ 与投射差一个同构，但只要将同构的对象视为相等，那么 $F(\lambda_i)$ 就是投射），记 $x=\left(x_i\right)_{i\in I}$（其中，$x_i\in B$），则 $F(\lambda_i)(x)=x_i$，于是

$$f^M_{(x_i)_{i\in I}}\left((r_i)_{i\in I}\right)=\sum_{i\in I}F\left(\psi^R_{r_i}\right)(x_i)=\sum_{i\in I}f^R_{x_i}(r_i)=\sum_{i\in I}\tau_R(x_i)(r_i), \tag{3-4-20}$$

这里求和式取遍 r_i 的非零值。式（3-4-16）可写为

$$\tau_M:\ F(M)\rightarrow\mathrm{Hom}_R(M,\ B),\quad (x_i)_{i\in I}\mapsto f^M_{(x_i)_{i\in I}}。$$

根据定理2-3-3′中的式（2-3-11）有同构：

$$\sigma: \mathrm{Hom}_R(M, B) \to \prod_{i\in I}\mathrm{Hom}_R(R, B), \quad \varphi \mapsto (\varphi\lambda_i)_{i\in I},$$

于是

$$\sigma\tau_M\left((x_i)_{i\in I}\right) = \sigma\left(f^M_{(x_i)_{i\in I}}\right) = \left(f^M_{(x_i)_{i\in I}}\lambda_i\right)_{i\in I},$$

根据式（3-4-20）有

$$f^M_{(x_i)_{i\in I}}\lambda_i(r_i) = f^M_{(x_i)_{i\in I}}\left((\cdots, 0, r_i, 0, \cdots)\right) = \tau_R(x_i)(r_i),$$

即

$$f^M_{(x_i)_{i\in I}}\lambda_i = \tau_R(x_i), \tag{3-4-21}$$

所以可得

$$\sigma\tau_M: \prod_{i\in I}B \to \prod_{i\in I}\mathrm{Hom}_R(R, B), \ (x_i)_{i\in I} \mapsto \left(\tau_R(x_i)\right)_{i\in I}。 \tag{3-4-22}$$

由于τ_R是同构，所以$\sigma\tau_M$是同构，从而τ_M是同构。

对于一般的右R-模M，根据定理3-1-16可知，有正合列：

$$P \xrightarrow{\sigma} Q \xrightarrow{\tau} M \longrightarrow 0,$$

其中，P，Q是自由模。由于$\mathrm{Hom}_R(-, B)$是反变左正合函子（定理2-4-1），所以有正合列：

$$0 \longrightarrow \mathrm{Hom}_R(M, B) \xrightarrow{\tau^*} \mathrm{Hom}_R(Q, B) \xrightarrow{\sigma^*} \mathrm{Hom}_R(P, B)。$$

由于F是反变左正合函子，所以有正合列：

$$0 \longrightarrow F(M) \xrightarrow{F(\tau)} F(Q) \xrightarrow{F(\tau)} F(P)。$$

根据式（3-4-18）有行正合的交换图：

$$\begin{array}{ccccccc}
0 \longrightarrow & F(M) & \xrightarrow{F(\tau)} & F(Q) & \xrightarrow{F(\sigma)} & F(P) & \\
& \downarrow{\scriptstyle \tau_M} & & \downarrow{\scriptstyle \tau_Q} & & \downarrow{\scriptstyle \tau_P} & 。\\
0 \longrightarrow & \mathrm{Hom}_R(M, B) & \xrightarrow{\tau^*} & \mathrm{Hom}_R(Q, B) & \xrightarrow{\sigma^*} & \mathrm{Hom}_R(P, B) &
\end{array}$$

根据前面的结论，τ_P和τ_Q都是同构，所以τ_M是同构［引理1-7-2b（3）］。证毕。

定理3-4-4　Watts定理　设$G: {}_R\mathcal{M} \to \mathcal{Ab}$是正变加法函子，并且保持反向极限，那么存在左$R$-模$B$，使得

$$G \cong \mathrm{Hom}_R(B, -)。$$

定理3-4-5　设$G: {}_R\mathcal{M} \to \mathcal{Ab}$是正变加法函子，则下面条件等价。

（1）G保持反向极限。

（2）存在左R-模B，使得$G\cong \mathrm{Hom}_R(B,\ -)$。

（3）存在正变函子F：$\mathcal{A}b\to{}_R\mathcal{M}$，使得$(F,\ G)$相伴。

定义3-4-1　余生成模　余生成群　设C是左R-模。如果对任意左R-模M，任意$m\in M\backslash\{0\}$，存在$f\in \mathrm{Hom}_R(M,\ C)$，使得$f(m)\neq 0$，则称$C$是余生成模。

余生成Z-模称为余生成群。

引理3-4-1　存在余生成内射模。

证明　令

$$B=\bigoplus_{I\in\mathcal{I}}(R/I),$$

其中，$\mathcal{I}$是R的所有理想的集合。由定理3-3-11知有嵌入λ_B：$B\to C$，其中C是内射模。设M是左R-模，$m\in M\backslash\{0\}$，令

$$\lambda'_m:\ \langle m\rangle\to R/\mathrm{Ann}(M),\quad rm\mapsto r+\mathrm{Ann}(M),$$

其中，$\mathrm{Ann}(M)$是M的零化子。上式与r的选取无关：若$rm=r'm$，则$(r-r')m=0$，即$r-r'\in\mathrm{Ann}(M)$，所以$r+\mathrm{Ann}(M)=r'+\mathrm{Ann}(M)$。记$\lambda_a$：$R/\mathrm{Ann}(M)\to B$是入射，令

$$\lambda_m=\lambda_a\lambda'_m:\ \langle m\rangle\to B,$$

记λ: $\langle m\rangle\to M$是嵌入，由于C是内射模，所以有f：$M\to C$，使得

$$\lambda_B\lambda_m=f\lambda,$$

即

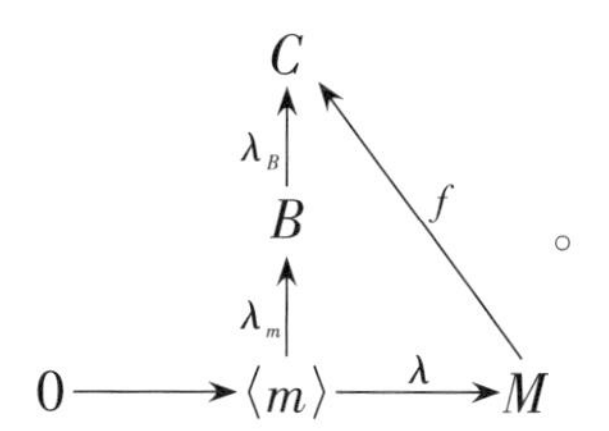

。

有$\lambda'_m(m)=1+\mathrm{Ann}(M)\neq 0$，所以$\lambda_B\lambda_m(m)\neq 0$，从而$f(m)\neq 0$。证毕。

3.5　平坦模

定义3-5-1　平坦模（flat module）　设B是R-模。如果函子$B\otimes_R -$是正合的（也就是$-\otimes_R B$是正合的），则称B是R-平坦模。

命题3-5-1　B是平坦模$\Leftrightarrow$函子$B\otimes_R -$保持单同态。

证明　由定理2-4-3知$B\otimes_R -$是正变右正合函子。由命题1-8-10可知结论成立。证毕。

定理3-5-1　R是R-平坦模。

证明 根据命题3-5-1可知，只需证函子 $R\otimes_R-$ 保持单同态。

设 φ：$M\to N$ 是单同态，则有正合列：

$$0\longrightarrow M\xrightarrow{\varphi}N。$$

由定理2-2-9知有同构［式（2-2-19）］

$$\psi_M:\ M\to R\otimes_R M,\quad m\mapsto 1\otimes m,$$

$$\psi_N:\ N\to R\otimes_R N,\quad n\mapsto 1\otimes n。$$

有

$$\psi_N\varphi(m)=1\otimes\varphi(m),$$

$$(1\otimes\varphi)\psi_M(m)=(1\otimes\varphi)(1\otimes m)=1\otimes\varphi(m),$$

所以可得

$$\psi_N\varphi=(1\otimes\varphi)\psi_M,$$

即有交换图：

$$\begin{array}{ccccc} 0\longrightarrow & M & \xrightarrow{\varphi} & M & \\ & \downarrow{\scriptstyle\psi_M} & & \downarrow{\scriptstyle\psi_N} & 。\\ 0\longrightarrow & R\otimes_R M & \xrightarrow{1\otimes\varphi} & R\otimes_R N & \end{array}$$

由命题2-1-21知上图第二行正合，即 $1\otimes\varphi=(R\otimes_R-)\varphi$ 单。证毕。

定理3-5-2 设 $\{B_i\}_{i\in I}$ 是一族右 R-模，则

$$\bigoplus_{i\in I}B_i\ \text{是平坦模}\Leftrightarrow\text{每个}\ B_i\ (i\in I)\ \text{是平坦模。}$$

证明 设 λ：$M\to N$ 是单同态，则 $0\longrightarrow M\xrightarrow{\lambda}N$ 正合。记同构［见定理2-3-4′中的式（2-3-18′）］

$$\psi_M:\ \Big(\bigoplus_{i\in I}B_i\Big)\otimes_R M\to\bigoplus_{i\in I}(B_i\otimes_R M),\quad (b_i)_{i\in I}\otimes m\mapsto(b_i\otimes m)_{i\in I},$$

$$\psi_N:\ \Big(\bigoplus_{i\in I}B_i\Big)\otimes_R N\to\bigoplus_{i\in I}(B_i\otimes_R N),\quad (b_i)_{i\in I}\otimes n\mapsto(b_i\otimes n)_{i\in I},$$

则

$$\psi_N(1\otimes\lambda)\big((b_i)_{i\in I}\otimes m\big)=\psi_N\big((b_i)_{i\in I}\otimes\lambda(m)\big)=\big(b_i\otimes\lambda(m)\big)_{i\in I},$$

$$\Big(\bigoplus_{i\in I}(1\otimes\lambda)\Big)\psi_M\big((b_i)_{i\in I}\otimes m\big)=\Big(\bigoplus_{i\in I}(1\otimes\lambda)\Big)(b_i\otimes m)_{i\in I}=\big(b_i\otimes\lambda(m)\big)_{i\in I},$$

即

$$\psi_N(1\otimes\lambda)=\Big(\bigoplus_{i\in I}(1\otimes\lambda)\Big)\psi_M。$$

显然 $1\otimes\lambda$ 和 $\bigoplus_{i\in I}(1\otimes\lambda)$ 也是单的，所以有行正合的交换图：

$$\begin{array}{ccccc} 0 \longrightarrow & \left(\bigoplus\limits_{i\in I} B_i\right)\otimes_R M & \xrightarrow{1\otimes\lambda} & \left(\bigoplus\limits_{i\in I} B_i\right)\otimes_R N & \\ & \downarrow \psi_M & & \downarrow \psi_N & 。\\ 0 \longrightarrow & \bigoplus\limits_{i\in I}\left(B_i\otimes_R M\right) & \xrightarrow{\bigoplus\limits_{i\in I}(1\otimes\lambda)} & \bigoplus\limits_{i\in I}\left(B_i\otimes_R N\right) & \end{array}$$

根据命题2-1-21，有

$$\text{第一行正合} \Leftrightarrow \text{第二行正合}。$$

根据命题2-4-3，有

$$\begin{aligned} \text{第二行正合} &\Leftrightarrow \text{每个 } 0 \longrightarrow B_i\otimes_R M \xrightarrow{1\otimes\lambda} B_i\otimes_R N \text{ 正合} \\ &\Leftrightarrow \text{每个 } B_i\otimes_R - \text{保持单同态，} \end{aligned}$$

根据命题3-5-1，有

$$\text{上式} \Leftrightarrow \text{每个 } B_i \text{ 平坦。}$$

同样，有

$$\text{第一行正合} \Leftrightarrow \left(\bigoplus_{i\in I} B_i\right)\otimes_R - \text{保持单同态} \Leftrightarrow \bigoplus_{i\in I} B_i \text{ 平坦。}$$

证毕。

命题3-5-2　自由模是平坦模。

证明　自由模 F 可写成 $F=\bigoplus\limits_{i\in I} R$。由定理3-5-1知 R 平坦，由定理3-5-2知 F 平坦。证毕。

命题3-5-3　投射模是平坦模。

证明　设 P 是投射模，则由定理3-2-4知存在自由模 F 使得 $F=P\oplus Q$。由命题3-5-2知 F 平坦，由定理3-5-2知 P 平坦。证毕。

定理3-5-3　设 $\{M_i,\ \varphi_j^i\}$ 是范畴 ${}_R\mathcal{M}$ 中以正向集 I 为指标的正向系统，那么有

$$\text{每个 } M_i\ (i\in I) \text{ 平坦} \Rightarrow \text{正向极限 } \varinjlim M_i \text{ 平坦。}$$

证明　设 $0\longrightarrow A\xrightarrow{f} B\xrightarrow{g} C\longrightarrow 0$ 是正合列，则有正合列：

$$0\longrightarrow M_i\otimes A\xrightarrow{1\otimes f} M_i\otimes B\xrightarrow{1\otimes g} M_i\otimes C\longrightarrow 0。$$

有

$$\left(\varphi_j^i\otimes 1\right)\left(1\otimes f\right)\left(m_i\otimes a\right)=\left(\varphi_j^i\otimes 1\right)\left(m_i\otimes f(a)\right)=\left(\varphi_j^i(m_i)\otimes f(a)\right),$$

$$\left(1\otimes f\right)\left(\varphi_j^i\otimes 1\right)\left(m_i\otimes a\right)=\left(1\otimes f\right)\left(\varphi_j^i(m_i)\otimes a\right)=\left(\varphi_j^i(m_i)\otimes f(a)\right),$$

即

$$\left(\varphi_j^i\otimes 1\right)\left(1\otimes f\right)=\left(1\otimes f\right)\left(\varphi_j^i\otimes 1\right)。$$

同样，有

$$\left(\varphi_j^i\otimes 1\right)\left(1\otimes g\right)=\left(1\otimes g\right)\left(\varphi_j^i\otimes 1\right),$$

即有行正合的交换图：

$$\begin{array}{ccccccccc} 0 & \longrightarrow & M_j \otimes A & \xrightarrow{1\otimes f} & M_i \otimes B & \xrightarrow{1\otimes g} & M_i \otimes C & \longrightarrow & 0 \\ & & \downarrow{\scriptstyle \varphi_j^i\otimes 1} & & \downarrow{\scriptstyle \varphi_j^i\otimes 1} & & \downarrow{\scriptstyle \varphi_j^i\otimes 1} & & \\ 0 & \longrightarrow & M_j \otimes A & \xrightarrow{1\otimes f} & M_j \otimes B & \xrightarrow{1\otimes g} & M_j \otimes C & \longrightarrow & 0 \end{array}$$ 。

记与 $\varinjlim(M_i \otimes A)$ 对应的态射族为 $\{\alpha_{iA}^{\otimes}\}$，根据命题2-6-8有

$$\overline{1 \otimes f}\text{: } \varinjlim(M_i \otimes A) \to \varinjlim(M_i \otimes B),\ \alpha_{iA}^{\otimes}(m_i \otimes a) \mapsto \alpha_{iB}^{\otimes}(m_i \otimes f(a)),$$

$$\overline{1 \otimes g}\text{: } \varinjlim(M_i \otimes B) \to \varinjlim(M_i \otimes C),\ \alpha_{iB}^{\otimes}(m_i \otimes b) \mapsto \alpha_{iC}^{\otimes}(m_i \otimes g(b))。\quad (3\text{-}5\text{-}1)$$

根据定理2-6-3，有正合列：

$$0 \longrightarrow \varinjlim(M_i \otimes A) \xrightarrow{\overline{1\otimes f}} \varinjlim(M_i \otimes B) \xrightarrow{\overline{1\otimes g}} \varinjlim(M_i \otimes C) \to 0。$$

根据命题2-6-18，有同构：

$$\psi_A\text{: } \varinjlim(M_i \otimes A) \to (\varinjlim M_i) \otimes A,\ \alpha_{iA}^{\otimes}(m_i \otimes a) \mapsto \alpha_{iA}(m_i) \otimes a, \quad (3\text{-}5\text{-}2)$$

其中，$\{\alpha_{iA}\}$ 是 $\varinjlim M_i$ 对应的同态族。由式（3-5-1）和式（3-5-2）可得

$$\psi_B(\overline{1 \otimes f})(\alpha_{iA}^{\otimes}(m_i \otimes a)) = \psi_B(\alpha_{iB}^{\otimes}(m_i \otimes f(a))) = \alpha_{iB}(m_i) \otimes f(a),$$

$$(1 \otimes f)\psi_A(\alpha_{iA}^{\otimes}(m_i \otimes a)) = (1 \otimes f)(\alpha_{iA}(m_i) \otimes a) = \alpha_{iB}(m_i) \otimes f(a),$$

即

$$\psi_B(\overline{1 \otimes f}) = (1 \otimes f)\psi_A。$$

同样，有

$$\psi_C(\overline{1 \otimes g}) = (1 \otimes g)\psi_B,$$

即有交换图：。

$$\begin{array}{ccccccccc} 0 & \longrightarrow & \varinjlim(M_i \otimes A) & \xrightarrow{\overline{1\otimes f}} & \varinjlim(M_i \otimes B) & \xrightarrow{\overline{1\otimes g}} & \varinjlim(M_i \otimes C) & \longrightarrow & 0 \\ & & \downarrow{\scriptstyle \psi_A} & & \downarrow{\scriptstyle \psi_B} & & \downarrow{\scriptstyle \psi_C} & & \\ 0 & \longrightarrow & (\varinjlim M_i) \otimes A & \xrightarrow{1\otimes f} & (\varinjlim M_i) \otimes B & \xrightarrow{1\otimes g} & (\varinjlim M_i) \otimes C & \longrightarrow & 0 \end{array}$$ 。

上图第一行正合，由命题2-1-21知第二行正合，表明 $\varinjlim M_i$ 平坦。证毕。

命题3-5-4 如果 R 是整环，那么它的分式域 Q 是 R-平坦模。

证明 根据命题2-6-19，$Q \cong \varinjlim_{r \in R^*} \left\langle \frac{1}{r} \right\rangle$。显然，$\left\langle \frac{1}{r} \right\rangle \cong R$，所以是平坦模（定理3-5-1），由定理3-5-3知 Q 是平坦模。证毕。

命题3-5-5 如果 B 的每个有限生成子模是平坦模，那么 B 是平坦模。

证明 由命题2-6-20有 $B = \varinjlim B_i$，其中 $\{B_i\}_{i \in I}$ 是 B 的所有有限生成子模。由定理3-5-3知 B 是平坦模。证毕。

引理3-5-1 设有 R-模正合列：

$$0 \longrightarrow A \xrightarrow{f} B \xrightarrow{g} C \longrightarrow 0。$$

若C是平坦模，则对于任意R-模M，有正合列：

$$0 \longrightarrow A \otimes M \xrightarrow{f \otimes 1_M} B \otimes M \xrightarrow{g \otimes 1_M} C \otimes M \longrightarrow 0。$$

证明　由于张量积函子右正合（定理2-4-3），所以有正合列：

$$A \otimes M \xrightarrow{f \otimes 1_M} B \otimes M \xrightarrow{g \otimes 1_M} C \otimes M \longrightarrow 0。$$

只需证明$0 \longrightarrow A \otimes M \xrightarrow{f \otimes 1_M} B \otimes M$的正合性。

根据定理3-1-3′，有正合列：

$$0 \longrightarrow K \xrightarrow{i} L \xrightarrow{\pi} M \longrightarrow 0,$$

其中，L是自由模，$K = \ker \pi$，i：$K \to L$是包含同态。易验证有交换图：

$$\begin{array}{ccccccccc}
 & & & & & & 0 & & \\
 & & & & & & \downarrow & & \\
 & & A \otimes K & \xrightarrow{f \otimes 1_K} & B \otimes K & \xrightarrow{g \otimes 1_K} & C \otimes K & \longrightarrow & 0 \\
 & & \downarrow{\scriptstyle 1_A \otimes i} & & \downarrow{\scriptstyle 1_B \otimes i} & & \downarrow{\scriptstyle 1_C \otimes i} & & \\
0 & \longrightarrow & A \otimes L & \xrightarrow{f \otimes 1_L} & B \otimes L & \xrightarrow{g \otimes 1_L} & C \otimes L & & \\
 & & \downarrow{\scriptstyle 1_A \otimes \pi} & & \downarrow{\scriptstyle 1_B \otimes \pi} & & & & \\
 & & A \otimes M & \xrightarrow{f \otimes 1_M} & B \otimes M & & & & \\
 & & \downarrow & & \downarrow & & & & \\
 & & 0 & & 0 & & & &
\end{array} 。\tag{3-5-3}$$

由于张量积函子右正合（定理2-4-3），所以交换图（3-5-3）第一行、第一列、第二列正合。由于L是平坦模（命题3-5-2），所以交换图（3-5-3）第二行正合。由于C是平坦模，所以交换图（3-5-3）第三列正合。

对于交换图（3-5-3）的第一行与第二行，根据引理2-1-1（蛇引理）可知，有正合列：

$$\ker(1_A \otimes i) \xrightarrow{f \otimes 1_K} \ker(1_B \otimes i) \xrightarrow{g \otimes 1_K} \ker(1_C \otimes i) \xrightarrow{d} \operatorname{Coker}(1_A \otimes i) \xrightarrow{\overline{f \otimes 1_L}}$$

$$\operatorname{Co\,ker}(1_B \otimes i) \xrightarrow{\overline{g \otimes 1_L}} \operatorname{Coker}(1_C \otimes i),$$

这里

$$\overline{f \otimes 1_L}\colon (A \otimes L)/(A \otimes K) \to (B \otimes L)/(B \otimes K),$$

$$a \otimes l + A \otimes K \mapsto f(a) \otimes l + B \otimes K。$$

$\overline{g \otimes 1_L}$类似。由于交换图（3-5-3）第三列正合，所以$1_C \otimes i$是单同态，即$\ker(1_C \otimes i) = 0$，从而有正合列：

$$0 \xrightarrow{d} \operatorname{Coker}(1_A \otimes i) \xrightarrow{\overline{f \otimes 1_L}} \operatorname{Coker}(1_B \otimes i)。\tag{3-5-4}$$

有

$$\operatorname{Im}(1_A\otimes i)=A\otimes K,\quad \operatorname{Im}(1_B\otimes i)=B\otimes K,$$

式（3-5-4）即为

$$0\longrightarrow(A\otimes L)/(A\otimes K)\xrightarrow{\overline{f\otimes 1_L}}(B\otimes L)/(B\otimes K)。$$

由于交换图（3-5-3）的第一列和第二列正合，所以可得

$$\ker(1_A\otimes\pi)=A\otimes K,\quad \ker(1_B\otimes\pi)=B\otimes K。$$

同态 $1_A\otimes\pi$：$A\otimes L\to A\otimes M$ 诱导同构（定理2-1-1）：

$$\bar{\pi}_A:\ (A\otimes L)/(A\otimes K)\to A\otimes M,\quad a\otimes l+A\otimes K\mapsto a\otimes\pi(l),$$

同样有同构：

$$\bar{\pi}_B:\ (B\otimes L)/(B\otimes K)\to B\otimes M,\quad b\otimes l+B\otimes K\mapsto b\otimes\pi(l)。$$

有

$$\bar{\pi}_B\overline{f\otimes 1_L}(a\otimes l+A\otimes K)=\bar{\pi}_B\big(f(a)\otimes l+B\otimes K\big)=f(a)\otimes\pi(l),$$

$$(f\otimes 1_M)\bar{\pi}_A(a\otimes l+A\otimes K)=(f\otimes 1_M)\big(a\otimes\pi(l)\big)=f(a)\otimes\pi(l),$$

即

$$\bar{\pi}_B\overline{f\otimes 1_L}=(f\otimes 1_M)\bar{\pi}_A,$$

有交换图：

$$\begin{array}{ccccc} 0 & \longrightarrow & (A\otimes L)/(A\otimes K) & \xrightarrow{\overline{f\otimes 1_L}} & (B\otimes L)/(B\otimes K) \\ & & \downarrow{\scriptstyle\bar{\pi}_A} & & \downarrow{\scriptstyle\bar{\pi}_B} \\ 0 & \longrightarrow & A\otimes M & \xrightarrow{f\otimes 1_M} & B\otimes M \end{array}。$$

由命题2-1-21知上图第二行正合。证毕。

定理3-5-4 设有R-模正合列：

$$0\longrightarrow A\xrightarrow{f}B\xrightarrow{g}C\longrightarrow 0。$$

若C是平坦模，则

$$A\text{平坦}\Leftrightarrow B\text{平坦}。$$

证明 设α：$E'\to E$是单同态。易验证有交换图：

$$\begin{array}{ccccccccc} 0 & \longrightarrow & A\otimes E' & \xrightarrow{f\otimes 1_{E'}} & B\otimes E' & \xrightarrow{g\otimes 1_{E'}} & C\otimes E' & \longrightarrow & 0 \\ & & \downarrow{\scriptstyle 1_A\otimes\alpha} & & \downarrow{\scriptstyle 1_B\otimes\alpha} & & \downarrow{\scriptstyle 1_C\otimes\alpha} & & \\ 0 & \longrightarrow & A\otimes E & \xrightarrow{f\otimes 1_E} & B\otimes E & \xrightarrow{g\otimes 1_E} & C\otimes E & \longrightarrow & 0 \end{array},$$

由引理3-5-1知上图两行正合。由于C是平坦模，所以$1_C\otimes\alpha$是单同态（命题3-5-1）。

$\Rightarrow$：此时$1_A\otimes\alpha$是单同态（命题3-5-1），由引理1-7-2（1）知$1_B\otimes\alpha$是单同态，

从而 B 平坦。

⇐：此时 $1_B\otimes\alpha$ 是单同态，由引理1-7-2b（2）知 $1_A\otimes\alpha$ 是单同态，从而 A 平坦。证毕。

定理3-5-5

（1）设 A 是 S-R 双模，且为 R-平坦的，B 是左 S-内射模，那么 $\mathrm{Hom}_S(A, B)$ 是内射左 R-模。

（2）设 A 是 R-S 双模，且为 R-平坦的，B 是右 S-内射模，那么 $\mathrm{Hom}_S(A, B)$ 是内射右 R-模。

证明　只证（1）。由命题2-2-8（1）知 $\mathrm{Hom}_S(A, B)$ 是左 R-模。根据命题3-3-1可知，只需证明函子 $\mathrm{Hom}_R(-, \mathrm{Hom}_S(A, B))$ 把单同态映为满同态。

设 f: $M\to N$ 是单的左 R-模同态，由于 A 是平坦右 R-模，所以可得（命题3-5-1）

$$1_A\otimes f:\ A\otimes_R M\to A\otimes_R N$$

是单的左 S-模同态。由于 B 是左 S-内射模，所以可得（命题3-3-1）

$$(1_A\otimes f)^*:\ \mathrm{Hom}_S(A\otimes_R N, B)\to \mathrm{Hom}_S(A\otimes_R M, B)$$

是满同态。由定理2-5-2知 $(A\otimes_R -, \mathrm{Hom}_S(A, -))$ 是一对伴随函子，由定义2-5-1知有交换图：

$$\begin{array}{ccccc}
\mathrm{Hom}_S(A\otimes_R N, B) & \xrightarrow{(1_A\otimes f)^*} & \mathrm{Hom}_S(A\otimes_R M, B) & \longrightarrow & 0 \\
\downarrow{\scriptstyle\tau} & & \downarrow{\scriptstyle\tau'} & & \\
\mathrm{Hom}_R(N, \mathrm{Hom}_S(A, B)) & \xrightarrow{f^*} & \mathrm{Hom}_R(M, \mathrm{Hom}_S(A, B)) & \longrightarrow & 0
\end{array},$$

其中，τ 和 τ' 都是同构。由于 $(1_A\otimes f)^*$ 满，所以上图第一行正合，由命题2-1-21知上图第二行也正合，即 f^* 满，也就是 $\mathrm{Hom}_R(-, \mathrm{Hom}_S(A, B))f$ 满。证毕。

引理3-5-2　Q/Z 是内射余生成群（定义3-4-1）。

证明　由例3-3-1和命题3-3-2知 Q/Z 是可除群，由命题3-3-3知 Q/Z 是内射群。

令 M 是交换群，$m\in M\backslash\{0\}$。定义同态 f: $\langle m\rangle\to Q/Z$ 如下：

$$f(m)=\begin{cases}\dfrac{1}{2}+Z,\ o(m)=\infty\\ \dfrac{1}{n}+Z,\ o(m)=n<\infty\end{cases},$$

这里 $o(m)$ 表示 m 的阶（定义B-11）。当 $o(m)=\infty$ 时，对 $\forall k\in Z\backslash\{0\}$ 都有 $km\neq0$，即 $m\neq(1-k)m$，从而 $f(m)\neq(1-k)f(m)=\dfrac{1-k}{2}+Z$，从而 $f(m)\neq0$。当 $o(m)=n<\infty$ 时（显然 $n\geqslant2$），有 $knm=0$，即 $m=(1-kn)m$，从而 $f(m)=(1-kn)f(m)=\dfrac{1-kn}{n}+Z=$

$\frac{1}{n}+Z\neq 0$。综上所述，有 $f(m)\neq 0$。

设 λ: $\langle m\rangle \to M$ 是包含同态，根据定义3-3-1（内射模）可知，存在同态 $\bar{f}$: $M\to Q/Z$ 使得

$$f=\bar{f}\lambda，即 \quad \begin{array}{ccccc} & & Q/Z & & \\ & & f\uparrow & \nwarrow \bar{f} & \\ 0 & \longrightarrow & \langle m\rangle & \xrightarrow{\lambda} & M \end{array}，$$

显然 $\bar{f}(m)=f(m)\neq 0$，表明 Q/Z 是余生成的（定义3-4-1）。证毕。

注（引理3-5-2） 若 A 是右 R-模，它也是 Z-R 双模，由命题2-2-8（1）知 $\mathrm{Hom}_Z(A，Q/Z)$ 是左 R-模。同样地，若 A 是左 R-模，则 $\mathrm{Hom}_Z(A，Q/Z)$ 是右 R-模。

定义3-5-2 特征模 设 A 是右（左）R-模，则左（右）R-模：

$$A^*=\mathrm{Hom}_Z(A，Q/Z)$$

称为 A 的特征模。

引理3-5-3 R-模列：

$$A\xrightarrow{\alpha}B\xrightarrow{\beta}C$$

是正合列的充分必要条件为特征模列：

$$C^*\xrightarrow{\beta^*}B^*\xrightarrow{\alpha^*}A^*$$

是正合列。

证明 必要性：由于 Q/Z 是内射的（引理3-5-2），所以函子 $\mathrm{Hom}_Z(-，Q/Z)$ 是正合的（定理3-3-1），从而特征模列正合。

充分性：假设 $\mathrm{Im}\,\alpha\not\subseteq\ker\beta$，则有 $a\in A$，使得 $\alpha(a)\notin\ker\beta$，即 $\beta\alpha(a)\in C\backslash\{0\}$。由于 Q/Z 是余生成的（引理3-5-2），由定义3-4-1知存在 $f\in\mathrm{Hom}_Z(C，Q/Z)=C^*$，使得 $f\beta\alpha(a)\neq 0$，从而 $f\beta\alpha\neq 0$，也就是 $\beta^*\alpha^*(f)\neq 0$，这与特征模列正合矛盾，所以 $\mathrm{Im}\,\alpha\subseteq\ker\beta$。

假设 $\ker\beta\not\subseteq\mathrm{Im}\,\alpha$，则有 $b\in\ker\beta$，但 $b\notin\mathrm{Im}\,\alpha$，则 $b+\mathrm{Im}\,\alpha\in(B/\mathrm{Im}\,\alpha)\backslash\{0\}$。由于 Q/Z 是余生成的，由定义3-4-1知存在 g：$B/\mathrm{Im}\,\alpha\to Q/Z$，使得 $g(b+\mathrm{Im}\,\alpha)\neq 0$，也就是

$$g\pi(b)\neq 0, \tag{3-5-5}$$

这里 π：$B\to B/\mathrm{Im}\,\alpha$ 是自然同态。显然有 $\pi\alpha=0$，所以 $\alpha^*(g\pi)=g\pi\alpha=0$，表明 $g\pi\in\ker\alpha^*=\mathrm{Im}\beta^*$，于是有 $h\in C^*$ 使得

$$g\pi=\beta^*(h)=h\beta。$$

由于 $b\in\ker\beta$，所以可得

$$g\pi(b)=h\beta(b)=0。$$

这与式（3-5-5）矛盾，所以 $\ker\beta \subseteq \operatorname{Im}\alpha$。这证明 $\operatorname{Im}\alpha=\ker\beta$。证毕。

定理3-5-6　设 A 是左（右）R-模，$A^*=\operatorname{Hom}_Z(A, Q/Z)$ 是它的特征模，则

$$A\text{ 是左（右）}R\text{-平坦模} \Leftrightarrow A^*\text{ 是右（左）}R\text{-内射模。}$$

证明　不妨设 A 是右 R-模。

$\Rightarrow$：由引理3-5-2知 Q/Z 是内射 Z-模。A 是 Z-R 双模，由定理3-5-5知 A^* 是内射左 R-模。

$\Leftarrow$：设 f: $M\to N$ 是单的左 R-模同态，根据命题3-3-1可知，函子 $\operatorname{Hom}_R(-, A^*)$ 把单同态映为满同态，所以可得

$$f^*：\operatorname{Hom}_R(N, A^*)\to\operatorname{Hom}_R(M, A^*)$$

是满同态。由于 $(A\otimes_R -, \operatorname{Hom}_Z(A, -))$ 是一对伴随函子（定理2-5-2），由定义2-5-1知有交换图：

$$\begin{array}{ccccc}
\operatorname{Hom}_Z(A\otimes_R N, Q/Z) & \xrightarrow{(1_A\otimes f)^*} & \operatorname{Hom}_Z(A\otimes_R M, Q/Z) & \longrightarrow & 0 \\
\tau\downarrow & & \downarrow\tau' & & \\
\operatorname{Hom}_R(N, \operatorname{Hom}_Z(A, Q/Z)) & \xrightarrow{f^*} & \operatorname{Hom}_R(M, \operatorname{Hom}_Z(A, Q/Z)) & \longrightarrow & 0
\end{array},$$

其中，τ 和 τ' 都是同构。上式即为

$$\begin{array}{ccccc}
\operatorname{Hom}_Z(A\otimes_R N, Q/Z) & \xrightarrow{(1_A\otimes f)^*} & \operatorname{Hom}_Z(A\otimes_R M, Q/Z) & \longrightarrow & 0 \\
\tau\downarrow & & \downarrow\tau' & & \\
\operatorname{Hom}_R(N, A^*) & \xrightarrow{f^*} & \operatorname{Hom}_R(M, A^*) & \longrightarrow & 0
\end{array},$$

由于 f^* 满，所以上式第二行正合，由命题2-1-21知上图第一行也正合，即有满同态：

$$(1_A\otimes f)^*：\operatorname{Hom}_Z(A\otimes_R N, Q/Z)\to\operatorname{Hom}_Z(A\otimes_R M, Q/Z)。$$

如果 $1_A\otimes f$: $A\otimes_R M\to A\otimes_R N$ 不是单同态，则 $\ker(1_A\otimes f)\neq 0$，即有

$$x\in(A\otimes_R M)\backslash\{0\}$$

使得

$$(1_A\otimes f)(x)=0。\tag{3-5-6}$$

Q/Z 是余生成群（引理3-5-2），根据定义3-4-1可知，有 $\sigma\in\operatorname{Hom}_Z(A\otimes_R M, Q/Z)$ 使得

$$\sigma(x)\neq 0。\tag{3-5-7}$$

由于 $(1_A\otimes f)^*$ 满，所以有 $\eta\in\operatorname{Hom}_Z(A\otimes_R N, Q/Z)$ 使得

$$\sigma=(1_A\otimes f)^*(\eta)=\eta(1_A\otimes f),$$

由式（3-5-6）知$\sigma(x)=\eta(1_A\otimes f)(x)=0$，这与式（3-5-7）矛盾。所以$1_A\otimes f$：$A\otimes_R M\to A\otimes_R N$是单同态，即函子$A\otimes_R -$保持单同态，从而$A$平坦（命题3-5-1）。证毕。

定理3-5-7 设A是右R-模，如果对于R的每个有限生成左理想I，有

$$1_A\otimes\lambda:\ A\otimes_R I\to A\otimes_R R$$

是单同态（其中，λ：$I\to R$是包含同态），那么A是平坦模。

设A是左R-模，如果对于R的每个有限生成右理想I，有

$$\lambda\otimes 1_A:\ I\otimes_R A\to R\otimes_R A$$

是单同态（其中，λ：$I\to R$是包含同态），那么A是平坦模。

证明 设A是右R-模，I是R的左理想。根据命题2-6-20可知，$I=\varinjlim_{i\in I} I_i$，其中$\{I_i\}_{i\in I}$是$I$的所有有限生成子模，它们当然是$R$的有限生成左理想。根据题设有正合列：

$$0\longrightarrow A\otimes_R I_i\xrightarrow{1_A\otimes\lambda_i}A\otimes_R R,$$

其中，λ_i：$I_i\to R$是包含同态。根据定理2-6-3有正合列：

$$0\longrightarrow\varinjlim(A\otimes_R I_i)\xrightarrow{\overline{1_A\otimes\lambda_i}}A\otimes_R R,$$

其中（命题2-6-8）

$$\overline{1_A\otimes\lambda_i}:\ \varinjlim(A\otimes_R I_i)\to A\otimes_R R,\quad \lambda_i^{\otimes}(a\otimes r_i)\mapsto a\otimes r_i。$$

这里$\lambda_i^{\otimes}$是与正向极限$\varinjlim(A\otimes_R I_i)$对应的同态。根据命题2-6-18有同构：

$$\psi:\ \varinjlim(A\otimes_R I_i)\to A\otimes_R I,\quad \lambda_i^{\otimes}(a\otimes r_i)\mapsto a\otimes r_i。$$

显然有交换图：

$$\begin{array}{ccccc}
0 & \longrightarrow & \varinjlim(A\otimes_R I_i) & \xrightarrow{\overline{1_A\otimes\lambda_i}} & A\otimes_R R\\
 & & \downarrow\psi & & \downarrow 1\\
0 & \longrightarrow & A\otimes_R I & \xrightarrow{1_A\otimes\lambda} & A\otimes_R R
\end{array},$$

上图第一行正合，所以第二行正合（命题2-1-21）。根据引理3-5-3有正合列：

$$(A\otimes_R R)^*\xrightarrow{(1_A\otimes\lambda)^*}(A\otimes_R I)^*\longrightarrow 0。$$

由于$(A\otimes_R -,\ \mathrm{Hom}_Z(A,\ -))$是一对伴随函子（定理2-5-2），由定义2-5-1知有交换图：

$$\begin{array}{ccccc}
\mathrm{Hom}_Z(A\otimes_R R,\ Q/Z) & \xrightarrow{(1_A\otimes\lambda)^*} & \mathrm{Hom}_Z(A\otimes_R I,\ Q/Z) & \longrightarrow & 0\\
\tau\downarrow & & \downarrow\tau' & & \\
\mathrm{Hom}_R(R,\ \mathrm{Hom}_Z(A,\ Q/Z)) & \xrightarrow{\lambda^*} & \mathrm{Hom}_R(I,\ \mathrm{Hom}_Z(A,\ Q/Z)) & \longrightarrow & 0
\end{array},$$

即

$$\begin{array}{ccccc}(A\otimes_R R)^* & \xrightarrow{(1_A\otimes\lambda)^*} & (A\otimes_R I)^* & \longrightarrow & 0\\ \tau\downarrow & & \downarrow\tau' & & \\ \mathrm{Hom}_R(R, A^*) & \xrightarrow{\lambda^*} & \mathrm{Hom}_R(I, A^*) & \longrightarrow & 0\end{array},$$

上图第一行正合，所以第二行正合（命题2-1-21），即 λ^*：$\mathrm{Hom}_R(R, A^*)\to\mathrm{Hom}_R(I, A^*)$ 是满同态。由定理3-3-5′（Baer准则）知 A^* 是内射模，由定理3-5-6知 A 是平坦模。证毕。

命题3-5-6　设 A 是右 R-模，则下列条件等价（其中，λ：$I\to R$ 是包含同态）。

（1）A 是平坦模。

（2）对于 R 的每个左理想 I，$1_A\otimes\lambda$：$A\otimes_R I\to A\otimes_R R$ 是单同态。

（3）对于 R 的每个有限生成左理想 I，$1_A\otimes\lambda$：$A\otimes_R I\to A\otimes_R R$ 是单同态。

设 A 是左 R-模，则下列条件等价（其中 λ：$I\to R$ 是包含同态）。

（1）A 是平坦模。

（2）对于 R 的每个右理想 I，$\lambda\otimes 1_A$：$I\otimes_R A\to R\otimes_R A$ 是单同态。

（3）对于 R 的每个有限生成右理想 I，$\lambda\otimes 1_A$：$I\otimes_R A\to R\otimes_R A$ 是单同态。

证明　（1）$\Rightarrow$（2）：命题3-5-1。

（2）$\Rightarrow$（3）：显然。

（3）$\Rightarrow$（1）：定理3-5-7。证毕。

定理3-5-8　设 A 是右 R-平坦模，I 是 R 的左理想，那么映射：

$$\psi\text{：}A\otimes_R I\to AI,\quad a\otimes r\mapsto ar$$

是同构。

设 A 是左 R-平坦模，I 是 R 的右理想，那么映射

$$\psi\text{：}I\otimes_R A\to IA,\quad r\otimes a\mapsto ra$$

是同构。

证明　设 A 是右 R-平坦模，I 是 R 的左理想，记 λ：$I\to R$ 是包含同态，则由命题3-5-1知

$$I_A\otimes\lambda\text{：}A\otimes_R I\to A\otimes_R R$$

是单同态。根据定理2-2-9有同构［式（2-2-18）］：

$$\varphi\text{：}A\otimes_R R\to A,\quad a\otimes r\mapsto ar。$$

记 λ'：$AI\to A$ 是包含同态，易验证有交换图：

$$\begin{array}{ccc}A\otimes_R I & \xrightarrow{1_A\otimes\lambda} & A\otimes_R R\\ \psi\downarrow & & \downarrow\varphi\\ AI & \xrightarrow{\lambda'} & A\end{array},$$

由命题1-3-8知ψ是单同态。显然ψ是满同态，所以ψ是同构。证毕。

命题3-5-7 设A是右R-模，I是R的左理想，记

$$\psi_I:\ A\otimes_R I\to AI,\quad a\otimes r\mapsto ar。$$

如果对任意有限生成左理想I，ψ_I都是同构，那么对任意左理想I，ψ_I都是同构。

设A是左R-模，I是R的右理想，记

$$\psi_I:\ I\otimes_R A\to IA,\quad r\otimes a\mapsto ra。$$

如果对任意有限生成右理想I，ψ_I都是同构，那么对任意右理想I，ψ_I都是同构。

证明 设A是右R-模。假设有左理想I使得ψ_I不是同构，由于ψ_I是满的，所以ψ_I不单，即$\ker\psi_I\neq 0$，因此存在

$$0\neq x=\sum_{i=1}^{n}a_i\otimes r_i\in A\otimes_R I,$$

使得

$$\psi_I(x)=0。\tag{3-5-8}$$

用I'表示$r_1,\ \cdots,\ r_n$生成的左理想，即

$$I'=\langle r_1,\ \cdots,\ r_n\rangle,$$

则$0\neq x\in A\otimes_R I'$。根据题设，$\psi_{I'}$是同构，所以$\psi_{I'}(x)\neq 0$。有$\psi_I(x)=\psi_{I'}(x)\neq 0$。这与式（3-5-8）矛盾，所以$\psi_I$是同构。证毕。

命题3-5-8 设A是右R-模，I是R的左理想，记

$$\psi_I:\ A\otimes_R I\to AI,\quad a\otimes r\mapsto ar,$$

则下面陈述等价。

（1）A是平坦模。

（2）对R的任意左理想I，ψ_I都是同构。

（3）对R的任意有限生成左理想I，ψ_I都是同构。

设A是左R-模，I是R的右理想，记

$$\psi_I:\ I\otimes_R A\to IA,\quad r\otimes a\mapsto ra,$$

则下面陈述等价。

（1）A是平坦模。

（2）对R的任意右理想I，ψ_I都是同构。

（3）对R的任意有限生成右理想I，ψ_I都是同构。

证明 设A是右R-模，I是R的左理想。

（1）⇒（2）：定理3-5-8。

（2）⇒（3）：显然。

（3）⇒（1）：根据命题3-5-7，对R的任意左理想I，ψ_I都是同构。令

$$\sigma\colon A\otimes_R I\to A,\ a\otimes r\mapsto ar,\tag{3-5-9}$$

显然 $\sigma^{-1}(0)=\psi_I^{-1}(0)$，即 $\ker\sigma=\ker\psi_I=0$，σ 是单同态。由于 Q/Z 是内射群（引理3-5-2），所以 $\mathrm{Hom}_Z(-,\ Q/Z)$ 把单同态变为满同态（命题3-3-1），从而有满同态：

$$\sigma^*\colon \mathrm{Hom}_Z(A,\ Q/Z)\to\mathrm{Hom}_Z(A\otimes_R I,\ Q/Z),\ h\mapsto h\sigma。\tag{3-5-10}$$

根据定理2-5-1可知，有同构：

$$\theta\colon \mathrm{Hom}_Z(A\otimes_R I,\ Q/Z)\to\mathrm{Hom}_R(I,\ \mathrm{Hom}_Z(A,\ Q/Z)),\ f\mapsto\varphi。$$

根据式（2-5-1），上式中的 f 与 φ 满足

$$f(a\otimes r)=\varphi(r)(a)。\tag{3-5-11}$$

$\mathrm{Hom}_Z(A,\ Q/Z)$ 是左 R-模（命题2-2-8），根据定理2-2-1有同构：

$$\tau\colon \mathrm{Hom}_R(R,\ \mathrm{Hom}_Z(A,\ Q/Z))\to\mathrm{Hom}_Z(A,\ Q/Z),$$

$$\psi\mapsto\psi(1)。\tag{3-5-12}$$

根据命题2-2-8可知，对于 $r\in R$，$a\in A$，式（3-5-12）中 $\psi(1)$ 的左 R-模结构为

$$(r\psi(1))(a)=\psi(1)(ar)。\tag{3-5-13}$$

由于 θ，τ 是同构，σ^* 是满同态，所以有满同态（命题1-3-6）：

$$\gamma=\theta\sigma^*\tau\colon \mathrm{Hom}_R(R,\ A^*)\to\mathrm{Hom}_R(I,\ A^*),$$

这里 $A^*=\mathrm{Hom}_Z(A,\ Q/Z)$。任取 $\varphi\in\mathrm{Hom}_R(I,\ A^*)$，有 $\psi\in\mathrm{Hom}_R(R,\ A^*)$，使得

$$\varphi=\gamma(\psi)=\theta\sigma^*\tau(\psi),$$

根据式（3-5-10）和式（3-5-12）有

$$\varphi=\theta(\psi(1)\sigma)。$$

对于 $a\in A$，$r\in I$，根据式（3-5-11）有

$$\psi(1)\sigma(a\otimes r)=\varphi(r)(a)。$$

根据式（3-5-9）和式（3-5-13）有

$$\psi(1)\sigma(a\otimes r)=\psi(1)(ar)=(r\psi(1))(a)=\psi(r)(a)。$$

对比以上两式可得 $\varphi(r)(a)=\psi(r)(a)$，从而

$$\varphi(r)=\psi(r),\quad\forall r\in I,$$

表明 $\varphi\colon I\to A^*$ 能扩张为 $\psi\colon R\to A^*$，由定理3-3-5（Baer准则）知 A^* 是内射模，由定理3-5-6知 A 是平坦模。证毕。

定理3-5-9　设有右 R-模正合列 $0\longrightarrow A\xrightarrow{\lambda}B\xrightarrow{\beta}C\longrightarrow 0$（其中，$\lambda$ 是包含同态），若 B 是平坦模，则下列陈述等价。

（1）C 是平坦模。

（2）对 R 的任意左理想 I，有 $A\cap BI=AI$。

（3）对 R 的任意有限生成左理想 I，有 $A\cap BI=AI$。

设有左 R-模正合列 $0\longrightarrow A\xrightarrow{\lambda}B\xrightarrow{\beta}C\longrightarrow 0$（其中，$\lambda$ 是包含同态），若 B 是平坦模，则下列陈述等价。

（1）C 是平坦模。

（2）对 R 的任意右理想 I，有 $A\cap IB=IA$。

（3）对 R 的任意有限生成左理想 I，有 $A\cap IB=IA$。

证明　设正合列是右 R-模正合列，I 是 R 的左理想。由于函子 $-\otimes_R I$ 右正合（定理2-4-3），所以有正合列：

$$A\otimes_R I\xrightarrow{\lambda\otimes 1_I}B\otimes_R I\xrightarrow{\beta\otimes 1_I}C\otimes_R I\longrightarrow 0。\qquad(3\text{-}5\text{-}14)$$

由于 B 是平坦模，由定理3-5-8知有同构：

$$\psi_I^B：B\otimes_R I\rightarrow BI，\quad b\otimes r\mapsto br。$$

易验证有交换图：

$$\begin{array}{ccc}A\otimes_R I & \xrightarrow{\lambda\otimes 1_I} & B\otimes_R I\\ \psi_I^A\downarrow & & \downarrow\psi_I^B\\ AI & \xrightarrow{\lambda'} & BI\end{array}，$$

所以可得

$$\psi_I^B\big(\mathrm{Im}(\lambda\otimes 1_I)\big)=\psi_I^B(\lambda\otimes 1_I)(A\otimes_R I)=\lambda\psi_I^A(A\otimes_R I)=\lambda(AI)=AI。$$

由命题2-1-7知 $\psi_I^B：B\otimes_R I\rightarrow BI$ 诱导同构：

$$\bar{\psi}：(B\otimes_R I)/\mathrm{Im}(\lambda\otimes 1_I)\rightarrow BI/AI，$$

$$b\otimes r+\mathrm{Im}(\lambda\otimes 1_I)\mapsto br+AI。$$

由式（3-5-14）的正合性与命题2-1-15知有同构：

$$\varphi：(B\otimes_R I)/\mathrm{Im}(\lambda\otimes 1_I)\rightarrow C\otimes_R I，$$

$$b\otimes r+\mathrm{Im}(\lambda\otimes 1_I)\mapsto\beta(b)\otimes r。$$

从而有同构：

$$\gamma=\varphi\bar{\psi}^{-1}：BI/AI\rightarrow C\otimes_R I，$$

$$br+AI\mapsto\beta(b)\otimes r。$$

由于 β 满，所以对于任意 $c\in C$，存在 $b\in B$，使得 $c=\beta(b)$。定义

$$\delta：CI\rightarrow BI/(A\cap BI)，\quad cr\mapsto br+A\cap BI，$$

其中，$c=\beta(b)$。上式与 b 的选取无关：若另有 b' 使得 $c=\beta(b')$，则 $\beta(b'-b)=0$，即 $b'-b\in\ker\beta=\mathrm{Im}\,\lambda$，从而 $b'-b\in A$，因此 $(b'-b)r\in A\cap BI$，即 $b'r+A\cap BI=br+A\cap BI$。显然 δ 满。设 $\beta(b)r\in\ker\delta\subseteq CI$，即 $br\in A\cap BI$，则 $br\in A$，由正合性知 $\beta\lambda(br)=0$，即 $\beta(b)r=0$，表明 $\ker\delta=0$，即 δ 单。因此 δ 是同构。

令

$$\sigma=\delta\psi_I^C\gamma: BI/AI\to BI/(A\cap BI),$$
$$br+AI\mapsto br+A\cap BI。$$

由于δ，γ都是同构，所以可得（命题1-1-4）

$$\sigma\text{是同构}\Leftrightarrow\psi_I^C\text{是同构}。\quad(3-5-15)$$

显然σ满，所以可得

$$\sigma\text{是同构}\Leftrightarrow\ker\sigma=0。\quad(3-5-16)$$

下面证明

$$\ker\sigma=0\Leftrightarrow A\cap BI=AI。\quad(3-5-17)$$

$\Rightarrow$：由$A\subseteq B$可得$AI\subseteq BI$。由于A是R-模，所以$AI\subseteq A$。因此$AI\subseteq A\cap BI$。设$br\in A\cap BI$，则$br+A\cap BI=0$，也就是$\sigma(br+AI)=0$，即$br+AI\in\ker\sigma$，从而$br+AI=0$，也就是$br\in AI$，因此$A\cap BI\subseteq AI$。

$\Leftarrow$：设$br+AI\in\ker\sigma$，即$br+A\cap BI=0$，则$br\in A\cap BI=AI$，于是$br+AI=0$，所以$\ker\sigma=0$。

由式（3-5-15）、式（3-5-16）和式（3-5-17）可得

$$\psi_I^C\text{是同构}\Leftrightarrow A\cap BI=AI。\quad(3-5-18)$$

（1）$\Rightarrow$（2）：由定理3-5-8知ψ_I^C是同构，由式（3-5-18）知$A\cap BI=AI$。

（2）$\Rightarrow$（3）：显然。

（3）$\Rightarrow$（1）：由式（3-5-18）知对R的任意有限生成左理想I，ψ_I^C是同构。由命题3-5-18知C是平坦模。证毕。

命题3-5-9 设B是右R-平坦模，A是B的子模，则下列陈述等价。

（1）B/A是平坦模。

（2）对R的任意左理想I，有$A\cap BI=AI$。

（3）对R的任意有限生成左理想I，有$A\cap BI=AI$。

设B是左R-平坦模，A是B的子模，则下列陈述等价。

（1）B/A是平坦模。

（2）对R的任意右理想I，有$A\cap IB=IA$。

（3）对R的任意有限生成右理想I，有$A\cap IB=IA$。

证明 有正合列$0\longrightarrow A\xrightarrow{\lambda}B\xrightarrow{\pi}B/A\longrightarrow 0$，其中$\lambda$是包含同态，$\pi$是自然同态，由定理3-5-9可得结论。证毕。

引理3-5-4 设有右R-模正合列$0\longrightarrow A\xrightarrow{\lambda}B\longrightarrow C\longrightarrow 0$，其中，$\lambda$是包含同态，$B$是以$\{b_j\}_{j\in J}$为基的自由模，那么有

$$C\text{是平坦模}\Leftrightarrow\left(\text{若}a=\sum_{s=1}^{n}b_{j_s}r_s\in A\text{，则}a\in A\langle r_1,\ \cdots,\ r_n\rangle\right)\text{。}$$

这里$\langle r_1,\ \cdots,\ r_n\rangle$表示由$r_1$，$\cdots$，$r_n$生成的$R$的左理想。

设有左R-模正合列$0\longrightarrow A\xrightarrow{\lambda}B\longrightarrow C\longrightarrow 0$，其中，$\lambda$是包含同态，$B$是以$\{b_j\}_{j\in J}$为基的自由模，那么有

$$C\text{是平坦模}\Leftrightarrow\left(\text{若}a=\sum_{s=1}^{n}b_{j_s}r_s\in A\text{，则}a\in\langle r_1,\ \cdots,\ r_n\rangle A\right)\text{。}$$

这里$\langle r_1,\ \cdots,\ r_n\rangle$表示由$r_1$，$\cdots$，$r_n$生成的$R$的右理想。

证明　设正合列是右R-模正合列。

$\Rightarrow$：记$I=\langle r_1,\ \cdots,\ r_n\rangle$，则$r_s\in I$（$s=1$，$\cdots$，$n$），于是$a\in BI$，从而$a\in A\bigcap BI$，由定理3-5-9知$A\bigcap BI=AI$，所以$a\in AI$。

$\Leftarrow$：设I是R的左理想。由$A\subseteq B$可得$AI\subseteq BI$。由于A是R-模，所以$AI\subseteq A$。因此$AI\subseteq A\bigcap BI$。任取$a=\sum_{s=1}^{n}b_{j_s}r_s\in A\bigcap BI$，则由题设知$a\in A\langle r_1,\ \cdots,\ r_n\rangle$。再由命题3-1-14知$r_s\in I$（$s=1$，$\cdots$，$n$），所以$\langle r_1,\ \cdots,\ r_n\rangle\subseteq I$，从而$a\in AI$，表明$A\bigcap BI\subseteq AI$。因此$A\bigcap BI=AI$。由定理3-5-9知$C$是平坦模。证毕。

定理3-5-10　Villamayor定理　设有正合列$0\longrightarrow A\xrightarrow{\lambda}B\longrightarrow C\longrightarrow 0$（其中，$\lambda$是包含同态），若$B$是自由模，则下列陈述等价。

（1）C是平坦模。

（2）$\forall a\in A$，$\exists$同态θ：$B\to A$，使得$\theta(a)=a$。

（3）$\forall$正整数n，$\forall a_1$，$\cdots$，$a_n\in A$，$\exists$同态θ：$B\to A$，使得$\theta(a_i)=a_i$（$1\leqslant i\leqslant n$）。

证明　设B以$\{b_j\}_{j\in J}$为基。

（1）$\Rightarrow$（2）：设

$$a=\sum_{i=1}^{n}b_{j_i}r_i\in A,\tag{3-5-19}$$

则由引理3-5-4知$a\in A\langle r_1,\ \cdots,\ r_n\rangle$，设

$$a=\sum_t a_t p_t,\quad a_t\in A,\quad p_t\in\langle r_1,\ \cdots,\ r_n\rangle\text{。}$$

设

$$p_t=\sum_{i=1}^{n}q_i^{(t)}r_i,\quad q_i^{(t)}\in R,$$

则

$$a=\sum_t\sum_{i=1}^n a_t q_i^{(t)} r_i=\sum_{i=1}^n a_i' r_i, \tag{3-5-20}$$

其中，$a_i'=\sum_t a_t q_i^{(t)}\in A$。定义同态 θ：$B\to A$ 为（只需定义基上的作用）

$$\theta(b_j)=\begin{cases}a_i',\ j=j_i,\ 1\leqslant i\leqslant n\\ 0,\ 其他 j\end{cases},$$

则由式（3-5-19）和式（3-5-20）知 $\theta(a)=a$。

（2）⇒（1）：设 $a=\sum_{i=1}^n b_{j_i} r_i\in A$，有同态 θ：$B\to A$ 满足 $\theta(a)=a$，则

$$a=\theta(a)=\sum_{i=1}^n \theta(b_{j_i}) r_i\in A\langle r_1,\ \cdots,\ r_n\rangle,$$

由引理3-5-4知 C 是平坦模。

（2）⇒（3）：对 n 使用归纳法。（2）表明 $n=1$ 时成立。假设 $n-1$ 时成立，考察 n 的情况。对于 $a_n\in A$，有 θ_n：$B\to A$，使得

$$\theta_n(a_n)=a_n。$$

对于 a_1，$\cdots$，$a_{n-1}\in A$，令

$$a_i'=a_i-\theta_n(a_i)\in A,\quad 1\leqslant i\leqslant n-1,$$

根据归纳假设，有 θ'：$B\to A$，使得

$$\theta'(a_i')=a_i',\quad 1\leqslant i\leqslant n-1。$$

令

$$\theta:\ B\to A,\quad b\mapsto \theta_n(b)+\theta'(b-\theta_n(b)),$$

易验证

$$\theta(a_i)=a_i,\quad 1\leqslant i\leqslant n。$$

（3）⇒（2）：显然。证毕。

定义3-5-3　有限表示模（finitely presented module）　设 M 是 R-模，若有 R-模正合列：

$$F'\longrightarrow F\longrightarrow M\longrightarrow 0,$$

其中，F'，F 是有限生成自由模（$F\cong R^n$，$F'\cong R^{n'}$），则称 M 是有限表示模（有限相关模）。

命题3-5-10　设 M 是 R-模，则 M 是有限表示模的充分必要条件为有 R-模正合列：

$$0\longrightarrow K\longrightarrow F\longrightarrow M\longrightarrow 0,$$

其中，K 是有限生成模，F 是有限生成自由模。

证明　必要性：根据定义3-5-3有正合列 $F'\xrightarrow{\alpha}F\xrightarrow{\beta}M\longrightarrow 0$，其中 F'，F 是

有限生成自由模。令 $K=\operatorname{Im}\alpha$，由命题2-1-35知 K 是有限生成的。记 λ：$K\to F$ 是包含同态，则 $\operatorname{Im}\lambda=K=\operatorname{Im}\alpha=\ker\beta$，即有正合列 $0\longrightarrow K\xrightarrow{\lambda}F\xrightarrow{\beta}M\longrightarrow 0$。

充分性：记正合列 $0\longrightarrow K\xrightarrow{\lambda}F\xrightarrow{\beta}M\longrightarrow 0$。根据命题3-1-15，有满同态 φ：$F'\to K$，其中 F' 是有限生成自由模。根据命题A-16（3）有 $\operatorname{Im}(\lambda\varphi)=\operatorname{Im}\lambda=\ker\beta$，表明有正合列 $F'\xrightarrow{\lambda\varphi}F\xrightarrow{\beta}M\longrightarrow 0$。证毕。

命题3-5-11 若 I 是 R 的有限生成理想，则 R/I 是有限表示模。

证明 有正合列 $0\longrightarrow I\longrightarrow R\longrightarrow R/I\longrightarrow 0$。由命题3-5-58知 R/I 是有限表示模。证毕。

命题3-5-12 有限表示模 M 是有限生成模。

证明 根据定义3-5-3有正合列 $F\xrightarrow{\beta}M\longrightarrow 0$，其中 F 是有限生成自由模，β 是满同态，由命题2-1-35知 M 是有限生成的。证毕。

命题3-5-13 有限生成投射模 P 是有限表示模。

证明 设 $P=\langle p_1,\cdots,p_n\rangle$，则有以 $\{p_1,\cdots,p_n\}$ 为基的自由模 F（定理3-1-2）。定义 φ：$F\to P$（由基决定）为 $p_i\mapsto p_i$。$\forall p\in P$，设 $p=\sum_{i=1}^{n}r_ip_i$，则

$$\varphi\left(\sum_{i=1}^{n}r_ip_i\right)=\sum_{i=1}^{n}r_i\varphi(p_i)=\sum_{i=1}^{n}r_ip_i=p,$$

表明 φ 满，从而有正合列［命题2-1-19（2）］：

$$0\longrightarrow\ker\varphi\xrightarrow{i}F\xrightarrow{\varphi}P\longrightarrow 0,$$

其中，i 是包含同态。由定理3-2-3知 $F\cong P\oplus\ker\varphi$。由于 F 是有限生成的，所以 $\ker\varphi$ 是有限生成的（命题2-3-18）。由命题3-5-10知 P 是有限表示模。证毕。

命题3-5-14 有限表示平坦模 M 是投射模。

证明 由命题3-5-10知有正合列：

$$0\longrightarrow K\xrightarrow{\lambda}F\longrightarrow M\longrightarrow 0,$$

其中，$K=\langle a_1,\cdots,a_n\rangle$ 是有限生成模，F 是有限生成自由模，λ 是包含同态。根据定理3-5-10可知，有 θ：$F\to K$，使得

$$\theta(a_i)=a_i,\quad 1\leqslant i\leqslant n。$$

对于 $\forall a=\sum_{i=1}^{n}r_ia_i\in K$ 有

$$\theta\lambda(a)=\sum_{i=1}^{n}r_i\theta\lambda(a_i)=\sum_{i=1}^{n}r_i\theta(a_i)=\sum_{i=1}^{n}r_ia_i=a,$$

即 $\theta\lambda=1_K$。由命题1-7-12（2）知上述正合列是可分裂的。由命题3-2-8知 M 是投射

模。证毕。

引理3-5-5　设$A\in \mathrm{Obj}_R\mathcal{M}$，$B\in \mathrm{Obj}_R\mathcal{M}_S$，$C\in \mathrm{Obj}\mathcal{M}_S$，$A$是有限表示模，$C$是内射模，则有自然（群）同构：

$$\mathrm{Hom}_S(B, C)\otimes_R A\cong \mathrm{Hom}_S(\mathrm{Hom}_R(A, B), C),$$

同构映射：

$$\omega: \mathrm{Hom}_S(B, C)\otimes_R A\to \mathrm{Hom}_S(\mathrm{Hom}_R(A, B), C),\quad f\otimes a\mapsto \eta,$$

这里

$$\eta(h)=fh(a),\quad \forall h\in \mathrm{Hom}_R(A, B)。$$

注（引理3-5-5a）　设$A\in \mathrm{Obj}\mathcal{M}_R$，$B\in \mathrm{Obj}_S\mathcal{M}_R$，$C\in \mathrm{Obj}_S\mathcal{M}$，$A$是有限表示模，$C$是内射模，则有自然（群）同构：

$$\omega: A\otimes_R \mathrm{Hom}_S(B, C)\to \mathrm{Hom}_S(\mathrm{Hom}_R(A, B), C),\quad a\otimes f\mapsto \eta,$$

这里

$$\eta(h)=fh(a),\quad \forall h\in \mathrm{Hom}_R(A, B)。$$

证明　由定义3-5-3知有R-模正合列：

$$F_n\xrightarrow{\alpha}F_m\xrightarrow{\beta}A\longrightarrow 0,$$

其中，F_n，F_m是有限生成自由模，即

$$F_n=\bigoplus_{i=1}^{n}R,\quad F_m=\bigoplus_{i=1}^{m}R。$$

由于函子$\mathrm{Hom}_S(B, C)\otimes_R -$右正合（定理2-4-3），所以有正合列：

$$\mathrm{Hom}_S(B, C)\otimes_R F_n\xrightarrow{1\otimes\alpha}\mathrm{Hom}_S(B, C)\otimes_R F_m\xrightarrow{1\otimes\beta}\mathrm{Hom}_S(B, C)\otimes_R A\longrightarrow 0。$$

由于函子$\mathrm{Hom}_R(-, B)$左正合（定理2-4-1），所以有正合列：

$$0\longrightarrow \mathrm{Hom}_R(A, B)\xrightarrow{\beta^*}\mathrm{Hom}_R(F_m, B)\xrightarrow{\alpha^*}\mathrm{Hom}_R(F_n, B),$$

由于C是内射模，所以函子$\mathrm{Hom}_S(-, C)$正合（定理3-3-1），从而有正合列：

$$\mathrm{Hom}_S(\mathrm{Hom}_R(F_n, B), C)\xrightarrow{\alpha^{**}}\mathrm{Hom}_S(\mathrm{Hom}_R(F_m, B), C)\xrightarrow{\beta^{**}}$$
$$\mathrm{Hom}_S(\mathrm{Hom}_R(A, B), C)\longrightarrow 0。$$

由定理2-3-4′知有同构［式（2-3-18）］

$$\psi_n: \mathrm{Hom}_S(B, C)\otimes_R F_n\to \bigoplus_{i=1}^{n}(\mathrm{Hom}_S(B, C)\otimes_R R),$$
$$f\otimes (r_i)_{i=1}^{n}\mapsto (f\otimes r_i)_{i=1}^{n}。\qquad (3\text{-}5\text{-}21)$$

由定理2-2-9知有同构［式（2-2-17）］

$$\varphi_n: \bigoplus_{i=1}^{n}(\mathrm{Hom}_S(B, C)\otimes_R R)\to \bigoplus_{i=1}^{n}\mathrm{Hom}_S(B, C),$$

$$(f \otimes r_i)_{i=1}^{n} \mapsto (fr_i)_{i=1}^{n}。 \tag{3-5-22}$$

由命题2-3-7知有同构：

$$\tau_n: \operatorname{Hom}_S\left(\bigoplus_{i=1}^{n} B, C\right) \to \bigoplus_{i=1}^{n} \operatorname{Hom}_S(B, C),$$

$$\xi \mapsto \left(\xi \lambda_{Bi}^{n}\right)_{i=1}^{n}, \tag{3-5-23}$$

其中入射：

$$\lambda_{Bi}^{n}: B \to \bigoplus_{i=1}^{n} B。$$

由定理2-2-1知有同构：

$$\operatorname{Hom}_R(R, B) \to B, \quad f \mapsto f(1),$$

从而有同构：

$$\sigma_n: \operatorname{Hom}_S\left(\bigoplus_{i=1}^{n} \operatorname{Hom}_R(R, B), C\right) \to \operatorname{Hom}_S\left(\bigoplus_{i=1}^{n} B, C\right), \quad \mu_n \mapsto \xi_n,$$

这里

$$\mu_n\left((f_i)_{i=1}^{n}\right) = \xi_n\left((f_i(1))_{i=1}^{n}\right)。 \tag{3-5-24}$$

由命题2-3-7知有同构：

$$\operatorname{Hom}_R(F_n, B) \to \bigoplus_{i=1}^{n} \operatorname{Hom}_R(R, B), \quad g \mapsto \left(g\lambda_{Ri}^{n}\right)_{i=1}^{n},$$

其中入射：

$$\lambda_{Ri}^{n}: R \to F_n,$$

从而有同构：

$$\gamma_n: \operatorname{Hom}_S\left(\operatorname{Hom}_R(F_n, B), C\right) \to \operatorname{Hom}_S\left(\bigoplus_{i=1}^{n} \operatorname{Hom}_R(R, B), C\right), \quad \eta_n \mapsto \mu_n,$$

这里

$$\eta_n(g) = \mu_n\left(\left(g\lambda_{Ri}^{n}\right)_{i=1}^{n}\right)。 \tag{3-5-25}$$

有同构：

$$\omega_n = \gamma_n^{-1}\sigma_n^{-1}\tau_n^{-1}\varphi_n\psi_n: \operatorname{Hom}_S(B, C) \otimes {}_R F_n \to \operatorname{Hom}_S\left(\operatorname{Hom}_R(F_n, B), C\right)。$$

设

$$f \in \operatorname{Hom}_S(B, C), \quad (r_i)_{i=1}^{n} \in F_n, \quad g \in \operatorname{Hom}_R(F_n, B),$$

记

$$\xi_n = \tau_n^{-1}\varphi_n\psi_n\left(f \otimes (r_i)_{i=1}^{n}\right) \in \operatorname{Hom}_S\left(\bigoplus_{i=1}^{n} B, C\right), \tag{3-5-26}$$

$$\mu_n=\sigma_n^{-1}(\xi_n)\in \mathrm{Hom}_S\left(\bigoplus_{i=1}^{n}\mathrm{Hom}_R(R,\ B),\ C\right),$$

$$\eta_n=\gamma_n^{-1}(\mu_n)=\omega_n\left(f\otimes(r_i)_{i=1}^{n}\right)\in \mathrm{Hom}_S\left(\mathrm{Hom}_R(F_n,\ B),\ C\right),$$

则由式（3-5-24）和式（3-5-25）可得

$$\eta_n(g)=\mu_n\left(\left(g\lambda_{Ri}^{n}\right)_{i=1}^{n}\right)=\xi_n\left(\left(g\lambda_{Ri}^{n}(1)\right)_{i=1}^{n}\right)$$

$$=\sum_{i=1}^{n}\xi_n\lambda_{Bi}^{n}\left(g\lambda_{Ri}^{n}(1)\right)。\tag{3-5-27}$$

由式（3-5-23）可得 $\tau_n(\xi_n)=\left(\xi_n\lambda_{Bi}^{n}\right)_{i=1}^{n}$，代入式（3-5-26）得

$$\left(\xi_n\lambda_{Bi}^{n}\right)_{i=1}^{n}=\varphi_n\psi_n\left(f\otimes(r_i)_{i=1}^{n}\right),$$

由式（3-5-21）和式（3-5-22）可得

$$\xi_n\lambda_{Bi}^{n}=fr_i,\ i=1,\ \cdots,\ n。\tag{3-5-28}$$

由式（3-5-27）和式（3-5-28）得

$$\eta_n(g)=\sum_{i=1}^{n}(fr_i)\left(g\lambda_{Ri}^{n}(1)\right)。\tag{3-5-29}$$

根据 $\mathrm{Hom}_S(B,\ C)$ 的右 R-模结构（命题2-2-8）有

$$(fr_i)\left(g\lambda_{Ri}^{n}(1)\right)=f\left(r_ig\lambda_{Ri}^{n}(1)\right)=fg\lambda_{Ri}^{n}(r_i),$$

所以式（3-5-29）为

$$\eta_n(g)=fg\left(\sum_{i=1}^{n}\lambda_{Ri}^{n}(r_i)\right)=fg\left((r_i)_{i=1}^{n}\right)。$$

上一段可概括为，若

$$\eta_n=\omega_n\left(f\otimes(r_i)_{i=1}^{n}\right),$$

其中，$f\otimes(r_i)_{i=1}^{n}\in \mathrm{Hom}_S(B,\ C)\otimes_R F_n$，则

$$\eta_n(g)=fg\left((r_i)_{i=1}^{n}\right),\ \forall g\in \mathrm{Hom}_R(F_n,\ B)。\tag{3-5-30}$$

记

$$(r'_i)_{i=1}^{m}=\alpha\left((r_i)_{i=1}^{n}\right)\in F_m,$$

记

$$\eta_m=\omega_m\left(f\otimes(r'_i)_{i=1}^{m}\right)=\omega_m(1\otimes\alpha)\left(f\otimes(r_i)_{i=1}^{n}\right)。$$

对于 $\forall g'\in \mathrm{Hom}_R(F_m,\ B)$，由式（3-5-30）有

$$\eta_m(g') = fg'\left((r'_i)_{i=1}^m\right)。 \tag{3-5-31}$$

同时，有

$$\alpha^{**}(\eta_n)(g') = \eta_n\alpha^*(g') = \eta_n(g'\alpha),$$

这里 $g'\alpha \in \mathrm{Hom}_R(F_n, B)$，由式（3-5-30）有

$$\alpha^{**}(\eta_n)(g') = fg'\alpha\left((r_i)_{i=1}^n\right) = fg'\left((r'_i)_{i=1}^m\right)。 \tag{3-5-32}$$

对比式（3-5-31）和式（3-5-32）知

$$\eta_m = \alpha^{**}(\eta_n),$$

也就是

$$\omega_m(1 \otimes \alpha)\left(f \otimes (r_i)_{i=1}^n\right) = \alpha^{**}\omega_n\left(f \otimes (r_i)_{i=1}^n\right),$$

所以可得

$$\omega_m(1 \otimes \alpha) = \alpha^{**}\omega_n,$$

即有交换图：

$$\begin{array}{ccc} \mathrm{Hom}_S(B, C) \otimes_R F_n & \xrightarrow{1 \otimes \alpha} & \mathrm{Hom}_S(B, C) \otimes_R F_m \\ \downarrow{\scriptstyle \omega_n} & & \downarrow{\scriptstyle \omega_m} \\ \mathrm{Hom}_S\left(\mathrm{Hom}_R(F_n, B), C\right) & \xrightarrow{\alpha^{**}} & \mathrm{Hom}_S\left(\mathrm{Hom}_R(F_m, B), C\right) \end{array}。$$

令

$$\omega: \mathrm{Hom}_S(B, C) \otimes_R A \to \mathrm{Hom}_S\left(\mathrm{Hom}_R(A, B), C\right), \quad f \otimes a \mapsto \eta,$$

这里

$$\eta(h) = fh(a), \quad \forall h \in \mathrm{Hom}_R(A, B)。 \tag{3-5-33}$$

设

$$f \otimes (r_i)_{i=1}^m \in \mathrm{Hom}_S(B, C) \otimes_R F_m, \quad a = \beta\left((r_i)_{i=1}^m\right) \in A,$$

记

$$\eta_m = \omega_m\left(f \otimes (r_i)_{i=1}^m\right), \quad \eta = \omega(f \otimes a)。$$

对于 $\forall h \in \mathrm{Hom}_R(A, B)$，有

$$\beta^{**}(\eta_m)(h) = \eta_m\beta^*(h) = \eta_m(h\beta),$$

这里 $h\beta \in \mathrm{Hom}_R(F_m, B)$。由式（3-5-30）得

$$\beta^{**}(\eta_m)(h) = fh\beta\left((r_i)_{i=1}^m\right) = fh(a)。$$

对比上式与式（3–5–33）知

$$\beta^{**}(\eta_m)=\eta,$$

也就是

$$\beta^{**}\omega_m\left(f\otimes(r_i)_{i=1}^m\right)=\omega(f\otimes a)=\omega(1\otimes\beta)\left(f\otimes(r_i)_{i=1}^m\right),$$

所以可得

$$\beta^{**}\omega_m=\omega(1\otimes\beta),$$

即有交换图：

$$\begin{array}{ccc}\mathrm{Hom}_S(B,\ C)\otimes_R F_m & \xrightarrow{1\otimes\beta} & \mathrm{Hom}_S(B,\ C)\otimes_R A\\ \downarrow{\omega_m} & & \downarrow{\omega}\\ \mathrm{Hom}_S(\mathrm{Hom}_R(F_m,\ B),\ C) & \xrightarrow{\beta^{**}} & \mathrm{Hom}_S(\mathrm{Hom}_R(A,\ B),\ C)\end{array}。$$

合并以上两个交换图有

$$\begin{array}{ccccccc}\mathrm{Hom}_S(B,C)\otimes_R F_n & \xrightarrow{1\otimes\alpha} & \mathrm{Hom}_S(B,C)\otimes_R F_m & \xrightarrow{1\otimes\beta} & \mathrm{Hom}_S(B,C)\otimes_R A & \longrightarrow & 0\\ \downarrow{\omega_m} & & \downarrow{\omega} & & & & \\ \mathrm{Hom}_S(\mathrm{Hom}_R(F_n,B),C) & \xrightarrow{\alpha^{**}} & \mathrm{Hom}_S(\mathrm{Hom}_R(F_m,B),C) & \xrightarrow{\beta^{**}} & \mathrm{Hom}_S(\mathrm{Hom}_R(A,B),C) & \longrightarrow & 0\end{array}。$$

前面已说明上图两行正合。由引理1–7–2a知 ω 是同构。证毕。

注（引理3–5–5b） 利用引理3–5–5证明命题3–5–14。

设 M 是有限表示平坦左 R-模。设 α：$A\to B$ 是左 R-模满同态，即有正合列：

$$A\xrightarrow{\alpha}B\longrightarrow 0。$$

由于函子 $\mathrm{Hom}_Z(-,\ Q/Z)$ 左正合（定理2–4–1），所以有正合列：

$$0\longrightarrow\mathrm{Hom}_Z(B,\ Q/Z)\xrightarrow{\alpha^*}\mathrm{Hom}_Z(A,\ Q/Z)。$$

由于 M 是平坦模，所以有正合列：

$$0\longrightarrow\mathrm{Hom}_Z(B,\ Q/Z)\otimes_R M\xrightarrow{\alpha^*\otimes 1}\mathrm{Hom}_Z(A,\ Q/Z)\otimes_R M。$$

根据引理3–5–5有同构：

$$\omega_A:\ \mathrm{Hom}_Z(A,\ Q/Z)\otimes_R M\to\mathrm{Hom}_Z(\mathrm{Hom}_R(M,\ A),\ Q/Z),\quad f\otimes m\mapsto\eta_A,$$

这里

$$\eta_A(h)=fh(m),\ \forall h\in\mathrm{Hom}_R(M,\ A)。\tag{3–5–34}$$

设

$$g\in\mathrm{Hom}_Z(B,\ Q/Z),\quad m\in M,\quad h\in\mathrm{Hom}_R(M,\ A),$$

记

$$\eta_A=\omega_A(\alpha^*\otimes 1)(g\otimes m)=\omega_A(g\alpha\otimes m),$$

则由式（3-5-34）知

$$\eta_A(h)=g\alpha h(m)。\tag{3-5-35}$$

记

$$\alpha_*:\ \mathrm{Hom}_R(M,\ A)\to\mathrm{Hom}_R(M,\ B),$$

$$(\alpha_*)^*:\ \mathrm{Hom}_Z(\mathrm{Hom}_R(M,\ B),\ Q/Z)\to\mathrm{Hom}_Z(\mathrm{Hom}_R(M,\ A),\ Q/Z),$$

记

$$\eta_B=\omega_B(g\otimes m)\in\mathrm{Hom}_Z(\mathrm{Hom}_R(M,\ B),\ Q/Z),$$

则

$$(\alpha_*)^*(\eta_B)(h)=\eta_B\alpha_*(h)=\eta_B(\alpha h),$$

由式（3-5-34）知

$$(\alpha_*)^*(\eta_B)(h)=g\alpha h(m)。\tag{3-5-36}$$

对比式（3-5-35）和式（3-5-36）知

$$\eta_A=(\alpha_*)^*(\eta_B),$$

也就是

$$\omega_A(\alpha^*\otimes 1)(g\otimes m)=(\alpha_*)^*\omega_B(g\otimes m),$$

所以可得

$$\omega_A(\alpha^*\otimes 1)=(\alpha_*)^*\omega_B,$$

即有交换图：

$$\begin{array}{ccccc}
0 \longrightarrow & \mathrm{Hom}_Z(B,\ Q/Z)\otimes_R M & \xrightarrow{\alpha^*\otimes 1} & \mathrm{Hom}_Z(A,\ Q/Z)\otimes_R M & \\
 & \downarrow{\scriptstyle\omega_B} & & \downarrow{\scriptstyle\omega_A} & , \\
0 \longrightarrow & \mathrm{Hom}_Z(\mathrm{Hom}_R(M,\ B),\ Q/Z) & \xrightarrow{(\alpha_*)^*} & \mathrm{Hom}_Z(\mathrm{Hom}_R(M,\ A),\ Q/Z) &
\end{array}$$

也就是

$$\begin{array}{ccccc}
0 \longrightarrow & \mathrm{Hom}_Z(B,\ Q/Z)\otimes_R M & \xrightarrow{\alpha^*\otimes 1} & \mathrm{Hom}_Z(A,\ Q/Z)\otimes_R M & \\
 & \downarrow{\scriptstyle\omega_B} & & \downarrow{\scriptstyle\omega_A} & 。 \\
0 \longrightarrow & \mathrm{Hom}_R(M,\ B) & \xrightarrow{(\alpha_*)^*} & \mathrm{Hom}_R(M,\ A) &
\end{array}$$

由于上图第一行正合，由命题2-1-21知上图第二行正合。由引理3-5-3知有正合列：

$$\mathrm{Hom}_R(M,\ A)\xrightarrow{\alpha_*}\mathrm{Hom}_R(M,\ B)\to 0,$$

即 α_* 满，函子 $\mathrm{Hom}_R(M,\ -)$ 保持满同态，由命题3-2-1知 M 是投射模。证毕。

定理3-5-11　Schanuel定理　设有正合列：

$$0 \longrightarrow A_i \longrightarrow P_i \xrightarrow{\pi_i} B \longrightarrow 0,\quad i=1,\ 2。$$

若 P_1，P_2 是投射模，则有

$$A_1 \oplus P_2 \cong A_2 \oplus P_1。$$

证明　由于 π_2 满，P_1 是投射模，根据定义3-2-1有 β：$P_1 \to P_2$，使得

$$\pi_1 = \pi_2 \beta\ ，即\quad \begin{array}{ccccc} & & P_1 & & \\ & \swarrow^{\beta} & \downarrow \pi_1 & & \\ P_2 & \xrightarrow{\beta} & B & \longrightarrow & 0 \end{array}\quad。$$

所以有行正合的交换图：

$$\begin{array}{ccccccccc} 0 & \longrightarrow & A_1 & \longrightarrow & P_1 & \xrightarrow{\pi_1} & B & \longrightarrow & 0 \\ & & & & \beta \downarrow & & \downarrow 1 & & \\ 0 & \longrightarrow & A_2 & \longrightarrow & P_2 & \xrightarrow{\pi_2} & B & \longrightarrow & 0 \end{array}\quad。$$

根据命题2-1-24（1）可知，有 α：$A_1 \to A_2$，得到以下交换图：

$$\begin{array}{ccccccccc} 0 & \longrightarrow & A_1 & \longrightarrow & P_1 & \xrightarrow{\pi_1} & B & \longrightarrow & 0 \\ & & \alpha \downarrow & & \downarrow \beta & & \downarrow 1 & & \\ 0 & \longrightarrow & A_2 & \longrightarrow & P_2 & \xrightarrow{\pi_2} & B & \longrightarrow & 0 \end{array}\quad。$$

由命题2-3-22知有正合列：

$$0 \longrightarrow A_1 \longrightarrow P_1 \oplus A_2 \longrightarrow P_2 \longrightarrow 0。$$

由于 P_2 是投射模，所以上述正合列分裂（命题3-2-2），从而 $A_1 \oplus P_2 \cong A_2 \oplus P_1$（定理2-3-6）。证毕。

命题3-5-15　设有正合列：

$$0 \longrightarrow A \longrightarrow B \xrightarrow{f} C \longrightarrow 0。$$

如果 B 是有限生成模，C 是有限表示模，那么 A 是有限生成模。

证明　先考虑 B 是有限生成自由模的情况。根据命题3-5-10有正合列：

$$0 \longrightarrow K \longrightarrow F \longrightarrow C \longrightarrow 0,$$

其中，K 是有限生成模，F 是有限生成自由模。由定理3-2-1知 B 和 F 都是投射模，根据定理3-5-11有 $A \oplus F \cong K \oplus B$。由命题2-3-18知 A 是有限生成模。

再考虑 B 是一般的有限生成模。由命题3-1-15知有满同态 β：$F \to B$，其中 F 是有限生成自由模。由命题1-3-7知 $f\beta$：$F \to C$ 是满同态，从而有行正合的交换图［命题2-1-19（2）］：

$$\begin{array}{ccccccccc} 0 & \longrightarrow & \ker(f\beta) & \longrightarrow & F & \xrightarrow{f\beta} & C & \longrightarrow & 0 \\ & & & & \downarrow{\scriptstyle\beta} & & \downarrow{\scriptstyle 1} & & \\ 0 & \longrightarrow & A & \longrightarrow & B & \xrightarrow{f} & C & \longrightarrow & 0 \end{array}\text{。}$$

根据上述结论，$\ker(f\beta)$是有限生成模。根据命题2-1-24（1），有$\alpha:\ker(f\beta)\to A$，得到以下交换图：

$$\begin{array}{ccccccccc} 0 & \longrightarrow & \ker(f\beta) & \longrightarrow & F & \xrightarrow{f\beta} & C & \longrightarrow & 0 \\ & & {\scriptstyle\alpha}\downarrow & & \downarrow{\scriptstyle\beta} & & \downarrow{\scriptstyle 1} & & \\ 0 & \longrightarrow & A & \longrightarrow & B & \xrightarrow{f} & C & \longrightarrow & 0 \end{array}\text{。}$$

由引理1-7-2b（1）知α满。由命题2-1-35知A是有限生成模。证毕。

定义3-5-4　纯正合列 纯子模　设有左R-模正合列：

$$0\longrightarrow A\xrightarrow{\lambda}B\xrightarrow{\pi}C\longrightarrow 0\text{。}\tag{3-5-37}$$

如果对于任意右R-模M，都有正合列：

$$0\longrightarrow M\otimes_R A\xrightarrow{1\otimes\lambda}M\otimes_R B\xrightarrow{1\otimes\pi}M\otimes_R C\longrightarrow 0,$$

则称式（3-5-37）是纯正合列，称$\lambda(A)$是B的纯子模。

命题3-5-16　分裂正合列是纯正合列。模的直和成分是纯子模。

证明　由于$M\otimes_R-$右正合（定理2-4-3），所以只需证明$0\longrightarrow M\otimes_R A\xrightarrow{1\otimes\lambda}M\otimes_R B$的正合性。若式（3-5-37）分裂，则有$B=A\oplus C$（定理2-3-6），不妨设

$$\lambda\text{：}A\to A\oplus C$$

是入射。根据定理2-3-4′有同构［式（2-3-18）］：

$$\psi\text{：}M\otimes_R B\to(M\otimes_R A)\oplus(M\otimes_R C),\quad m\otimes(a,\ c)\mapsto(m\otimes a,\ m\otimes c),$$

记入射：

$$\lambda'\text{：}M\otimes_R A\to(M\otimes_R A)\oplus(M\otimes_R C),$$

易验证有交换图：

$$\begin{array}{ccccc} 0 & \longrightarrow & M\otimes_R A & \xrightarrow{1\otimes\lambda} & M\otimes_R B \\ & & \downarrow{\scriptstyle 1} & & \downarrow{\scriptstyle\psi} \\ 0 & \longrightarrow & M\otimes_R A & \xrightarrow{\lambda'} & (M\otimes_R A)\oplus(M\otimes_R C) \end{array}\text{。}$$

显然第二行正合，由命题2-1-21知第一行正合。

设$B=A\oplus A'$，则有分裂正合列$0\longrightarrow A\longrightarrow B\longrightarrow A'\longrightarrow 0$（命题2-3-20）。由上述结论知$0\longrightarrow A\longrightarrow B\longrightarrow A'\longrightarrow 0$是纯正合列，所以$A$是$B$的纯子模。证毕。

命题3-5-17　若 R 是Noether环（定义B-19），M 是有限生成 R-模，则对于任意 $n\geqslant 1$ 有正合列：

$$0\longrightarrow K\longrightarrow F_{n-1}\longrightarrow\cdots\longrightarrow F_1\longrightarrow F_0\longrightarrow M\longrightarrow 0,$$

其中，$F_i\,(0\leqslant i\leqslant n-1)$ 是有限生成自由模，K 是有限表示模。

证明　由命题3-1-16知 M 有有限生成自由模解：

$$\cdots\longrightarrow F_n\xrightarrow{d_n}F_{n-1}\xrightarrow{d_{n-1}}\cdots\longrightarrow F_1\longrightarrow F_0\longrightarrow M\longrightarrow 0。$$

令 $K=\ker d_{n-1}=\operatorname{Im} d_n$，则有正合列（$i$ 是包含同态）：

$$0\longrightarrow K\xrightarrow{i}F_{n-1}\xrightarrow{d_{n-1}}\cdots\longrightarrow F_1\longrightarrow F_0\longrightarrow M\longrightarrow 0,$$

$$F_{n+1}\xrightarrow{d_{n-1}}F\xrightarrow{d_n}K\longrightarrow 0。$$

由定义3-5-3知 K 是有限表示模。证毕。

定理3-5-12　设 R 是含单位元1的交换环，S 是 R 的乘法闭集（定义B-29），则存在以下情况。

（1）如果 M 是 R-自由模，则 $S^{-1}M$ 是 $S^{-1}R$-自由模。

（2）如果 M 是 R-有限生成模，则 $S^{-1}M$ 是 $S^{-1}R$-有限生成模。

（3）如果 M 是 R-有限表示模（定义3-5-3），则 $S^{-1}M$ 是 $S^{-1}R$-有限表示模。

（4）如果 M 是 R-投射模，则 $S^{-1}M$ 是 $S^{-1}R$-投射模。

（5）若 R 是Noether环（定义B-19），M 是 R-内射模，则 $S^{-1}M$ 是 $S^{-1}R$-内射模。

证明　（1）$M=\bigoplus\limits_{i\in I}R$，由命题2-3-27知 $S^{-1}M=S^{-1}\left(\bigoplus\limits_{i\in I}R\right)\cong\bigoplus\limits_{i\in I}(S^{-1}R)$，即 $S^{-1}M$ 是 $S^{-1}R$-自由模。

（2）设 $M=\langle m_1,\ \cdots,\ m_n\rangle$。$\forall\dfrac{m}{s}\in S^{-1}M$，设 $m=r_1m_1+\cdots+r_nm_n$，则 $\dfrac{m}{s}=\dfrac{r_1}{s}\dfrac{m_1}{1}+\cdots+\dfrac{r_n}{s}\dfrac{m_n}{1}$，表明 $S^{-1}M=\left\langle\dfrac{m_1}{1},\ \cdots,\ \dfrac{m_n}{1}\right\rangle$。

（3）设有 R-模正合列 $F'\rightarrow F\rightarrow M\rightarrow 0$，其中，$F'$，$F$ 是有限生成自由 R-模。由于 S^{-1} 是正合函子（命题B-43），所以有 $S^{-1}R$-模正合列 $S^{-1}F'\rightarrow S^{-1}F\rightarrow S^{-1}M\rightarrow 0$。由（1）（2）知 $S^{-1}F'$ 和 $S^{-1}F$ 都是有限生成自由 $S^{-1}R$-模，所以 $S^{-1}M$ 是 $S^{-1}R$-有限表示模。

（4）根据定理3-2-4有 $F=M\oplus N$，其中，F 是自由模。由命题2-3-27有 $S^{-1}F=S^{-1}(M\oplus N)\cong(S^{-1}M)\oplus(S^{-1}N)$。由（1）知 $S^{-1}F$ 是 $S^{-1}R$-自由模，所以 $S^{-1}M$ 是 $S^{-1}R$-投射模（定理3-2-4）。

（5）见文献[2]第200页定理4.88。证毕。

定理3-5-13　设 R 是含单位元1的交换环，S 是 R 的乘法闭集，则 $S^{-1}R$ 是平坦 R-模。

证明　设有 R-模正合列：

$$A\xrightarrow{f}B\xrightarrow{g}C。$$

根据定理2-2-11有同构：

$$\varphi_A:\ (S^{-1}R)\otimes_R A\to S^{-1}A,\quad \frac{r}{s}\otimes a\mapsto\frac{ra}{s}。$$

对于$\frac{r}{s}\otimes a\in(S^{-1}R)\otimes_R A$，有

$$\varphi_B(1\otimes f)\left(\frac{r}{s}\otimes a\right)=\varphi_B\left(\frac{r}{s}\otimes f(a)\right)=\frac{f(ra)}{s},$$

$$\left(S^{-1}f\right)\varphi_A\left(\frac{r}{s}\otimes a\right)=\left(S^{-1}f\right)\left(\frac{ra}{s}\right)=\frac{f(ra)}{s},$$

所以可得

$$\varphi_B(1\otimes f)=\left(S^{-1}f\right)\varphi_A,$$

同样有

$$\varphi_C(1\otimes g)=\left(S^{-1}g\right)\varphi_B,$$

即有交换图：

$$\begin{array}{ccccc}
(S^{-1}R)\otimes_R A & \xrightarrow{1\otimes f} & (S^{-1}R)\otimes_R B & \xrightarrow{1\otimes g} & (S^{-1}R)\otimes_R C \\
\downarrow{\scriptstyle\varphi_A} & & \downarrow{\scriptstyle\varphi_B} & & \downarrow{\scriptstyle\varphi_C} \\
S^{-1}A & \xrightarrow{S^{-1}f} & S^{-1}B & \xrightarrow{S^{-1}g} & S^{-1}C
\end{array}。$$

由于S^{-1}是正合函子（命题B-43），所以上图第二行正合，由命题2-1-21知上图第一行正合，表明$S^{-1}R$是平坦R-模。证毕。

引理3-5-6 设A是R-代数，M是有限表示（定义3-5-3）R-模，N是A-模，则有自然同构：

$$\mathrm{Hom}_R(M,\ N)\cong\mathrm{Hom}_A(M\otimes_R A,\ N),$$

同构映射：

$$\theta:\ \mathrm{Hom}_R(M,\ N)\to\mathrm{Hom}_A(M\otimes_R A,\ N),\quad f\mapsto\tilde{f},$$

其中

$$\tilde{f}(m\otimes 1)=f(m),\quad m\in M。$$

证明 见文献［2］第199页引理4.85。证毕。

引理3-5-7 设A是平坦R-模，B是有限表示（定义3-5-3）R-模，C是R-模，则有自然同构：

$$A\otimes_R\mathrm{Hom}_R(B,\ C)\cong\mathrm{Hom}_R(B,\ C\otimes_R A),$$

同构映射：

$$\varphi:\ A\otimes_R\mathrm{Hom}_R(B,\ C)\to\mathrm{Hom}_R(B,\ C\otimes_R A),\quad a\otimes f\mapsto f_a,$$

其中

$$f_a(b)=f(b)\otimes a,\quad b\in B。$$

证明　见文献［2］第200页引理4.86。证毕。

定理3-5-14　设 R 是含单位元1的交换环，S 是 R 的乘法闭集，A 是有限表示（定义3-5-3）R-模，B 是R-模，则有 $S^{-1}R$-模同构：

$$S^{-1}\mathrm{Hom}_R(A, B)\cong \mathrm{Hom}_{S^{-1}R}(S^{-1}A, S^{-1}B),$$

同构映射：

$$\omega: S^{-1}\mathrm{Hom}_R(A, B)\to \mathrm{Hom}_{S^{-1}R}(S^{-1}A, S^{-1}B), \quad \frac{f}{1}\mapsto \tilde{f},$$

其中

$$\tilde{f}\left(\frac{a}{1}\right)=\frac{f(a)}{1}, \quad a\in A。$$

证明　根据定理2-2-11有同构：

$$\alpha: S^{-1}\mathrm{Hom}_R(A, B)\to (S^{-1}R)\otimes_R \mathrm{Hom}_R(A, B), \quad \frac{f}{1}\mapsto \frac{1}{1}\otimes f。$$

$S^{-1}R$ 是平坦R-模（定理3-5-13），根据引理3-5-7有同构：

$$\varphi: S^{-1}R\otimes_R \mathrm{Hom}_R(A, B)\to \mathrm{Hom}_R\left(A, B\otimes_R S^{-1}R\right), \quad \frac{1}{1}\otimes f\mapsto f',$$

其中

$$f'(a)=f(a)\otimes\frac{1}{1}, \quad a\in A。$$

根据定理2-2-11有同构：

$$B\otimes_R S^{-1}R\to S^{-1}B, \quad b\otimes\frac{1}{1}\mapsto\frac{b}{1},$$

所以同构 φ 可写成

$$\varphi: S^{-1}R\otimes_R \mathrm{Hom}_R(A, B)\to \mathrm{Hom}_R(A, S^{-1}B), \quad \frac{1}{1}\otimes f\mapsto f',$$

其中

$$f'(a)=\frac{f(a)}{1}, \quad a\in A。$$

$S^{-1}R$ 是R-代数（有自然同态 $R\to S^{-1}R$），$S^{-1}B$ 是 $S^{-1}R$-模，根据引理3-5-6有同构：

$$\theta: \mathrm{Hom}_R(A, S^{-1}B)\to \mathrm{Hom}_{S^{-1}R}\left(A\otimes_R S^{-1}R, S^{-1}B\right), \quad f'\mapsto\tilde{f},$$

其中

$$\tilde{f}\left(a\otimes\frac{1}{1}\right)=f'(a), \quad a\in A。$$

根据定理2-2-11有同构：

$$S^{-1}A\to A\otimes_R S^{-1}R, \quad \frac{a}{1}\mapsto a\otimes\frac{1}{1},$$

所以同构 θ 可写成

$$\theta: \mathrm{Hom}_R(A, S^{-1}B)\to \mathrm{Hom}_{S^{-1}R}(S^{-1}A, S^{-1}B), \quad f'\mapsto\tilde{f},$$

其中

$$\tilde{f}\left(\frac{a}{1}\right)=f'(a), a\in A。$$

综上有同构：

$$\omega=\theta\varphi\alpha：S^{-1}\mathrm{Hom}_R(A，B)\to\mathrm{Hom}_{S^{-1}R}(S^{-1}A，S^{-1}B)，\quad \frac{f}{1}\mapsto\hat{f}。$$

这里

$$\tilde{f}\left(\frac{a}{1}\right)=f'(a)=\frac{f(a)}{1}，\quad a\in A。$$

证毕。

第4章　同调函子与导出函子

4.1　复形与同调

定义4-1-1　链复形（chain complex）　微分（differential）　一个Abel范畴$\mathcal{C}$中的链复形（简称复形）是指满足

$$d_n d_{n+1}=0$$

的态射链：

$$(C,\ d):\ \cdots\longrightarrow C_{n+1}\xrightarrow{d_{n+1}}C_n\xrightarrow{d_n}C_{n-1}\longrightarrow\cdots,\ n\in Z。$$

其中，态射d_n：$A_n\to A_{n-1}$称为微分。

下面我们只考虑模范畴${}_R\mathcal{M}$中的复形。

注（定义4-1-1）　$d_n d_{n+1}=0\Leftrightarrow \operatorname{Im} d_{n+1}\subseteq\ker d_n$（命题2-1-13）。

定义4-1-2　链（chain）　圈（cycle）　边界（boundary）　设$(C,\ d)$是一个复形，记

$$Z_n(C)=\ker d_n,\quad B_n(C)=\operatorname{Im} d_{n+1}。$$

将C_n中的元素称为n阶链，$Z_n(C)$中的元素称为n阶圈，$B_n(C)$中的元素称为n阶边界。由注定义（4-1-1）知$B_n(C)$是$Z_n(C)$的子模。

定义4-1-3　同调模（homology module）　设$(C,\ d)$是一个复形，称R-模

$$H_n(C)=\frac{Z_n(C)}{B_n(C)}=\frac{\ker d_n}{\operatorname{Im} d_{n+1}}$$

为n阶同调模。

定义4-1-4　零调（acyclic）　如果对于$\forall n$有$H_n(A)=0$，则称复形A是零调的。或者说，复形是零调的$\Leftrightarrow$复形是正合列。

定义4-1-5　上链复形（cochain complex）　设有${}_R\mathcal{M}$中的同态列：

$$(C,\ d):\ \cdots\longrightarrow C^{n-1}\xrightarrow{d^{n-1}}C^{n}\xrightarrow{d^{n}}C^{n+1}\longrightarrow\cdots,$$

如果满足

$$d^{n}d^{n-1}=0,$$

则称 $(C,\ d)$ 是 ${}_R\mathcal{M}$ 中的一个上链复形（简称上复形）。记

$$\ker d^{n}=Z^{n}(C),\quad \operatorname{Im} d^{n-1}=B^{n}(C),$$

$$H^{n}(C)=Z^{n}(C)/B^{n}(C)。$$

将 C^n 中的元素称为 n 阶上链（cochain），$Z^n(C)$ 中的元素称为 n 阶上圈（cocycle），$B^n(C)$ 中的元素称为 n 阶上边界（coboundary）。$H^n(C)$ 称为 n 阶上同调模（cohomology module）。

例4-1-1 设 A 是一个模。A 的投射模解（定义3-2-2，命题3-2-5）：

$$\cdots\longrightarrow P_1\longrightarrow P_0\longrightarrow A\longrightarrow 0$$

是复形（右边可以添加零模）。A 的内射模解（定义3-3-5，定理3-3-12）：

$$0\longrightarrow A\longrightarrow E^0\longrightarrow E^1\longrightarrow\cdots$$

是上复形（左边可以添加零模）。

注（定义4-1-5a） 在链复形中，约定序号从大到小，序号在下方标注；在上链复形中，约定序号从小到大，序号在上方标注。

上复形与复形的区别只是形式上的。只需要把序号定义为负的，就可以让复形与上复形相互转化。

如果有上复形：

$$\cdots\longrightarrow C^{n-1}\xrightarrow{d^{n-1}}C^{n}\xrightarrow{d^{n}}C^{n+1}\longrightarrow\cdots,$$

令

$$C'_{-n}=C^{n}\ ,\quad d'_{-n}=d^{n}\ ,$$

上复形则可写成

$$\cdots\longrightarrow C'_{n+1}\xrightarrow{d'_{-n+1}}C'_{-n}\xrightarrow{d'_{-n}}C'_{-n+1}\longrightarrow\cdots\ 。$$

这样我们可以将复形的序号统一成从大到小的顺序。

注（定义4-1-5b） 对于复形：

$$C:\ \cdots\longrightarrow C_{n+1}\xrightarrow{d_{n+1}}C_{n}\xrightarrow{d_{n}}\cdots\rightarrow C_1\xrightarrow{d_1}C_0\longrightarrow 0,$$

其同调模为

$$H_n(C)=\begin{cases}0,\ n<0\\ C_0/\operatorname{Im} d_1,\ n=0\\ \ker d_n/\operatorname{Im} d_{n+1},\ n>0\end{cases}。$$

对于上复形：

$$C:\ 0\longrightarrow C^0\xrightarrow{d^0}C^1\xrightarrow{d^1}\cdots\longrightarrow C^{n-1}\xrightarrow{d^{n-1}}C^n\xrightarrow{d^n}\cdots,$$

其上同调模为

$$H^n(C)=\begin{cases}0,\ n<0\\ \ker d^0,\ n=0\\ \ker d^n/\operatorname{Im}d^{n-1},\ n>0\end{cases}。$$

命题4-1-1 设A是一个复形：

$$\cdots\longrightarrow A_{n+1}\xrightarrow{d_{n+1}}A_n\xrightarrow{d_n}A_{n-1}\longrightarrow\cdots。$$

若F：${}_R\mathcal{M}\to{}_S\mathcal{M}$是一个正变加法函子，则$F(A)$仍是一个复形：

$$\cdots\longrightarrow F(A_{n+1})\xrightarrow{F(d_{n+1})}F(A_n)\xrightarrow{F(d_n)}F(A_{n-1})\longrightarrow\cdots。$$

这是因为$F(d_n)F(d_{n+1})=F(d_nd_{n+1})=0$。

若F：${}_R\mathcal{M}\to{}_S\mathcal{M}$是一个反变加法函子，则$F(A)$是一个上复形：

$$\cdots\longrightarrow F(A_{n-1})\xrightarrow{F(d_n)}F(A_n)\xrightarrow{F(d_{n+1})}F(A_{n+1})\to\cdots。$$

这是因为$F(d_{n+1})F(d_n)=F(d_nd_{n+1})=0$。

定义4-1-6 链同态 链同构 设$(A,\ d)$和$(A',\ d')$是两个复形，链同态f：$A\to A'$是指一族模同态$\{f_n:\ A_n\to A'_n\}_{n\in Z}$，并且

$$d'_nf_n=f_{n-1}d_n,\quad n\in Z,$$

即有交换图：

$$\begin{array}{ccccccccc}\cdots&\longrightarrow&A_{n+1}&\xrightarrow{d_{n+1}}&A_n&\xrightarrow{d_n}&A_{n-1}&\longrightarrow&\cdots\\ &&\downarrow f_{n+1}&&\downarrow f_n&&\downarrow f_{n-1}&&\\ \cdots&\longrightarrow&A'_{n+1}&\xrightarrow{d'_{n+1}}&A'_n&\xrightarrow{d'_n}&A'_{n-1}&\longrightarrow&\cdots\end{array}。$$

特别地，如果每个f_n：$A_n\to A'_n\ (n\in Z)$都是同构，则称f：$A\to A'$是链同构，并且称复形A同构于复形A'，记为

$$A\cong A'。$$

注（定义4-1-6） 设$(A,\ d)$是复形，则$1_A=\{1_{A_n}:\ A_n\to A_n\}_{n\geqslant 0}$是链同态。

定义4-1-7 链同态的复合和加法 设$(A,\ d)$，$(A',\ d')$，$(A'',\ d'')$是复形，f：$A\to A'$，g：$A'\to A''$是链同态，则同态族$\{g_nf_n:\ A_n\to A''_n\}_{n\in Z}$满足交换图：

$$\begin{array}{ccccccccc}\cdots&\longrightarrow&A_{n+1}&\xrightarrow{d_{n+1}}&A_n&\xrightarrow{d_n}&A_{n-1}&\longrightarrow&\cdots\\ &&\downarrow g_{n+1}f_{n+1}&&\downarrow g_nf_n&&\downarrow g_{n-1}f_{n-1}&&\\ \cdots&\longrightarrow&A''_{n+1}&\xrightarrow{d'_{n+1}}&A''_n&\xrightarrow{d'_n}&A''_{n-1}&\longrightarrow&\cdots\end{array}。$$

由此可定义链同态的复合：

$$gf=\{g_nf_n: A_n\to A''_n\}_{n\in Z}。\tag{4-1-1}$$

设 f, f': $A\to A'$ 是链同态。显然有

$$d'_n(f_n+f'_n)=(f_{n-1}+f'_{n-1})d_n,\quad n\in Z,$$

由此可定义链同态的加法：

$$f+f'=\{f_n+f'_n: A_n\to A'_n\}_{n\in Z}。\tag{4-1-2}$$

设 g，g': $A'\to A''$ 是链同态，则

$$\{g_n(f_n+f'_n): A_n\to A''_n\}_{n\in Z}=\{g_nf_n+g_nf'_n: A_n\to A''_n\}_{n\in Z},$$

$$\{(g_n+g'_n)f_n: A_n\to A''_n\}_{n\in Z}=\{g_nf_n+g'_nf_n: A_n\to A''_n\}_{n\in Z},$$

表明

$$g(f+f')=gf+gf',\tag{4-1-3}$$

$$(g+g')f=gf+g'f,\tag{4-1-4}$$

即双边分配律成立。

定义4-1-8　复形范畴　设 $\mathcal{A}$ 是Abel范畴，将 $\mathcal{A}$ 中的复形看作对象，链映射看作态射，则 $\mathcal{A}$ 中所有的复形构成一个范畴，称为 $\mathcal{A}$ 上的复形范畴，记为 $\mathcal{C}\mathrm{omp}(\mathcal{A})$。后面将 $\mathcal{C}\mathrm{omp}({}_R\mathcal{M})$ 简记为 $\mathcal{C}\mathrm{omp}_R$ 或 $\mathcal{C}\mathrm{omp}$。

命题4-1-2　设有正变加法函子 F: ${}_R\mathcal{M}\to{}_S\mathcal{M}$，命题4-1-1说明 F 把 R-模复形

$$A: \cdots\longrightarrow A_{n+1}\xrightarrow{d_{n+1}}A_n\xrightarrow{d_n}A_{n-1}\longrightarrow\cdots$$

映为 S-模复形：

$$F(A): \cdots\longrightarrow F(A_{n+1})\xrightarrow{F(d_{n+1})}F(A_n)\xrightarrow{F(d_n)}F(A_{n-1})\longrightarrow\cdots。$$

设

$$f=\{f_n: A_n\to A'_n\}: A\to A'$$

是 R-模链同态，则有

$$d'_nf_n=f_{n-1}d_n,$$

即

$$\begin{array}{ccccccccc}
\cdots & \longrightarrow & A_{n+1} & \xrightarrow{d_{n+1}} & A_n & \xrightarrow{d_n} & A_{n-1} & \longrightarrow & \cdots \\
 & & \downarrow{\scriptstyle f_{n+1}} & & \downarrow{\scriptstyle f_n} & & \downarrow{\scriptstyle f_{n-1}} & & \\
\cdots & \longrightarrow & A'_{n+1} & \xrightarrow{d'_{n+1}} & A'_n & \xrightarrow{d'_n} & A'_{n-1} & \longrightarrow & \cdots
\end{array}。$$

记

$$F(f)=\{F(f_n):\ F(A_n)\to F(A'_n)\}:\ F(A)\to F(A'),$$

则

$$F(d'_n)F(f_n)=F(f_{n-1})F(d_n),$$

即

$$\begin{array}{ccccccccc}\cdots & \longrightarrow & F(A_{n+1}) & \xrightarrow{F(d_{n+1})} & F(A_n) & \xrightarrow{F(d_n)} & F(A_{n-1}) & \longrightarrow & \cdots \\ & & \downarrow{\scriptstyle F(f_{n+1})} & & \downarrow{\scriptstyle F(f_n)} & & \downarrow{\scriptstyle F(f_{n-1})} & & \\ \cdots & \longrightarrow & F(A'_{n+1}) & \xrightarrow{F(d'_{n+1})} & F(A'_n) & \xrightarrow{F(d'_n)} & F(A'_{n-1}) & \longrightarrow & \cdots\end{array},$$

说明 $F(f)$ 是 S-模链同态。设 $g=\{g_n\}:\ A'\to A''$ 是 R-模链同态，则

$$F(gf)=\{F(g_nf_n)\}=\{F(g_n)F(f_n)\}=F(g)F(f)。$$

设 $f'=\{f'_n\}:\ A\to A'$ 是 R-模链同态，则

$$F(f+f')=\{F(f_n+f'_n)\}=\{F(f_n)+F(f'_n)\}=F(f)+F(f')。$$

所以 F 确定了一个正变加法函子：

$$\tilde{F}:\ \mathcal{C}\mathrm{omp}_R\to\mathcal{C}\mathrm{omp}_S。$$

不妨把 $\tilde{F}$ 仍记为 F。

命题4-1-2′　设有反变加法函子 F：${}_R\mathcal{M}\to{}_S\mathcal{M}$，命题4-1-1说明 F 把 R-模复形

$$A:\ \cdots\longrightarrow A_{n+1}\xrightarrow{d_{n+1}}A_n\xrightarrow{d_n}A_{n-1}\longrightarrow\cdots$$

映为 S-模上复形：

$$F(A):\ \cdots\longrightarrow F(A_{n-1})\xrightarrow{F(d_n)}F(A_n)\xrightarrow{F(d_{n-1})}F(A_{n+1})\to\cdots。$$

设

$$f=\{f_n:\ A_n\to A'_n\}:\ A\to A'$$

是 R-模链同态，有

$$d'_nf_n=f_{n-1}d_n,$$

即

$$\begin{array}{ccccccccc}\cdots & \longrightarrow & A_{n+1} & \xrightarrow{d_{n+1}} & A_n & \xrightarrow{d_n} & A_{n-1} & \longrightarrow & \cdots \\ & & \downarrow{\scriptstyle f_{n+1}} & & \downarrow{\scriptstyle f_n} & & \downarrow{\scriptstyle f_{n-1}} & & \\ \cdots & \longrightarrow & A'_{n+1} & \xrightarrow{d'_{n+1}} & A'_n & \xrightarrow{d'_n} & A'_{n-1} & \longrightarrow & \cdots\end{array}。$$

记

$$F(f)=\{F(f_n):\ F(A'_n)\to F(A_n)\}:\ F(A')\to F(A),$$

则

$$F(f_n)F(d'_n)=F(d_n)F(f_{n-1}),$$

即

$$\begin{array}{ccccccccc} \cdots & \longrightarrow & F(A'_{n-1}) & \xrightarrow{F(d'_n)} & F(A'_n) & \xrightarrow{F(d'_{n+1})} & F(A'_{n+1}) & \longrightarrow & \cdots \\ & & \downarrow F(f_{n-1}) & & \downarrow F(f_n) & & \downarrow F(f_{n-1}) & & \\ \cdots & \longrightarrow & F(A_{n-1}) & \xrightarrow{F(d_n)} & F(A_n) & \xrightarrow{F(d_{n+1})} & F(A_{n+1}) & \longrightarrow & \cdots \end{array}$$

说明 $F(f)$ 是 S-模链同态。设 $g=\{g_n\}$：$A'\to A''$ 是 R-模链同态，则

$$F(gf)=\{F(g_nf_n)\}=\{F(f_n)F(g_n)\}=F(f)F(g)。$$

设 $f'=\{f'_n\}$：$A\to A'$ 是 R-模链同态，则

$$F(f+f')=\{F(f_n+f'_n)\}=\{F(f_n)+F(f'_n)\}=F(f)+F(f')。$$

所以 F 确定了一个反变加法函子：

$$\tilde{F}：\mathcal{C}\mathrm{omp}_R\to\mathcal{C}\mathrm{omp}_S。$$

不妨把 $\tilde{F}$ 仍记为 F。

命题 4-1-3 若 $\mathcal{A}$ 是 Abel 范畴，则 $\mathcal{C}\mathrm{omp}(\mathcal{A})$ 也是 Abel 范畴。模范畴 ${}_R\mathcal{M}$ 是 Abel 范畴，从而 $\mathcal{C}\mathrm{omp}({}_R\mathcal{M})=\mathcal{C}\mathrm{omp}_R$ 是 Abel 范畴。

命题 4-1-4 柱复形 设 (A, d) 和 (A', d') 是两个复形，f：$A\to A'$ 是链同态。定义

$$M_n=A_{n-1}\oplus A'_n,$$

$$\Delta_n：M_n\to M_{n-1},\quad (a_{n-1}, a'_n)\mapsto(-d_{n-1}a_{n-1}, d'_na'_n+f_{n-1}a_{n-1}),$$

则

$$(M, \Delta)：\cdots\longrightarrow M_{n+1}\xrightarrow{\Delta_{n+1}}M_n\xrightarrow{\Delta_n}M_{n-1}\longrightarrow\cdots$$

是一个复形，称为柱复形。

证明 $\Delta_n\Delta_{n+1}(a_n, a'_{n+1})=\Delta_n(-d_na_n, d'_{n+1}a'_{n+1}+f_na_n)$

$$=(d_{n-1}d_na_n, d'_n(d'_{n+1}a'_{n+1}+f_na_n)-f_{n-1}d_na_n)。$$

由于 $d_{n-1}d_n=0$，$d'_nd'_{n+1}=0$，$d'_nf_n=f_{n-1}d_n$，所以上式等于0。证毕。

定义 4-1-9 诱导同态 设 (A, d) 和 (A', d') 是两个复形，$f=\{f_n\}$：$A\to A'$ 是链同态。令

$$H_n(f)：H_n(A)\to H_n(A'),\quad z_n+B_n(A)\mapsto f_n(z_n)+B_n(A'),$$

或者写成

$$H_n(f)：H_n(A)\to H_n(A'),\quad [z_n]\mapsto[f_n(z_n)],$$

则称 $H_n(f)$ 为由 f 诱导的同态。

$H_n(f)$ 的定义与代表元 z_n 的选择无关。设 $z_n + B_n(A) = z'_n + B_n(A)$，即 $z_n - z'_n \in B_n(A) = \mathrm{Im}\, d_{n+1}$，则有 $a_{n+1} \in A_{n+1}$，使得 $z_n - z'_n = d_{n+1}(a_{n+1})$。由交换性可得

$$f_n(z_n - z'_n) = f_n d_{n+1}(a_{n+1}) = d'_{n+1} f_{n+1}(a_{n+1}) \in \mathrm{Im}\, d'_{n+1} = B_n(A'),$$

所以 $f_n(z_n) + B_n(A') = f_n(z'_n) + B_n(A')$。

或者，对于交换图：

$$\begin{array}{ccc} A_n & \xleftarrow{f_n} & A'_n \\ {\scriptstyle d_n}\downarrow & & \downarrow{\scriptstyle d'_n} \\ A_{n-1} & \xleftarrow{f_{n-1}} & A'_{n-1} \end{array},$$

由命题2–1–8知

$$f_n(\ker d_n) \subseteq \ker d'_n, \quad f_{n-1}(\mathrm{Im}\, d_n) \subseteq \mathrm{Im}\, d'_n,$$

即

$$f_n(Z_n(A)) \subseteq Z_n(A'), \tag{4–1–5}$$

$$f_n(B_n(A)) \subseteq B_n(A')。 \tag{4–1–6}$$

根据式（4–1–5），有同态：

$$f_n:\ Z_n(A) \to Z_n(A'), \quad z_n \mapsto f_n(z_n)。$$

根据式（4–1–6），由命题2–1–7知 f_n 诱导同态：

$$f_{*n}:\ Z_n(A)/B_n(A) \to Z_n(A')/B_n(A'), \quad [z_n] \mapsto [f_n(z_n)]。$$

注（定义4–1–9） 设 A 是复形，则链同态 $1_A = \{1_{A_n}:\ A_n \to A_n\}$ 的诱导同态为

$$H_n(1_A) = 1_{H_n(A)}。$$

命题4–1–5 如果 f: $A \to A'$ 是链同构，那么诱导同态 $H_n(f)$: $H_n(A) \to H_n(A')$ 是模同构。

证明 由于 f_n: $A_n \to A'_n$ 是同构，所以可得

$$f_n:\ Z_n(A) \to Z_n(A')$$

是单同态。$\forall z'_n \in Z_n(A')$，记 $z_n = f_n^{-1}(z'_n)$。由于 $d'_n f_n = f_{n-1} d_n$，所以可得

$$f_{n-1}^{-1} d'_n = d_n f_n^{-1},$$

于是 $d_n(z_n) = d_n f_n^{-1}(z'_n) = f_{n-1}^{-1} d'_n(z'_n) = 0$，说明 $z_n \in Z_n(A)$，即 f_n: $Z_n(A) \to Z_n(A')$ 是满同态，从而是同构。

$\forall b'_n = d'_{n+1}(a'_{n+1}) \in B_n(A')$，记 $b_n = f_n^{-1}(b'_n)$，则 $b_n = f_n^{-1} d'_{n+1}(a'_{n+1}) = d_{n+1} f_{n+1}^{-1}(a'_{n+1}) \in \mathrm{Im}\, d_{n+1} =$

$B_n(A)$，从而 $b'_n = f_n(b_n) \in f_n(B_n(A))$，说明 $B_n(A') \subseteq f_n(B_n(A))$。再由式（4-1-6）知

$$f_n(B_n(A)) = B_n(A')。$$

由命题2-1-7知 $H_n(f)$：$H_n(A) \to H_n(A')$ 是同构。证毕。

命题4-1-6 设有链同态 $A \xrightarrow{f} A' \xrightarrow{f'} A''$，则

$$H_n(f'f) = H_n(f')H_n(f)。$$

证明 根据定义4-1-7有

$$f'f = \{f'_n f_n：A_n \to A''_n\}_{n \in Z}，$$

由定义4-1-9有

$$\begin{aligned} H_n(f'f)(z_n + B_n(A)) &= f'_n f_n(z_n) + B_n(A'') \\ &= H_n(f')(f_n(z_n) + B_n(A')) \\ &= H_n(f')H_n(f)(z_n + B_n(A))。 \end{aligned}$$

证毕。

命题4-1-7 $H_n(f+f') = H_n(f) + H_n(f)$。

证明 根据式（4-1-2），有

$$f+f' = \{f_n + f'_n：A_n \to A'_n\}_{n \in Z}，$$

根据定义4-1-9，有

$$\begin{aligned} H_n(f+f')(z_n + B_n(A)) &= f_n(z_n) + f'_n(z_n) + B_n(A') \\ &= f_n(z_n) + B_n(A') + f'_n(z_n) + B_n(A') \\ &= H_n(f)(z_n + B_n(A)) + H_n(f)(z_n + B_n(A))， \end{aligned}$$

即 $H_n(f+f') = H_n(f) + H_n(f)$。证毕。

定理4-1-1 同调函子 H_n：$\mathcal{C}\text{omp} \to {}_R\mathcal{M}$ 是正变加法函子。它把复形 A 映为同调模 $H_n(A)$，把链同态 f：$A \to A'$ 映为诱导同态 $H_n(f)$：$H_n(A) \to H_n(A')$。

命题4-1-8 设 $\{(A^k, d^k)\}_{k \in K}$ 是一族复形，其中

$$(A^k d^k)：\cdots \longrightarrow A^k_{n+1} \xrightarrow{d^k_{n+1}} A^k_n \xrightarrow{d^k_n} A^k_{n-1} \longrightarrow \cdots。$$

定义复形的直和（同态的直和见定义2-3-2）：

$$\bigoplus_{k \in K}(A^k, d^k)：\cdots \longrightarrow \bigoplus_{k \in K} A^k_{n+1} \xrightarrow{\bigoplus_{k \in K} d^k_{n+1}} \bigoplus_{k \in K} A^k_n \xrightarrow{\bigoplus_{k \in K} d^k_n} \bigoplus_{k \in K} A^k_{n-1} \longrightarrow \cdots，\quad (4\text{-}1\text{-}7)$$

它也是复形。也可将 $\bigoplus_{k\in K}(A^k,\ d^k)$ 简记为 $\bigoplus_{k\in K}A^k$。

证明　根据定义2-3-2有

$$\left(\bigoplus_{k\in K}d_n^k\right)\left(\bigoplus_{k\in K}d_{n+1}^k\right)\left(\left(a_{n+1}^k\right)_{k\in K}\right)=\left(\bigoplus_{k\in K}d_n^k\right)\left(\left(d_{n+1}^k a_{n+1}^k\right)_{k\in K}\right)=\left(d_n^k d_{n+1}^k a_{n+1}^k\right)_{k\in K}=0。$$

证毕。

命题4-1-9　设 $\{(A^k,\ d^k)\}_{k\in K}$ 是一族复形，则

$$Z_n\left(\bigoplus_{k\in K}A^k\right)=\bigoplus_{k\in K}Z_n\left(A^k\right),\quad B_n\left(\bigoplus_{k\in K}A^k\right)=\bigoplus_{k\in K}B_n\left(A^k\right)。$$

证明　由命题2-3-13可得

$$Z_n\left(\bigoplus_{k\in K}A^k\right)=\ker\left(\bigoplus_{k\in K}d_n^k\right)=\bigoplus_{k\in K}\ker d_n^k=\bigoplus_{k\in K}Z_n\left(A^k\right),$$

$$B_n\left(\bigoplus_{k\in K}A^k\right)=\mathrm{Im}\left(\bigoplus_{k\in K}d_{n+1}^k\right)=\bigoplus_{k\in K}\mathrm{Im}\,d_{n+1}^k=\bigoplus_{k\in K}B_n\left(A^k\right)。$$

证毕。

命题4-1-10　$H_n\left(\bigoplus_{k\in K}A^k\right)\cong\bigoplus_{k\in K}H_n\left(A^k\right),\quad \forall n\in Z$。

有同构映射：

$$\bar{\varphi}:\ H_n\left(\bigoplus_{k\in K}A^k\right)\to\bigoplus_{k\in K}H_n\left(A^k\right),$$

$$\left(a_n^k\right)_{k\in K}+\bigoplus_{k\in K}B_n\left(A^k\right)\mapsto\left(a_n^k+B_n\left(A^k\right)\right)_{k\in K}。$$

证明　令

$$\varphi:\ Z_n\left(\bigoplus_{k\in K}A^k\right)\to\bigoplus_{k\in K}H_n\left(A^k\right),\quad\left(a_n^k\right)_{k\in K}\mapsto\left(a_n^k+B_n\left(A^k\right)\right)_{k\in K}。$$

由命题4-1-9知 $Z_n\left(\bigoplus_{k\in K}A^k\right)=\bigoplus_{k\in K}Z_n\left(A^k\right)$，所以上式中 $a_n^k\in Z_n\left(A^k\right)$，从而 $a_n^k+B_n\left(A^k\right)\in H_n\left(A^k\right)$。有

$$\left(a_n^k\right)_{k\in K}\in\ker\varphi\Leftrightarrow\left(a_n^k+B_n\left(A^k\right)\right)_{k\in K}=0\Leftrightarrow a_n^k\in B_n\left(A^k\right)$$

$$\Leftrightarrow\left(a_n^k\right)_{k\in K}\in\bigoplus_{k\in K}B_n\left(A^k\right),$$

即（利用命题4-1-9）

$$\ker\varphi=\bigoplus_{k\in K}B_n\left(A^k\right)=B_n\left(\bigoplus_{k\in K}A^k\right)。$$

φ 显然是满的。由定理2-1-1（模同态基本定理）可得

$$H_n\left(\bigoplus_{k\in K}A^k\right)=Z_n\left(\bigoplus_{k\in K}A^k\right)/B_n\left(\bigoplus_{k\in K}A^k\right)=Z_n\left(\bigoplus_{k\in K}A^k\right)/\ker\varphi\cong\bigoplus_{k\in K}H_n\left(A^k\right)。$$

证毕。

命题4-1-11　设 $\{A^i,\ \varphi_j^i\}$ 是复形范畴 $\mathcal{C}\mathrm{omp}$ 中以 I 为指标的正向系统，则 $\{H_n(A^i),\ H_n(\varphi_j^i)\}$ 是模范畴 ${}_R\mathcal{M}$ 中以 I 为指标的正向系统。

证明 根据定义2-6-1可知，φ_i^i 是恒等链同态。由定义4-1-9知 $H_n(\varphi_i^i)$ 是恒等同态。根据式（2-6-1）有

$$\varphi_k^i=\varphi_k^j\varphi_j^i，即 \begin{array}{ccc} A^i & \xrightarrow{\varphi_k^i} & A^k \\ & {\scriptstyle\varphi_j^i}\searrow \quad \nearrow{\scriptstyle\varphi_k^j} & \\ & A^j & \end{array}。$$

根据命题4-1-19有

$$H_n(\varphi_k^i)=H_n(\varphi_k^j)H_n(\varphi_j^i)，即 \begin{array}{ccc} H_n(A^i) & \xrightarrow{H_n(\varphi_k^i)} & H_n(A^k) \\ & {\scriptstyle H_n(\varphi_j^i)}\searrow \quad \nearrow{\scriptstyle H_n(\varphi_k^j)} & \\ & H_n(A^j) & \end{array}。$$

证毕。

命题4-1-12 设 I 是正向集（定义2-6-4），$\{A^i，\varphi_j^i\}$ 是复形范畴 $\mathcal{C}omp$ 中以 I 为指标的正向系统，若 $\varinjlim A^i$ 存在，则

$$H_n(\varinjlim A^i)\cong\varinjlim H_n(A^i)。$$

上式完整写成

$$H_n\varinjlim\{A^i，\varphi_j^i\}=\varinjlim H_n\{A^i，\varphi_j^i\}。$$

记 $\varinjlim\{A^i，\varphi_j^i\}=\{\varinjlim A^i，\alpha_i\}$（注意 α_i：$A^i\to\varinjlim A^i$ 是链同态），则

$$\{H_n(\varinjlim A^i)，H_n(\alpha_i)\}=\varinjlim\{H_n(A^i)，H_n(\varphi_j^i)\}。$$

证明 由命题4-1-11知 $\{H_n(A^i)，H_n(\varphi_j^i)\}$ 是模范畴 $_R\mathcal{M}$ 中以 I 为指标的正向系统。根据定义2-6-2中的式（2-6-2）有

$$\alpha_i=\alpha_j\varphi_j^i，即 \begin{array}{ccc} A^i & \xrightarrow{\alpha_i} & \varinjlim A^i \\ {\scriptstyle\varphi_j^i}\downarrow & \nearrow{\scriptstyle\alpha_j} & \\ A^j & & \end{array}。$$

根据命题4-1-7有

$$H_n(\alpha_i)=H_n(\alpha_j)H_n(\varphi_j^i)，即 \begin{array}{ccc} H_n(A^i) & \xrightarrow{H_n(\alpha_i)} & H_n(\varinjlim A^i) \\ {\scriptstyle H_n(\varphi_j^i)}\downarrow & \nearrow{\scriptstyle H_n(\alpha_j)} & \\ H_n(A^j) & & \end{array}。$$

任取模 A' 和模同态族 $\{\alpha_i'$：$H_n(A^i)\to A'\}$ 满足

$$\alpha'_i=\alpha'_j H_n\left(\varphi_j^i\right)，即 \begin{array}{ccc} H_n\left(A^i\right) & \xrightarrow{\alpha'_i} & A' \\ {\scriptstyle H_n(\varphi_j^i)}\downarrow & \nearrow{\scriptstyle \alpha'_j} & \\ H_n\left(A^j\right) & & \end{array}。$$

存在唯一的模同态：

$$\beta：H_n\left(\varinjlim A^i\right)\rightarrow A',$$

使得

$$\alpha'_i=\beta H_n\left(\alpha_i\right),\quad \forall i\in I,$$

即有交换图：

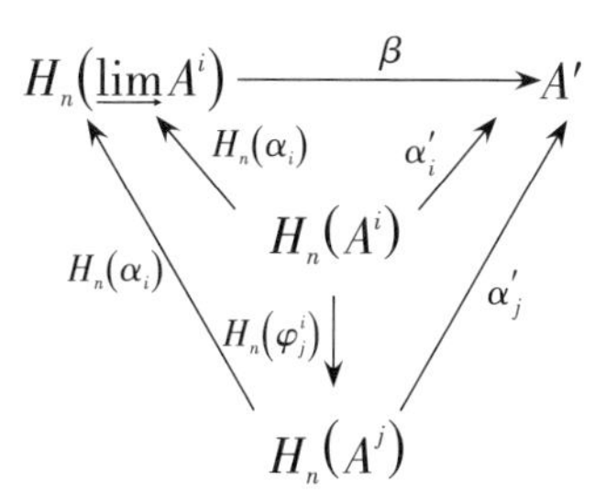

证毕。

命题4-1-13　若T：${}_R\mathcal{M}\rightarrow{}_S\mathcal{M}$是正变加法正合函子（根据命题4-1-2，可将它视为$\mathcal{C}omp_R\rightarrow\mathcal{C}omp_S$的函子），则$T$与同调函子$H_n$可交换，即对于任意$R$-模复形$A$，有$S$-模同构：

$$H_n(TA)\cong TH_n(A)。$$

证明　有正合列（i是包含同态，π是自然同态）：

$$0\longrightarrow B_n(A)\xrightarrow{\ i\ }Z_n(A)\xrightarrow{\ \pi\ }H_n(A)\longrightarrow 0。$$

由于T是正变加性正合函子，从而有正合列：

$$0\longrightarrow TB_n(A)\xrightarrow{T(i)}TZ_n(A)\xrightarrow{T(\pi)}TH_n(A)\longrightarrow 0,$$

所以可得

$$TH_n(A)\cong TZ_n(A)/TB_n(A)。$$

由命题1-8-7知T保持核，即

$$TZ_n(A)=T\left(\ker d_n\right)\cong\ker\left(Td_n\right)。$$

由命题2-4-5知T保持像，即

$$TB_n(A)=T\left(\operatorname{Im}d_{n+1}\right)\cong\operatorname{Im}\left(Td_{n+1}\right),$$

所以可得

$$TH_n(A) \cong \ker(Td_n)/\operatorname{Im}(Td_{n+1}) = H_n(TA)。$$

证毕。

定义 4-1-10　子复形 商复形　设有复形 (A, d) 和 (A', d')，如果对于 $\forall n \in Z$，A'_n 是 A_n 的子模，并且 $d'_n = d_n|_{A'_n}$，则称 (A', d') 是 (A, d) 的子复形。这时 $d_n(A'_n) = d'_n(A'_n) \subseteq A'_{n-1}$，由命题2-1-7知同态 d_n：$A_n \to A_{n-1}$ 诱导同态：

$$\bar{d}_n\text{：} A_n/A'_n \to A_{n-1}/A'_{n-1}，\quad a_n + A'_n \mapsto d_n(a_n) + A'_{n-1}。$$

显然

$$\bar{d}_n \bar{d}_{n+1}(a_{n+1} + A'_{n+1}) = \bar{d}_n(d_{n+1}(a_{n+1}) + A'_n) = d_n d_{n+1}(a_{n+1}) + A'_{n-1} = 0,$$

表明有复形：

$$\cdots \longrightarrow A_{n+1}/A'_{n+1} \xrightarrow{\bar{d}_{n+1}} A_n/A'_n \xrightarrow{\bar{d}_n} A_{n-1}/A'_{n-1} \longrightarrow \cdots。$$

它称为商复形。

命题 4-1-14　设有复形 (A, d) 和 (A', d')，$f = \{f_n\}$：$A \to A'$ 是链同态，记

$$(\ker f, d)\text{：} \cdots \longrightarrow \ker f_{n+1} \xrightarrow{\bar{d}_{n+1}} \ker f_n \xrightarrow{\bar{d}_n} \ker f_{n-1} \longrightarrow \cdots,$$

$$(\operatorname{Im} f, d')\text{：} \cdots \longrightarrow \operatorname{Im} f_{n+1} \xrightarrow{d'_{n+1}} \operatorname{Im} f_n \xrightarrow{d'_n} \operatorname{Im} f_{n-1} \longrightarrow \cdots$$

$$(\operatorname{Coker} f, \bar{d})\text{：} \cdots \longrightarrow \operatorname{Co}\ker f_{n+1} \xrightarrow{\bar{d}'_{n+1}} \operatorname{Co}\ker f_n \xrightarrow{\bar{d}'_n} \operatorname{Co}\ker f_{n-1} \longrightarrow \cdots,$$

这里的 d_n 和 d'_n 其实是 d_n 和 d'_n 分别在 $\ker f_n$ 和 $\operatorname{Im} f_n$ 上的限制，有

$$\bar{d}'_n\text{：} \operatorname{Coker} f_n \to \operatorname{Coker} f_{n-1}，\quad a'_n + \operatorname{Im} f_n \mapsto d'_n(a'_n) + \operatorname{Im} f_{n-1},$$

则 $\ker f$ 是 A 的子复形，$\operatorname{Im} f$ 是 A' 的子复形，$\operatorname{Coker} f$ 是商复形。

证明　有交换图：

$$\begin{array}{ccccccccc}
\cdots & \longrightarrow & A_{n+1} & \xrightarrow{d_{n+1}} & A_n & \xrightarrow{d_n} & A_{n-1} & \longrightarrow & \cdots \\
 & & \downarrow f_{n+1} & & \downarrow f_n & & \downarrow f_{n-1} & & \\
\cdots & \longrightarrow & A'_{n+1} & \xrightarrow{d'_{n+1}} & A'_n & \xrightarrow{d'_n} & A'_{n-1} & \longrightarrow & \cdots
\end{array}。$$

根据命题2-1-8知

$$d_n(\ker f_n) \subseteq \ker f_{n-1}，\quad d'_n(\operatorname{Im} f_n) \subseteq \operatorname{Im} f_{n-1},$$

所以上面 $(\ker f, d)$ 和 $(\operatorname{Im} f, d')$ 的定义是合理的。从而 $\ker f$ 是 A 的子复形，$\operatorname{Im} f$ 是 A' 的子复形，$\operatorname{Coker} f$ 是商复形。证毕。

定义 4-1-11　链正合列 复形正合列　设 (A, d)，(A', d')，(A'', d'') 是复形，f：$A \to A'$，f'：$A' \to A''$ 是链同态，若下面交换图的每个横行正合（列未必正合）：

$$\begin{array}{ccccccccc}
 & & \vdots & & \vdots & & \vdots & & \\
 & & \downarrow & & \downarrow & & \downarrow & & \\
0 & \longrightarrow & A_{n+1} & \xrightarrow{f_{n+1}} & A'_{n+1} & \xrightarrow{f'_{n+1}} & A''_{n+1} & \longrightarrow & 0 \\
 & & \downarrow{\scriptstyle d_{n+1}} & & \downarrow{\scriptstyle d'_{n+1}} & & \downarrow{\scriptstyle d''_{n+1}} & & \\
0 & \longrightarrow & A_{n} & \xrightarrow{f_{n}} & A'_{n} & \xrightarrow{f'_{n}} & A''_{n} & \longrightarrow & 0 \\
 & & \downarrow{\scriptstyle d_{n}} & & \downarrow{\scriptstyle d'_{n}} & & \downarrow{\scriptstyle d''_{n}} & & \\
0 & \longrightarrow & A_{n-1} & \xrightarrow{f_{n-1}} & A'_{n-1} & \xrightarrow{f'_{n-1}} & A''_{n-1} & \longrightarrow & 0 \\
 & & \downarrow & & \downarrow & & \downarrow & & \\
 & & \vdots & & \vdots & & \vdots & &
\end{array},$$

则称上图为链正合列或复形正合列，记为

$$0 \longrightarrow A \xrightarrow{f} A' \xrightarrow{f'} A'' \longrightarrow 0。$$

定义4-1-11′　上链正合列　上复形正合列　设$(A,\ d)$，$(A',\ d')$，$(A'',\ d'')$是上复形，f：$A \to A'$，f'：$A' \to A''$是上链同态，若下面交换图的每个横行正合（列未必正合）：

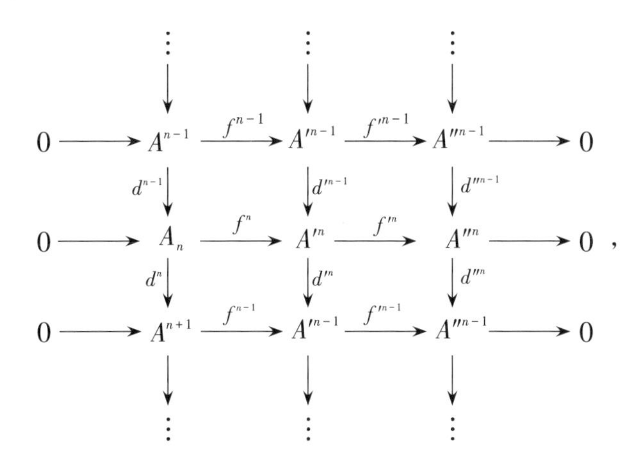

则称上图为上链正合列或上复形正合列，记为

$$0 \longrightarrow A \xrightarrow{f} A' \xrightarrow{f'} A'' \longrightarrow 0。$$

定理4-1-2　连接同态　设有复形正合列（定义4-1-11）：

$$0 \longrightarrow A' \xrightarrow{\lambda} A \xrightarrow{p} A'' \longrightarrow 0,$$

则对于$\forall n \in Z$，存在同态：

$$\partial_n\text{：}H_n(A'') \to H_{n-1}(A'),\quad z''_n + B_n(A'') \mapsto \lambda_{n-1}^{-1} d_n p_n^{-1}\left(z''_n\right) + B_{n-1}(A'),$$

称为连接同态。

证明　有行正合的交换图：

$$\begin{array}{ccccccccc}
0 & \longrightarrow & A'_{n+1} & \xrightarrow{\lambda_{n+1}} & A_{n+1} & \xrightarrow{p_{n+1}} & A''_{n+1} & \longrightarrow & 0 \\
 & & \downarrow d'_{n+1} & & \downarrow d_{n+1} & & \downarrow d''_{n+1} & & \\
0 & \longrightarrow & A'_{n} & \xrightarrow{\lambda_{n}} & A_{n} & \xrightarrow{p_{n}} & A''_{n} & \longrightarrow & 0 \\
 & & \downarrow d'_{n} & & \downarrow d_{n} & & \downarrow d''_{n} & & \\
0 & \longrightarrow & A'_{n-1} & \xrightarrow{\lambda_{n-1}} & A_{n-1} & \xrightarrow{p_{n-1}} & A''_{n-1} & \longrightarrow & 0 \\
 & & \downarrow d'_{n-1} & & \downarrow d_{n-1} & & \downarrow d''_{n-1} & & \\
0 & \longrightarrow & A'_{n-2} & \xrightarrow{\lambda_{n-2}} & A_{n-2} & \xrightarrow{p_{n-2}} & A''_{n-2} & \longrightarrow & 0
\end{array}。 \tag{4-1-8}$$

根据命题2-1-34有同态：

$$\delta_n:\ \ker d''_n \to A'_{n-1}/\operatorname{Im} d'_n,\quad z''_n \mapsto a'_{n-1} + \operatorname{Im} d'_n,$$

也就是

$$\delta_n:\ Z_n(A'') \to A'_{n-1}/B_{n-1}(A'),\quad z''_n \mapsto a'_{n-1} + B_{n-1}(A'),$$

其中（$a_n \in A_n$）

$$\lambda_{n-1}\left(a'_{n-1}\right) = d_n\left(a_n\right),\ p_n\left(a_n\right) = z''_n。 \tag{4-1-9}$$

由交换性有

$$\lambda_{n-2} d'_{n-1}\left(a'_{n-1}\right) = d_{n-1}\lambda_{n-1}\left(a'_{n-1}\right) = d_{n-1} d_n\left(a_n\right),$$

由于 $d_{n-1}d_n = 0$，所以 $\lambda_{n-2}d'_{n-1}\left(a'_{n-1}\right) = 0$。由于 λ_{n-2} 单，所以 $d'_{n-1}\left(a'_{n-1}\right) = 0$，说明 $a'_{n-1} \in \ker d'_{n-1} = Z_{n-1}(A')$。因此 δ_n 可写成

$$\delta_n:\ Z_n(A'') \to Z_{n-1}(A')/B_{n-1}(A'),\quad z''_n \mapsto a'_{n-1} + B_{n-1}(A'),$$

也就是

$$\delta_n:\ Z_n(A'') \to H_{n-1}(A'),\quad z''_n \mapsto \lambda^{-1}_{n-1} d_n p^{-1}_n\left(z''_n\right) + B_{n-1}(A')。$$

若 $z''_n \in B_n(A'') = \operatorname{Im} d''_{n+1}$，则有 $a''_{n+1} \in A''_{n+1}$，使得 $z''_n = d''_{n+1}\left(a''_{n+1}\right)$。由于 p_{n+1} 满，所以有 $a_{n+1} \in A_{n+1}$，使得 $a''_{n+1} = p_{n+1}\left(a_{n+1}\right)$。记 $\tilde{a}_n = d_{n+1}\left(a_{n+1}\right)$，由交换性可得

$$p_n\left(\tilde{a}_n\right) = p_n d_{n+1}\left(a_{n+1}\right) = d''_{n+1} p_{n+1}\left(a_{n+1}\right) = d''_{n+1}\left(a''_{n+1}\right) = z''_n。 \tag{4-1-10}$$

显然

$$d_n\left(\tilde{a}_n\right) = d_n d_{n+1}\left(a_{n+1}\right) = 0 = \lambda_{n-1}(0)。 \tag{4-1-10$'$}$$

由命题2-1-34知 δ_n 与式（4-1-9）中 a_n 的选择无关。对比式（4-1-9）与式（4-1-10）及式（4-1-10′），可把 a_n 换成 $\tilde{a}_n$，a'_{n-1} 换成0，即 $\delta_n\left(z''_n\right) = 0$，表明 $z''_n \in \ker \delta_n$，因此 $B_n(A'') \subseteq \ker \delta_n$。由命题2-1-7′知 δ_n 诱导同态：

$$\partial_n:\ Z_n(A'')/B_n(A'') \to H_{n-1}(A'),\quad z''_n + B_n(A'') \mapsto \delta_n\left(z''_n\right),$$

也就是

$$\partial_n：H_n(A'')\to H_{n-1}(A'),\quad z''_n+B_n(A'')\mapsto \lambda_{n-1}^{-1}d_n p_n^{-1}(z''_n)+B_{n-1}(A')。$$

证毕。

定理4-1-3　长正合列　若有复形正合列（定义4-1-11）：

$$0\longrightarrow A'\xrightarrow{\lambda}A\xrightarrow{p}A''\longrightarrow 0,$$

则有同调模的长正合列：

$$\cdots\longrightarrow H_n(A')\xrightarrow{\lambda_{*n}}H_n(A)\xrightarrow{p_{*n}}H_n(A'')\xrightarrow{\partial_n}H_{n-1}(A')\xrightarrow{\lambda_{*n-1}}\cdots,$$

其中，$\lambda_{*n}=H_n(\lambda)$，$p_{*n}=H_n(p)$（定义4-1-9），$\partial_n$ 是连接同态（定理4-1-2）。

证明　有行正合的交换图（4-1-8）。

（1）$\operatorname{Im}\lambda_{*n}=\ker p_{*n}$。

由定义4-1-9可得

$$p_{*n}\lambda_{*n}\big(a'_n+B_n(A')\big)=p_{*n}\big(\lambda_n(a'_n)+B_n(A)\big)=p_n\lambda_n(a'_n)+B_n(A''),$$

由复形正合性知 $p_n\lambda_n=0$，所以上式为 $p_{*n}\lambda_{*n}\big(a'_n+B_n(A')\big)=0$，从而 $p_{*n}\lambda_{*n}=0$，表明 $\operatorname{Im}\lambda_{*n}\subseteq\ker p_{*n}$。

设 $z_n\in Z_n(A)=\ker d_n$，$z_n+B_n(A)\in\ker p_{*n}$，则

$$0=p_{*n}\big(z_n+B_n(A)\big)=p_n(z_n)+B_n(A''),$$

即 $p_n(z_n)\in B_n(A'')=\operatorname{Im}d''_{n+1}$，所以存在 $a''_{n+1}\in A''_{n+1}$，使得

$$p_n(z_n)=d''_{n+1}(a''_{n+1})。$$

由于 p_{n+1}：$A_{n+1}\to A''_{n+1}$ 满，所以存在 $a_{n+1}\in A_{n+1}$，使得

$$a''_{n+1}=p_{n+1}(a_{n+1})。$$

由交换性得

$$p_n(z_n)=d''_{n+1}(a''_{n+1})=d''_{n+1}p_{n+1}(a_{n+1})=p_nd_{n+1}(a_{n+1}),$$

即

$$p_n\big(z_n-d_{n+1}(a_{n+1})\big)=0,$$

从而

$$z_n-d_{n+1}(a_{n+1})\in\ker p_n=\operatorname{Im}\lambda_n,$$

所以有 $a'_n\in A'_n$，使得

$$z_n-d_{n+1}(a_{n+1})=\lambda_n(a'_n)。$$

由交换性得

$$\lambda_{n-1}d'_n(a'_n)=d_n\lambda_n(a'_n)=d_n(z_n)-d_n d_{n+1}(a_{n+1})。$$

由于 $d_n d_{n+1}=0$， $z_n\in\ker d_n$，所以上式为 $\lambda_{n-1}d'_n(a'_n)=0$。由于 λ_{n-1} 单，所以 $d'_n(a'_n)=0$，表明 $a'_n\in\ker d'_n=Z_n(A')$，于是 $a'_n+B_n(A')\in H_n(A')$。有

$$\lambda_{*n}(a'_n+B_n(A))=\lambda_n(a'_n)+B_n(A)=z_n-d_{n+1}(a_{n+1})+B_n(A),$$

由于 $d_{n+1}(a_{n+1})\in\operatorname{Im}d_{n+1}=B_n(A)$，所以上式为

$$\lambda_{*n}(a'_n+B_n(A'))=z_n+B_n(A),$$

表明 $z_n+B_n(A)\in\operatorname{Im}\lambda_{*n}$。因此 $\ker p_{*n}\subseteq\operatorname{Im}\lambda_{*n}$。

（2） $\operatorname{Im}p_{*n}=\ker\partial_n$。

设 $z_n\in Z_n(A)=\ker d_n$， $z_n+B_n(A)\in H_n(A)$，则

$$\partial_n p_{*n}(z_n+B_n(A))=\partial_n(p_n(z_n)+B_n(A''))。$$

记

$$\partial_n(p_n(z_n)+B_n(A''))=z'_{n+1}+B_{n-1}(A')。$$

根据式（4-1-9），有 $a_n\in A_n$，使得

$$\lambda_{n-1}(z'_{n-1})=d_n(a_n),\quad p_n(a_n)=p_n(z_n)。$$

由于上式与 a_n 的选择无关，不妨取 $a_n=z_n$，则 $\lambda_{n-1}(z'_{n-1})=d_n(z_n)=0$，由于 λ_{n-1} 单，所以 $z'_{n-1}=0$，即 $\partial_n(p_n(z_n)+B_n(A''))=0$，所以 $\partial_n p_{*n}=0$，表明 $\operatorname{Im}p_{*n}\subseteq\ker\partial_n$。

设 $z''_n\in Z_n(A'')$， $z''_n+B_n(A'')\in\ker\partial_n\subseteq H_n(A'')$，记

$$\partial_n(z''_n+B_n(A''))=z'_{n-1}+B_{n-1}(A')。$$

根据式（4-1-9），有 $a_n\in A_n$，使得

$$\lambda_{n-1}(z'_{n-1})=d_n(a_n),\quad p_n(a_n)=z''_n。$$

由于 $\partial_n(z''_n+B_n(A''))=0$，所以 $z''_{n-1}\in B_{n-1}(A')=\operatorname{Im}d'_n$，从而有 $a'_n\in A'_n$，使得

$$z'_{n-1}=d'_n(a'_n)。$$

由交换性得

$$d_n(a_n)=\lambda_{n-1}(z'_{n-1})=\lambda_{n-1}d'_n(a'_n)=d_n\lambda_n(a'_n),$$

所以可得

$$d_n(a_n-\lambda_n(a'_n))=0,$$

表明 $a_n-\lambda_n(a'_n)\in\ker d_n=Z_n(A)$，于是 $a_n-\lambda_n(a'_n)+B_n(A)\in H_n(A)$，有

$$p_{*n}\big(a_n-\lambda_n(a'_n)+B_n(A)\big)=p_n(a_n)-p_n\lambda_n(a'_n)+B_n(A'')。$$

由于 $p_n(a_n)=z''_n$，$p_n\lambda_n=0$，所以上式为

$$p_{*n}\big(a_n-\lambda_n(a'_n)+B_n(A)\big)=z''_n+B_n(A''),$$

从而 $z''_n+B_n(A'')\in\operatorname{Im}p_{*n}$。所以 $\ker\partial_n\subseteq\operatorname{Im}p_{*n}$。

（3）$\operatorname{Im}\partial_n=\ker\lambda_{*n-1}$。

设 $z''_n\in Z_n(A'')$，$z''_n+B_n(A'')\in H_n(A'')$，记

$$\partial_n\big(z''_n+B_n(A'')\big)=z'_{n-1}+B_{n-1}(A')。$$

根据式（4-1-9），有 $a_n\in A_n$，使得

$$\lambda_{n-1}(z'_{n-1})=d_n(a_n),\quad p_n(a_n)=z''_n,$$

则

$$\lambda_{*n-1}\partial_n\big(z''_n+B_n(A'')\big)=\lambda_{n-1}(z'_{n-1})+B_{n-1}(A)=d_n(a_n)+B_{n-1}(A)。$$

由于 $d_n(a_n)\in\operatorname{Im}d_n=B_{n-1}(A)$，所以上式为 $\lambda_{*n-1}\partial_n\big(z''_n+B_n(A'')\big)=0$，说明 $\lambda_{*n-1}\partial_n=0$，因此 $\operatorname{Im}\partial_n\subseteq\ker\lambda_{*n-1}$。

设 $z'_{n-1}\in Z_{n-1}(A')$，$z'_{n-1}+B_{n-1}(A')\in\ker\lambda_{*n-1}\subseteq H_{n-1}(A')$，则

$$0=\lambda_{*n-1}\big(z'_{n-1}+B_{n-1}(A')\big)=\lambda_{n-1}(z'_{n-1})+B_{n-1}(A),$$

表明 $\lambda_{n-1}(z'_{n-1})\in B_{n-1}(A)=\operatorname{Im}d_n$，所以有 $a_n\in A_n$，使得

$$\lambda_{n-1}(z'_{n-1})=d_n(a_n)。$$

由交换性得

$$d''_np_n(a_n)=p_{n-1}d_n(a_n)=p_{n-1}\lambda_{n-1}(z'_{n-1})=0,$$

所以 $p_n(a_n)\in\ker d''_n=Z_n(A'')$，从而 $p_n(a_n)+B_n(A'')\in H_n(A'')$。记

$$\partial_n\big(p_n(a_n)+B_n(A'')\big)=\tilde{z}'_{n-1}+B_{n-1}(A')。$$

根据式（4-1-9），有 $\tilde{a}_n\in A_n$，使得

$$\lambda_{n-1}(\tilde{z}'_{n-1})=d_n(\tilde{a}_n),\quad p_n(\tilde{a}_n)=p_n(a_n)。$$

不妨取 $\tilde{a}_n=a_n$，则 $\tilde{z}'_{n-1}=z'_{n-1}$，即

$$z'_{n-1}+B_{n-1}(A')=\partial_n\big(p_n(a_n)+B_n(A'')\big)\in\operatorname{Im}\partial_n,$$

所以 $\ker\lambda_{*n-1}\subseteq\operatorname{Im}\partial_n$。证毕。

注（定理4-1-3） 可以将定理4-1-3（长正合列）用下面的正合三角形表示：

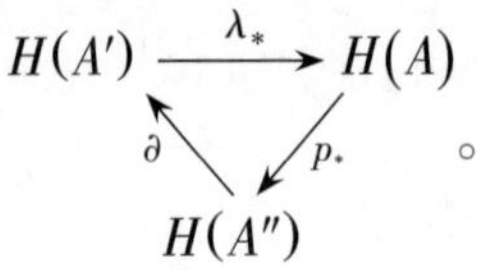

$$\begin{array}{ccc} H(A') & \xrightarrow{\lambda_*} & H(A) \\ & {}_{\partial}\nwarrow \quad \swarrow_{p_*} & \\ & H(A'') & \end{array}$$ 。

所以，也称定理4-1-3为正合三角形（exact triangle）定理。

定理4-1-3′ 长正合列 若有上复形正合列（定义4-1-11′）：

$$0 \longrightarrow A' \xrightarrow{\lambda} A \xrightarrow{p} A'' \longrightarrow 0,$$

则有上同调模的长正合列：

$$\cdots \longrightarrow H^n(A') \xrightarrow{\lambda^{*n}} H^n(A) \xrightarrow{p^{*n}} H^n(A'') \xrightarrow{\partial^n}$$

$$H^{n+1}(A') \xrightarrow{\lambda^{*n+1}} H^{n+1}(A) \xrightarrow{p^{*n+1}} H^{n+1}(A'') \longrightarrow \cdots,$$

其中，$\lambda^{*n} = H^n(\lambda)$，$p^{*n} = H^n(p)$（定义4-1-9），$\partial^n$ 是连接同态（定理4-1-2）。

定义 4-1-12 复形交换图 设 A，A'，B，B' 是复形，f：$A \to A'$，g：$B \to B'$，u：$A \to B$，v：$A' \to B'$ 是链同态，若

$$vf = gu，即 v_n f_n = g_n u_n，\quad n \in Z,$$

则有复形交换图：

$$\begin{array}{ccc} A & \xrightarrow{f} & A' \\ {\scriptstyle u}\downarrow & & \downarrow{\scriptstyle v} \\ B & \xrightarrow{g} & B' \end{array}$$ 。

上图完整画出来是

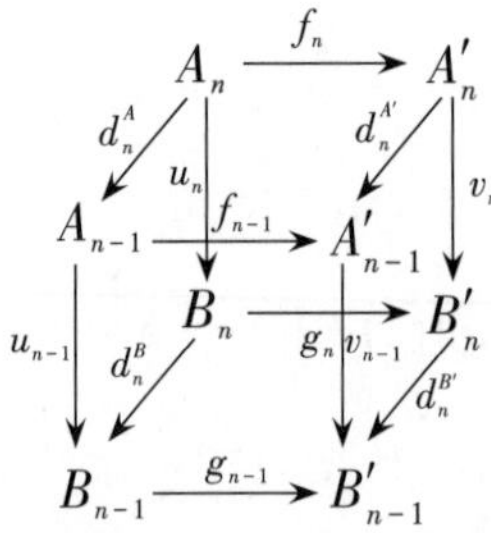

$$\begin{array}{ccccc} & A_n & \xrightarrow{f_n} & A'_n & \\ {\scriptstyle d_n^A}\swarrow & \downarrow{\scriptstyle u_n} & {\scriptstyle d_n^{A'}}\swarrow & & \downarrow{\scriptstyle v_n} \\ A_{n-1} & \xrightarrow{f_{n-1}} & A'_{n-1} & & \\ \downarrow{\scriptstyle u_{n-1}} & B_n & \xrightarrow{g_n} & B'_n & \\ & {\scriptstyle d_n^B}\swarrow & \downarrow{\scriptstyle v_{n-1}} & \swarrow{\scriptstyle d_n^{B'}} & \\ B_{n-1} & \xrightarrow{g_{n-1}} & B'_{n-1} & & \end{array}$$ 。

定理4-1-4 连接同态的自然属性 若有行正合的R-模复形交换图：

$$\begin{array}{ccccccccc} 0 & \longrightarrow & A' & \xrightarrow{\lambda} & A & \xrightarrow{p} & A'' & \longrightarrow & 0 \\ & & {\scriptstyle f}\downarrow & & {\scriptstyle g}\downarrow & & \downarrow{\scriptstyle h} & & \\ 0 & \longrightarrow & B' & \xrightarrow{\sigma} & A & \xrightarrow{q} & B'' & \longrightarrow & 0 \end{array},$$

则有行正合的R-模交换图：

$$\begin{array}{ccccccccccccc}
\cdots \longrightarrow & H_n(A') & \xrightarrow{\lambda_{*n}} & H_n(A) & \xrightarrow{p_{*n}} & H_n(A'') & \xrightarrow{\partial_n^A} & H_{n-1}(A') & \xrightarrow{\lambda_{*n-1}} & H_{n-1}(A) & \longrightarrow \cdots \\
& \downarrow{\scriptstyle f_{*n}} & & \downarrow{\scriptstyle g_{*n}} & & \downarrow{\scriptstyle h_{*n}} & & \downarrow{\scriptstyle f_{*n-1}} & & \downarrow{\scriptstyle g_{*n-1}} & \\
\cdots \longrightarrow & H_n(B') & \xrightarrow{\sigma_{*n}} & H_n(B) & \xrightarrow{q_{*n}} & H_n(B'') & \xrightarrow{\partial_n^B} & H_{n-1}(B') & \xrightarrow{\sigma_{*n-1}} & H_{n-1}(B) & \longrightarrow \cdots
\end{array},$$

其中，$f_{*n}=H_n(f)$，其余类似。

证明　行正合由定理4–1–3保证。

设 $z_n'\in Z_n(A')$，$z_n'+B_n(A')\in H_n(A')$，则

$$g_{*n}\lambda_{*n}\left(z_n'+B_n(A')\right)=g_{*n}\left(\lambda_n(z')_n+B_n(A)\right)=g_n\lambda_n(z')_n+B_n(B),$$

$$\sigma_{*n}f_{*n}\left(z_n'+B_n(A')\right)=\sigma_n f_n(z')_n+B_n(B),$$

由复形交换图知 $g_n\lambda_n=\sigma_n f_n$，所以 $g_{*n}\lambda_{*n}=\sigma_{*n}f_{*n}$，即有$R$-模交换图：

$$\begin{array}{ccc}
H_n(A') & \xrightarrow{\lambda_*} & H_n(A) \\
\downarrow{\scriptstyle f_{*n}} & & \downarrow{\scriptstyle g_{*n}} \\
H_n(B') & \xrightarrow{\sigma_{*n}} & H_n(B)
\end{array}。$$

同样，有

$$\begin{array}{ccc}
H_n(A) & \xrightarrow{p_{*n}} & H_n(A'') \\
\downarrow{\scriptstyle g_{*n}} & & \downarrow{\scriptstyle h_{*n}} \\
H_n(B) & \xrightarrow{q_{*n}} & H_n(B'')
\end{array}。$$

设 $z_n''\in Z_n(A')$，$z_n''+B_n(A'')\in H_n(A'')$，则

$$\partial_n^A\left(z_n''+B_n(A'')\right)=\lambda_{n-1}^{-1}d_n^A p_n^{-1}\left(z_n''\right)+B_{n-1}(A'),$$

$$f_{*n-1}\partial_n^A\left(z_n''+B_n(A'')\right)=f_{n-1}\lambda_{n-1}^{-1}d_n^A p_n^{-1}\left(z_n''\right)+B_{n-1}(B')。\tag{4–1–11}$$

$$h_{*n}\left(z_n''+B_n(A'')\right)=h_n\left(z_n''\right)+B_{n-1}(B''),$$

$$\partial_n^B h_{*n}\left(z_n''+B_n(A'')\right)=\sigma_{n-1}^{-1}d_n^B q_n^{-1}h_n\left(z_n''\right)+B_{n-1}(B')。\tag{4–1–12}$$

由复形交换图知

$$\sigma_{n-1}f_{n-1}=g_{n-1}\lambda_{n-1},\tag{4–1–13}$$

$$q_n g_n=h_n p_n。\tag{4–1–14}$$

由 g：$A\to B$ 是链同态知

$$g_{n-1}d_n^A=d_n^B g_n。\tag{4–1–15}$$

由式（4–1–13）和式（4–1–14）可得

$$f_{n-1}\lambda_{n-1}^{-1}=\sigma_{n-1}^{-1}g_{n-1},\tag{4–1–13′}$$

$$g_n p_n^{-1} = q_n^{-1} h_n。 \tag{4-1-14'}$$

由式（4-1-13′）、式（4-1-14′）和式（4-1-15）可得

$$f_{n-1}\lambda_{n-1}^{-1} d_n^A p_n^{-1} = \sigma_{n-1}^{-1} g_{n-1} d_n^A p_n^{-1} = \sigma_{n-1}^{-1} d_n^B g_n p_n^{-1} = \sigma_{n-1}^{-1} d_n^B q_n^{-1} h_n,$$

对比式（4-1-11）和式（4-1-12）可得

$$f_{*n-1}\partial_n^A = \partial_n^B h_{*n},$$

即有

$$\begin{array}{ccc} H_n(A'') & \xrightarrow{\partial_n^A} & H_{n-1}(A') \\ {\scriptstyle h_{*n}}\downarrow & & \downarrow{\scriptstyle f_{*n-1}} \\ H_n(B'') & \xrightarrow{\partial_n^B} & H_{n-1}(B') \end{array}。$$

证毕。

定理4-1-5　3×3引理　九引理　设有列正合的R-模交换图：

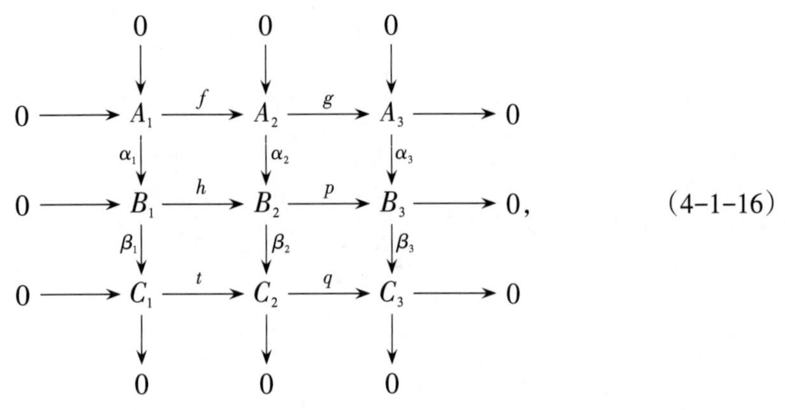

（4-1-16）

如果上面（或下面）两行正合，那么其余的行也正合。

或者，设有行正合的R-模交换图（4-1-16），如果左面（或右面）两列正合，那么其余的列也正合。

证明　设交换图（4-1-16）的列是正合的，则有

$$\ker\alpha_i = 0,\quad \operatorname{Coker}\beta_i = 0,\quad i = 1，2，3。$$

由命题2-1-15知有同构：

$$\bar{\beta}_i\text{：} \operatorname{Coker}\alpha_i \to C_i,\quad b_i + \operatorname{Im}\alpha_i \mapsto \beta_i(b_i),\quad i = 1，2，3。$$

若交换图（4-1-16）的上面两行正合，则由引理2-1-1′（蛇引理）知有正合列：

$$0 \longrightarrow \ker\alpha_1 \xrightarrow{f} \ker\alpha_2 \xrightarrow{g} \ker\alpha_3 \xrightarrow{\delta} \operatorname{Coker}\alpha_1 \xrightarrow{\bar{h}} \operatorname{Coker}\alpha_2 \xrightarrow{\bar{p}} \operatorname{Coker}\alpha_3 \longrightarrow 0。$$

由于 $\ker\alpha_i = 0$，上式即为

$$0 \longrightarrow \operatorname{Coker}\alpha_1 \xrightarrow{\bar{h}} \operatorname{Coker}\alpha_2 \xrightarrow{\bar{p}} \operatorname{Coker}\alpha_3 \longrightarrow 0。$$

设 $b_1 \in B_1$，$b_1 + \operatorname{Im}\alpha_1 \in \operatorname{Coker}\alpha_1$，则

$$\bar{\beta}_2\bar{h}(b_1+\operatorname{Im}\alpha_1)=\bar{\beta}_2(h(b_1)+\operatorname{Im}\alpha_2)=\beta_2 h(b_1),$$

$$t\bar{\beta}_1(b_1+\operatorname{Im}\alpha_1)=t\beta_1(b_1),$$

由交换性知 $\beta_2 h=t\beta_1$，所以可得

$$\bar{\beta}_2\bar{h}=t\bar{\beta}_1。$$

同样，有

$$\bar{\beta}_3\bar{p}=q\bar{\beta}_2,$$

即有交换图：

$$\begin{array}{ccccccccc} 0 & \longrightarrow & \operatorname{Coker}\alpha_1 & \xrightarrow{\bar{h}} & \operatorname{Coker}\alpha_2 & \xrightarrow{\bar{p}} & \operatorname{Coker}\alpha_3 & \longrightarrow & 0 \\ & & \downarrow{\scriptstyle\bar{\beta}_1} & & \downarrow{\scriptstyle\bar{\beta}_2} & & \downarrow{\scriptstyle\bar{\beta}_3} & & \\ 0 & \longrightarrow & C_1 & \xrightarrow{t} & C_2 & \xrightarrow{q} & C_3 & \longrightarrow & 0 \end{array}。$$

由命题2-1-21知上图第二行正合。

若交换图（4-1-16）的下面两行正合，则由引理2-1-1′（蛇引理）知有正合列：

$$0\longrightarrow\ker\beta_1\xrightarrow{h}\ker\beta_2\xrightarrow{p}\ker\beta_3\xrightarrow{\delta}\operatorname{Coker}\beta_1\xrightarrow{\bar{t}}\operatorname{Coker}\beta_2\xrightarrow{\bar{q}}\operatorname{Coker}\beta_3\longrightarrow 0。$$

由于 $\operatorname{Coker}\beta_i=0$，因此上式即为

$$0\longrightarrow\ker\beta_1\xrightarrow{h}\ker\beta_2\xrightarrow{p}\ker\beta_3\longrightarrow 0。$$

由交换图（4-1-16）的列正合性知上式即为

$$0\longrightarrow\operatorname{Im}\alpha_1\xrightarrow{h}\operatorname{Im}\alpha_2\xrightarrow{p}\operatorname{Im}\alpha_3\longrightarrow 0,$$

显然有交换图：

$$\begin{array}{ccccccccc} 0 & \longrightarrow & A_1 & \xrightarrow{f} & A_2 & \xrightarrow{g} & A_3 & \longrightarrow & 0 \\ & & \downarrow{\scriptstyle\alpha_1} & & \downarrow{\scriptstyle\alpha_2} & & \downarrow{\scriptstyle\alpha_3} & & \\ 0 & \longrightarrow & \operatorname{Im}\alpha_1 & \xrightarrow{h} & \operatorname{Im}\alpha_2 & \xrightarrow{p} & \operatorname{Im}\alpha_3 & \longrightarrow & 0 \end{array},$$

由于 α_i 单，所以上图中的 α_i 是同构，由命题2-1-21知上图第一行正合。证毕。

定理4-1-6 设有行正合的 R-模交换图：

$$\begin{array}{ccccccccccccc} \cdots & \longrightarrow & A_n & \xrightarrow{\lambda_n} & B_n & \xrightarrow{p_n} & C_n & \xrightarrow{\alpha_n} & A_{n-1} & \xrightarrow{\lambda_{n-1}} & B_{n-1} & \longrightarrow & \cdots \\ & & \downarrow{\scriptstyle\alpha_n} & & \downarrow{\scriptstyle\beta_n} & & \downarrow{\scriptstyle\gamma_n} & & \downarrow{\scriptstyle\alpha_{n-1}} & & \downarrow{\scriptstyle\beta_{n-1}} & & \\ \cdots & \longrightarrow & A'_n & \xrightarrow{\lambda'_n} & B'_n & \xrightarrow{p'_n} & C'_n & \xrightarrow{\alpha'_n} & A'_{n-1} & \xrightarrow{\lambda'_{n-1}} & B'_{n-1} & \longrightarrow & \cdots \end{array},$$

如果每个 γ_n 都是同构，则有 R-模正合列：

$$\cdots\longrightarrow A_n\xrightarrow{(\alpha_n,\ \lambda_n)}A'_n\oplus B_n\xrightarrow{\lambda'_n-\beta_n}B'_n\xrightarrow{\partial_n\gamma_n^{-1}p'_n}A_{n-1}\xrightarrow{(\alpha_{n-1},\ \lambda_{n-1})}A'_{n-1}\oplus B_{n-1}\longrightarrow\cdots,$$

其中

$$(\alpha_n,\ \lambda_n):\ A_n\to A'_n\oplus B_n,\quad a_n\mapsto(\alpha_n(a_n),\ \lambda_n(a_n)),$$

$$\lambda'_n-\beta_n:\ A'_n\oplus B_n\to B'_n,\quad (a'_n,\ b_n)\mapsto\lambda'_n(a'_n)-\beta_n(b_n)。$$

证明 （1）$\mathrm{Im}(\alpha_n, \lambda_n)=\ker(\lambda'_n-\beta_n)$。

设 $a_n\in A_n$，则

$$(\lambda'_n-\beta_n)(\alpha_n, \lambda_n)(a_n)=(\lambda'_n-\beta_n)(\alpha_n(a_n), \lambda_n(a_n))=\lambda'_n\alpha_n(a_n)-\beta_n\lambda_n(a_n)。$$

由交换性知上式为 $(\lambda'_n-\beta_n)(\alpha_n, \lambda_n)=0$，表明 $\mathrm{Im}(\alpha_n, \lambda_n)\subseteq\ker(\lambda'_n-\beta_n)$。

设 $(a'_n, b_n)\in\ker(\lambda'_n-\beta_n)\subseteq A'_n\oplus B_n$，则

$$0=(\lambda'_n-\beta_n)(a'_n, b_n)=\lambda'_n(a'_n)-\beta_n(b_n),$$

即

$$\lambda'_n(a'_n)=\beta_n(b_n)。\tag{4-1-17}$$

所以可得

$$p'_n\beta_n(b_n)=p'_n\lambda'_n(a'_n)=0。$$

由交换性有

$$\gamma_n p_n(b_n)=p'_n\beta_n(b_n)=0。$$

由于 γ_n 是同构，所以 $p_n(b_n)=0$，从而 $b_n\in\ker p_n=\mathrm{Im}\,\lambda_n$，所以有 $a_n\in A_n$，使得

$$b_n=\lambda_n(a_n)。\tag{4-1-18}$$

由式（4-1-17）和式（4-1-18）及交换性有

$$\lambda'_n(a'_n)=\beta_n(b_n)=\beta_n\lambda_n(a_n)=\lambda'_n\alpha_n(a_n),$$

即

$$\lambda'_n(a'_n-\alpha_n(a_n))=0,$$

所以 $a'_n-\alpha_n(a_n)\in\ker\lambda'_n=\mathrm{Im}\,\partial'_{n+1}$，从而有 $c'_n\in C'_n$，使得

$$a'_n-\alpha_n(a_n)=\partial'_{n+1}(c'_{n+1})。\tag{4-1-19}$$

令

$$c_{n+1}=\gamma^{-1}_{n+1}(c'_{n+1}),$$

由交换性有

$$\partial'_{n+1}(c'_{n+1})=\partial'_{n+1}\gamma_{n+1}(c_{n+1})=\alpha_n\partial_{n+1}(c_{n+1})。\tag{4-1-20}$$

由式（4-1-19）和式（4-1-20）得

$$a'_n-\alpha_n(a_n)=\alpha_n\partial_{n+1}(c_{n+1}),$$

即

$$\alpha_n(a_n+\partial_{n+1}(c_{n+1}))=a'_n。\tag{4-1-21}$$

由式（4-1-18）和式（4-1-21）可得

$$(\alpha_n,\ \lambda_n)\big(a_n+\partial_{n+1}(c_{n+1})\big)=\big(\alpha_n\big(a_n+\partial_{n+1}(c_{n+1})\big),\ \lambda_n\big(a_n+\partial_{n+1}(c_{n+1})\big)\big)$$
$$=\big(a'_n,\ b_n+\lambda_n\partial_{n+1}(c_{n+1})\big)=\big(a'_{n+1},\ b_n\big),$$

表明 $(a'_n,\ b_n)\in \mathrm{Im}(\alpha_n,\ \lambda_n)$，所以 $\ker(\lambda'_n-\beta_n)\subseteq \mathrm{Im}(\alpha_n,\ \lambda_n)$。

（2） $\mathrm{Im}(\lambda'_n-\beta_n)=\ker(\partial_n\gamma_n^{-1}p'_n)$。

设 $(a'_n,\ b_n)\in A'_n\oplus B_n$，则

$$\begin{aligned}(\partial_n\gamma_n^{-1}p'_n)(\lambda'_n-\beta_n)(a'_n,\ b_n)&=(\partial_n\gamma_n^{-1}p'_n)\big(\lambda'_n(a'_n)-\beta_n(b_n)\big)\\&=\partial_n\gamma_n^{-1}p'_n\lambda'_n(a'_n)-\partial_n\gamma_n^{-1}p'_n\beta_n(b_n)\\&=-\partial_n\gamma_n^{-1}p'_n\beta_n(b_n)\\&=-\partial_n\gamma_n^{-1}\gamma_np_n(b_n)\\&=-\partial_np_n(b_n)=0,\end{aligned}$$

即 $(\partial_n\gamma_n^{-1}p'_n)(\lambda'_n-\beta_n)=0$，所以 $\mathrm{Im}(\lambda'_n-\beta_n)\subseteq\ker(\partial_n\gamma_n^{-1}p'_n)$。

设 $b'_n\in\ker(\partial_n\gamma_n^{-1}p'_n)\subseteq B'_n$，即 $\partial_n\gamma_n^{-1}p'_n(b'_n)=0$，所以 $\gamma_n^{-1}p'_n(b'_n)\in\ker\partial_n=\mathrm{Im}\,p_n$，有 $b_n\in B_n$，使得

$$\gamma_n^{-1}p'_n(b'_n)=p_n(b_n)。$$

由交换性可得

$$p'_n(b'_n)=\gamma_np_n(b_n)=p'_n\beta_n(b_n),$$

即

$$p'_n\big(b'_n-\beta_n(b_n)\big)=0,$$

表明 $b'_n-\beta_n(b_n)\in\ker p'_n=\mathrm{Im}\,\lambda'_n$，有 $a'_n\in A'_n$，使得

$$b'_n-\beta_n(b_n)=\lambda'_n(a'_n),$$

即

$$b'_n=\lambda'_n(a'_n)+\beta_n(b_n)=(\lambda'_n-\beta_n)(a'_n,\ -b_n)\in\mathrm{Im}(\lambda'_n-\beta_n)。$$

所以 $\ker(\partial_n\gamma_n^{-1}p'_n)\subseteq\mathrm{Im}(\lambda'_n-\beta_n)$。

（3） $\mathrm{Im}(\partial_n\gamma_n^{-1}p'_n)=\ker(\alpha_{n-1},\ \lambda_{n-1})$。

设 $b'_n\in B'_n$，由可交换性得

$$\alpha_{n-1}\partial_n\gamma_n^{-1}p'_n(b'_n)=\partial'_n\gamma_n\gamma_n^{-1}p'_n(b'_n)=\partial'_np'_n(b'_n)=0,$$

由于 $\lambda_{n-1}\partial_n=0$，所以可得

$$(\alpha_{n-1},\ \lambda_{n-1})(\partial_n\gamma_n^{-1}p'_n)(b'_n)=\big(\alpha_{n-1}\partial_n\gamma_n^{-1}p'_n(b'_n),\ \lambda_{n-1}\partial_n\gamma_n^{-1}p'_n(b'_n)\big)=0,$$

即 $(\alpha_{n-1},\ \lambda_{n-1})(\partial_n\gamma_n^{-1}p'_n)=0$，所以 $\mathrm{Im}(\partial_n\gamma_n^{-1}p'_n)\subseteq\ker(\alpha_{n-1},\ \lambda_{n-1})$。

设 $a_{n-1}\in\ker(\alpha_{n-1},\ \lambda_{n-1})\subseteq A_{n-1}$，则

$$0=(\alpha_{n-1},\ \lambda_{n-1})(a_{n-1})=(\alpha_{n-1}(a_{n-1}),\ \lambda_{n-1}(a_{n-1})),$$

即

$$a_{n-1}\in\ker\alpha_{n-1},\quad a_{n-1}\in\ker\lambda_{n-1}=\operatorname{Im}\partial_n。$$

有 $c_n\in C_n$，使得

$$a_{n-1}=\partial_n(c_n)。$$

由交换性得

$$\alpha_{n-1}(a_{n-1})=\alpha_{n-1}\partial_n(c_n)=\partial'_n\gamma_n(c_n)。$$

而 $a_{n-1}\in\ker\alpha_{n-1}$，所以上式为 $\partial'_n\gamma_n(c_n)=0$，即 $\gamma_n(c_n)\in\ker\partial'_n=\operatorname{Im}p'_n$，从而有 $b'_n\in B'_n$，使得

$$\gamma_n(c_n)=p'_n(b'_n)。$$

所以可得

$$a_{n-1}=\partial_n(c_n)=\partial_n\gamma_n^{-1}\gamma_n(c_n)=\partial_n\gamma_n^{-1}p'_n(b'_n)\in\operatorname{Im}(\partial_n\gamma_n^{-1}p'_n),$$

从而 $\ker(\alpha_{n-1},\ \lambda_{n-1})\subseteq\operatorname{Im}(\partial_n\gamma_n^{-1}p'_n)$。证毕。

定义 4-1-13　零同伦的（nullhomotopic）　同伦的（homotopic）　设 $(A,\ d)$ 和 $(A',\ d')$ 是两个复形，$f\in\operatorname{Hom}_{Comp}(A,\ A')$ 是链同态。如果存在同态 s_n：$A_n\to A'_{n+1}$ $(n\in Z)$，使得

$$f_n=d'_{n+1}s_n+s_{n-1}d_n,\ \forall n\in Z, \tag{4-1-22}$$

则称 f 是零同伦的，记为

$$f\simeq 0。$$

同态族 $\{s_n\}_{n\in Z}$ 称为同伦映射。如果 f，$g\in\operatorname{Hom}_{Comp}(A,\ A')$ 是链同态，且 $f-g\simeq 0$，则称 f 与 g 是同伦的，记为

$$f\simeq g。$$

式（4-1-22）可用交换图表示，即

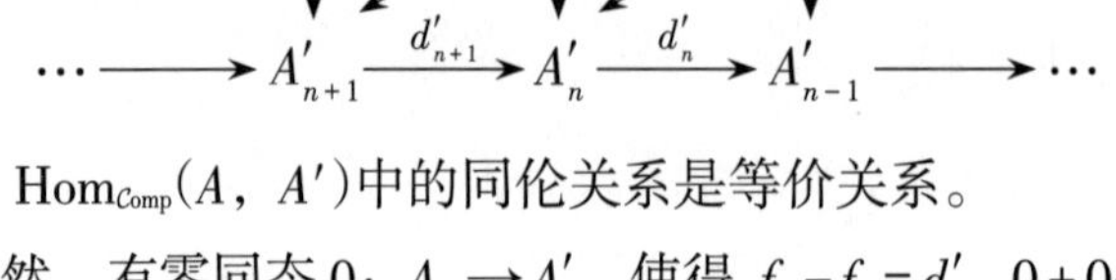

$$\begin{array}{ccccccccc}
\cdots & \longrightarrow & A_{n+1} & \xrightarrow{d_{n+1}} & A_n & \xrightarrow{d_n} & A_{n-1} & \longrightarrow & \cdots \\
 & & \downarrow f_{n+1} & \swarrow s_n & \downarrow f_n & \swarrow s_{n-1} & \downarrow f_{n-1} & & \\
\cdots & \longrightarrow & A'_{n+1} & \xrightarrow{d'_{n+1}} & A'_n & \xrightarrow{d'_n} & A'_{n-1} & \longrightarrow & \cdots
\end{array}。$$

命题 4-1-15　$\operatorname{Hom}_{Comp}(A,\ A')$ 中的同伦关系是等价关系。

证明　（1）显然，有零同态 0：$A_n\to A'_{n+1}$ 使得 $f_n-f_n=d'_{n+1}0+0d_n$，所以 $f\simeq f$。

（2）若 $f\simeq g$，则有 $f_n-g_n=d'_{n+1}s_n+s_{n-1}d_n$，于是 $g_n-f_n=d'_{n+1}(-s_n)+(-s_{n-1})d_n$，表明 $g\simeq f$。

（3）设 $f\simeq g$，$g\simeq h$，则有

$$f_n-g_n=d'_{n+1}s_n+s_{n-1}d_n,\quad g_n-h_n=d'_{n+1}s'_n+s'_{n-1}d_n,$$

于是

$$f_n-h_n=d'_{n+1}\left(s_n+s'_n\right)+\left(s_{n-1}+s'_{n-1}\right)d_n,$$

表明 $f\simeq h$。证毕。

命题4-1-16　设 f，g：$A\to A'$ 是 R-模链同态，T：${}_R\mathcal{M}\to{}_S\mathcal{M}$是加法函子，那么有

$$f\simeq g\Rightarrow T(f)\simeq T(g)。$$

证明　设

$$f_n-g_n=d'_{n+1}s_n+s_{n-1}d_n,$$

即

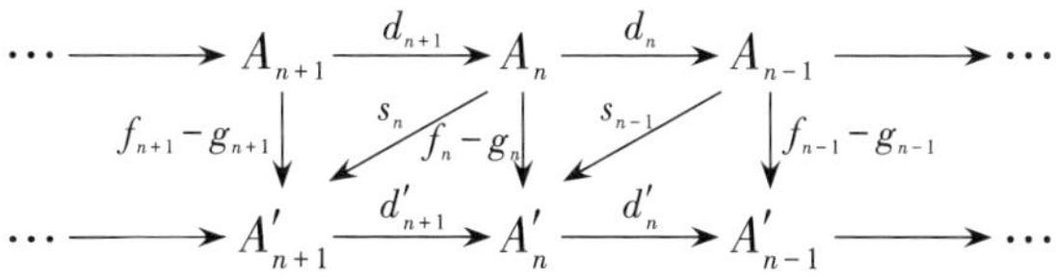

$$\begin{array}{ccccccccc}\cdots\longrightarrow & A_{n+1} & \xrightarrow{d_{n+1}} & A_n & \xrightarrow{d_n} & A_{n-1} & \longrightarrow\cdots \\ & {\scriptstyle f_{n+1}-g_{n+1}}\downarrow & \swarrow{\scriptstyle s_n} & {\scriptstyle f_n-g_n}\downarrow & \swarrow{\scriptstyle s_{n-1}} & \downarrow{\scriptstyle f_{n-1}-g_{n-1}} & \\ \cdots\longrightarrow & A'_{n+1} & \xrightarrow{d'_{n+1}} & A'_n & \xrightarrow{d'_n} & A'_{n-1} & \longrightarrow\cdots\end{array}。$$

若 T 正变，则

$$T\left(f_n\right)-T\left(g_n\right)=T\left(d'_{n+1}\right)T\left(s_n\right)+T\left(s_{n-1}\right)T\left(d_n\right),$$

即有

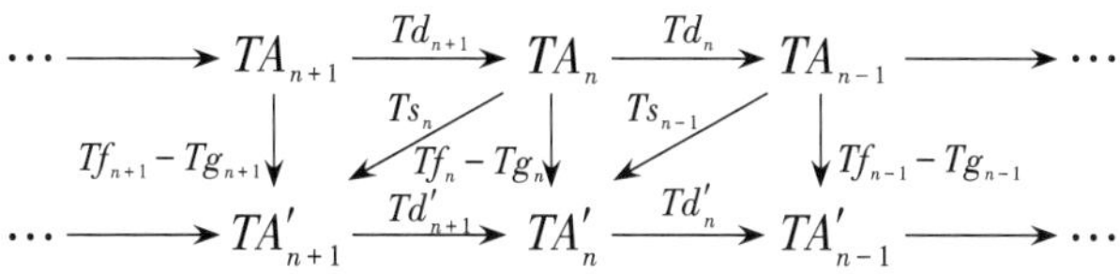

$$\begin{array}{ccccccccc}\cdots\longrightarrow & TA_{n+1} & \xrightarrow{Td_{n+1}} & TA_n & \xrightarrow{Td_n} & TA_{n-1} & \longrightarrow\cdots \\ & {\scriptstyle Tf_{n+1}-Tg_{n+1}}\downarrow & \swarrow{\scriptstyle Ts_n} & {\scriptstyle Tf_n-Tg_n}\downarrow & \swarrow{\scriptstyle Ts_{n-1}} & \downarrow{\scriptstyle Tf_{n-1}-Tg_{n-1}} & \\ \cdots\longrightarrow & TA'_{n+1} & \xrightarrow{Td'_{n+1}} & TA'_n & \xrightarrow{Td'_n} & TA'_{n-1} & \longrightarrow\cdots\end{array},$$

表明 $Tf\simeq Tg$。若 T 反变，则

$$Tf_n-Tg_n=\left(Td_n\right)\left(Ts_{n-1}\right)+\left(Ts_n\right)\left(Td'_{n+1}\right),$$

即有

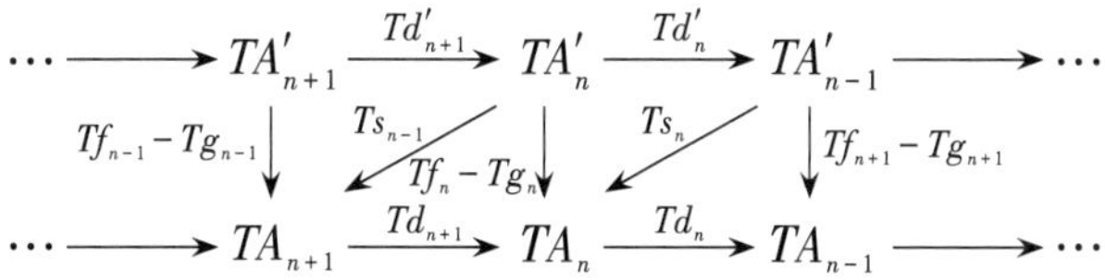

$$\begin{array}{ccccccccc}\cdots\longrightarrow & TA'_{n+1} & \xrightarrow{Td'_{n+1}} & TA'_n & \xrightarrow{Td'_n} & TA'_{n-1} & \longrightarrow\cdots \\ & {\scriptstyle Tf_{n-1}-Tg_{n-1}}\downarrow & \swarrow{\scriptstyle Ts_{n-1}} & {\scriptstyle Tf_n-Tg_n}\downarrow & \swarrow{\scriptstyle Ts_n} & \downarrow{\scriptstyle Tf_{n+1}-Tg_{n+1}} & \\ \cdots\longrightarrow & TA_{n+1} & \xrightarrow{Td_{n+1}} & TA_n & \xrightarrow{Td_n} & TA_{n-1} & \longrightarrow\cdots\end{array},$$

表明 $Tf\simeq Tg$。证毕。

定理4-1-7　设 f，g：$A\to A'$ 是链同态，则

$$f\simeq g\Rightarrow\left(H_n(f)=H_n(g),\ \forall n\in Z\right)。$$

证明 设

$$f_n - g_n = d'_{n+1}s_n + s_{n-1}d_n。$$

对于 $z_n \in Z_n(A)$, $z_n + B_n(A) \in H_n(A)$，有

$$\begin{aligned} H_n(f)(z_n + B_n(A)) - H_n(g)(z_n + B_n(A)) &= f_n(z_n) - g_n(z_n) + B_n(A') \\ &= d'_{n+1}s_n(z_n) + s_{n-1}d_n(z_n) + B_n(A')。\end{aligned}$$

由于 $z_n \in Z_n(A) = \ker d_n$，所以 $d_n(z_n) = 0$。又有 $d'_{n+1}s_n(z_n) \in \operatorname{Im} d'_{n+1} = B_n(A')$，所以上式右边为零，因此 $H_n(f) = H_n(g)$。证毕。

命题4-1-17 设 S 是环 R 的乘法闭集（定义B-29），则函子 S^{-1}（命题B-42）与同调函子可交换，即对于任意R-模复形 A，都有$S^{-1}R$-模同构：

$$H_n(S^{-1}A) \cong S^{-1}H_n(A)。$$

证明 S^{-1} 是正变加法正合函子（命题B-42、命题B-43）。由命题4-1-13可得结论。证毕。

命题4-1-18 若有复形：

$$(A, d): \cdots \longrightarrow A_{n+1} \xrightarrow{d_{n+1}} A_n \xrightarrow{d_n} A_{n-1} \longrightarrow \cdots,$$

则有正合列：

$$0 \longrightarrow Z_n(A) \xrightarrow{i_n} A_n \xrightarrow{\tilde{d}_n} B_{n-1}(A) \longrightarrow 0,$$

$$0 \longrightarrow B_n(A) \xrightarrow{j_n} Z_n(A) \xrightarrow{\pi_n} H_n(A) \longrightarrow 0,$$

$$0 \longrightarrow Z_n(A) \xrightarrow{i_n} A_n \xrightarrow{d'_n} Z_{n-1}(A) \xrightarrow{\pi_{n-1}} H_{n-1}(A) \longrightarrow 0,$$

其中，i_n，j_n 是包含同态，π_n 是自然同态，$\tilde{d}_n$ 是 d_n 在值域上的限制，$d'_n = j_{n-1}\tilde{d}_n$。

证明 有 $d_n = \tilde{i}_{n-1}\tilde{d}_n$，其中 $\tilde{i}_n$：$B_n \to A_n$ 是包含同态。由命题A-16（4）知 $\ker d_n = \ker \tilde{d}_n$，所以 $\ker \tilde{d}_n = Z_n = \operatorname{Im} i_n$，说明有第一个正合列。

第二个正合列是显然的。

有 $d_n = i'_{n-1}d'_n$，其中 i'_n：$Z_n \to A_n$ 是包含同态。同样可得 $\ker d'_n = \ker d_n = Z_n = \operatorname{Im} i_n$。显然 $\operatorname{Im} d'_n = \operatorname{Im} d_n = B_{n-1} = \ker \pi_{n-1}$。这样就得到第三个正合列。证毕。

4.2 导出函子

定义4-2-1 删除（上）复形 设 X 是形如

$$X: \cdots \longrightarrow X_1 \longrightarrow X_0 \longrightarrow M \longrightarrow 0$$

的复形，则由此诱导的复形为

$$X_M:\ \cdots\longrightarrow X_1\longrightarrow X_0\longrightarrow 0,$$

称为复形 X 的删除复形。

类似地，对于上复形：

$$Y:\ 0\longrightarrow N\longrightarrow Y^0\longrightarrow Y^1\longrightarrow\cdots,$$

也有删除上复形：

$$Y_N:\ 0\longrightarrow Y^0\longrightarrow Y^1\longrightarrow\cdots。$$

定理4-2-1　比较定理　设有 R-模同态 f：$A\to A'$ 及两个复形：

$$\begin{array}{lcccccccccc}
X: & \cdots & \longrightarrow & X_2 & \xrightarrow{d_2} & X_1 & \xrightarrow{d_1} & X_0 & \xrightarrow{\varepsilon} & A & \longrightarrow 0 \\
 & & & & & & & & & \downarrow f & \\
X': & \cdots & \longrightarrow & X'_2 & \xrightarrow{d'_2} & X'_1 & \xrightarrow{d'_1} & X'_0 & \xrightarrow{\varepsilon'} & A' & \longrightarrow 0
\end{array},$$

如果每个 X_n 是投射模，复形 X' 是正合的，那么 f 可诱导出删除复形之间的链同态 $\bar{f}=\left\{\bar{f}_n\right\}_{n\geqslant 0}$：$X_A\to X'_{A'}$，使得 $\varepsilon'\bar{f}_0=f\varepsilon$，即有交换图：

$$\begin{array}{ccccccccc}
\cdots\longrightarrow & X_2 & \xrightarrow{d_2} & X_1 & \xrightarrow{d_1} & X_0 & \xrightarrow{\varepsilon} & A & \longrightarrow 0 \\
 & \downarrow \bar{f}_2 & & \downarrow \bar{f}_1 & & \downarrow \bar{f}_0 & & \downarrow f & \\
\cdots\longrightarrow & X'_2 & \xrightarrow{d'_2} & X'_1 & \xrightarrow{d'_1} & X'_0 & \xrightarrow{\varepsilon'} & A' & \longrightarrow 0
\end{array},$$

并且诱导出的链同态是互相同伦的。

证明　由于 X' 正合，所以 ε'：$X'_0\to A'$ 满。有同态 $f\varepsilon$：$X_0\to A'$，由于 X_0 是投射模，根据定义3-2-1可知，存在 R-模同态 $\bar{f}_0$：$X_0\to X'_0$，使得

$$f\varepsilon=\varepsilon'\bar{f}_0,$$

即

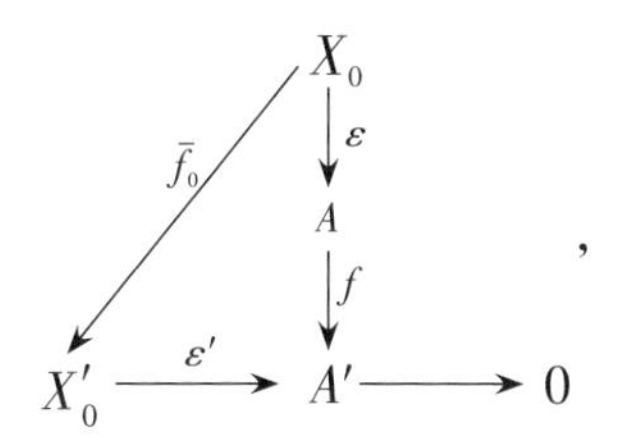

也就是

$$\begin{array}{ccc}
X_0 & \xrightarrow{\varepsilon} & A \\
\bar{f}_0\downarrow & & \downarrow f \\
X'_0 & \xrightarrow{\varepsilon} & A
\end{array}。$$

记

$$X_{-1}=A，\quad X'_{-1}=A'，\quad d_0=\varepsilon，\quad d'_0=\varepsilon'，\quad \bar{f}_{-1}=f,$$

对于 $n\geqslant 0$，假设已有（显然 $n=0$ 时成立）

$$\begin{array}{ccc} X_n & \xrightarrow{d_n} & X_{n-1} \\ \bar{f}_n\downarrow & & \downarrow\bar{f}_{n-1}, \\ X'_n & \xrightarrow{d'_n} & X'_{n-1} \end{array}$$

则

$$d'_n\bar{f}_n d_{n+1}=\bar{f}_{n-1}d_n d_{n+1}=0,$$

所以可得

$$\mathrm{Im}\left(\bar{f}_n d_{n+1}\right)\subseteq\ker d'_n。$$

由于 X' 正合，所以 $\ker d'_n=\mathrm{Im}\,d'_{n+1}$，从而有

$$\mathrm{Im}\left(\bar{f}_n d_{n+1}\right)\subseteq\mathrm{Im}\,d'_{n+1},$$

即有同态 $\bar{f}_n d_{n+1}$：$X_{n+1}\to\mathrm{Im}\,d'_{n+1}$。对于满同态 d'_{n+1}：$X'_{n+1}\to\mathrm{Im}\,d'_{n+1}$，由于 X_{n+1} 是投射模，所以存在同态 $\bar{f}_{n+1}$：$X_{n+1}\to X'_{n+1}$（定义3-2-1），使得

$$\bar{f}_n d_{n+1}=d'_{n+1}\bar{f}_{n+1}\,(n\geqslant 0),$$

即

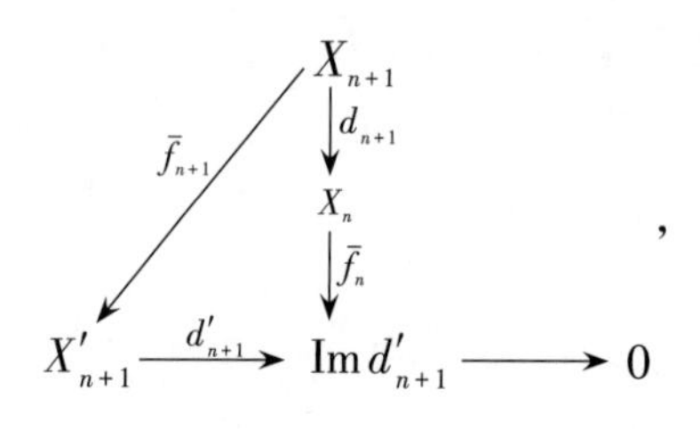

也就是

$$\begin{array}{ccc} X_{n+1} & \xrightarrow{d_{n+1}} & X_n \\ \bar{f}_{n+1}\downarrow & & \downarrow\bar{f}_n。 \\ X'_{n+1} & \xrightarrow{d'_{n+1}} & X'_n \end{array}$$

这样就得到了链同态 $\bar{f}=\left\{\bar{f}_n\right\}_{n\geqslant 0}$：$X_A\to X'_{A'}$。

设 $\bar{g}=\left\{\bar{g}_n\right\}_{n\geqslant 0}$：$X_A\to X'_{A'}$ 是另一个 f 诱导的链同态，即有

$$\bar{g}_n d_{n+1}=d'_{n+1}\bar{g}_{n+1},\quad n\geqslant 0,$$

且

$$f\varepsilon=\varepsilon'\bar{g}_0,$$

则

$$(\bar{f}_n-\bar{g}_n)d_{n+1}=d'_{n+1}(\bar{f}_{n+1}-\bar{g}_{n+1}),\ n\geqslant 0,\tag{4-2-1}$$

且

$$\varepsilon'(\bar{f}_0-\bar{g}_0)=0。$$

由于 X' 正合，所以 $\mathrm{Im}(\bar{f}_0-\bar{g}_0)\subseteq\ker\varepsilon'=\mathrm{Im}\,d'_1$，说明有同态 $\bar{f}_0-\bar{g}_0$：$X_0\to\mathrm{Im}\,d'_1$。有满同态 d'_1：$X'_1\to\mathrm{Im}\,d'_1$，由于 X_0 是投射模，所以存在同态 s_0：$X_0\to X'_1$（定义3-2-1），使得

$$\bar{f}_0-\bar{g}_0=d'_1s_0,\ \text{即}\ \begin{array}{ccccc} & & X_0 & & \\ & \swarrow^{s_0} & \downarrow{\scriptstyle \bar{f}_0-\bar{g}_0} & & \\ X'_1 & \xrightarrow{d'_1} & \mathrm{Im}\,d'_1 & \longrightarrow & 0\end{array}。$$

记

$$s_{-1}=0,$$

则

$$\bar{f}_0-\bar{g}_0=d'_1s_0+s_{-1}d_0。$$

对于 $n\geqslant 0$，假设已有 s_n 使得（显然 $n=0$ 时成立）

$$\bar{f}_n-\bar{g}_n=d'_{n+1}s_n+s_{n-1}d_n,$$

则

$$\begin{aligned} d'_{n+1}(\bar{f}_{n+1}-\bar{g}_{n+1}-s_nd_{n+1}) &= d'_{n+1}(\bar{f}_{n+1}-\bar{g}_{n+1})-d'_{n+1}s_nd_{n+1}\\ &= d'_{n+1}(\bar{f}_{n+1}-\bar{g}_{n+1})-(\bar{f}_n-\bar{g}_n-s_{n-1}d_n)d_{n+1}\\ &= d'_{n+1}(\bar{f}_{n+1}-\bar{g}_{n+1})-(\bar{f}_n-\bar{g}_n)d_{n+1}+s_{n-1}d_nd_{n+1}, \end{aligned}$$

由于 $d_nd_{n+1}=0$，再由式（4-2-1）可知

$$d'_{n+1}(\bar{f}_{n+1}-\bar{g}_{n+1}-s_nd_{n+1})=0,$$

所以可得

$$\mathrm{Im}(\bar{f}_{n+1}-\bar{g}_{n+1}-s_nd_{n+1})\subseteq\ker d'_{n+1}=\mathrm{Im}\,d'_{n+2},$$

说明有同态 $\bar{f}_{n+1}-\bar{g}_{n+1}-s_nd_{n+1}$：$X_{n+1}\to\mathrm{Im}\,d'_{n+2}$。有满同态 d'_{n+2}：$X'_{n+2}\to\mathrm{Im}\,d'_{n+2}$，由于 X_{n+1} 是投射模，所以存在同态 s_{n+1}：$X_{n+1}\to X'_{n+2}$（定义3-2-1），使得

$$\bar{f}_{n+1}-\bar{g}_{n+1}-s_nd_{n+1}=d'_{n+2}s_{n+1},\ \text{即}\ \begin{array}{ccccc} & & X_{n+1} & & \\ & \swarrow^{s_{n+1}} & \downarrow{\scriptstyle \bar{f}_{n+1}-\bar{g}_{n+1}-s_nd_{n+1}} & & \\ X'_{n+2} & \xrightarrow{d'_{n+2}} & \mathrm{Im}\,d'_{n+2} & \longrightarrow & 0\end{array},$$

即

$$\bar{f}_{n+1}-\bar{g}_{n+1}=d'_{n+2}s_{n+1}+s_n d_{n+1},$$

说明 $\bar{f}\simeq\bar{g}$。证毕。

定理4-2-1′　比较定理　设有R-模同态 f: $A\to A'$ 及两个上复形：

$$\begin{array}{l} X:\ 0\longrightarrow A\xrightarrow{\varepsilon}X^0\xrightarrow{d^0}X^1\xrightarrow{d^1}X^2\longrightarrow\cdots \\ \qquad\qquad\ \ \downarrow f \\ X':\ 0\longrightarrow A'\xrightarrow{\varepsilon'}X'^0\xrightarrow{d'^0}X'^1\xrightarrow{d'^1}X'^2\longrightarrow\cdots \end{array}。$$

如果上复形 X 是正合的，每个 X'^n 是内射模，那么 f 可诱导出删除上复形之间的上链同态 $\bar{f}=\left\{\bar{f}^n\right\}_{n\geqslant 0}$：$X_A\to X'_{A'}$，使得 $\bar{f}^0\varepsilon=\varepsilon' f$，即有交换图：

$$\begin{array}{ccccccccc} 0\longrightarrow & A & \xrightarrow{\varepsilon} & X^0 & \xrightarrow{d^0} & X^1 & \xrightarrow{d^1} & X^2 & \longrightarrow\cdots \\ & \downarrow f & & \downarrow \bar{f}^0 & & \downarrow \bar{f}^1 & & \downarrow \bar{f}^2 & \\ 0\longrightarrow & A' & \xrightarrow{\varepsilon'} & X'^0 & \xrightarrow{d'^0} & X'^1 & \xrightarrow{d'^1} & X'^2 & \longrightarrow\cdots \end{array},$$

并且诱导出的上链同态是互相同伦的。

定义4-2-2　定理4-2-1中的 $\bar{f}$ 称为同态 f 上（over f ）的链同态，称定理4-2-1′中的 $\bar{f}$ 称为同态 f 上的上链同态。

命题4-2-1

（1）若 $\bar{f}$ 和 $\bar{f}'$ 分别是同态 f: $A\to A'$ 和 f': $A\to A'$ 上的（上）链同态，那么 $r\bar{f}+r'\bar{f}'$ 是同态 $rf+r'f'$ 上的（上）链同态（r，$r'\in R$），从而有

$$r\bar{f}+r'\bar{f}'\simeq\overline{rf+r'f'}。$$

（2）若 $\bar{f}$ 和 $\bar{g}$ 分别是同态 f: $A\to A'$ 和 g: $A'\to A''$ 上的（上）链同态，那么 $\bar{g}\bar{f}$ 是同态 gf 上的（上）链同态，从而有

$$\bar{g}\bar{f}\simeq\overline{gf}。$$

证明　链同态情形如下。

（1）有

$$\bar{f}_n d_{n+1}=d'_{n+1}\bar{f}_{n+1},\quad \bar{f}'_n d_{n+1}=d'_{n+1}\bar{f}'_{n+1},\quad n\geqslant 0,$$

$$\varepsilon'\bar{f}_0=f\varepsilon,\quad \varepsilon'\bar{f}'_0=f'\varepsilon。$$

于是

$$\left(r\bar{f}_n+r'\bar{f}'_n\right)d_{n+1}=d'_{n+1}\left(r\bar{f}_{n+1}+r'\bar{f}'_{n+1}\right),\quad n\geqslant 0,$$

$$\varepsilon'\left(r\bar{f}_0+r'\bar{f}'_0\right)=\left(rf+r'f'\right)\varepsilon,$$

表明 $r\bar{f}+r'\bar{f}'$ 是 $rf+r'f'$ 上的链同态。

（2）有

$$\bar{f}_n d_{n+1}=d'_{n+1}\bar{f}_{n+1},\quad \bar{g}_n d'_{n+1}=d''_{n+1}\bar{g}_{n+1},\quad n\geqslant 0,$$

$$\varepsilon'\bar{f}_0=f\varepsilon,\quad \varepsilon''\bar{g}_0=g\varepsilon'。$$

于是

$$\left(\bar{g}_n\bar{f}_n\right)d_{n+1}=\bar{g}_n d'_{n+1}\bar{f}_{n+1}=d''_{n+1}\left(\bar{g}_{n+1}\bar{f}_{n+1}\right),$$

$$\varepsilon''\left(\bar{g}_0\bar{f}_0\right)=g\varepsilon'\bar{f}_0=\left(gf\right)\varepsilon,$$

表明 $\bar{g}\bar{f}$ 是 gf 上的链同态。

上链同态情形如下。

（1）有

$$d'^n\bar{f}^n=\bar{f}^{n+1}d^n,\quad d'^n\bar{f}'^n=\bar{f}'^{n+1}d^n,\quad n\geqslant 0,$$

$$\bar{f}^0\varepsilon=\varepsilon'f,\quad \bar{f}'^0\varepsilon=\varepsilon'f'。$$

于是

$$d'^n\left(r\bar{f}^n+r'\bar{f}'^n\right)=\left(r\bar{f}^{n+1}+r'\bar{f}'^{n+1}\right)d^n,\quad n\geqslant 0,$$

$$\left(r\bar{f}^0+r'\bar{f}'^0\right)\varepsilon=\varepsilon'\left(rf+r'f'\right),$$

表明 $r\bar{f}+r'\bar{f}'$ 是 $rf+r'f'$ 上的上链同态。

（2）有

$$d'^n\bar{f}^n=\bar{f}^{n+1}d^n,\quad d''^n\bar{g}^n=\bar{g}^{n+1}d'^n,\quad n\geqslant 0,$$

$$\bar{f}^0\varepsilon=\varepsilon'f,\quad \bar{g}^0\varepsilon'=\varepsilon''g。$$

于是

$$d''^n\left(\bar{g}^n\bar{f}^n\right)=\bar{g}^{n+1}d'^n\bar{f}^n=\left(\bar{g}^{n+1}\bar{f}^{n+1}\right)d^n,$$

$$\left(\bar{g}^0\bar{f}^0\right)\varepsilon=\bar{g}^0\varepsilon'f=\varepsilon''\left(gf\right),$$

表明 $\bar{g}\bar{f}$ 是 gf 上的上链同态。证毕。

命题4-2-2　设R-模 A 有投射模解：

$$P:\ \cdots\longrightarrow P_2\xrightarrow{d_2}P_1\xrightarrow{d_1}P_0\xrightarrow{\varepsilon}A\longrightarrow 0,$$

那么 $1_{P_A}=\left\{1_{P_n}\right\}_{n\geqslant 0}$：$P_A\to P_A$ 是 1_A：$A\to A$ 上的链同态。

设R-模 A 有内射模解：

$$E:\ 0\longrightarrow A\xrightarrow{\varepsilon}E^0\xrightarrow{d^0}E^1\xrightarrow{d^1}E^2\longrightarrow\cdots,$$

那么 $1_{E_A}=\left\{1_{E^n}\right\}_{n\geqslant 0}$：$E_A\to E_A$ 是 1_A：$A\to A$ 上的上链同态。

证明 显然$1_{P_n}d_{n+1}=d_{n+1}1_{P_{n+1}}(n\geqslant 0)$，$\varepsilon 1_{P_0}=1_A\varepsilon$。证毕。

命题4-2-3

（1）对于任意R-模A，由命题3-2-5知有投射模解（它是正合列）：

$$P:\ \cdots\longrightarrow P_2\xrightarrow{d_2}P_1\xrightarrow{d_1}P_0\xrightarrow{\varepsilon}A\longrightarrow 0,$$

相应地，有删除复形（P_0处未必正合）：

$$P_A:\ \cdots\longrightarrow P_2\xrightarrow{d_2}P_1\xrightarrow{d_1}P_0\longrightarrow 0。$$

设T：${}_R\mathcal{M}\to{}_S\mathcal{M}$是正变加法函子（由命题4-1-2知它也是$\mathcal{C}omp_R\to\mathcal{C}omp_S$的函子），则有$S$-模复形：

$$TP_A:\ \cdots\longrightarrow TP_2\xrightarrow{Td_2}TP_1\xrightarrow{Td_1}TP_0\longrightarrow 0。$$

于是，有同调模［注（定义4-1-5b）］：

$$H_n(TP_A)=\begin{cases}0,\ n<0\\ TP_0/\operatorname{Im}(Td_1),\ n=0\\ \ker(Td_n)/\operatorname{Im}(Td_{n+1}),\ n>0\end{cases}。$$

（2）设有R-模同态f：$A\to A'$。对于A和A'，有投射模解（它们都是正合的）：

$$P:\ \cdots\longrightarrow P_2\xrightarrow{d_2}P_1\xrightarrow{d_1}P_0\xrightarrow{\varepsilon}A\longrightarrow 0,$$

$$P':\ \cdots\longrightarrow P'_2\xrightarrow{d'_2}P'_1\xrightarrow{d'_1}P'_0\xrightarrow{\varepsilon'}A'\longrightarrow 0。$$

有删除复形：

$$P_A:\ \cdots\longrightarrow P_2\xrightarrow{d_2}P_1\xrightarrow{d_1}P_0\longrightarrow 0,$$

$$P'_{A'}:\ \cdots\longrightarrow P'_2\xrightarrow{d'_2}P'_1\xrightarrow{d'_1}P'_0\longrightarrow 0。$$

根据定理4-2-1（比较定理）可知有f上的链同态：

$$\bar{f}=\{\bar{f}_n\}_{n\geqslant 0}:\ P_A\to P'_{A'},$$

即有复形交换图（两行在P_0和P'_0处未必正合）：

$$\begin{array}{ccccccccc}\cdots & \longrightarrow & P_2 & \xrightarrow{d_2} & P_1 & \xrightarrow{d_1} & P_0 & \longrightarrow & 0\\ & & \downarrow{\bar{f}_2} & & \downarrow{\bar{f}_1} & & \downarrow{\bar{f}_0} & & \\ \cdots & \longrightarrow & P'_2 & \xrightarrow{d'_2} & P'_1 & \xrightarrow{d'_1} & P'_0 & \longrightarrow & 0\end{array}$$

满足

$$\varepsilon'\bar{f}_0=f\varepsilon。$$

设T：${}_R\mathcal{M}\to{}_S\mathcal{M}$是正变加法函子（由命题4-1-12知它也是$\mathcal{C}omp_R\to\mathcal{C}omp_S$的函子），则有$S$-模链同态：

$$T\bar{f}=\{T\bar{f}_n\}_{n\geqslant 0}:\ TP_A\to TP'_{A'},$$

即有S-模复形交换图（两行未必正合）：

$$\begin{array}{ccccccccc}\cdots \longrightarrow & TP_2 & \xrightarrow{Td_2} & TP_1 & \xrightarrow{Td_1} & TP_0 & \longrightarrow 0 \\ & \downarrow{T\bar{f}_2} & & \downarrow{T\bar{f}_1} & & \downarrow{T\bar{f}_0} & \\ \cdots \longrightarrow & TP'_2 & \xrightarrow{Td'_2} & TP'_1 & \xrightarrow{Td'_1} & TP'_0 & \longrightarrow 0\end{array},$$

并且满足

$$(T\varepsilon')(T\bar{f}_0)=(Tf)(T\varepsilon)。$$

有诱导同态（定义4–1–9）：

$$H_n(T\bar{f}):\ H_n(TP_A)\to H_n(TP'_{A'}),$$

$$z_n+B_n(TP_A)\mapsto(T\bar{f}_n)(z_n)+B_n(TP'_{A'})。$$

定义4–2–3 左导出函子 设T：${}_R\mathcal{M}\to{}_S\mathcal{M}$是正变加法函子，定义$T$的左导出函子：

$$\mathrm{L}_nT:\ {}_R\mathcal{M}\to{}_S\mathcal{M}$$

对于任意R-模A，令［命题4–2–3（1）］

$$(\mathrm{L}_nT)A=H_n(TP_A)=\begin{cases}0,\ n<0\\ TP_0/\mathrm{Im}(Td_1),\ n=0\\ \ker(Td_n)/\mathrm{Im}(Td_{n+1}),\ n>0\end{cases},\tag{4–2–2}$$

其中，P_A是A的投射模解的删除复形，即

$$P_A:\ \cdots\longrightarrow P_2\xrightarrow{d_2}P_1\xrightarrow{d_1}P_0\longrightarrow 0。$$

对于R-模同态f：$A\to A'$，令［命题4–2–3（2）］

$$(\mathrm{L}_nT)f=H_n(T\bar{f}):\ (\mathrm{L}_nT)A\to(\mathrm{L}_nT)B,$$

$$z_n+B_n(TP_A)\mapsto(T\bar{f}_n)(z_n)+B_n(TP'_{A'}),\tag{4–2–3}$$

其中，$\bar{f}=\{\bar{f}_n:\ P_n\to P'_n\}$：$P_A\to P'_{A'}$是$f$上的链同态。

注（定义4–2–3） 由定理4–2–1知f上的不同链同态相互同伦，再由定理4–1–7知同伦链同态的诱导同态相等，所以$(\mathrm{L}_nT)f$与$\bar{f}$的选择无关。由定理4–2–3知L_nT与投射模解的选择无关。

定理4–2–2 正变加法函子T：${}_R\mathcal{M}\to{}_S\mathcal{M}$的左导出函子$\mathrm{L}_nT$：${}_R\mathcal{M}\to{}_S\mathcal{M}$是正变加法函子。

证明 设有R-模同态列$A\xrightarrow{f}A'\xrightarrow{g}A''$，有

$$(\mathrm{L}_nT)(gf)=H_n\left(T\left(\overline{gf}\right)\right)。$$

记$\bar{f}$和$\bar{g}$分别是同态f和g上的链同态。由命题4–2–1（2）知$\overline{gf}\simeq\bar{g}\bar{f}$，由命题4–1–

16知 $T(\overline{gf}) \simeq T(\bar{g}\bar{f})$，由定理4-1-7知 $H_n(T(\overline{gf})) = H_n(T(\bar{g}\bar{f}))$，所以可得

$$(\mathrm{L}_n T)(gf) = H_n(T(\bar{g}\bar{f}))。$$

由于 T 正变，所以可得

$$上式 = H_n((T\bar{g})(T\bar{f})),$$

根据命题4-1-6，有

$$上式 = H_n(T\bar{g})H_n(T\bar{f}) = ((\mathrm{L}_n T)g)((\mathrm{L}_n T)f),$$

说明 $\mathrm{L}_n T$ 是正变的。

设 f，f'：$A \to A'$ 是 R-模同态，则

$$(\mathrm{L}_n T)(f+f') = H_n(T(\overline{f+f'}))。$$

根据命题4-2-1（1）知 $\overline{f+f'} \simeq \bar{f}+\bar{f}'$，由命题4-1-16和定理4-1-7知 $H_n(T(\overline{f+f'})) = H_n(T(\bar{f}+\bar{f}'))$，所以可得

$$(\mathrm{L}_n T)(f+f') = H_n(T(\bar{f}+\bar{f}'))。$$

由于 T 是加法的，所以可得

$$上式 = H_n(T\bar{f} + T\bar{f}'),$$

根据命题4-1-7，有

$$上式 = H_n(T\bar{f}) + H_n(T\bar{f}') = (\mathrm{L}_n T)f + (\mathrm{L}_n T)f'。$$

证毕。

定理4-2-3 设 T：${}_R\mathcal{M} \to {}_S\mathcal{M}$ 是正变加法函子。对于每个 R-模 A，都有两个投射模解：

$$P：\cdots \to P_2 \xrightarrow{d_2} P_1 \xrightarrow{d_1} P_0 \xrightarrow{\varepsilon} A \longrightarrow 0,$$

$$\hat{P}：\cdots \longrightarrow \hat{P}_2 \xrightarrow{\hat{d}_2} \hat{P}_1 \xrightarrow{\hat{d}_1} \hat{P}_0 \xrightarrow{\hat{\varepsilon}} A \longrightarrow 0。$$

$\mathrm{L}_n T$ 和 $\hat{\mathrm{L}}_n T$ 分别表示这两个投射模解定义的左导出函子，那么有自然等价（定义1-9-1）：

$$\mathrm{L}_n T \cong \hat{\mathrm{L}}_n T。$$

也就是说对任意 R-模 A 有同构：

$$\tau_A：(\mathrm{L}_n T)A \to (\hat{\mathrm{L}}_n T)A,$$

使得对任意 R-模同态 f：$A \to B$，有交换图：

$$\begin{array}{ccc} (\mathrm{L}_n T)A & \xrightarrow{(\mathrm{L}_n T)f} & (\mathrm{L}_n T)B \\ {\scriptstyle\tau_A}\downarrow & & \downarrow{\scriptstyle\tau_B} \\ (\hat{\mathrm{L}}_n T)A & \xrightarrow{(\hat{\mathrm{L}}_n T)f} & (\hat{\mathrm{L}}_n T)B \end{array}。$$

因此，$\mathrm{L}_n T$ 不依赖于投射模解的选择。

证明 考察复形图：

$$\begin{array}{lcccccccccc} P\text{：}\cdots & \longrightarrow & P_2 & \xrightarrow{d_2} & P_1 & \xrightarrow{d_1} & P_0 & \xrightarrow{\varepsilon} & A & \longrightarrow & 0 \\ & & & & & & & & \downarrow{1_A} & & \\ \hat{P}\text{：}\cdots & \longrightarrow & \hat{P}_2 & \xrightarrow{\hat{d}_2} & \hat{P}_1 & \xrightarrow{\hat{d}_1} & \hat{P}_0 & \xrightarrow{\hat{\varepsilon}} & A & \longrightarrow & 0 \end{array},$$

根据命题4-2-3（2），有 $T1_A = 1_{TA}$ 上的链同态 $T\bar{f} = \{T\bar{f}_n\}_{n\geqslant 0}$：$TP_A \to T\hat{P}_A$。有诱导同态（定义4-1-9）：

$$\tau_A = H_n(T\bar{f})\text{：}H_n(TP_A) \to H_n(T\hat{P}_A),$$

也就是

$$\tau_A = H_n(T\bar{f})\text{：}(\mathrm{L}_n T)A \to (\hat{\mathrm{L}}_n T)A\text{。}$$

考察复形图：

$$\begin{array}{lcccccccccc} \hat{P}\text{：}\cdots & \longrightarrow & \hat{P}_2 & \xrightarrow{\hat{d}_2} & \hat{P}_1 & \xrightarrow{\hat{d}_1} & \hat{P}_0 & \xrightarrow{\hat{\varepsilon}} & A & \longrightarrow & 0 \\ & & & & & & & & \downarrow{1_A} & & \\ P\text{：}\cdots & \longrightarrow & P_2 & \xrightarrow{d_2} & P_1 & \xrightarrow{d_1} & P_0 & \xrightarrow{\varepsilon} & A & \longrightarrow & 0 \end{array},$$

根据命题4-2-3（2），有 $T1_A = 1_{TA}$ 上的链同态 $T\bar{g} = \{T\bar{g}_n\}_{n\geqslant 0}$：$T\hat{P}_A \to TP_A$。有诱导同态（定义4-1-9）：

$$\sigma_A = H_n(T\bar{g})\text{：}H_n(T\hat{P}_A) \to H_n(TP_A),$$

也就是

$$\sigma_A = H_n(T\bar{g})\text{：}(\hat{\mathrm{L}}_n T)A \to (\mathrm{L}_n T)A\text{。}$$

由命题4-2-2知

$$1_{TP_A} = \{1_{TP_n}\}\text{：}TP_A \to TP_A$$

是 1_{TA} 上的链同态，由命题4-2-1（2）知

$$(T\bar{g})(T\bar{f}) \simeq 1_{TP_A},$$

由定理4-1-7知

$$H_n\big((T\bar{g})(T\bar{f})\big) = H_n\big(1_{TP_A}\big)\text{。}$$

由命题4-1-6和注（定义4-1-9）知上式为

$$H_n(T\bar{g})H_n(T\bar{f}) = 1_{H_n(TP_A)},$$

即

$$\sigma_A\tau_A=1_{(\mathrm{L}_nT)A}。$$

同样可得

$$\tau_A\sigma_A=1_{(\hat{\mathrm{L}}_nT)A}。$$

所以 τ_A 是同构。

考察复形图:

$$\begin{array}{lccccccccccc}
P: & \cdots & \longrightarrow & P_2 & \longrightarrow & P_1 & \longrightarrow & P_0 & \longrightarrow & A & \longrightarrow & 0 \\
 & & & & & & & & & \downarrow{\scriptstyle 1_A} & & \\
\hat{P}: & \cdots & \longrightarrow & \hat{P}_2 & \longrightarrow & \hat{P}_1 & \longrightarrow & \hat{P}_0 & \longrightarrow & A & \longrightarrow & 0, \\
 & & & & & & & & & \downarrow{\scriptstyle f} & & \\
\hat{Q}: & \cdots & \longrightarrow & \hat{Q}_2 & \longrightarrow & \hat{Q}_1 & \longrightarrow & \hat{Q}_0 & \longrightarrow & B & \longrightarrow & 0
\end{array}$$

有

$$\tau_A=H_n\left(T\bar{1}_A\right): (\mathrm{L}_nT)A\to\left(\hat{\mathrm{L}}_nT\right)A,$$

$$\left(\hat{\mathrm{L}}_nT\right)f=H_n\left(T\hat{f}\right): \left(\hat{\mathrm{L}}_nT\right)A\to\left(\hat{\mathrm{L}}_nT\right)A,$$

$$\left(\left(\hat{\mathrm{L}}_nT\right)f\right)\tau_A=H_n\left(T\hat{f}\right)H_n\left(T\bar{1}_A\right)=H_n\left(T\left(\hat{f}\bar{1}_A\right)\right), \tag{4-2-4}$$

其中，$\bar{1}_A$: $P_A\to\hat{P}_A$ 是 1_A 上的链同态，$\hat{f}$: $\hat{P}_A\to\hat{Q}_B$ 是 f 上的链同态。由命题4-2-1（2）知 $\hat{f}\bar{1}_A$: $P_A\to\hat{Q}_B$ 是 $f1_A=f$: $A\to B$ 上的链同态。考察复形图:

$$\begin{array}{lccccccccccc}
P: & \cdots & \longrightarrow & P_2 & \longrightarrow & P_1 & \longrightarrow & P_0 & \longrightarrow & A & \longrightarrow & 0 \\
 & & & & & & & & & \downarrow{\scriptstyle f} & & \\
Q: & \cdots & \longrightarrow & Q_2 & \longrightarrow & Q_1 & \longrightarrow & Q_0 & \longrightarrow & B & \longrightarrow & 0, \\
 & & & & & & & & & \downarrow{\scriptstyle 1_B} & & \\
\hat{Q}: & \cdots & \longrightarrow & \hat{Q}_2 & \longrightarrow & \hat{Q}_1 & \longrightarrow & \hat{Q}_0 & \longrightarrow & B & \longrightarrow & 0
\end{array}$$

有

$$(\mathrm{L}_nT)f=H_n\left(T\bar{f}\right): (\mathrm{L}_nT)A\to(\mathrm{L}_nT)B,$$

$$\tau_B=H_n\left(T\bar{1}_B\right): (\mathrm{L}_nT)B\to\left(\hat{\mathrm{L}}_nT\right)B,$$

$$\tau_B\left((\mathrm{L}_nT)f\right)=H_n\left(T\bar{1}_B\right)H_n\left(T\bar{f}\right)=H_n\left(T\left(\bar{1}_B\bar{f}\right)\right), \tag{4-2-5}$$

其中，$\bar{f}$: $P_A\to Q_B$ 是 f 上的链同态，$\bar{1}_B$: $Q_B\to\hat{Q}_B$ 是 1_B 上的链同态，由命题4-2-1（2）知 $\bar{1}_B\bar{f}$: $P_A\to\hat{Q}_B$ 是 $1_Bf=f$: $A\to B$ 上的链同态。就是说 $\hat{f}\bar{1}_B$: $P_A\to\hat{Q}_B$ 和 $\bar{1}_B\bar{f}$: $P_A\to\hat{Q}_B$ 都是 f: $A\to B$ 上的链同态，由定理4-2-1知

$$\hat{f}\bar{1}_A\simeq\bar{1}_B\bar{f},$$

由命题4-1-22知

$$T\left(\hat{f}\bar{1}_A\right)\simeq T\left(\bar{1}_B\bar{f}\right),$$

由定理4-1-23知

$$H_n\left(T\left(\hat{f}\bar{1}_A\right)\right)=H_n\left(T\left(\bar{1}_B\bar{f}\right)\right),$$

由式（4-2-4）和式（4-2-5）知上式就是

$$\left(\left(\hat{\mathrm{L}}_nT\right)f\right)\tau_A=\tau_B\left(\left(\mathrm{L}_nT\right)f\right),\text{ 即 }\begin{array}{ccc}(\mathrm{L}_nT)A & \xrightarrow{(\mathrm{L}_nT)f} & (\mathrm{L}_nT)B\\ \tau_A\downarrow & & \downarrow\tau_B\\ (\hat{\mathrm{L}}_nT)A & \xrightarrow{(\hat{\mathrm{L}}_nT)f} & (\hat{\mathrm{L}}_nT)B\end{array}。$$

证毕。

定义4-2-4　Tor函子　设B是R-S双模，定义

$$\mathrm{Tor}_n^R(-,\ B)=\mathrm{L}_n(-\otimes_R B)。$$

对于右R-模A，有投射模解的删除复形：

$$P_A:\ \cdots\longrightarrow P_2\xrightarrow{d_2}P_1\xrightarrow{d_1}P_0\longrightarrow 0,$$

于是有复形（根据命题4-1-2知$-\otimes_R B$是$\mathcal{C}\mathrm{omp}_R\to\mathcal{C}\mathrm{omp}_S$的函子）

$$P_A\otimes_R B:\ \cdots\longrightarrow P_2\otimes_R B\xrightarrow{d_2\otimes 1_B}P_1\otimes_R B\xrightarrow{d_1\otimes 1_B}P_0\otimes_R B\longrightarrow 0,$$

则

$$\mathrm{Tor}_n^R(A,\ B)=H_n(P_A\otimes_R B)=\begin{cases}0,\ n<0\\(P_0\otimes_R B)/\mathrm{Im}(d_1\otimes 1_B),\ n=0\\\ker(d_n\otimes 1_B)/\mathrm{Im}(d_{n+1}\otimes 1_B),\ n>0\end{cases}。\tag{4-2-6}$$

对于右R-模同态f：$A\to A'$，设$\bar{f}=\{\bar{f}_n\}$：$P_A\to P'_{A'}$是f上的链同态，则

$$\mathrm{Tor}_n^R(f,\ B)=H_n\left(\bar{f}\otimes 1_B\right):\ \mathrm{Tor}_n^R(A,\ B)\to\mathrm{Tor}_n^R(A',\ B),$$

$$z_n\otimes b+\mathrm{Im}\left(d_{n+1}\otimes 1_B\right)\mapsto\bar{f}_n(z_n)\otimes b+\mathrm{Im}\left(d'_{n+1}\otimes 1_B\right)。\tag{4-2-7}$$

定义4-2-4′　tor函子　设A是S-R双模，定义

$$\mathrm{tor}_n^R(A,\ -)=\mathrm{L}_n(A\otimes_R -)。$$

对于左R-模B，有投射模解的删除复形：

$$P_B:\ \cdots\longrightarrow P_2\xrightarrow{d_2}P_1\xrightarrow{d_1}P_0\longrightarrow 0,$$

于是有复形：

$$A\otimes_R P_B:\ \cdots\longrightarrow A\otimes_R P_2\xrightarrow{1_A\otimes d_2}A\otimes_R P_1\xrightarrow{1_A\otimes d_1}A\otimes_R P_0\longrightarrow 0,$$

则

$$\operatorname{tor}_n^R(A, B)=H_n(A\otimes_R P_B)=\begin{cases}0, & n<0\\ (A\otimes_R P_0)/\operatorname{Im}(1_A\otimes d_1), & n=0\\ \ker(1_A\otimes d_n)/\operatorname{Im}(1_A\otimes d_{n+1}), & n>0\end{cases}。\quad (4-2-8)$$

对于右 R-模同态 $f: B\to B'$，设 $\bar{f}=\{\bar{f}_n\}: P_B\to P'_{B'}$ 是 f 上的链同态，则

$$\operatorname{tor}_n^R(A, f)=H_n(1_A\otimes\bar{f}): \operatorname{Tor}_n^R(A, B)\to\operatorname{Tor}_n^R(A, B'),$$

$$a\otimes z_n+\operatorname{Im}(1_A\otimes d_{n+1})\mapsto a\otimes\bar{f}_n(z_n)+\operatorname{Im}(1_A\otimes d'_{n+1})。\quad (4-2-9)$$

注（定义4-2-4） 式（4-2-6）和式（4-2-8）是同构的（定理5-3-3）。

命题4-2-4 $\operatorname{Tor}_n^R(-, B)$ 和 $\operatorname{tor}_n^R(A, -)$ 都与投射模解的取法无关（根据定理4-2-3可知，不同投射模解定义的函子自然等价）。

命题4-2-5

（1）设 A 是 R-模，由定理3-3-12知有内射模解：

$$E: 0\longrightarrow A\xrightarrow{\varepsilon}E^0\xrightarrow{d^0}E^1\xrightarrow{d^1}E^2\longrightarrow\cdots,$$

有删除上复形：

$$E_A: 0\longrightarrow E^0\xrightarrow{d^0}E^1\xrightarrow{d^1}E^2\longrightarrow\cdots。$$

设 $T: {}_R\mathcal{M}\to{}_S\mathcal{M}$ 是正变加法函子，它也是正变加法函子 $\mathcal{C}omp_R\to\mathcal{C}omp_S$（命题4-1-2）。有 S-模上复形：

$$TE_A: 0\longrightarrow TE^0\xrightarrow{Td^0}TE^1\xrightarrow{Td^1}TE^2\longrightarrow\cdots,$$

于是有上同调模（它是 S-模）：

$$H^n(TE_A)=\begin{cases}0, & n<0\\ \ker(Td^0), & n=0\\ \ker(Td^n)/\operatorname{Im}(Td^{n-1}), & n>0\end{cases}。$$

（2）设 $f: A\to A'$ 是 R-模同态，A 与 A' 有内射模解（都是正合的）：

$$E: 0\longrightarrow A\xrightarrow{\varepsilon}E^0\xrightarrow{d^0}E^1\xrightarrow{d^1}E^2\longrightarrow\cdots,$$

$$E': 0\longrightarrow A'\xrightarrow{\varepsilon'}E'^0\xrightarrow{d'^0}E'^1\xrightarrow{d'^1}E'^2\longrightarrow\cdots。$$

有删除上复形：

$$E_A: 0\to E^0\xrightarrow{d^0}E^1\xrightarrow{d^1}E^2\longrightarrow\cdots,$$

$$E'_{A'}: 0\longrightarrow E'^0\xrightarrow{d'^0}E'^1\xrightarrow{d'^1}E'^2\longrightarrow\cdots。$$

由定理4-2-1′（比较定理）知有 f 上的上链同态：

$$\bar{f}=\{\bar{f}^n\}_{n\geq 0}:\ E_A \to E'_{A'}，即\quad \begin{array}{ccccccccc} 0 & \longrightarrow & TE^0 & \xrightarrow{Td^0} & TE^1 & \xrightarrow{Td^1} & TE^2 & \longrightarrow & \cdots \\ & & \downarrow{\scriptstyle T\bar{f}^0} & & \downarrow{\scriptstyle T\bar{f}^1} & & \downarrow{\scriptstyle T\bar{f}^2} & & \\ 0 & \longrightarrow & TE'^0 & \xrightarrow{Td'^0} & TE'^1 & \xrightarrow{Td'^1} & TE'^2 & \longrightarrow & \cdots \end{array}$$

满足

$$\bar{f}^0\varepsilon=\varepsilon' f。$$

设T：${}_R\mathcal{M}\to{}_S\mathcal{M}$是正变加法函子，它也是正变加法函子$\mathcal{C}\mathrm{omp}_R\to\mathcal{C}\mathrm{omp}_S$（命题4-1-2）。有上链同态：

$$T\bar{f}=\{T\bar{f}^n\}_{n\geq 0}:\ TE_A \to TE'_{A'}，即\quad \begin{array}{ccccccccc} 0 & \longrightarrow & TE^0 & \xrightarrow{Td^0} & TE^1 & \xrightarrow{Td^1} & TE^2 & \longrightarrow & \cdots \\ & & \downarrow{\scriptstyle T\bar{f}^0} & & \downarrow{\scriptstyle T\bar{f}^1} & & \downarrow{\scriptstyle T\bar{f}^2} & & \\ 0 & \longrightarrow & TE'^0 & \xrightarrow{Td'^0} & TE'^1 & \xrightarrow{Td'^1} & TE'^2 & \longrightarrow & \cdots \end{array}$$

满足

$$(T\bar{f}^0)(T\varepsilon)=(T\varepsilon')(Tf)。$$

于是，有诱导同态（$n\geq 0$）：

$$H^n(T\bar{f}):\ H^n(TE_A)\to H^n(TE'_{A'}),$$

$$z^n+B^n(TE_A)\to (T\bar{f}^n)(z^n)+B^n(TE'_{A'})。$$

定义4-2-5　正变右导出函子　设T：${}_R\mathcal{M}\to{}_S\mathcal{M}$是正变加法函子，定义$T$的右导出函子：

$$\mathrm{R}^nT:\ {}_R\mathcal{M}\to{}_S\mathcal{M},$$

对于任意R-模A，令［命题4-2-5（1）］

$$(\mathrm{R}^nT)A=H^n(TE_A)=\begin{cases}0，\ n<0\\ \ker(Td^0)，\ n=0\\ \ker(Td^n)/\mathrm{Im}(Td^{n-1})，\ n>0\end{cases}，\qquad(4\text{-}2\text{-}10)$$

其中，E_A是A的内射模解的删除上复形：

$$E_A:\ 0\longrightarrow E^0\xrightarrow{d^0}E^1\xrightarrow{d^1}E^2\longrightarrow\cdots。$$

对于任意R-模同态f：$A\to A'$，令［命题4-2-5（2）］

$$(\mathrm{R}^nT)f=H^n(T\bar{f}):\ (\mathrm{R}^nT)A\to(\mathrm{R}^nT)A',$$

$$z^n+B^n(TE_A)\to(T\bar{f}^n)(z^n)+B^n(TE'_{A'}),\qquad(4\text{-}2\text{-}11)$$

其中，$\bar{f}=\{\bar{f}^n:\ E^n\to E'^n\}$：$E_A\to E'_{A'}$是$f$上的上链同态。

命题4-2-6　正变加法函子T：${}_R\mathcal{M}\to{}_S\mathcal{M}$的右导出函子$\mathrm{R}^nT$：${}_R\mathcal{M}\to{}_S\mathcal{M}$是正变加法函子。

定义4-2-6　正变Ext函子　设A是R-S双模，定义

$$\mathrm{Ext}_R^n(A,\ -)=\mathrm{R}^n\big(\mathrm{Hom}_R(A,\ -)\big)。$$

对于左R-模B，有内射模解的删除上复形：

$$E_B:\ 0\longrightarrow E^0\xrightarrow{d^0}E^1\xrightarrow{d^1}E^2\longrightarrow\cdots,$$

于是有上复形（根据命题4-1-2可知，$\mathrm{Hom}_R(A,\ -)$视为$\mathcal{C}omp_R\to\mathcal{C}omp_S$的函子）：

$$\mathrm{Hom}_R(A,\ E_B):\ 0\longrightarrow\mathrm{Hom}_R(A,\ E^0)\xrightarrow{d_*^0}\mathrm{Hom}_R(A,\ E^1)\xrightarrow{d_*^1}\mathrm{Hom}_R(A,\ E^2)\to\cdots,$$

其中

$$d_*^n:\ \mathrm{Hom}_R(A,\ E^n)\longrightarrow\mathrm{Hom}_R(A,\ E^{n+1}),\quad \sigma^n\mapsto d^n\sigma^n。$$

从而有

$$\mathrm{Ext}_R^n(A,\ B)=H^n\big(\mathrm{Hom}_R(A,\ E_B)\big)=\begin{cases}0,\ n<0\\ \ker d_*^0,\ n=0\\ \ker d_*^n/\mathrm{Im}\,d_*^{n-1},\ n>0\end{cases}。\tag{4-2-12}$$

对于左R-模同态f: $B\to B'$，设

$$\bar{f}=\{\bar{f}^n:\ E^n\to E'^n\}:\ E_B\to E'_{B'}$$

是f上的上链同态，则有上链同态（$\mathrm{Hom}_R(A,\ -)$是$\mathcal{C}omp_R\to\mathcal{C}omp_S$的函子）：

$$\bar{f}_*=\mathrm{Hom}_R(A,\ \bar{f}):\ \mathrm{Hom}_R(A,\ E_B)\longrightarrow\mathrm{Hom}_R(A,\ E'_{B'}),$$

其分量为

$$\bar{f}_*=\{\bar{f}_*^n=\mathrm{Hom}_R(A,\ \bar{f}^n)\},$$

其中

$$\bar{f}_*^n:\ \mathrm{Hom}_R(A,\ E^n)\longrightarrow\mathrm{Hom}_R(A,\ E'^n),\quad \sigma^n\mapsto\bar{f}^n\sigma^n。$$

所以可得

$$H^n(\bar{f}_*):\ H^n\big(\mathrm{Hom}_R(A,\ E_B)\big)\longrightarrow H^n\big(\mathrm{Hom}_R(A,\ E'_{B'})\big),$$

$$z^n+\mathrm{Im}\,d_*^{n-1}\mapsto\bar{f}_*^n(z^n)+\mathrm{Im}\,d'^{n-1}_*=\bar{f}^nz^n+\mathrm{Im}\,d'^{n-1}_*,$$

也就是

$$\mathrm{Ext}_R^n(A,\ f)=H^n(\bar{f}_*):\ \mathrm{Ext}_R^n(A,\ B)\to\mathrm{Ext}_R^n(A,\ B'),$$

$$z^n+\mathrm{Im}\,d_*^{n-1}\mapsto\bar{f}^nz^n+\mathrm{Im}\,d'^{n-1}_*。\tag{4-2-13}$$

定理4-2-4　正变加法函子T: ${}_R\mathcal{M}\to{}_S\mathcal{M}$的右导出函子$\mathrm{R}^nT$: ${}_R\mathcal{M}\to{}_S\mathcal{M}$与内射模解无关。特别地，函子$\mathrm{Ext}_R^n(C,\ -)$与内射模解无关。

命题4-2-7

（1）设R-模A有投射模解的删除复形：

$$P_A:\ \cdots\longrightarrow P_2\xrightarrow{d_2}P_1\xrightarrow{d_1}P_0\longrightarrow 0。$$

设T：${}_R\mathcal{M}\to{}_S\mathcal{M}$是反变加性函子，它也是反变加法函子$T$：$\mathcal{C}omp_R\to\mathcal{C}omp_S$（命题4-1-2′），所以有$S$-模上复形：

$$TP_A:\ 0\longrightarrow TP_0\xrightarrow{Td_1}TP_1\xrightarrow{Td_2}TP_2\longrightarrow\cdots,$$

于是，有上同调模：

$$H^n(TP_A)=\begin{cases}0,\ n<0\\ \ker(Td_1),\ n=0\\ \ker(Td_{n+1})/\operatorname{Im}(Td_n),\ n>0\end{cases}。$$

（2）设有R-模同态f：$A\to A'$，有A和A'的投射模解：

$$P:\ \cdots\to P_2\xrightarrow{d_2}P_1\xrightarrow{d_1}P_0\xrightarrow{\varepsilon}A\longrightarrow 0,$$

$$P':\ \cdots\to P'_2\xrightarrow{d'_2}P'_1\xrightarrow{d'_1}P'_0\xrightarrow{\varepsilon'}A'\longrightarrow 0,$$

删除复形：

$$P_A:\ \cdots\longrightarrow P_2\xrightarrow{d_2}P_1\xrightarrow{d_1}P_0\longrightarrow 0,$$

$$P'_{A'}:\ \cdots\longrightarrow P'_2\xrightarrow{d'_2}P'_1\xrightarrow{d'_1}P'_0\longrightarrow 0。$$

根据定理4-2-1（比较定理），有f上的链同态$\bar{f}=\{\bar{f}_n\}$：$P_A\to P'_{A'}$，即有

$$\begin{array}{ccccccccc}\cdots & \longrightarrow & P_2 & \xrightarrow{d_2} & P_1 & \xrightarrow{d_1} & P_0 & \longrightarrow & 0\\ & & \downarrow{\scriptstyle\bar{f}_2} & & \downarrow{\scriptstyle\bar{f}_1} & & \downarrow{\scriptstyle\bar{f}_0} & & \\ \cdots & \longrightarrow & P'_2 & \xrightarrow{d'_2} & P'_1 & \xrightarrow{d'_1} & P'_0 & \longrightarrow & 0\end{array}$$

满足

$$\varepsilon'\bar{f}_0=f\varepsilon。$$

设T：${}_R\mathcal{M}\to{}_S\mathcal{M}$是反变加法函子，它也是反变加法函子$T$：$\mathcal{C}omp_R\to\mathcal{C}omp_S$（命题4-1-2′）。有上链同态$T\bar{f}=\{T\bar{f}_n\}$：$TP'_{A'}\to TP_A$，即有

$$\begin{array}{ccccccccc}0 & \longrightarrow & TP'_0 & \xrightarrow{Td'_1} & TP'_1 & \xrightarrow{Td'_2} & TP'_2 & \longrightarrow & \cdots\\ & & \downarrow{\scriptstyle T\bar{f}_0} & & \downarrow{\scriptstyle T\bar{f}_1} & & \downarrow{\scriptstyle T\bar{f}_2} & & \\ 0 & \longrightarrow & TP_0 & \xrightarrow{Td_1} & TP_1 & \xrightarrow{Td_2} & TP_2 & \longrightarrow & \cdots\end{array}$$

满足

$$\left(T\bar{f}_0\right)(T\varepsilon')=(T\varepsilon)(Tf)。$$

于是有诱导同态：

$$H^n\left(T\bar{f}\right)\text{：}H^n\left(TP'_{A'}\right)\to H^n\left(TP_A\right),$$

$$z'^n+\operatorname{Im}\left(Td'_n\right)\mapsto\left(T\bar{f}_n\right)(z'^n)+\operatorname{Im}\left(Td_n\right)。$$

定义 4-2-7 反变右导出函子 设 T：${}_R\mathcal{M}\to{}_S\mathcal{M}$ 是反变加法函子，定义 T 的右导出函子：

$$\mathrm{R}^nT\text{：}{}_R\mathcal{M}\to{}_S\mathcal{M},$$

对于任意 R-模 A，令［命题4-2-7（1）］

$$(\mathrm{R}^nT)A=H^n\left(TP_A\right)=\begin{cases}0, & n<0\\ \ker\left(Td_1\right), & n=0\\ \ker\left(Td_{n+1}\right)/\operatorname{Im}\left(Td_n\right), & n>0\end{cases},\tag{4-2-14}$$

其中，P_A 是 A 的投射模解的删除复形：

$$P_A\text{：}\cdots\longrightarrow P_2\xrightarrow{d_2}P_1\xrightarrow{d_1}P_0\longrightarrow 0,$$

T 作用在 P_A 上，即

$$TP_A\text{：}0\longrightarrow TP_0\xrightarrow{Td_1}TP_1\xrightarrow{Td_2}TP_2\longrightarrow\cdots。$$

对于任意 R-模同态 f：$A\to A'$，令［命题4-2-7（2）］

$$(\mathrm{R}^nT)f=H^n\left(T\bar{f}\right)\text{：}(\mathrm{R}^nT)A'\to(\mathrm{R}^nT)A,$$

$$z'^n+\operatorname{Im}\left(Td'_n\right)\mapsto\left(T\bar{f}_n\right)(z'^n)+\operatorname{Im}\left(Td_n\right),\tag{4-2-15}$$

其中，$\bar{f}=\left\{\bar{f}_n\text{：}P_n\to P'_n\right\}$：$P_A\to P'_{A'}$ 是 f 上的链同态。

命题 4-2-8 反变加法函子 T：${}_R\mathcal{M}\to{}_S\mathcal{M}$ 的右导出函子 R^nT：${}_R\mathcal{M}\to{}_S\mathcal{M}$ 是反变加法函子。

证明 设有 R-模同态列 $A\xrightarrow{f}A'\xrightarrow{g}A''$，有

$$(\mathrm{R}^nT)(gf)=H^n\left(T\left(\overline{gf}\right)\right)。$$

记 $\bar{f}$ 和 $\bar{g}$ 分别是同态 f 和 g 上的链同态。由命题4-2-1（2）知 $\overline{gf}\simeq\bar{g}\bar{f}$，由命题4-1-16知 $T\left(\overline{gf}\right)\simeq T\left(\bar{g}\bar{f}\right)$，由定理4-1-7知 $H^n\left(T\left(\overline{gf}\right)\right)=H^n\left(T\left(\bar{g}\bar{f}\right)\right)$，所以可得

$$(\mathrm{R}^nT)(gf)=H^n\left(T\left(\bar{g}\bar{f}\right)\right)。$$

由于 T 反变，所以可得

$$上式=H^n\left(\left(T\bar{f}\right)\left(T\bar{g}\right)\right),$$

根据命题4-1-6，有

$$上式=H^n\left(T\bar{f}\right)H^n\left(T\bar{g}\right)=\left(\left(\mathrm{R}^nT\right)f\right)\left(\left(\mathrm{R}^nT\right)g\right),$$

说明 R^nT 是反变的。

设 f，f'：$A\to A'$ 是 R-模同态，则

$$\left(\mathrm{R}^nT\right)\left(f+f'\right)=H^n\left(T\left(\overline{f+f'}\right)\right)。$$

根据命题4-2-1（1）知 $\overline{f+f'}\simeq\bar{f}+\bar{f}'$，由命题4-1-16和定理4-1-7知 $H_n\left(T\left(\overline{f+f'}\right)\right)=H_n\left(T\left(\bar{f}+\bar{f}'\right)\right)$，所以可得

$$\left(\mathrm{R}^nT\right)\left(f+f'\right)=H^n\left(T\left(\bar{f}+\bar{f}'\right)\right)。$$

由于 T 是加法的，所以可得

$$上式=H^n\left(T\bar{f}+T\bar{f}'\right),$$

根据命题4-1-7，有

$$上式=H^n\left(T\bar{f}\right)+H^n\left(T\bar{f}'\right)=\left(\mathrm{R}^nT\right)f+\left(\mathrm{R}^nT\right)f'。$$

证毕。

定义4-2-8　反变ext函子　设 B 是 R-S 双模，定义

$$\mathrm{ext}_R^n(-,\ B)=R^n\left(\mathrm{Hom}_R(-,\ B)\right)。$$

对于左 R-模 A，它的投射模解的删除复形：

$$P_A:\ \cdots\longrightarrow P_2\xrightarrow{d_2}P_1\xrightarrow{d_1}P_0\longrightarrow 0。$$

有上复形（根据命题4-1-2′可知，$\mathrm{Hom}_R(-,\ B)$ 是 $\mathcal{C}omp_R\to\mathcal{C}omp_S$ 的反变函子）：

$$\mathrm{Hom}_R\left(P_A,\ B\right):\ 0\longrightarrow\mathrm{Hom}_R\left(P_0,\ B\right)\xrightarrow{d_1^*}\mathrm{Hom}_R\left(P_1,\ B\right)\xrightarrow{d_2^*}\mathrm{Hom}_R\left(P_2,\ B\right)\longrightarrow\cdots,$$

其中

$$d_n^*:\ \mathrm{Hom}_R\left(P_{n-1},\ B\right)\to\mathrm{Hom}_R\left(P_n,\ B\right),\quad \sigma^{n-1}\mapsto\sigma^{n-1}d_n。$$

从而有

$$\mathrm{ext}_R^n(A,\ B)=H^n\left(\mathrm{Hom}_R\left(P_A,\ B\right)\right)=\begin{cases}0,\ n<0\\ \ker d_1^*,\ n=0\\ \ker d_{n+1}^*/\operatorname{Im}d_n^*,\ n>0\end{cases}。\qquad(4\text{-}2\text{-}16)$$

对于左 R-模同态 f：$A\to A'$，设 f 上的链同态：

$$\bar{f}=\left\{\bar{f}_n:\ P_n\to P'_n\right\}:\ P_A\to P'_{A'},$$

其中，$P'_{A'}$ 是 A' 的投射模解的删除复形：

$$P'_{A'}:\ \cdots\longrightarrow P'_2\xrightarrow{d'_2}P'_1\xrightarrow{d'_1}P'_0\longrightarrow 0。$$

有上链同态（$\mathrm{Hom}_R(-,\ B)$ 是 $\mathcal{C}\mathrm{omp}_R\to\mathcal{C}\mathrm{omp}_S$ 的函子）：

$$\bar{f}^*=\mathrm{Hom}_R(\bar{f},\ B):\ \mathrm{Hom}_R(P'_{A'},\ B)\to\mathrm{Hom}_R(P_A,\ B),$$

其分量为

$$\bar{f}^*=\left\{\bar{f}_n^*=\mathrm{Hom}_R(\bar{f}_n,\ B)\right\},$$

其中

$$\bar{f}_n^*:\ \mathrm{Hom}_R(P'_n,\ B)\to\mathrm{Hom}_R(P_n,\ B),\quad \sigma'^n\mapsto\sigma'^n\bar{f}_n。$$

所以可得

$$H^n(\bar{f}^*):\ H^n\left(\mathrm{Hom}_R(P'_{A'},\ B)\right)\to H^n\left(\mathrm{Hom}_R(P_A,\ B)\right),$$

$$z'^n+\mathrm{Im}\,d'^*_n\mapsto\bar{f}_n^*(z'^n)+\mathrm{Im}\,d_n^*=z'^n\bar{f}_n+\mathrm{Im}\,d_n^*,$$

也就是

$$\mathrm{ext}_R^n(f,\ B)=H^n(\bar{f}^*):\ \mathrm{ext}_R^n(A',\ B)\to\mathrm{ext}_R^n(A,\ B),$$

$$z'^n+\mathrm{Im}\,d'^*_n\mapsto z'^n\bar{f}_n+\mathrm{Im}\,d_n^*。\tag{4-2-17}$$

注（定义4-2-8） 式（4-2-12）与式（4-2-16）中的定义是同构的（定理5-1-5）。

定理4-2-5 反变加法函子 T：${}_R\mathcal{M}\to{}_S\mathcal{M}$ 的右导出函子 R^nT：${}_R\mathcal{M}\to{}_S\mathcal{M}$ 与投射模解的选取无关。特别地，函子 $\mathrm{ext}_R^n(-,\ B)$ 与投射模解的选取无关。

命题4-2-9 设 P'，P'' 是投射模。若有行列都正合的图：

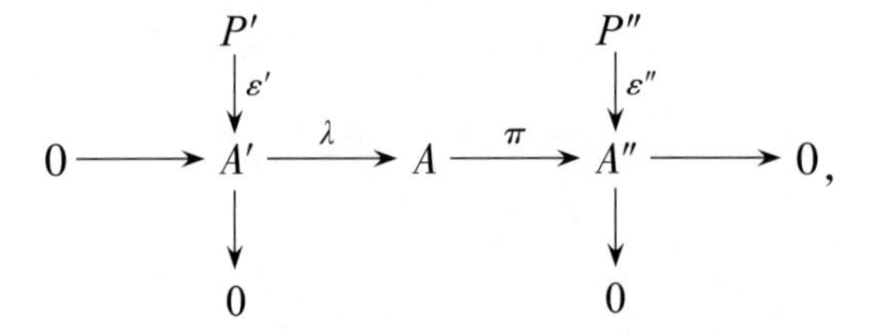

那么有投射模 P 及行列都正合的交换图（i'，i，i'' 是包含同态，$\tilde{\sigma}=\sigma|_{K'}$，$\tilde{p}=p|_K$）：

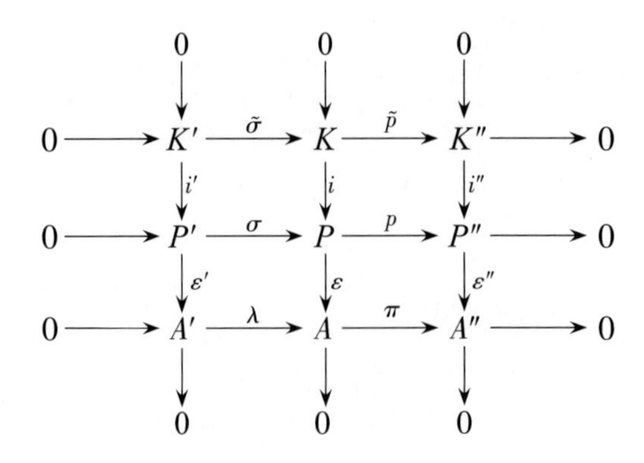

证明　记

$$K' = \ker \varepsilon', \quad K'' = \ker \varepsilon'',$$

则下图行列都正合（i' 和 i'' 是包含同态）：

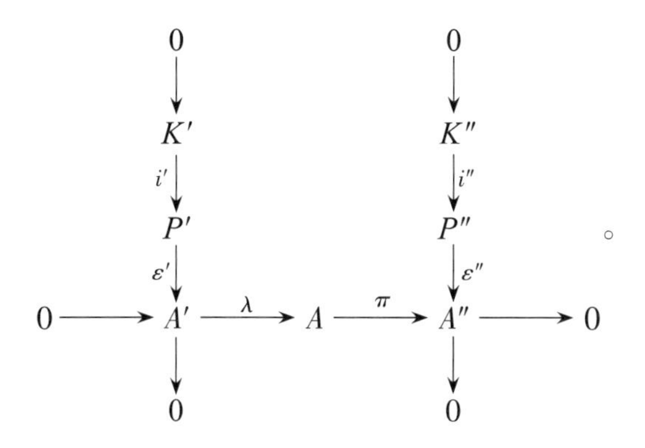

。

令

$$P = P' \oplus P'',$$

$$\sigma: P' \to P, \quad x' \mapsto (x', 0),$$

$$p: P \to P'', \quad (x', x'') \mapsto x''。$$

由命题3-2-6知 P 是投射模，且下图行列都正合：

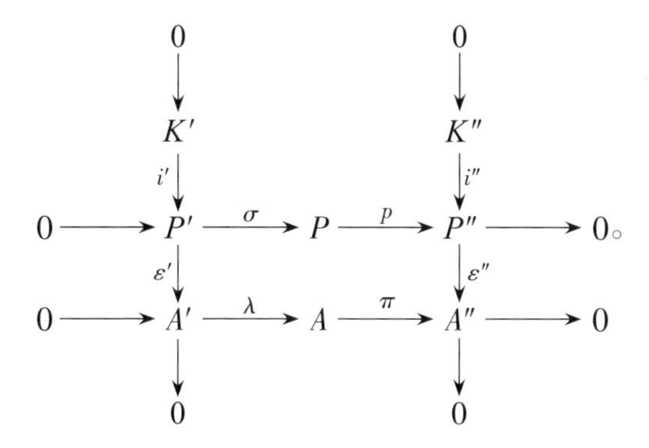

。

由于 P'' 是投射模，由定义3-2-1知有同态 $\gamma: P'' \to A$，使得

$$\varepsilon'' = \pi\gamma，\text{即} \quad \begin{array}{ccccc} & & P'' & & \\ & \swarrow^{\gamma} & \downarrow{\scriptstyle \varepsilon''} & & \\ A & \xrightarrow{\pi} & A'' & \longrightarrow & 0 \end{array}。$$

令

$$\varepsilon: P \to A, \quad (x', x'') \mapsto \lambda\varepsilon'(x') + \gamma(x''),$$

对于 $x' \in P'$ 有

$$\varepsilon\sigma(x') = \varepsilon(x', 0) = \lambda\varepsilon'(x'),$$

即

$$\varepsilon\sigma=\lambda\varepsilon'。$$

对于$(x',\ x'')\in P$有

$$\pi\varepsilon(x',\ x'')=\pi\big(\lambda\varepsilon'(x')+\gamma(x'')\big)=\pi\lambda\varepsilon'(x')+\pi\gamma(x''),$$

由于$\pi\lambda=0$，$\pi\gamma=\varepsilon''$，所以可得

$$上式=\varepsilon''(x'')=\varepsilon''p(x',\ x''),$$

即

$$\pi\varepsilon=\varepsilon''p。$$

从而有交换图：

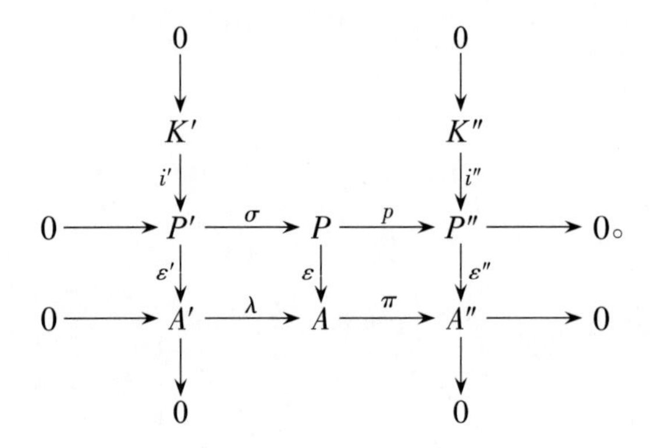

由引理1-7-1（短五引理 三引理）知ε满。令

$$K=\ker\varepsilon,$$

则下图中间列也正合（i是包含同态）：

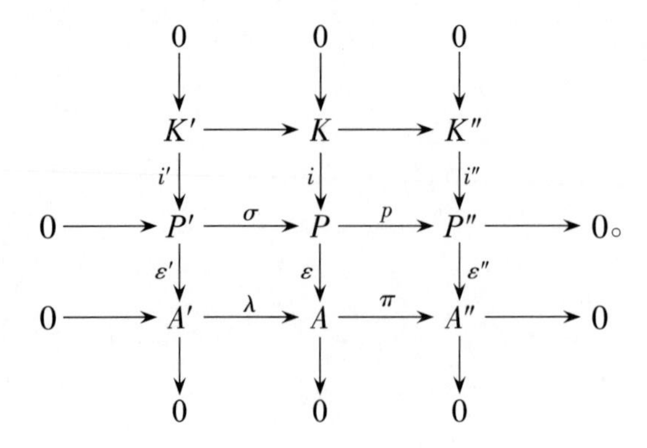

由命题2-1-8知$\sigma(\ker\varepsilon')\subseteq\ker\varepsilon$，即$\sigma(K')\subseteq K$，于是有同态$\tilde{\sigma}$：$K'\to K$。同样，有同态$\tilde{p}$：$K\to K''$。易验证

$$i\tilde{\sigma}=\sigma i',\quad i''\tilde{p}=pi。$$

所以有交换图

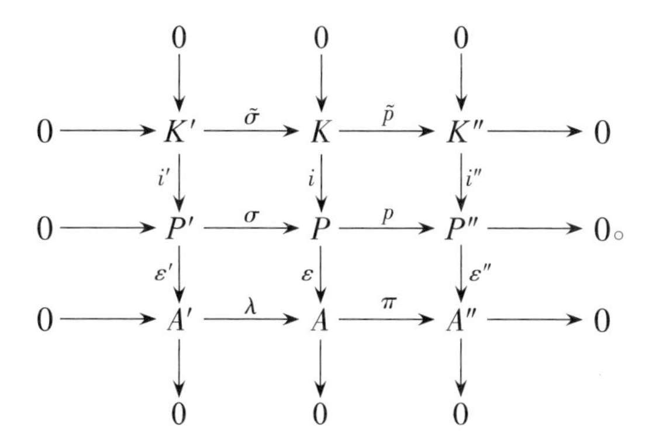

由定理4-1-5（九引理）知上图第一行正合。证毕。

引理4-2-1　马蹄引理（horseshoe lemma） 考虑R-模同态图：

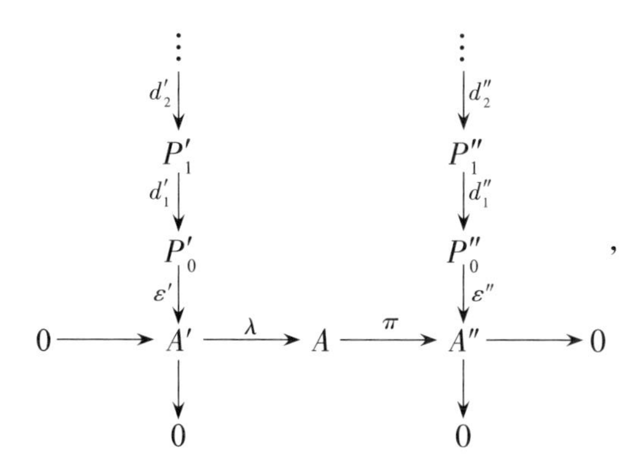

其中，行是正合列，列是对应模的投射模解，那么存在A的投射模解：

$$\cdots \longrightarrow P_2 \xrightarrow{d_2} P_1 \xrightarrow{d_1} P_0 \xrightarrow{\varepsilon} A \longrightarrow 0,$$

以及行列都正合的交换图：

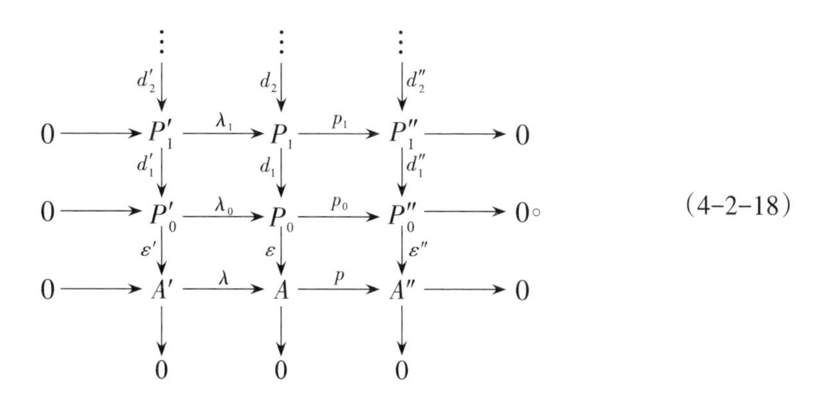

证明　由命题4-2-9知有行列都正合的交换图：

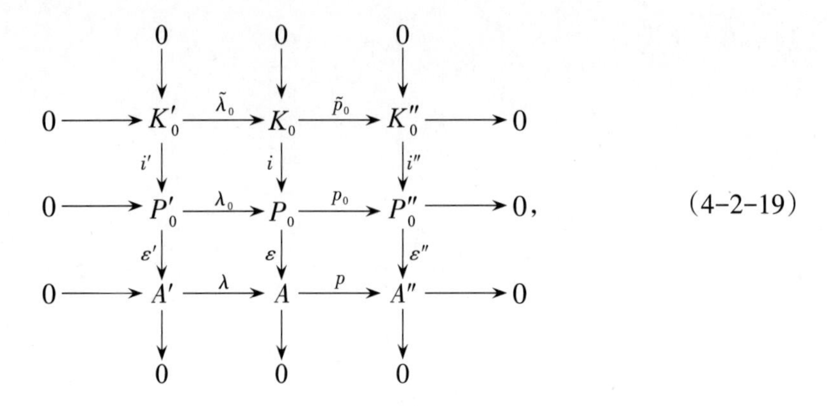

其中，P_0 是投射模，i'，i，i'' 是包含同态，$K'_0=\ker\varepsilon'$，$K_0=\ker\varepsilon$，$K''_0=\ker\varepsilon''$。

记

$$d'_0=\varepsilon',\quad d_0=\delta_0=\varepsilon,\quad d''_0=\varepsilon'',$$

$$K'_{-1}=A',\quad K_{-1}=A,\quad K''_{-1}=A''。$$

$$K'_n=\ker d'_n,\quad K''_n=\ker d''_n,\quad n\geqslant 0。$$

假设 $n\geqslant 0$ 时已经构造出行列都正合的交换图［$n=0$ 时就是式（4-2-19）］：

$$\begin{array}{ccccccccc}
 & & 0 & & 0 & & 0 & & \\
 & & \downarrow & & \downarrow & & \downarrow & & \\
0 & \longrightarrow & K'_n & \xrightarrow{\tilde{\lambda}_n} & K_n & \xrightarrow{\tilde{p}_n} & K''_n & \longrightarrow & 0 \\
 & & \downarrow{\scriptstyle i'} & & \downarrow{\scriptstyle i} & & \downarrow{\scriptstyle i''} & & \\
0 & \longrightarrow & P'_n & \xrightarrow{\lambda_n} & P_n & \xrightarrow{p_n} & P''_n & \longrightarrow & 0 \\
 & & \downarrow{\scriptstyle d'_n} & & \downarrow{\scriptstyle \delta_n} & & \downarrow{\scriptstyle d''_n} & & \\
0 & \longrightarrow & K'_{n-1} & \xrightarrow{\tilde{\lambda}_{n-1}} & K_{n-1} & \xrightarrow{\tilde{p}_{n-1}} & K''_{n-1} & \longrightarrow & 0 \\
 & & \downarrow & & \downarrow & & \downarrow & & \\
 & & 0 & & 0 & & 0 & &
\end{array}\tag{4-2-20}$$

由于

$$\operatorname{Im}d'_{n+1}=\ker d'_n=K'_n,\quad \operatorname{Im}d''_{n+1}=\ker d''_n=K''_n,\quad n\geqslant 0,$$

所以式（4-2-20）中的 d'_n 与 d''_n 是合理的。有行列都正合的图：

$$\begin{array}{ccccccccc}
 & & P'_{n+1} & & & & P''_{n+1} & & \\
 & & \downarrow{\scriptstyle d'_{n+1}} & & & & \downarrow{\scriptstyle d''_{n+1}} & & \\
0 & \longrightarrow & K'_n & \xrightarrow{\tilde{\lambda}_n} & K_n & \xrightarrow{\tilde{p}_n} & K''_n & \longrightarrow & 0, \\
 & & \downarrow & & & & \downarrow & & \\
 & & 0 & & & & 0 & &
\end{array}$$

由命题4-2-9知有投射模 P_{n+1} 及行列都正合的交换图：

$$
\begin{array}{ccccccccc}
 & & 0 & & 0 & & 0 & & \\
 & & \downarrow & & \downarrow & & \downarrow & & \\
0 & \longrightarrow & K'_{n+1} & \xrightarrow{\tilde{\lambda}_{n+1}} & K_{n-1} & \xrightarrow{\tilde{p}_{n+1}} & K''_{n+1} & \longrightarrow & 0 \\
 & & {\scriptstyle i'}\downarrow & & {\scriptstyle i}\downarrow & & \downarrow{\scriptstyle i''} & & \\
0 & \longrightarrow & P'_{n+1} & \xrightarrow{\lambda_{n+1}} & P_{n+1} & \xrightarrow{p_{n-1}} & P''_{n+1} & \longrightarrow & 0。 \\
 & & {\scriptstyle d'_{n+1}}\downarrow & & {\scriptstyle \delta_{n+1}}\downarrow & & \downarrow{\scriptstyle d''_{n+1}} & & \\
0 & \longrightarrow & K'_n & \xrightarrow{\tilde{\lambda}_n} & K_n & \xrightarrow{\tilde{p}_n} & K''_n & \longrightarrow & 0 \\
 & & \downarrow & & \downarrow & & \downarrow & & \\
 & & 0 & & 0 & & 0 & &
\end{array}
$$

由上图的下面两行与式（4-2-20）的上面两行可得

$$
\begin{array}{ccccccccc}
0 & \longrightarrow & P'_{n+1} & \xrightarrow{\lambda_{n+1}} & P_{n-1} & \xrightarrow{p_{n+1}} & P''_{n+1} & \longrightarrow & 0 \\
 & & {\scriptstyle d'_{n+1}}\downarrow & & {\scriptstyle \delta_{n+1}}\downarrow & & \downarrow{\scriptstyle d''_{n+1}} & & \\
0 & \longrightarrow & K'_n & \xrightarrow{\tilde{\lambda}_n} & K_n & \xrightarrow{\tilde{p}_n} & K''_n & \longrightarrow & 0, \\
 & & {\scriptstyle i'}\downarrow & & {\scriptstyle i}\downarrow & & \downarrow{\scriptstyle i''} & & \\
0 & \longrightarrow & P'_n & \xrightarrow{\lambda_n} & P_n & \xrightarrow{p_n} & P''_n & \longrightarrow & 0
\end{array}
$$

记

$$d_{n+1}=i\delta_{n+1},\quad n\geqslant 0,$$

则有行正合的交换图：

$$
\begin{array}{ccccccccc}
0 & \longrightarrow & P'_{n+1} & \xrightarrow{\lambda_{n+1}} & P_{n-1} & \xrightarrow{p_{n+1}} & P''_{n-1} & \longrightarrow & 0 \\
 & & {\scriptstyle d'_{n+1}}\downarrow & & {\scriptstyle d_{n+1}}\downarrow & & \downarrow{\scriptstyle d''_{n+1}} & & 。\\
0 & \longrightarrow & P'_n & \xrightarrow{\lambda_n} & P_n & \xrightarrow{p_n} & P''_n & \longrightarrow & 0
\end{array}
$$

由上图与式（4-2-19）的下面两行可得式（4-2-18）。由式（4-2-20）的正合性知 δ_n 满，且

$$\operatorname{Im} i=\ker\delta_n,\quad n\geqslant 0。$$

由命题A-16（3）知

$$\operatorname{Im} d_{n+1}=\operatorname{Im}(i\delta_{n+1})=\operatorname{Im} i=\ker\delta_n,\quad n\geqslant 0。$$

由命题A-16（4）知

$$\ker d_n=\begin{cases}\ker(i\delta_n)=\ker\delta_n,\ n\geqslant 1\\ \ker\delta_0=\ker\varepsilon,\ n=0\end{cases},$$

所以可得

$$\operatorname{Im} d_{n+1}=\ker d_n,\quad n\geqslant 0,$$

表明式（4-2-18）中间的列是正合的。证毕。

注（引理4-2-1） 引理4-2-1（马蹄引理）也可表述为，若有R-模正合列：

$$0\longrightarrow A'\xrightarrow{\lambda}A\xrightarrow{p}A''\longrightarrow 0,$$

则有投射模解构成的行列都正合的交换图：

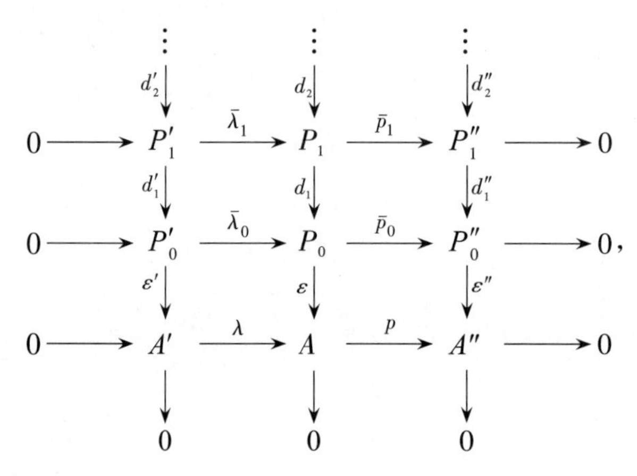

也就是说有分裂的复形正合列：

$$0\longrightarrow P'_{A'}\xrightarrow{\bar{\lambda}}P_A\xrightarrow{\bar{p}}P''_{A''}\longrightarrow 0,$$

其中

$$P_n=P'_n\oplus P''_n,$$

$$\lambda_n=P'_n\to P_n,\quad x'\mapsto(x',\ 0),$$

$$p_n=P_n\to P''_n,\quad (x',\ x'')\mapsto x''。$$

引理4-2-1′ 马蹄引理 考虑R-模同态图：

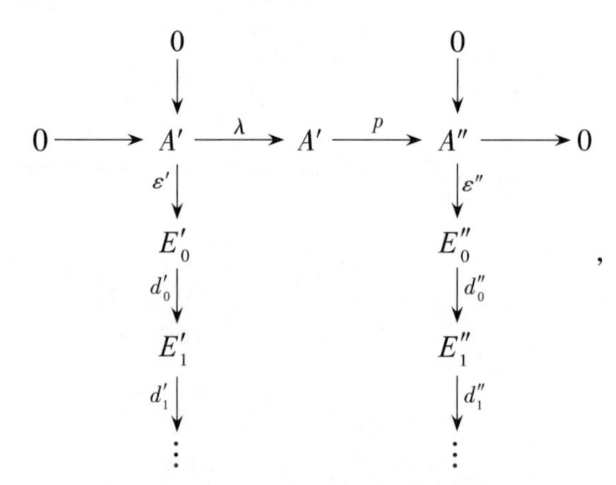

其中，行是正合列，列是对应模的内射模解，那么存在A的内射模解：

$$0\longrightarrow A\xrightarrow{\varepsilon}E_0\xrightarrow{d_0}E_1\xrightarrow{d_1}\cdots$$

以及行列都正合的交换图：

$$\begin{array}{ccccccccc}
 & & 0 & & 0 & & 0 & & \\
 & & \downarrow & & \downarrow & & \downarrow & & \\
0 & \longrightarrow & A' & \xrightarrow{\lambda} & A' & \xrightarrow{p} & A'' & \longrightarrow & 0 \\
 & & \downarrow{\scriptstyle \varepsilon'} & & \downarrow{\scriptstyle \varepsilon} & & \downarrow{\scriptstyle \varepsilon''} & & \\
0 & \longrightarrow & E'_0 & \xrightarrow{\lambda_0} & E_0 & \xrightarrow{p_0} & E''_0 & \longrightarrow & 0 \\
 & & \downarrow{\scriptstyle d'_0} & & \downarrow{\scriptstyle d_0} & & \downarrow{\scriptstyle d''_0} & & \\
0 & \longrightarrow & E'_1 & \xrightarrow{\lambda_1} & E_1 & \xrightarrow{p_1} & E''_1 & \longrightarrow & 0 \\
 & & \downarrow{\scriptstyle d'_1} & & \downarrow{\scriptstyle d_1} & & \downarrow{\scriptstyle d''_1} & & \\
 & & \vdots & & \vdots & & \vdots & &
\end{array}$$

。

定理4-2-6　设T：${}_R\mathcal{M}\to{}_S\mathcal{M}$是正变加法函子。若有$R$-模正合列：

$$0\longrightarrow A'\xrightarrow{\lambda}A\xrightarrow{p}A''\longrightarrow 0,$$

则存在左导出函子的S-模长正合列：

$$\cdots\longrightarrow(\mathrm{L}_nT)A'\xrightarrow{(\mathrm{L}_nT)\lambda}(\mathrm{L}_nT)A\xrightarrow{(\mathrm{L}_nT)p}(\mathrm{L}_nT)A''\xrightarrow{\partial_n}$$

$$(\mathrm{L}_{n-1}T)A'\xrightarrow{(\mathrm{L}_{n-1}T)\lambda}\cdots\longrightarrow(\mathrm{L}_0T)A\xrightarrow{(\mathrm{L}_0T)p}(\mathrm{L}_0T)A''\longrightarrow 0。$$

证明　根据注（引理4-2-1）有分裂的复形正合列：

$$0\longrightarrow P'_{A'}\xrightarrow{\bar{\lambda}}P_A\xrightarrow{\bar{p}}P''_{A''}\longrightarrow 0,$$

由命题1-8-10（加法函子保持分裂正合列）知有复形正合列：

$$0\longrightarrow TP'_{A'}\xrightarrow{T\bar{\lambda}}TP_A\xrightarrow{T\bar{p}}TP''_{A''}\longrightarrow 0,$$

由定理4-1-3知有长正合列（$n<0$时P'_n，$\hat{P}_n$，P''_n都为零，自然同调模为零）

$$\cdots\longrightarrow H_n\left(TP'_{A'}\right)\xrightarrow{H_n(T\bar{\lambda})}H_n\left(T\hat{P}_A\right)\xrightarrow{H_n(T\bar{p})}H_n\left(TP''_{A''}\right)\xrightarrow{\partial_n}$$

$$H_{n-1}\left(TP'_{A'}\right)\xrightarrow{H_{n-1}(T\bar{\lambda})}\cdots\longrightarrow H_0\left(T\hat{P}_A\right)\xrightarrow{H_0(T\bar{p})}H_0\left(TP''_{A''}\right)\longrightarrow 0,$$

也就是结论的长正合列。证毕。

命题4-2-10　设T：${}_R\mathcal{M}\to{}_S\mathcal{M}$是正变加法函子，则$\mathrm{L}_0T$是右正合函子。

证明　设R-模正合列：

$$0\longrightarrow A'\xrightarrow{\lambda}A\xrightarrow{p}A''\longrightarrow 0,$$

由定理4-2-6知有正合列：

$$(\mathrm{L}_0T)A'\xrightarrow{(\mathrm{L}_0T)\lambda}(\mathrm{L}_0T)A\xrightarrow{(\mathrm{L}_0T)p}(\mathrm{L}_0T)A''\longrightarrow 0。$$

由命题1-8-6知L_0T右正合。证毕。

定理4-2-7　设有R-模正合列：

$$0\longrightarrow A'\xrightarrow{\lambda}A\xrightarrow{p}A''\longrightarrow 0。$$

若T：${}_R\mathcal{M}\to{}_S\mathcal{M}$是正变加法函子，则存在右导出函子的长正合列：

$$0\longrightarrow(\mathrm{R}^0T)A'\xrightarrow{(\mathrm{R}^0T)\lambda}(\mathrm{R}^0T)A\xrightarrow{(\mathrm{R}^0T)p}(\mathrm{R}^0T)A''\xrightarrow{\partial^0}\cdots$$

$$\cdots\longrightarrow(\mathrm{R}^nT)A'\xrightarrow{(\mathrm{R}^nT)\lambda}(\mathrm{R}^nT)A\xrightarrow{(\mathrm{R}^nT)p}(\mathrm{R}^nT)A''\xrightarrow{\partial^n}(\mathrm{R}^{n+1}T)A'\xrightarrow{(\mathrm{R}^{n+1}T)\lambda}\cdots。$$

若T：${}_R\mathcal{M}\to{}_S\mathcal{M}$是反变加法函子，则存在右导出函子的长正合列：

$$0\longrightarrow(\mathrm{R}^0T)A''\xrightarrow{(\mathrm{R}^0T)p}(\mathrm{R}^0T)A\xrightarrow{(\mathrm{R}^0T)\lambda}(\mathrm{R}^0T)A'\xrightarrow{\partial^0}\cdots$$

$$\cdots\longrightarrow(\mathrm{R}^nT)A''\xrightarrow{(\mathrm{R}^nT)p}(\mathrm{R}^nT)A\xrightarrow{(\mathrm{R}^nT)\lambda}(\mathrm{R}^nT)A'\xrightarrow{\partial^n}(\mathrm{R}^{n+1}T)A''\xrightarrow{(\mathrm{R}^{n+1}T)p}\cdots。$$

命题4-2-11 设T：${}_R\mathcal{M}\to{}_S\mathcal{M}$是正变加法函子。设$R$-模$A$有投射模解：

$$P:\ \cdots\longrightarrow P_2\xrightarrow{d_2}P_1\xrightarrow{d_1}P_0\xrightarrow{\varepsilon}A\longrightarrow0,$$

令

$$K_0=\ker\varepsilon,\quad K_n=\ker d_n,\quad n\geqslant1,$$

则有

$$(\mathrm{L}_{n+1}T)A\cong(\mathrm{L}_nT)K_0\cong(\mathrm{L}_{n-1}T)K_1\cong\cdots\cong(\mathrm{L}_1T)K_{n-1},\quad n\geqslant1。$$

证明 根据式（4-2-2）有

$$(L_nT)A=\frac{\ker(Td_n)}{\mathrm{Im}(Td_{n+1})}。$$

由正合性知$\mathrm{Im}\,d_1=\ker\varepsilon=K_0$，所以有满同态$d_1$：$P_1\to K_0$，于是有正合列：

$$\cdots\longrightarrow P_2\xrightarrow{d_2}P_1\xrightarrow{d_1}K_0\longrightarrow0,$$

它是K_0的一个投射模解，把它重写成

$$P':\ \cdots\longrightarrow P'_1\xrightarrow{d'_1}P'_0\xrightarrow{d'_0}K_0\longrightarrow0,$$

其中

$$P'_n=P_{n+1},\quad d'_n=d_{n+1},\quad n\geqslant0。$$

有

$$(\mathrm{L}_nT)K_0\cong\frac{\ker(Td'_n)}{\mathrm{Im}(Td'_{n+1})}=\frac{\ker(Td_{n+1})}{\mathrm{Im}(Td_{n+2})}=(\mathrm{L}_{n+1}T)A。$$

其余类似可证。证毕。

命题4-2-12

（1）设A有投射模解：

$$\cdots\longrightarrow P_2\xrightarrow{d_2}P_1\xrightarrow{d_1}P_0\xrightarrow{\varepsilon}A\longrightarrow0,$$

令

$$K_0=\ker\varepsilon,\quad K_n=\ker d_n,\quad n\geqslant1,$$

则有

$$\mathrm{Tor}_{n+1}^R(A,\ B)\cong\mathrm{Tor}_n^R(K_0,\ B)\cong\mathrm{Tor}_{n-1}^R(K_1,\ B)\cong\cdots\cong\mathrm{Tor}_1^R(K_{n-1},\ B),\quad n\geqslant 1。$$

（2）设 B 有投射模解：

$$\cdots\longrightarrow P_2\xrightarrow{d_2}P_1\xrightarrow{d_1}P_0\xrightarrow{\varepsilon}B\longrightarrow 0,$$

令

$$K_0=\ker\varepsilon,\quad K_n=\ker d_n,\quad n\geqslant 1,$$

则有

$$\mathrm{tor}_{n+1}^R(A,\ B)\cong\mathrm{tor}_n^R(A,\ K_0)\cong\mathrm{tor}_{n-1}^R(A,\ K_1)\cong\cdots\cong\mathrm{tor}_1^R(A,\ K_{n-1}),\quad n\geqslant 1。$$

命题4-2-13　设 T：${}_R\mathcal{M}\to{}_S\mathcal{M}$ 是正变加法函子。设 R-模 A 有内射模解：

$$E:\ 0\longrightarrow A\xrightarrow{\varepsilon}E^0\xrightarrow{d^0}E^1\xrightarrow{d^1}E^2\longrightarrow\cdots,$$

令

$$V^{-1}=\mathrm{Im}\,\varepsilon,\quad V^n=\mathrm{Im}\,d^n,\quad n\geqslant 0,$$

则有

$$(\mathrm{R}^{n+1}T)A\cong(\mathrm{R}^nT)V^0\cong(\mathrm{R}^{n-1}T)V^1\cong\cdots\cong(\mathrm{R}^1T)V^{n-1},\quad n\geqslant 0。$$

证明　根据式（4-2-10）有

$$(\mathrm{R}^nT)A=\frac{\ker(Td^n)}{\mathrm{Im}(Td^{n-1})}。$$

由于 $V^k=\mathrm{Im}\,d^k=\ker d^{k+1}$，所以有正合列（$i$ 是包含同态）：

$$0\longrightarrow V^k\xrightarrow{i}E^{k+1}\xrightarrow{d^{k+1}}E^{k+2}\xrightarrow{d^{k+2}}\cdots,$$

它是 V^k 的一个内射模解，可重写为

$$E':\ 0\longrightarrow V^k\xrightarrow{i}E'^0\xrightarrow{d'^0}E'^1\xrightarrow{d'^1}E'^2\longrightarrow\cdots,$$

其中

$$E'^n=E^{n+k+1},\quad d'^n=d^{n+k+1},\quad n\geqslant 0。$$

于是

$$(\mathrm{R}^nT)V^k\cong\frac{\ker(Td'^n)}{\mathrm{Im}(Td'^{n-1})}=\frac{\ker(Td^{n+k+1})}{\mathrm{Im}(Td^{n+k})}=(\mathrm{R}^{n+k+1}T)A。$$

证毕。

命题4-2-14　设 R-模 B 有内射模解：

$$E:\ 0\longrightarrow B\xrightarrow{\varepsilon}E^0\xrightarrow{d^0}E^1\xrightarrow{d^1}E^2\longrightarrow\cdots,$$

令

$$V^{-1}=\mathrm{Im}\,\varepsilon,\quad V^n=\mathrm{Im}\,d^n,\quad n\geqslant 0,$$

则有

$$\mathrm{Ext}_R^{n+1}(A,\ B)\cong\mathrm{Ext}_R^n(A,\ V^0)\cong\mathrm{Ext}_R^{n-1}(A,\ V^1)\cong\cdots\cong\mathrm{Ext}_R^1(A,\ V^{n-1}),\quad n\geqslant 0。$$

命题4-2-15 设T：${}_R\mathcal{M}\to{}_S\mathcal{M}$是反变加法函子。设$R$-模$A$有投射模解：

$$P:\ \cdots\longrightarrow P_2\xrightarrow{d_2}P_1\xrightarrow{d_1}P_0\xrightarrow{\varepsilon}A\longrightarrow 0,$$

令

$$K_0=\ker\varepsilon,\quad K_n=\ker d_n,\quad n\geqslant 1,$$

则有

$$(\mathrm{R}^{n+1}T)A\cong(\mathrm{R}^nT)K_0\cong(\mathrm{R}^{n-1}T)K_1\cong\cdots\cong(\mathrm{R}^1T)K_{n-1},\quad n\geqslant 1。$$

证明 根据式（4-2-14）有

$$(\mathrm{R}^nT)A=\frac{\ker(Td_{n+1})}{\mathrm{Im}(Td_n)}。$$

由正合性知$\mathrm{Im}\,d_{i+1}=\ker d_i=K_i$，所以有满同态$d_{i+1}$：$P_{i+1}\to K_i$，于是有正合列：

$$\cdots\longrightarrow P_{i+2}\xrightarrow{d_{i+2}}P_{i+1}\xrightarrow{d_{i+1}}K_i\longrightarrow 0,$$

这是K_i的一个投射模解，可重写成

$$P':\ \cdots\longrightarrow P'_1\xrightarrow{d'_1}P'_0\xrightarrow{d'_0}K_i\longrightarrow 0,$$

其中

$$P'_n=P_{n+i+1},\quad d'_n=d_{n+i+1},\quad n\geqslant 1。$$

于是

$$(\mathrm{R}^nT)K_i=\frac{\ker(Td'_{n+1})}{\mathrm{Im}(Td'_n)}=\frac{\ker(Td_{n+i+2})}{\mathrm{Im}(Td_{n+i+1})}=(\mathrm{R}^{n+i+1}T)A。$$

证毕。

命题4-2-16 设R-模A有投射模解：

$$P:\ \cdots\longrightarrow P_2\xrightarrow{d_2}P_1\xrightarrow{d_1}P_0\xrightarrow{\varepsilon}A\longrightarrow 0,$$

令

$$K_0=\ker\varepsilon,\quad K_n=\ker d_n,\quad n\geqslant 1,$$

则有

$$\mathrm{ext}_R^{n+1}(A,\ B)\cong\mathrm{ext}_R^n(K_0,\ B)\cong\mathrm{ext}_R^{n-1}(K_1,\ B)\cong\cdots\cong\mathrm{ext}_R^1(K_{n-1},\ B),\quad n\geqslant 1。$$

命题4-2-17 设A有投射模解：

$$\cdots\longrightarrow P_2\xrightarrow{d_2}P_1\xrightarrow{d_1}P_0\xrightarrow{\varepsilon}A\longrightarrow 0,$$

B有内射模解：

$$0\longrightarrow B\xrightarrow{\varepsilon}E^0\xrightarrow{d^0}E^1\xrightarrow{d^1}E^2\longrightarrow\cdots。$$

记

$$d_0=\varepsilon,\quad K_n=\ker d_n,\quad V^n=\mathrm{Im}\,d^n,\quad n\geqslant 0,$$

包含同态 i_n: $K_n \longrightarrow P_n$，诱导同态 i_n^*: $\mathrm{Hom}(P_n, B) \longrightarrow \mathrm{Hom}(K_n, B)$，$d_*^n$: $\mathrm{Hom}(A, E^n) \longrightarrow \mathrm{Hom}(A, E^{n+1})$，则

$$\mathrm{ext}^n(A, B) \cong \mathrm{Hom}(K_{n-1}, B)/\mathrm{Im}\, i_{n-1}^*, \quad n \geqslant 1,$$

$$\mathrm{Ext}^n(A, B) \cong \mathrm{Hom}(A, V^{n-1})/\mathrm{Im}\, d_*^{n-1}, \quad n \geqslant 1。$$

证明　由于 $\mathrm{Im}\, d_n = \ker d_{n-1} = K_{n-1}$，所以有满同态 $\tilde{d}_n$: $P_n \to K_{n-1}$（它是 d_n 的值域限制），有

$$i_{n-1}\tilde{d}_n = d_n。$$

于是

$$d_n^* = \tilde{d}_n^* i_{n-1}^*。\tag{4-2-21}$$

有正合列：

$$\cdots \longrightarrow P_{n+1} \xrightarrow{d_{n+1}} P_n \xrightarrow{\tilde{d}_n} K_{n-1} \longrightarrow 0,$$

由于 $\mathrm{Hom}(-, B)$ 左正合（定理2-4-1），所以有正合列：

$$0 \longrightarrow \mathrm{Hom}(K_{n-1}, B) \xrightarrow{\tilde{d}_n^*} \mathrm{Hom}(P_n, B) \xrightarrow{d_{n+1}^*} \mathrm{Hom}(P_{n+1}, B),$$

表明 $\tilde{d}_n^*$ 单，且

$$\ker d_{n+1}^* = \mathrm{Im}\, \tilde{d}_n^* \cong \mathrm{Hom}(K_{n-1}, B)。$$

由式（4-2-21）及 $\tilde{d}_n^*$ 单可得

$$\mathrm{Im}\, d_n^* = \tilde{d}_n^*(\mathrm{Im}\, i_{n-1}^*) \cong \mathrm{Im}\, i_{n-1}^*。$$

由以上两式可得

$$\mathrm{ext}^n(A, B) = \ker d_{n+1}^*/\mathrm{Im}\, d_n^* \cong \mathrm{Hom}(K_{n-1}, B)/\mathrm{Im}\, i_{n-1}^*。$$

记 i^n: $V^n \to E^{n+1}$ 是包含同态，则有正合列：

$$0 \longrightarrow V^{n-1} \xrightarrow{i^{n-1}} E^n \xrightarrow{d^n} E^{n+1} \xrightarrow{d^{n+1}} \cdots。$$

由于 $\mathrm{Hom}(A, -)$ 左正合（定理2-4-1），所以有正合列：

$$0 \longrightarrow \mathrm{Hom}(A, V^{n-1}) \xrightarrow{i_*^{n-1}} \mathrm{Hom}(A, E^n) \xrightarrow{d_*^n} \mathrm{Hom}(A, E^{n+1}),$$

表明 i_*^n 单，且

$$\ker d_*^n = \mathrm{Im}\, i_*^{n-1} \cong \mathrm{Hom}(A, V^{n-1})。$$

所以可得

$$\mathrm{Ext}^n(A, B) = \ker d_*^n/\mathrm{Im}\, d_*^{n-1} \cong \mathrm{Hom}(A, V^{n-1})/\mathrm{Im}\, d_*^{n-1}。$$

证毕。

命题4-2-18 设T：${}_R\mathcal{M}\to{}_S\mathcal{M}$是正变加法函子。若有行正合的$R$-模交换图：

$$\begin{array}{ccccccccc}
0 & \longrightarrow & A' & \xrightarrow{\lambda} & A & \xrightarrow{p} & A'' & \longrightarrow & 0 \\
 & & \downarrow{\scriptstyle f} & & \downarrow{\scriptstyle g} & & \downarrow{\scriptstyle h} & & \\
0 & \longrightarrow & B' & \xrightarrow{\sigma} & B & \xrightarrow{q} & B'' & \longrightarrow & 0
\end{array},$$

则有R-模交换图

$$\begin{array}{ccc}
(\mathrm{L}_nT)A'' & \xrightarrow{\partial_n^A} & (\mathrm{L}_{n-1}T)A' \\
\downarrow{\scriptstyle (\mathrm{L}_nT)h} & & \downarrow{\scriptstyle (\mathrm{L}_{n-1}T)f} \\
(\mathrm{L}_nT)B'' & \xrightarrow{\partial_n^B} & (\mathrm{L}_{n-1}T)B'
\end{array}。$$

证明 根据注（引理4-2-1）有可分裂的复形正合列：

$$0\longrightarrow P'_{A'}\xrightarrow{\bar{\lambda}}P_A\xrightarrow{\bar{p}}P''_{A''}\longrightarrow 0,$$

$$0\longrightarrow Q'_{B'}\xrightarrow{\bar{\sigma}}Q_B\xrightarrow{\bar{q}}Q''_{B''}\longrightarrow 0。$$

记$\bar{f}=\{\bar{f}_n\}$是f上的链同态，$\bar{h}=\{\bar{h}_n\}$是h上的链同态，可构造g上的链同态$\bar{g}=\{\bar{g}_n\}$使得下图可交换（见文献［3］第45页定理2.4.6）：

$$\begin{array}{ccccccccc}
0 & \longrightarrow & P'_n & \xrightarrow{\bar{\lambda}_n} & P_n & \xrightarrow{\bar{p}_n} & P''_n & \longrightarrow & 0 \\
 & & \downarrow{\scriptstyle \bar{f}_n} & & \downarrow{\scriptstyle \bar{g}_n} & & \downarrow{\scriptstyle \bar{h}_n} & & \\
0 & \longrightarrow & Q'_n & \xrightarrow{\bar{\sigma}_n} & Q_n & \xrightarrow{\bar{q}_n} & Q''_n & \longrightarrow & 0
\end{array},$$

即有行分裂正合的复形交换图：

$$\begin{array}{ccccccccc}
0 & \longrightarrow & P'_{A'} & \xrightarrow{\bar{\lambda}} & P_A & \xrightarrow{\bar{p}} & P''_{A''} & \longrightarrow & 0 \\
 & & \downarrow{\scriptstyle \bar{f}} & & \downarrow{\scriptstyle \bar{g}} & & \downarrow{\scriptstyle \bar{h}} & & \\
0 & \longrightarrow & Q'_{B'} & \xrightarrow{\bar{\sigma}} & Q_B & \xrightarrow{\bar{q}} & Q''_{B''} & \longrightarrow & 0
\end{array}。$$

由命题1-8-10（加法函子保持分裂正合列）知有行正合的复形交换图：

$$\begin{array}{ccccccccc}
0 & \longrightarrow & TP'_{A'} & \xrightarrow{T\bar{\lambda}} & TP_A & \xrightarrow{T\bar{p}} & TP''_{A''} & \longrightarrow & 0 \\
 & & \downarrow{\scriptstyle T\bar{f}} & & \downarrow{\scriptstyle T\bar{g}} & & \downarrow{\scriptstyle T\bar{h}} & & \\
0 & \longrightarrow & TQ'_{B'} & \xrightarrow{T\bar{\sigma}} & TQ_B & \xrightarrow{T\bar{q}} & TQ''_{B''} & \longrightarrow & 0
\end{array},$$

由定理4-1-4（连接同态的自然属性）可得结论。证毕。

命题4-2-19 设有行正合的R-模交换图：

$$\begin{array}{ccccccccc}
0 & \longrightarrow & A' & \xrightarrow{\lambda} & A & \xrightarrow{p} & A'' & \longrightarrow & 0 \\
 & & \downarrow{\scriptstyle f} & & \downarrow{\scriptstyle g} & & \downarrow{\scriptstyle h} & & \\
0 & \longrightarrow & B' & \xrightarrow{\sigma} & B & \xrightarrow{q} & B'' & \longrightarrow & 0
\end{array}。$$

若T：${}_R\mathcal{M}\to{}_S\mathcal{M}$是正变加法函子，则有$R$-模交换图：

$$\begin{array}{ccc}(\mathrm{R}^nT)A'' & \xrightarrow{\partial_A^n} & (\mathrm{R}^{n+1}T)A' \\ {\scriptstyle (\mathrm{R}^nT)h}\downarrow & & \downarrow{\scriptstyle (\mathrm{R}^{n+1}T)f} \\ (\mathrm{R}^nT)B'' & \xrightarrow{\partial_B^n} & (\mathrm{R}^{n+1}T)B'\end{array}。$$

若T：${}_R\mathcal{M}\to{}_S\mathcal{M}$是反变加法函子，则有$R$-模交换图：

$$\begin{array}{ccc}(\mathrm{R}^nT)B' & \xrightarrow{\partial_B^n} & (\mathrm{R}^{n+1}T)B'' \\ {\scriptstyle (\mathrm{R}^nT)f}\downarrow & & \downarrow{\scriptstyle (\mathrm{R}^{n+1}T)h} \\ (\mathrm{R}^nT)A' & \xrightarrow{\partial_A^n} & (\mathrm{R}^{n+1}T)A''\end{array}。$$

命题4-2-20　设T：${}_R\mathcal{M}\to{}_S\mathcal{M}$是正变加法右正合函子，则有自然等价：

$$\mathrm{L}_0T\cong T,$$

即对任意R-模A，有同构（A的投射模解$\cdots\longrightarrow P_1\xrightarrow{d_1}P_0\xrightarrow{\varepsilon_A}A\longrightarrow 0$）：

$$\bar{\varepsilon}_A\text{：}(\mathrm{L}_0T)A\longrightarrow TA,\quad z_0+\mathrm{Im}(Td_1)\mapsto(T\varepsilon_A)(z_0),$$

使得对任意R-模同态f：$A\longrightarrow A'$，有交换图：

$$\begin{array}{ccc}(\mathrm{L}_0T)A & \xrightarrow{\bar{\varepsilon}_A} & TA \\ {\scriptstyle (\mathrm{L}_0T)f}\downarrow & & \downarrow{\scriptstyle Tf} \\ (\mathrm{L}_0T)A' & \xrightarrow{\bar{\varepsilon}_{A'}} & TA'\end{array}。$$

证明　设有A的投射模解：

$$P\text{：}\cdots\longrightarrow P_2\xrightarrow{d_2}P_1\xrightarrow{d_1}P_0\xrightarrow{\varepsilon_A}A\longrightarrow 0,$$

删除复形：

$$P_A\text{：}\cdots\longrightarrow P_2\xrightarrow{d_2}P_1\xrightarrow{d_1}P_0\to 0,$$

根据命题4-1-2可知，T看作$\mathcal{C}\mathrm{omp}_R\to\mathcal{C}\mathrm{omp}_S$的函子，有复形：

$$TP_A\text{：}\cdots\longrightarrow TP_2\xrightarrow{Td_2}TP_1\xrightarrow{Td_1}TP_0\longrightarrow 0,$$

有［式（4-2-2）］

$$(\mathrm{L}_0T)A=H_0(TP_A)=TP_0/\mathrm{Im}(Td_1)。$$

由于T右正合，所以对P作用有正合列：

$$TP_1\xrightarrow{Td_1}TP_0\xrightarrow{T\varepsilon_A}TA\longrightarrow 0,$$

根据命题2-1-15可知，$T\varepsilon_A$诱导同构：

$$\bar{\varepsilon}_A\text{：}(\mathrm{L}_0T)A\to TA,\quad z_0+\mathrm{Im}(Td_1)\mapsto(T\varepsilon_A)(z_0)。$$

设f：$A\to A'$是R-模同态，有A'的投射模解：

$$P': \cdots \longrightarrow P_1' \xrightarrow{d_1'} P_0' \xrightarrow{\varepsilon_{A'}} A' \longrightarrow 0。$$

$\bar{f}=\{\bar{f}_n\}$是 f 上的链同态，有（定理4-2-1）

$$\varepsilon_{A'}\bar{f}_0 = f\varepsilon_A。 \tag{4-2-22}$$

由式（4-2-3）知

$$(\mathrm{L}_0T)f:\ (\mathrm{L}_0T)A \longrightarrow (\mathrm{L}_0T)A',\quad z_0+\mathrm{Im}(Td_1) \mapsto (T\bar{f}_0)(z_0)+\mathrm{Im}(Td_1')。$$

设 $z_0+\mathrm{Im}(Td_1)\in(\mathrm{L}_0T)A$，则

$$\bar{\varepsilon}_{A'}\big(((\mathrm{L}_0T)f)(z_0+\mathrm{Im}(Td_1))\big)=\bar{\varepsilon}_{A'}\big((T\bar{f}_0)(z_0)+\mathrm{Im}(Td_1')\big)=(T\varepsilon_{A'})(T\bar{f}_0)(z_0)=\big(T(\varepsilon_{A'}\bar{f}_0)\big)(z_0),$$

$$(Tf)\bar{\varepsilon}_A\big(z_0+\mathrm{Im}(Td_1)\big)=(Tf)(T\varepsilon_A)(z_0)=\big(T(f\varepsilon_A)\big)(z_0)。$$

由（4-2-22）式知

$$\bar{\varepsilon}_{A'}\big((\mathrm{L}_0T)f\big)=(Tf)\bar{\varepsilon}_A，即 \begin{array}{ccc}(\mathrm{L}_0T)A & \xrightarrow{\bar{\varepsilon}_A} & TA \\ {\scriptstyle (\mathrm{L}_0T)f}\downarrow & & \downarrow{\scriptstyle Tf} \\ (\mathrm{L}_0T)A' & \xrightarrow{\bar{\varepsilon}_{A'}} & TA'\end{array}。$$

证毕。

命题4-2-21 设T：${}_R\mathcal{M}\longrightarrow{}_S\mathcal{M}$是正变加性左正合函子，则有自然等价：

$$\mathrm{R}^0T\cong T,$$

即对任意R-模A，有同构（A的内射模解 $0\longrightarrow A\xrightarrow{\varepsilon_A}E^0\xrightarrow{d^0}\cdots$）：

$$T\varepsilon_A:\ TA\to(\mathrm{R}^0T)A,$$

使得对任意R-模同态 f：$A\to A'$，有交换图：

$$\begin{array}{ccc}TA & \xrightarrow{T\varepsilon_A} & (\mathrm{R}^0T)A \\ {\scriptstyle Tf}\downarrow & & \downarrow{\scriptstyle (\mathrm{R}^0T)f} \\ TA' & \xrightarrow{T\varepsilon_{A'}} & (\mathrm{R}^0T)A'\end{array}。$$

证明 设有A的内射模解：

$$E:\ 0\longrightarrow A\xrightarrow{\varepsilon_A}E^0\xrightarrow{d^0}E^1\xrightarrow{d^1}\cdots,$$

删除上复形：

$$E_A:\ 0\longrightarrow E^0\xrightarrow{d^0}E^1\xrightarrow{d^1}\cdots。$$

根据命题4-1-2可知，T看作$\mathcal{C}omp_R\to\mathcal{C}omp_S$的函子，有上复形：

$$TE_A:\ 0\longrightarrow TE^0\xrightarrow{Td^0}TE^1\xrightarrow{Td^1}\cdots,$$

有［式（4-2-10）］

$$(\mathrm{R}^0T)A=H^0(TE_A)=\ker(Td^0)。$$

由于T左正合，所以对E作用有正合列：

$$0 \longrightarrow TA \xrightarrow{T\varepsilon_A} TE^0 \xrightarrow{Td^0} TE^1,$$

表明 $T\varepsilon_A$ 单且 $\mathrm{Im}(T\varepsilon_A)=\ker(Td^0)=(\mathrm{R}^0T)A$，所以可得

$$T\varepsilon_A\text{：}\ TA \to (\mathrm{R}^0T)A$$

是同构。

设 f：$A \to A'$ 是 R-模同态，有 A' 的内射模解：

$$E'\text{：}\ 0 \longrightarrow A' \xrightarrow{\varepsilon_{A'}} E'^0 \xrightarrow{d'^0} E'^1 \longrightarrow \cdots\text{。}$$

$\bar{f}=\{\bar{f}^n\}$ 是 f 上的上链同态，有（定理4-2-1′）

$$\bar{f}^0\varepsilon_A=\varepsilon_{A'}f\text{。} \tag{4-2-23}$$

由式（4-2-11）知

$$(\mathrm{R}^0T)f\text{：}\ (\mathrm{R}^0T)A \to (\mathrm{R}^0T)A',\quad z^0 \mapsto (T\bar{f}^0)(z^0)\text{。}$$

设 $\sigma \in TA$，则

$$\big((\mathrm{R}^0T)f\big)(T\varepsilon_A)(\sigma)=(T\bar{f}^0)(T\varepsilon_A)(\sigma)=T(\bar{f}^0\varepsilon_A)(\sigma),$$

$$(T\varepsilon_{A'})(Tf)(\sigma)=\big(T(\varepsilon_{A'}f)\big)(\sigma)\text{。}$$

由（4-2-23）式知

$$\big((\mathrm{R}^0T)f\big)(T\varepsilon_A)=(T\varepsilon_{A'})(Tf),\ \text{即}\ \begin{array}{ccc} TA & \xrightarrow{T\varepsilon_A} & (\mathrm{R}^0T)A \\ {\scriptstyle Tf}\downarrow & & \downarrow{\scriptstyle (\mathrm{R}^0T)f} \\ TA' & \xrightarrow{T\varepsilon_{A'}} & (\mathrm{R}^0T)A' \end{array}\text{。}$$

证毕。

命题4-2-22　设 T：${}_R\mathcal{M} \to {}_S\mathcal{M}$ 是反变加法左正合函子，则有自然等价：

$$\mathrm{R}^0T \cong T,$$

即对任意 R-模 A，有同构（A 的投射模解 $\cdots \xrightarrow{d_1} P_0 \xrightarrow{\varepsilon_A} A \longrightarrow 0$）：

$$T\varepsilon_A\text{：}\ TA \to (\mathrm{R}^0T)A,$$

使得对任意 R-模同态 f：$A \to A'$，有交换图：

$$\begin{array}{ccc} TA' & \xrightarrow{T\varepsilon_{A'}} & (\mathrm{R}^0T)A' \\ {\scriptstyle Tf}\downarrow & & \downarrow{\scriptstyle (\mathrm{R}^0T)f} \\ TA & \xrightarrow{T\varepsilon_{A'}} & (\mathrm{R}^0T)A \end{array}\text{。}$$

证明　设有 A 的投射模解：

$$P\text{：}\ \cdots \longrightarrow P_2 \xrightarrow{d_2} P_1 \xrightarrow{d_1} P_0 \xrightarrow{\varepsilon_A} A \longrightarrow 0,$$

删除复形：

$$P_A\text{：}\ \cdots \longrightarrow P_2 \xrightarrow{d_2} P_1 \xrightarrow{d_1} P_0 \longrightarrow 0,$$

根据命题4-1-2′，T 可看作$\mathcal{C}omp_R \to \mathcal{C}omp_S$的反变函子，有上复形：

$$TP_A: 0 \longrightarrow TP_0 \xrightarrow{Td_1} TP_1 \xrightarrow{Td_2} TP_2 \longrightarrow \cdots,$$

有［式（4-2-14）］

$$(\mathrm{R}^0 T)A = H^0(TP_A) = \ker(Td_1)。$$

由于 T 左正合，所以对 P 作用有正合列：

$$0 \longrightarrow TA \xrightarrow{T\varepsilon_A} TP_0 \xrightarrow{Td_1} TP_1,$$

表明 $T\varepsilon_A$ 单且 $\mathrm{Im}(T\varepsilon_A) = \ker(Td_1) = (\mathrm{R}^0 T)A$，所以可得

$$T\varepsilon_A: TA \to (\mathrm{R}^0 T)A$$

是同构。

设 $f: A \to A'$ 是R-模同态，有 A' 的投射模解：

$$P': \cdots \longrightarrow P_1' \xrightarrow{d_1'} P_0' \xrightarrow{\varepsilon_{A'}} A' \longrightarrow 0。$$

$\bar{f} = \{\bar{f}_n\}$ 是 f 上的链同态，有（定理4-2-1）

$$\varepsilon_{A'} \bar{f}_0 = f\varepsilon_A。\tag{4-2-24}$$

由式（4-2-15）知

$$(\mathrm{R}^0 T)f: (\mathrm{R}^0 T)A' \to (\mathrm{R}^0 T)A, \quad z'^0 \mapsto (T\bar{f}_0)(z'^0)。$$

设 $\sigma \in TA'$，则

$$\big((\mathrm{R}^0 T)f\big)(T\varepsilon_{A'})(\sigma) = (T\bar{f}_0)(T\varepsilon_{A'})(\sigma) = \big(T(\varepsilon_{A'}\bar{f}_0)\big)(\sigma),$$

$$(T\varepsilon_A)(Tf)(\sigma) = \big(T(f\varepsilon_A)\big)(\sigma)。$$

由式（4-2-24）知

$$\big((\mathrm{R}^0 T)f\big)(T\varepsilon_{A'}) = (T\varepsilon_A)(Tf)，即 \quad \begin{array}{ccc} TA' & \xrightarrow{T\varepsilon_{A'}} & (\mathrm{R}^0 T)A' \\ {\scriptstyle Tf}\downarrow & & \downarrow{\scriptstyle (\mathrm{R}^0 T)f} \\ TA & \xrightarrow{T\varepsilon_A} & (\mathrm{R}^0 T)A \end{array}。$$

证毕。

命题4-2-23 设有R-模正合列：

$$0 \longrightarrow A_n \xrightarrow{\alpha_n} A_{n-1} \longrightarrow \cdots \longrightarrow A_2 \xrightarrow{\alpha_2} A_1 \longrightarrow 0,$$

则存在 $A_i\,(1 \leqslant i \leqslant n)$ 的投射模解：

$$\cdots \longrightarrow P_{n,\,i} \xrightarrow{d_{n,\,i}} \cdots \longrightarrow P_{1,\,i} \xrightarrow{d_{1,\,i}} P_{0,\,i} \xrightarrow{d_{0,\,i}} A_i \longrightarrow 0,$$

从而构成列正合，行是复形的交换图：

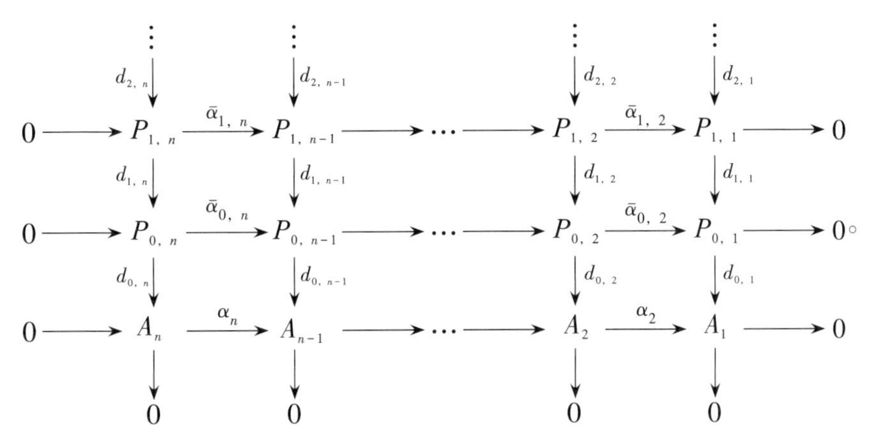

证明　记 $L_i = \operatorname{Im}\alpha_i$，则有正合列（$j_i$ 是包含同态）：

$$0 \longrightarrow A_n \xrightarrow{\alpha_n} A_{n-1} \xrightarrow{\alpha_{n-1}} L_{n-1} \longrightarrow 0,$$

$$0 \longrightarrow L_{i+1} \xrightarrow{j_{i+1}} A_i \xrightarrow{\alpha_i} L_i \longrightarrow 0,\quad 3 \leqslant i \leqslant (n-2),$$

$$0 \longrightarrow L_3 \xrightarrow{j_3} A_2 \xrightarrow{\alpha_2} A_1 \longrightarrow 0。$$

取 A_n，L_{n-1}，…，L_3，A_1 的投射模解，对以上的正合列分别利用引理4-2-1（马蹄引理）可得若干个交换图，将这些交换图拼接起来就可得到结论。证毕。

第5章　Ext与Tor函子

5.1　Ext函子

由命题4-2-21可得定理5-1-1。

定理5-1-1　有自然等价：

$$\mathrm{Hom}_R(A,\ -)\cong \mathrm{Ext}_R^0(A,\ -),$$

即对于任意R-模B，有同构（B的内射模解$0\longrightarrow B\xrightarrow{\varepsilon_B}E^0\xrightarrow{d^0}E^1\longrightarrow\cdots$）：

$$\varepsilon_{B*}:\ \mathrm{Hom}_R(A,\ B)\to \mathrm{Ext}_R^0(A,\ B),$$

使得对于任意R-模同态f：$B\to B'$，有交换图：

$$\begin{array}{ccc}
\mathrm{Hom}_R(A,\ B) & \xrightarrow{\varepsilon_{B*}} & \mathrm{Ext}_R^0(A,\ B)\\
\downarrow{f_*} & & \downarrow{(\bar f_*)^{*0}}\\
\mathrm{Hom}_R(A,\ B') & \xrightarrow{\varepsilon_{B'*}} & \mathrm{Ext}_R^0(A,\ B')
\end{array},\qquad (5\text{-}1\text{-}1)$$

其中

$$f_*=\mathrm{Hom}_R(A,\ f),\quad (\bar f_*)^{*0}=H^0(\bar f_*)=\mathrm{Ext}_R^0(A,\ f)。$$

$\bar f$是f上的上链同态，$\bar f_*=\mathrm{Hom}_R(A,\ \bar f)$。

由命题4-2-22可得定理5-1-2。

定理5-1-2　有自然等价：

$$\mathrm{Hom}_R(-,\ B)\cong \mathrm{ext}_R^0(-,\ B),$$

即对于任意R-模A，有同构（A的投射模解$\cdots\longrightarrow P_1\xrightarrow{d_1}P_0\xrightarrow{\varepsilon_A}A\longrightarrow 0$）：

$$\varepsilon_A^*:\ \mathrm{Hom}_R(A,\ B)\longrightarrow \mathrm{ext}_R^0(A,\ B),$$

使得对于任意R-模同态f：$A\to A'$，有交换图：

$$\begin{array}{ccc} \mathrm{Hom}_R(A',\ B) & \xrightarrow{\varepsilon_{A'}^*} & \mathrm{ext}_R^0(A',\ B) \\ \downarrow f^* & & \downarrow (\bar{f}_*)^{*0} \\ \mathrm{Hom}_R(A,\ B) & \xrightarrow{\varepsilon_A^*} & \mathrm{ext}_R^0(A,\ B) \end{array}, \tag{5-1-2}$$

其中

$$f^*=\mathrm{Hom}_R(f,\ B),\ \left(\bar{f}^*\right)^{*0}=H^0\left(\bar{f}^*\right)=\mathrm{ext}_R^0(f,\ B)。$$

$\bar{f}$是f上的上链同态，$\bar{f}^*=\mathrm{Hom}_R\left(\bar{f},\ B\right)$。

引理5-1-1　设A是R-模，B是内射R-模，则

$$\mathrm{Ext}_R^n(A,\ B)=0,\quad n\geqslant 1。$$

证明　B有内射模解（其中，$E^0=B$）：

$$E:\ 0\longrightarrow B\xrightarrow{1_B}E^0\longrightarrow 0,$$

删除上复形：

$$E_B:\ 0\longrightarrow E^0\longrightarrow 0,$$

上复形：

$$\mathrm{Hom}_R(A,\ E_B):\ 0\longrightarrow \mathrm{Hom}_R(A,\ E^0)\longrightarrow 0,$$

于是当$n\geqslant 1$时，$\mathrm{Ext}_R^n(A,\ B)=H^n\left(\mathrm{Hom}_R(A,\ E_B)\right)=0$。证毕。

引理5-1-2　设A是投射R-模，B是R-模，则

$$\mathrm{ext}_R^n(A,\ B)=0,\quad n\geqslant 1。$$

证明　A有投射模解（其中，$P_0=A$）：

$$P:\ 0\longrightarrow P_0\xrightarrow{1_B}A\longrightarrow 0,$$

删除复形：

$$P_A:\ 0\longrightarrow P_0\longrightarrow 0,$$

上复形：

$$\mathrm{Hom}_R(P_A,\ B):\ 0\longrightarrow \mathrm{Hom}_R(P_0,\ B)\longrightarrow 0,$$

于是当$n\geqslant 1$时，$\mathrm{ext}_R^n(A,\ B)=H^n\left(\mathrm{Hom}_R(P_A,\ B)\right)=0$。证毕。

定理5-1-3　设有R-模A的投射模解：

$$P:\ \cdots\xrightarrow{d_2}P_1\xrightarrow{d_1}P_0\xrightarrow{\varepsilon_A}A\longrightarrow 0$$

以及R-模B的内射模解：

$$E:\ 0\longrightarrow B\xrightarrow{\varepsilon_B}E^0\xrightarrow{d^0}E^1\xrightarrow{d^1}\cdots,$$

则有同构：

$$H^n\big(\mathrm{Hom}_R(P_A, B)\big) \cong H^n\big(\mathrm{Hom}_R(A, E_B)\big),$$

即

$$\mathrm{ext}_R^n(A, B) \cong \mathrm{Ext}_R^n(A, B)。$$

证明 根据式（4-2-14）和式（4-2-16），有

$$\mathrm{Hom}(P_A, B):\ 0 \longrightarrow \mathrm{Hom}(P_0, B) \xrightarrow{d_1^*} \mathrm{Hom}(P_1, B) \xrightarrow{d_2^*} \mathrm{Hom}(P_2, B) \longrightarrow \cdots,$$

$$\mathrm{ext}_R^n(A, B) = H^n\big(\mathrm{Hom}_R(P_A, B)\big) = \begin{cases} 0, & n<0 \\ \ker d_1^*, & n=0 \\ \ker d_{n+1}^* / \mathrm{Im}\, d_n^*, & n>0 \end{cases},$$

$$\mathrm{Hom}_R(A, E_B):\ 0 \longrightarrow \mathrm{Hom}(A, E^0) \xrightarrow{d_*^0} \mathrm{Hom}(A, E^1) \xrightarrow{d_*^1} \mathrm{Hom}(A, E^2) \longrightarrow \cdots,$$

$$\mathrm{Ext}_R^n(A, B) = H^n\big(\mathrm{Hom}_R(A, E_B)\big) = \begin{cases} 0, & n<0 \\ \ker d_*^0, & n=0 \\ \ker d_*^n / \mathrm{Im}\, d_*^{n-1}, & n>0 \end{cases}。$$

令

$$d_0 = \varepsilon_A, \quad K_n = \ker d_n, \quad L^n = \ker d^n = \mathrm{Im}\, d^{n-1},$$

根据命题2-1-20有正合列（i_n 和 i^n 是包含同态）：

$$0 \longrightarrow K_0 \xrightarrow{i_0} P_0 \xrightarrow{\varepsilon_A} A \longrightarrow 0, \tag{5-1-3}$$

$$0 \longrightarrow K_n \xrightarrow{i_n} P_n \xrightarrow{d_n} K_{n-1} \longrightarrow 0,\ n \geqslant 1, \tag{5-1-4}$$

$$0 \longrightarrow B \xrightarrow{\varepsilon_B} E^0 \xrightarrow{d^0} L^1 \longrightarrow 0, \tag{5-1-5}$$

$$0 \longrightarrow L^n \xrightarrow{i^n} E^n \xrightarrow{d^n} L^{n+1} \longrightarrow 0,\ n \geqslant 1。 \tag{5-1-6}$$

对于正合列式（5-1-3）和式（5-1-5），由于Hom函子左正合（定理2-4-1），函子 $\mathrm{Hom}(P_0, -)$ 和 $\mathrm{Hom}(-, E^0)$ 正合（定理3-2-2和定理3-3-1），所以下图的行列都正合：

$$\begin{array}{ccccccccc}
 & & 0 & & 0 & & 0 & & \\
 & & \downarrow & & \downarrow & & \downarrow & & \\
0 & \longrightarrow & \mathrm{Hom}(A, B) & \xrightarrow{\varepsilon_{B*}} & \mathrm{Hom}(A, E^0) & \xrightarrow{d_*^0} & \mathrm{Hom}(A, L^1) & & \\
 & & \downarrow{\scriptstyle \varepsilon_A^*} & & \downarrow{\scriptstyle \varepsilon_A'^*} & & \downarrow{\scriptstyle \varepsilon_A''^*} & & \\
0 & \longrightarrow & \mathrm{Hom}(P_0, B) & \xrightarrow{\varepsilon'_{B^*}} & \mathrm{Hom}(P_0, E^0) & \xrightarrow{d_*'^0} & \mathrm{Hom}(P_0, L^1) & \longrightarrow & 0。\\
 & & \downarrow{\scriptstyle i_0^*} & & \downarrow{\scriptstyle i_0'^*} & & \downarrow{\scriptstyle i_0''^*} & & \\
0 & \longrightarrow & \mathrm{Hom}(K_0, B) & \xrightarrow{\varepsilon''_{B^*}} & \mathrm{Hom}(K_0, E^0) & \xrightarrow{d_*''^0} & \mathrm{Hom}(K_0, L^1) & & \\
 & & & & \downarrow & & & & \\
 & & & & 0 & & & &
\end{array} \tag{5-1-7}$$

易验证上图是交换图。由于中间列正合，所以 $i_0'^*$ 满，有

$$\mathrm{Coker}\, i_0'^* = 0。$$

对式（5-1-7）的下面两行应用引理2-1-1（蛇引理）有正合列：

$$\ker i_0'^{*}\xrightarrow{d_*'^0}\ker i_0''^{*}\xrightarrow{\delta}\operatorname{Coker} i_0^{*}\xrightarrow{\bar{\varepsilon}_{B^*}''}\operatorname{Coker} i_0'^{*},$$

即

$$\ker i_0'^{*}\xrightarrow{d_*'^0}\ker i_0''^{*}\xrightarrow{\delta}\operatorname{Coker} i_0^{*}\longrightarrow 0。$$

由式（5-1-7）的正合性知 $\varepsilon_A'^{*}$，$\varepsilon_A''^{*}$ 单，且 $\operatorname{Im}\varepsilon_A'^{*}=\ker i_0'^{*}$， $\operatorname{Im}\varepsilon_A''^{*}=\ker i_0''^{*}$，所以有同构：

$$\varepsilon_A'^{*}:\ \operatorname{Hom}(A,\ E^0)\to\ker i_0'^{*},\quad \varepsilon_A''^{*}:\ \operatorname{Hom}(A,\ L^1)\to\ker i_0''^{*}。$$

令

$$V=\operatorname{Coker} i_0^{*},$$

易验证有交换图：

$$\begin{array}{ccccccc}
\operatorname{Hom}(A,\ E^0) & \xrightarrow{d_*^0} & \operatorname{Hom}(A,\ L^1) & \xrightarrow{\delta\varepsilon_A''^{*}} & V & \longrightarrow & 0\\
\downarrow{\scriptstyle\varepsilon_A'^{*}} & & \downarrow{\scriptstyle\varepsilon_A''^{*}} & & \downarrow{\scriptstyle 1} & & \\
\ker i_0'^{*} & \xrightarrow{d_*'^0} & \ker i_0''^{*} & \xrightarrow{\delta} & \operatorname{Coker} i_0^{*} & \longrightarrow & 0
\end{array},$$

由命题2-1-21知上图第一行正合。由命题2-1-15′知

$$W=\operatorname{Coker} d_*^0\cong V。\tag{5-1-8}$$

由命题4-2-17知（注意 $L^1=\operatorname{Im} d^0$，正是命题4-2-17中的 V^0）

$$W=\operatorname{Hom}(A,\ L^1)/\operatorname{Im} d_*^0\cong\operatorname{Ext}_R^1(A,\ B),$$

$$V=\operatorname{Hom}(K_0,\ B)/\operatorname{Im} i_0^{*}\cong\operatorname{ext}_R^1(A,\ B)。$$

所以式（5-1-8）变为

$$\operatorname{Ext}_R^1(A,\ B)\cong\operatorname{ext}_R^1(A,\ B)。\tag{5-1-9}$$

记

$$X=\operatorname{Coker} d_*''^0=\operatorname{Hom}(K_0,\ L^1)/\operatorname{Im} d_*''^0,$$

$$Y=\operatorname{Coker} i_*''^0=\operatorname{Hom}(K_0,\ L^1)/\operatorname{Im} i_*''^0,$$

自然同态：

$$\pi_X:\ \operatorname{Hom}(K_0,\ L^1)\to X,\quad \pi_Y:\ \operatorname{Hom}(K_0,\ L^1)\to Y,$$

则

$$\pi_X d_*''^0=0,\quad \pi_Y i_0''^{*}=0。$$

由式（5-1-7）的交换性可得

$$\left(\pi_X i_0''^{*}\right)d_*'^0=\pi_X d_*''^0 i_0'^{*}=0,\quad \left(\pi_Y d_*''^0\right)i_0'^{*}=\pi_Y i_0''^{*} d_*'^0=0。$$

由式（5-1-7）的正合性知 $d_*'^0$，$i_0'^{*}$ 满，所以由上式可得（右消去）

$$\pi_X i_0''^{*}=0,\quad \pi_Y d_0''^{*}=0。$$

根据命题2-1-44′，有 ω：$X\to Y$ 与 ω'：$Y\to X$，使得

$$\pi_Y=\omega\pi_X,\quad \pi_X=\omega'\pi_Y,$$

于是可得

$$\pi_X=\omega'\omega\pi_X,\quad \pi_Y=\omega\omega'\pi_Y,$$

由于 π_X，π_Y 满，所以由上式可得（右消去）

$$\omega'\omega=1,\quad \omega\omega'=1,$$

说明

$$X\cong Y。\tag{5-1-10}$$

由命题4-2-17知（注意 L^1 是命题4-2-17中的 V^0）

$$X=\mathrm{Hom}\left(K_0,\ L^1\right)/\mathrm{Im}\,d_*''^0\cong\mathrm{Ext}^1\left(K_0,\ B\right),$$

$$Y=\mathrm{Hom}\left(K_0,\ L^1\right)/\mathrm{Im}\,i_0''^*\cong\mathrm{ext}^1\left(A,\ L^1\right)。$$

所以式（5-1-10）为

$$\mathrm{Ext}^1\left(K_0,\ B\right)\cong\mathrm{ext}^1\left(A,\ L^1\right)。\tag{5-1-11}$$

由于式（5-1-9）对任意 A，B 都成立，所以可得

$$\mathrm{Ext}^1\left(K_0,\ B\right)\cong\mathrm{Ext}^1\left(A,\ L^1\right)。\tag{5-1-12}$$

对于正合列式（5-1-4）和式（5-1-6），重复以上过程可得

$$\mathrm{Ext}^1\left(K_j,\ L^i\right)\cong\mathrm{Ext}^1\left(K_{j-1},\ L^{i+1}\right)。\tag{5-1-13}$$

对于正合列式（5-1-3）和式（5-1-6），重复以上过程可得

$$\mathrm{Ext}^1\left(K_0,\ L^i\right)\cong\mathrm{Ext}^1\left(A,\ L^{i+1}\right)。\tag{5-1-14}$$

对于正合列式（5-1-4）和式（5-1-5），重复以上过程可得

$$\mathrm{Ext}^1\left(K_j,\ B\right)\cong\mathrm{Ext}^1\left(K_{j-1},\ L^1\right)。\tag{5-1-15}$$

由命题4-2-14可得（$V^{n-1}=L^n$）

$$\mathrm{Ext}^{n+1}(A,\ B)\cong\mathrm{Ext}^1(A,\ L^n)。\tag{5-1-16}$$

由式（5-1-14）和式（5-1-13）可得

$$\mathrm{Ext}^1(A,\ L^n)\cong\mathrm{Ext}^1\left(K_0,\ L^{n-1}\right)\cong\mathrm{Ext}^1\left(K_1,\ L^{n-2}\right)\cong\cdots\cong\mathrm{Ext}^1\left(K_{n-2},\ L^1\right)。\tag{5-1-17}$$

由式（5-1-9）和式（5-1-15）可得

$$\mathrm{Ext}^1\left(K_{n-2},\ L^1\right)\cong\mathrm{Ext}^1\left(K_{n-1},\ B\right)\cong\mathrm{ext}^1\left(K_{n-1},\ B\right)。\tag{5-1-18}$$

由命题4-2-16可得

$$\mathrm{ext}^1\left(K_{n-1},\ B\right)\cong\mathrm{ext}^{n+1}(A,\ B)。\tag{5-1-19}$$

由式（5-1-16）~式（5-1-19）知 $\mathrm{Ext}^{n+1}(A,\ B)\cong\mathrm{ext}^{n+1}(A,\ B)$。证毕。

注（定理5-1-3） 后面将不再区分Ext与ext。

命题5-1-1 若有 R-模正合列：

$$0 \longrightarrow A' \xrightarrow{\lambda} A \xrightarrow{p} A'' \longrightarrow 0,$$

则对任意R-模M，有长正合列（A的内射模解$0 \longrightarrow A \xrightarrow{\varepsilon} E^0 \xrightarrow{d^0} E^1 \longrightarrow \cdots$）：

$$0 \longrightarrow \mathrm{Hom}(M, A') \xrightarrow{\lambda_*} \mathrm{Hom}(M, A) \xrightarrow{p_*} \mathrm{Hom}(M, A'') \xrightarrow{\partial^0 \varepsilon''_*} \mathrm{Ext}^1(M, A') \longrightarrow \cdots$$

$$\cdots \longrightarrow \mathrm{Ext}^n(M, A') \xrightarrow{\mathrm{Ext}^n(M, \lambda)} \mathrm{Ext}^n(M, A) \xrightarrow{\mathrm{Ext}^n(M, p)} \mathrm{Ext}^n(M, A'') \xrightarrow{\partial^n}$$

$$\mathrm{Ext}^{n+1}(M, A') \xrightarrow{\mathrm{Ext}^{n+1}(M, \lambda)} \cdots,$$

以及长正合列（A的投射模解$\cdots \longrightarrow P_1 \xrightarrow{d_1} P_0 \xrightarrow{\varepsilon} A \longrightarrow 0$）：

$$0 \longrightarrow \mathrm{Hom}(A'', M) \xrightarrow{p^*} \mathrm{Hom}(A, M) \xrightarrow{\lambda^*} \mathrm{Hom}(A', M) \xrightarrow{\partial^0 \varepsilon'^*} \mathrm{Ext}^1(A'', M) \longrightarrow \cdots$$

$$\cdots \longrightarrow \mathrm{Ext}^n(A'', M) \xrightarrow{\mathrm{Ext}^n(p, M)} \mathrm{Ext}^n(A, M) \xrightarrow{\mathrm{Ext}^n(\lambda, M)} \mathrm{Ext}^n(A', M) \xrightarrow{\partial^n}$$

$$\mathrm{Ext}^{n+1}(A'', M) \xrightarrow{\mathrm{Ext}^{n+1}(p, M)} \cdots。$$

证明 根据定理4-2-7有长正合列：

$$0 \longrightarrow \mathrm{Ext}^0(M, A') \xrightarrow{\mathrm{Ext}^0(M, \lambda)} \mathrm{Ext}^0(M, A) \xrightarrow{\mathrm{Ext}^0(M, p)} \mathrm{Ext}^0(M, A'') \xrightarrow{\partial^0} \cdots$$

$$\cdots \longrightarrow \mathrm{Ext}^n(M, A') \xrightarrow{\mathrm{Ext}^n(M, \lambda)} \mathrm{Ext}^n(M, A) \xrightarrow{\mathrm{Ext}^n(M, p)} \mathrm{Ext}^n(M, A'') \xrightarrow{\partial^n}$$

$$\mathrm{Ext}^{n+1}(M, A') \xrightarrow{\mathrm{Ext}^{n+1}(M, \lambda)} \cdots,$$

以及长正合列：

$$0 \longrightarrow \mathrm{Ext}^0(A'', M) \xrightarrow{\mathrm{Ext}^0(p, M)} \mathrm{Ext}^0(A, M) \xrightarrow{\mathrm{Ext}^0(\lambda, M)} \mathrm{Ext}^0(A', M) \xrightarrow{\partial^0} \cdots$$

$$\cdots \longrightarrow \mathrm{Ext}^n(A'', M) \xrightarrow{\mathrm{Ext}^n(p, M)} \mathrm{Ext}^n(A, M) \xrightarrow{\mathrm{Ext}^n(\lambda, M)} \mathrm{Ext}^n(A', M) \xrightarrow{\partial^n}$$

$$\mathrm{Ext}^{n+1}(A'', M) \xrightarrow{\mathrm{Ext}^{n+1}(p, M)} \cdots。$$

根据定理5-1-1有交换图（其中，ε'_*，ε_*，ε''_*是同构）：

$$\begin{array}{ccccccccccc}
0 \longrightarrow & \mathrm{Hom}(M, A') & \xrightarrow{\lambda_*} & \mathrm{Hom}(M, A) & \xrightarrow{p_*} & \mathrm{Hom}(M, A'') & \xrightarrow{\partial^0 \varepsilon''_*} & \mathrm{Ext}^1(M, A') & \longrightarrow & \cdots \\
& \downarrow{\scriptstyle \varepsilon'_*} & & \downarrow{\scriptstyle \varepsilon_*} & & \downarrow{\scriptstyle \varepsilon''_*} & & \downarrow{\scriptstyle 1} & & \downarrow{\scriptstyle 1}\cdots \\
0 \longrightarrow & \mathrm{Ext}^0(M, A') & \xrightarrow{H^0(\bar{\lambda}_*)} & \mathrm{Ext}^0(M, A) & \xrightarrow{H^0(\bar{p}_*)} & \mathrm{Ext}^0(M, A'') & \xrightarrow{\partial^0} & \mathrm{Ext}^1(M, A'') & \longrightarrow & \cdots
\end{array}$$

根据定理5-1-2有交换图（其中，ε''^*，ε^*，ε'^*是同构）：

$$\begin{array}{ccccccccccc}
0 \longrightarrow & \mathrm{Hom}(A'', M) & \xrightarrow{p^*} & \mathrm{Hom}(A, M) & \xrightarrow{\lambda^*} & \mathrm{Hom}(A', M) & \xrightarrow{\partial^0 \varepsilon'^*} & \mathrm{Ext}^1(A'', M) & \longrightarrow & \cdots \\
& \downarrow{\scriptstyle \varepsilon''^*} & & \downarrow{\scriptstyle \varepsilon^*} & & \downarrow{\scriptstyle \varepsilon'^*} & & \downarrow{\scriptstyle 1} & & \downarrow{\scriptstyle 1}\cdots \\
0 \longrightarrow & \mathrm{Ext}^0(A'', M) & \xrightarrow{H^0(\bar{p}^*)} & \mathrm{Ext}^0(A, M) & \xrightarrow{H^0(\bar{\lambda}^*)} & \mathrm{Ext}^0(A', M) & \xrightarrow{\partial^0} & \mathrm{Ext}^1(A'', M) & \longrightarrow & \cdots
\end{array}$$

由命题2-1-21知结论成立。证毕。

定理5-1-4 设P是R-模，则下面陈述等价。

（1）P是投射模。

（2）对于任意R-模A，$\mathrm{Ext}_R^1(P, A)=0$。

（3）对于任意R-模A，任意$n\geqslant 1$，$\mathrm{Ext}_R^n(P, A)=0$。

证明 （1）⇒（2）（3）：引理5-1-2。

（2）⇒（1）：根据定理3-1-3′有正合列（F是自由模）：

$$0\longrightarrow K\xrightarrow{\varepsilon}F\longrightarrow P\longrightarrow 0。\tag{5-1-20}$$

根据命题5-1-1有正合列：

$$0\longrightarrow \mathrm{Hom}(P, K)\longrightarrow \mathrm{Hom}(F, K)\xrightarrow{\varepsilon^*}\mathrm{Hom}(K, K)\longrightarrow \mathrm{Ext}^1(P, K)\longrightarrow\cdots,$$

由于$\mathrm{Ext}^1(P, K)=0$，所以上式变为

$$0\longrightarrow \mathrm{Hom}(P, K)\longrightarrow \mathrm{Hom}(F, K)\xrightarrow{\varepsilon^*}\mathrm{Hom}(K, K)\longrightarrow 0,$$

表明ε^*满，所以对于$1_K\in \mathrm{Hom}(K, K)$，存在$f\in \mathrm{Hom}(F, K)$，使得$\varepsilon^*(f)=1_K$，即$f\varepsilon=1_K$。由命题1-7-12（2）知式（5-1-20）是分裂的，于是$F\cong K\oplus P$（定理2-3-6），所以P是投射模（定理3-2-4）。

（3）⇒（2）：显然。证毕。

定理5-1-5 设E是R-模，则下面陈述等价。

（1）E是内射模。

（2）对于任意R-模A，$\mathrm{Ext}_R^1(A, E)=0$。

（3）对于任意R-模A，任意$n\geqslant 1$，$\mathrm{Ext}_R^n(A, E)=0$。

证明 （1）⇒（2）（3）：引理5-1-1。

（2）⇒（1）：设正合列：

$$0\longrightarrow E\longrightarrow B\xrightarrow{g}C\longrightarrow 0。\tag{5-1-21}$$

由命题5-1-1知有正合列：

$$0\longrightarrow \mathrm{Hom}(C, E)\longrightarrow \mathrm{Hom}(C, B)\xrightarrow{g_*}\mathrm{Hom}(C, C)\longrightarrow \mathrm{Ext}^1(C, E)\longrightarrow\cdots,$$

由于$\mathrm{Ext}^1(C, E)=0$，所以上式变为

$$0\longrightarrow \mathrm{Hom}(C, E)\longrightarrow \mathrm{Hom}(C, B)\xrightarrow{g_*}\mathrm{Hom}(C, C)\longrightarrow 0,$$

表明g_*满，因此对于$1_C\in \mathrm{Hom}(C, C)$，存在$\sigma\in \mathrm{Hom}(C, B)$，使得$g_*(\sigma)=1_C$，即$g\sigma=1_C$，由命题1-7-12知式（5-1-21）分裂。由定理3-3-4知E是内射模。

（3）⇒（2）：显然。证毕。

命题5-1-2 若有行正合的交换图：

$$\begin{array}{ccccccccc} 0 & \longrightarrow & A & \xrightarrow{\lambda} & E & \xrightarrow{p} & Q & \longrightarrow & 0 \\ & & \downarrow f & & \downarrow g & & \downarrow h & & \\ 0 & \longrightarrow & A' & \xrightarrow{\lambda'} & E' & \xrightarrow{p'} & Q' & \longrightarrow & 0 \end{array},$$

则有行正合的交换图：

$$\begin{array}{ccccc} \mathrm{Hom}_R(M,\ E) & \xrightarrow{p_*} & \mathrm{Hom}_R(M,\ Q) & \xrightarrow{\partial^0 \varepsilon_*} & \mathrm{Ext}^1(M,\ A) \\ \downarrow g_* & & \downarrow h_* & & \downarrow \mathrm{Ext}^1(M,\ f) \\ \mathrm{Hom}_R(M,\ E') & \xrightarrow{p'_*} & \mathrm{Hom}_R(M,\ Q') & \xrightarrow{\partial^0 \varepsilon'_*} & \mathrm{Ext}^1(M,\ A') \end{array},$$

其中，Q 有内射模解 $0 \longrightarrow Q \xrightarrow{\varepsilon} E^0 \xrightarrow{d^0} E^1 \longrightarrow \cdots$。

证明 由命题5-1-1知行正合。由于 $\mathrm{Hom}_R(M,\ -)$ 是正变函子，所以有交换图：

$$\begin{array}{ccc} \mathrm{Hom}_R(M,\ E) & \xrightarrow{p_*} & \mathrm{Hom}_R(M,\ Q) \\ \downarrow g_* & & \downarrow h_* \\ \mathrm{Hom}_R(M,\ E') & \xrightarrow{p'_*} & \mathrm{Hom}_R(M,\ Q') \end{array}。$$

根据定理5-1-1有交换图：

$$\begin{array}{ccc} \mathrm{Hom}_R(M,\ Q) & \xrightarrow{\varepsilon_*} & \mathrm{Ext}^0(M,\ Q) \\ \downarrow h_* & & \downarrow \mathrm{Ext}^0(M,\ h) \\ \mathrm{Hom}_R(M,\ Q') & \xrightarrow{\varepsilon'_*} & \mathrm{Ext}^0(M,\ Q') \end{array}。$$

根据命题4-2-19有交换图：

$$\begin{array}{ccc} \mathrm{Ext}^0(M,\ Q) & \xrightarrow{\partial^0} & \mathrm{Ext}^0(M,\ A) \\ \mathrm{Ext}^0(M,\ h) \downarrow & & \downarrow \mathrm{Ext}^1(M,\ f) \\ \mathrm{Ext}^0(M,\ Q') & \xrightarrow{\partial'^0} & \mathrm{Ext}^0(M,\ A') \end{array}。$$

所以结论成立。证毕。

命题5-1-3 设 $\{T^n:\ {}_R\mathcal{M} \to {}_S\mathcal{M}\}_{n \geq 0}$ 是一族正变加法函子。对任意 R-模正合列：

$$0 \longrightarrow A' \xrightarrow{\lambda} A \xrightarrow{p} A'' \longrightarrow 0,$$

都存在 S-模自然同态族 $\left\{\Delta_A^n:\ T^n A'' \to T^{n+1} A'\right\}_{n \in Z}$，并且满足以下条件。

（1）有 S-模长正合列：

$$0 \longrightarrow T^0 A' \xrightarrow{T^0 \lambda} T^0 A \xrightarrow{T^0 p} T^0 A'' \xrightarrow{\Delta_A^0} T^1 A' \xrightarrow{T^1 \lambda} \cdots$$

$$\cdots \longrightarrow T^n A' \xrightarrow{T^n \lambda} T^n A \xrightarrow{T^n p} T^n A'' \xrightarrow{\Delta_A^n} T^{n+1} A' \xrightarrow{T^{n+1} \lambda} \cdots,$$

并且对于行正合的 R-模交换图：

$$\begin{array}{ccccccccc} 0 & \longrightarrow & A' & \xrightarrow{\lambda} & A & \xrightarrow{p} & A'' & \longrightarrow & 0 \\ & & \downarrow{\scriptstyle f'} & & \downarrow{\scriptstyle f} & & \downarrow{\scriptstyle f''} & & \\ 0 & \longrightarrow & B' & \xrightarrow{\lambda} & B & \xrightarrow{p} & B'' & \longrightarrow & 0 \end{array},$$

有 S-模交换图：

$$\begin{array}{ccc} T^nA'' & \xrightarrow{\Delta_A^n} & T^{n+1}A' \\ {\scriptstyle T^nf''}\downarrow & & \downarrow{\scriptstyle T^{n+1}f'} \\ T^nB'' & \xrightarrow{\Delta_B^n} & T^{n+1}B' \end{array}。$$

（2）存在 R-S 双模 M，使得有自然等价 $T^0\cong \mathrm{Hom}_R(M,\ -)$。

（3）对于任意 R-内射模 E，有 $T^nE=0$，$n\geqslant 1$。

那么一定有自然等价：

$$T^n\cong \mathrm{Ext}_R^n(M,\ -),\quad n\geqslant 0。$$

证明 当 $n=0$ 时，由（2）和定理5-1-1知

$$T^0\cong \mathrm{Hom}_R(M,\ -)\cong \mathrm{Ext}_R^0(M,\ -)。$$

当 $n=1$ 时，对任意 R-模 A，由定理3-3-13知有内射模 E 和正合列：

$$0\longrightarrow A\xrightarrow{\lambda} E\xrightarrow{p} Q\longrightarrow 0。$$

由条件（1）知有正合列：

$$T^0E\xrightarrow{T^0p} T^0Q\xrightarrow{\Delta^0} T^1A\xrightarrow{T^1\lambda} T^1E,$$

由条件（3）知 $T^1E=0$，所以上式为

$$T^0E\xrightarrow{T^0p} T^0Q\xrightarrow{\Delta^0} T^1A\longrightarrow 0。$$

由命题5-1-1知有正合列：

$$\mathrm{Hom}_R(M,\ E)\xrightarrow{p_*}\mathrm{Hom}_R(M,\ Q)\xrightarrow{\partial^0\varepsilon_*}\mathrm{Ext}^1(M,\ A)\longrightarrow \mathrm{Ext}^1(M,\ E),$$

由定理5-1-5知 $\mathrm{Ext}^1(M,\ E)=0$，所以上式为

$$\mathrm{Hom}_R(M,\ E)\xrightarrow{p_*}\mathrm{Hom}_R(M,\ Q)\xrightarrow{\partial^0\varepsilon_*}\mathrm{Ext}^1(M,\ A)\longrightarrow 0。$$

由条件（2）知 $T^0\cong \mathrm{Hom}_R(M,\ -)$，所以有交换图（$\tau_E$，$\tau_Q$ 是同构）：

$$\begin{array}{ccccccc} T^0E & \xrightarrow{T^0p} & T^0Q & \xrightarrow{\Delta^0} & T^1A & \longrightarrow & 0 \\ \downarrow{\scriptstyle \tau_E} & & \downarrow{\scriptstyle \tau_Q} & & & & \\ \mathrm{Hom}_R(M,\ E) & \xrightarrow{p_*} & \mathrm{Hom}_R(M,\ Q) & \xrightarrow{\partial^0\varepsilon_*} & \mathrm{Ext}^1(M,\ A) & \longrightarrow & 0 \end{array}。$$

由命题2-1-24（2）知有同态 φ_A：$T^1A\longrightarrow \mathrm{Ext}^1(M,\ A)$ 满足交换图：

$$\begin{array}{ccccccc} T^0E & \xrightarrow{T^0p} & T^0Q & \xrightarrow{\Delta^0} & T^1A & \longrightarrow & 0 \\ \downarrow{\scriptstyle \tau_E} & & \downarrow{\scriptstyle \tau_Q} & & \downarrow{\scriptstyle \varphi_A} & & \\ \mathrm{Hom}_R(M,\ E) & \xrightarrow{p_*} & \mathrm{Hom}_R(M,\ Q) & \xrightarrow{\partial^0\varepsilon_*} & \mathrm{Ext}^1(M,\ A) & \longrightarrow & 0 \end{array}。\qquad (5\text{-}1\text{-}22)$$

由引理1-7-2a（五引理）知 φ_A 是同构，即

$$T^1A \cong \mathrm{Ext}^1(M,\ A)。 \tag{5-1-23}$$

设 f：$A \to A'$ 是R-模同态，同上有内射模 E' 和正合列：

$$0 \longrightarrow A' \xrightarrow{\lambda'} E' \xrightarrow{p'} Q' \longrightarrow 0。$$

同式（5-1-22）有交换图：

$$\begin{array}{ccccccc} T^0E' & \xrightarrow{T^0p'} & T^0Q' & \xrightarrow{\Delta'^0} & T^1A' & \longrightarrow & 0 \\ \downarrow \tau_{E'} & & \downarrow \tau_{Q'} & & \downarrow \varphi_{A'} & & \\ \mathrm{Hom}_R(M,\ E') & \xrightarrow{p'_*} & \mathrm{Hom}_R(M,\ Q') & \xrightarrow{\partial'^0\varepsilon'_*} & \mathrm{Ext}^1(M,\ A') & \longrightarrow & 0 \end{array}。 \tag{5-1-24}$$

对于 $\lambda'f$：$A \to E'$，由于 E' 是内射模，根据定义3-3-1可知，存在 g：$E \to E'$，使得

$$\lambda'f = g\lambda，即 \quad \begin{array}{ccccc} & & E' & & \\ & & \lambda'f\downarrow & \nwarrow g & \\ 0 & \longrightarrow & A & \xrightarrow{\lambda} & E \end{array}，$$

表明有交换图：

$$\begin{array}{ccccccccc} 0 & \longrightarrow & A & \xrightarrow{\lambda} & E & \xrightarrow{p} & Q & \longrightarrow & 0 \\ & & f\downarrow & & \downarrow g & & & & \\ 0 & \longrightarrow & A' & \xrightarrow{\lambda'} & E' & \xrightarrow{p'} & Q' & \longrightarrow & 0 \end{array}。$$

由命题2-1-24（2）知有同态 h：$Q \to Q'$，得到以下交换图：

$$\begin{array}{ccccccccc} 0 & \longrightarrow & A & \xrightarrow{\lambda} & E & \xrightarrow{p} & Q & \longrightarrow & 0 \\ & & f\downarrow & & \downarrow g & & \downarrow h & & \\ 0 & \longrightarrow & A' & \xrightarrow{\lambda'} & E' & \xrightarrow{p'} & Q' & \longrightarrow & 0 \end{array}。 \tag{5-1-25}$$

由式（5-1-25）及条件（1）可得交换图：

$$\begin{array}{ccc} T^0Q & \xrightarrow{\Delta^0} & T^1A \\ T^0h\downarrow & & \downarrow T^1f \\ T^0Q' & \xrightarrow{\Delta'^0} & T^1A' \end{array}。 \tag{5-1-26}$$

由式（5-1-25）及命题5-1-2可得交换图：

$$\begin{array}{ccc} \mathrm{Hom}_R(M,\ Q) & \xrightarrow{\partial^0\varepsilon_*} & \mathrm{Ext}^0(M,\ A) \\ h_*\downarrow & & \downarrow \mathrm{Ext}^1(M,\ f) \\ \mathrm{Hom}_R(M,\ Q') & \xrightarrow{\partial'^0\varepsilon'_*} & \mathrm{Ext}^0(M,\ A') \end{array}。 \tag{5-1-27}$$

由条件（2）知 $T^0 \cong \mathrm{Hom}_R(M,\ -)$，所以有交换图（$\tau_{Q'}$ 是同构）

$$\begin{array}{ccc} T^0Q & \xrightarrow{T^0h} & T^0Q' \\ \tau_Q\downarrow & & \downarrow \tau_{Q'} \\ \mathrm{Hom}_R(M,\ Q) & \xrightarrow{h_*} & \mathrm{Hom}_R(M,\ Q') \end{array}。 \tag{5-1-28}$$

由式（5-1-22)、式（5-1-24)、式（5-1-26)、式（5-1-27）和式（5-1-28）可得

$$\begin{aligned}\mathrm{Ext}^1(M,\ f)\varphi_A\Delta^0 &= \mathrm{Ext}^1(M,\ f)(\partial^0\varepsilon_*)\tau_Q = (\partial'^0\varepsilon'_*)h_*\tau_Q = (\partial'^0\varepsilon'_*)\tau_{Q'}(T^0h)\\ &= \varphi_{A'}\Delta'^0(T^0h) = \varphi_{A'}(T^1f)\Delta^0,\end{aligned}$$

由式（5-1-22）的正合性知 Δ^0 满，右消去得

$$\mathrm{Ext}^1(M,\ f)\varphi_A = \varphi_{A'}(T^1f),$$

即

$$\begin{array}{ccc} T^1A & \xrightarrow{\varphi_A} & \mathrm{Ext}^1(M,\ A) \\ {\scriptstyle T^1f}\downarrow & & \downarrow{\scriptstyle \mathrm{Ext}^1(M,\ f)} \\ T^0A' & \xrightarrow{\varphi_{A'}} & \mathrm{Ext}^1(M,\ A') \end{array}。\qquad (5\text{-}1\text{-}29)$$

由式（5-1-23）和式（5-1-29）知有自然等价：

$$T^1 \cong \mathrm{Ext}^1(M,\ -)。$$

当 $n>1$ 时，假设 $T^{n-1}\cong \mathrm{Ext}^{n-1}(M,\ -)$，也就是对任意 R-模 A 有同构：

$$\varphi_A^{n-1}:\ T^{n-1}A \longrightarrow \mathrm{Ext}^{n-1}(M,\ A),$$

使得对任意 R-模同态 f：$A\to A'$ 有交换图：

$$\begin{array}{ccc} T^{n-1}A & \xrightarrow{\varphi_A^{n-1}} & \mathrm{Ext}^{n-1}(M,\ A) \\ {\scriptstyle T^{n-1}f}\downarrow & & \downarrow{\scriptstyle \mathrm{Ext}^{n-1}(M,\ f)} \\ T^{n-1}A' & \xrightarrow{\varphi_{A'}^{n-1}} & \mathrm{Ext}^{n-1}(M,\ A') \end{array}。$$

同上，有正合的交换图（E，E' 是内射模)：

$$\begin{array}{ccccccccc} 0 & \longrightarrow & A & \xrightarrow{\lambda} & E & \xrightarrow{p} & Q & \longrightarrow & 0 \\ & & {\scriptstyle f}\downarrow & & \downarrow{\scriptstyle g} & & \downarrow{\scriptstyle h} & & \\ 0 & \longrightarrow & A' & \xrightarrow{\lambda'} & E' & \xrightarrow{p'} & Q' & \longrightarrow & 0 \end{array}。$$

由条件（1）知有正合列：

$$T^{n-1}E \xrightarrow{T^{n-1}p} T^{n-1}Q \xrightarrow{\Delta^{n-1}} T^nA \xrightarrow{T^n\lambda} T^nE,$$

由条件（3）知，当 $n>1$ 时 $T^{n-1}(E)=0$，所以上式为

$$0 \longrightarrow T^{n-1}Q \xrightarrow{\Delta^{n-1}} T^nA \longrightarrow 0。$$

这表明

$$\Delta^{n-1}:\ T^{n-1}Q \longrightarrow T^nA$$

是同构。根据命题5-1-1有正合列：

$$\mathrm{Ext}^{n-1}(M,\ E) \longrightarrow \mathrm{Ext}^{n-1}(M,\ Q) \xrightarrow{\partial^{n-1}} \mathrm{Ext}^n(M,\ A) \longrightarrow \mathrm{Ext}^n(M,\ E),$$

由定理5-1-5知，当 $n>1$ 时 $\mathrm{Ext}^{n-1}(M,\ E)=0$，所以上式变为

$$0 \longrightarrow \mathrm{Ext}^{n-1}(M,\ Q) \xrightarrow{\partial^{n-1}} \mathrm{Ext}^n(M,\ A) \longrightarrow 0,$$

这表明

$$\partial^{n-1}: \operatorname{Ext}^{n-1}(M, Q) \longrightarrow \operatorname{Ext}^n(M, A), \quad n \geqslant 1$$

是同构。所以有同构：

$$\varphi_A^n = \partial^{n-1}\varphi_Q^{n-1}(\Delta^{n-1})^{-1}: T^n A \to \operatorname{Ext}^n(M, A)。 \tag{5-1-30}$$

同样，有同构：

$$\varphi_{A'}^n = \partial'^{n-1}\varphi_{Q'}^{n-1}(\Delta'^{n-1})^{-1}: T^n A' \longrightarrow \operatorname{Ext}^n(M, A')。 \tag{5-1-31}$$

根据条件（2）有交换图：

$$\begin{array}{ccc} T^{n-1}Q & \xrightarrow{\Delta^{n-1}} & T^n A \\ {\scriptstyle T^{n-1}f}\downarrow & & \downarrow{\scriptstyle T^n f} \\ T^{n-1}Q' & \xrightarrow{\Delta'^{n-1}} & T^n A' \end{array}。 \tag{5-1-32}$$

根据命题4-2-19有交换图：

$$\begin{array}{ccc} \operatorname{Ext}^{n-1}(M, Q) & \xrightarrow{\partial^{n-1}} & \operatorname{Ext}^n(M, A) \\ {\scriptstyle \operatorname{Ext}^{n-1}(M,h)}\downarrow & & \downarrow{\scriptstyle \operatorname{Ext}^n(M,f)} \\ \operatorname{Ext}^{n-1}(M, Q') & \xrightarrow{\partial'^{n-1}} & \operatorname{Ext}^n(M, A') \end{array}。 \tag{5-1-33}$$

根据式（5-1-29）有交换图：

$$\begin{array}{ccc} T^{n-1}Q & \xrightarrow{\varphi_Q^{n-1}} & \operatorname{Ext}^{n-1}(M, Q) \\ {\scriptstyle T^{n-1}h}\downarrow & & \downarrow{\scriptstyle \operatorname{Ext}^{n-1}(M,h)} \\ T^{n-1}Q' & \xrightarrow{\varphi_{Q'}^{n-1}} & \operatorname{Ext}^{n-1}(M, Q') \end{array}。 \tag{5-1-34}$$

由式（5-1-30）~式（5-1-34）可得

$$\operatorname{Ext}^n(M, f)\varphi_A^n\Delta^{n-1} = \operatorname{Ext}^n(M, f)\partial^{n-1}\varphi_Q^{n-1} = \partial'^{n-1}\operatorname{Ext}^n(M, h)\varphi_Q^{n-1} = \partial'^{n-1}\varphi_{Q'}^{n-1}(T^{n-1}h)$$

$$= \varphi_{A'}^n\Delta'^{n-1}(T^{n-1}h) = \varphi_{A'}^n(T^{n-1}f)\Delta^{n-1}。$$

由于 Δ^{n-1} 是同构，所以可得

$$\operatorname{Ext}^n(M, f)\varphi_A^n = \varphi_{A'}^n(T^{n-1}f),$$

即

$$\begin{array}{ccc} T^n A & \xrightarrow{\varphi_A^n} & \operatorname{Ext}^n(M, A) \\ {\scriptstyle T^n f}\downarrow & & \downarrow{\scriptstyle \operatorname{Ext}^n(M,f)} \\ T^n A' & \xrightarrow{\varphi_{A'}^n} & \operatorname{Ext}^n(M, A') \end{array}。 \tag{5-1-35}$$

式（5-1-30）和式（5-1-35）表明有自然等价：

$$T^n \cong \operatorname{Ext}^n(M, -)。$$

证毕。

命题5-1-3′ 设$\{T^n: {}_R\mathcal{M}\to\mathcal{M}_S\}_{n\geq 0}$是一族反变加法函子。对任意$R$-模正合列：

$$0\longrightarrow A'\xrightarrow{\lambda}A\xrightarrow{p}A''\longrightarrow 0,$$

都存在S-模自然同态族$\left\{\Delta_A^n: T^nA'\to T^{n+1}A''\right\}_{n\in Z}$，并且满足

（1）有S-模长正合列：

$$0\longrightarrow T^0A''\xrightarrow{T^0p}T^0A\xrightarrow{T^0\lambda}T^0A'\xrightarrow{\Delta_A^0}T^1A''\xrightarrow{T^1p}\cdots$$

$$\cdots\longrightarrow T^nA''\xrightarrow{T^np}T^nA\xrightarrow{T^n\lambda}T^nA'\xrightarrow{\Delta_A^n}T^{n+1}A''\xrightarrow{T^{n+1}p}\cdots,$$

并且对于行正合的R-模交换图：

$$\begin{array}{ccccccccc}0&\longrightarrow&A'&\xrightarrow{\lambda}&A&\xrightarrow{p}&A''&\longrightarrow&0\\&&\downarrow{\scriptstyle f'}&&\downarrow{\scriptstyle f}&&\downarrow{\scriptstyle f''}&&\\0&\longrightarrow&B'&\xrightarrow{\lambda}&B&\xrightarrow{p}&B''&\longrightarrow&0\end{array},$$

有S-模交换图：

$$\begin{array}{ccc}T^nB'&\xrightarrow{\Delta_B^n}&T^{n+1}B''\\ {\scriptstyle T^nf'}\downarrow&&\downarrow{\scriptstyle T^{n+1}f''}\\ T^nA'&\xrightarrow{\Delta_A^n}&T^{n+1}A''\end{array}。$$

（2）存在R-S双模M，使得有自然等价$T^0\cong \mathrm{Hom}_R(-, M)$。

（3）对于任意R-投射模P，有$T^nP=0$，$n\geq 1$。

那么，一定有自然等价：

$$T^n\cong \mathrm{Ext}_R^n(-, M),\quad n\geq 0。$$

定理5-1-6 对$n\geq 0$，有同构：

$$\mathrm{Ext}_R^n\left(\coprod_{i\in I}A_i, B\right)\cong\prod_{i\in I}\mathrm{Ext}_R^n(A_i, B),$$

$$\mathrm{Ext}_R^n\left(A, \prod_{i\in I}B_i\right)\cong\prod_{i\in I}\mathrm{Ext}_R^n(A, B_i)。$$

证明 当$n=0$时，由定理5-1-1和定理2-3-3知结论成立。

当$n=1$时，根据命题3-2-9，有投射模P_i和正合列：

$$0\longrightarrow K_i\xrightarrow{\sigma_i}P_i\xrightarrow{p_i}A_i\longrightarrow 0。$$

由命题2-4-3知有正合列：

$$0\longrightarrow\coprod_{i\in I}K_i\xrightarrow{\coprod_i\sigma_i}\coprod_{i\in I}P_i\xrightarrow{\coprod_i p_i}\coprod_{i\in I}A_i\longrightarrow 0。$$

由命题5-1-1知有正合列：

$$\mathrm{Hom}(P_i, B)\xrightarrow{\sigma_i^*}\mathrm{Hom}(K_i, B)\longrightarrow\mathrm{Ext}^1(A_i, B)\longrightarrow\mathrm{Ext}^1(P_i, B)$$

以及

$$\mathrm{Hom}\left(\coprod_{i\in I}P_i,\ B\right)\xrightarrow{\left(\coprod_i\sigma_i\right)^*}\mathrm{Hom}\left(\coprod_{i\in I}K_i,\ B\right)\longrightarrow\mathrm{Ext}^1\left(\coprod_{i\in I}A_i,\ B\right)\longrightarrow\mathrm{Ext}^1\left(\coprod_{i\in I}P_i,\ B\right)。$$

由命题3-2-6知$\coprod_{i\in I}P_i$是投射模，由定理5-1-4知$\mathrm{Ext}^1\left(\coprod_{i\in I}P_i,\ B\right)=0$，$\mathrm{Ext}^1(P_i,\ B)=0$，所以以上两式变为

$$\mathrm{Hom}(P_i,\ B)\xrightarrow{\sigma_i^*}\mathrm{Hom}(K_i,\ B)\longrightarrow\mathrm{Ext}^1(A_i,\ B)\longrightarrow 0,$$

$$\mathrm{Hom}\left(\coprod_{i\in I}P_i,\ B\right)\xrightarrow{\left(\coprod_i\sigma_i\right)^*}\mathrm{Hom}\left(\coprod_{i\in I}K_i,\ B\right)\longrightarrow\mathrm{Ext}^1\left(\coprod_{i\in I}A_i,\ B\right)\longrightarrow 0。$$

由命题2-4-3知有正合列：

$$\prod_{i\in I}\mathrm{Hom}(P_i,\ B)\xrightarrow{\prod_i\sigma_i^*}\prod_{i\in I}\mathrm{Hom}(K_i,\ B)\longrightarrow\prod_{i\in I}\mathrm{Ext}^1(A_i,\ B)\longrightarrow 0。$$

由定理2-3-3′知有同构［式（2-3-11）］：

$$\varphi:\ \mathrm{Hom}\left(\coprod_{i\in I}P_i,\ B\right)\longrightarrow\prod_{i\in I}\mathrm{Hom}(P_i,\ B),\quad f\mapsto(f\lambda_i)_{i\in I},$$

$$\varphi':\ \mathrm{Hom}\left(\coprod_{i\in I}K_i,\ B\right)\longrightarrow\prod_{i\in I}\mathrm{Hom}(K_i,\ B),\quad f\mapsto(f\lambda_i')_{i\in I},$$

其中，$\lambda_i:\ P_i\to\coprod_{i\in I}P_i$，$\lambda_i':\ K_i\longrightarrow\coprod_{i\in I}K_i$是入射。对于$f\in\mathrm{Hom}\left(\coprod_{i\in I}P_i,\ B\right)$有

$$\varphi'\left(\coprod_i\sigma_i\right)^*(f)=\varphi'\left(f\left(\coprod_i\sigma_i\right)\right)=\left(f\left(\coprod_i\sigma_i\right)\lambda_i'\right)_{i\in I},$$

$$\left(\prod_i\sigma_i^*\right)\varphi(f)=\left(\prod_i\sigma_i^*\right)\left((f\lambda_i)_{i\in I}\right)=\left(\sigma_i^*(f\lambda_i)\right)_{i\in I}=(f\lambda_i\sigma_i)_{i\in I},$$

由命题2-3-12知$\left(\coprod_i\sigma_i\right)\lambda_i'=\lambda_i\sigma_i$，所以可得

$$\varphi'\left(\coprod_i\sigma_i\right)^*=\left(\prod_i\sigma_i^*\right)\varphi,$$

从而有交换图：

$$\begin{array}{ccccccc}
\mathrm{Hom}\left(\coprod_{i\in I}P_i,\ B\right) & \xrightarrow{\left(\coprod_i\sigma_i\right)^*} & \mathrm{Hom}\left(\coprod_{i\in I}K_i,\ B\right) & \longrightarrow & \mathrm{Ext}^1\left(\coprod_{i\in I}A_i,\ B\right) & \longrightarrow & 0\\
\downarrow{\scriptstyle\varphi} & & \downarrow{\scriptstyle\varphi'} & & & & \\
\prod_{i\in I}\mathrm{Hom}(P_i,\ B) & \xrightarrow{\prod_i\sigma_i^*} & \prod_{i\in I}\mathrm{Hom}(K_i,\ B) & \longrightarrow & \prod_{i\in I}\mathrm{Ext}^1(A_i,\ B) & \longrightarrow & 0
\end{array}。$$

由命题2-1-24（2）知有同构：

$$\mathrm{Ext}^1\left(\coprod_{i\in I} A_i,\ B\right) \cong \prod_{i\in I} \mathrm{Ext}^1(A_i,\ B)。$$

当 $n>1$ 时，假设对任意 A_i，B，有

$$\mathrm{Ext}^{n-1}\left(\coprod_{i\in I} A_i,\ B\right) \cong \prod_{i\in I} \mathrm{Ext}^{n-1}(A_i,\ B)。$$

由命题5-1-1知有正合列：

$$\mathrm{Ext}^{n-1}(P_i,\ B) \longrightarrow \mathrm{Ext}^{n-1}(K_i,\ B) \xrightarrow{\partial^{n-1}} \mathrm{Ext}^n(A_i,\ B) \longrightarrow \mathrm{Ext}^n(P_i,\ B),$$

$$\mathrm{Ext}^{n-1}\left(\coprod_{i\in I} P_i,\ B\right) \longrightarrow \mathrm{Ext}^{n-1}\left(\coprod_{i\in I} K_i,\ B\right) \xrightarrow{\partial'^{n-1}} \mathrm{Ext}^n\left(\coprod_{i\in I} A_i,\ B\right) \longrightarrow \mathrm{Ext}^n\left(\coprod_{i\in I} P_i,\ B\right)。$$

由于 $\mathrm{Ext}^{n-1}(P_i,\ B)=0$，$\mathrm{Ext}^{n-1}\left(\coprod_{i\in I} P_i,\ B\right)=0$（定理5-1-4），所以以上两式变为

$$0 \longrightarrow \mathrm{Ext}^{n-1}(K_i,\ B) \xrightarrow{\partial^{n-1}} \mathrm{Ext}^n(A_i,\ B) \longrightarrow 0,$$

$$0 \longrightarrow \mathrm{Ext}^{n-1}\left(\coprod_{i\in I} K_i,\ B\right) \xrightarrow{\partial'^{n-1}} \mathrm{Ext}^n\left(\coprod_{i\in I} A_i,\ B\right) \longrightarrow 0。$$

由命题2-4-3知有正合列：

$$0 \longrightarrow \prod_{i\in I} \mathrm{Ext}^{n-1}(K_i,\ B) \xrightarrow{\prod \partial^{n-1}} \prod_{i\in I} \mathrm{Ext}^n(A_i,\ B) \longrightarrow 0,$$

表明 $\prod \partial^{n-1}$ 和 ∂'^{n-1} 是同构，即

$$\prod_{i\in I} \mathrm{Ext}^{n-1}(K_i,\ B) \cong \prod_{i\in I} \mathrm{Ext}^n(A_i,\ B),$$

$$\mathrm{Ext}^{n-1}\left(\coprod_{i\in I} K_i,\ B\right) \cong \mathrm{Ext}^n\left(\coprod_{i\in I} A_i,\ B\right)。$$

由归纳假设知

$$\mathrm{Ext}^{n-1}\left(\coprod_{i\in I} K_i,\ B\right) \cong \prod_{i\in I} \mathrm{Ext}^{n-1}(K_i,\ B),$$

所以可得

$$\mathrm{Ext}^n\left(\coprod_{i\in I} A_i,\ B\right) \cong \prod_{i\in I} \mathrm{Ext}^n(A_i,\ B)。$$

证毕。

定理5-1-7 设 R 是Noether环（定义B-19），S 是 R 的乘法闭集（定义B-29），A 是有限生成 R-模，B 是 R-模，则有 $S^{-1}R$ -模同构：

$$S^{-1}\mathrm{Ext}_R^n(A,\ B) \cong \mathrm{Ext}_{S^{-1}R}^n(S^{-1}A,\ S^{-1}B)。$$

证明 根据命题3-1-16可知，A 有有限生成自由模解：

$$F:\ \cdots \longrightarrow F_n \longrightarrow \cdots \longrightarrow F_1 \longrightarrow F_0 \longrightarrow A \longrightarrow 0,$$

由定理3–2–1知上式也是 A 的有限生成投射模解。由定理3–5–12知

$$S^{-1}F:\cdots\longrightarrow S^{-1}F_n\longrightarrow\cdots\longrightarrow S^{-1}F_1\longrightarrow S^{-1}F_0\longrightarrow S^{-1}A\longrightarrow 0$$

是 $S^{-1}A$ 的自由模解，也是 $S^{-1}A$ 的投射模解。由命题3–5–13知 F_n 是有限表示模。由定理3–5–14知有同构：

$$S^{-1}\mathrm{Hom}_R(F_n,\ B)\cong\mathrm{Hom}_{S^{-1}R}(S^{-1}F_n,\ S^{-1}B),$$

所以有复形同构：

$$S^{-1}\mathrm{Hom}_R(F_A,\ B)\cong\mathrm{Hom}_{S^{-1}R}(S^{-1}F_A,\ S^{-1}B),$$

由命题4–1–17知有同构：

$$H^n\big(S^{-1}\mathrm{Hom}_R(F_A,\ B)\big)\cong S^{-1}H^n\big(\mathrm{Hom}_R(F_A,\ B)\big)。$$

综上，有

$$\begin{aligned}S^{-1}\mathrm{Ext}_R^n(A,\ B)&=S^{-1}H^n\big(\mathrm{Hom}_R(F_A,\ B)\big)\cong H^n\big(S^{-1}\mathrm{Hom}_R(F_A,\ B)\big)\\&\cong H^n\big(\mathrm{Hom}_{S^{-1}R}(S^{-1}F_A,\ S^{-1}B)\big)=\mathrm{Ext}_{S^{-1}R}^n(S^{-1}A,\ S^{-1}B)。\end{aligned}$$

证毕。

命题5–1–4 Ext的局部化 设 R 是Noether环，A 是有限生成 R-模，B 是 R-模，则下列陈述等价。

（1） $\mathrm{Ext}_R^n(A,\ B)=0$。

（2）对 R 的任意素理想 P，$\mathrm{Ext}_{R_P}^n(A_P,\ B_P)=0$。

（3）对 R 的任意极大理想 M，$\mathrm{Ext}_{R_M}^n(A_M,\ B_M)=0$。

证明 见文献［3］ 第76页推论3.3.11。

定理5–1–8 维数提升定理 设 P 是投射 R-模，有 R-模正合列：

$$0\longrightarrow A\longrightarrow P\longrightarrow B\longrightarrow 0,$$

则对任意 R-模 M 有

$$\mathrm{Ext}_R^n(A,\ M)\cong\mathrm{Ext}_R^{n+1}(B,\ M),\quad n\geqslant 1。$$

设 E 是内射 R-模，有 R-模正合列：

$$0\longrightarrow A\longrightarrow E\longrightarrow B\longrightarrow 0,$$

则对任意 R-模 M 有

$$\mathrm{Ext}_R^n(M,\ B)\cong\mathrm{Ext}_R^{n+1}(M,\ A),\quad n\geqslant 1。$$

证明 投射模情形：根据命题5–1–1有正合列：

$$\mathrm{Ext}^n(P,\ M)\longrightarrow\mathrm{Ext}^n(A,\ M)\xrightarrow{\partial^n}\mathrm{Ext}^{n+1}(B,\ M)\longrightarrow Ext^{n+1}(P,\ M),$$

由定理5–1–4知，当 $n\geqslant 1$ 时 $\mathrm{Ext}^n(P,\ M)=0$，所以上式变为

$$0\longrightarrow\mathrm{Ext}^n(A,\ M)\xrightarrow{\partial^n}\mathrm{Ext}^{n+1}(B,\ M)\longrightarrow 0,$$

表明 ∂^n 是同构，即 $\mathrm{Ext}^n(A,\ M)\cong\mathrm{Ext}^{n+1}(B,\ M)$。

内射模情形：根据命题5-1-1有正合列：

$$\operatorname{Ext}^n(M,E)\longrightarrow\operatorname{Ext}^n(M,B)\xrightarrow{\partial^n}\operatorname{Ext}^{n+1}(M,A)\longrightarrow\operatorname{Ext}^{n+1}(M,E),$$

由定理5-1-5知，当$n\geqslant 1$时$\operatorname{Ext}^n(M,E)=0$，所以上式变为

$$0\longrightarrow\operatorname{Ext}^n(M,B)\xrightarrow{\partial^n}\operatorname{Ext}^{n+1}(M,A)\longrightarrow 0,$$

表明∂^n是同构，即$\operatorname{Ext}^n(M,B)\cong\operatorname{Ext}^{n+1}(M,A)$。证毕。

定理5-1-9 设R，T是有1的交换环。P，M，A分别是R-模，R-T双模，T-模。如果P是投射模，则有同构：

$$\operatorname{Ext}_T^n(P\otimes_R M,A)\cong\operatorname{Hom}_R(P,\operatorname{Ext}_T^n(M,A)),\quad n\geqslant 0。$$

证明 当$n=0$时，由定理5-1-1知

$$\operatorname{Ext}_T^0(P\otimes_R M,A)\cong\operatorname{Hom}_T(P\otimes_R M,A),\ \operatorname{Ext}_T^0(M,A)\cong\operatorname{Hom}_T(M,A)。$$

由定理2-5-1知

$$\operatorname{Hom}_T(P\otimes_R M,A)\cong\operatorname{Hom}_R(P,\operatorname{Hom}_T(M,A)),$$

所以可得

$$\operatorname{Ext}_T^0(P\otimes_R M,A)\cong\operatorname{Hom}_R(P,\operatorname{Ext}_T^0(M,A))。$$

当$n=1$时，由定理3-3-13知有T-内射模E与正合列：

$$0\longrightarrow A\longrightarrow E\longrightarrow L\longrightarrow 0。$$

根据命题5-1-1有正合列：

$$\operatorname{Hom}_T(M,E)\longrightarrow\operatorname{Hom}_T(M,L)\longrightarrow\operatorname{Ext}_T^1(M,A)\longrightarrow\operatorname{Ext}_T^1(M,E),$$

$$\operatorname{Hom}_T(P\otimes_R M,E)\longrightarrow\operatorname{Hom}_T(P\otimes_R M,L)\longrightarrow\operatorname{Ext}_T^1(P\otimes_R M,A)\longrightarrow\operatorname{Ext}_T^1(P\otimes_R M,E)。$$

由定理5-1-5知$\operatorname{Ext}_T^1(M,E)=0$，$\operatorname{Ext}_T^1(P\otimes_R M,E)=0$，所以以上两式变为

$$\operatorname{Hom}_T(M,E)\longrightarrow\operatorname{Hom}_T(M,L)\longrightarrow\operatorname{Ext}_T^1(M,A)\longrightarrow 0,$$

$$\operatorname{Hom}_T(P\otimes_R M,E)\longrightarrow\operatorname{Hom}_T(P\otimes_R M,L)\longrightarrow\operatorname{Ext}_T^1(P\otimes_R M,A)\longrightarrow 0。$$

由定理3-2-2知$\operatorname{Hom}_R(P,-)$是正合函子，所以有正合列：

$$\operatorname{Hom}_R(P,\operatorname{Hom}_T(M,E))\longrightarrow\operatorname{Hom}_R(P,\operatorname{Hom}_T(M,L))\longrightarrow\operatorname{Hom}_R(P,\operatorname{Ext}_T^1(M,A))\longrightarrow 0。$$

由定理2-5-2知$-\otimes_R M$与$\operatorname{Hom}_T(M,-)$是伴随函子，从而有交换图：

$$\begin{array}{ccccccc}
\operatorname{Hom}_T(P\otimes_R M,E) & \longrightarrow & \operatorname{Hom}_T(P\otimes_R M,L) & \longrightarrow & \operatorname{Ext}_T^1(P\otimes_R M,A) & \longrightarrow & 0\\
\downarrow{\scriptstyle\tau} & & \downarrow{\scriptstyle\tau'} & & & & \\
\operatorname{Hom}_R(P,\operatorname{Hom}_T(M,E)) & \longrightarrow & \operatorname{Hom}_R(P,\operatorname{Hom}_T(M,L)) & \longrightarrow & \operatorname{Hom}_R(P,\operatorname{Ext}_T^1(M,A)) & \longrightarrow & 0
\end{array}$$

其中，τ，τ'是同构。由命题2-1-24（2）知有同构：

$$\operatorname{Ext}_T^1(P\otimes_R M,A)\cong\operatorname{Hom}_R(P,\operatorname{Ext}_T^1(M,A))。$$

当$n>1$时，假设对任意P，M，A有

$$\operatorname{Ext}_T^{n-1}(P\otimes_R M,A)\cong\operatorname{Hom}_R(P,\operatorname{Ext}_T^{n-1}(M,A))。$$

由定理5-1-8（维数提升定理）知

$$\mathrm{Ext}_T^{n-1}(M, L)=\mathrm{Ext}_T^n(M, A),\quad \mathrm{Ext}_T^{n-1}(P\otimes_R M, L)\cong \mathrm{Ext}_T^n(P\otimes_R M, A)。$$

由归纳假设知

$$\mathrm{Ext}_T^{n-1}(P\otimes_R M, L)\cong \mathrm{Hom}_R(P, \mathrm{Ext}_T^{n-1}(M, L)),$$

所以可得

$$\mathrm{Ext}_T^n(P\otimes_R M, A)\cong \mathrm{Hom}_R(P, \mathrm{Ext}_T^n(M, A))。$$

证毕。

命题5-1-5　设B是Abel群，则$\mathrm{Ext}_Z^1(Z_n, B)\cong B/nB$。

证明　有Z-模正合列：

$$0\longrightarrow Z\xrightarrow{n}Z\xrightarrow{\pi}Z_n\longrightarrow 0,$$

其中

$$n: Z\longrightarrow Z,\quad a\mapsto na,$$

$\pi: Z\to Z_n$是自然同态。根据命题5-1-1有正合列：

$$\mathrm{Hom}_Z(Z, B)\xrightarrow{n^*}\mathrm{Hom}_Z(Z, B)\xrightarrow{\partial}\mathrm{Ext}_Z^1(Z_n, B)\longrightarrow\mathrm{Ext}_Z^1(Z, B)。$$

显然，Z作为Z-模是自由模，从而是投射模（定理3-2-1），所以$\mathrm{Ext}_Z^1(Z, B)=0$（定理5-1-4），上式为

$$\mathrm{Hom}_Z(Z, B)\xrightarrow{n^*}\mathrm{Hom}_Z(Z, B)\xrightarrow{\partial}\mathrm{Ext}_Z^1(Z_n, B)\longrightarrow 0。$$

根据定理2-2-1有同构：

$$\varphi: \mathrm{Hom}_Z(Z, B)\longrightarrow B,\quad f\mapsto f(1)。$$

易验证有交换图：

$$\begin{array}{ccccccc}
\mathrm{Hom}_Z(Z, B) & \xrightarrow{n^*} & \mathrm{Hom}_Z(Z, B) & \xrightarrow{\partial} & \mathrm{Ext}_Z^1(Z_n, B) & \longrightarrow & 0\\
\downarrow{\scriptstyle\varphi} & & \downarrow{\scriptstyle\varphi} & & \downarrow{\scriptstyle 1} & & \\
B & \xrightarrow{n} & B & \xrightarrow{\partial\varphi^{-1}} & \mathrm{Ext}_Z^1(Z_n, B) & \longrightarrow & 0
\end{array},$$

由命题2-1-21知上图第二行正合。由命题2-1-15′知有同构：

$$\mathrm{Ext}_Z^1(Z_n, B)\cong \mathrm{Coker}\, n=B/nB。$$

证毕。

命题5-1-6　设A，B是Abel群，则当$n\geqslant 2$时，$\mathrm{Ext}_Z^n(A, B)=0$。

证明　根据定理3-3-13，有Z-内射模E和Z-模正合列：

$$0\longrightarrow B\longrightarrow E\longrightarrow E/B\longrightarrow 0。$$

当$n\geqslant 2$时，由命题5-1-1知有正合列：

$$\mathrm{Ext}_Z^{n-1}(A, E/B)\xrightarrow{\partial}\mathrm{Ext}_Z^n(A, B)\longrightarrow\mathrm{Ext}_Z^n(A, E)。$$

根据定理5-1-5可知，$\mathrm{Ext}_Z^n(A, E)=0$，所以上式变为

$$\mathrm{Ext}_Z^{n-1}(A, E/B)\xrightarrow{\partial}\mathrm{Ext}_Z^n(A, B)\longrightarrow 0。$$

由于 Z 是主理想整环（命题B-18），所以 E 是可除模（定理3-3-8）。由命题3-3-2知 E/B 是可除模，所以是内射模（定理3-3-8）。从而 $\mathrm{Ext}_Z^{n-1}(A, E/B)=0$（定理5-1-5），上式变为

$$0\xrightarrow{\partial}\mathrm{Ext}_Z^n(A, B)\longrightarrow 0。$$

这说明 $\mathrm{Ext}_Z^n(A, B)=0$。证毕。

命题5-1-7 若有 R-模正合列：

$$0\longrightarrow A\xrightarrow{\rho}P_{n-1}\xrightarrow{d_{n-1}}P_{n-2}\longrightarrow\cdots\longrightarrow P_0\xrightarrow{d_0}B\longrightarrow 0,$$

而且 P_i（$0\leqslant i\leqslant n-1$）都是投射模，则对任意 R-模 M 有：

$$\mathrm{Ext}^k(A, M)\cong\mathrm{Ext}^{k+n}(B, M),\quad k\geqslant 1。$$

证明 令 $K_i=\ker d_i$（$0\leqslant i\leqslant n-2$），则有正合列（$j_i$ 是包含同态）：

$$0\longrightarrow A\xrightarrow{\rho}P_{n-1}\xrightarrow{d_{n-1}}K_{n-2}\longrightarrow 0,$$

$$0\longrightarrow K_i\xrightarrow{j_i}P_i\xrightarrow{d_i}K_{i-1}\longrightarrow 0,\quad 1\leqslant i\leqslant n-2,$$

$$0\longrightarrow K_0\xrightarrow{j_0}P_0\xrightarrow{d_0}B\longrightarrow 0。$$

由定理5-1-8（提升维数定理）可得

$$\mathrm{Ext}^k(A, M)\cong\mathrm{Ext}^{k+1}(M, K_{n-2})\cong\mathrm{Ext}^{k+2}(M, K_{n-3})\cong\cdots\cong$$
$$\mathrm{Ext}^{k+n-1}(M, K_0)\cong\mathrm{Ext}^{k+n}(M, B)。$$

证毕。

命题5-1-8 若有 R-模正合列：

$$0\longrightarrow A\xrightarrow{\varepsilon}E^0\xrightarrow{d^0}E^1\longrightarrow\cdots\longrightarrow E^{n-1}\xrightarrow{d^{n-1}}B\longrightarrow 0,$$

且 E^i（$0\leqslant i\leqslant n-1$）都是内射模，则对任意 R-模 M 有

$$\mathrm{Ext}^k(M, B)\cong\mathrm{Ext}^{k+n}(M, A),\quad k\geqslant 1。$$

证明 令 $L^i=\mathrm{Im}\,d^i$（$0\leqslant i\leqslant n-2$），则有正合列（$j^{i-1}$ 是包含同态）：

$$0\longrightarrow A\xrightarrow{\varepsilon}E^0\xrightarrow{d^0}L^0\longrightarrow 0,$$

$$0\longrightarrow L^{i-1}\xrightarrow{j^{i-1}}E^i\xrightarrow{d^i}L^i\longrightarrow 0,\quad 1\leqslant i\leqslant n-2,$$

$$0\longrightarrow L^{n-2}\xrightarrow{j^{n-2}}E^{n-1}\xrightarrow{d^{n-1}}B\longrightarrow 0。$$

由定理5-1-8（提升维数定理）可得

$$\mathrm{Ext}^k(M, B)\cong\mathrm{Ext}^{k+1}(M, L^{n-2})\cong\mathrm{Ext}^{k+2}(M, L^{n-3})\cong\cdots\cong$$
$$\mathrm{Ext}^{k+n-1}(M, L^0)\cong\mathrm{Ext}^{k+n}(M, A)。$$

证毕。

5.2 Ext函子和模扩张

定义5-2-1 模扩张（module extension） 设A，E，C是R-模，则称正合列：

$$0\longrightarrow A\longrightarrow E\longrightarrow C\longrightarrow 0$$

是模A的被C的一个扩张（extension of A by C）。或者说E是模A的被C的一个扩张。

定理5-2-1 如果$\mathrm{Ext}_R^1(C, A)=0$，那么A的被C的每一个扩张都是分裂的。

证明 设有A的被C的一个扩张：

$$0\longrightarrow A\xrightarrow{i}E\longrightarrow C\longrightarrow 0, \tag{5-2-1}$$

根据命题5-1-1有正合列：

$$\mathrm{Hom}_R(E, A)\xrightarrow{i^*}\mathrm{Hom}_R(A, A)\longrightarrow \mathrm{Ext}_R^1(C, A),$$

由于$\mathrm{Ext}_R^1(C, A)=0$，所以i^*满。对于$1_A\in\mathrm{Hom}_R(A, A)$，存在$g\in\mathrm{Hom}_R(E, A)$，使得$i^*(g)=1_A$，即$gi=1_A$，表明式（5-2-1）分裂［命题1-7-12（2）］。证毕。

定义5-2-2 扩张等价 设有A的被C的两个扩张：

$$0\longrightarrow A\xrightarrow{i}E\xrightarrow{p}C\longrightarrow 0,$$

$$0\longrightarrow A\xrightarrow{i'}E'\xrightarrow{p'}C\longrightarrow 0。$$

若有同态φ：$E\to E'$，使得下图交换：

$$\begin{array}{ccccccccc}
0 & \longrightarrow & A & \xrightarrow{i} & E & \xrightarrow{p} & C & \longrightarrow & 0 \\
 & & \downarrow{1_A} & & \downarrow{\varphi} & & \downarrow{1_C} & & \\
0 & \longrightarrow & A & \xrightarrow{i'} & E' & \xrightarrow{p'} & C & \longrightarrow & 0
\end{array}$$

则称这两个扩张等价。由引理1-7-16（五引理）知φ一定是同构。

命题5-2-1 A的被C的分裂扩张都是等价的。

证明 设扩张$0\longrightarrow A\longrightarrow E\longrightarrow C\longrightarrow 0$是分裂的，则由命题2-3-26知有行正合的交换图（h是同构）：

$$\begin{array}{ccccccccc}
0 & \longrightarrow & A & \longrightarrow & A\oplus C & \longrightarrow & C & \longrightarrow & 0 \\
 & & \downarrow{1} & & \downarrow{h} & & \downarrow{1} & & \\
0 & \longrightarrow & A & \longrightarrow & E & \longrightarrow & C & \longrightarrow & 0
\end{array},$$

也就是说分裂扩张都与$0\longrightarrow A\longrightarrow A\oplus C\longrightarrow C\longrightarrow 0$等价，从而相互等价。证毕。

定义5-2-3 如果ξ：$0\longrightarrow A\longrightarrow E\longrightarrow C\longrightarrow 0$是一个扩张，则用$[\xi]$表示所有与$\xi$等价的扩张类，用$e(C, A)$表示所有的扩张类$[\xi]$的集合：

$$e(C, A)=\{[\xi]\mid \xi\text{是}A\text{的被}C\text{的一个扩张}\}。$$

引理5-2-1 设有行扩张（正合）的图：

$$\begin{array}{ccccccccc} \xi: 0 & \longrightarrow & X_1 & \xrightarrow{j} & X & \xrightarrow{\varepsilon} & C & \longrightarrow & 0 \\ & & {\scriptstyle\alpha}\downarrow & & & & & & \\ & & A & & & & & & \end{array},$$

则存在以下条件。

（1）存在A的被C的一个扩张$0\longrightarrow A\xrightarrow{i}E\xrightarrow{p}C\longrightarrow 0$，以及同态$\beta$：$X\longrightarrow E$，使得以下交换图成立：

$$\begin{array}{ccccccccc} \xi: 0 & \longrightarrow & X_1 & \xrightarrow{j} & X & \xrightarrow{\varepsilon} & C & \longrightarrow & 0 \\ & & {\scriptstyle\alpha}\downarrow & & \downarrow{\scriptstyle\beta} & & \downarrow{\scriptstyle 1_C} & & \\ 0 & \longrightarrow & A & \xrightarrow{i} & E & \xrightarrow{p} & C & \longrightarrow & 0 \end{array}。\tag{5-2-2}$$

（2）上图中第一个方框：

$$\begin{array}{ccc} X & \xrightarrow{j} & X \\ {\scriptstyle\alpha}\downarrow & & \downarrow{\scriptstyle\beta} \\ A & \xrightarrow{i} & E \end{array}$$

是推出（例2-6-2）。

（3）任意两个A的被C的扩张，如果都满足交换图（5-2-2）（α，ξ固定），则它们等价。

证明 （1）（2）：引理3-3-1。其中

$$E=(X\oplus A)/W,\quad W=\left\langle\left\{\left(-j(x_1),\ \alpha(x_1)\right)\middle|x_1\in X_1\right\}\right\rangle,$$

$$\beta:\ X\rightarrow E,\quad x\mapsto(x,\ 0)+W,$$

$$i:\ A\rightarrow E,\quad a\mapsto(0,\ a)+W,$$

$$p:\ E\rightarrow C,\quad (x,\ a)+W\mapsto\varepsilon(x)。$$

（3）设扩张$0\longrightarrow A\xrightarrow{i'}E'\xrightarrow{p'}C'\longrightarrow 0$满足交换图：

$$\begin{array}{ccccccccc} 0 & \longrightarrow & X_1 & \xrightarrow{j} & X & \xrightarrow{\varepsilon} & C & \longrightarrow & 0 \\ & & {\scriptstyle\alpha}\downarrow & & \downarrow{\scriptstyle\beta'} & & \downarrow{\scriptstyle 1_C} & & \\ 0 & \longrightarrow & A & \xrightarrow{i'} & E' & \xrightarrow{p'} & C & \longrightarrow & 0 \end{array},$$

令

$$\varphi:\ E\rightarrow E',\quad (x,\ a)+W\mapsto\beta'(x)+i'(a),$$

需验证上式与x，a的选取无关。设$(x,\ a)+W=(x',\ a)+W$，则$(x-x',\ 0)\in W$，即

$$(x-x',\ 0)=\sum_k\left(-j(x_{1k}),\ \alpha(x_{1k})\right),$$

即

$$x-x'=-\sum_k j(x_{1k}),\quad \sum_k \alpha(x_{1k})=0,$$

于是

$$\beta'(x-x')=-\sum_k \beta' j(x_{1k})=-i'\sum_k \alpha(x_{1k})=0,$$

即 $\beta'(x)=\beta'(x')$，说明 φ 与 x 的选取无关。设 $(x,\ a)+W=(x,\ a')+W$，则 $(0,\ a-a')\in W$，即

$$(0,\ a-a')=\sum_k\left(-j(x_{1k}),\ \alpha(x_{1k})\right),$$

即

$$\sum_k j(x_{1k})=0,\quad a-a'=\sum_k \alpha(x_{1k}),$$

于是

$$i'(a-a')=\sum_k i'\alpha(x_{1k})=\beta'\sum_k j(x_{1k})=0,$$

即 $i'(a)=i'(a')$，说明 φ 与 a 的选取无关。

易验证有

$$\varphi i=i',\quad \varphi\beta=\beta'。$$

于是

$$p'\varphi i=p'i'=0=pi,$$

$$p'\varphi\beta=p'\beta'=\varepsilon=p\beta。$$

对于 $(x,\ a)+W\in E$，有

$$\begin{aligned}p'\varphi\left((x,\ a)+W\right)&=p'\varphi\left(\beta(x)+i(a)\right)=p'\varphi\beta(x)+p'\varphi i(a)=p\beta(x)+pi(a)\\&=p\left(\beta(x)+i(a)\right)=p\left((x,\ a)+W\right),\end{aligned}$$

即

$$p'\varphi=p。$$

所以有交换图：

$$\begin{array}{ccccccccc}0&\longrightarrow&A&\xrightarrow{i}&E&\xrightarrow{\varepsilon}&C&\longrightarrow&0\\&&\downarrow{\scriptstyle 1_A}&&\downarrow{\scriptstyle\varphi}&&\downarrow{\scriptstyle 1_C}&&\\0&\longrightarrow&A&\xrightarrow{i'}&E'&\xrightarrow{p'}&C&\longrightarrow&0\end{array},$$

表明 A 的被 C 的任意扩张都与 $0\longrightarrow A\xrightarrow{i}E\xrightarrow{p}C\longrightarrow 0$ 等价，所以它们相互等价。证毕。

定义5-2-4　将引理5-2-1中的式（5-2-2）扩张 $0\longrightarrow A\longrightarrow E\longrightarrow C\longrightarrow 0$ 记

为 $\alpha\xi$。

定义 5-2-5 设 $[\xi]\in e(C, A)$，即有 A 的被 C 的一个扩张：

$$\xi:\ 0\longrightarrow A\longrightarrow E\longrightarrow C\longrightarrow 0。$$

C 有投射模解：

$$P:\ \cdots\longrightarrow P_2\xrightarrow{d_2}P_1\xrightarrow{d_1}P_0\longrightarrow C\longrightarrow 0。$$

根据定理4-2-1（比较定理）有交换图：

$$\begin{array}{ccccccccc}
\cdots\longrightarrow & P_2 & \xrightarrow{d_2} & P_1 & \xrightarrow{d_1} & P_0 & \longrightarrow & C & \longrightarrow 0\\
 & \downarrow & & \downarrow{\scriptstyle\alpha} & & \downarrow & & \downarrow{\scriptstyle 1_C} & \\
 & 0 & \longrightarrow & A & \longrightarrow & E & \longrightarrow & C & \longrightarrow 0
\end{array}。$$

有

$$\alpha d_2=0,$$

复形：

$$\mathrm{Hom}(P_C, A):\ 0\longrightarrow\mathrm{Hom}(P_0, A)\xrightarrow{d_1^*}\mathrm{Hom}(P_1, A)\xrightarrow{d_2^*}\mathrm{Hom}(P_2, A)\longrightarrow\cdots,$$

有

$$\mathrm{Ext}^1(C, A)=H^1\big(\mathrm{Hom}(P_C, A)\big)=\ker d_2^*/\mathrm{Im}\, d_1^*。$$

有 $d_2^*(\alpha)=\alpha d_2=0$，说明 $\alpha\in\ker d_2^*$。令

$$\psi:\ e(C, A)\longrightarrow\mathrm{Ext}^1(C, A),\ [\xi]\mapsto\alpha+\mathrm{Im}\, d_1^*。\tag{5-2-3}$$

需要验证上式与 ξ 和 α 的选择无关。

设 α'：$P_1\to A$ 满足交换图：

$$\begin{array}{ccccccccc}
\cdots\longrightarrow & P_2 & \xrightarrow{d_2} & P_1 & \xrightarrow{d_1} & P_0 & \longrightarrow & C & \longrightarrow 0\\
 & \downarrow & & {\scriptstyle\alpha'}\downarrow & & \downarrow & & \downarrow{\scriptstyle 1_C} & \\
 & 0 & \longrightarrow & A & \longrightarrow & E & \longrightarrow & C & \longrightarrow 0
\end{array},$$

则由定理4-2-1（比较定理）知 α' 与 α 同伦，即有

$$\alpha-\alpha'=0s_1+s_0d_1,$$

$$\begin{array}{ccccccc}
\cdots\longrightarrow & P_2 & \xrightarrow{d_2} & P_1 & \xrightarrow{d_1} & P_0 & \longrightarrow\cdots\\
 & \downarrow & \swarrow{\scriptstyle s_1} & \downarrow{\scriptstyle\alpha-\alpha'} & \swarrow{\scriptstyle s_0} & \downarrow & \\
\cdots\longrightarrow & 0 & \longrightarrow & A & \longrightarrow & E & \longrightarrow\cdots
\end{array},$$

从而 $\alpha-\alpha'=s_0d_1=d_1^*(s_0)\in\mathrm{Im}\, d_1^*$，表明 $\alpha+\mathrm{Im}\, d_1^*=\alpha'+\mathrm{Im}\, d_1^*$，即 ψ 与 α 的选择无关。

设 $[\xi]=[\xi']$，即 ξ' 是与 ξ 等价的扩张，则有交换图：

$$\begin{array}{ccccccccc}
\cdots\longrightarrow & P_2 & \xrightarrow{d_2} & P_1 & \xrightarrow{d_1} & P_0 & \longrightarrow & C & \longrightarrow 0 \\
& \downarrow & & \downarrow{\scriptstyle\alpha} & & \downarrow & & \downarrow{\scriptstyle 1_C} & \\
& 0 & \longrightarrow & A & \longrightarrow & E & \longrightarrow & C & \longrightarrow 0, \\
& & & \downarrow{\scriptstyle 1_A} & & \downarrow{\scriptstyle\varphi} & & \downarrow{\scriptstyle 1_C} & \\
& 0 & \longrightarrow & A & \longrightarrow & E' & \longrightarrow & C & \longrightarrow 0
\end{array}$$

从而 ξ' 也对应 $\alpha+\operatorname{Im}d_1^*$，即 ψ 与 ξ 的选择无关。

命题5-2-2　扩张 ξ 可分裂，则 $\psi([\xi])=0$。

证明　设ξ：$0\longrightarrow A\longrightarrow E\xrightarrow{p}C\longrightarrow 0$，根据命题1-7-12（1）有 g：$C\to E$，使得 $pg=1_C$。设 C 有投射模解：

$$P:\ \cdots\longrightarrow P_2\xrightarrow{d_2}P_1\xrightarrow{d_1}P_0\xrightarrow{\varepsilon}C\longrightarrow 0,$$

有

$$g\varepsilon d_1=0,\quad pg\varepsilon=\varepsilon。$$

令 $\alpha=0$，则有交换图：

$$\begin{array}{ccccccccc}
\cdots\longrightarrow & P_2 & \xrightarrow{d_2} & P_1 & \xrightarrow{d_1} & P_0 & \xrightarrow{\varepsilon} & C & \longrightarrow 0 \\
& \downarrow & & \downarrow{\scriptstyle\alpha=0} & & \downarrow{\scriptstyle g\varepsilon} & & \downarrow{\scriptstyle 1_C} & , \\
& 0 & \longrightarrow & A & \longrightarrow & E & \xrightarrow{p} & C & \longrightarrow 0
\end{array}$$

所以 $\psi([\xi])=\alpha+\operatorname{Im}d_1^*=0$。证毕。

定理5-2-2　式（5-2-3）中的 ψ：$e(C,\ A)\to\operatorname{Ext}^1(C,\ A)$ 是双射。

证明　构造 θ：$\operatorname{Ext}^1(C,\ A)\longrightarrow e(C,\ A)$，使得 $\psi\theta=1$，$\theta\psi=1$。

设 C 有投射模解：

$$P:\ \cdots\longrightarrow P_2\xrightarrow{d_2}P_1\xrightarrow{d_1}P_0\xrightarrow{\varepsilon}C\longrightarrow 0,$$

复形：

$$\operatorname{Hom}(P_C,\ A):\ 0\longrightarrow\operatorname{Hom}(P_0,\ A)\xrightarrow{d_1^*}\operatorname{Hom}(P_1,\ A)\xrightarrow{d_2^*}\operatorname{Hom}(P_2,\ A)\longrightarrow\cdots,$$

有

$$\operatorname{Ext}^1(C,\ A)=H^1(\operatorname{Hom}(P_C,\ A))=\ker d_2^*/\operatorname{Im}d_1^*。$$

设 $\alpha\in\ker d_2^*\subseteq\operatorname{Hom}(P_1,\ A)$，则 $\alpha+\operatorname{Im}d_1^*\in\operatorname{Ext}^1(C,\ A)$。有 $0=d_2^*(\alpha)=\alpha d_2$，表明 $\operatorname{Im}d_2\subseteq\ker\alpha$。由命题2-1-7′知 α 诱导同态：

$$\bar{\alpha}:\ P_1/\operatorname{Im}d_2\longrightarrow A,$$

满足（π：$P_1\to P_1/\operatorname{Im}d_2$ 是自然同态）

$$\bar{\alpha}\pi=\alpha。$$

有 $\operatorname{Im}d_2=\ker d_1$，由命题2-1-7′知 d_1 诱导单同态：

$$\bar{d}_1:\ P_1/\operatorname{Im}d_2\longrightarrow P_0,$$

满足

$$\bar{d}_1\pi = d_1。$$

由命题A-16（3）知 $\operatorname{Im}\bar{d}_1 = \operatorname{Im} d_1 = \ker\varepsilon$，从而有正合列：

$$\xi:\ 0 \longrightarrow P_1/\operatorname{Im} d_2 \xrightarrow{\bar{d}_1} P_0 \xrightarrow{\varepsilon} C \longrightarrow 0。$$

由引理5-2-1知有行正合的交换图（不同的 $\bar{\alpha}\xi$ 是等价的）：

$$\begin{array}{cccccccccc} \xi: & 0 & \longrightarrow & P_1/\operatorname{Im} d_2 & \xrightarrow{\bar{d}_1} & P_0 & \xrightarrow{\varepsilon} & C & \longrightarrow & 0 \\ & & & \bar{\alpha}\downarrow & & \beta\downarrow & & \downarrow 1_C & & \\ \bar{\alpha}\xi: & 0 & \longrightarrow & A & \xrightarrow{i} & E & \xrightarrow{p} & C & \longrightarrow & 0 \end{array}。\tag{5-2-4}$$

可令

$$\theta:\ \operatorname{Ext}^1(C,\ A) \longrightarrow e(C,\ A),\ \alpha + \operatorname{Im} d_1^* \mapsto [\bar{\alpha}\xi]。\tag{5-2-5}$$

需要验证上式与 α 的选择无关。设 $\alpha + \operatorname{Im} d_1^* = \alpha' + \operatorname{Im} d_1^*$，则 $\alpha' - \alpha \in \operatorname{Im} d_1^*$，所以有 $s:\ P_0 \to A$，使得

$$\alpha' - \alpha = d_1^*(s) = sd_1,$$

即

$$\bar{\alpha}'\pi - \bar{\alpha}\pi = s\bar{d}_1\pi。$$

由于 π 满，所以可得（右消去）

$$\bar{\alpha}' - \bar{\alpha} = s\bar{d}_1。$$

由上式和式（5-2-4）的交换性可得

$$i\bar{\alpha}' = i\bar{\alpha} + is\bar{d}_1 = \beta\bar{d}_1 + is\bar{d}_1 = (\beta + is)\bar{d}_1。$$

有

$$p(\beta + is) = p\beta + pis = p\beta = \varepsilon,$$

表明有交换图：

$$\begin{array}{cccccccccc} \xi: & 0 & \longrightarrow & P_1/\operatorname{Im} d_2 & \xrightarrow{\bar{d}_1} & P_0 & \xrightarrow{\varepsilon} & C & \longrightarrow & 0 \\ & & & \bar{\alpha}'\downarrow & & \beta + is\downarrow & & \downarrow 1_C & & \\ \bar{\alpha}'\xi: & 0 & \longrightarrow & A & \xrightarrow{i} & E & \xrightarrow{p} & C & \longrightarrow & 0 \end{array}。$$

这里 $\bar{\alpha}'\xi$ 与 $\bar{\alpha}\xi$ 是同一个扩张，即 $\bar{\alpha}\xi = \bar{\alpha}'\xi$，表明 θ 与 α 的选择无关。

设 $\theta(\alpha + \operatorname{Im} d_1^*) = [\bar{\alpha}\xi]$，即有行正合的交换图：

$$\begin{array}{cccccccccc} \xi: & 0 & \longrightarrow & P_1/\operatorname{Im} d_2 & \xrightarrow{\bar{d}_1} & P_0 & \xrightarrow{\varepsilon} & C & \longrightarrow & 0 \\ & & & \bar{\alpha}\downarrow & & \beta\downarrow & & \downarrow 1_C & & \\ \bar{\alpha}\xi: & 0 & \longrightarrow & A & \xrightarrow{i} & E & \xrightarrow{p} & C & \longrightarrow & 0 \end{array},$$

其中 $\alpha \in \ker d_2^*$，即有

$$0 = d_2^*(\alpha) = \alpha d_2。$$

由 $i\bar{\alpha}=\beta\bar{d}_1$ 可得 $i\bar{\alpha}\pi=\beta\bar{d}_1\pi$，即

$$i\alpha=\beta d_1,$$

表明有交换图：

$$\begin{array}{ccccccccc}
\cdots\longrightarrow & P_2 & \xrightarrow{d_2} & P_1 & \xrightarrow{d_1} & P_0 & \xrightarrow{\varepsilon} & C & \longrightarrow 0 \\
 & \downarrow & & \downarrow{\scriptstyle\alpha} & & \downarrow{\scriptstyle\beta} & & \downarrow{\scriptstyle 1_C} & \\
 & 0 & \longrightarrow & A & \xrightarrow{i} & E & \xrightarrow{p} & C & \longrightarrow 0
\end{array}\text{。}$$

根据（5-2-3）式知 $\psi([\bar{\alpha}\xi])=\alpha+\operatorname{Im}d_1^*$，即 $\psi\theta(\alpha+\operatorname{Im}d_1^*)=\alpha+\operatorname{Im}d_1^*$，也就是 $\psi\theta=1$。

设扩张 ξ：$0\to A\xrightarrow{i}E\xrightarrow{p}C\to 0$，$\psi([\xi])=\alpha+\operatorname{Im}d_1^*$，则有行正合的交换图：

$$\begin{array}{ccccccccc}
\cdots\longrightarrow & P_2 & \xrightarrow{d_2} & P_1 & \xrightarrow{d_1} & P_0 & \longrightarrow & C & \longrightarrow 0 \\
 & \downarrow & & \downarrow{\scriptstyle\alpha} & & \downarrow & & \downarrow{\scriptstyle 1_C} & \\
\xi: & 0 & \longrightarrow & A & \xrightarrow{i} & E & \xrightarrow{p} & C & \longrightarrow 0
\end{array}\text{。}$$

同构造 θ 的过程，可知有行正合的交换图

$$\begin{array}{cccccccc}
 & 0\longrightarrow & P_1/\operatorname{Im}d_2 & \xrightarrow{\bar{d}_1} & P_0 & \longrightarrow & C & \longrightarrow 0 \\
 & & \downarrow{\scriptstyle\bar{\alpha}} & & \downarrow & & \downarrow{\scriptstyle 1_C} & \\
\xi: & 0\longrightarrow & A & \xrightarrow{i} & E & \xrightarrow{p} & C & \longrightarrow 0
\end{array},$$

则有 $\theta(\alpha+\operatorname{Im}d_1^*)=[\xi]$，即 $\theta\psi([\xi])=[\xi]$，也就是 $\theta\psi=1$。证毕。

命题5-2-3　$\operatorname{Ext}^1(C,A)=0$ 的充分必要条件：A 的被 C 的每一个扩张都是分裂的。

证明　必要性：定理5-2-1。

充分性：由命题5-2-1知所有扩张都是等价的，因此 $e(C,A)$ 中只有一个元素。由定理5-2-2知 $\operatorname{Ext}^1(C,A)$ 中只有一个元素，所以 $\operatorname{Ext}^1(C,A)=0$。证毕。

注（命题5-2-3）　$\operatorname{Ext}^1(C,A)$ 中的非零元对应非分裂扩张。Ext是extension的缩写。

定义5-2-6　可以定义 $e(C,A)$ 中的和：

$$[\xi]+[\xi']=\psi^{-1}\big(\psi([\xi])+\psi([\xi'])\big)\text{。}$$

这个和称为“Baer和”。$e(C,A)$ 在Baer和下成为一个Abel群，ψ：$e(C,A)\longrightarrow\operatorname{Ext}^1(C,A)$ 是群同构。见文献［2］第431页定理7.35。

定义5-2-7　$e(C,-)$ 函子　对于 R-模 A，$e(C,A)$ 是一个扩张类。对于 R-模同态 f：$A\to A'$，令

$$f_\#=e(C,f):\ e(C,A)\longrightarrow e(C,A'),\quad [\xi]\mapsto[f\xi],$$

这里 $[f\xi]$ 由引理5-2-1定义（定义5-2-4）。$e(C,-)$ 是正变函子，即对于

$$A\xrightarrow{f}A'\xrightarrow{g}A'',$$

有

$$(gf)_{\#}=g_{\#}f_{\#}。$$

5.3 Tor函子

由命题4-2-20可得定理5-3-1。

定理5-3-1

（1）有自然等价：

$$\mathrm{Tor}_0^R(-,\ B)\cong -\otimes_R B,$$

即对于任意R-模A，有同构（A的投射模解 $\cdots\longrightarrow P_1\xrightarrow{d_1}P_0\xrightarrow{\varepsilon_A}A\longrightarrow 0$）：

$$\bar{\varepsilon}_A:\ \mathrm{Tor}_0^R(A,\ B)\to A\otimes_R B,\quad p_0\otimes b+\mathrm{Im}(d_1\otimes 1_B)\mapsto \varepsilon_A(p_0)\otimes b,$$

使得对于任意R-模同态 $f:A\to A'$，有交换图：

$$\begin{array}{ccc}\mathrm{Tor}_0^R(A,\ B) & \xrightarrow{\bar{\varepsilon}_A} & A\otimes_R B\\ {\scriptstyle \mathrm{Tor}_0^R(f,\ B)}\downarrow & & \downarrow{\scriptstyle f\otimes 1_B}\\ \mathrm{Tor}_0^R(A',\ B) & \xrightarrow{\bar{\varepsilon}_{A'}} & A'\otimes_R B\end{array}。$$

（2）有自然等价：

$$\mathrm{tor}_0^R(A,\ -)\cong A\otimes_R -,$$

即对于任意R-模B，有同构（B的投射模解 $\cdots\longrightarrow P_1\xrightarrow{d_1}P_0\xrightarrow{\varepsilon_B}B\longrightarrow 0$）：

$$\bar{\varepsilon}_B:\ \mathrm{tor}_0^R(A,\ B)\to A\otimes_R B,\ a\otimes p_0+\mathrm{Im}(1_A\otimes d_1)\mapsto a\otimes\varepsilon_B(p_0),$$

使得对于任意R-模同态 f：$B\to B'$，有交换图：

$$\begin{array}{ccc}\mathrm{tor}_0^R(A,\ B) & \xrightarrow{\bar{\varepsilon}_B} & A\otimes_R B\\ {\scriptstyle \mathrm{tor}_0^R(A,\ f)}\downarrow & & \downarrow{\scriptstyle 1_A\otimes f}\\ \mathrm{tor}_0^R(A,\ B') & \xrightarrow{\bar{\varepsilon}_{B'}} & A\otimes_R B'\end{array}。$$

引理5-3-1 若P是R-投射模，则

$$\mathrm{Tor}_n^R(P,\ B)=0,\ \mathrm{tor}_n^R(A,\ P)=0,\ n\geqslant 1。$$

证明 P有投射模解：

$$\tilde{P}:\ 0\longrightarrow P\xrightarrow{1_P}P\longrightarrow 0,$$

删除复形：

$$\tilde{P}_P:\ 0\longrightarrow P\longrightarrow 0,$$

分别用$-\otimes_R B$和$A\otimes_R -$作用：

$$\tilde{P}_P\otimes_R B:\ 0\longrightarrow P\otimes_R B\longrightarrow 0,$$

$$A\otimes_R\tilde{P}_P:\ 0\longrightarrow A\otimes_R P\longrightarrow 0,$$

从而当$n \geqslant 1$时，有

$$\mathrm{Tor}_n^R(P,\ B) = H_n\left(\tilde{P}_P \otimes_R B\right) = 0,\quad \mathrm{tor}_n^R(A,\ P) = H_n\left(A \otimes_R \tilde{P}_P\right) = 0。$$

证毕。

定理5-3-2　若F是R-平坦模，则

$$\mathrm{Tor}_n^R(A,\ F) = 0,\quad \mathrm{tor}_n^R(F,\ A) = 0,\quad n \geqslant 1。$$

证明　A有投射模解（正合）：

$$P:\ \cdots \longrightarrow P_2 \xrightarrow{d_2} P_1 \xrightarrow{d_1} P_0 \xrightarrow{\varepsilon_A} A \longrightarrow 0,$$

删除复形（除了P_0，其余处都正合）：

$$P_A:\ \cdots \longrightarrow P_2 \xrightarrow{d_2} P_1 \xrightarrow{d_1} P_0 \longrightarrow 0,$$

分别用$-\otimes_R F$和$F \otimes_R -$作用：

$$P_A \otimes_R F:\ \cdots \longrightarrow P_2 \otimes_R F \xrightarrow{d_2 \otimes 1_F} P_1 \otimes_R F \xrightarrow{d_1 \otimes 1_F} P_0 \otimes_R F \longrightarrow 0,$$

$$F \otimes_R P_A:\ \cdots \longrightarrow F \otimes_R P_2 \xrightarrow{1_F \otimes d_2} F \otimes_R P_1 \xrightarrow{1_F \otimes d_1} F \otimes_R P_0 \longrightarrow 0。$$

由于F是平坦模，所以以上两式除了$P_0 \otimes_R F$和$F \otimes_R P_0$，其余处都正合，所以当$n \geqslant 1$时，有

$$\mathrm{Tor}_n^R(A,\ F) = H_n\left(P_A \otimes_R F\right) = 0,\quad \mathrm{tor}_n^R(F,\ A) = H_n\left(F \otimes_R P_A\right) = 0。$$

证毕。

与定理5-1-3类似有定理5-3-3。

定理5-3-3　$\mathrm{Tor}_n(A,\ B) \cong \mathrm{tor}_n(A,\ B),\quad n \geqslant 0$。

证明　见文献［2］第355页定理6.32。

注（定理5-3-3）　后面不再区分Tor与tor。

命题5-3-1　Tor可以用平坦模解计算。具体地说，若A有平坦模解：

$$F:\ \cdots \longrightarrow F_2 \xrightarrow{d_2} F_1 \xrightarrow{d_1} F_0 \xrightarrow{\varepsilon} A \longrightarrow 0,$$

则

$$\mathrm{Tor}_n(A,\ B) \cong H_n\left(F_A \otimes B\right)。$$

若B有平坦模解：

$$F':\ \cdots \longrightarrow F'_2 \xrightarrow{d'_2} F'_1 \xrightarrow{d'_1} F'_0 \xrightarrow{\varepsilon'} B \longrightarrow 0,$$

则

$$\mathrm{Tor}_n(A,\ B) \cong H_n\left(A \otimes F'_B\right)。$$

证明　见文献［2］第406页定理7.5。

定理5-3-4　设R^{op}是R的反环（定义2-2-12），则

$$\mathrm{Tor}_n^R(A, B) \cong \mathrm{Tor}_n^{R^{op}}(B, A)。$$

特别地，如果 R 是交换环，则 $\mathrm{Tor}_n^R(A, B) \cong \mathrm{Tor}_n^R(B, A)$。

证明 设 A 投射模解的删除复形为

$$P_A: \cdots \xrightarrow{d_2} P_1 \xrightarrow{d_1} P_0 \longrightarrow 0。$$

根据命题2-2-15有同构：

$$\tau_n: P_n \otimes_R B \to B \otimes_{R^{op}} P_n, \quad a_n \otimes b \mapsto b \otimes a_n。$$

对于 $a_n \otimes b \in P_n \otimes_R B$，有

$$\tau_{n-1}(d_n \otimes 1_B)(a_n \otimes b) = \tau_{n-1}\big(d_n(a_n) \otimes b\big) = b \otimes d_n(a_n),$$

$$(1_B \otimes d_n)\tau_n(a_n \otimes b) = (1_B \otimes d_n)(b \otimes a_n) = b \otimes d_n(a_n),$$

即

$$\tau_{n-1}(d_n \otimes 1_B) = (1_B \otimes d_n)\tau_n,$$

表明有交换图：

$$\begin{array}{ccccccccc}
\cdots \longrightarrow & P_2 \otimes_R B & \xrightarrow{d_2 \otimes 1_B} & P_1 \otimes_R B & \xrightarrow{d_1 \otimes 1_B} & P_0 \otimes_R B & \longrightarrow & 0 \\
& \downarrow{\tau_2} & & \downarrow{\tau_1} & & \downarrow{\tau_0} & & \\
\cdots \longrightarrow & B \otimes_{R^{op}} P_2 & \xrightarrow{1_B \otimes d_2} & B \otimes_{R^{op}} P_1 & \xrightarrow{1_B \otimes d_1} & B \otimes_{R^{op}} P_0 & \longrightarrow & 0
\end{array}。$$

也就是说 $\{\tau_n\}$ 是链同构。由命题4-1-5知有同构：

$$H_n(P_A \otimes_R B) \cong H_n(B \otimes_{R^{op}} P_A),$$

也就是

$$\mathrm{Tor}_n^R(A, B) \cong \mathrm{Tor}_n^{R^{op}}(B, A)。$$

证毕。

定理5-3-5 若有左 R-模正合列：

$$0 \longrightarrow A \xrightarrow{f} B \xrightarrow{g} C \longrightarrow 0,$$

则对任意右 R-模 M，有长正合列（A 的投射模解 $\cdots \longrightarrow P_1 \xrightarrow{d_1} P_0 \xrightarrow{\varepsilon_A} A \longrightarrow 0$）：

$$\cdots \longrightarrow \mathrm{Tor}_n(M, A) \xrightarrow{\mathrm{Tor}_n(M, f)} \mathrm{Tor}_n(M, B) \xrightarrow{\mathrm{Tor}_n(M, g)} \mathrm{Tor}_n(M, C) \xrightarrow{\partial_n}$$

$$\mathrm{Tor}_{n-1}(M, A) \longrightarrow \cdots$$

$$\cdots \longrightarrow \mathrm{Tor}_1(M, C) \xrightarrow{\bar{\varepsilon}_A \partial_1} M \otimes A \xrightarrow{1_M \otimes f} M \otimes B \xrightarrow{1_M \otimes g} M \otimes C \longrightarrow 0。$$

若有右 R-模正合列：

$$0 \longrightarrow A \xrightarrow{f} B \xrightarrow{g} C \longrightarrow 0,$$

则对任意左R-模M，有长正合列（A的投射模解$\cdots\longrightarrow P_1\xrightarrow{d_1}P_0\xrightarrow{\varepsilon_A}A\longrightarrow 0$）：

$$\cdots\longrightarrow \mathrm{Tor}_n(A,\ M)\xrightarrow{\mathrm{Tor}_n(f,\ M)}\mathrm{Tor}_n(B,\ M)\xrightarrow{\mathrm{Tor}_n(g,\ M)}\mathrm{Tor}_n(C,\ M)\xrightarrow{\partial_n}$$

$$\mathrm{Tor}_{n-1}(A,\ M)\longrightarrow\cdots$$

$$\cdots\longrightarrow \mathrm{Tor}_1(C,\ M)\xrightarrow{\bar{\varepsilon}_A\partial_1}A\otimes M\xrightarrow{f\otimes 1_M}B\otimes M\xrightarrow{g\otimes 1_M}C\otimes M\longrightarrow 0。$$

证明　根据定理4-2-6有长正合列：

$$\cdots\longrightarrow \mathrm{Tor}_n(M,\ A)\xrightarrow{\mathrm{Tor}_n(M,\ f)}\mathrm{Tor}_n(M,\ B)\xrightarrow{\mathrm{Tor}_n(M,\ g)}\mathrm{Tor}_n(M,\ C)$$

$$\xrightarrow{\partial_n}\mathrm{Tor}_{n-1}(M,\ A)\xrightarrow{\mathrm{Tor}_{n-1}(M,\ f)}\mathrm{Tor}_{n-1}(M,\ B)\xrightarrow{\mathrm{Tor}_{n-1}(M,\ g)}\cdots\longrightarrow \mathrm{Tor}_1(M,\ C)$$

$$\xrightarrow{\partial_1}\mathrm{Tor}_0(M,\ A)\xrightarrow{\mathrm{Tor}_0(M,\ f)}\mathrm{Tor}_0(M,\ B)\xrightarrow{\mathrm{Tor}_0(M,\ g)}\mathrm{Tor}_0(M,\ C)\longrightarrow 0。$$

根据定理5-3-1有交换图（$\bar{\varepsilon}_A$，$\bar{\varepsilon}_B$，$\bar{\varepsilon}_C$是同构）：

$$\begin{array}{ccccccccc}
\cdots\longrightarrow \mathrm{Tor}_1(M,\ C) & \xrightarrow{\partial_1} & \mathrm{Tor}_0(M,\ A) & \xrightarrow{\mathrm{Tor}_0(M,\ f)} & \mathrm{Tor}_0(M,\ B) & \xrightarrow{\mathrm{Tor}_0(M,\ g)} & \mathrm{Tor}_0(M,\ C) & \longrightarrow & 0\\
\downarrow 1 & & \downarrow \bar{\varepsilon}_A & & \downarrow \bar{\varepsilon}_B & & \downarrow \bar{\varepsilon}_C & & \\
\cdots\longrightarrow \mathrm{Tor}_1(M,\ C) & \xrightarrow{\bar{\varepsilon}_A\partial_1} & M\otimes A & \xrightarrow{1_M\otimes f} & M\otimes B & \xrightarrow{1_M\otimes g} & M\otimes C & \longrightarrow & 0
\end{array}。$$

由命题2-1-21知结论成立。证毕。

命题5-3-2　（对任意R-模B，$\mathrm{Tor}_1(A,\ B)=0$）$\Leftrightarrow A$是平坦模。同样有，（对任意R-模A，$\mathrm{Tor}_1(A,\ B)=0$）$\Leftrightarrow B$是平坦模。

证明　只证明第一个等价式。

$\Leftarrow$：定理5-3-2。

$\Rightarrow$：设有R-模正合列：

$$0\longrightarrow B'\xrightarrow{f}B\xrightarrow{g}B''\longrightarrow 0,$$

由定理5-3-5知有正合列：

$$\mathrm{Tor}_1(A,\ B'')\longrightarrow A\otimes B'\xrightarrow{1\otimes f}A\otimes B\xrightarrow{1\otimes g}A\otimes B''\longrightarrow 0。$$

由题设知$\mathrm{Tor}_1(A,\ B'')=0$，所以上式为

$$0\longrightarrow A\otimes B'\xrightarrow{1\otimes f}A\otimes B\xrightarrow{1\otimes g}A\otimes B''\longrightarrow 0。$$

表明A是平坦模。证毕。

命题5-3-3　设F是左R-模，则下列陈述等价。

（1）F是平坦模。

（2）对于任意右R-模A，$\mathrm{Tor}_1^R(A,\ F)=0$。

（3）对于任意右R-模A，$\forall n\geqslant 1$，$\mathrm{Tor}_n^R(A,\ F)=0$。

设F是右R-模，则下列陈述等价。

（1）F是平坦模。

（2）对于任意左R-模A，$\mathrm{Tor}_1^R(F,A)=0$。

（3）对于任意左R-模A，$\forall n\geqslant 1$，$\mathrm{Tor}_n^R(F,A)=0$。

证明 （1）⇒（3）：定理5-3-2。

（3）⇒（2）：显然。

（2）⇒（1）：命题5-3-2。证毕。

定理5-3-6 设$\{T^n: {}_R\mathcal{M}\to {}_S\mathcal{M}\}_{n\geqslant 0}$是一族正变加法函子，对任意$R$-模正合列：

$$0\longrightarrow A'\xrightarrow{\lambda}A\xrightarrow{p}A''\longrightarrow 0,$$

存在自然S-模同态族$\{\Delta_n^A: T_n(A'')\longrightarrow T_{n-1}(A')\}_{n\geqslant 1}$，满足以下条件：

（1）有长正合列：

$$\cdots\longrightarrow T_n(A')\xrightarrow{T_n\lambda}T_n(A)\xrightarrow{T_np}T_n(A''2)\xrightarrow{\Delta_n^A}T_{n-1}(A')\longrightarrow\cdots$$

$$\cdots\longrightarrow T_1(A'')\xrightarrow{\Delta_1^A}T_0(A')\xrightarrow{T_0\lambda}T_0(A)\xrightarrow{T_0p}T_0(A'')\longrightarrow 0,$$

并且对于R-模交换图：

$$\begin{array}{ccccccccc}
0 & \longrightarrow & A' & \longrightarrow & A & \longrightarrow & A'' & \longrightarrow & 0\\
 & & \downarrow f & & \downarrow g & & \downarrow h & & \\
0 & \longrightarrow & B' & \longrightarrow & B & \longrightarrow & B'' & \longrightarrow & 0
\end{array},$$

有下面S-模交换图：

$$\begin{array}{ccc}
T_n(A'') & \xrightarrow{\Delta_n^A} & T_{n-1}(A')\\
T_nh\downarrow & & \downarrow T_{n-1}f\\
T_n(B'') & \xrightarrow{\Delta_n^B} & T_{n-1}(B')
\end{array}。$$

（2）存在S-R双模A，使得有自然等价$T_0\cong A\otimes -$。

（3）对任意自由R-模F，有$T_nF=0$，$n\geqslant 1$。

那么有自然等价

$$T_n\cong \mathrm{Tor}_n(A,-),\quad n\geqslant 0。$$

定理5-3-7 维数提升定理 设F是平坦R-模。若有R-模正合列：

$$0\longrightarrow A\longrightarrow F\longrightarrow B\longrightarrow 0,$$

则对任意R-模M，有（注意区分左右R-模）

$$\mathrm{Tor}_n^R(M,A)\cong \mathrm{Tor}_{n+1}^R(M,B),\quad n\geqslant 1,$$

$$\mathrm{Tor}_n^R(A,M)\cong \mathrm{Tor}_{n+1}^R(B,M),\quad n\geqslant 1。$$

证明 根据定理5-3-5可知，当$n\geqslant 1$时有正合列：

$$\mathrm{Tor}_{n+1}(M,F)\longrightarrow \mathrm{Tor}_{n+1}(M,B)\xrightarrow{\partial_{n+1}}\mathrm{Tor}_n(M,A)\longrightarrow \mathrm{Tor}_n(M,F),$$

$$\mathrm{Tor}_{n+1}(FM)\longrightarrow \mathrm{Tor}_{n+1}(B,M)\xrightarrow{\partial'_{n+1}}\mathrm{Tor}_n(A,M)\longrightarrow \mathrm{Tor}_n(F,M)。$$

由命题5-3-3知 $\mathrm{Tor}_n(M, F)=0$，$\mathrm{Tor}_n(F, M)=0$，所以以上两式为

$$0 \longrightarrow \mathrm{Tor}_{n+1}(M, B) \xrightarrow{\partial_{n+1}} \mathrm{Tor}_n(M, A) \longrightarrow 0,$$

$$0 \longrightarrow \mathrm{Tor}_{n+1}(B, M) \xrightarrow{\partial'_{n+1}} \mathrm{Tor}_n(A, M) \longrightarrow 0,$$

说明两个 ∂_{n+1} 和 ∂'_{n+1} 都是同构，所以结论成立。证毕。

命题5-3-4（定理3-5-4） 设有R-模正合列：

$$0 \longrightarrow A \xrightarrow{f} B \xrightarrow{g} C \longrightarrow 0,$$

若C是平坦模，则

$$A\text{平坦} \Leftrightarrow B\text{平坦}。$$

证明 根据定理5-3-5可知，对任意R-模M，有正合列（$n \geqslant 1$）：

$$\mathrm{Tor}_{n+1}(M, C) \longrightarrow \mathrm{Tor}_n(M, A) \longrightarrow \mathrm{Tor}_n(M, B) \longrightarrow \mathrm{Tor}_n(M, C)。$$

由命题5-3-3知 $\mathrm{Tor}_n(M, C)=0$，所以上式为

$$0 \longrightarrow \mathrm{Tor}_n(M, A) \longrightarrow \mathrm{Tor}_n(M, B) \longrightarrow 0,$$

所以 $\mathrm{Tor}_n(M, A) \cong \mathrm{Tor}_n(M, B)$。由命题5-3-3知

$$A\text{平坦} \Leftrightarrow (\text{对任意}R\text{-模}M,\ \mathrm{Tor}_n(M, A)=0,\ n \geqslant 1) \Leftrightarrow$$

$$(\text{对任意}R\text{-模}M,\ \mathrm{Tor}_n(M, B)=0,\ n \geqslant 1) \Leftrightarrow B\text{平坦}。$$

证毕。

定理5-3-8

$$\mathrm{Tor}_n\left(A, \coprod_{i\in I} B_i\right) \cong \coprod_{i\in I} \mathrm{Tor}_n(A, B_i),\quad n \geqslant 0。$$

$$\mathrm{Tor}_n\left(\coprod_{i\in I} A_i, B\right) \cong \coprod_{i\in I} \mathrm{Tor}_n(A_i, B),\quad n \geqslant 0。$$

$$\mathrm{Tor}_n\left(\coprod_{i\in I} A_i, \coprod_{j\in J} B_j\right) \cong \coprod_{i\in I,\, j\in J} \mathrm{Tor}_n(A_i, B_j),\quad n \geqslant 0。$$

证明 见文献［2］第408页命题7.6。

定理5-3-9 $\mathrm{Tor}_n(A, \varinjlim B_i) \cong \varinjlim \mathrm{Tor}_n(A, B_i),\quad n \geqslant 0$。

证明 见文献［2］第410页命题7.8。

定理5-3-10 设R是有1的交换环，S是R的乘法闭集，则

$$S^{-1}\mathrm{Tor}_n^R(A, B) \cong \mathrm{Tor}_n^{S^{-1}R}(S^{-1}A, S^{-1}B)。$$

证明 见文献［2］第415页命题7.17。

命题5-3-5 若R是有1的交换环，则下面陈述等价。

（1）$\mathrm{Tor}_n^R(A, B)=0$。

（2）对R的任意素理想P，有 $\mathrm{Tor}_n^{R_P}(A_P, B_P)=0$。

（3）对R的任意极大理想M，有 $\mathrm{Tor}_n^{R_M}(A_M, B_M)=0$。

证明 见文献［3］第73页推论3.2.13。

定理5-3-11 设R，T是有1的交换环，F，M，A分别是右R-模，R-T双模，左T-模。如果F是平坦R-模，则有同构：

$$\mathrm{Tor}_n^T(F\otimes_R M,\ A)\cong F\otimes_R \mathrm{Tor}_n^T(M,\ A),\quad n\geqslant 1。$$

命题5-3-6 设B是交换群，则

$$\mathrm{Tor}_0^Z(Z_k,\ B)=B/kB,$$

$$\mathrm{Tor}_1^Z(Z_k,\ B)=\{b\in B|kb=0\},$$

$$\mathrm{Tor}_n^Z(Z_k,\ B)=0,\quad n\geqslant 2。$$

证明 Z_p作为Z-模有自由模解（当然是投射模解）：

$$\tilde{Z}:\ 0\longrightarrow Z\xrightarrow{k}Z\xrightarrow{\pi}Z_k\longrightarrow 0,$$

其中，π是自然同态，有

$$k:\ Z\longrightarrow Z,\quad a\mapsto ka。$$

根据定理2-2-9有同构：

$$\varphi:\ Z\otimes_Z B\longrightarrow B,\quad a\otimes b\mapsto ab,$$

易验证有交换图：

$$\begin{array}{ccccccc}
\tilde{Z}_{Z_k}\otimes_Z B:\ 0 & \longrightarrow & Z\otimes_Z B & \xrightarrow{k\otimes 1_B} & Z\otimes_Z B & \longrightarrow & 0\\
 & & \varphi\downarrow & & \downarrow\varphi & & \\
\tilde{B}:\ 0 & \longrightarrow & B & \xrightarrow{k} & B & \longrightarrow & 0
\end{array},$$

表明φ构成链同构，根据命题4-1-5可知，有同构$H_n(\tilde{Z}_{Z_k}\otimes_Z B)\cong H_n(\tilde{B})$，即

$$\mathrm{Tor}_n^Z(Z_k,\ B)\cong H_n(\tilde{B})。$$

显然

$$H_0(\tilde{B})=B/kB,\quad H_1(\tilde{B})=\ker k=\{b\in B|kb=0\},\quad H_n(\tilde{B})=0,\quad n\geqslant 2。$$

证毕。

命题5-3-7 若B是交换群，则$\mathrm{Tor}_1^Z(Q/Z,\ B)$中的元素都是有限阶的。

命题5-3-8 若A，B是交换群，则$n\geqslant 2$时$\mathrm{Tor}_n^Z(A,\ B)=0$。

命题5-3-9 若有R-模正合列

$$0\longrightarrow A\xrightarrow{\rho}F_{n-1}\xrightarrow{d_{n-1}}\cdots\rightarrow F_1\xrightarrow{d_1}F_0\xrightarrow{d_0}B\longrightarrow 0,$$

且F_i（$0\leqslant i\leqslant n-1$）都是平坦模，则对任意$R$-模$M$，有（注意区分左右$R$-模）

$$\mathrm{Tor}_k^R(M,\ A)\cong\mathrm{Tor}_{k+n}^R(M,\ B),\quad k\geqslant 1,$$

$$\mathrm{Tor}_k^R(A,\ M)\cong\mathrm{Tor}_{k+n}^R(B,\ M),\quad k\geqslant 1。$$

证明 记$K_i=\ker d_i$（$0\leqslant i\leqslant n-2$），则有正合列（$j_i$是包含同态）：

$$0\longrightarrow A\xrightarrow{\rho}F_{n-1}\xrightarrow{d_{n-1}}K_{n-2}\longrightarrow 0,$$

$$0 \longrightarrow K_i \xrightarrow{j_i} F_i \xrightarrow{d_i} K_{i-1} \longrightarrow 0, \quad 1 \leqslant i \leqslant n-2,$$

$$0 \longrightarrow K_0 \xrightarrow{j_0} F_0 \xrightarrow{d_0} B \longrightarrow 0。$$

由定理5-3-7（提升维数定理）知，当$k \geqslant 1$时有

$$\mathrm{Tor}_k^R(M, A) \cong \mathrm{Tor}_{k+1}^R(M, K_{n-2}) \cong \mathrm{Tor}_{k+2}^R(M, K_{n-3}) \cong \cdots \cong$$
$$\mathrm{Tor}_{k+n-1}^R(M, K_0) \cong \mathrm{Tor}_{k+n}^R(M, B),$$

同样有 $\mathrm{Tor}_k^R(A, M) \cong \mathrm{Tor}_{k+n}^R(B, M)$。证毕。

5.4　Tor函子和挠子模

本节 R 表示整环，Q 是 R 的分式域，$K = Q/R$ 是R-模。

定义5-4-1　挠子模（torsion submodule）挠模（torsion module）挠自由模（torsion-free module）　设 A 是R-模，令

$$tA = \{a \in A | \exists r \in R\backslash\{0\}, \ ra = 0\},$$

则称tA为 A 的挠子模。

如果 $tA = A$，则称 A 为挠模。

如果 $tA = 0$,，则称 A 为挠自由模（或称无挠模）。

注（定义5-4-1）

（1）$tA \subseteq A$。

（2）A 是挠模 $\Leftrightarrow A \subseteq tA$。

（3）$ttA = tA$，即挠子模是挠模。

证明　$\forall a \in tA$，$\exists r \in R\backslash\{0\}$，使得 $ra = 0$，这说明 $a \in ttA$,所以 $tA \subseteq ttA$。而 $ttA \subseteq tA$，所以 $ttA = tA$。证毕。

（4）$A \subseteq B \Rightarrow tA \subseteq tB$。

（5）注意区分挠自由模和自由挠模（既是自由模，又是挠模）。

命题5-4-1　既是挠模又是无挠模的模是零模。

命题5-4-2　对于R-模同态 f：$A \to B$，有 $f(tA) \subseteq tB$。

证明　$\forall a \in tA$，有 $r \in R\backslash\{0\}$，使得 $ra = 0$，从而 $rf(a) = 0$，表明 $f(a) \in tB$，所以 $f(tA) \subseteq tB$。证毕。

定义5-4-2　挠函子t：${}_R\mathcal{M} \to {}_R\mathcal{M}$　设 f：$A \to B$ 是R-模同态，令 tf 是 f 在 tA 上的限制，即

$$tf: tA \to tB, \quad a \mapsto f(a)。$$

设 g：$B\to C$ 也是R-模同态，则对于 $\forall a\in tA$，有 $t(gf)(a)=gf(a)=(tg)(tf)(a)$，即

$$t(gf)=(tg)(tf)。$$

设 f'：$A\to B$ 也是R-模同态，则对于 $\forall a\in tA$，有 $t(f+f')(a)=f(a)+f'(a)=tf(a)+tf'(a)$，即

$$t(f+f')=tf+tf',$$

表明t：${}_R\mathcal{M}\to{}_R\mathcal{M}$是一个正变加法函子。

命题5-4-3 挠模的子模和商模都是挠模。

证明 设 A 是挠模，A'是 A 的子模。$\forall a\in A'$，由于$a\in A=tA$，所以存在$r\in R\backslash\{0\}$，使得 $ra=0$，表明 $a\in tA'$，所以 $A'\subseteq tA'$，即 A' 是挠模［注（定义5-4-1）（2）］。

$\forall a\in A$，由于 $a\in tA$，所以存在 $r\in R\backslash\{0\}$，使得 $ra=0$，从而 $r(a+A')=0$，表明 $a+A'\in t(A/A')$，所以 $A/A'\subseteq t(A/A')$，即 A/A' 是挠模［注（定义5-4-1）（2）］。证毕。

命题5-4-4 若有R-模正合列：

$$0\longrightarrow A\xrightarrow{f}B\xrightarrow{g}C\longrightarrow 0,$$

那么

$$B\text{是挠模}\Leftrightarrow A，C\text{都是挠模。}$$

证明 $\Rightarrow$：命题5-4-3。

$\Leftarrow$：$\forall b\in B$，$g(b)\in C$，由于C是挠模，所以 $g(b)\in tC$，即有 $r\in R\backslash\{0\}$，使得 $rg(b)=0$，所以 $rb\in\ker g=\mathrm{Im}f$，从而有 $a\in A$，使得 $rb=f(a)$。由于 A 是挠模，所以 $a\in tA$，有 $r'\in R\backslash\{0\}$，使得 $r'a=0$，从而 $r'rb=f(r'a)=0$。由于 R 是整环，所以 $r'r\neq 0$（命题B-24），表明 $b\in tB$，于是 $B\subseteq tB$，即 B 是挠模［注（定义5-4-1）（2）］。证毕。

命题5-4-5 $A_i\,(i\in I)$ 都是挠模$\Rightarrow\bigoplus_{i\in I}A_i$是挠模。

证明 设 $(a_i)_{i\in I}\in\bigoplus_{i\in I}A_i$，对于 $0\neq a_i\in A_i=tA_i$（只有有限项），存在 $r_i\in R\backslash\{0\}$，使得 $r_ia_i=0$。令 $r=\prod_i r_i$（有限积），则 $r\neq 0$（命题B-24）。显然 $r(a_i)_{i\in I}=0$，表明 $(a_i)_{i\in I}\in t\left(\bigoplus_{i\in I}A_i\right)$，所以 $\bigoplus_{i\in I}A_i\subseteq t\left(\bigoplus_{i\in I}A_i\right)$，即 $\bigoplus_{i\in I}A_i$ 是挠模［注（定义5-4-1）（2）］。证毕。

命题5-4-6 挠自由模 A 的子模 A' 也是挠自由模。

证明 由注（定义5-4-1）（4）知 $tA'\subseteq tA=0$。证毕。

命题5-4-7 $t\left(\prod_{i\in I}A_i\right)\subseteq\prod_{i\in I}tA_i$，$t\left(\bigoplus_{i\in I}A_i\right)\subseteq\bigoplus_{i\in I}tA_i$。

证明 设 $(a_i)_{i\in I}\in t\left(\prod_{i\in I}A_i\right)$，则有 $r\in R\backslash\{0\}$，使得 $r(a_i)_{i\in I}=0$，即 $ra_i=0\,(\forall i\in I)$，表明 $a_i\in tA_i$，所以 $(a_i)_{i\in I}\in\prod_{i\in I}tA_i$。证毕。

命题5-4-8 A_i ($i\in I$) 都是挠自由模 $\Rightarrow \prod\limits_{i\in I}A_i$ 是挠自由模。

A_i ($i\in I$) 都是挠自由模 $\Rightarrow \bigoplus\limits_{i\in I}A_i$ 是挠自由模。

证明 由命题5-4-7可得 $t\left(\prod\limits_{i\in I}A_i\right)\subseteq\prod\limits_{i\in I}tA_i=0$。证毕。

命题5-4-9 若 A 是 R-挠模，则 $Q\otimes_R A=0$。

证明 设 $\frac{s}{t}\otimes a\in Q\otimes_R A$，由于 $a\in A=tA$，所以存在 $r\in R\backslash\{0\}$，使得 $ra=0$，于是

$$\frac{s}{t}\otimes a=\frac{sr}{\mathrm{tr}}\otimes a=\frac{s}{\mathrm{tr}}\otimes ra=\frac{s}{\mathrm{tr}}\otimes 0=0,$$

表明 $Q\otimes_R A=0$。证毕。

定理5-4-1 若 A 是 R-挠模，则 $\mathrm{Tor}_1^R(K, A)\cong A$。

证明 有正合列（i是包含同态，π是自然同态）：

$$0\longrightarrow R\xrightarrow{\ i\ }Q\xrightarrow{\ \pi\ }K\longrightarrow 0,$$

根据定理5-3-5有正合列（ R 的投射模解 $\cdots\longrightarrow P_1\xrightarrow{d_1}P_0\xrightarrow{\varepsilon}R\longrightarrow 0$）：

$$\mathrm{Tor}_1(Q, A)\longrightarrow\mathrm{Tor}_1(K, A)\xrightarrow{\bar{\varepsilon}\partial_1}R\otimes_R A\longrightarrow Q\otimes_R A。$$

由命题3-5-4知 Q 是平坦模，由定理5-3-2知 $\mathrm{Tor}_1(Q, A)=0$。由命题5-4-9知 $Q\otimes_R A=0$，所以上式为

$$0\longrightarrow\mathrm{Tor}_1(K, A)\xrightarrow{\bar{\varepsilon}\partial_1}R\otimes_R A\longrightarrow 0,$$

因此 $\mathrm{Tor}_1(K, A)\cong R\otimes_R A$。由定理2-2-9知 $R\otimes_R A\cong A$，所以 $\mathrm{Tor}_1(K, A)\cong A$。证毕。

定理5-4-2 对于任意R-模A，当 $n\geqslant 2$ 时，有 $\mathrm{Tor}_n^R(K, A)=0$。

证明 有正合列（i是包含同态，π是自然同态）：

$$0\longrightarrow R\xrightarrow{\ i\ }Q\xrightarrow{\ \pi\ }K\longrightarrow 0,$$

当 $n\geqslant 2$ 时，根据定理5-3-5有正合列：

$$\mathrm{Tor}_n(Q, A)\longrightarrow\mathrm{Tor}_n(K, A)\longrightarrow\mathrm{Tor}_{n-1}(R, A)\to\mathrm{Tor}_{n-1}(Q, A)。$$

由命题3-5-4知 Q 是平坦模，由定理3-5-1知 R 是平坦模，由定理5-3-2知 $\mathrm{Tor}_n(Q, A)=0$，$\mathrm{Tor}_{n-1}(Q, A)=0$，$\mathrm{Tor}_{n-1}(R, A)=0$，所以上式为

$$0\longrightarrow\mathrm{Tor}_n(K, A)\longrightarrow 0。$$

所以 $\mathrm{Tor}_n(K, A)=0$。证毕。

命题5-4-10 $t(A/tA)=0$，即 A/tA 是挠自由模。

证明 $\forall a+tA\in t(A/tA)$，存在 $r\in R\backslash\{0\}$，使得 $r(a+tA)=0$，即 $ra\in tA$，于是存在 $r'\in R\backslash\{0\}$，使得 $r'ra=0$。由于 $r'r\neq 0$（命题B-24），所以 $a\in tA$，即 $a+tA=0$，表明 $t(A/tA)=0$。证毕。

命题5-4-11 若 E 是 R-内射模，则 E/tE 是 Q-向量空间。

证明 $\forall r\in R\backslash\{0\}$，$\forall e\in E$，令

$$f\colon \langle r\rangle\rightarrow E,\quad \alpha r\mapsto \alpha e,$$

由于 R 是整环，所以上式 $\alpha r\in\langle r\rangle$ 中的 α 是确定的。记 $i\colon\langle r\rangle\rightarrow R$ 是包含同态，由于 E 是内射模，根据定义3-3-1，有同态 g：$R\rightarrow E$，使得

$$f=gi，即\quad \begin{array}{ccccc} & & E & & \\ & & {\scriptstyle f}\big\downarrow & \nwarrow{\scriptstyle g} & \\ 0 & \longrightarrow & \langle r\rangle & \xrightarrow{\;i\;} & R \end{array}。$$

记

$$x=g(1)\in E,$$

则

$$rx=g(r)=gi(r)=f(r)=e,$$

从而

$$r(x+tE)=e+tE。$$

若另有 $x'\in E$ 使得 $r(x'+tE)=e+tE$，则有 $r(x-x')\in tE$，即存在 $r'\in R\backslash\{0\}$，使得 $r'r(x-x')=0$。由于 $r'r\neq 0$（命题B-24），所以 $x-x'\in tE$，即 $x+tE=x'+tE$。

上述内容表明，对于 $\forall r\in R\backslash\{0\}$，$\forall e+rE\in E/rE$，存在唯一的 $x+rE\in E/rE$，使得 $r(x+tE)=e+tE$。这样可以定义 E/tE 上的 Q-模结构：

$$\frac{s}{r}(e+tE)=s(x+tE)。$$

于是 E/tE 是 Q-向量空间。证毕。

定理5-4-3 若 A 是 R-无挠（挠自由）模，则 $\mathrm{Tor}_1^R(K,\ A)=0$。

证明 由定理3-3-11知有单同态 λ：$A\rightarrow E$，其中 E 是内射 R-模。把 A 看作 E 的子模，由于 $tA=0$，所以 $\lambda^{-1}(tE)=0$，由命题2-1-7知 λ 诱导单同态 $\bar{\lambda}$：$A\rightarrow E/tE$。记 $E/tE=B$，则有正合列：

$$0\longrightarrow A\longrightarrow B\longrightarrow B/A\longrightarrow 0。$$

根据定理5-3-5有正合列：

$$\mathrm{Tor}_2(K,\ B/A)\longrightarrow\mathrm{Tor}_1(K,\ A)\longrightarrow\mathrm{Tor}_1(K,\ B)。$$

由定理5-4-2知 $\mathrm{Tor}_2(K,\ B/A)=0$。由命题5-4-11知 B 是 Q-向量空间，即 $B\cong\bigoplus_{i\in I}Q$。由于 Q 是平坦模（命题3-5-4），所以 B 是平坦模（定理3-5-11），从而 $\mathrm{Tor}_1(K,\ B)=0$（定理5-3-2），因此上式为

$$0\longrightarrow\mathrm{Tor}_1(K,\ A)\longrightarrow 0。$$

说明 $\mathrm{Tor}_1(K,\ A)=0$。证毕。

定理5-4-4　有自然等价（这里$K=Q/R$）：

$$t\cong \mathrm{Tor}_1^R(K,\ -)。$$

即对任意R-模A，有同构：

$$\tau_A:\ tA\to \mathrm{Tor}_1^R(K,\ A),$$

使得对任意R-模同态f：$A\to B$，有交换图：

$$\begin{array}{ccc} tA & \xrightarrow{\tau_A} & \mathrm{Tor}_1^R(K,\ A) \\ {\scriptstyle tf}\downarrow & & \downarrow{\scriptstyle \mathrm{Tor}_1^R(K,\ f)} \\ tB & \xrightarrow{\tau_B} & \mathrm{Tor}_1^R(K,\ B) \end{array}。$$

证明　有正合列：

$$0\longrightarrow tA\longrightarrow A\longrightarrow A/tA\longrightarrow 0。$$

根据定理5-3-5有正合列：

$$\mathrm{Tor}_2(K,\ A/tA)\longrightarrow \mathrm{Tor}_1(K,\ tA)\longrightarrow \mathrm{Tor}_1(K,\ A)\longrightarrow \mathrm{Tor}_1(K,\ A/tA)。$$

由定理5-4-2知$\mathrm{Tor}_2(K,\ A/tA)=0$，由定理5-4-1知$\mathrm{Tor}_1(K,\ A/tA)=0$（由命题5-4-10知$A/tA$无挠），所以上式为

$$0\longrightarrow \mathrm{Tor}_1(K,\ tA)\longrightarrow \mathrm{Tor}_1(K,\ A)\longrightarrow 0,$$

所以$\mathrm{Tor}_1(K,\ tA)\cong \mathrm{Tor}_1(K,\ A)$。由定理5-4-1知$\mathrm{Tor}_1(K,\ tA)\cong tA$，所以$\mathrm{Tor}_1(K,\ A)\cong tA$。证毕。

注（定理5-4-4）　Tor是torsion的缩写。

命题5-4-12　设A是R-模，则存在正合列：

$$0\longrightarrow tA\longrightarrow A\longrightarrow Q\otimes_R A\longrightarrow K\otimes_R A\longrightarrow 0,$$

进而有

$$A\text{是挠模}\Leftrightarrow Q\otimes_R A=0。$$

证明　对于正合列$0\longrightarrow R\longrightarrow Q\longrightarrow K\longrightarrow 0$，根据定理5-3-5有正合列：

$$\mathrm{Tor}_1(Q,\ A)\longrightarrow \mathrm{Tor}_1(K,\ A)\longrightarrow R\otimes_R A\longrightarrow Q\otimes_R A\longrightarrow K\otimes_R A\longrightarrow 0。$$

由于Q是平坦模（命题3-5-4），所以$\mathrm{Tor}_1(Q,\ A)=0$（定理5-3-2）。由定理5-4-4知$\mathrm{Tor}_1(K,\ A)\cong tA$。由定理2-2-9知$R\otimes_R A\cong A$。由命题2-1-21′知有正合列：

$$0\longrightarrow tA\longrightarrow A\longrightarrow Q\otimes_R A\longrightarrow K\otimes_R A\longrightarrow 0。$$

由命题5-4-9知若A是挠模，则$Q\otimes_R A=0$。反之，若$Q\otimes_R A=0$，则有正合列：

$$0\longrightarrow tA\longrightarrow A\longrightarrow 0,$$

表明$tA=A$，即A是挠模。证毕。

定理5-4-5 设 R 是有1的交换环，S 是 R 的所有非零因子构成的乘法闭集，M 是 R-模，那么 M 是挠自由模的充分必要条件为自然同态 λ：$M \to S^{-1}M$ 是单同态。

定理5-4-6 设 R 是整环，M，N 是 R-模，则存在以下情况。

（1）当 $n \geqslant 1$ 时，$\mathrm{Tor}_n^R(M, N)$ 是挠模。

（2）如果 M，N 之一是挠模，则 $M \otimes_R N$ 是挠模。

5.5 泛系数定理

定理5-5-1 同调泛系数定理 设有平坦右 R-模复形（$\forall n \in Z$，K_n都是平坦模）：

$$K: \cdots \longrightarrow K_{n+1} \xrightarrow{d_{n+1}} K_n \xrightarrow{d_n} K_{n-1} \longrightarrow \cdots,$$

且 $B_n(K) = \mathrm{Im}\, d_{n+1}$（$\forall n \in Z$）都是平坦模，$M$是左 R-模，则有正合列：

$$0 \longrightarrow H_n(K) \otimes_R M \xrightarrow{\lambda_n} H_n(K \otimes_R M) \longrightarrow \mathrm{Tor}_1^R(H_{n-1}(K), M) \longrightarrow 0,$$

这里

$$\lambda_n: H_n(K) \otimes_R M \longrightarrow H_n(K \otimes_R M),\ [z_n] \otimes m \mapsto [z_n \otimes m]。$$

证明 将 $B_n(K)$ 简记为 B_n，将 $Z_n(K) = \ker d_n$ 简记为 Z_n，有正合列（命题4-1-18）：

$$0 \longrightarrow Z_n \xrightarrow{i_n} K_n \xrightarrow{\bar{d}_n} B_{n-1} \longrightarrow 0。\tag{5-5-1}$$

由定理5-3-5知有正合列：

$$\mathrm{Tor}_1^R(B_{n-1}, M) \longrightarrow Z_n \otimes_R M \xrightarrow{i_n \otimes 1_M} K_n \otimes_R M \xrightarrow{\tilde{d}_n \otimes 1_M} B_{n-1} \otimes_R M \longrightarrow 0。$$

由于 B_{n-1} 平坦，由定理5-3-2知 $\mathrm{Tor}_1^R(B_{n-1}, M) = 0$，所以上式为

$$0 \longrightarrow Z_n \otimes_R M \xrightarrow{i_n \otimes 1_M} K_n \otimes_R M \xrightarrow{\tilde{d}_n \otimes 1_M} B_{n-1} \otimes_R M \longrightarrow 0。$$

易验证有行正合的交换图：

$$\begin{array}{ccccccccc}
 & & \vdots & & \vdots & & \vdots & & \\
 & & \downarrow{\scriptstyle 0} & & \downarrow{\scriptstyle d_{n+1} \otimes 1} & & \downarrow{\scriptstyle 0} & & \\
0 & \longrightarrow & Z_n \otimes_R M & \xrightarrow{i_n \otimes 1} & K_n \otimes_R M & \xrightarrow{\tilde{d}_n \otimes 1} & B_{n-1} \otimes_R M & \longrightarrow & 0 \\
 & & \downarrow{\scriptstyle 0} & & \downarrow{\scriptstyle d_n \otimes 1} & & \downarrow{\scriptstyle 0} & & \\
0 & \longrightarrow & Z_{n-1} \otimes_R M & \xrightarrow{i_{n-1} \otimes 1} & K_{n-1} \otimes_R M & \xrightarrow{\tilde{d}_{n-1} \otimes 1} & B_{n-2} \otimes_R M & \longrightarrow & 0 \\
 & & \downarrow{\scriptstyle 0} & & \downarrow{\scriptstyle d_{n-1} \otimes 1} & & \downarrow{\scriptstyle 0} & & \\
 & & \vdots & & \vdots & & \vdots & &
\end{array}。$$

上图是复形正合列（定义4-1-11）（注意这里 $B'_n = B_{n-1}$）：

$$0 \longrightarrow Z \otimes_R M \xrightarrow{i \otimes 1_M} K \otimes_R M \xrightarrow{\tilde{d} \otimes 1_M} B' \otimes_R M \longrightarrow 0。$$

根据定理4-1-3有正合列：

$$H_{n+1}(B' \otimes_R M) \xrightarrow{\partial_{n+1}} H_n(Z \otimes_R M) \xrightarrow{(i_n \otimes 1_M)_*} H_n(K \otimes_R M) \xrightarrow{(\tilde{d}_n \otimes 1_M)_*}$$

$$H_n(B' \otimes_R M) \xrightarrow{\partial_n} H_{n-1}(Z \otimes_R M)。 \tag{5-5-2}$$

根据同调模定义有

$$H_n(Z \otimes_R M) = Z_n \otimes_R M,$$

$$H_n(B' \otimes_R M) = B'_n \otimes_R M = B_{n-1} \otimes_R M,$$

所以式（5-5-2）变为

$$B_n \otimes_R M \xrightarrow{\partial_{n+1}} Z_n \otimes_R M \xrightarrow{(i_n \otimes 1_M)_*} H_n(K \otimes_R M) \xrightarrow{(\tilde{d}_n \otimes 1_M)_*}$$

$$B_{n-1} \otimes_R M \xrightarrow{\partial_n} Z_{n-1} \otimes_R M。$$

根据命题2-1-43有正合列：

$$0 \longrightarrow \operatorname{Coker} \partial_{n+1} \xrightarrow{\alpha_n} H_n(K \otimes_R M) \xrightarrow{(\tilde{d}_n \otimes 1_M)_*} \ker \partial_n \longrightarrow 0, \tag{5-5-3}$$

其中

$$\alpha_n:\ \operatorname{Coker} \partial_{n+1} \longrightarrow H_n(K \otimes_R M),\ z_n \otimes m + \operatorname{Im} \partial_{n+1} \mapsto [z_n \otimes m]。 \tag{5-5-4}$$

根据连接同态 ∂_n：$B_{n-1} \otimes_R M \to Z_{n-1} \otimes_R M$ 的定义（定理4-1-2），对 $b_{n-1} \otimes m \in B_{n-1} \otimes_R M$，有

$$\partial_n(b_{n-1} \otimes m) = (i_{n-1} \otimes 1)^{-1}(d_n \otimes 1)(\tilde{d}_n \otimes 1)^{-1}(b_{n-1} \otimes m) = b_{n-1} \otimes m,$$

$$\begin{array}{ccccccccc}
0 & \longrightarrow & Z_n \otimes_R M & \xrightarrow{i_n \otimes 1} & K_n \otimes_R M & \xrightarrow{\tilde{d}_n \otimes 1} & B_{n-1} \otimes_R M & \longrightarrow & 0 \\
 & & \downarrow{\scriptstyle 0} & & \downarrow{\scriptstyle d_n \otimes 1} & & \downarrow{\scriptstyle 0} & & \\
0 & \longrightarrow & Z_{n-1} \otimes_R M & \xrightarrow{i_{n-1} \otimes 1} & K_{n-1} \otimes_R M & \xrightarrow{\tilde{d}_{n-1} \otimes 1} & B_{n-2} \otimes_R M & \longrightarrow & 0
\end{array},$$

（图中虚线箭头自 $\boxed{b_{n-1} \otimes m}$ 出发。）

这表明

$$\partial_n = j_{n-1} \otimes 1_M, \tag{5-5-5}$$

其中，j_n：$B_n \to Z_n$ 是包含同态。式（5-5-4）写成

$$\alpha_n:\ \operatorname{Coker}(j_n \otimes 1_M) \longrightarrow H_n(K \otimes_R M),\ z_n \otimes m + \operatorname{Im}(j_n \otimes 1_M) \mapsto [z_n \otimes m]。 \tag{5-5-6}$$

式（5-5-3）写成

$$0 \longrightarrow \operatorname{Coker}(j_n \otimes 1_M) \xrightarrow{\alpha_n} H_n(K \otimes_R M) \xrightarrow{(\tilde{d}_n \otimes 1_M)_*} \ker(j_{n-1} \otimes 1_M) \longrightarrow 0。 \tag{5-5-7}$$

B_n 和 K_n 都是平坦模，由式（5-5-1）和定理3-5-4知 Z_n 也是平坦模。有正合列（命题4-1-18）（π_n 是自然同态）：

$$0 \longrightarrow B_n \xrightarrow{j_n} Z_n \xrightarrow{\pi_n} H_n(K) \longrightarrow 0, \tag{5-5-8}$$

它是 $H_n(K)$ 的平坦模解，对应删除复形：

$$Q_n: 0 \longrightarrow B_n \xrightarrow{j_n} Z_n \longrightarrow 0。$$

由命题5-3-1（Tor可用平坦模解计算）可得

$$\mathrm{Tor}_1^R(H_{n-1}(K), M) = H_1(Q_{n-1} \otimes M) = \ker(j_{n-1} \otimes 1_M),$$

$$\mathrm{Tor}_0^R(H_n(K), M) = H_0(Q_n \otimes M) = (Z_n \otimes M)/\mathrm{Im}(j_n \otimes 1_M) = \mathrm{Coker}(j_n \otimes 1_M), \tag{5-5-9}$$

所以式（5-5-7）变为

$$0 \longrightarrow \mathrm{Tor}_0^R(H_n(K), M) \xrightarrow{\alpha_n} H_n(K \otimes_R M) \longrightarrow \mathrm{Tor}_1^R(H_{n-1}(K), M) \longrightarrow 0。 \tag{5-5-10}$$

由定理5-3-1知有同构［注意式（5-5-8）中的 π_n 就是定理5-3-1（1）中的 ε_A］：

$$\bar{\varepsilon}_n: \mathrm{Tor}_0^R(H_n(K), M) \longrightarrow H_n(K) \otimes_R M, \ z_n \otimes m + \mathrm{Im}(j_n \otimes 1_M) \mapsto [z_n] \otimes m。 \tag{5-5-11}$$

所以有正合列：

$$0 \longrightarrow H_n(K) \otimes_R M \xrightarrow{\lambda_n} H_n(K \otimes_R M) \longrightarrow \mathrm{Tor}_1^R(H_{n-1}(K), M) \longrightarrow 0,$$

这里

$$\lambda_n = \alpha_n \bar{\varepsilon}_n^{-1}: H_n(K) \otimes_R M \longrightarrow H_n(K \otimes_R M), \ [z_n] \otimes m \mapsto [z_n \otimes m]。$$

证毕。

定义5-5-1　遗传环（hereditary ring）　若环 R 的任意左（右）理想（定义B-6）都是投射左（右）R-模，则称 R 是左（右）遗传环。

命题5-5-1　若 R 是左（右）遗传环，那么自由左（右）R-模 F 的每个子模都同构于 R 的一些左（右）理想的直和。

证明　见文献［2］第162页定理4.13。

命题5-5-2　若 R 是左（右）遗传环，那么投射左（右）R-模 M 的每个子模都是投射左（右）R-模。

证明　见文献［2］第162页推论4.14。

定理5-5-2　同调泛系数定理　设 R 是右遗传环，有投射右 R-模复形（$\forall n \in Z$，P_n 都是投射模）：

$$P: \cdots \longrightarrow P_{n+1} \xrightarrow{d_{n+1}} P_n \xrightarrow{d_n} P_{n-1} \longrightarrow \cdots。$$

M 是左 R-模，则存在分裂正合列：

$$0 \longrightarrow H_n(P) \otimes_R M \xrightarrow{\lambda_n} H_n(P \otimes_R M) \longrightarrow \mathrm{Tor}_1^R(H_{n-1}(P), M) \longrightarrow 0,$$

其中

$$\lambda_n: H_n(P) \otimes_R M \longrightarrow H_n(P \otimes_R M), [z_n] \otimes m \mapsto [z_n \otimes m]。$$

从而有同构：

$$H_n(P \otimes_R M) \cong (H_n(P) \otimes_R M) \oplus \mathrm{Tor}_1^R(H_{n-1}(P), M)。$$

证明 将 $B_n(P) = \mathrm{Im}\, d_{n+1}$ 简记为 B_n，$Z_n(P) = \ker d_n$ 简记为 Z_n。由命题5-5-2知 B_n 是投射右R-模。由命题3-5-3（投射模是平坦模）知 B_n 和 P_n 都是平坦模，由定理5-5-1知有正合列：

$$0 \longrightarrow H_n(P) \otimes_R M \xrightarrow{\lambda_n} H_n(P \otimes_R M) \to \mathrm{Tor}_1^R(H_{n-1}(P), M) \longrightarrow 0, \quad (5\text{-}5\text{-}12)$$

其中

$$\lambda_n H_n(P) \otimes_R M \to H_n(P \otimes_R M), [z_n] \otimes m \mapsto [z_n \otimes m]。 \quad (5\text{-}5\text{-}13)$$

下面证明式（5-5-12）分裂。

由于 B_n 是投射模，所以正合列式（5-5-1）分裂（命题3-2-2）。由命题1-8-10（加法函子保持分裂正合列）知有分裂正合列：

$$0 \longrightarrow Z_n \otimes_R M \xrightarrow{i_n \otimes 1_M} P_n \otimes_R M \xrightarrow{\tilde{d}_n \otimes 1_M} B_{n-1} \otimes_R M \longrightarrow 0, \quad (5\text{-}5\text{-}14)$$

其中，i_n: $Z_n \to P_n$ 是包含同态，$\tilde{d}_n$: $P_n \to B_{n-1}$ 是 d_n: $P_n \to P_{n-1}$ 在值域上的限制。由命题2-2-24可得

$$\mathrm{Im}(d_{n+1} \otimes 1_M) = (\mathrm{Im}\, d_{n+1}) \otimes M = B_n \otimes_R M \subseteq Z_n \otimes_R M,$$

由式（5-5-14）的正合性知 $i_n \otimes 1_M$ 是单同态，所以可得

$$\mathrm{Im}(d_{n+1} \otimes 1_M) \subseteq Z_n \otimes_R M = \mathrm{Im}(i_n \otimes 1_M)。$$

由命题2-2-24可得

$$Z_n \otimes_R M = (\ker d_n) \otimes_R M \subseteq \ker(d_n \otimes 1_M) \subseteq P_n \otimes_R M,$$

由以上两式可得

$$\mathrm{Im}(d_{n+1} \otimes 1_M) \subseteq \mathrm{Im}(i_n \otimes 1_M) \subseteq \ker(d_n \otimes 1_M) \subseteq P_n \otimes_R M。 \quad (5\text{-}5\text{-}15)$$

由式（5-5-14）的分裂性及定理2-3-6知有内直和分解：

$$P_n \otimes_R M = \mathrm{Im}(i_n \otimes 1_M) \oplus C,$$

其中，$C \subseteq P_n \otimes_R M$，$C \cong B_{n-1} \otimes_R M$。由命题2-3-25（1）可得内直和分解：

$$\ker(d_n \otimes 1_M) = \mathrm{Im}(i_n \otimes 1_M) \oplus C'。 \quad (5\text{-}5\text{-}16)$$

由命题2-3-25（2）可得内直和分解：

$$\frac{\ker(d_n \otimes 1_M)}{\mathrm{Im}(d_{n+1} \otimes 1_M)} = \frac{\mathrm{Im}(i_n \otimes 1_M)}{\mathrm{Im}(d_{n+1} \otimes 1_M)} \oplus C''。$$

由同调模定义知上式为

$$H_n(P\otimes_R M)=\frac{\operatorname{Im}(i_n\otimes 1_M)}{\operatorname{Im}(d_{n+1}\otimes 1_M)}\oplus C''。\tag{5-5-17}$$

有（和 j_n：$B_n\to Z_n$ 是包含同态）

$$d_{n+1}=i_n j_n\tilde{d}_{n+1},$$

易验证

$$d_{n+1}\otimes 1_M=(i_n\otimes 1_M)\big((j_n\tilde{d}_{n+1})\otimes 1_M\big),$$

所以可得

$$\operatorname{Im}(d_{n+1}\otimes 1_M)=(i_n\otimes 1_M)\Big(\operatorname{Im}\big((j_n\tilde{d}_{n+1})\otimes 1_M\big)\Big)。$$

由于 $i_n\otimes 1_M$ 是单同态，所以上式为

$$\operatorname{Im}(d_{n+1}\otimes 1_M)=\operatorname{Im}\big((j_n\tilde{d}_{n+1})\otimes 1_M\big)。\tag{5-5-18}$$

同样有

$$(j_n\tilde{d}_{n+1})\otimes 1_M=(j_n\otimes 1_M)(\tilde{d}_{n+1}\otimes 1_M),$$

所以可得

$$\begin{aligned}\operatorname{Im}\big((j_n\tilde{d}_{n+1})\otimes 1_M\big)&=(j_n\otimes 1_M)\operatorname{Im}(\tilde{d}_{n+1}\otimes 1_M)=(j_n\otimes 1_M)\big((\operatorname{Im}\tilde{d}_{n+1})\otimes 1_M\big)\\&=(j_n\otimes 1_M)(B_n\otimes 1_M)=\operatorname{Im}(j_n\otimes 1_M),\end{aligned}$$

所以式（5-5-18）为

$$\operatorname{Im}(d_{n+1}\otimes 1_M)=\operatorname{Im}(j_n\otimes 1_M)。\tag{5-5-19}$$

由命题2-2-24知

$$\operatorname{Im}(i_n\otimes 1_M)=(\operatorname{Im}i_n)\otimes M=Z_n\otimes_R M。\tag{5-5-20}$$

由以上两式可得

$$\frac{\operatorname{Im}(i_n\otimes 1_M)}{\operatorname{Im}(d_{n+1}\otimes 1_M)}=\frac{Z_n\otimes_R M}{\operatorname{Im}(j_n\otimes 1_M)}=\operatorname{Coker}(j_n\otimes 1_M),$$

代入式（5-5-17）得内直和分解：

$$H_n(P\otimes_R M)=\operatorname{Coker}(j_n\otimes 1_M)\oplus C''。\tag{5-5-21}$$

由式（5-5-9）和式（5-5-11）知有同构：

$$\bar{\varepsilon}_n:\ \operatorname{Coker}(j_n\otimes 1_M)\to H_n(P)\otimes_R M,\ z_n\otimes m+\operatorname{Im}(j_n\otimes 1_M)\mapsto[z_n]\otimes m。\tag{5-5-22}$$

由（5-5-19）式知

$$z_n \otimes m + \operatorname{Im}(j_n \otimes 1_M) = z_n \otimes m + \operatorname{Im}(d_{n+1} \otimes 1_M)$$

$$= [z_n \otimes m] \in H_n(P \otimes_R M)。 \tag{5-5-23}$$

所以式（5-5-6）和式（5-5-22）可以写成

$$\bar{\varepsilon}_n\text{：}\operatorname{Coker}(j_n \otimes 1_M) \longrightarrow H_n(P) \otimes_R M,\ [z_n \otimes m] \mapsto [z_n] \otimes m。 \tag{5-5-24}$$

$$\alpha_n\text{：}\operatorname{Coker}(j_n \otimes 1_M) \longrightarrow H_n(P \otimes_R M),\ [z_n \otimes m] \mapsto [z_n \otimes m]。 \tag{5-5-25}$$

这表明 α_n 是包含同态，所以可得

$$\lambda_n(H_n(P) \otimes_R M) = \alpha_n \bar{\varepsilon}_n^{-1}(H_n(P) \otimes_R M) = \alpha_n(\operatorname{Coker}(j_n \otimes 1_M))$$

$$= \operatorname{Coker}(j_n \otimes 1_M)。 \tag{5-5-26}$$

由式（5-5-21）、式（5-5-26）和命题2-3-31知式（5-5-12）分裂。证毕。

定理5-5-3 上同调泛系数定理 设有投射左R-模复形（$\forall n \in Z$，P_n 都是投射模）

$$P\text{：}\cdots \longrightarrow P_{n+1} \xrightarrow{d_{n+1}} P_n \xrightarrow{d_n} P_{n-1} \longrightarrow \cdots,$$

且 $B_n(P) = \operatorname{Im} d_{n+1}$（$\forall n \in Z$）都是投射模，$M$是左$R$-模，则存在以下情况。

（1）有正合列：

$$0 \longrightarrow \operatorname{Ext}_R^1(H_{n-1}(P),\ M) \longrightarrow H^n(\operatorname{Hom}_R(P,\ M)) \longrightarrow \operatorname{Hom}_R(H_n(P),\ M) \longrightarrow 0。$$

（2）如果 R 是左遗传环，则上述正合列分裂，从而有同构：

$$H^n(\operatorname{Hom}_R(P,\ M)) \cong \operatorname{Ext}_R^1(H_{n-1}(P),\ M) \oplus \operatorname{Hom}_R(H_n(P),\ M)。$$

证明 见文献［2］第451页定理7.59。

第6章　同调维数

6.1　维数概念

定义6-1-1　投射维数(projective　dimension)　设有R-模M的投射模解（$M\neq 0$时要求$P_n\neq 0$）：

$$P：0\longrightarrow P_n\longrightarrow\cdots\longrightarrow P_1\longrightarrow P_0\longrightarrow M\longrightarrow 0,$$

则称这个投射模解的长度为n，记为$l(M,\ P)=n$。M的投射维数是它最小投射模解长度：

$$\mathrm{pdim}_R(M)=\inf\{l(M,\ P)|P是M的投射模解\}。$$

注意，M的投射维数可以是∞，即M没有有限长度的投射模解。

在不混淆的情况下，通常省略pdim_R中的下标R。

注（定义6-1-1）　若M有投射模解$0\longrightarrow P_n\longrightarrow\cdots\longrightarrow P_1\longrightarrow P_0\longrightarrow M\longrightarrow 0$，则$\mathrm{pdim}(M)\leqslant n$。

命题6-1-1　M是投射模$\Leftrightarrow\mathrm{pdim}(M)=0$。

证明　$\Rightarrow$：有投射模解$0\longrightarrow M\xrightarrow{1_M}M\longrightarrow 0$，所以$\mathrm{pdim}(M)=0$。

$\Leftarrow$：有投射模解$0\longrightarrow P_0\longrightarrow M\longrightarrow 0$，所以$M\cong P_0$是投射模。证毕。

命题6-1-2　$\mathrm{pdim}_R(R)=0$。

证明　R是自由模，从而是投射模（定理3-2-1）。由命题6-1-1可得结论。证毕。

定理6-1-1　对于R-模M和整数n，下列陈述等价。

（1）$\mathrm{pdim}_R(M)\leqslant n$。

（2）$\forall k>n$，$\forall R$-模N，有$\mathrm{Ext}_R^k(M,\ N)=0$。

（3）$\forall R$-模N，有$\mathrm{Ext}_R^{n+1}(M,\ N)=0$。

（4）若有正合列$0\longrightarrow A\longrightarrow P_{n-1}\longrightarrow\cdots\longrightarrow P_1\longrightarrow P_0\longrightarrow M\longrightarrow 0$，且$P_i(0\leqslant i\leqslant n-1)$都是投射模，那么$A$也是投射模。

证明　(1) ⇒ (2)：记 $\mathrm{pdim}(M)=m\leqslant n$，则有 M 的投射模解：

$$P:\ 0\longrightarrow P_m\longrightarrow\cdots\longrightarrow P_1\longrightarrow P_0\longrightarrow M\longrightarrow 0。$$

用 $\mathrm{Hom}_R(-,\ N)$ 作用于删除复形 P_M 得

$$\mathrm{Hom}_R(P_M,\ N):\ 0\longrightarrow \mathrm{Hom}_R(P_0,\ N)\longrightarrow \mathrm{Hom}_R(P_1,\ N)\longrightarrow\cdots\longrightarrow \mathrm{Hom}_R(P_m,\ N)\longrightarrow 0。$$

当 $k>n\geqslant m$ 时，$\mathrm{Ext}_R^k(M,\ N)=H^k\big(\mathrm{Hom}_R(P_M,\ N)\big)=0$。

(2) ⇒ (3)：显然。

(3) ⇒ (4)：对任意 R-模 N，由命题5-1-7知

$$\mathrm{Ext}_R^1(A,\ N)\cong \mathrm{Ext}_R^{n+1}(M,\ N)=0。$$

由定理5-1-4知 A 是投射模。

(4) ⇒ (1)：如果 M 的投射模解长度都 $\leqslant n$，则 (1) 自然成立。如果 M 有长度大于 n 的投射模解：

$$\cdots\longrightarrow P_n\xrightarrow{d_n}\cdots\longrightarrow P_1\xrightarrow{d_1}P_0\xrightarrow{d_0}M\longrightarrow 0,$$

则有正合列 (i 是包含同态)：

$$0\longrightarrow \ker d_{n-1}\xrightarrow{i}P_{n-1}\xrightarrow{d_{n-1}}\cdots\longrightarrow P_1\xrightarrow{d_1}P_0\xrightarrow{d_0}M\longrightarrow 0。$$

由 (4) 知 $\ker d_{n-1}$ 是投射模，所以上式是 M 的投射模解，从而 $\mathrm{pdim}(M)\leqslant n$ [注 (定义6-1-1)]。证毕。

命题6-1-3　对于 R-模 M 和整数 n，下列陈述等价。

(1) $\mathrm{pdim}_R(M)\geqslant n$。

(2) 存在 $k\geqslant n$，存在 R-模 N，使得 $\mathrm{Ext}_R^k(M,\ N)\neq 0$。

(3) 存在 R-模 N，使得 $\mathrm{Ext}_R^n(M,\ N)\neq 0$。

命题6-1-4　若 $\mathrm{pdim}(M)=n$，则存在自由模 F，使得 $\mathrm{Ext}^n(M,\ F)\neq 0$。

证明　由定理6-1-1知对任意模 X，有

$$\mathrm{Ext}^{n+1}(M,\ X)=0。\tag{6-1-1}$$

由命题6-1-3知存在模 N，使得

$$\mathrm{Ext}^n(M,\ N)\neq 0。\tag{6-1-2}$$

由定理3-1-3′知有正合列：

$$0\longrightarrow K\longrightarrow F\longrightarrow N\longrightarrow 0,$$

其中，F 是自由模。由命题5-1-1知有正合列：

$$\mathrm{Ext}^n(M,\ F)\longrightarrow \mathrm{Ext}^n(M,\ N)\xrightarrow{\partial^n}\mathrm{Ext}^{n+1}(M,\ K),$$

由式 (6-1-1) 知 $\mathrm{Ext}^{n+1}(M,\ K)=0$，所以上式为

$$\mathrm{Ext}^n(M,\ F)\longrightarrow \mathrm{Ext}^n(M,\ N)\longrightarrow 0。$$

如果 $\mathrm{Ext}^n(M,\ F)=0$，则 $\mathrm{Ext}^n(M,\ N)=0$，与式 (6-1-2) 矛盾，所以 $\mathrm{Ext}^n(M,\ F)\neq 0$。

证毕。

命题6-1-5 若有R-模正合列：

$$0\longrightarrow A\longrightarrow B\longrightarrow C\longrightarrow 0,$$

则

$$\mathrm{pdim}(B)\leqslant \max\{\mathrm{pdim}(A),\ \mathrm{pdim}(C)\}。$$

证明 记$\max\{\mathrm{pdim}(A),\ \mathrm{pdim}(C)\}=n$。对任意$R$-模$N$，由命题5-1-1知有正合列：

$$\mathrm{Ext}^{n+1}(C,\ N)\longrightarrow \mathrm{Ext}^{n+1}(B,\ N)\longrightarrow \mathrm{Ext}^{n+1}(A,\ N)。$$

由于$\mathrm{pdim}(A)\leqslant n$，$\mathrm{pdim}(C)\leqslant n$，由定理6-1-1知$\mathrm{Ext}^{n+1}(C,\ N)=0$，$\mathrm{Ext}^{n+1}(A,\ N)=0$，所以上式为

$$0\longrightarrow \mathrm{Ext}^{n+1}(B,\ N)\longrightarrow 0,$$

表明$\mathrm{Ext}^{n+1}(B,\ N)=0$，由定理6-1-1知$\mathrm{pdim}(B)\leqslant n$。证毕。

定理6-1-2 若有R-模正合列$0\longrightarrow A\longrightarrow B\longrightarrow C\longrightarrow 0$，则

（1） $\mathrm{pdim}(C)\leqslant 1+\max\{\mathrm{pdim}(A),\ \mathrm{pdim}(B)\}$。

（2） $\mathrm{pdim}(B)<\mathrm{pdim}(C)\Rightarrow \mathrm{pdim}(A)=\mathrm{pdim}(C)-1\geqslant \mathrm{pdim}(B)$。

特别地，若B是投射模，则

（1′） $\mathrm{pdim}(C)=0\Rightarrow \mathrm{pdim}(A)=0$。

（2′） $\mathrm{pdim}(C)>0\Rightarrow \mathrm{pdim}(A)=\mathrm{pdim}(C)-1$。

证明 （1）记$\max\{\mathrm{pdim}(A),\ \mathrm{pdim}(B)\}=n$，对任意$R$-模$N$，由命题5-1-1知有正合列：

$$\mathrm{Ext}^{n+1}(A,\ N)\longrightarrow \mathrm{Ext}^{n+2}(C,\ N)\longrightarrow \mathrm{Ext}^{n+2}(B,\ N)。$$

由定理6-1-1知$\mathrm{Ext}^{n+1}(A,\ N)=0$，$\mathrm{Ext}^{n+2}(B,\ N)=0$，上式为

$$0\longrightarrow \mathrm{Ext}^{n+2}(C,\ N)\longrightarrow 0,$$

所以$\mathrm{Ext}^{n+2}(C,\ N)=0$。由定理6-1-1知$\mathrm{pdim}(C)\leqslant n+1$。

（2）记$\mathrm{pdim}(A)=n_a$，$\mathrm{pdim}(B)=n_b$，$\mathrm{pdim}(C)=n_c$。

假设$n_a<n_b$，即$\mathrm{pdim}(A)\leqslant n_b-1$，对任意$R$-模$N$，由定理6-1-1知$\mathrm{Ext}^{n_b}(A,\ N)=0$。再由定理6-1-1知$\mathrm{Ext}^{n_b+1}(B,\ N)=0$。由命题5-1-1知有正合列：

$$\mathrm{Ext}^{n_b}(A,\ N)\longrightarrow \mathrm{Ext}^{n_b+1}(C,\ N)\longrightarrow \mathrm{Ext}^{n_b+1}(B,\ N),$$

即

$$0\longrightarrow \mathrm{Ext}^{n_b+1}(C,\ N)\longrightarrow 0,$$

所以$\mathrm{Ext}^{n_b+1}(C,\ N)=0$，由定理6-1-1知$\mathrm{pdim}(C)\leqslant n_b=\mathrm{pdim}(B)$，这与前提$\mathrm{pdim}(B)<\mathrm{pdim}(C)$矛盾，所以可得

$$n_a \geqslant n_b。\tag{6-1-3}$$

对任意R-模N，由命题5-1-1知有正合列：

$$\mathrm{Ext}^k(B,\ N) \longrightarrow \mathrm{Ext}^k(A,\ N) \longrightarrow \mathrm{Ext}^{k+1}(C,\ N) \longrightarrow \mathrm{Ext}^{k+1}(B,\ N)。$$

当$k \geqslant n_b + 1$时，由定理6-1-1知$\mathrm{Ext}^k(B,\ N) = 0$，$\mathrm{Ext}^{k+1}(B,\ N) = 0$，上式为

$$0 \longrightarrow \mathrm{Ext}^k(A,\ N) \longrightarrow \mathrm{Ext}^{k+1}(C,\ N) \longrightarrow 0,$$

所以可得

$$\mathrm{Ext}^k(A,\ N) \cong \mathrm{Ext}^{k+1}(C,\ N),\ k \geqslant n_b + 1。\tag{6-1-4}$$

由定理6-1-1知$\mathrm{Ext}^{n_a+1}(A,\ N) = 0$，上式中取$k = n_a + 1$［由式（6-1-3）知$n_a + 1 \geqslant n_b + 1$］，可得$\mathrm{Ext}^{n_a+2}(C,\ N) = 0$，由定理6-1-1知

$$\mathrm{pdim}(C) \leqslant n_a + 1 = \mathrm{pdim}(A) + 1。\tag{6-1-5}$$

由定理6-1-1知$\mathrm{Ext}^{n_c+1}(C,\ N) = 0$，式（6-1-4）中取$k = n_c$（根据题设有$n_c \geqslant n_b + 1$），可得$\mathrm{Ext}^{n_c}(A,\ N) = 0$，由定理6-1-1知

$$\mathrm{pdim}(A) \leqslant n_c - 1 = \mathrm{pdim}(C) - 1。\tag{6-1-6}$$

由式（6-1-5）和式（6-1-6）得$\mathrm{pdim}(A) = \mathrm{pdim}(C) - 1$。

设B是投射模。由命题6-1-1知$\mathrm{pdim}(C) = 0 \Leftrightarrow C$是投射模。此时正合列分裂（命题3-2-2），所以$B \cong A \oplus C$（定理2-3-6），于是$A$是投射模（定理3-2-4），即$\mathrm{pdim}(A) = 0$。由于$\mathrm{pdim}(B) = 0$，所以（2）为$0 < \mathrm{pdim}(C) \Rightarrow \mathrm{pdim}(A) = \mathrm{pdim}(C) - 1 \geqslant 0$。证毕。

命题6-1-6　若有R-模正合列$0 \longrightarrow A \Rightarrow B \Rightarrow C \Rightarrow 0$，则

（1）$\mathrm{pdim}(A) < \mathrm{pdim}(B) \Rightarrow \mathrm{pdim}(C) = \mathrm{pdim}(B)$。

（2）$\mathrm{pdim}(A) > \mathrm{pdim}(B) \Rightarrow \mathrm{pdim}(C) = \mathrm{pdim}(A) + 1$。

（3）$\mathrm{pdim}(A) = \mathrm{pdim}(B) \Rightarrow \mathrm{pdim}(C) \leqslant \mathrm{pdim}(A) + 1$。

定理6-1-3　$\mathrm{pdim}\left(\bigoplus_{i\in I} A_i\right) = \sup_{i\in I} \mathrm{pdim} A_i$。

证明　对任意模N，由定理5-1-6知

$$\mathrm{Ext}_R^k\left(\bigoplus_{i\in I} A_i,\ N\right) \cong \prod_{i\in I} \mathrm{Ext}_R^k(A_i,\ N),$$

所以可得

$$\mathrm{Ext}_R^k\left(\bigoplus_{i\in I} A_i,\ N\right) = 0 \Leftrightarrow \left(\forall i \in I,\ \mathrm{Ext}_R^k(A_i,\ N) = 0\right)。\tag{6-1-7}$$

记$\mathrm{pdim} A_i = n_i$，由定理6-1-1知

$$\mathrm{Ext}_R^k(A_i,\ N) = 0,\quad \forall k \geqslant n_i + 1。$$

记$n = \sup_{i\in I} n_i$，则$n \geqslant n_i$（$\forall i \in I$），由上式知$\mathrm{Ext}_R^{n+1}(A_i,\ N) = 0$（$\forall i \in I$），由式（6-1-7）知

$$\mathrm{Ext}_R^{n+1}\left(\bigoplus_{i\in I} A_i,\ N\right) = 0,$$

由定理6-1-1知

$$\mathrm{pdim}\left(\bigoplus_{i\in I}A_i\right)\leqslant n。\quad(6\text{-}1\text{-}8)$$

记 $\mathrm{pdim}\left(\bigoplus_{i\in I}A_i\right)=m$，则由定理6-1-1知 $\mathrm{Ext}_R^{m+1}\left(\bigoplus_{i\in I}A_i,\ N\right)=0$，由式（6-1-7）知

$$\mathrm{Ext}_R^{m+1}(A_i,\ N)=0,\ \ \forall i\in I,$$

由定理6-1-1知

$$\mathrm{pdim}(A_i)\leqslant m,\ \ \forall i\in I,$$

所以 $n=\sup_{i\in I}\mathrm{pdim}(A_i)\leqslant m$（上确界是最小上界），即

$$n\leqslant\mathrm{pdim}\left(\bigoplus_{i\in I}A_i\right)。\quad(6\text{-}1\text{-}9)$$

由式（6-1-8）和式（6-1-9）知 $\mathrm{pdim}\left(\bigoplus_{i\in I}A_i\right)=n$。证毕。

定义6-1-2　内射维数（injective dimension） 设有 R-模 M 的内射模解（$M\neq0$ 时要求 $E^n\neq0$）：

$$E:\ 0\longrightarrow M\longrightarrow E^0\longrightarrow E^1\longrightarrow\cdots\longrightarrow E^n\longrightarrow0,$$

称这个内射模解的长度为 n，记为 $l(M,\ E)=n$。M 的内射维数是它最小内射模解长度：

$$\mathrm{idim}_R(M)=\inf\{l(M,\ E)|E\text{是}M\text{的内射模解}\}。$$

注意，M 的内射维数可以是 ∞，即 M 没有有限长度的内射模解。

注(定义6-1-2) 若 M 有内射模解 $0\longrightarrow M\longrightarrow E^0\longrightarrow E^1\longrightarrow\cdots\longrightarrow E^n\longrightarrow0$，则 $\mathrm{idim}(M)\leqslant n$。

命题6-1-7 M 是内射模 $\Leftrightarrow\mathrm{idim}(M)=0$。

证明 $\Rightarrow$：有内射模解 $0\longrightarrow M\xrightarrow{1_M}M\longrightarrow0$，所以 $\mathrm{idim}(M)=0$。

$\Leftarrow$：有内射模解 $0\longrightarrow M\longrightarrow E^0\longrightarrow0$，所以 $M\cong E^0$ 是内射模。证毕。

定理6-1-4 对于 R-模 M 和整数 n，下列陈述等价。

（1）$\mathrm{idim}_R(M)\leqslant n$。

（2）$\forall k>n$，$\forall R$-模 N，有 $\mathrm{Ext}_R^k(N,\ M)=0$。

（3）$\forall R$-模 N，有 $\mathrm{Ext}_R^{n+1}(N,\ M)=0$。

（4）若有正合列 $0\longrightarrow M\longrightarrow E^0\longrightarrow E^1\longrightarrow\cdots\longrightarrow E^{n-1}\longrightarrow A\longrightarrow0$，且 E^i（$0\leqslant i\leqslant n-1$）都是内射模，那么 A 也是内射模。

证明 （1）$\Rightarrow$（2）：记 $\mathrm{idim}(M)=m\leqslant n$，则有 M 的内射模解：

$$E:\ 0\longrightarrow M\longrightarrow E^0\longrightarrow E^1\longrightarrow\cdots\longrightarrow E^m\longrightarrow0。$$

用 $\mathrm{Hom}_R(N,\ -)$ 作用于删除复形 E_M 得

$$\mathrm{Hom}_R(N,\ E_M):\ 0\longrightarrow\mathrm{Hom}_R(N,\ E^0)\longrightarrow\mathrm{Hom}_R(N,\ E^1)\longrightarrow\cdots\longrightarrow\mathrm{Hom}_R(N,\ E^m)\longrightarrow0。$$

当 $k>n\geqslant m$ 时，$\mathrm{Ext}_R^k(N,\ M)=H^k\big(\mathrm{Hom}_R(N,\ E_M)\big)=0$。

（2）⇒（3）：显然。

（3）⇒（4）：对任意 R-模 N，由命题5-1-8可得

$$\mathrm{Ext}_R^1(N,\ A)\cong\mathrm{Ext}_R^{n+1}(N,\ M)=0。$$

由定理5-1-5知 A 是内射模。

（4）⇒（1）：如果 M 的内射模解长度都不大于 n，则（1）自然成立。如果 M 有长度大于 n 的内射模解：

$$0\longrightarrow M\longrightarrow E^0\xrightarrow{d^0}E^1\xrightarrow{d^1}\cdots\longrightarrow E^n\xrightarrow{d^n}\cdots,$$

则有正合列（i 是包含同态）：

$$0\longrightarrow M\longrightarrow E^0\xrightarrow{d^0}E^1\xrightarrow{d^1}\cdots\longrightarrow E^{n-1}\xrightarrow{d^{n-1}}\ker d^n\longrightarrow 0。$$

由（4）知 $\ker d^n$ 是内射模，所以上式是 M 的内射模解，从而 $\mathrm{idim}(M)\leqslant n$［注（定义6-1-2)］。证毕。

命题6-1-8　对于 R-模 M 和整数 n，下列陈述等价。

（1）$\mathrm{idim}_R(M)\geqslant n$。

（2）存在 $k\geqslant n$，存在 R-模 N，使得 $\mathrm{Ext}_R^k(N,\ M)\neq 0$。

（3）存在 R-模 N，使得 $\mathrm{Ext}_R^n(N,\ M)\neq 0$。

命题6-1-9　如果 $\mathrm{idim}(M)=n$，则存在内射模 E，使得 $\mathrm{Ext}^n(E,\ M)\neq 0$。

证明　由定理6-1-4知对任意模 X，有

$$\mathrm{Ext}^{n+1}(X,\ M)=0。\tag{6-1-10}$$

由命题6-1-8知存在模 N，使得

$$\mathrm{Ext}^n(N,\ M)\neq 0。\tag{6-1-11}$$

由定理3-3-13知有正合列：

$$0\longrightarrow N\longrightarrow E\longrightarrow L\longrightarrow 0,$$

其中，E 是内射模。由命题5-1-1知有正合列

$$\mathrm{Ext}^n(E,\ M)\longrightarrow\mathrm{Ext}^n(N,\ M)\xrightarrow{\partial^n}\mathrm{Ext}^{n+1}(L,\ M),$$

由式（6-1-10）知 $\mathrm{Ext}^{n+1}(L,\ M)=0$，所以上式为

$$\mathrm{Ext}^n(E,\ M)\longrightarrow\mathrm{Ext}^n(N,\ M)\longrightarrow 0。$$

如果 $\mathrm{Ext}^n(E,\ M)=0$，则 $\mathrm{Ext}^n(N,\ M)=0$，与式（6-1-11）矛盾，所以 $\mathrm{Ext}^n(E,\ M)\neq 0$。证毕。

命题6-1-10　若有 R-模正合列：

$$0\longrightarrow A\longrightarrow B\longrightarrow C\longrightarrow 0,$$

则

$$\mathrm{idim}(B) \leqslant \max\{\mathrm{idim}(A), \mathrm{idim}(C)\}。$$

定理6-1-5 若有R-模正合列$0 \longrightarrow A \longrightarrow B \longrightarrow C \longrightarrow 0$，则

（1） $\mathrm{idim}(A) \leqslant 1 + \max\{\mathrm{idim}(B), \mathrm{idim}(C)\}$。

（2） $\mathrm{idim}(B) < \mathrm{idim}(A) \Rightarrow \mathrm{idim}(C) = \mathrm{idim}(A) - 1 \geqslant \mathrm{idim}(B)$。

特别地，若B是内射模，则

（1′） $\mathrm{idim}(A) = 0 \Rightarrow \mathrm{idim}(C) = 0$。

（2′） $\mathrm{idim}(A) > 0 \Rightarrow \mathrm{idim}(C) = \mathrm{idim}(A) - 1$。

证明 （1）记$\max\{\mathrm{idim}(B), \mathrm{idim}(C)\} = n$，对任意$R$-模$N$，由命题5-1-1知有正合列：

$$\mathrm{Ext}^{n+1}(N, C) \longrightarrow \mathrm{Ext}^{n+2}(N, A) \longrightarrow \mathrm{Ext}^{n+2}(N, B)。$$

由定理6-1-4知$\mathrm{Ext}^{n+1}(N, C) = 0$，$\mathrm{Ext}^{n+2}(N, B) = 0$，上式为

$$0 \longrightarrow \mathrm{Ext}^{n+2}(N, A) \longrightarrow 0,$$

所以$\mathrm{Ext}^{n+2}(N, A) = 0$。由定理6-1-4知$\mathrm{idim}(A) \leqslant n + 1$。

（2）记$\mathrm{idim}(A) = n_a$，$\mathrm{idim}(B) = n_b$，$\mathrm{idim}(C) = n_c$。

假设$n_c < n_b$，即$\mathrm{idim}(C) \leqslant n_b - 1$，对任意$R$-模$N$，由定理6-1-4知$\mathrm{Ext}^{n_b}(N, C) = 0$。再由定理6-1-4知$\mathrm{Ext}^{n_b+1}(N, B) = 0$。由命题5-1-1知有正合列：

$$\mathrm{Ext}^{n_b}(N, C) \longrightarrow \mathrm{Ext}^{n_b+1}(N, A) \longrightarrow \mathrm{Ext}^{n_b+1}(N, B),$$

即

$$0 \longrightarrow \mathrm{Ext}^{n_b+1}(N, A) \longrightarrow 0,$$

所以$\mathrm{Ext}^{n_b+1}(N, A) = 0$，由定理6-1-4知$\mathrm{idim}(A) \leqslant n_b = \mathrm{idim}(B)$，这与前提$\mathrm{idim}(B) < \mathrm{idim}(A)$矛盾，所以可得

$$n_c \geqslant n_b。 \tag{6-1-12}$$

对任意R-模N，由命题5-1-1知有正合列：

$$\mathrm{Ext}^{k}(N, B) \longrightarrow \mathrm{Ext}^{k}(N, C) \longrightarrow \mathrm{Ext}^{k+1}(N, A) \longrightarrow \mathrm{Ext}^{k+1}(N, B),$$

当$k \geqslant n_b + 1$时，由定理6-1-4知$\mathrm{Ext}^{k}(N, B) = 0$，$\mathrm{Ext}^{k+1}(N, B) = 0$，上式为

$$0 \longrightarrow \mathrm{Ext}^{k}(N, C) \longrightarrow \mathrm{Ext}^{k+1}(N, A) \longrightarrow 0,$$

所以可得

$$\mathrm{Ext}^{k}(N, C) \cong \mathrm{Ext}^{k+1}(N, A),\ k \geqslant n_b + 1。 \tag{6-1-13}$$

由定理6-1-4知$\mathrm{Ext}^{n_c+1}(N, C) = 0$，上式中取$k = n_c + 1$［由式（6-1-12）知$n_c + 1 \geqslant n_b + 1$］，可得$\mathrm{Ext}^{n_c+2}(N, A) = 0$，由定理6-1-4知

$$\mathrm{idim}(A) \leqslant n_c + 1 = \mathrm{idim}(C) + 1。 \tag{6-1-14}$$

由定理6-1-4知$\mathrm{Ext}^{n_a+1}(N, A) = 0$，式（6-1-13）中取$k = n_a$（根据题设有$n_a \geqslant n_b + 1$），可得$\mathrm{Ext}^{n_a}(N, C) = 0$，由定理6-1-4知

$$\mathrm{idim}(C)\leqslant n_a-1=\mathrm{idim}(A)-1。\tag{6-1-15}$$

由式（6-1-14）和式（6-1-15）得 $\mathrm{idim}(C)=\mathrm{idim}(A)-1$。

设 B 是内射模。由命题6-1-7知 $\mathrm{idim}(A)=0\Leftrightarrow A$ 是内射模。此时正合列分裂（定理3-3-4），所以 $B\cong A\oplus C$（定理2-3-6），于是 C 是内射模（定理3-3-3），即 $\mathrm{idim}(C)=0$。由于 $\mathrm{idim}(B)=0$，所以（2）为 $0<\mathrm{idim}(A)\Rightarrow\mathrm{idim}(C)=\mathrm{idim}(A)-1\geqslant 0$。证毕。

定理6-1-6　$\mathrm{idim}\left(\bigoplus_{i\in I}A_i\right)=\sup_{i\in I}\mathrm{idim}A_i$。

引理6-1-1　设 E 是左（右）R-模，则

E 是内射模 $\Leftrightarrow$（对 R 的任意左（右）理想 I，有 $\mathrm{Ext}_R^1(R/I,\ E)=0$）。

证明　有正合列（i 是包含同态，π 是自然同态）：

$$0\longrightarrow I\xrightarrow{\ i\ }R\xrightarrow{\ \pi\ }R/I\longrightarrow 0,$$

由命题5-1-1知有正合列：

$$\mathrm{Hom}(R,\ E)\xrightarrow{\ i^*\ }\mathrm{Hom}(I,\ E)\longrightarrow\mathrm{Ext}^1(R/I,\ E)\longrightarrow\mathrm{Ext}^1(R,\ E)。$$

由于 R 是投射模（定理3-2-1自由模是投射模），所以 $\mathrm{Ext}^1(R,\ E)=0$（定理5-1-4），上式为

$$\mathrm{Hom}(R,\ E)\xrightarrow{\ i^*\ }\mathrm{Hom}(I,\ E)\longrightarrow\mathrm{Ext}^1(R/I,\ E)\longrightarrow 0。$$

根据定理3-3-5′(Baer准则）有

E 是内射模 $\Leftrightarrow$（任意 R 的左（右）理想 I，i^*: $\mathrm{Hom}(R,\ E)\longrightarrow\mathrm{Hom}(I,\ E)$ 是满同态）。根据命题2-1-37，可知

上式 $\Leftrightarrow$（任意 R 的左（右）理想 I，$\mathrm{Ext}^1(R/I,\ E)=0$）。

证毕。

定理6-1-7　整体维数 同调维数　（有1的）环 R 的左（右）整体维数（同调维数）：

$$\begin{aligned}\mathrm{l.gdim}(R)\left(\mathrm{r.gdim}(R)\right)&=\sup\left\{\mathrm{idim}_R(M)\,\middle|\,M\text{是左（右）}R\text{-模}\right\}\\&=\sup\left\{\mathrm{pdim}_R(M)\,\middle|\,M\text{是左（右）}R\text{-模}\right\}\\&=\sup\left\{\mathrm{pdim}_R(R/I)\,\middle|\,I\text{是}R\text{的左（右）理想}\right\}\\&=\sup\left\{d\,\middle|\,\text{存在左（右）}R\text{-模}M,\ N,\ \text{使得}\mathrm{Ext}_R^d(M,\ N)\neq 0\right\}。\end{aligned}$$

证明　记 $m=\sup S$，其中

$$S=\left\{d\,|\,\text{存在左（右）}R\text{-模}M,\ N,\ \text{使得}\mathrm{Ext}_R^d(M,\ N)\neq 0\right\},$$

则对任意左（右）R-模 M，N，有 $\mathrm{Ext}_R^{m+1}(M,\ N)=0$。由定理6-1-1知对任意左（右）$R$-模 M，有 $\mathrm{pdim}(M)\leqslant m$，所以可得（上确界是最小上界）

$$\sup\left\{\mathrm{pdim}(M)\,\middle|\,M\text{是左（右）}R\text{-模}\right\}\leqslant m。\tag{6-1-16}$$

设 $d\in S$，即存在左（右）R-模 M，N，使得 $\mathrm{Ext}_R^d(M,N)\neq 0$。由命题6-1-3知 $\mathrm{pdim}(M)\geq d$，所以可得

$$d\leq \sup\{\mathrm{pdim}(M)|M\text{是左（右）}R\text{-模}\},\ \forall d\in S。$$

因此（上确界是最小上界）

$$m=\sup S\leq \sup\{\mathrm{pdim}(M)|M\text{是左（右）}R\text{-模}\}。\tag{6-1-17}$$

由式（6-1-16）和式（6-1-17）知

$$\sup\{\mathrm{pdim}(M)|M\text{是左（右）}R\text{-模}\}=$$

$$\sup\{d|\text{存在左（右）}R\text{-模}M,\ N,\ \text{使得}\mathrm{Ext}_R^d(M,N)\neq 0\}。$$

同样，利用定理6-1-4和命题6-1-8可证

$$\sup\{\mathrm{i\,dim}(M)|M\text{是左（右）}R\text{-模}\}=$$

$$\sup\{d|\text{存在左（右）}R\text{-模}M,\ N,\ \text{使得}\mathrm{Ext}_R^d(M,N)\neq 0\}。$$

对于 R 的左（右）理想 I，由于 R/I 是左（右）R-模，所以可得

$$\{\mathrm{pdim}(R/I)|\ I\text{是}R\text{的左（右）理想}\}\subseteq\{\mathrm{pdim}(M)|M\text{是左（右）}R\text{-模}\}。\tag{6-1-18}$$

记

$$d=\sup\{\mathrm{pdim}(R/I)|\ I\text{是}R\text{的左（右）理想}\},\tag{6-1-19}$$

则由式（6-1-18）得

$$d\leq \sup\{\mathrm{pdim}(M)|M\text{是左（右）}R\text{-模}\}。\tag{6-1-20}$$

假设

$$d\leq \sup\{\mathrm{pdim}(M)|M\text{是左（右）}R\text{-模}\},$$

则由前面结论知

$$d\leq \sup\{\mathrm{idim}(M)|M\text{是左（右）}R\text{-模}\},$$

于是存在左（右）R-模 M，使得

$$\mathrm{idim}(M)>d,\tag{6-1-21}$$

从而有 M 的内射模解：

$$0\longrightarrow M\xrightarrow{\varepsilon}E^0\xrightarrow{\delta^0}E^1\longrightarrow\cdots\longrightarrow E^{d-1}\xrightarrow{\delta^{d-1}}E^d\xrightarrow{\delta^d}\cdots。$$

令 $L=\mathrm{Im}\,\delta^{d-1}$，则有正合列：

$$0\longrightarrow M\xrightarrow{\varepsilon}E^0\xrightarrow{\delta^0}E^1\longrightarrow\cdots\longrightarrow E^{d-1}\xrightarrow{\delta^{d-1}}L\longrightarrow 0。\tag{6-1-22}$$

对于 R 的任意左（右）理想 I，由命题5-1-8知

$$\mathrm{Ext}^1(R/I,\ L)=\mathrm{Ext}^{d+1}(R/I,\ M)。$$

由式（6-1-19）知 $\mathrm{pdim}(R/I)\leqslant d$，所以 $\mathrm{Ext}^{d+1}(R/I,\ M)=0$（定理6-1-1），由上式得

$$\mathrm{Ext}^1(R/I,\ L)=0。$$

由引理6-1-1知 L 是内射模，表明式（6-1-22）是 M 的内射模解，从而 $\mathrm{idim}(M)\leqslant d$［注（定义6-1-2）］，这与式（6-1-21）矛盾，所以可得

$$d\geqslant \sup\{\mathrm{pdim}(M)|M\text{是左（右）}R\text{-模}\}。\tag{6-1-23}$$

由式（6-1-20）和式（6-1-23）得

$$d=\sup\{\mathrm{pdim}(M)|M\text{是左（右）}R\text{-模}\},$$

即

$$\sup\{\mathrm{pdim}(R/I)\,|\,I\text{是}R\text{的左（右）理想}\}=\sup\{\mathrm{pdim}(M)|M\text{是左（右）}R\text{-模}\}。$$

证毕。

注（定理6-1-7） 若 R 是有1的交换环，则 $\mathrm{l.gdim}(R)=\mathrm{r.gdim}(R)=\mathrm{gdim}(R)$。

命题6-1-11 $\mathrm{l.gdim}(R)\leqslant n\Leftrightarrow$（对任意左 R-模 A，B，有 $\mathrm{Ext}_R^{n+1}(A,\ B)=0$）。

$\mathrm{r.gdim}(R)\leqslant n\Leftrightarrow$（对任意右 R-模 A，B，有 $\mathrm{Ext}_R^{n+1}(A,\ B)=0$）。

证明 只证明第一个等价式。

$\Rightarrow$：有 $\sup\{\mathrm{pdim}(A)|A\text{是左}R\text{-模}\}\leqslant n$，从而对任意左 R-模 A 有 $\mathrm{pdim}(A)\leqslant n$。所以对任意左 R-模 B，有 $\mathrm{Ext}_R^{n+1}(A,\ B)=0$（定理6-1-1）。

$\Leftarrow$：对任意左 R-模 A，有 $\mathrm{pdim}(A)\leqslant n$（定理6-1-1），所以 $\sup\{\mathrm{pdim}(A)|A\text{是左}R\text{-模}\}\leqslant n$（上确界是最小上界），也就是 $\mathrm{l.gdim}(R)\leqslant n$。证毕。

定义6-1-3 平坦维数（flat dimension） 设有 R-模 M 的平坦模解（$M\neq 0$ 时要求 $F_n\neq 0$）：

$$F:\ 0\longrightarrow F_n\longrightarrow\cdots\longrightarrow F_1\longrightarrow F_0\longrightarrow M\longrightarrow 0,$$

则称这个平坦模解的长度为 n，记为 $l(M,\ F)=n$。M 的平坦维数是它最小平坦模解长度：

$$\mathrm{fdim}_R(M)=\inf\{l(M,\ F)|F\text{是}M\text{的平坦模解}\}。$$

注意，M 的平坦维数可以是 ∞，即 M 没有有限长度的平坦模解。

注（定义6-1-3） 若 M 有平坦模解 $0\longrightarrow F_n\longrightarrow\cdots\longrightarrow F_1\longrightarrow F_0\longrightarrow M\longrightarrow 0$，则 $\mathrm{fdim}(M)\leqslant n$。

命题6-1-12 M 是平坦模 $\Leftrightarrow \mathrm{fdim}(M)=0$。

证明 $\Rightarrow$：有平坦模解 $0\longrightarrow M\xrightarrow{1_M}M\longrightarrow 0$，所以 $\mathrm{fdim}(M)=0$。

$\Leftarrow$：有平坦模解 $0\longrightarrow F_0\longrightarrow M\longrightarrow 0$，所以 $M\cong F_0$ 是平坦模。证毕。

命题6-1-13 $\mathrm{fdim}_R(R)=0$。

证明 由定理3-5-1知 R 是平坦模，由命题6-1-12可得结论。证毕。

定理6-1-8 对于右 R-模 M 和整数 n，下列陈述等价。

（1）$\mathrm{fdim}_R(M)\leqslant n$。

（2）$\forall k>n$，$\forall$ 左 R-模 N，有 $\mathrm{Tor}_k^R(M, N)=0$。

（3）$\forall$ 左 R-模 N，有 $\mathrm{Tor}_{n+1}^R(M, N)=0$。

（4）若有正合列 $0\longrightarrow A\longrightarrow F_{n-1}\longrightarrow\cdots\longrightarrow F_1\longrightarrow F_0\longrightarrow M\longrightarrow 0$，且 $F_i(0\leqslant i\leqslant n-1)$ 都是平坦模，那么 A 也是平坦模。

对于左 R-模 N 和整数 n，下列陈述等价。

（1）$\mathrm{fdim}_R(N)\leqslant n$。

（2）$\forall k>n$，$\forall$ 右 R-模 M，有 $\mathrm{Tor}_k^R(M, N)=0$。

（3）$\forall$ 右 R-模 M，有 $\mathrm{Tor}_{n+1}^R(M, N)=0$。

（4）若有正合列 $0\longrightarrow A\longrightarrow F_{n-1}\longrightarrow\cdots\longrightarrow F_1\longrightarrow F_0\longrightarrow N\longrightarrow 0$，且 F_i（$0\leqslant i\leqslant n-1$）都是平坦模，那么 A 也是平坦模。

证明 设 M 是右 R-模。

（1）$\Rightarrow$（2）：记 $\mathrm{fdim}(M)=m\leqslant n$，则有 M 的平坦模解：

$$F:\ 0\longrightarrow F_m\longrightarrow\cdots\longrightarrow F_1\longrightarrow F_0\longrightarrow M\longrightarrow 0。$$

用 $-\otimes_R N$ 作用于删除复形 F_M 得

$$F_M\otimes_R N:\ 0\longrightarrow F_m\otimes_R N\longrightarrow\cdots\longrightarrow F_1\otimes_R N\longrightarrow F_0\otimes_R N\longrightarrow M\otimes_R N\longrightarrow 0。$$

当 $k>n\geqslant m$ 时，由命题5-3-1（Tor可以用平坦模解计算）知

$$\mathrm{Tor}_k^R(M, N)\cong H_k(F_M\otimes_R N)=0。$$

（2）$\Rightarrow$（3）：显然。

（3）$\Rightarrow$（4）：对任意左 R-模 N，由命题5-3-9知

$$\mathrm{Tor}_1^R(A, N)\cong\mathrm{Tor}_{n+1}^R(M, N)=0。$$

由命题5-3-3知 A 是平坦模。

（4）$\Rightarrow$（1）：如果 M 的平坦模解长度都不大于 n，则（1）自然成立。如果 M 有长度大于 n 的平坦模解：

$$\cdots\longrightarrow F_n\xrightarrow{d_n}\cdots\longrightarrow F_1\xrightarrow{d_1}F_0\xrightarrow{d_0}M\longrightarrow 0,$$

则有正合列（i 是包含同态）：

$$0\longrightarrow\ker d_{n-1}\xrightarrow{i}F_{n-1}\xrightarrow{d_{n-1}}\cdots\longrightarrow F_1\xrightarrow{d_1}F_0\xrightarrow{d_0}M\longrightarrow 0。$$

由（4）知 $\ker d_{n-1}$ 是平坦模，所以上式是 M 的平坦模解，从而 $\mathrm{fdim}(M)\leqslant n$［注（定义6-1-3)］。证毕。

命题6-1-14　对于右R-模M和整数n，下列陈述等价。

（1）$\mathrm{fdim}_R(M)\geqslant n$。

（2）存在$k\geqslant n$，存在左R-模N，使得$\mathrm{Tor}_k^R(M, N)\neq 0$。

（3）存在左R-模N，使得$\mathrm{Tor}_n^R(M, N)\neq 0$。

对于左R-模N和整数n，下面列述等价。

（1）$\mathrm{fdim}_R(N)\geqslant n$。

（2）存在$k\geqslant n$，存在右R-模M，使得$\mathrm{Tor}_k^R(M, N)\neq 0$。

（3）存在右R-模M，使得$\mathrm{Tor}_n^R(M, N)\neq 0$。

命题6-1-15

设M是右R-模。若$\mathrm{fdim}_R(M)=n$，则存在内射左R-模E，使得$\mathrm{Tor}_n^R(M, E)\neq 0$。

设M是左R-模。若$\mathrm{fdim}_R(M)=n$，则存在内射右R-模E，使得$\mathrm{Tor}_n^R(E, M)\neq 0$。

证明　设M是右R-模。由定理6-1-8知对任意模X，有

$$\mathrm{Tor}_{n+1}(M, X)=0。\tag{6-1-24}$$

由命题6-1-14知存在模N，使得

$$\mathrm{Tor}_n(M, N)\neq 0。\tag{6-1-25}$$

由定理3-3-13知有正合列：

$$0\longrightarrow N\longrightarrow E\longrightarrow L\longrightarrow 0,$$

其中，E是内射模。由定理5-3-5知有正合列：

$$\mathrm{Tor}_{n+1}(M, L)\longrightarrow\mathrm{Tor}_n(M, N)\longrightarrow\mathrm{Tor}_n(M, E),$$

由式（6-1-24）知$\mathrm{Tor}_{n+1}(M, L)=0$，所以上式为

$$0\longrightarrow\mathrm{Tor}_n(M, N)\longrightarrow\mathrm{Tor}_n(M, E)。$$

如果$\mathrm{Tor}_n(M, E)=0$，则$\mathrm{Tor}_n(M, N)=0$，与式（6-1-25）矛盾，所以$\mathrm{Tor}_n(M, E)\neq 0$。证毕。

命题6-1-16　若有R-模正合列：

$$0\longrightarrow A\longrightarrow B\longrightarrow C\longrightarrow 0,$$

则

$$\mathrm{fdim}(B)\leqslant\max\{\mathrm{fdim}(A), \mathrm{fdim}(C)\}。$$

定理6-1-9　若有R-模正合列$0\longrightarrow A\longrightarrow B\longrightarrow C\longrightarrow 0$，则

（1）$\mathrm{fdim}(C)\leqslant 1+\max\{\mathrm{fdim}(A), \mathrm{fdim}(B)\}$。

（2）$\mathrm{fdim}(B)<\mathrm{fdim}(C)\Rightarrow\mathrm{fdim}(A)=\mathrm{fdim}(C)-1\geqslant\mathrm{fdim}(B)$。

特别地，若B是平坦模，则

（1′）$\mathrm{fdim}(C)=0\Rightarrow\mathrm{fdim}(A)=0$。

（2′） $\mathrm{fdim}(C)>0 \Rightarrow \mathrm{fdim}(A)=\mathrm{fdim}(C)-1$。

定理6-1-10 $\mathrm{fdim}\left(\bigoplus_{i\in I} A_i\right)=\sup_{i\in I}\mathrm{fdim}A_i$。

引理6-1-2 若 N 是左 R-模，则

$$N\text{是平坦模} \Leftrightarrow (\text{对 } R \text{ 的任意右理想 } I\text{，有 } \mathrm{Tor}_1^R(R/I, N)=0)。$$

若 M 是右 R-模，则

$$M\text{ 是平坦模} \Leftrightarrow (\text{对 } R \text{ 的任意左理想 } I\text{，有 } \mathrm{Tor}_1^R(M, R/I)=0)。$$

证明 有正合列（i是包含同态）：

$$0\longrightarrow I\xrightarrow{\ i\ } R\longrightarrow R/I\longrightarrow 0,$$

根据定理5-3-5有正合列：

$$\mathrm{Tor}_1(R, N)\longrightarrow \mathrm{Tor}_1(R/I, N)\longrightarrow I\otimes_R N\xrightarrow{i\otimes 1} R\otimes_R N。$$

由于 R 是平坦模（定理3-5-1），所以 $\mathrm{Tor}_1(R, N)=0$（命题5-3-3），上式为

$$0\longrightarrow \mathrm{Tor}_1(R/I, N)\longrightarrow I\otimes_R N\xrightarrow{i\otimes 1} R\otimes_R N。$$

由命题3-5-6知

$$N\text{ 是平坦模} \Leftrightarrow (\text{对 } R \text{ 的任意右理想 } I\text{，} i\otimes 1\text{：} I\otimes_R N\to R\otimes_R N \text{ 是单同态})。$$

由命题2-1-38知

$$\text{上式} \Leftrightarrow (\text{对 } R \text{ 的任意右理想 } I\text{，} \mathrm{Tor}_1(R/I, N)=0)。$$

证毕。

命题6-1-17

$$\sup\{\mathrm{fdim}(N)|N\text{是左}R\text{-模}\}\leqslant n$$

$$\Leftrightarrow (\text{对任意右}R\text{-模 } M \text{ 和左}R\text{-模}N\text{，有 } \mathrm{Tor}_{n+1}^R(M, N)=0)$$

$$\Leftrightarrow \sup\{\mathrm{fdim}(M)|M\text{是右}R\text{-模}\}\leqslant n。$$

证明 只证明第一个等价式。

$\Rightarrow$：对任意左R-模 N，有 $\mathrm{fdim}(N)\leqslant n$，所以对任意右 R-模M，有 $\mathrm{Tor}_{n+1}^R(M, N)=0$（定理6-1-8）。

$\Leftarrow$：对任意左R-模N，有 $\mathrm{fdim}(N)\leqslant n$（定理6-1-8），所以 $\sup\{\mathrm{pdim}(N)|N\text{是左 }R\text{-模}\}\leqslant n$（上确界是最小上界）。证毕。

命题6-1-18 $\sup\{\mathrm{fdim}(M)|M\text{是左}R\text{-模}\}=\sup\{\mathrm{fdim}(M)|M\text{是右}R\text{-模}\}$。

证明 由命题6-1-17和命题B-41可得。证毕。

命题6-1-19 （由命题6-1-18知 M 取左右 R-模都一样）

$$\sup\{\mathrm{fdim}(M)|M \text{ 是左（右）} R\text{-模}\}\leqslant n$$

$$\Leftrightarrow \sup\{\mathrm{fdim}(R/\mathrm{I})|I \text{ 是 } R \text{ 的右理想}\}\leqslant n$$

$$\Leftrightarrow \sup\{\mathrm{fdim}(R/\mathrm{I}) | I \text{ 是 } R \text{ 的左理想}\} \leqslant n。$$

证明 只证明第一个等价式。

⇒：对于 R 的右理想 I，由于 R/I 是右 R-模，所以可得

$$\{\mathrm{fdim}(R/I) | I\text{是}R\text{的右理想}\} \subseteq \{\mathrm{fdim}(M) | M \text{ 是右}R\text{-模}\},$$

从而

$$\sup\{\mathrm{fdim}(R/I) | I\text{是}R\text{的右理想}\} \leqslant \sup\{\mathrm{fdim}(M) | M \text{ 是右}R\text{-模}\} \leqslant n。$$

⇐：对于 R 的任意右理想 I，有 $\mathrm{fdim}(R/I) \leqslant n$。对任意左 R-模 M，由定理6-1-8知

$$\mathrm{Tor}_{n+1}(R/I, M) = 0。\quad (6\text{-}1\text{-}26)$$

取 M 的平坦模解：

$$\cdots \longrightarrow F_{n-1} \xrightarrow{d_{n-1}} \cdots \longrightarrow F_1 \longrightarrow F_0 \longrightarrow M \longrightarrow 0,$$

令 $K = \ker d_{n-1}$，则有正合列（i 是包含同态）：

$$0 \longrightarrow K \xrightarrow{i} F_{n-1} \xrightarrow{d_{n-1}} \cdots \longrightarrow F_1 \longrightarrow F_0 \longrightarrow M \longrightarrow 0。\quad (6\text{-}1\text{-}27)$$

由命题5-3-9知

$$\mathrm{Tor}_1(R/I, K) = \mathrm{Tor}_{n+1}(R/I, M)。$$

由式（6-1-26）知 $\mathrm{Tor}_1(R/I, K) = 0$，由引理6-1-2知 K 是平坦模，于是式（6-1-27）是 M 的平坦模解，所以 $\mathrm{fdim}(M) \leqslant n$ [注（定义6-1-3）]。因此（上确界是最小上界）

$$\sup\{\mathrm{fdim}(M) | M\text{是左}R\text{-模}\} \leqslant n。$$

证毕。

命题6-1-20 （由命题6-1-18知 M 取左右 R-模都一样）

$$\begin{aligned}&\sup\{\mathrm{fdim}(M) | M\text{是左（右）}R\text{-模}\}\\ &= \sup\{\mathrm{fdim}(R/I) | I\text{是 } R \text{ 的左理想}\}\\ &= \sup\{\mathrm{fdim}(R/I) | I\text{是 } R \text{ 的右理想}\}。\end{aligned}$$

证明 根据命题6-1-19和命题B-41可得。证毕。

定理6-1-11 Tor维数 弱维数 （有1的环）R 的Tor维数（弱维数）：

$$\begin{aligned}\mathrm{tdim}(R) &= \sup\{\mathrm{fdim}_R(M) | M\text{是左}R\text{-模}\}\\ &= \sup\{\mathrm{fdim}_R(M) | M\text{是右}R\text{-模}\}\\ &= \sup\{\mathrm{fdim}_R(R/\mathrm{I}) | I\text{是 } R \text{ 的左理想}\}\\ &= \sup\{\mathrm{fdim}_R(R/I) | I\text{是 } R \text{ 的右理想}\}\\ &= \sup\{d | \text{存在右}R\text{-模 } M \text{ 和左 } R\text{-模 } N\text{，使得 } \mathrm{Tor}_d^R(M, N) \neq 0\}。\end{aligned}$$

证明 记 $m = \sup S$，其中

$$S = \{d | \text{存在右}R\text{-模 } M \text{ 和左 } R\text{-模 } N\text{，使得 } \mathrm{Tor}_d^R(M, N) \neq 0\},$$

则对任意右R-模M和左R-模N，有$\mathrm{Tor}_{m+1}^{R}(M, N)=0$。由定理6-1-8知对任意右$R$-模$M$，有$\mathrm{fdim}(M)\leqslant m$，所以可得（上确界是最小上界）

$$\sup\{\mathrm{fdim}(M)|M\text{是右}R\text{-模}\}\leqslant m。\tag{6-1-28}$$

设$d\in S$，即存在右R-模M和左R-模N，使得$\mathrm{Tor}_{d}^{R}(M, N)\neq 0$。由命题6-1-14知$\mathrm{fdim}(M)\geqslant d$，所以可得

$$d\leqslant\sup\{\mathrm{fdim}(M)|M\text{是右}R\text{-模}\},\quad \forall d\in S。$$

因此（上确界是最小上界）

$$m=\sup S\leqslant\sup\{\mathrm{fdim}(M)|M\text{是右}R\text{-模}\}。\tag{6-1-29}$$

由式（6-1-28）和式（6-1-29）知

$$\sup\{\mathrm{fdim}(M)|M\text{是右}R\text{-模}\}=\sup\{d|\text{存在右}R\text{-模}M\text{和左}R\text{-模}N\text{，使得}\mathrm{Tor}_{d}^{R}(M, N)\neq 0\}。$$

由命题6-1-20知

$$\sup\{\mathrm{fdim}(M)|M\text{是左（右）}R\text{-模}\}=\sup\{\mathrm{fdim}(R/I)|\,I\text{是}R\text{的左（右）理想}\}。$$

证毕。

命题6-1-21

（1）$\mathrm{fdim}_R(M)\leqslant \mathrm{pdim}_R(M)$。

（2）$\mathrm{tdim}(R)\leqslant\min\{\mathrm{l.gdim}(R), \mathrm{r.gdim}(R)\}$。

证明 （1）由命题3-5-3（投射模是平坦模）知

$$\{l(M, P)|P\text{是}M\text{的投射模解}\}\subseteq\{l(M, F)|F\text{是}M\text{的平坦模解}\},$$

所以可得

$$\inf\{l(M, P)|P\text{是}M\text{的投射模解}\}\geqslant\inf\{l(M, F)|F\text{是}M\text{的平坦模解}\}。$$

（2）根据定理6-1-11和（1），有

$$\begin{aligned}\mathrm{tdim}(R)&=\sup\{\mathrm{fdim}_R(N)|N\text{是左}R\text{-模}\}\\&\leqslant\sup\{\mathrm{pdim}_R(N)|N\text{是左}R\text{-模}\}=\mathrm{l.gdim}(R),\end{aligned}$$

同样有$\mathrm{tdim}(R)\leqslant \mathrm{r.gdim}(R)$。证毕。

定理6-1-12 若R是左（右）Noether环，M是有限生成左（右）R-模，则

$$\mathrm{fdim}_R(M)=\mathrm{pdim}_R(M)。$$

证明 记$\mathrm{fdim}(M)=n$，由命题3-5-17知有正合列：

$$0\longrightarrow A\longrightarrow F_{n-1}\longrightarrow\cdots\longrightarrow F_1\longrightarrow F_0\longrightarrow M\longrightarrow 0,$$

其中，$F_i\,(0\leqslant i\leqslant n-1)$是有限生成自由模，$A$是有限表示模（定义3-5-3）。$F_i$是平坦模（命题3-5-2），由定理6-1-8知$A$是平坦模。由命题3-5-14知$A$是投射模，从而上式是$M$的投射模解，所以$\mathrm{pdim}(M)\leqslant n$［注（定义6-1-1）］。由命题6-1-21知

$\mathrm{pdim}(M)\geqslant n$，因此 $\mathrm{pdim}(M)=n$。证毕。

定理6-1-13　若 $\mathrm{fdim}(M)\leqslant 1$，$F$是平坦模，$N$是 F 的子模，则 $\mathrm{Tor}_1(M, N)=0$。

证明　有正合列：

$$0\longrightarrow N\longrightarrow F\longrightarrow F/N\longrightarrow 0,$$

根据定理5-3-5有正合列：

$$\mathrm{Tor}_2(M, F/N)\longrightarrow \mathrm{Tor}_1(M, N)\longrightarrow \mathrm{Tor}_1(M, F),$$

由命题5-3-3知 $\mathrm{Tor}_1(M, F)=0$。由定理6-1-8知 $\mathrm{Tor}_2(M, F/N)=0$，所以上式为

$$0\longrightarrow \mathrm{Tor}_1(M, N)\longrightarrow 0,$$

表明 $\mathrm{Tor}_1(M, N)=0$。证毕。

定理6-1-14　设 R 是有1的交换环，S 是 R 的乘法闭集。如果 $\mathrm{fdim}(R)\leqslant 1$，且 $S^{-1}M$ 是 $S^{-1}R$ -平坦模，则对于任意挠自由（定义5-4-1）R-模N，有 $\mathrm{Tor}_1^R(M, N)=0$。

定理6-1-15　广义提升维数定理　设有R-模正合列：

$$0\longrightarrow A\longrightarrow L_1\longrightarrow L_2\longrightarrow\cdots\longrightarrow L_n\longrightarrow B\longrightarrow 0,$$

M是R-模，d是非负整数，则（注意区分左右R-模）

（1）如果 $\mathrm{pdim}(L_i)\leqslant d$ （$1\leqslant i\leqslant n$），则

$$\mathrm{Ext}_R^k(A, M)\cong \mathrm{Ext}_R^{k+n}(B, M),\quad k>d。$$

（2）如果 $\mathrm{idim}(L_i)\leqslant d$（$1\leqslant i\leqslant n$），则

$$\mathrm{Ext}_R^k(M, B)\cong \mathrm{Ext}_R^{k+n}(M, A),\quad k>d。$$

（3）如果 $\mathrm{fdim}(L_i)\leqslant d$（$1\leqslant i\leqslant n$），则

$$\mathrm{Tor}_k^R(M, A)\cong \mathrm{Tor}_{k+n}^R(M, B),\quad k>d,$$

$$\mathrm{Tor}_k^R(A, M)\cong \mathrm{Tor}_{k+n}^R(B, M),\quad k>d。$$

证明　只证明（3）。当 $n=1$ 时，对于正合列 $0\longrightarrow A\longrightarrow L_1\longrightarrow B\longrightarrow 0$，由定理5-3-5知有正合列：

$$\mathrm{Tor}_{k+1}(M, L_1)\longrightarrow \mathrm{Tor}_{k+1}(M, B)\longrightarrow \mathrm{Tor}_k(M, A)\longrightarrow \mathrm{Tor}_k(M, L_1)。$$

由于 $\mathrm{fdim}(L_1)\leqslant d$，由定理6-1-8知 $k>d$ 时 $\mathrm{Tor}_k(M, L_1)=0$，$\mathrm{Tor}_{k+1}(M, L_1)=0$，所以上式为

$$0\longrightarrow \mathrm{Tor}_{k+1}(M, B)\longrightarrow \mathrm{Tor}_k(M, A)\longrightarrow 0,$$

所以可得

$$\mathrm{Tor}_k(M, A)\cong \mathrm{Tor}_{k+1}(M, B)。$$

假设结论对不大于 $n-1$ 的情形成立，考虑 n 的情形，正合列：

$$0\longrightarrow A\longrightarrow L_1\longrightarrow\cdots\longrightarrow L_{n-1}\xrightarrow{d_{n-1}} L_n\xrightarrow{d_n} B\longrightarrow 0$$

可分成两个正合列：

$$0 \longrightarrow A \longrightarrow L_1 \longrightarrow L_2 \longrightarrow \cdots \longrightarrow L_{n-1} \xrightarrow{d_{n-1}} \ker d_n \longrightarrow 0,$$

$$0 \longrightarrow \ker d_n \xrightarrow{i_n} L_n \xrightarrow{d_n} B \longrightarrow 0,$$

根据归纳假设有

$$\mathrm{Tor}_k(M, A) \cong \mathrm{Tor}_{k+n-1}(M, \ker d_n),$$

$$\mathrm{Tor}_k(M, \ker d_n) \cong \mathrm{Tor}_{k+1}(M, B),$$

所以可得

$$\mathrm{Tor}_k(M, A) \cong \mathrm{Tor}_{k+n-1}(M, \ker d_n) \cong \mathrm{Tor}_{k+n}(M, B)。$$

证毕。

命题6-1-22 设有R-模正合列：

$$0 \longrightarrow L_n \longrightarrow \cdots \longrightarrow L_1 \longrightarrow L_0 \longrightarrow B \longrightarrow 0,$$

d是非负整数，则

（1）如果 $\mathrm{pdim}(L_i) \leqslant d$ $(0 \leqslant i \leqslant n)$，则 $\mathrm{pdim}(B) \leqslant d+n$。

（2）如果 $\mathrm{idim}(L_i) \leqslant d$ $(0 \leqslant i \leqslant n)$，则 $\mathrm{idim}(B) \leqslant d+n$。

（3）如果 $\mathrm{fdim}(L_i) \leqslant d$ $(0 \leqslant i \leqslant n)$，则 $\mathrm{fdim}(B) \leqslant d+n$。

证明 只证明（3）。对任意R-模M，由定理6-1-15（3）可得

$$\mathrm{Tor}_k^R(M, L_n) \cong \mathrm{Tor}_{k+n}^R(M, B), \quad k > d。$$

由定理6-1-8知，当 $k>d$ 时 $\mathrm{Tor}_k^R(M, L_n)=0$，所以 $\mathrm{Tor}_{k+n}^R(M, B)=0$。也就是说，当 $k>d+n$ 时 $\mathrm{Tor}_k^R(M, B)=0$。由定理6-1-8知 $\mathrm{fdim}(B) \leqslant d+n$。证毕。

命题6-1-23

（1） $\mathrm{l.gdim}(R)\big(\mathrm{r.gdim}(R)\big) = \sup\{\mathrm{pdim}_R(M) \mid M$是有限生成左（右）$R$-模$\}$。

（2） $\mathrm{tdim}(R) = \sup\{\mathrm{fdim}_R(M) \mid M$是有限生成左$R$-模$\} = \sup\{\mathrm{fdim}_R(M) \mid M$是有限生成右$R$-模$\}$。

证明 （1）显然

$$\sup\{\mathrm{pdim}_R(M) \mid M\text{是有限生成左}R\text{-模}\} \leqslant \sup\{\mathrm{pdim}_R(M) \mid M\text{是左}R\text{-模}\} = \mathrm{l.gdim}(R)。$$

由于 $R=\langle 1 \rangle$ 是有限生成的，所以R/I是有限生成的（命题2-1-25′），因此

$$\begin{aligned}\mathrm{l.gdim}(R) &= \sup\{\mathrm{pdim}_R(R/I) \mid I\text{是}R\text{的左理想}\} \\ &\leqslant \sup\{\mathrm{pdim}_R(M) \mid M\text{是有限生成左}R\text{-模}\}。\end{aligned}$$

（2）类似可证。证毕。

命题6-1-24 设 R 是左（右）Noether环。

（1）若 M 是有限生成左（右） R 模，则 $\mathrm{fdim}_R(M) = \mathrm{pdim}_R(M)$。

（2） $\mathrm{tdim}(R)=\mathrm{l.gdim}(R)\left(\mathrm{tdim}(R)=\mathrm{r.gdim}(R)\right)$。

证明 （1）定理6-1-12。

（2）由命题6-1-23和（1）可得。证毕。

由命题6-1-24可得：

命题6-1-25 若 R 是（既左且右）Noether环，则

$$\mathrm{tdim}(R)=\mathrm{gdim}(R)=\mathrm{l.gdim}(R)=\mathrm{r.gdim}(R)。$$

证明 见文献［2］第465页推论8.28。

6.2 换环定理

若无特殊说明，本节的环是有1的交换环。

命题6-2-1 设 S 是 R-代数（定义B-15），P 是投射 S-模，则

$$\mathrm{pdim}_R(P)\leqslant \mathrm{pdim}_R(S)。$$

见文献［3］第95页练习题4.1.3-2。

定理6-2-1 一般换环定理（general change of rings theorem） 设 S 是 R-代数，M 是 S-模，则有

$$\mathrm{pdim}_R(M)\leqslant \mathrm{pdim}_S(M)+\mathrm{pdim}_R(S),$$

$$\mathrm{idim}_R(M)\leqslant \mathrm{idim}_S(M)+\mathrm{idim}_R(S),$$

$$\mathrm{fdim}_R(M)\leqslant \mathrm{fdim}_S(M)+\mathrm{fdim}_R(S)。$$

见文献［3］第99页定理4.3.1。

命题6-2-2 设 $x\in R$ 是环 R 的非零因子（定义B-23），则有 R-模正合列：

$$0\longrightarrow R\xrightarrow{x}R\xrightarrow{\pi}R/\langle x\rangle\longrightarrow 0, \tag{6-2-1}$$

其中同态：

$$x: R\to R,\quad r\mapsto rx。$$

证明 由于 x 是非零因子，所以可得

$$r\in\ker x\Leftrightarrow rx=0\Leftrightarrow r=0,$$

即 $\ker x=0$，说明 $x: R\to R$ 单。记 $\pi: R\to R/\langle x\rangle$ 是自然同态，则

$$\ker\pi=\langle x\rangle=\mathrm{Im}\,x。$$

从而有 R-模正合列式（6-2-1）。证毕。

命题6-2-3 设 $x\in R$ 是环 R 的非零因子，则 $\mathrm{pdim}_R\left(R/\langle x\rangle\right)=1$。

证明 由命题6-2-2知有 R-模正合列式（6-2-1）。由命题6-1-2知 $\mathrm{pdim}_R(R)=0$，由定理6-1-2（1）知

$$\mathrm{pdim}_R\big(R/\langle x\rangle\big)\leqslant 1+\mathrm{pdim}_R(R)=1。\tag{6-2-2}$$

如果 $\mathrm{pdim}_R\big(R/\langle x\rangle\big)=0$，即 $R/\langle x\rangle$ 是R-投射模（命题6-1-1），那么 $R/\langle x\rangle$ 是某R-自由模的直和成分（定理3-2-4），也就是某R-自由模的子模，由命题3-1-18知 $x\big(R/\langle x\rangle\big)\neq 0$，这是不可能的，所以可得

$$\mathrm{pdim}_R\big(R/\langle x\rangle\big)\neq 0。\tag{6-2-3}$$

由式（6-2-2）和式（6-2-3）知 $\mathrm{pdim}_R\big(R/\langle x\rangle\big)=1$。证毕。

命题6-2-4 设 $x\in R$，则存在以下条件。

（1）M是 $R/\langle x\rangle$-模 $\Leftrightarrow$（M是R-模，且$xM=0$）。

（2）M是R-模 $\Rightarrow M/xM$ 是 $R/\langle x\rangle$-模。

证明 （1）命题2-1-29。

（2）定义 $R/\langle x\rangle$-模乘法：

$$R/\langle x\rangle\times M/xM\longrightarrow M/xM,$$
$$\big(r+\langle x\rangle,\ m+xM\big)\mapsto\big(r+\langle x\rangle\big)\big(m+xM\big)=rm+xM。$$

若 $r+\langle x\rangle=r'+\langle x\rangle$，即 $r-r'\in\langle x\rangle$，设 $r-r'=r_1x$，则 $rm-r'm=r_1xm\in xM$，所以 $rm+xM=r'm+xM$。若 $m+xM=m'+xM$，即 $m-m'\in xM$，设 $m-m'=xm_1$，则 $rm-rm'=rxm_1\in xM$，所以 $rm+xM=rm'+xM$。表明上式与代表元r和m的选择无关。证毕。

定理6-2-2 第一换环定理 设 $x\in R$ 是环 R 的非零因子。如果 $M\neq 0$ 是 $R/\langle x\rangle$-模，并且 $\mathrm{pdim}_{R/\langle x\rangle}(M)<\infty$，则

$$\mathrm{pdim}_R(M)=1+\mathrm{pdim}_{R/\langle x\rangle}(M)。$$

证明 见文献［2］第473命题8.39。

命题6-2-5 若 F 是自由R-模，$x\in R$，则 F/xF 是自由 $R/\langle x\rangle$-模。

证明 设 $F=\bigoplus_{i\in I}R$，则由命题2-3-19知

$$F/xF=\Big(\bigoplus_{i\in I}R\Big)/\Big(\bigoplus_{i\in I}xR\Big)=\Big(\bigoplus_{i\in I}R\Big)/\Big(\bigoplus_{i\in I}\langle x\rangle\Big)\cong\bigoplus_{i\in I}\big(R/\langle x\rangle\big),$$

表明 F/xF 是自由 $R/\langle x\rangle$-模。证毕。

命题6-2-6 若 P 是投射R-模，$x\in R$，则 P/xP 是投射 $R/\langle x\rangle$-模。

证明 由定理3-2-4知有 $F=P\oplus Q$，其中 F 是自由R-模。有 $xF=xP\oplus xQ$，由命题2-3-19知

$$F/xF=\big(P\oplus Q\big)/\big(xP\oplus xQ\big)\cong(P/xP)\oplus\big(Q/xQ\big),$$

由命题6-2-5知 F/xF 是自由 $R/\langle x\rangle$-模，所以 P/xP 是投射 $R/\langle x\rangle$-模（定理3-2-4）。证毕。

命题6-2-7 设 M 是R-模，$x\in R$，则 $M\otimes_R R/\langle x\rangle\cong M/xM$。

证明 有双线性映射（易验证与代表元选择无关）：

$$f: M\times R/\langle x\rangle\to M/xM,\quad (m,\ r+\langle x\rangle)\mapsto rm+xM。$$

由定义2-2-5知有同态：

$$g: M\otimes_R R/\langle x\rangle\to M/xM,\quad m\otimes(r+\langle x\rangle)\mapsto rm+xM。$$

令同态（易验证与代表元选择无关）：

$$h: M/xM\to M\otimes_R R/\langle x\rangle,\quad m+xM\mapsto m\otimes(1+\langle x\rangle),$$

易验证 $hg=1$，$gh=1$，表明 g 是同构。证毕。

定义6-2-1　模的零因子　设 M 是 R-模，$x\in R$。如果 $\exists m\in M\backslash\{0\}$，使得 $xm=0$，则称 x 是 M 的零因子。

命题6-2-8　设 M 是 R-模，$x\in R$，令

$$\varphi_x: M\to M,\quad m\mapsto xm,$$

则

$$x\text{ 不是 }M\text{ 的零因子}\Leftrightarrow\varphi_x\text{ 单。}$$

证明　x 不是 M 的零因子 $\Leftrightarrow(\forall m\in M\backslash\{0\},\ xm\neq 0)\Leftrightarrow(\forall m\in M,\ xm=0\Rightarrow m=0)\Leftrightarrow$ $\ker\varphi_x=0\Leftrightarrow\varphi_x$ 单。证毕。

定理6-2-3　第二换环定理　设 $x\in R$ 是环 R 的非零因子，M 是 R-模。如果 x 是 M 的非零因子（定义6-2-1），则

$$\operatorname{pdim}_R(M)\geqslant\operatorname{pdim}_{R/\langle x\rangle}(M/xM)。$$

证明　若 $\operatorname{pdim}_R(M)=\infty$，结论自然成立。设 $\operatorname{pdim}_R(M)=n<\infty$。

当 $n=0$ 时，M 是 R-投射模（命题6-1-1），所以 M/xM 是 $R/\langle x\rangle$-投射模（命题6-2-6），即 $\operatorname{pdim}_{R/\langle x\rangle}(M/xM)=0$，结论成立。

当 $n\geqslant 1$ 时，假设结论对不大于 $n-1$ 的情形成立，考察 n 的情形。由定理3-1-3′知有 R-模正合列：

$$0\longrightarrow K\longrightarrow F\longrightarrow M\longrightarrow 0,\tag{6-2-4}$$

其中，F 是自由 R-模。F 是投射 R-模（定理3-2-1），由定理6-1-2知

$$\operatorname{pdim}_R(K)=\operatorname{pdim}_R(M)-1=n-1。$$

由归纳假设知

$$n-1=\operatorname{pdim}_R(K)\geqslant\operatorname{pdim}_{R/\langle x\rangle}(K/xK),\tag{6-2-5}$$

对于式（6-2-4），由定理5-3-5知有 R-模正合列：

$$\operatorname{Tor}_1^R(M,\ R/\langle x\rangle)\longrightarrow K\otimes_R R/\langle x\rangle\longrightarrow F\otimes_R R/\langle x\rangle\longrightarrow M\otimes_R R/\langle x\rangle\longrightarrow 0。\tag{6-2-6}$$

由命题6-2-2知有 R-模正合列：

$$0\longrightarrow R\xrightarrow{\ x\ }R\xrightarrow{\ \pi\ }R/\langle x\rangle\longrightarrow 0,$$

由定理5-3-5知有 R-模正合列：

$$\mathrm{Tor}_1^R(M,R)\longrightarrow \mathrm{Tor}_1^R(M,R/\langle x\rangle)\xrightarrow{\partial} M\otimes_R R\xrightarrow{1\otimes x} M\otimes_R R\longrightarrow M\otimes_R R/\langle x\rangle\longrightarrow 0。$$

由于 R 平坦（定理3-5-1），所以 $\mathrm{Tor}_1^R(M,R)=0$（命题5-3-2），上式为

$$0\longrightarrow \mathrm{Tor}_1^R(M,R/\langle x\rangle)\xrightarrow{\partial} M\otimes_R R\xrightarrow{1\otimes x} M\otimes_R R\longrightarrow M\otimes_R R/\langle x\rangle\longrightarrow 0。\tag{6-2-7}$$

由定理2-2-9知有同构：

$$\varphi: M\otimes_R R\to M,\quad m\otimes r\mapsto mr,$$
$$\varphi^{-1}: M\to M\otimes_R R,\quad m\mapsto m\otimes 1,$$

所以由式（6-2-7）可得R-模正合列：

$$0\longrightarrow \mathrm{Tor}_1^R(M,R/\langle x\rangle)\xrightarrow{\partial'} M\xrightarrow{\varphi(1\otimes x)\varphi^{-1}} M\longrightarrow M\otimes_R R/\langle x\rangle\longrightarrow 0。$$

由于 ∂' 单，所以可得

$$\mathrm{Tor}_1^R(M,R/\langle x\rangle)\cong \mathrm{Im}\,\partial'=\ker(\varphi(1\otimes x)\varphi^{-1})=\{m\,|\,xm=0\}。$$

由于 x 是 M 的非零因子，所以 $xm=0\Leftrightarrow m=0$，上式表明 $\mathrm{Tor}_1^R(M,R/\langle x\rangle)=0$，所以式（6-2-6）为

$$0\longrightarrow K\otimes_R R/\langle x\rangle\longrightarrow F\otimes_R R/\langle x\rangle\longrightarrow M\otimes_R R/\langle x\rangle\longrightarrow 0。$$

由命题6-2-7可得正合列：

$$0\longrightarrow K/xK\longrightarrow F/xF\longrightarrow M/xM\longrightarrow 0。$$

由命题6-2-5知 F/xF 是自由 $R/\langle x\rangle$-模，所以是投射 $R/\langle x\rangle$-模（定理3-2-1）。根据定理6-1-2可得

$$\mathrm{pdim}_{R/\langle x\rangle}(K/xK)=\mathrm{pdim}_{R/\langle x\rangle}(M/xM)-1,$$

由上式和式（6-2-5）可得 $n\geqslant \mathrm{pdim}_{R/\langle x\rangle}(M/xM)$，即 $\mathrm{pdim}_R(M)\geqslant \mathrm{pdim}_{R/\langle x\rangle}(M/xM)$。证毕。

定义6-2-2 设 M 是R-模，x 是未定元，有

$$M[x]=R[x]\otimes_R M。$$

它的元素为

$$\sum_k\left(\sum_{i=0}^n r_i^{(k)}x^i\right)\otimes m^{(k)}=\sum_{i=0}^n x^i\otimes\sum_k r_i^{(k)}m^{(k)}=\sum_{i=0}^n x^i\otimes m_i,$$

可以看成以 M 中元素为系数的多项式，可以写成

$$M[x]=R[x]\otimes_R M=\left\{\sum_{i=0}^n x^i\otimes m_i\,\middle|\, m_0,\ \cdots,\ m_n\in M,\ n\geqslant 0\right\}。$$

命题6-2-9 设 M 是R-模，x 是未定元，则 $M[x]$ 是 $R[x]$-模。

证明 定义 $x^i(x^j\otimes m)=x^{i+j}\otimes m$ 即可。证毕。

命题6-2-10 设 M 是R-模，x 是未定元，则

$$x^kM[x]=\left\{\sum_{i=k}^n x^i\otimes m_i\,\middle|\, m_k,\ \cdots,\ m_n\in M,\ n\geqslant 0\right\}。$$

命题6-2-11　设 M 是 R-模，x 是未定元，则 $M[x]/xM[x]\cong M$。

证明　有 R-双线性映射：

$$\varphi:\ R[x]\times M\to M,\ \left(\sum_{i=0}^{n} r_i x^i,\ m\right)\mapsto r_0 m。$$

根据定义2-2-5知有同态：

$$f:\ R[x]\otimes_R M\to M,\ \sum_{i=0}^{n} r_i x^i\otimes m\mapsto r_0 m,$$

也就是

$$f:\ R[x]\otimes_R M\to M,\ \sum_{i=0}^{n} x^i\otimes m_i\mapsto m_0。$$

根据命题6-2-10有

$$\sum_{i=0}^{n} x^i\otimes m_i\in\ker f\Leftrightarrow m_0=0\Leftrightarrow \sum_{i=0}^{n} x^i\otimes m_i=\sum_{i=1}^{n} x^i\otimes m_i\in xM[x],$$

即

$$\ker f=xM[x]。$$

由模同态基本定理（定理2-1-1）可得结论。证毕。

命题6-2-12　设 F 是自由 R-模，x 是未定元，则 $R[x]\otimes_R F$ 是自由 $R[x]$-模。

证明　设 $F=\bigoplus_{i\in I}R$，则由定理2-3-4′可得

$$R[x]\otimes_R F\cong\bigoplus_{i\in I}\left(R[x]\otimes_R R\right),$$

由定理2-2-9知 $R[x]\otimes_R R\cong R[x]$，所以可得

$$R[x]\otimes_R F\cong\bigoplus_{i\in I}R[x],$$

即 $R[x]\otimes_R F$ 是自由 $R[x]$-模。证毕。

命题6-2-13　设 P 是投射 R-模，x 是未定元，则 $R[x]\otimes_R P$ 是投射 $R[x]$-模。

证明　根据定理3-2-4知 $F=P\oplus Q$，其中 F 是自由 R-模。由定理2-3-4′可得

$$R[x]\otimes_R F\cong\left(R[x]\otimes_R P\right)\oplus\left(R[x]\otimes_R Q\right)。$$

由命题6-2-12知 $R[x]\otimes_R F$ 是自由 $R[x]$-模，所以 $R[x]\otimes_R P$ 是投射 $R[x]$-模（定理3-2-4）。证毕。

命题6-2-14　设 M 是 R-模，则

$$\mathrm{pdim}_{R[x]}\left(M[x]\right)=\mathrm{pdim}_R(M),$$

$$\mathrm{fdim}_{R[x]}\left(M[x]\right)=\mathrm{fdim}_R(M)。$$

证明　根据定理6-2-3（第二换环定理）有

$$\mathrm{pdim}_{R[x]}\left(M[x]\right)\geqslant\mathrm{pdim}_{R[x]/\langle x\rangle}\left(M[x]/xM[x]\right)。$$

由命题2-1-39知 $R[x]/\langle x\rangle\cong R$，由命题6-2-11知 $M[x]/xM[x]\cong M$，所以上式为

$$\mathrm{pdim}_{R[x]}(M[x]) \geqslant \mathrm{pdim}_R(M)。$$

记 $\mathrm{pdim}_R(M)=n$，则上式为

$$\mathrm{pdim}_{R[x]}(M[x]) \geqslant n。 \quad (6\text{-}2\text{-}8)$$

有 M 的 R-投射模解：

$$0 \longrightarrow P_n \longrightarrow \cdots \longrightarrow P_1 \longrightarrow P_0 \longrightarrow M \longrightarrow 0。$$

由于 $R[x]$ 是自由 R-模（例3-1-1），所以是平坦 R-模（命题3-5-2），从而有正合列：

$$0 \longrightarrow R[x]\otimes_R P_n \longrightarrow \cdots \longrightarrow R[x]\otimes_R P_1 \longrightarrow R[x]\otimes_R P_0 \longrightarrow R[x]\otimes_R M \longrightarrow 0。$$

由命题6-2-13知上式是 $M[x]$ 的 $R[x]$-投射模解，所以可得［注（定义6-1-1）］

$$\mathrm{pdim}_{R[x]}(M[x]) \leqslant n。 \quad (6\text{-}2\text{-}9)$$

由式（6-2-8）和式（6-2-9）知 $\mathrm{pdim}_{R[x]}(M[x])=n$。证毕。

引理6-2-1 若 R 是有1的交换局部环，则有限生成的投射 R-模 P 是自由模。

证明 记 m 是 R 的唯一极大理想，则 R/m 是域（命题B-12）。由命题2-1-31知 P/mP 是 R/m-向量空间。由命题2-1-25′知 P/mP 有限生成。取 P/mP 的基 $\{\bar{u}_1, \cdots, \bar{u}_n\}$，其中 $\bar{u}_i=u_i+mP$，$u_i\in P$（$1\leqslant i\leqslant n$）。由命题3-1-17知

$$P=\langle u_1, \cdots, u_n\rangle,$$

所以有满同态：

$$\varepsilon: R^n \to P, \quad (r_1, \cdots, r_n) \mapsto \sum_{i=1}^{n} r_i u_i。$$

于是有正合列（i 是包含同态）：

$$0 \longrightarrow \ker\varepsilon \xrightarrow{\ i\ } R^n \xrightarrow{\ \varepsilon\ } P \longrightarrow 0。$$

由于 P 是投射模，所以上式分裂（命题3-2-2），从而（定理2-3-6）

$$R^n \cong P \oplus (\ker\varepsilon)。 \quad (6\text{-}2\text{-}10)$$

P/mP 是秩为 n 的 R/m-向量空间，所以 $P/mP \cong (R/m)^n$。由命题2-3-19知 $(R/m)^n \cong R^n/m^n$，从而

$$R^n/m^n \cong P/mP。$$

可得

$$\ker\varepsilon \subseteq mR^n。 \quad (6\text{-}2\text{-}11)$$

将 P 视为 R^n 的子模，则由式（6-2-10）和式（6-2-11）可得

$$R^n = P + mR^n。$$

对于局部环有 $m=\mathfrak{J}$（大根），由命题3-1-11可得 $R^n=P$，表明 P 是自由模。证毕。

定理6-2-4 第三换环定理 设 R 是Noether局部环，m 是 R 的唯一极大理想，M 是有限生成 R-模。如果 $x\in m$ 是 R 中非零因子（定义B-23），并且也是 M 的非零因子（定义6-2-1），则

$$\mathrm{pdim}_R(M)=\mathrm{pdim}_{R/\langle x\rangle}(M/xM)。$$

证明　见文献［3］第103页定理4.3.12。

命题6-2-15　设 R 是Noether局部环，m 是 R 的唯一极大理想，M 是有限生成 R-模，且 $\mathrm{pdim}_R(M)<\infty$。如果 $x\in m$ 是 R 中非零因子（定义B-23），并且也是 M 的非零因子（定义6-2-1），则

$$\mathrm{pdim}_R(M/xM)=1+\mathrm{pdim}_R(M)。$$

证明　由定理6-2-3（第二换环定理）知

$$\mathrm{pdim}_{R/\langle x\rangle}(M/xM)\leqslant\mathrm{pdim}_R(M)<\infty。$$

由定理6-2-2（第一换环定理）知

$$\mathrm{pdim}_R(M/xM)=1+\mathrm{pdim}_{R/\langle x\rangle}(M/xM)。$$

由定理6-2-4（第三换环定理）知

$$\mathrm{pdim}_{R/\langle x\rangle}(M/xM)=\mathrm{pdim}_R(M)。$$

所以结论成立。证毕。

定理6-2-5　内射维数换环定理　设 $x\in R$ 是环 R 的非零因子，M 是 R-模，则有以下定理。

第一换环定理　如果 $M\neq 0$，而且是 $R/\langle x\rangle$-模，并且 $\mathrm{pdim}_{R/\langle x\rangle}(M)<\infty$，则

$$\mathrm{idim}_R(M)=1+\mathrm{idim}_{R/\langle x\rangle}(M)。$$

第二换环定理　如果 x 是 M 的非零因子，则

$$\mathrm{idim}_R(M)\geqslant\mathrm{idim}_{R/\langle x\rangle}(M/xM)。$$

第三换环定理　如果 R 是Noether局部环，m 是 R 的唯一极大理想，M 是有限生成 R-模。如果 $x\in m$ 是 R 中非零因子，并且也是 M 的非零因子，则

$$\mathrm{idim}_R(M)=\mathrm{idim}_R(M/xM)=1+\mathrm{idim}_{R/\langle x\rangle}(M/xM)。$$

证明　见文献［3］第104练习题4.3.3。

定理6-2-6　Rees引理　设 $x\in R$ 是 R 中非零因子，且不是可逆元。B 是 R-模，如果 x 不是 B 的零因子，那么对任意 $R/\langle x\rangle$-模 A 有

$$\mathrm{Ext}^n_{R/\langle x\rangle}(A,\ B/xB)\cong\mathrm{Ext}^{n+1}_R(A,\ B)。$$

证明　见文献［2］第470页定理8.34。

参考文献

[1] MACLANE S. Categories for the working mathematician[M]. 2nd ed. New York: Springer,1998.

[2] ROTMAN J J. An introduction to homological algebra[M]. 2nd ed. New York:Springer, 2009.

[3] WEIBEL C A. An introduction to homological algebra[M]. Cambridge:Cambridge University Press, 1994.

[4] ROTMAN J J. Advanced modern algebra[M]. Englewood:Prentice Hall, 2002.

[5] ATIYAH M F, MACDONALD I G. Introduction to commutative algebra[M]. Boston: Addison-Wesley Publishing Company, 1969.

[6] 周伯壎. 同调代数[M]. 北京:科学出版社,1988.

[7] 南基洙,王颖. 同调代数导论[M]. 大连:大连理工大学出版社,2011.

[8] 章璞,吴泉水. 基础代数学讲义[M]. 北京:高等教育出版社,2018.

附　录

附录A　集合与映射

命题A-1　鸽笼原理　设 A，B 是具有相同基数的两个有限集，f：$A\to B$ 是一个映射，若 f 为单射，则 f 必为满射；若 f 为满射，则 f 必为单射。

命题A-2　设映射 f：$X\to Y$，则：

（1）$A\subseteq B\Rightarrow f(A)\subseteq f(B)$。

（2）$A\subseteq B\Rightarrow f^{-1}(A)\subseteq f^{-1}(B)$。

（3a）$f\left(f^{-1}(B)\right)\subseteq B$。

（3b）f 满 $\Leftrightarrow\left(\forall B\subseteq Y,\ f\left(f^{-1}(B)\right)\supseteq B\right)\Leftrightarrow\left(\forall B\subseteq Y,\ f\left(f^{-1}(B)\right)=B\right)$。

（4a）$f^{-1}\left(f(A)\right)\supseteq A$。

（4b）f 单 $\Leftrightarrow\left(\forall A\subseteq X,\ f^{-1}\left(f(A)\right)\subseteq A\right)\Leftrightarrow\left(\forall A\subseteq X,\ f^{-1}\left(f(A)\right)=A\right)$。

（5）$f(A)\subseteq B\Leftrightarrow A\subseteq f^{-1}(B)$。

（6）$f^{-1}\left(B^c\right)=\left(f^{-1}(B)\right)^c$。

（7）$f^{-1}\left(\bigcup\limits_\alpha B_\alpha\right)=\bigcup\limits_\alpha f^{-1}\left(B_\alpha\right)$。

（8）$f^{-1}\left(\bigcap\limits_\alpha B_\alpha\right)=\bigcap\limits_\alpha f^{-1}\left(B_\alpha\right)$。

（9）$f^{-1}\left(A\backslash B\right)=f^{-1}(A)\backslash f^{-1}(B)$。

（10）$f\left(\bigcup\limits_\alpha A_\alpha\right)=\bigcup\limits_\alpha f\left(A_\alpha\right)$。

（11a）$f\left(\bigcap\limits_\alpha A_\alpha\right)\subseteq\bigcap\limits_\alpha f\left(A_\alpha\right)$。

（11b）f 单 $\Leftrightarrow\left(\forall A_\alpha\subseteq X,\ f\left(\bigcap\limits_\alpha A_\alpha\right)\supseteq\bigcap\limits_\alpha f\left(A_\alpha\right)\right)\Leftrightarrow\left(\forall A_\alpha\subseteq X,\ f\left(\bigcap\limits_\alpha A_\alpha\right)=\bigcap\limits_\alpha f\left(A_\alpha\right)\right)$

$$\Leftrightarrow (\forall A,\ B\subseteq X,\ f(A\cap B)=f(A)\cap f(B))。$$

（12a） f 单 $\Leftrightarrow \left(\forall A\subseteq X,\ f(A^c)\subseteq \left(f(A)\right)^c\right)$。

（12b） f 双 $\Leftrightarrow \left(\forall A\subseteq X,\ f(A^c)=\left(f(A)\right)^c\right)$。

（13a） f 单 $\Leftrightarrow (\forall A,\ B\subseteq X,\ f(A\backslash B)\subseteq f(A)\backslash f(B))$。

（13b） f 双 $\Leftrightarrow (\forall A,\ B\subseteq X,\ f(A\backslash B)=f(A)\backslash f(B))$。

命题A-3 设有映射 $X\xrightarrow{f}Y\xrightarrow{g}Z$，则对 Z 中的任意子集 C 有

$$(g\circ f)^{-1}(C)=\left(f^{-1}\circ g^{-1}\right)(C)。$$

命题A-4 对于映射f：$X\to Y$，有

$$f \text{ 是双射} \Leftrightarrow (\forall y\in Y,\ \text{存在唯一的} x\in X,\ \text{使得} y=f(x))。$$

证明 $\Rightarrow$：由于 f 满，所以对 $\forall y\in Y$，存在 $x\in X$，使得 $y=f(x)$。由于 f 单，所以这个 x 是唯一的。

$\Leftarrow$：这说明 f 既单且满。证毕。

命题A-5

（1）设有映射 g：$A\to B$，则

$$g \text{ 是满射} \Leftrightarrow (\forall \text{集合} C,\ \forall f,\ f'\text{：} B\to C,\ f\circ g=f'\circ g\Rightarrow f=f')。$$

（2）设有映射 f：$B\to C$，则

$$f \text{ 是单射} \Leftrightarrow (\forall \text{集合} A,\ \forall g,\ g'\text{：} A\to B,\ f\circ g=f\circ g'\Rightarrow g=g')。$$

证明 （1）$\Rightarrow$：$\forall b\in B$，由于 g 满，所以有 $b=g(a)$，其中 $a\in A$。有

$$f(b)=f\circ g(a)=f'\circ g(a)=f'(b),$$

即 $f=f'$。

$\Leftarrow$：如果 g 不是满射，则 $\exists b\in B$，使得

$$g(a)\neq b,\quad \forall a\in A。$$

取 f, f'：$B\to C$ 满足

$$f(b)\neq f'(b),\quad f(x)=f'(x),\quad x\neq b,$$

显然 $f\circ g=f'\circ g$，但是 $f\neq f'$，矛盾。所以 g 是满射。证毕。

（2）$\Rightarrow$：$\forall a\in A$，有 $f(g(a))=f(g'(a))$，由于 f 单，所以 $g(a)=g'(a)$，即 $g=g'$。

$\Leftarrow$：如果 f 不是单射，则有 $b\neq b'$，使得 $f(b)=f(b')$。取 g，g'：$A\to B$ 满足

$$g(a)=b,\quad g'(a)=b',\quad g(x)=g'(x),\quad x\neq a,$$

则 $f\circ g=f\circ g'$，但是 $g\neq g'$，矛盾。所以 f 是单射。证毕。

命题A-6 设有映射 f: $X\to Y$，f'：$Y\to X$。若 $f'\circ f=id_X$，则 f 是单射，f' 是满射。

证明　$\forall x \in X$，有 $f'(f(x))=x$，表明 f' 是满射。

如果 f 不是单射，即有 $x \neq x'$，使得 $f(x)=f(x')$。可得

$$x=\mathrm{id}_X(x)=f' \circ f(x)=f' \circ f(x')=\mathrm{id}_X(x')=x',$$

矛盾，所以 f 是单射。

命题A-7　对于映射 f：$X \to Y$ 有

$$f\text{是双射} \Leftrightarrow (\text{存在}\ f'\text{：}Y \to X\text{，使得}\ f' \circ f=\mathrm{id}_X,\ \ f \circ f'=\mathrm{id}_Y)\text{。}$$

证明　$\Rightarrow$：根据命题A-4可知，对于 $\forall y \in Y$，存在唯一的 $x \in X$，使得 $y=f(x)$，定义

$$f'\text{：}Y \to X,\quad y \mapsto x\text{。}$$

$\Leftarrow$：由命题A-6知 f 既是单射又是满射。证毕。

命题A-8　设有映射 $X \xrightarrow{f} Y \xrightarrow{g} Z$。

（1）$g \circ f$ 满 $\Rightarrow g$ 满。

（2）$g \circ f$ 单 $\Rightarrow f$ 单。

（3）f 和 g 都是单射 $\Rightarrow g \circ f$ 是单射。

（4）f 和 g 都是满射 $\Rightarrow g \circ f$ 是满射。

（5）若 g 是双射，则 f 满 $\Leftrightarrow g \circ f$ 满。

（6）若 g 是双射，则 f 单 $\Leftrightarrow g \circ f$ 单。

（7）若 f 是双射，则 g 单 $\Leftrightarrow g \circ f$ 单。

（8）若 f 是双射，则 g 满 $\Leftrightarrow g \circ f$ 满。

（9）（$g \circ f$ 满，g 单）$\Rightarrow f$ 满。

（10）（$g \circ f$ 单，f 满）$\Rightarrow g$ 单。

证明　（1）$\forall z \in Z$，存在 $x \in X$，使得 $z=g(f(x))$。记 $y=f(x) \in Y$，则 $z=g(y)$，这表明 g 满。

（2）设 x_1，$x_2 \in X$ 使得 $f(x_1)=f(x_2)$，则 $g \circ f(x_1)=g \circ f(x_2)$。由于 $g \circ f$ 单，所以 $x_1=x_2$，说明 f 单。

（3）设 x_1，$x_2 \in X$，$g \circ f(x_1)=g \circ f(x_2)$。记 $y_1=f(x_1)$，$y_2=f(x_2)$，则 $g(y_1)=g(y_2)$。由于 g 单，所以 $y_1=y_2$，即 $f(x_1)=f(x_2)$。由于 f 单，所以 $x_1=x_2$，表明 $f \circ g$ 单。

（4）$\forall z \in Z$，由于 g 满，所以有 $y \in Y$，使得 $z=g(y)$。由于 f 满，所以有 $x \in X$，使得 $y=f(x)$。于是 $z=g \circ f(x)$，说明 $g \circ f$ 满。

（5）$\Rightarrow$：$\forall z \in Z$，由于 g 是一一的，所以有 $z=g(y)$，其中 $y \in Y$。由于 f 满，所以有 $y=f(x)$，其中 $x \in X$。有 $z=g \circ f(x)$，即 $g \circ f$ 满。

$\Leftarrow$：$\forall y \in Y$，记 $z=g(y)$，由于 $g \circ f$ 满，所以存在 $x \in X$，使得 $z=g \circ f(x)$，即

$f(x)=g^{-1}(z)=y$，表明 f 满。

（6）⇒：设 x_1，$x_2\in X$ 使得 $g\circ f(x_1)=g\circ f(x_2)$。由于 g 是双射，所以 $f(x_1)=f(x_2)$。由于 f 单，所以 $x_1=x_2$，说明 $g\circ f$ 单。

⇐：见（2）。

（7）⇒：见（3）。

⇐：设 y_1，$y_2\in Y$，$g(y_1)=g(y_2)$，由于 f 是一一的，所以有 x_1，$x_2\in X$ 使得 $y_1=f(x_1)$，$y_2=f(x_2)$，因而有 $g\circ f(x_1)=g\circ f(x_2)$。由于 $g\circ f$ 单，所以 $x_1=x_2$，因此 $y_1=y_2$，表明 g 单。

（8）⇒：见（4）。

⇐：见（1）。

（9）由（1）知 g 是双射，由（5）知 f 满射。

（10）由（2）知 f 是双射，由（7）知 g 单射。证毕。

命题A-9 设有映射 f：$X\to Y$，f'：$Y\to X$，且 $f'\circ f=\mathrm{id}_X$，那么

$$f' \text{ 是双射} \Leftrightarrow f \text{ 是双射。}$$

证明 ⇒：由命题A-6知 f 单，由命题A-8（5）知 f 满。

⇐：由命题A-6知 f' 满，由命题A-8（7）知 f' 单。证毕。

命题A-10 设 $S=\bigcap\limits_{\alpha\in I}S_\alpha$。若 $\exists\alpha_0\in I$，使得 $\forall\alpha\in I$，有 $S_{\alpha_0}\subseteq S_\alpha$，则 $S=S_{\alpha_0}$。

证明 显然 $S=\bigcap\limits_{\alpha\in I}S_\alpha\subseteq S_{\alpha_0}$。由 $S_{\alpha_0}\subseteq S_\alpha$ 可得 $S_{\alpha_0}\subseteq\bigcap\limits_{\alpha\in I}S_\alpha=S$，所以 $S=S_{\alpha_0}$。证毕。

命题A-11 设 Ω 是集合族，$A_0\in\Omega$，且对 $\forall A\in\Omega$，有 $A_0\subseteq A$，那么 $A_0=\bigcap\limits_{A\in\Omega}A$。

证明 由 $A_0\subseteq A$ 可得 $A_0\subseteq\bigcap\limits_{A\in\Omega}A$。又有 $\bigcap\limits_{A\in\Omega}A=\left(\bigcap\limits_{A\in\Omega,\ A\neq A_0}A\right)\bigcap A_0\subseteq A_0$。所以 $A_0=\bigcap\limits_{A\in\Omega}A$。证毕。

定义A-1 偏序关系（partial order relation） 非空集合 X 上满足如下条件的二元关系“≤”称为一个偏序关系。

（1）自反性：$\forall x\in X$，$x\leq x$。

（2）反对称性：若 $x\leq y$，$y\leq x$，则 $x=y$。

（3）传递性：若 $x\leq y$，$y\leq z$，则 $x\leq z$。

定义A-2 偏序空间（partially ordered space） 全序空间（totally ordered space） 设 X 是非空集合，“≤”是 X 上的一个偏序关系，那么称 $(X,\leq)$ 为一个偏序空间。

若对 $\forall x$，$y\in X$，有 $x<y$ 或 $x=y$ 或 $y<x$（任意两个元能比较顺序），那么称 $(X,\leq)$ 为一个全序空间。

定义A-3 全序子集 设 $(X,\leq)$ 为一个偏序空间，$A\subseteq X$。如果 $(A,\leq)$ 是全序

空间，则称 A 是 X 的一个全序子集。

定义 A-4　上界(upper bound)　下界(lower bound)　设 $(X,\ \leqslant)$ 为一个偏序空间，$A\subseteq X$，$m\in X$。若对于 $\forall a\in A$，$a\leqslant m$，则称 m 是 A 的一个上界。

类似可定义下界。

定义 A-5　上确界(supremum)　下确界（infimum）　设 $(X,\ \leqslant)$ 为一个偏序空间，$A\subseteq X$，m 是 A 的一个上界。若对于 A 的任一上界 m'，都有 $m\leqslant m'$，则称 m 是 A 的最小上界（least upper bound）或上确界，记作 $m=\sup A$。

类似可定义下确界。A 的下确界记作 $\inf A$ 。

命题 A-12　上（下）确界若存在，则必唯一。

证明　设 m_1，m_2 是两个上确界，由 m_1 是上确界可得 $m_1\leqslant m_2$，由 m_2 是上确界可得 $m_2\leqslant m_1$，所以 $m_1=m_2$。证毕。

定义 A-6　极大元　设 $(X,\ \leqslant)$ 为一个偏序空间，$m\in X$。若 X 中所有与 m 有偏序关系的元 x 都有 $x\leqslant m$ ，则称 m 是 X 的一个极大元。

引理 A-1　Zorn 引理　设 $(X,\ \leqslant)$ 为一个偏序空间。若 X 的每一个全序子集有上界，则 X 有极大元。

命题 A-13　设 $(X,\ \leqslant)$ 为一个偏序空间，其中 X 是某个非空集的所有子集组成的集合，偏序关系“$\leqslant$”为集合包含关系“$\subseteq$”，则 $\forall A$，$B\in X$，有

$$\sup\{A,\ B\}=A\bigcup B,\quad \inf\{A,\ B\}=A\bigcap B。$$

证明　由于 $A\subseteq A\bigcup B$，$B\subseteq A\bigcup B$，所以 $A\bigcup B$ 是 $\{A,\ B\}$ 的一个上界。设 C 是 $\{A,\ B\}$ 的任一个上界，即 $A\subseteq C$，$B\subseteq C$，可得 $A\bigcup B\subseteq C$，说明 $A\bigcup B$ 是 $\{A,\ B\}$ 的最小上界。同理可证 $A\bigcap B$ 是 $\{A,\ B\}$ 的最大下界。证毕。

命题 A-14　设 $(X,\ \leqslant)$ 是偏序空间，$m\in A\subseteq X$。如果 m 是 X 的极大元，那么 m 也是 A 的极大元。

证明　如果 m 不是 A 的极大元，则有 $x\in A\subseteq X$，使得 $x>m$，这与 m 是 X 的极大元矛盾。证毕。

定义 A-7　保序　设 $(X,\ \leqslant)$ 和 $(Y,\ \leqslant)$ 是偏序空间。若映射 f: $X\rightarrow Y$ 满足

$$x<x'\Rightarrow f(x)<f(x'),\quad \forall x,\ x'\in X,$$

则称 f 是保序的。

命题 A-15　设 $(X,\ \leqslant)$ 和 $(Y,\ \leqslant)$ 是偏序空间，φ：$X\rightarrow Y$ 是双射，且 φ^{-1} 保序。如果 m 是 X 的极大元，那么 $\varphi(m)$ 是 Y 的极大元。

证明　假设 $\varphi(m)$ 不是 Y 的极大元，则有 $y\in Y$，使得 $y>\varphi(m)$。由于 φ^{-1} 是一一保序的，所以 $\varphi^{-1}(y)>m$，这与 m 是 X 的极大元矛盾。证毕。

命题 A-16　设有同态列 $X\xrightarrow{f}Y\xrightarrow{g}Z$，那么存在以下条件。

（1）$\mathrm{Im}\, g\circ f\subseteq \mathrm{Im}\, g$。

（2）$\ker g\circ f=f^{-1}(\ker g)$。

（3）如果 f 满，那么 $\mathrm{Im}\, g=\mathrm{Im}\, g\circ f$。

（4）如果 g 单，那么 $\ker g\circ f=\ker f$。

（5）如果 f 满，那么 $\ker g=f(\ker g\circ f)$。

证明 （1）设 $x\in X$，显然 $g\circ f(x)\in \mathrm{Im}\, g$，所以 $\mathrm{Im}\, g\circ f\subseteq \mathrm{Im}\, g$。

（2）$x\in \ker g\circ f \Leftrightarrow g\circ f(x)=0 \Leftrightarrow f(x)\in \ker g \Leftrightarrow x\in f^{-1}(\ker g)$。

（3）由（1）知 $\mathrm{Im}\, g\circ f\subseteq \mathrm{Im}\, g$。设 $y\in Y$，由于 f 满，所以有 $x\in X$，使得 $y=f(x)$，从而 $g(y)=g\circ f(x)\in \mathrm{Im}\, g\circ f$，表明 $\mathrm{Im}\, g\subseteq \mathrm{Im}\, g\circ f$。

（4）有 $\ker g=0$，由（2）知 $\ker g\circ f=f^{-1}(\ker g)=f^{-1}(0)=\ker f$。

（5）由（2）知 $\ker g\circ f=f^{-1}(\ker g)$，由命题A-2（3b）可得结论。证毕。

命题A-17 设有映射：

$$X_i\xrightarrow{f_i}\bigcup_{j\in I}X_j\xrightarrow{g}Y,\quad X_i\xrightarrow{f_i}\bigcup_{j\in I}X_j\xrightarrow{g'}Y。$$

如果 $gf_i=g'f_i\ (\forall i\in I)$，且 $\bigcup_{i\in I}\mathrm{Im} f_i=\bigcup_{i\in I}X_i$，那么 $g=g'$。

证明 $\forall x\in\bigcup_{i\in I}X_i=\bigcup_{i\in I}\mathrm{Im} f_i$，设 $x\in \mathrm{Im} f_i$，即 $x=f_i(x_i)$，这里 $x_i\in X_i$，则 $g(x)=gf_i(x_i)=g'f_i(x_i)=g'(x)$，表明 $g=g'$。证毕。

命题A-18 设有交换图：

$$\begin{array}{ccc} X & \xrightarrow{f} & Y \\ \lambda\downarrow & & \downarrow\eta \\ X' & \xrightarrow{f'} & Y' \end{array}。$$

若 λ 满，则

$$\mathrm{Im} f'=\eta(\mathrm{Im} f)。$$

证明 $\mathrm{Im} f'=f'(X')=f'(\lambda(X))=\eta(f(X))=\eta(\mathrm{Im} f)$。证毕。

命题A-19 设有交换图：

$$\begin{array}{ccc} A & \xrightarrow{f} & B \\ \tau\downarrow & & \downarrow\sigma \\ A' & \xrightarrow{f'} & B' \end{array},$$

其中，τ 和 σ 是双射，那么 f 单 $\Leftrightarrow f'$ 单，f 满 $\Leftrightarrow f'$ 满。

证明 设 f 单。设 g，g'：$C\to A'$，$f'\circ g=f'\circ g'$，则有

$$f'\circ\tau\circ\tau^{-1}\circ g=f'\circ\tau\circ\tau^{-1}\circ g',$$

由交换图可得

$$\sigma\circ f\circ\tau^{-1}\circ g=\sigma\circ f\circ\tau^{-1}\circ g'。$$

由命题A-8（6）知 $\sigma\circ f$ 是单射，由命题A-5（2）知

$$\tau^{-1}\circ g=\tau^{-1}\circ g',$$

所以 $g=g'$。由命题A-5（2）知 f' 单。其余类似可证。证毕。

命题A-20　设有同态 f：$A\to B$，A' 是 A 的子模，则 $\ker\left(f|_{A'}\right)=A'\cap\ker f$。

证明　记 $f'=f|_{A'}$：$A'\to B$，则 $a\in\ker f'\Leftrightarrow f'(a)=0\Leftrightarrow\left(a\in A',\ f(a)=0\right)\Leftrightarrow a\in A'\cap\ker f$。证毕。

附录B　代数基础

定义B-1　生成子群　设 S 是群 G（未必交换）的一个非空子集。G 中包含 S 的所有子群的交集 $\bigcap\limits_{S\subseteq H<G}H$ 称为由 S 生成的子群，记作 $\langle S\rangle$。称 S 是子群 $\langle S\rangle$ 的生成元集。对于乘法群有

$$\langle S\rangle=\left\{x_1^{m_1}\cdots x_k^{m_k}\middle|x_i\in S,\ m_i\in Z,\ 1\leqslant i\leqslant k,\ k\in N^*\right\},$$

对于加法群有

$$\langle S\rangle=\left\{m_1x_1+\cdots+m_kx_k\middle|x_i\in S,\ m_i\in Z,\ 1\leqslant i\leqslant k,\ k\in N^*\right\},$$

其中，x_1，$\cdots$，x_k 不必不同。

命题B-1　设 f：$G\to\tilde{G}$ 是群同态，S 和 $\tilde{S}$ 分别是 G 和 $\tilde{G}$ 的非空子集。如果 $f(S)\subseteq\tilde{S}$，那么 $f(\langle S\rangle)\subseteq\langle\tilde{S}\rangle$。

证明　取 $\langle S\rangle$ 中的元素 $x_1^{m_1}\cdots x_k^{m_k}$，有 $f\left(x_1^{m_1}\cdots x_k^{m_k}\right)=f(x_1)^{m_1}\cdots f(x_k)^{m_k}$。由于 $x_i\in S$，所以 $f(x_i)\in\tilde{S}$，因此 $f(x_1)^{m_1}\cdots f(x_k)^{m_k}\in\langle\tilde{S}\rangle$，表明 $f(\langle S\rangle)\subseteq\langle\tilde{S}\rangle$。证毕。

定义B-2　换位子　设 G 是群，x，$y\in G$，称 $[x,\ y]=xyx^{-1}y^{-1}$ 为 x，y 的换位子。

定义B-3　换位子群　导群　设 G 是群，由 G 的所有换位子组成的集合生成的子群称为 G 的换位子群或导群：

$$[G,\ G]=\left\langle\left\{[xy]=xyx^{-1}y^{-1}\middle|x,\ y\in G\right\}\right\rangle。$$

命题B-2　G 是Abel群 $\Leftrightarrow[G,\ G]=\{e\}$。

定义B-4　正规子群　如果群 G 的子群 H 满足

$$aH=Ha(a+H=H+a),\ \forall a\in G,$$

或者等价的：

$$aHa^{-1}=H(a+H-a=H),\ \forall a\in G,$$

则称 H 是 G 的正规子群。

命题B-3 $[G, G]$ 是 G 的正规子群。

命题B-4 设 f: $G\to\tilde{G}$ 是群同态，则 $f([G, G])\subseteq[\tilde{G}, \tilde{G}]$。

证明 有 $f([x, y])=f(xyx^{-1}y^{-1})=f(x)f(y)f(x)^{-1}f(y)^{-1}=[f(x), f(y)]$，再由命题B-1可得 $f([G, G])\subseteq[\tilde{G}, \tilde{G}]$。证毕。

命题B-5 设 f: $G\to\tilde{G}$ 是群同态，H 和 $\tilde{H}$ 分别是 G 和 $\tilde{G}$ 的正规子群，有

$$f(H)\subseteq\tilde{H}，即 H\subseteq f^{-1}(\tilde{H})。$$

（1）f 诱导唯一的同态：

$$\bar{f}: G/H\to\tilde{G}/\tilde{H}, \ [x]\mapsto[f(x)],$$

使得（其中，π 和 $\tilde{\pi}$ 是自然同态）

$$\bar{f}\pi=\tilde{\pi}f，即 \begin{array}{ccc} G & \xrightarrow{f} & \tilde{G} \\ \pi\downarrow & & \downarrow\tilde{\pi} \\ G/H & \xrightarrow{\bar{f}} & \tilde{G}/\tilde{H} \end{array}。$$

（2）如果 f 满，那么 $\bar{f}$ 满。

（3）如果 $H=f^{-1}(\tilde{H})$，那么 $\bar{f}$ 单。

证明 （1）设 $[x]=[x']$，即 $x'x^{-1}\in H$，那么 $f(x')f(x)^{-1}=f(x'x^{-1})\in f(H)\subseteq\tilde{H}$，从而 $[f(x')]=[f(x)]$，说明 $\bar{f}$ 的定义是合理的。对 $\forall x\in G$ 有

$$\bar{f}(\pi(x))=\bar{f}([x])=[f(x)]=\tilde{\pi}(f(x)),$$

表明

$$\bar{f}\pi=\tilde{\pi}f,$$

即有上面的交换图。上式唯一决定了 $\bar{f}$。

（2）显然。

（3）$H=f^{-1}(\tilde{H})$ 时，有

$$[x]\in\ker\bar{f}\Leftrightarrow[f(x)]=0\Leftrightarrow f(x)\in\tilde{H}\Leftrightarrow x\in f^{-1}(\tilde{H})=H\Leftrightarrow[x]=0,$$

即 $\ker\bar{f}=0$，表明 $\bar{f}$ 单。证毕。

命题B-5′ 设 f: $G\to\tilde{G}$ 是群同态，H 是 G 的正规子群，有

$$f(H)=\{\tilde{e}\}，即 H\subseteq\ker f。$$

（1）f 诱导唯一的同态：

$$\bar{f}: G/H\to\tilde{G}, \ [x]\mapsto f(x),$$

使得（π 是自然同态）

$$f=\bar{f}\pi，即 \begin{array}{ccc} G & \xrightarrow{f} & \tilde{G} \\ {\scriptstyle\pi}\downarrow & \nearrow{\scriptstyle\bar{f}} & \\ G/H & & \end{array}。$$

（2）如果 f 满，那么 $\bar{f}$ 满。

（3）如果 $H=\ker f$，那么 $\bar{f}$ 单。

证明　命题B-5中取 $\tilde{H}=\{\tilde{e}\}$，则 $\tilde{G}/\tilde{H}=\tilde{G}$，$\tilde{\pi}$ 是恒等映射。证毕。

命题B-6　令 V 和 V' 是 F-线性空间（也就是 F-模），$\dim V=n<\infty$，e_1，…，e_n 是 V 的一组基底，那么 $\forall f\in \mathrm{Hom}_F(V,\ V')$ 由 $f_i=f(e_i)(1\leqslant i\leqslant n)$ 唯一确定。

定义B-5　对偶空间　令 V 是 F-线性空间，可定义 V 的对偶空间为 V 到 F（视为 F-线性空间）的 F-线性映射全体：

$$V^*=\mathrm{Hom}_F(V,\ F)。$$

设 $\dim V=n<\infty$，取 V 的一组基底 e_1，…，e_n，令 δ_1，…，$\delta_n\in V^*$ 为（根据命题B-6可知，它们由基底上的值唯一确定）

$$\delta_i(e_j)=\begin{cases}1，& i=j\\ 0，& i\neq j\end{cases}，\quad 1\leqslant i，j\leqslant n。$$

设 $a_i\in F(1\leqslant i\leqslant n)$ 使得 $\sum_{i=1}^{n}a_i\delta_i=0$，那么 $0=\sum_{i=1}^{n}a_i\delta_i(e_j)=a_j(1\leqslant j\leqslant n)$，表明 δ_1，…，δ_n 线性无关。对 $\forall\sigma\in V^*$，记 $\sigma_i=\sigma(e_i)$，则 $\sum_{i=1}^{n}\sigma_i\delta_i(e_j)=\sigma_j=\sigma(e_j)$，所以 $\sum_{i=1}^{n}\sigma_i\delta_i=\sigma$（命题B-6），也就是说 σ 可用 δ_1，…，δ_n 线性表出。所以 δ_1，…，δ_n 是 V^* 的一组基，称为 e_1，…，e_n 的对偶基。这也说明

$$\dim V^*=\dim V=n。$$

命题B-7　对于有限维 F-线性空间 V，有 $V^{**}\cong V$。

证明　设 $v\in V$，定义 $\tilde{v}\in V^{**}$ 为

$$\tilde{v}(f)=f(v)，\quad \forall f\in V^*。$$

令

$$\varphi：V\to V^{**}，\quad v\mapsto\tilde{v}。$$

记 $\dim V=n$，取 V 的一组基底 e_1，…，e_n，对偶基为 δ_1，…，δ_n。设 $\sigma\in V^{**}$，记

$$\sigma_i=\sigma(\delta_i)\in F，\quad 1\leqslant i\leqslant n，$$

令

$$v=\sum_{i=1}^{n}\sigma_i e_i，$$

对 $\forall f\in V^*$，设 $f=\sum_{i=1}^{n}f_i\delta_i$，则

$$\tilde{v}(f)=f(v)=\left(\sum_{i=1}^{n}f_i\delta_i\right)\left(\sum_{i=1}^{n}\sigma_i e_i\right)=\sum_{i=1}^{n}f_i\sigma_i,$$

$$\sigma(f)=\sigma\left(\sum_{i=1}^{n}f_i\delta_i\right)=\sum_{i=1}^{n}f_i\sigma(\delta_i)=\sum_{i=1}^{n}f_i\sigma_i,$$

所以 $\sigma=\tilde{v}=\varphi(v)$，表明 φ 是满射。

设 $v\in\ker\varphi$,则 $\tilde{v}=0$，即

$$f(v)=0,\quad \forall f\in V^*。$$

设 $v=\sum_{i=1}^{n}v_i e_i$，取 f 为 δ_i，则

$$0=\delta_i(v)=\delta_i\left(\sum_{j=1}^{n}v_j e_j\right)=\sum_{j=1}^{n}v_j\delta_i(e_j)=v_i。$$

所以 $v=0$，表明 $\ker\varphi=0$，即 φ 是单射。综上，φ 是同构。证毕。

定义B-6　理想（ideal） 设 R 是环，I 是 R 的加法子群，且满足“左吸收性”，即

$$(r\in R,\ x\in I)\Rightarrow rx\in I,$$

则称 I 是 R 的左理想。类似可定义右理想，即满足“右吸收性”的加法子群 I：

$$(x\in I,\ r\in R)\Rightarrow xr\in I。$$

如果 I 既是 R 的左理想又是 R 的右理想，则称 I 是 R 的理想。

命题B-8 设 R 是有单位元1的交换环。若 I 是 R 的理想，则 $I=IR$。

证明 根据理想的定义有 $IR\subseteq I$。由于 $1\in R$，所以对 $\forall x\in I$，有 $x=x\cdot 1\in IR$，因此 $I\subseteq IR$。证毕。

命题B-9 若 I 是环 R 的理想，则 $m\geqslant n\Rightarrow I^m\subseteq I^n$。

证明 有 $I^2=II\subseteq IR$，根据理想的定义有 $IR\subseteq I$，所以 $I^2\subseteq I$。以此类推可得结论。证毕。

命题B-10 有单位元1的非零交换环有极大理想。

命题B-11 设 R 是有单位元1的交换环。设 P 是环 R 的理想，则

$$P\text{ 是素理想}\Leftrightarrow R/P\text{ 是整环。}$$

命题B-12 设 R 是有单位元1的交换环。设 M 是环 R 的理想，则

$$M\text{ 是极大理想}\Leftrightarrow R/M\text{ 是域。}$$

命题B-13 设 R 是有单位元1的交换环。R 中每个极大理想都是素理想。

定义B-7　大根 设 R 是有单位元1的交换环。R 的所有极大理想之交称为 R 的大根，记为 $\mathfrak{J}$。

命题B-14 $x\in\mathfrak{J}$(大根)$\Leftrightarrow(\forall r\in R,\ 1-rx$可逆$)$

命题B-15 设 A，B 都是 $n\times n$ 矩阵，如果 $AB=I$，那么 A，B 都可逆，且 $A^{-1}=B$，$B^{-1}=A$。

命题B-16　设 $m=kn$，$k>0$ 则 Z_n 是 Z_m-模。

证明　定义标量乘法

$$Z_m \times Z_n \to Z_n，(\bar{\bar{a}}，\bar{b}) \mapsto \bar{\bar{a}}\bar{b}=\overline{ab}。$$

验证它与代表元 a，b 的选取无关：设 $\bar{b}=\bar{b}'$，即 $b-b'=pn$，则 $ab-ab'=apn$，所以 $\overline{ab}-\overline{ab'}=\bar{0}$，即 $\overline{ab}=\overline{ab'}$。设 $\bar{\bar{a}}=\bar{\bar{a}}'$，即 $a-a'=pm=pkn$，则 $ab-a'b=pknb$，所以 $\overline{ab}-\overline{a'b}=\bar{0}$，即 $\overline{ab}=\overline{a'b}$。说明上式与代表元 a，b 的选取无关。证毕。

命题B-17　四阶群只有两个同构类：Z_4 和 $Z_2 \oplus Z_2$。

命题B-18　Z 是主理想整环。

命题B-19　域 K 上的一元多项式环 $K[x]$ 是主理想整环。

定义B-8　半群　若集合 G 中定义了满足结合律的乘法，则称 G 是一个半群。

定义B-9　幺半群　包含单位元的半群。

定理B-1　唯一分解定理　任一次数大于0的多项式 $f(x)$ 有分解式：

$$f(x)=p_1(x)\cdots p_n(x)。$$

其中，$p_1(x)$，…，$p_n(x)$ 是不可约多项式。该分解式在相伴的意义下唯一，即如果 $f(x)$ 有另一分解式：

$$f(x)=q_1(x)\cdots q_m(x),$$

其中，$q_1(x)$，…，$q_m(x)$ 是不可约多项式，则 $n=m$，并且将 $q_i(x)$ 的下标适当改写可使得

$$p_i(x) \sim q_i(x)，\quad i=1，\cdots，n。$$

或者，任一次数大于0的多项式 $f(x)$ 可唯一分解为

$$f(x)=ap_1^{r_1}(x)\cdots p_s^{r_s}(x)。$$

其中，a 是 $f(x)$ 的首项系数，$p_1(x)$，…，$p_s(x)$ 是两两不等的首一不可约多项式，r_1，…，r_s 是正整数。

定理B-1′　算术基本定理　任一大于1的整数 a 可分解为

$$a=p_1\cdots p_n,$$

其中，p_1，…，p_n 是素数。该分解式是唯一的，即如果 a 有另一分解式为

$$a=q_1\cdots q_m,$$

其中，q_1，…，q_m 是素数，则 $n=m$，并且将 q_i 的下标适当改写可使得

$$p_i=q_i，\quad i=1，\cdots，n。$$

或者，任一大于1的整数 a 可唯一分解为

$$a=p_1^{r_1}\cdots p_s^{r_s},$$

其中，p_1，…，p_s 是两两不等的素数，r_1，…，r_s 是正整数。

定理B-2　设 f：$A \to B$ 是群同态，e 是 A 中单位元，则 $\ker f=\{e\} \Leftrightarrow f$ 是单射。（这里的群是一般群，不必是交换的）

命题B-20 设H是G的子群。如果$a\in H$，$b\in G\backslash H$，那么ab，$ba\in G\backslash H$。

证明 如果$ab\in H$，由于$a^{-1}\in H$，所以$b=a^{-1}(ab)\in H$，矛盾。证毕。

命题B-21 若f: $A\to B$是群同态（A，B不必是交换群），则$\ker f$是A的正规子群。

定义B-10 正规闭包 设A是群G的子群，A的正规闭包$\hat{A}$是G中所有包含A的正规子群之交，即$\hat{A}=\bigcap\limits_{N\text{是正规子群},\ N\supseteq A} N$。

命题B-22 设A是群G的子群，N是群G的正规子群，则$A\subseteq N\Leftrightarrow\hat{A}\subseteq N$。

证明 $\Rightarrow$：根据定义B-10可知，$\hat{A}=N\cap\left(\bigcap N'\right)\subseteq N$，其中$N'$是其他包含$A$的正规子群。

$\Leftarrow$：显然$\hat{A}\supseteq A$。证毕。

定理B-3 群同态基本定理 设f: $G\to\tilde{G}$是群同态，那么有群同构：

$$\bar{f}\colon G/\ker f\to \operatorname{Im} f,\quad [x]\mapsto f(x)$$

满足

$$f=\bar{f}\pi，即 \begin{array}{ccc} G & \xrightarrow{f} & \operatorname{Im} f \\ \pi\downarrow & \nearrow_{\bar{f}} & \\ G/\ker f & & \end{array}。$$

证明 命题B-5′中取$H=\ker f$即可。证毕。

命题B-23 设G是群，$[G, G]$是它的换位子群（定义B-3），则$G/[G, G]$是交换群。

定义B-11 阶 设G是加法群，则$a\in G$的阶是使$na=0$的最小正整数n。如果这个正整数不存在，则称a的阶是∞。

命题B-24 R是整环$\Leftrightarrow\left(xy=0\Rightarrow\left(x=0\text{ 或 }y=0\right)\right)$

$$\Leftrightarrow\left(\left(xy=0,\ x\neq 0\right)\Rightarrow y=0\right)$$

$$\Leftrightarrow\left(x,\ y\neq 0\Rightarrow xy\neq 0\right)。$$

命题B-25 设R是有单位元1的交换环，I是环R的理想，则

$$I\text{ 包含可逆元}\Leftrightarrow 1\in I\Leftrightarrow I=R。$$

证明 （1）第一个等价式。$\Leftarrow$：1是可逆元。$\Rightarrow$：设$x\in I$是可逆元，则$1=xx^{-1}\in I$。

（2）第二个等价式。$\Leftarrow$：显然。$\Rightarrow$：$\forall r\in R$，由理想的吸收性，$r=1r\in I$，所以$R\subseteq I$，而$I\subseteq R$，因此$I=R$。证毕。

定义B-12 素理想 环R中的理想P叫作素理想，如果$P\neq R$，且有

$$xy\in P\Rightarrow\left(x\in P\text{ 或 }y\in P\right)。$$

该蕴含式也可写成

$$\left(xy\in P,\ x\notin P\right)\Rightarrow y\in P。$$

也可写成

$$x, y \in A \backslash P \Rightarrow xy \in A \backslash P。$$

定义 B-13　极大理想　设 M 是环 R 的理想，若 $M \neq R$，且不存在 R 的理想 I 满足 $M \subsetneq I \subsetneq R$,则称 M 是 R 的极大理想。

定义 B-14　局部环　若环 R 有唯一极大理想，则称 R 是局部环。

定义 B-15　*R*-代数　设 R，R' 是有单位元 1 的交换环，f: $R \to R'$ 是环同态，则 R' 上有 R-模结构：

$$rr' = f(r)r', \quad r \in R, \quad r' \in R',$$

称 R' 为 R-代数。

命题 B-26　设 R 是有单位元 1 的交换环，$I(\neq R)$ 是 R 的理想，则存在 R 的极大理想 M 满足 $I \subseteq M$。

命题 B-27　设 H 是 G 的子群，如果 $\forall g \in G$，$\forall h \in H$，有 $ghg^{-1} \in H$，那么 H 是 G 的正规子群。

定义 B-16　自同构群　设 G 是群，同构 f: $G \to G$ 称为 G 的一个自同构。G 的所有自同构形成一个群 Aut$G$（运算为同构的复合）。

定义 B-17　内自同构群　设 G 是群，f_a: $G \to G$，$x \mapsto axa^{-1}$（或 $x \mapsto a + x - a$）称为 G 的一个内自同构。G 的所有内自同构形成一个群 Inn$G$（运算为同构的复合），它是 Aut$G$ 的一个子群。

定义 B-18　共轭子群　设 H 是 G 的子群，$a \in G$，称 aHa^{-1}（或 $a + H - a$）是 H 的共轭子群。

定义 B-19　Noether 环　设 R 是含单位元 1 的交换环。如果 R 满足以下三个等价条件，则称 R 为 Noether 环。

（1）R 的每个非空理想集合有极大元。

（2）理想的升链条件。

（3）R 的每个理想是有限生成的。

定义 B-19′　左（右）Noether 环　设 R 是含单位元 1 的环。如果 R 满足以下三个等价条件，则称 R 为左（右）Noether 环。

（1）R 的每个非空左（右）理想集合有极大元。

（2）左（右）理想的升链条件。

（3）R 的每个左（右）理想是有限生成的。

定义 B-20　Noether 模　设 R 是含单位元 1 的交换环，M 是 R-模。如果 M 满足以下三个等价条件，则称 M 为 Noether 模。

（1）M 的每个非空子模集合有极大元。

（2）子模的升链条件。

（3）M 的每个子模是有限生成的。

定义B-21　Artin环　设 R 是含单位元1的交换环。如果 R 满足以下两个等价条件，则称 R 为Artin环。

（1）R 的每个非空理想集合有极小元。

（2）理想的降链条件。

定义B-22　Artin模　设 R 是含单位元1的交换环，M 是 R-模。如果 M 满足以下两个等价条件，则称 M 为Artin模。

（1）M 的每个非空子模集合有极小元；

（2）子模的降链条件。

命题B-28　若 R 是Noether（Artin）环，M 是有限生成 R-模，则 M 是Noether（Artin）模。

定义B-23　零因子　设 R 是一个环，$a\in R$。如果存在 $c\in R\backslash\{0\}$，使得 $ac=0$（或 $ca=0$），则称 a 是一个左零因子（或右零因子）。左右零因子统称零因子。

定义B-24　域的特征　设域 F 的单位元为 e，如果 $\forall n\in Z^{+}$ 有 $ne\neq 0$，则称域 F 的特征为0；如果存在一个素数 p，使得 $pe=0$，而对于 $0<a<p$ 有 $ae\neq 0$，则称域 F 的特征为 p。域 F 的特征记为 $\mathrm{char}\,F$。

命题B-29　设 R 是有1的交换环，$x\in R$，则 x 是可逆元 $\Leftrightarrow \langle x\rangle=R$。

证明　x 可逆 $\Leftrightarrow xx^{-1}=1 \Leftrightarrow 1\in\langle x\rangle$（命题B-25）$\Leftrightarrow \langle x\rangle=R$。证毕。

命题B-30　（有1的交换环）R 中任一不可逆元都包含在一极大理想 M 中。

证明　设 $x\in R$ 是不可逆元，由命题B-29知 $\langle x\rangle\neq R$，由命题B-26知 R 中存在一个包含 $\langle x\rangle$ 的极大理想 M，有 $x\in\langle x\rangle\subseteq M$。证毕。

命题B-31　（有1的交换）局部环的极大理想包含了所有不可逆元。

命题B-32　若 R 是Noether（Artin）环，I 是 R 的理想，则 R/I 也是Noether（Artin）环。

命题B-33　设 $I(\neq R)$ 是 R 的理想，则

$$M\text{ 是 }R\text{ 的包含 }I\text{ 的极大理想}\Leftrightarrow M/I\text{ 是 }R/I\text{ 的极大理想。}$$

命题B-34　设 R 是局部环，M 是它的极大理想，$I(\neq R)$ 是 R 的理想，那么 R/I 也是局部环，极大理想为 M/I。

证明　由命题B-26知 $I\subseteq M$。由命题B-33知 M/I 是 R/I 的唯一极大理想，所以 R/I 也是局部环。证毕。

命题B-35　设 R 是非零环，则以下诸断言等价。

（1）R 是域。

(2) 在 R 中除了 0 和 R 之外没有其他理想。

(3) 任一从 R 映入非零环的同态都是单的。

命题B-36 设 $k[x]$ 是域 k 上的一元多项式环，$p(x)\in k[x]$，则

$$(p(x)=0 \text{ 或 } p(x) \text{ 是不可约多项式}) \Leftrightarrow \langle p(x)\rangle \text{ 是 } k[x] \text{ 的素理想。}$$

命题B-36′ ($p=0$ 或 p 是素数) $\Leftrightarrow\langle p\rangle$ 是 Z 的素理想。

命题B-37 设 $k[x]$ 是域 k 上的一元多项式环，$p(x)$ 是 $k[x]$ 中次数大于0的多项式，则

$$p(x) \text{ 是不可约多项式} \Leftrightarrow \langle p(x)\rangle \text{ 是 } k[x] \text{ 的极大理想。}$$

命题B-37′ 设 $p>1$，则 p 是素数 $\Leftrightarrow\langle p\rangle$ 是 Z 的极大理想。

命题B-38 Noether环 R 只有有限个极小素理想。

证明 见文献［4］第396页推论6.120。

命题B-39 在有1的交换环中，存在以下情况。

(1) 设 P_1，…，P_n 是素理想，I 是理想，则

$$I\subseteq\bigcup_{i=1}^{n}P_i\Rightarrow(\exists i\text{，使得}I\subseteq P_i)\text{。}$$

(2) 设 I_1，…，I_n 是理想，P 是素理想，则

$$P\supseteq\bigcap_{i=1}^{n}I_i\Rightarrow(\exists i\text{，使得}P\supseteq I_i)\text{，}$$

$$P=\bigcap_{i=1}^{n}I_i\Rightarrow(\exists i\text{，使得}P\supseteq I_i)\text{。}$$

命题B-40 设 R 是有1的交换环，A 是 R 的对加法和乘法封闭的子集。

(1) 设 I_1，…，I_n 是 R 的理想，其中至少有 $n-2$ 个是素理想。如果 $A\subseteq I_1\cup\cdots\cup I_n$，则有某个 $1\leqslant i\leqslant n$，使得 $A\subseteq I_i$。

(2) 设 I 是 R 的理想，且 $I\subsetneqq A$。如果存在素理想 P_1，…，P_n，使得 $A\backslash I\subseteq P_1\cup\cdots\cup P_n$，则有某个 $1\leqslant i\leqslant n$，使得 $A\subseteq P_i$。

证明 见文献［4］第323页命题6.14。

定义B-25 相伴 在整环中，若 $b|a$ 且 $a|b$，则称 a 与 b 相伴，记作 $a\sim b$。

定义B-26 平凡因子 可逆元与 a 的相伴元称为 a 的平凡因子。a 的其他因子（如果还有的话）称为 a 的非平凡因子。

定义B-27 不可约（irreducible） 在整环中，设 $a\neq0$ 是不可逆元。如果 a 只有平凡因子，那么称 a 是不可约元；否则，即 a 有非平凡因子，则称 a 是可约元。

定义B-28 唯一分解环（unique factorization domain） 称整环 R 是唯一分解环，如果对于 $\forall a\in R$，有以下两个条件。

(1) $a=p_1\cdots p_r$，其中 $p_i\ (1\leqslant i\leqslant r)$ 是不可约元。

（2）如果还有 $a=q_1\cdots q_s$，其中 $q_i\ (1\leqslant i\leqslant s)$ 是不可约元，则 $r=s$，并且适当排序后 p_i 与 q_i 相伴。

命题B-41　$(\forall n\in Z，A\leqslant n\Leftrightarrow B\leqslant n)\Leftrightarrow A=B$。

证明　$\Leftarrow$：显然。

$\Rightarrow$：可得 $A>n\Leftrightarrow B>n$，即 $A\geqslant n+1\Leftrightarrow B\geqslant n+1$，或者写成 $A\geqslant n\Leftrightarrow B\geqslant n$，由此可得 $A=n\Leftrightarrow(A\geqslant n$ 且 $A\leqslant n)\Leftrightarrow B\geqslant n$ 且 $B\leqslant n\Leftrightarrow B=n$，也就是 $A=B$。

定义B-29　乘法闭集（multiplicatively closed subset）　设 S 是环 R 的非空子集，若 $1\in S$，且 S 对乘法封闭，则称 S 是 R 的乘法闭集或乘性子集（multiplicative subset）。

定义B-30　分式环（ring of fractions）　设 R 是含单位元1的交换环，S 是 R 的乘法闭集。在 $R\times S$ 上按以下方式定义一个等价关系：

$$(a，s)\equiv(a'，s')\Leftrightarrow\big(\exists u\in S,\ (as'-a's)u=0\big)。$$

把 $(a，s)\in R\times S$ 所属的等价类记作 a/s,，并用 $S^{-1}R$ 表示所有这些等价类组成的集合：

$$S^{-1}R=\left\{\frac{a}{s}\middle|a\in R，s\in S\right\}。$$

在 $S^{-1}R$ 上定义加法和乘法：

$$\frac{a}{s}+\frac{a'}{s'}=\frac{as'+a's}{ss'},$$

$$\frac{a}{s}\frac{a'}{s'}=\frac{aa'}{ss'}。$$

零元是 $\frac{0}{1}$，单位元是 $\frac{1}{1}$。这样 $S^{-1}R$ 就是一个环，称为分式环。

定义B-31　分式模（module of fractions）　设 R 是含单位元1的交换环，M 是 R-模，S 是 R 的乘法闭集。在 $M\times S$ 上定义如下等价关系：

$$(m，s)\equiv(m'，s')\Leftrightarrow\big(\exists u\in S,\ u(s'm-sm')=0\big)。$$

用 m/s 表示 $(m，s)\in M\times S$ 所属的等价类，用 $S^{-1}M$ 表示这些等价类的集合：

$$S^{-1}M=\left\{\frac{m}{s}\middle|m\in M，s\in S\right\}。$$

在 $S^{-1}M$ 上定义加法和标量乘法使它成为 $S^{-1}R$-模（其中，$\frac{a'}{s'}\in S^{-1}R$）：

$$\frac{m}{s}+\frac{m'}{s'}=\frac{s'm+sm'}{ss'},$$

$$\frac{a'}{s'}\frac{m}{s}=\frac{a'm}{s's}。$$

零元是 $\frac{0}{1}$。称 $S^{-1}M$ 为分式模。

定义B-32　设R是含单位元1的交换环。R-模同态f：$M\to N$诱导出$S^{-1}R$-模同态：

$$S^{-1}f\text{：}S^{-1}M\to S^{-1}N,\quad \frac{m}{s}\mapsto\frac{f(m)}{s}\text{。}$$

命题B-42　S^{-1}：${}_R\mathcal{M}\to S^{-1}{}_R\mathcal{M}$是正变加法函子。

命题B-43　（S^{-1}是正合函子）如果R-模序列：

$$M'\xrightarrow{f}M\xrightarrow{g}M''$$

正合，那么$S^{-1}R$-模序列：

$$S^{-1}M'\xrightarrow{S^{-1}f}S^{-1}M\xrightarrow{S^{-1}g}S^{-1}M''$$

也正合。

证明　见文献［5］第39页命题3.3。